By Disaster or by Design?

Davide Brocchi

By Disaster or by Design?

Transformative Kulturpolitik:
Von der Polykrise zur systemischen
Nachhaltigkeit

2. Auflage

Davide Brocchi
Köln, Deutschland

Mit der Unterstützung der Hans Sauer Stiftung

ISBN 978-3-658-42316-2   ISBN 978-3-658-42317-9   (eBook)
https://doi.org/10.1007/978-3-658-42317-9

Die Deutsche Nationalbibliothek verzeichnet diese Publikation in der Deutschen Nationalbibliografie; detaillierte bibliografische Daten sind im Internet über http://dnb.d-nb.de abrufbar.

© Der/die Herausgeber bzw. der/die Autor(en), exklusiv lizenziert an Springer Fachmedien Wiesbaden GmbH, ein Teil von Springer Nature 2022, 2024, korrigierte Publikation 2024

Das Werk einschließlich aller seiner Teile ist urheberrechtlich geschützt. Jede Verwertung, die nicht ausdrücklich vom Urheberrechtsgesetz zugelassen ist, bedarf der vorherigen Zustimmung des Verlags. Das gilt insbesondere für Vervielfältigungen, Bearbeitungen, Übersetzungen, Mikroverfilmungen und die Einspeicherung und Verarbeitung in elektronischen Systemen.
Die Wiedergabe von allgemein beschreibenden Bezeichnungen, Marken, Unternehmensnamen etc. in diesem Werk bedeutet nicht, dass diese frei durch jedermann benutzt werden dürfen. Die Berechtigung zur Benutzung unterliegt, auch ohne gesonderten Hinweis hierzu, den Regeln des Markenrechts. Die Rechte des jeweiligen Zeicheninhabers sind zu beachten.
Der Verlag, die Autoren und die Herausgeber gehen davon aus, dass die Angaben und Informationen in diesem Werk zum Zeitpunkt der Veröffentlichung vollständig und korrekt sind. Weder der Verlag noch die Autoren oder die Herausgeber übernehmen, ausdrücklich oder implizit, Gewähr für den Inhalt des Werkes, etwaige Fehler oder Äußerungen. Der Verlag bleibt im Hinblick auf geografische Zuordnungen und Gebietsbezeichnungen in veröffentlichten Karten und Institutionsadressen neutral.

Einbandabbildung: Deblik unter Verwendung eines Fotos von Adobe Stock Nr. 93397140: https://stock.adobe.com/de/images/beautiful-landscape-yellow-meadow-and-lake-with-mountain/93397140?prev_url=detail.

Planung/Lektorat: Cori A. Mackrodt
Springer VS ist ein Imprint der eingetragenen Gesellschaft Springer Fachmedien Wiesbaden GmbH und ist ein Teil von Springer Nature.
Die Anschrift der Gesellschaft ist: Abraham-Lincoln-Str. 46, 65189 Wiesbaden, Germany

Das Papier dieses Produkts ist recyclebar.

Danksagung

Dies ist die zweite Auflage der Publikation, die im Januar 2023 erschienen ist. Ihre Inhalte sind anhand neuer Studien und Erkenntnisse aktualisiert worden. Weitere Literatur wurde einbezogen, um einige Aspekte zu vertiefen und Thesen zu schärfen. Fehler wurden behoben. Durch die umfassende Überarbeitung wird die Untersuchung so auf einen soliden Boden gestellt.

Was für die erste Auflage galt, gilt auch für diese: Auch wenn dieses Werk von einer Person verfasst wurde, kommen hier das Wissen, die Impulse und die Inspirationen eines breiten Kollektivs zum Ausdruck. Dazu gehören nicht nur große Denker*innen und Wissenschaftler*innen, sondern auch die Menschen, denen ich begegnen durfte; jene, die mich geformt und jene, die mir das Leben geschenkt haben. Diese Publikation ist auch im Gespräch mit der Öffentlichkeit und mit meinen Studierenden entstanden.

Wie schon in der ersten Auflage bedanke ich mich für die Unterstützung bei Prof. Dr. em. Wolfgang Schneider und für die gute Zusammenarbeit bei den ehemaligen Kolleg*innen am Institut für Kulturpolitik der Universität Hildesheim. In diese Recherche fließen

Erkenntnisse ein, die in Kooperation mit dem Bundesverband Soziokultur e. V. und dem Zweckverband Welterbe Oberes Mittelrheintal entstanden sind. Außerdem danke ich Dr. Cori Antonia Mackrodt, die auch diese zweite Auflage beim Verlag Springer VS ermöglicht hat. Zu den Unterstützenden der Publikation gehören die Hans Sauer Stiftung, München, und das C20 Institut für transformative Utopie e. V., Kiel. Ein großer Dank geht wieder an die geschätzte Annette Schwindt, die auch diese Texte mehrmals lektoriert hat. In meiner Arbeit ist sie seit Jahren eine treue und wichtige Begleiterin. Es war mir eine Freude mit Dagmar Binder und Martin Henseler zusammenzuarbeiten, die das abschließende Lektorat übernommen haben. Danke an meine Freundin Jessica, die auch diese Zeit mit mir geteilt hat.

Auch diese Publikation ist meiner Tochter Maia und ihrer Generation gewidmet.

Inhaltsverzeichnis

1	**Welche Transformation?**	1
1.1	Ziele und Fragen	9
1.2	Inhaltliche Struktur	14
1.3	Methodologische Anmerkungen	17
	Literatur	19

Teil I Wandel *by Disaster:* Ursachenforschung

2	**Transformation als Fortschritt**		25
2.1	Am Anfang war die Kultur		27
	2.1.1	Die kognitive Revolution	29
	2.1.2	Der Bauplan der Gesellschaft	34
	2.1.3	Die Reduktion von Komplexität	36
	2.1.4	Die neolithische Revolution	38
	2.1.5	Die mediale Revolution	42
	2.1.6	Kultur oder Vielfalt?	45
2.2	Die kapitalistisch-industrielle Transformation		49
	2.2.1	Die wissenschaftliche Revolution	50
	2.2.2	Der Weg in die expansive Moderne	55
	2.2.3	Die Entwicklungspolitik als Machtpolitik	61

		2.2.4 Der Fortschritt als Modernisierung	71
		2.2.5 Die neoliberale Globalisierung	82
		2.2.6 Die digitale Revolution	101
	2.3	Die Fortschrittslogik	105
		2.3.1 Die Internalisierung der Positivitäten	111
		2.3.2 Die Externalisierung der Negativitäten	115
		2.3.3 Die expansive Dynamik	119
	2.4	Zur Macht der Kultur	124
		2.4.1 Das kapitalistisch-industrielle Kulturprogramm	125
		2.4.2 Die mentale Programmierung	135
	Literatur		156
3	**Transformation als Polykrise**		**173**
	3.1	Vom Fortschritt zum Untergang	175
		3.1.1 Der Weg zum Weltkulturerbe	176
		3.1.2 Die Schattenseite der Hochkultur	180
		3.1.3 Die Wiederholung der Geschichte	182
	3.2	Die vier Dimensionen der Polykrise	189
		3.2.1 Die ökologische Dimension	190
		3.2.2 Die ökonomische Dimension	200
		3.2.3 Die soziale Dimension	211
		3.2.4 Die kulturelle Dimension	241
	3.3	Die Krisenlogik	255
		3.3.1 Die Anästhetik von Krisen	259
		3.3.2 Die Lernkrise	263
	3.4	Zur Transformation *by Disaster*	267
		3.4.1 Culture as Usual	268
		3.4.2 Die neue Welt*un*ordnung	269
		3.4.3 Die Abschottung der Wohlstandsinseln	270
		3.4.4 Die Rückkehr des Imperialismus	273
		3.4.5 Zur großen Konfrontation	276
	Literatur		279
4	**Kulturpolitik der Krise**		**299**
	4.1	Kulturpolitik und Systemlogik	299
		4.1.1 Die Ohnmacht der Kulturpolitik	300

	4.1.2	Die Modernisierung als Kulturpolitik	301
	4.1.3	Die separierende Kulturpolitik	310
	4.1.4	Die künstlerische Unfreiheit	314
4.2	Kulturpolitik und Polykrise		319
	4.2.1	Fallbeispiel 1: Corona-Krise	319
	4.2.2	Fallbeispiel 2: Umwelt- und Klimakrise	321
	4.2.3	Fallbeispiel 3: Ukraine-Krieg	323
4.3	Zum richtigen Leben im falschen?		330
Literatur			332

Teil II Gegenwartsaufgabe: Wandel *by Design*

5 Transformation als Systemwechsel — 339
- 5.1 Nachhaltigkeit anders verstehen — 344
  - 5.1.1 Das institutionelle Nachhaltigkeitsverständnis — 345
  - 5.1.2 Das enge Nachhaltigkeitsverständnis — 359
  - 5.1.3 Das weite Nachhaltigkeitsverständnis — 376
- 5.2 Der Weg ist das Ziel — 411
  - 5.2.1 Die Formen der Transformation — 412
  - 5.2.2 Die Genese der Transformationsdebatte — 415
  - 5.2.3 Die Elemente der Transformation — 420
- 5.3 Zum Design der Transformation — 436
  - 5.3.1 Treiber und Bremser — 438
  - 5.3.2 Freiräume und Gemeingüter — 441
  - 5.3.3 Bündnisse und neue Allianzen — 446
  - 5.3.4 Nachhaltiges Transformationsdesign — 450
- Literatur — 456

6 Transformation als Kulturwandel — 471
- 6.1 Zwischen Kultur und Nachhaltigkeit — 472
  - 6.1.1 Das enge Kulturverständnis — 474
  - 6.1.2 Das weite Kulturverständnis — 487
- 6.2 Die Kulturökologie als Brücke — 497
  - 6.2.1 Die Kultur als DNA der Gesellschaft — 499
  - 6.2.2 Kulturelle Evolution und kulturelle Revolution — 500

		6.2.3	Die kulturellen Mutationen	504
		6.2.4	Die gesellschaftlichen Sinnesorgane	507
	6.3	Zur Kulturpraxis der Transformation		509
		6.3.1	Reflexiver Wandel	510
		6.3.2	Intra- und interkultureller Wandel	513
		6.3.3	Medialer Wandel	516
		6.3.4	Wandel durch Kulturbewegung	518
		6.3.5	Wandel als Spiel	523
		6.3.6	Wandel als Ritual	526
	Literatur			534
7	**Kulturpolitik der Transformation**			543
	7.1	Die Transformation der Kulturregion		544
		7.1.1	Wer macht die Kulturregion für wen?	547
		7.1.2	Modellstadt Bacharach	556
		7.1.3	Modelle für Kultur im Wandel	563
	7.2	Die Transformation der Soziokultur		575
		7.2.1	Die Formen der Soziokultur	576
		7.2.2	Die Transformation in der Soziokultur	583
		7.2.3	Die Transformation durch die Soziokultur	590
	7.3	Zur transformativen Kulturpolitik		595
		7.3.1	Systemische Kulturpolitik	596
		7.3.2	Demokratisierende Kulturpolitik	601
		7.3.3	Plurale Wirtschaftskultur	608
		7.3.4	Menschengerechte Kulturpolitik	613
		7.3.5	Lernorientierte Kulturpolitik	617
	Literatur			624
8	**Jedes Ende ist ein neuer Anfang**			633
	Literatur			639
Erratum zu: By Disaster or by Design?				**E1**

Abkürzungsverzeichnis

AfD	Alternative für Deutschland
BfN	Bundesamt für Naturschutz
BNE	Bildung für nachhaltige Entwicklung
CDU	Christlich Demokratische Union
CSU	Christlich-Soziale Union
DNK	Deutscher Nachhaltigkeitskodex
DNS	Deutsche Nachhaltigkeitsstrategie
EU	Europäische Union
FDP	Freie Demokratische Partei
G7/G8	Gruppe der Sieben/Acht
ICC	International Chamber of Commerce
NATO	North Atlantic Treaty Organization
NGO	Non-Governmental Organization
RNE	Rat für nachhaltige Entwicklung
SPD	Sozialdemokratische Partei Deutschlands
UN	United Nations
UNESCO	United Nations Educational, Scientific and Cultural Organization
WBGU	Wissenschaftlicher Beirat der Bundesregierung Globale Umweltveränderungen
WTO	World Trade Organization

Abbildungsverzeichnis

Abb. 2.1 Zuwachsraten in ausgewählten gesellschaftlichen Bereichen seit dem Beginn der industriellen Revolution bis 2000. (Aus Steffen et al. 2011, S. 742, ausgewählte Indikatoren; mit freundlicher Genehmigung von © Springer Fachmedien Wiesbaden GmbH 2011. All Rights Reserved)   65

Abb. 2.2 Entwicklung der Staatsverschuldung in Deutschland im Zeitraum 1950–2022 (in Mio. Euro). (Quelle: Statistisches Bundesamt; eigene Darstellung)   96

Abb. 2.3 Entwicklung der Staatsverschuldung in den USA im Zeitraum 1950–2022 (in Mio. Dollar). (Quelle: White House; eigene Darstellung)   96

Abb. 2.4 Die kapitalistisch-industrielle Entwicklungslogik. (Aus Brocchi 2019, S. 33; überarbeitete Darstellung)   108

Abb. 2.5 Das „Zwiebeldiagramm": Manifestation von Kultur auf verschiedenen Tiefenebenen. (Aus Hofstede und Hofstede 2009, S. 8; mit freundlicher Genehmigung von © Verlag C.H. Beck oHG 2009. All Rights Reserved)   126

XIV   Abbildungsverzeichnis

Abb. 2.6   Erweitertes Grundmodell der Kommunikation.
            (Eigene Darstellung; basierend auf Ternes 2008, S. 31)   146

Abb. 2.7   Die mediale Konstruktion der Wirklichkeit
            (Beispiel Tageszeitung). (Eigene Darstellung)   152

Abb. 3.1   Übersicht über die Anzahl der Hochhäuser, die in
            den Jahren 1890 bis 2010 in New York errichtet wurden.
            (Aus Harvey 2013, S. 75; mit freundlicher Genehmigung
            von © Suhrkamp Verlag/Insel Verlag 2013.
            All Rights Reserved)   185

Abb. 3.2   Szenarien einer tragfähigen Entwicklung. (Aus Meadows
            1972, S. 78; mit freundlicher Genehmigung von
            © Deutsche Verlags-Anstalt 1972, München, in der
            Penguin Random House Verlagsgruppe GmbH.
            All Rights Reserved)   192

Abb. 3.3   Entwicklung und Entwicklungsprognose von Welt-
            ölproduktion und Weltbevölkerung im Zeitraum
            1600–2200. (Aus C. J. Campbell in Heinberg 2008,
            S. 52 f.; mit freundlicher Genehmigung von
            © Ingrid Schobel, Illustration und Kartographie)   194

Abb. 3.4   Globale Veränderungen im Erdsystem als Folge der
            dramatischen Zunahme der menschlichen Aktivität
            im Zeitraum 1750–2000. (Aus Steffen et al. 2011, S. 745,
            ausgewählte Indikatoren; mit freundlicher Genehmigung
            von © Springer Fachmedien Wiesbaden GmbH 2011.
            All Rights Reserved)   210

Abb. 3.5   Entwicklung der weltweiten Rüstungsausgaben im
            Zeitraum 1988–2022 (in Mrd. Dollar).
            (Quelle: SIPRI Military Database 2023;
            eigene Darstellung)   277

Abb. 5.1   17 Ziele für nachhaltige Entwicklung der Vereinten
            Nationen (17 SDG). (Aus BMZ 2017)   350

Abb. 5.2   Drei-Säulen-Modell der Nachhaltigkeit.
            (Eigene Darstellung)   351

Abb. 5.3	Formen von Partizipation auf der Beteiligungsleiter. (Aus Arnstein 1969, S. 217, modifiziert durch Nanz und Fritsche 2012, S. 23; mit freundlicher Genehmigung von © Bundeszentrale für politische Bildung, Bonn)	422
Abb. 5.4	Treiber und Bremser der Transformation. (Aus Öko-Institut in Grießhammer und Brohmann 2015, S. 15; mit freundlicher Genehmigung von © Prof. Dr. Rainer Grießhammer, Öko-Institut e. V., Freiburg)	440
Abb. 5.5	Mehrebenen-Perspektive der Transformation. (Aus Öko-Institut, modifiziert nach Geels 2002, in Grießhammer und Brohmann 2015, S. 8; mit freundlicher Genehmigung von © Prof. Dr. Rainer Grießhammer, Öko-Institut e. V., Freiburg)	445
Abb. 5.6	Lokale Allianzen für die Transformation. (Eigene Darstellung)	449
Abb. 6.1	Vier-Säulen-Modell der Nachhaltigkeit. (Eigene Darstellung)	473
Abb. 6.2	Drei Ebenen der Einzigartigkeit des Menschen. (Aus Hofstede und Hofstede 2009, S. 4; mit freundlicher Genehmigung von © Verlag C.H. Beck oHG 2009. All Rights Reserved)	506
Abb. 7.1	Die Wirkungsfelder und Kriterien eines Nachhaltigkeitskodex für die Soziokultur im Überblick. 2021 (Aus Gruber und Brocchi, S. 29)	586

Tabellenverzeichnis

Tab. 2.1	Entwicklung in der Verteilung des Weltvermögens (Anteil des reichsten und des ärmsten Fünftels der Weltbevölkerung)	69
Tab. 2.2	Rangliste der größten Steuerparadiese und Schattenfinanzzentren weltweit laut Tax Justice Network (2021, 2022)	94
Tab. 3.1	Typologie anomischer Verhaltensweisen	214
Tab. 3.2	Programmstruktur von öffentlich-rechtlichen und privat-rechtlichen Fernsehsendern in Deutschland 2019 (Durchschnittlicher Zeitumfang pro Tag in %)	261
Tab. 5.1	Fortschrittsbericht 2016 über die Umsetzung der Deutschen Nachhaltigkeitsstrategie (DNS)	353
Tab. 5.2	Grundpositionen der Nachhaltigkeitsdebatte	373
Tab. 5.3	Die Top Ten im World Happiness Ranking (2023)	402
Tab. 5.4	Transformationsdesign – ein Vergleich zwischen Modernisierung und systemischer Nachhaltigkeit	454

1

Welche Transformation?

Fortschritt und Krise sind keine Gegensätze: Das macht uns die Gegenwart bewusst. In der Geschichte der Menschheit begann die Abwärtsspirale mancher Zivilisationen ausgerechnet am Höhepunkt ihrer Entwicklung (Diamond 2006). Wie können Gesellschaften selbst dann an einem Entwicklungspfad festhalten, wenn er sie in den Abgrund führt? Diese Publikation sucht die Antwort in der Kultur. Neben der Umwelt bildet sie die zweite heimliche Macht im Anthropozän[1]. Denn Kultur ist der „Bauplan der Gesellschaft", der sich durch Entwicklung materialisiert. Kultur ist die „DNA der Gesellschaft", die das soziale System trotz Arbeitsteilung zusammenhält und gleichzeitig seinen Austausch mit der Umwelt reguliert. Wenn das Verhältnis zwischen System und Umwelt gestört ist, dann liegt es in erster Linie an der Kultur.

Seit Jahren jagt eine Krise die nächste: Klimakrise, Finanzkrise, Krise der Demokratie, Corona-Krise, Ukraine-Krieg. Entsprechend deutlich fällt die Diagnose der Sozialwissenschaftler*innen aus: „Globale Krise"

---

[1] Der Ausdruck „Anthropozän" steht für das Zeitalter des Menschen (Crutzen und Stoermer 2000). Er bezeichnet eine neue erdgeschichtliche Epoche: Eine Epoche, in der der Mensch die Geologie und Atmosphäre der Erde sowie die Pflanzen- und Tierwelt maßgeblich verändert.

© Der/die Autor(en), exklusiv lizenziert an Springer Fachmedien Wiesbaden GmbH, ein Teil von Springer Nature 2024
D. Brocchi, *By Disaster or by Design?*, https://doi.org/10.1007/978-3-658-42317-9_1

(Hamm 2006), „Metakrise" (Leggewie und Welzer 2009), „Multiple Krise" (Brand 2009), „VielfachKrise" (Demirović et al. 2011) und *Polykrise*[2] (Morin und Kern 1999; Homer-Dixon et al. 2021). Ob uns ein radikaler Wandel bevorsteht oder nicht – ob wir ihn wollen oder nicht – diese Fragen stellen sich heute nicht mehr: Wir sind bereits mittendrin. Die einzige Frage ist, ob der Wandel *by Disaster or by Design* stattfinden wird. Damit lehnt sich der Buchtitel an ein Zitat des Präsidenten des „Global Footprint Network" Mathis Wackernagel (2014) an. Die gleiche These wird vom US-Biogeografen Jared Diamond in seinem Werk „Kollaps. Warum Gesellschaften überleben oder untergehen" so ausgedrückt:

> „Da wir auf dem nicht-nachhaltigen Weg schnell vorankommen, werden die ökologischen Probleme der Erde in jedem Fall auf die eine oder andere Weise gelöst werden, und zwar zu Lebzeiten der heutigen Kinder und jungen Erwachsenen. Die Frage ist nur, ob es eine angenehme, von uns selbst gewählte Lösung sein wird, oder ob sie unangenehm sein wird und nicht unserer Entscheidung entspringt, ob es also beispielsweise zu Kriegen, Völkermord, Hungersnöten, Krankheitsepidemien und dem Zusammenbruch von Gesellschaften kommt" (Diamond 2006, S. 615).

Wollen wir den Wandel lieber mitgestalten, als ihn über uns ergehen zu lassen, dann entscheiden wir uns für Nachhaltigkeit. Nachhaltigkeit ist eine Notwendigkeit, weil sie der *Gegen*entwurf zu jeder Entwicklung ist, die soziale Systeme in eine Sackgasse führt. Gleichzeitig ist Nachhaltigkeit eine Chance, weil sie *für* ein gutes Leben steht, das nicht auf Kosten anderer geht – künftige Generationen inbegriffen (Brocchi 2021, S. 2). Die Debatte über einen Wandel der Gesellschaft in Richtung Nachhaltigkeit findet seit einigen Jahren unter dem Begriff „Transformation" statt (Leggewie und Welzer 2009; Grießhammer und Brohmann 2015).

---

[2] Der Begriff „Polykrise" wurde vom französischen Komplexitätstheoretiker Edgar Morin eingeführt. Damit meinte er ein Komplex von Krisen, die ineinander verwoben sind und sich überlagern. So besteht das zentrale Problem der Gegenwart nicht in einer einzelnen Bedrohung, sondern in der „komplexen Intersolidarität von Problemen, Antagonismen, Krisen, unkontrollierbaren Prozessen und der allgemeinen Krise des Planeten" (Morin und Kern 1999, S. 74; eigene Übersetzung).

Eben diese Transformation bildet den zentralen Gegenstand dieser Publikation.

Mit seinem Hauptgutachten von 2011 forderte der Wissenschaftliche Beirat der Bundesregierung Globale Umweltveränderungen (WBGU) einen „Gesellschaftsvertrag für eine Große Transformation". Seitdem steht der Begriff „Große Transformation […] hoch am Himmel, keine Diskussion kommt mehr ohne ihn aus" (Sachs 2013, S. 18). Mit „Große Transformation" meinte der WBGU den „nachhaltigen weltweiten Umbau von Wirtschaft und Gesellschaft" (WBGU 2011, S. 5). Um die menschengemachte Klimaerwärmung möglichst weit unter 2 Grad zu halten und die katastrophalsten Auswirkungen des Klimawandels abzuwenden, müsste die Große Transformation vor 2050 stattfinden und jetzt ansetzen (IPCC 2022). Ein sehr ambitioniertes Ziel, wenn man bedenkt, dass dies ein Wechsel des Energieregimes in unserer Gesellschaft bedeutet. Noch heute wird über 81 % des weltweiten Energiebedarfes durch fossile Energieträger (Öl, Kohle, Gas) gedeckt, dazu kommen 5 % Kernenergie (IEA 2021). Kaum anders sind die Verhältnisse in der Bundesrepublik: 78,8 % fossile Energieträger (BDEW 2022). Insgesamt ist unsere Lebensweise immer noch weitgehend von klimaschädlichen und nicht-nachhaltigen Energieträgern abhängig. Von ihnen muss nun rasch Abschied genommen werden.

Der WBGU fokussiert die Transformation auf die Klimakrise. Sie hat höchste Priorität, trotzdem bleibt sie nur ein Aspekt der gegenwärtigen Polykrise. Darin nähren sich die verschiedenen Krisen wechselseitig und haben gemeinsame systemische Ursachen. Und wenn eine Krise systemisch ist, dann kann sie nur systemisch überwunden werden. Genauso wird „Transformation" in den Politikwissenschaften begriffen: als ein *Systemwechsel,* sprich als ein „Übergang von einem Ordnungssystem zu einem grundsätzlich anderen System" (Merkel 1999, S. 15). In einer Transformation zur Nachhaltigkeit werden Ökologie, Ökonomie, Soziales und Kultur zusammen statt getrennt gedacht. Nachhaltigkeit zeichnet sich also durch eine multidimensionale statt monodimensionale (auf Wirtschaft zentrierte) Auffassung von Entwicklung aus.

Um die Größenordnung und die Eingriffstiefe der Transformation zur Nachhaltigkeit bewusst zu machen, die in der ersten Hälfte des

21. Jahrhunderts stattfinden soll, vergleicht der WBGU diese mit den ersten zwei großen Transformationen in der Geschichte der Menschheit. Die erste ist die neolithische Revolution, die vor circa 12.000 Jahren begann. Damals wurden Ackerbau und Viehzucht in Mesopotamien weiterentwickelt, daraufhin verbreitete sich die Landwirtschaft progressiv in der ganzen Welt. Diese Innovation ermöglichte einen Überschuss in der Nahrungsmittelproduktion. Menschen wurden sesshaft und die ersten Städte entstanden. Während vorher alle als Jagende und Sammelnde für die eigene Ernährung sorgen mussten, konnte sich nun ein Teil der Menschheit von dieser Aufgabe lösen und anderen Tätigkeiten widmen. Es bildete sich eine politische und eine religiöse Elite. Von der Landwirtschaft konnten sich nicht nur Soldaten ernähren, sondern auch Künstler und Philosophen. Egal, wie komplex die gesellschaftliche Ordnung ist, sie stützt sich noch heute auf Hacke und Pflug.

Die zweite große Transformation begann hingegen vor wenigen Jahrhunderten und führte zur Herausbildung der kapitalistisch-industriellen Gesellschaft. Diese Entwicklung wurde 1944 von Karl Polanyi in seinem Werk „The Great Transformation" beschrieben, weshalb der Sozialanthropologe als Vordenker oder gar als Vater der Großen Transformation gilt (Sachs 2013). Wesentlich für diese Transformation war die Marktwirtschaft, die „eine Veränderung der Motivation der Mitglieder der Gesellschaft" hervorrief: „Das Motiv des Lebensunterhalts [wurde] durch das Motiv des Gewinns ersetzt", schrieb Polanyi (1978, S. 70). Diese Transformation zeichnete sich auch durch eine Privatisierung der Gemeingüter aus, die ab dem 17. Jahrhundert mit der Einhegung der offenen Felder in England ansetzte (ebd., S. 61). Damals waren es die Lords, die das Ackerland in Weideflächen umwandelten, weil die Wollproduktion viel rentabler war als der Ackerbau. So wie heute in „Betongold" investiert wird, waren es damals die Schafe, die „Sand in Gold verwandelten" (ebd.). Damit wurden die Kleinbauern und Kleinbäuerinnen verdrängt, die sich bis dahin durch Subsistenzwirtschaft selbstversorgt hatten. Sie mussten nun in die Städte ziehen, um dort als Arbeitskraft zu dienen. In den neuen Fabriken verarbeiteten sie die Wolle, die auf ihren früheren Feldern erzeugt wurde, zu Textilien. Bezahlt wurden diese „Proletarier" mit einem Niedriglohn. Sie lebten trotz Überarbeitung im Elend, während die Bourgeoisie die Ware auf dem Markt absetzte und wachsende Profite einfuhr. Durch seine Studie zeigte Polanyi, dass die Erfindung der Dampfmaschine zwar die industrielle Revolution ermöglicht hatte, der eigentliche Auslöser dieses Wandels jedoch in der Marktwirtschaft und in der Kommerzlogik lag. Diese Auffassung teilte später auch der französische Historiker Fernand Braudel (1997). Da Kohle und Öl eine ganz andere Energiedichte als die alten Energieträger Holz, Wind und Wasserkraft mitbrachten, konnten sie große Maschinen bewegen. Die industrielle Massenfertigung ersetzte in weiten Teilen das Handwerk, gleichzeitig wurde das Transportwesen revolutioniert. So wurden die Fundamente für den heutigen Massenkonsum und für den Weltmarkt gelegt.

Weil große Transformationen bisher aufeinander aufbauten, wird ihre Geschichte meistens als Geschichte des *Fortschritts* erzählt. Sowohl bei der neolithischen Revolution als auch bei der industriellen Revolution korrespondierte der Wechsel des Energieregimes mit einem Wechsel des Gesellschaftsregimes. Diese Gemeinsamkeit großer Transformationen gilt heute auch für jene zur Nachhaltigkeit: Dabei geht es um wesentlich mehr als um Windräder und Elektroautos. Eine weitere Gemeinsamkeit wird auf den folgenden Seiten dargestellt: Bisher ging eine kulturelle Revolution allen großen Transformationen voraus – und begleitete sie. Denn Kultur bildet das Fundament sowohl des Energieregimes als auch des Gesellschaftsregimes. Entsprechend setzt auch eine Transformation zur Nachhaltigkeit einen kulturellen Wandel und eine „neue Kosmologie" (Latour und Schultz 2022) voraus. Ein Merkmal unterscheidet jedoch die neue Transformation von der neolithischen und von der industriellen Revolution: Diese waren „weitgehend ungesteuerte Ergebnisse evolutionären Wandels" (WBGU 2011, S. 5), wohingegen sich die nachhaltige Transformation an einer diagnostizierten Notwendigkeit und an einer Vision orientiert.

Wenn der WBGU die Transformation zur Nachhaltigkeit als „Zukunftsaufgabe" begreift (Sachs 2013, S. 19), dann setzt diese eine Ursachenforschung voraus: Welchen Zusammenhang gibt es zwischen dem bisherigen Fortschritt und der systemischen Krise? Mit dieser Frage beschäftigte sich bereits Polanyi in seinem Werk, als er mitten im Zweiten Weltkrieg nach den Gründen des Scheiterns der europäischen Zivilisation suchte. Allein die imperialistische Bosheit eines einzigen Führers konnte nicht erklären, wie es zu einer solchen Entwicklung kam: dem Ersten Weltkrieg, der großen Finanzkrise von 1929, der Krise der jungen Demokratien, dem Faschismus und schließlich dem Zweiten Weltkrieg. Die Ursachen der größten Katastrophen des 20. Jahrhunderts mussten viel tiefer liegen. Polanyi fand sie in einer „Doppelbewegung": „in der Vorherrschaft des Marktes und in der unzureichenden Antwort der Gesellschaft darauf" (ebd., S. 20). Er hielt „die Idee eines selbstregulierenden Marktes [für] eine krasse Utopie […]. Eine solche Institution konnte über längere Zeiträume nicht bestehen, ohne die menschliche und natürliche Substanz der Gesellschaft zu vernichten" (Polanyi 1978, S. 19 f.). Da die Gesellschaft auch nach 1945 an der „krassen Utopie" festhielt und diese im Rahmen der neoliberalen Globalisierung sogar universalisierte, hat Polanyis Diagnose bis heute Bestand. Darauf deuten die Parallelen der letzten Jahrzehnte mit den Entwicklungen von damals hin: Von der Deregulierung der Märkte über die Finanzkrise, die Krise der Demokratie, die autoritären Entwicklungen in verschiedenen Ländern bis zu internationalen Polarisierungen und militärischen Auseinandersetzungen. Selbst die ökologische Krise hatte Polanyi vorhergesehen. Sollten wir vor diesem Hintergrund wirklich noch „mehr Fortschritt wagen"?

Die kapitalistisch-industrielle Transformation, die die Welt gerade in den Abgrund führt, hat ihren Ursprung in *westlichen* Gesellschaften: Darauf fokussieren sich die folgenden Kapitel. Von der bisherigen Entwicklung haben diese Gesellschaften am meisten profitiert. Drei weitere Gründe erklären die Eingrenzung der Perspektive auf den Westen:

„Erstens, weil Gesellschaften dieses Typs vor anderen Entwicklungsaufgaben stehen als etwa die sogenannten Schwellenländer – Armuts- und Hungerbekämpfung oder die Einrichtung von basalen Versorgungsinfrastrukturen stehen hier nicht im Vordergrund, sondern viel eher die Bewahrung eines erreichten zivilisatorischen Niveaus. Zweitens hat ein Großteil der Bewohnerinnen und Bewohner solcher Gesellschaften aufgrund ihrer in vielerlei Hinsicht relativ komfortablen Lebensbedingungen *Spielräume zur Gestaltung* ihrer beruflichen und privaten Handlungsbedingungen, die wir definieren können und die die Voraussetzung für unsere Lebensbedingungen bilden, wie notwendige Transformationen gestaltet werden können. Schließlich ergibt sich drittens aus diesen Gestaltungsspielräumen sowie dem historischen und aktuellen Niveau des Naturverbrauchs auch die Verantwortung für Transformationen in Richtung Nachhaltigkeit" (Sommer und Welzer 2014, S. 15).

In dieser Untersuchung kommt ein besonders wichtiger Grund hinzu: Wenn die Kultur die zweite heimliche Macht im Anthropozän ist, dann ist damit vor allem die westlich geprägte „Hochkultur" gemeint.

In diesem Werk wird „Kultur" sowohl weit als auch eng verstanden. Während der erweiterte Kulturbegriff eine querliegende, allumfassende Dimension der Gesellschaft meint, die Aspekte wie Sprache, Wertvorstellungen, Weltbilder, Glaubenssätze, Rituale und Moden umfasst, beschränkt sich der enge Kulturbegriff auf einen gesellschaftlichen Bereich neben anderen. In Deutschland werden meistens nur die Künste dazu gezählt, entsprechend beschränkt ist der Kompetenzbereich der Kulturpolitik. Dem Horizont der gesellschaftlichen Transformation wird also die Auffassung der UNESCO deutlich gerechter. Neben den Künsten zählt sie auch die Bildung, die Wissenschaften und die Medien zum Kulturbereich.

Im erweiterten Sinne ist Kultur das geistige Programm, das jeder gesellschaftlichen Entwicklung zugrunde liegt. Wenn sich unsere Gesellschaft heute in einer Polykrise befindet, dann hat dies auch kulturelle Ursachen. Das westlich geprägte Kulturprogramm, das sich in der kapitalistisch-industriellen Gesellschaft entwickelt hat, ist jenes der *Modernisierung*. Die Modernisierungstheorien können „als das soziologische Äquivalent zur ökonomischen Wachstumstheorie" begriffen werden (Eblinghaus und Stickler 1996, S. 20). Sie basieren auf der Auffassung, dass die Geschichte der Menschheit ein lineares Kontinuum von Entwicklungsphasen ist: von einfachen, traditionellen Gesellschaftsformen zu modernen, komplexeren Gesellschaftsformen (Parsons 1969). Was der Fortschritt beschreibt, gibt die Modernisierung der Gesellschaft vor. Indem sich die westliche Gesellschaft an der Spitze der menschlichen Entwicklung sieht, macht sie sich zum Modell für die ganze Welt.

Wenn sich Kulturen (im erweiterten Sinne) durch die Art und Weise unterscheiden, wie Menschen „mental programmiert" werden (Hofstede und Hofstede 2009, S. 3), dann stellt sich die Frage, durch welche Instanzen und Prozesse diese „mentale Programmierung" in der Gesellschaft stattfindet.[3] Wie kommen Wertvorstellungen, Weltbilder und Glaubenssätze in die Köpfe der Menschen? Hier spielt der Kulturbereich (Bildung, Wissenschaften, Künste und Medien) eine zentrale Rolle. Er beeinflusst unsere Wahrnehmung der Welt, unsere Entscheidungen und unser Verhalten. Mit anderen Worten: Der Kulturbereich trägt immer eine gesellschaftliche Verantwortung. Die Frage ist nur, für *welche* Gesellschaft und für *welche* Entwicklung – und ob diese mehr oder minder nachhaltig sind.

Während im Zuge der Kolonisierung Missionare und Soldaten die westliche Kultur auf anderen Kontinenten durchsetzten, dienen im Rahmen der Globalisierung die Bildung, die Medien, die Werbung, sogar das Hollywood-Kino und die Popmusik der „Verwestlichung der Welt" (Latouche 1994). Auch wenn China, Indien oder Brasilien eigene Akzente in der Kulturproduktion und in der Kulturvermittlung setzen, orientieren sich ihre Eliten am westlichen Kulturprogramm, sodass bisher selbst dort dem kapitalistisch-industriellen Entwicklungspfad gefolgt wurde. Die kulturelle Globalisierung ist auch eine Globalisierung bestimmter Medien (Donges et al. 1999), so haben sich das Fernsehen und das Internet in allen Ländern durchgesetzt. Wenn die Weltgesellschaft heute in eine Polykrise hineingeraten ist, dann ist dies vermutlich auch das Ergebnis dieser Monokultur. Denn nicht nur ökologische Monokulturen sind anfällig für Krisen, sondern auch geistige und mediale Monokulturen. Entsprechend stellt die Vielfalt ein wichtiges Fundament der Nachhaltigkeit dar (UNESCO 2001, S. 2).

Aus diesen Gründen hat die Große Transformation eine kulturpolitische Relevanz. Daraus ergeben sich die Ziele und Fragestellungen dieser Untersuchung.

---

[3] Der Kulturwissenschaftler Geert Hofstede verwendet eine Metapher, um die Relevanz und Wirkung von Kultur in der Gesellschaft zu erklären: Kultur ist die „Software of the Mind". Wenn die Kultur das „mentale Programm" ist, dann sind Erziehung und Bildung die Art und Weise, wie Menschen „mental programmiert" werden. Wahrscheinlich wurde Hofstede durch das internationale IT-Unternehmen IBM zu seiner Metapher inspiriert. Unter dessen Mitarbeiter*innen führte er eine große kulturvergleichende Studie durch. Natürlich meint Hofstede mit dieser Metapher nicht, dass Menschen wie Computer funktionieren (Hofstede und Hofstede 2009, S. 3). Nah am Hofstedes Verständnis von Kultur ist diese Definition des Philosophen Ludger Heidbrink (2007b, S. 116): „Kultur lässt sich als *Steuerungsprogramm* verstehen, das zur gelingenden Selbstorganisation ausdifferenzierter gesellschaftlicher Subsysteme beiträgt".

1.1 Ziele und Fragen

Erstens herrscht allgemein ein reduktionistisches Verständnis von Transformation, Nachhaltigkeit und Kulturpolitik, das an sich die transformative Kraft der entsprechenden Diskurse entschärft. Diese Publikation will dem entgegenwirken und zeigen, warum Nachhaltigkeit deutlich mehr als technologische Innovation, Kultur deutlich mehr als eine Kunstausstellung und Politik deutlich mehr als Verwaltung ist.

Obwohl die Verbindung der Nachhaltigkeits- und Kulturdiskurse das Potenzial eines gegenseitigen Paradigmenwechsels hat, bleibt sie oft eine schöne Wunschvorstellung ohne differenzierte Tiefe. Denn die Nachhaltigkeitsdebatte ist lange mit naturwissenschaftlichen, technischen und wirtschaftspolitischen Begrifflichkeiten geführt worden, sodass Kultur darin nur am Rande vorkam. Gleichzeitig ist die Auseinandersetzung mit der Finanzbuchhaltung in der Kulturpolitik und in den Geisteswissenschaften immer noch selbstverständlicher als jene mit Nachhaltigkeit.

Diese Publikation ist ein weiterer Beitrag zur Überwindung dieses „zweifachen Defizits" (Kurt und Wagner 2002, S. 15 f.; Heidbrink 2007a). Die kulturelle Perspektive kann den Horizont der Nachhaltigkeitsdiskurse erweitern und darin das Prinzip verankern, dass Probleme niemals mit derselben Denkweise gelöst werden können, durch die sie entstanden sind (Albert Einstein). Gleichzeitig bietet Nachhaltigkeit die Möglichkeit, die Bildung, die Wissenschaften, die Medien und die Künste zu defunktionalisieren bzw. zu emanzipieren, denn vor allem das trägt zu einer Transformation als gesellschaftlichem Lernprozess bei. Es geht zudem darum, die Kulturproduktion und -vermittlung innerhalb der ökologischen und sozialen Beziehungen neuzudenken statt außerhalb.

Zweitens zeigt diese Untersuchung, warum die Transformation und die Nachhaltigkeit vordergründig eine soziale und eine kulturelle Frage sind und als solche gestellt werden sollten. *Wie ist also ein friedliches Zusammenleben in der Vielfalt auf einem physisch begrenzten Planeten möglich?* Durch Kooperation funktioniert es vermutlich besser als durch freien Wettbewerb. Doch Kooperation fällt den Menschen besonders schwer, wenn sie zu einem egoistischen „Homo oeconomicus" erzogen worden sind. Deshalb benötigt eine nachhaltige Transformation ein „realistisches Menschenbild" (Bregman 2022).

Wenn das Verhältnis zur Umwelt von den sozialen und kulturellen Verhältnissen innerhalb der Gesellschaft abhängt, dann setzt die Überwindung des Klimawandels oder der internationalen Polarisierungen eine Änderung der innergesellschaftlichen Verhältnisse voraus. Anders als die Modernisierung hat Nachhaltigkeit auch einen reflexiven Charakter.

Die *soziale Nachhaltigkeit* geht von der Erkenntnis aus, dass in der Geschichte der Menschheit die soziale Ungleichheit und die Herrschaftsverhältnisse eine wesentliche Ursache für den Zusammenbruch von Zivilisationen gewesen sind. Die *kulturelle Nachhaltigkeit* erkennt hingegen eine dreifache Herausforderung in der Großen Transformation. Die erste besteht darin, eben die Kultur zu ändern, in der wir selbst erzogen worden sind. Selbst nach der Hochwasser-Katastrophe von 2021 wollen die meisten Menschen im Ahrtal lieber zur alten „Normalität" zurückkehren als die postfossile Transition zu designen. Auch die Akteure und Akteurinnen, die die Nachhaltigkeitsdebatte führen, sind teilweise in einer nicht-nachhaltigen Kultur sozialisiert worden. Die zweite Herausforderung liegt in der Tatsache, dass Kulturwandel zwar die tiefgreifendste Form gesellschaftlichen Wandels darstellt, aber in der Regel viel Zeit, Geduld und Ausdauer in Anspruch nimmt. Kann die Polykrise noch auf ihre Lösung warten, bis der Kulturwandel vollzogen ist? Die dritte Herausforderung stellt die Tatsache dar, dass Werteinstellungen vor allem aus dem Unbewussten heraus wirken und sich deshalb nicht wirklich greifen lassen (Hofstede und Hofstede 2009, S. 8). Man kann Menschen geistig nicht so umprogrammieren, wie man es gerne hätte, weil sie keine Maschinen sind: zum Glück! Denn dies könnte wiederum bedeuten, dass Jahrhunderte systematischer nicht-nachhaltiger Erziehung unsere innere Lebendigkeit nicht komplett vernichtet haben.

Drittens hängt unsere Zukunft weniger vom Klima und von der Umwelt ab: Entscheidender ist der Faktor Mensch. Während sich die Naturwissenschaften mit Objekten beschäftigen, fokussieren die Geisteswissenschaften auf das Subjekt und seine Beziehung zur Welt.

Dabei lautet die zentrale Frage: Wie kann ein kognitiv und physisch begrenztes Wesen wie der Mensch Komplexität handhaben?

In der Systemtheorie wird Komplexität mit dem Begriff „Umwelt" umschrieben (Krieger 1998, S. 16). Aus dieser Perspektive ist der Umgang mit Komplexität identisch mit dem Umgang mit der Umwelt. Wenn der Mensch nicht einmal „Herr seiner selbst" ist (Freud 2001, S. 294 f.), dann kann die Möglichkeit der Beherrschung der Umwelt (Fortschritt) nur bloße Einbildung sein. Wir Menschen sind bereits durch die innere Wachstumslogik des Systems und seine Beschleunigung erschöpft (Rosa 2005; Ehrenberg 2015) – und nun kommt die große Last der Polykrise hinzu. „Können wir der Welt, in der wir leben, überhaupt noch gerecht werden?" (Selke 2022, S. 29).

Aus systemtheoretischer Perspektive ist die Kultur eine besondere Strategie, um Komplexität zu reduzieren, sprich, um die Möglichkeit von Überforderung und Überlastung zu minimieren (Brocchi 2015). Im Westen erzeugte die Kultur schon immer eine Abgrenzung zu einer Umwelt, die als Chaos empfunden wird. Innerhalb der mental gesetzten Grenzen wird die Komplexität auf künstliche Ordnungen reduziert und im Extremfall durch Monokulturen ersetzt, die als solche besonders krisenanfällig sind. So wohnt in der Strategie der Komplexitätsreduktion die Möglichkeit des Scheiterns inne (Dörner 2002). Wie also kann die Kultur einem Wandel *by Design* statt *by Disaster* dienen?

Diese Untersuchung geht von der Annahme aus, dass für die Nachhaltigkeitstransformation die menschlichen Grenzen mindestens genauso relevant wie die planetarischen sind. So sollte die Große Transformation menschengerecht gestaltet werden. In der Nachhaltigkeit geht es nicht darum, einen Übermenschen zu formen. Stattdessen sollten die gesellschaftlichen Strukturen vermenschlicht werden, zum Beispiel durch ihre Dezentralisierung. Während eine selbstreferenzielle Kultur (Ideologie) die Komplexität auf eine Monokultur reduziert, ermöglicht eine lernorientierte Kultur die Kommunikation mit der Umwelt sowie Prozesse der Co-Evolution.

Viertens zielen die nächsten Kapitel auf eine Denormativisierung des Nachhaltigkeitsdiskurses ab. Denn die Normativität steht der Großen Transformation aus mindestens drei Gründen im Weg:

(a) Eine Nachhaltigkeit als moralischer Appell beruhigt vielleicht das Gewissen, bleibt aber meistens ohne Folgen. Die Menschen tun nicht unbedingt, was sie wissen. Mehr als Informationen und bewusste Überlegungen beeinflussen unbewusste Emotionen, verinnerlichte Werte und Gewohnheiten unser Verhalten (Ruch und Zimbardo 1974, S. 366; Wehling 2019, S. 48). Auf den Habitus kommt es viel mehr an als auf das Wort.
(b) Eine normative Nachhaltigkeit bietet Raum für Illusionen, Einbildungen und Selbsttäuschungen. Darin können sich auch nichtnachhaltige Glaubenssätze vervielfältigen und sich selbst neu legitimieren. Nicht immer ist nachhaltig, was als „nachhaltig" bezeichnet wird, und nicht immer wird das, was nachhaltig ist, so bezeichnet.
(c) Durch die Normativität werden die Asymmetrien der Modernisierung reproduziert. So wird in Sachen Nachhaltigkeit die Lösungskompetenz Expert*innen zugeschrieben und vor allem in den westlichen Industrieländern verortet (Eblinghaus und Stickler 1996, S. 117). Braucht Nachhaltigkeit wirklich eine neue Elite, die eine Masse belehrt?

In dieser Publikation bezeichnet Nachhaltigkeit eine Qualität im Verhältnis von Wahrnehmung und Wirklichkeit beziehungsweise von System und Umwelt. In der Finanzkrise 2008 galten die Banken als „systemrelevant" und wurden entsprechend gerettet – anders als das Klima. Ein solches Verhalten drückte die Tendenz von mentalen und sozialen Systemen zur Selbstreferenzialität aus (vgl. Luhmann 2004). Nachhaltig ist aber das, was dieser Selbstreferenzialität entgegenwirkt und die Kommunikation mit der Wirklichkeit beziehungsweise mit der Umwelt fördert.

Fünftens kann Transformation nicht nur aus Büchern gelernt werden: „Nachhaltigkeitstransformation ist eine Sache der Praxis" (Welzer 2019). Sie kann nicht von oben herab erforscht werden: Das Subjekt selbst muss sich darin aufs Spiel setzen und mit dem „Objekt" auf Augenhöhe interagieren. Dieses Subjekt ist nicht einfach nur Forscher*in, sondern „Aktionsforscher*in" (Lewin 1948, S. 278–298) und „Co-Designer*in" (Singer-Brodowski und Schneidewind 2019). Nur als

Teil des Prozesses können die Forschenden die Bedeutung von psychosozialen Faktoren in der Transformation überhaupt erfassen. Dabei gibt es keinen Königsweg hin zur Nachhaltigkeit. Denn jedes soziale System und jeder Mensch hat seine Eigenart und seinen Eigensinn. Diese Einzigartigkeit muss zuerst erfasst werden, um eine Transformationsstrategie zu gestalten, die ihr gerecht wird. Während die kapitalistisch-industrielle Transformation ein Prozess der progressiven Standardisierung ist, liegt die Kraft der Nachhaltigkeit in der Entfaltung der Vielfalt. Einen Königsweg gibt es auch deswegen nicht, weil die nachhaltige Transformation durch Spannungsfelder gesteuert werden muss, zum Beispiel zwischen Sozialkapital und ökonomischem Kapital: Ist unentgeltliche Solidarität in stark ökonomisierten Kontexten überhaupt möglich? Können Kunst oder Wissenschaft wirklich frei sein, wenn sie vom Geld abhängig sind?

In dieser Untersuchung werden immer wieder Erkenntnisse aus der Praxis miteinbezogen. Zwei kulturpolitische Beispiele werden dabei etwas genauer unter die Lupe genommen:

- *Regionale Kulturpolitik im Oberen Mittelrheintal* (zwischen Koblenz und Bingen beziehungsweise zwischen Lahnstein und Rüdesheim): Dort war der Autor im Jahr 2019 Prozessbegleiter im Rahmen des Programms „TRAFO – Modelle für Kultur im Wandel" der Kulturstiftung des Bundes. In diesem Zuge hat er 16 Interviews mit Expert*innen geführt und die Studie „Wandel durch Kultur – Kultur im Wandel. Neue Entwicklungspfade für die Region Oberes Mittelrheintal" verfasst (Brocchi 2019).
- *Nachhaltigkeit in der Soziokultur.* Am Institut für Kulturpolitik der Universität Hildesheim wurde 2018 das Forschungsprojekt „Nachhaltigkeitskultur entwickeln" von Dr. Christian Müller-Espey und Prof. Dr. Wolfgang Schneider ins Leben gerufen und 2020 von Kristina Gruber und dem Autor zu Ende geführt. Dabei ging es um die Frage, wie Nachhaltigkeit in deutschen soziokulturellen Einrichtungen stärker verankert werden kann. Das wichtigste Ziel des Projektes war die Ausarbeitung eines Nachhaltigkeitskodexes für die Soziokultur. Als Vorbild dafür diente der Nachhaltigkeitskodex für

Wirtschaft und Unternehmen, der 2011 vom Rat für nachhaltige Entwicklung initiiert und gefördert wurde.

Eine Analyse der Gemeinsamkeiten zwischen den beiden Praxisbeispielen zeigt, wie sich das dominante Kulturprogramm der Modernisierung nicht nur in der Nachhaltigkeitsdebatte niederschlägt, sondern auch in der Kulturpolitik. Nachhaltig kann jedoch nur eine Kulturpolitik jenseits der Modernisierung sein. Wenn kulturelle Vielfalt die Gesellschaft resilienter macht, dann können ländliche Regionen und soziokulturelle Zentren einen potenziellen Raum dafür bieten.

Sechstens möchte diese Publikation eine Brücke zwischen getrennten Sphären der Kulturforschung schlagen. In Deutschland orientiert sie sich entweder am weiten Kulturbegriff oder am engen Kulturbegriff. So hat das Kulturwissenschaftliche Institut (KWI) in Essen wichtige Beiträge zur „Kultur der Verantwortung" (durch Ludger Heidbrink) und zu „KlimaKulturen" (Claus Leggewie und Harald Welzer) geliefert, die aber in der Kulturpolitik wenig Beachtung fanden. Andersherum gab es 2002 im Vorfeld des Weltgipfels für Nachhaltige Entwicklung in Johannesburg verschiedene kulturpolitische Initiativen in Deutschland, wie zum Beispiel das „Tutzinger Manifest für die Stärkung der kulturell-ästhetischen Dimension Nachhaltiger Entwicklung". Diese fanden jedoch in der Forschung im KWI kaum Beachtung.

In den folgenden Kapiteln werden diese Perspektiven miteinander verknüpft, auch anhand transdisziplinärer Ansätze wie der Kulturökologie. Die neuen Impulse, die die transformative Wende ab 2009 in die Nachhaltigkeitsdebatte gebracht hat, können eine „transformative Kulturpolitik" anstoßen. Eine Transformation durch Kulturpolitik impliziert eine Transformation in der Kulturpolitik selbst.

1.2 Inhaltliche Struktur

Die gegenwärtige Polykrise ist keine unerwartete Naturkatastrophe, sondern das Resultat einer bestimmten gesellschaftlichen Entwicklung und von bewussten Entscheidungen – Entscheidungen, die „im Rahmen privater und/oder staatlicher Organisationen getroffen werden

[…], auf der Grundlage eines Kalküls, bei dem Gefahren als unvermeidliche Schattenseite des Fortschritts gelten" (Beck 2008, S. 17). Ohne diese künstliche Nicht-Nachhaltigkeit zu überwinden, kann keine Nachhaltigkeit gelingen. Während der erste Teil dieser Publikation die Ursachen des Wandels *by Disaster* erforscht, fokussiert sich der zweite Teil auf den Wandel *by Design,* sprich auf die Transformation als Gegenwartsaufgabe. Denn solange die Transformation zur Nachhaltigkeit eine Aufgabe der Zukunft bleibt, wird die Gestaltung der Gegenwart den nicht-nachhaltigen Kräften überlassen.

Teil I. Wandel by Disaster: Ursachenforschung (Kap. 2–4) Hier wird der Zusammenhang zwischen Fortschritt und Krise behandelt. Die neolithische und die industrielle Revolution hätten sich nie ereignen können, wenn ihnen nicht eine *kulturelle Revolution* vorausgegangen wäre. So fand vor circa 70.000 Jahren eine „kognitive Revolution" statt, daraufhin wurden das Alphabet und die ersten Medien erfunden (Harari 2013). Es waren die Kultur und die Medien, die Gesellschaft überhaupt möglich machten. Später waren es die Erfindung des Buchdrucks und die wissenschaftliche Revolution, die der industriellen Revolution den Weg ebneten und den großen Vorsprung des Menschen über den Rest der Natur ermöglichten. Die Modernisierung und die neoliberale Globalisierung sind Entwicklungsmodelle, die die Welt nach dem Vorbild einer Idee gestalten (Rationalisierungsprozess). Ihre Logik besteht aus drei zusammenhängenden Dynamiken im Verhältnis System-Umwelt: die Internalisierung von Ordnung (Catton 1980; Heinberg 2008), die Externalisierung von Unordnung (Lessenich 2017) und die expansive Dynamik. Dabei versuchen die Wohlstandsinseln, die Unordnung (Folgen des Klimawandels, Abfall, Armut, Konflikte…) durch „Grenzen als Sortiermaschinen" fernzuhalten (Mau 2021). Wie können Massen von Menschen diese Entwicklung hinnehmen oder ertragen, selbst wenn sie deren Opfer sind? In Demokratien basiert die gesellschaftliche Ordnung nicht mehr auf der Androhung von Gewalt, sondern auf der Macht von Kultur.

Die „große Erzählung" (Lyotard 1999) des Fortschritts ist jene eines stetig steigenden Wohlstands für alle. Tatsächlich stellt sich diese Erzählung heute immer mehr als Illusion dar. Das Kapitel „Transformation als Polykrise" fokussiert sich auf eine Entwicklung, die schon von Karl Polanyi prophezeit wurde. Anders als der Fortschritt glauben lässt, stellt die Zukunft keine lineare, planbare Fortführung der Vergangenheit dar, denn es drohen „Kipppunkte" (Tipping Points). Je länger die Gesellschaft an nicht-nachhaltigen Denkmodellen festhält, desto wahrscheinlicher werden harte Entwicklungsbrüche. Gesellschaftliche Krisen sind oft die Folge eines „anästhetischen Zustandes" (Welsch 2003), beziehungsweise einer Unfähigkeit zu lernen.

Die Krise der Gesellschaft ist auch eine Krise ihrer Kulturpolitik. In Kap. 4 wird beschrieben, warum die Kulturpolitik selbst in der Systemlogik gefangen ist – und deshalb unfähig, der Umweltlogik gerecht zu werden. Trotzdem werden gesellschaftliche Krisen in der Kulturpolitik aufgegriffen, vor allem wenn sie sich auf den eigenen Kompetenzbereich auswirken.

Teil II. Gegenwartsaufgabe: Wandel by Design (Kap. 5–7) Krisen können aber auch eine Chance sein: Eben auf dieser Hoffnung basiert die Möglichkeit einer „Transformation als Systemwechsel" (Kap. *5*). Damit beginnt der zweite Teil der Publikation. Ein Wandel *by Design* setzt zunächst eine „Dekontaminierung" der bisherigen Nachhaltigkeitsdebatte voraus, das heißt ihre Emanzipation vom alten Kulturprogramm der Modernisierung. So ist Nachhaltigkeit in ihrem weiten Verständnis ein Dachbegriff für „Visionen einer anderen Entwicklung" (Tarozzi 1990). Einerseits steht der Begriff für Krisen-Resilienz, andererseits für die Frage nach dem guten Leben. In beiden Fällen meint Nachhaltigkeit mehr Gemeinwesen statt Privatwesen: Warum und wozu müssen wir immer weiter wachsen, wenn wir auch miteinander teilen und gerecht umverteilen können? Eine Transformation zur Nachhaltigkeit kann nur als systemische Wende gelingen. Sie beinhaltet einen Prozess der Demokratisierung und die Wiedereinbettung der Wirtschaft in die Gesellschaft. Die Transformation wird aus dem Lokalen heraus vorangetrieben, dabei sind Räume als Gemeingut, eine „erweiterte Agora" sowie neue Allianzen entscheidend. Nachhaltigkeit und Modernisierung unterscheiden sich nicht nur in Bezug auf Ziele und Handelnde, sondern auch im Transformationsdesign.

Es kann aber keine große Transformation ohne Kulturwandel geben (Kap. 6). Ab 2000 hat es im deutschsprachigen Raum mehrere Versuche gegeben, Brücken zwischen Kultur und Nachhaltigkeit beziehungsweise zwischen Kultur und Transformation zu schlagen. Sie werden in zwei Stränge unterteilt, die jeweils einem anderen Kulturverständnis entsprechen: Kultur als gesellschaftlicher Bereich und Kultur als allumfassende Dimension der Gesellschaft. Die Kulturökologie hat das Potenzial, die verschiedenen Ansätze zwischen Kultur und Nachhaltigkeit in einer einheitlichen Theorie zusammenzubringen. In der Praxis können Möglichkeiten der gesellschaftlichen Selbstreflexion, der intra- und interkulturelle Dialog, ein Wandel in den Medien, eine systemische Kulturbewegung, transformative Spielwiesen sowie neuartige Rituale zu einem Kulturwandel beitragen.

Wie verhält sich die Kulturpolitik zur Transformation? Darum geht es in Kap. 7. Die Auseinandersetzung mit den zwei Praxisbeispielen (der Kulturregion Oberes Mittelrheintal und der Soziokultur) dient der tieferen Analyse. An dieser Stelle werden die Spannungsfelder und die Ambivalenzen erkennbar, die immer dann entstehen, wenn es darum geht, diejenige Kultur zu ändern, die uns ausmacht. Die Erkenntnisse aus der gesamten Untersuchung fließen jeweils samt Empfehlungen in eine Darstellung der wesentlichen Elemente einer *transformativen Kulturpolitik* ein. Das Werk schließt mit einer kurzen Zusammenfassung der behandelten Inhalte.

1.3 Methodologische Anmerkungen

Über Transformation, Kultur oder Nachhaltigkeit gibt es bereits unzählige Publikationen, jedoch noch nicht so viele, die die eigentliche Komplexität der jeweiligen Untersuchungsgegenstände bewusst machen und ihre Wechselwirkungen behandeln. Die Fragen, die hier gestellt werden, bewegen mich seit Jahrzehnten: als Mensch, als Bürger und als Wissenschaftler. Einerseits orientiert sich diese Recherche am Wunsch, die Zusammenhänge und die Dynamiken verstehen zu wollen. Andererseits lädt diese Untersuchung zum Perspektivenwechsel ein.

Darin bin ich geübt, da ich 1992 von Italien nach Deutschland zog und seitdem hier lebe. Wie ein Ethnologe hinterfragt der Migrant die gesellschaftliche „Selbstverständlichkeit", denn keine Normalität kann vor dem Fremdblick universelle Gültigkeit erlangen. Alles, was im Rahmen von Kultur stattfindet, kann eben nur relativ sein und damit veränderbar statt „alternativlos". Das ist die Sicht, die dieses Buch prägt.

Wie kann aber eine Kultur erforscht werden, wenn diese vor allem aus dem Unbewussten heraus wirkt? Wer die Denkweise eines Architekten verstehen will, muss sein Gebäude erforschen. Genauso untersucht der erste Teil dieses Buches die Muster in der Entwicklung der Gesellschaft (ihre Erzeugnisse, Symbole, Praktiken und Rituale), um auf das Kulturprogramm dahinter zurückzuschließen. Im Gegensatz zu einer Forschung, die nur dann als wissenschaftlich gilt, wenn sie durch das Mikroskop stattfindet, zeichnet sich diese Untersuchung durch eine systemische Sichtweise sowie Inter- und Transdisziplinarität aus. So kann die Wissenschaft der Komplexität der Zusammenhänge am besten gerecht werden. Einerseits werden Theorien und Ansätze von Sozial-, Geistes- und Naturwissenschaften aufgegriffen, andererseits dienen die Philosophie, die Systemtheorien und die Kulturökologie (Finke 2003) immer wieder als Brücken zwischen den Perspektiven.

Zum großen Teil basiert diese Untersuchung auf Diskursanalyse, Literatur- und Internetrecherche. Dabei wird die Theorie immer mit der Praxis verbunden. Während im ersten Teil die Praxis durch das historische Geschehen vertreten ist, geht es im zweiten Teil um die Praxis der Nischen und der Reallabore, in denen die Transformation zur Nachhaltigkeit erprobt wird. Mithilfe von Methoden der empirischen Sozialforschung, zum Beispiel Befragungen und Workshops, konnten weitere Erkenntnisse gewonnen werden. Diese flossen in die Studien über die regionale Kulturpolitik und die Transformation der Soziokultur ein.

Frühere Versionen einiger Abschnitte wurden bereits in anderer Form veröffentlicht. In den folgenden Kapiteln sind die betroffenen Stellen entsprechend kennzeichnet.

Literatur

BDEW (2022): Die Energieversorgung 2022. Berlin: Bundesverband der Energie- und Wasserwirtschaft e. V. (BDEW).
Beck, Ulrich (2008): Weltrisikogesellschaft. Frankfurt/Main: Suhrkamp.
Brand, Ulrich (2009): Die Multiple Krise. Berlin: Heinrich Böll Stiftung. https://www.boell.de/sites/default/files/multiple_krisen_u_brand_1.pdf (Zugriff: 26. 3. 2023).
Braudel, Fernand (1997): Die Dynamik des Kapitalismus. Stuttgart: Klett-Cotta.
Bregman, Rutger (2022): Im Grunde gut. Hamburg: Rowohlt.
Brocchi, Davide (2015): Nachhaltigkeit als kulturelle Herausforderung. In: Vera Steinkellner (Hrsg.), CSR und Kultur. Corporate Cultural Responsibility als Erfolgfaktor in Ihrem Unternehmen. Berlin/Heidelberg: Springer-Gabler, 2015. S. 41–70.
Brocchi, Davide (2019): Wandel durch Kultur – Kultur im Wandel. Neue Entwicklungspfade für die Region Oberes Mittelrheintal. Eine Studie im Auftrag des Zweckverbandes Welterbe Oberes Mittelrheintal, Sankt Goarshausen. Köln: Eigenverlag. https://www.davidebrocchi.eu/wp-content/uploads/2019/08/2019_Studie_Kulturwandel_Region_Oberes_Mittelrheintal-Davide_Brocchi.pdf (Zugriff: 16. 4. 2023).
Brocchi, Davide (2021): Die Große Transformation der Stadt. In: EthikJournal Nr. 1/2021. https://www.ethikjournal.de/fileadmin/user_upload/ethikjournal/Texte_Ausgabe_2021_1/Brocchi_Ethikjournal_1.2021.pdf (Zugriff: 16. 4. 2023).
Catton, William (1980): Overshoot: The Ecological Basis of Revolutionary Change. Champaign: University of Illinois Press.
Crutzen, Paul J.; Stoermer, Eugene F. (2000): The Anthropocene. In: Global Change Newsletter, IGBP 41, Mai 2000. S. 17–18.
Demirović, Alex; Dück, Julia; Becker, Florian; Bader, Pauline (Hrsg.) (2011): VielfachKrise. Im finanzdominierten Kapitalismus. Hamburg: VSA Verlag.
Diamond, Jared (2006): Kollaps: Warum Gesellschaften überleben oder untergehen. Frankfurt/Main: S. Fischer.
Donges, Patrick; Jarren, Otfried; Schatz, Heribert (Hrsg.) (1999): Globalisierung der Medien? Opladen: Westdeutscher Verlag.
Dörner, Dietrich (2002): Die Logik des Mißlingens. Reinbek bei Hamburg: Rowohlt.

Eblinghaus, Helga; Stickler, Armin (1996): Nachhaltigkeit und Macht. Frankfurt/Main: IKO – Verlag für interkulturelle Kommunikation.
Ehrenberg, Alain (2015): Das erschöpfte Selbst. Frankfurt/Main: Campus.
Finke, Peter (2003): Kulturökologie. In: Vera Nünning, Ansgar Nünning (Hrsg.), Konzepte der Kulturwissenschaften. Stuttgart: Metzger. S. 249–279.
Freud, Sigmund (2001): Gesammelte Werke. Bd. 11: Vorlesungen zur Einführung in die Psychoanalyse. Frankfurt/Main: S. Fischer.
Grießhammer, Rainer; Brohmann, Bettina (2015): Wie Transformationen und gesellschaftliche Innovationen gelingen können. Dessau-Roßlau: Umweltbundesamt.
Hamm, Bernd (2006): Die soziale Struktur der Globalisierung. Berlin: Kai Homilius.
Harari, Yuval Noaḥ (2013): Eine kurze Geschichte der Menschheit. München: Pantheon.
Heidbrink, Ludger (2007a): Von der Natur- zur sozialen Katastrophe. In: Die Zeit 30.10.2007. https://www.zeit.de/2007/45/U-Klimakultur (Zugriff: 8. 5. 2023).
Heidbrink, Ludger (2007b): Handeln in der Ungewissheit. Paradoxien der Verantwortung. Berlin: Kadmos.
Heinberg, Richard (2008): Öl-Ende. „The party's over". Die Zukunft der industrialisierten Welt ohne Öl. München: Riemann.
Hofstede, Geert; Hofstede, Jan (2009): Lokales Denken, globales Handeln. München: dtv.
Homer-Dixon, Thomas; Renn, Ortwin; Rockstrom, Johan; Donges, Jonathan F.; Janzwood, Scott (2021): A Call for An International Research Program on the Risk of a Global Polycrisis. In: Social Science Research Network, Rochester (NY), 16.12.2021. https://papers.ssrn.com/sol3/papers.cfm?abstract_id=4058592 (Zugriff: 14. 4. 2023).
IEA (2021): IEA World Energy Balances database. Paris: International Energy Agency (IEA).
IPCC (2022): Sechster IPCC-Sachstandsbericht (AR6). Beitrag von Arbeitsgruppe III: Minderung des Klimawandels. Hauptaussagen aus der Zusammenfassung für die politische Entscheidungsfindung (SPM). https://www.de-ipcc.de/media/content/Hauptaussagen_AR6-WGIII.pdf (Zugriff: 16. 4. 2023).
Krieger, David J. (1998): Einführung in die allgemeine Systemtheorie. München: Fink.

Kurt, Hildegard; Wagner, Bernd (2002): Kultur – Kunst – Nachhaltigkeit. Essen: Klartext Verlag.
Latouche, Serge (1994): Die Verwestlichung der Welt. Frankfurt/Main: dipa.
Latour, Bruno; Schultz, Nikolaj (2022): Zur Entstehung einer ökologischen Klasse. Berlin: Suhrkamp.
Leggewie, Claus; Welzer, Harald (2009): Das Ende der Welt, wie wir sie kannten. Frankfurt/Main: S. Fischer.
Lessenich, Stephan (2017): Neben uns die Sintflut. Die Externalisierungsgesellschaft und ihr Preis. München: Carl Hanser.
Lewin, Kurt (1948): Die Lösung sozialer Konflikte. Bad-Neuheim: Christian-Verlag.
Luhmann, Niklas (2004): Ökologische Kommunikation. Wiesbaden: VS Verlag für Sozialwissenschaften.
Lyotard, Jean-François (1999): Das postmoderne Wissen. Wien: Passagen-Verlag.
Mau, Steffen (2021): Sortiermaschinen. Die Neuerfindung der Grenze im 21. Jahrhundert. München: C.H. Beck.
Merkel, Wolfgang (1999): Systemtransformation. Opladen: Leske + Budrich.
Morin, Edgar; Kern, Anne Brigitte (1999): Homeland Earth: A Manifesto for a New Millennium. New York: Hampton Press.
Parsons, Talcott (1969): Evolutionäre Universalien der Gesellschaft. In: Wolfgang Zapf (Hrsg.), Theorien des sozialen Wandels. Köln: Kiepenheuer & Witsch. S. 55–74.
Polanyi, Karl (1978): The Great Transformation. Frankfurt/Main: Suhrkamp.
Rosa, Harmut (2005): Beschleunigung. Frankfurt/Main: Suhrkamp.
Ruch, Floyd L.; Zimbardo, Philip G. (1974): Lehrbuch der Psychologie. Berlin: Springer.
Sachs, Wolfgang (2013): Missdeuteter Vordenker: Karl Polanyi und seine Great Transformation. In: Politische Ökologie Nr. 133/2013, S. 18–23.
Selke, Stefan (2022): Gerecht werden. Zukunftsdesign zwischen Panikattacke und Poesie der Hoffnung. In: Schrader Stiftung (Hrsg.), Balancen. Dokumentation zur Jahrestagung am 4.11.2022. Darmstadt: Schrader Stiftung, 2022. S. 28–33.
Singer-Brodowski, Mandy; Schneidewind, Uwe (2019): Transformative Wissenschaft: zurück ins Labor. In: GAIA 28/1 (2019). S. 26–28. https://d-nb.info/118242550X/34 (Zugriff: 26. 3. 2023).
Sommer, Bernd; Welzer, Harald (2014): Transformationsdesign. München: oekom.

Tarozzi, Alberto (1990): Visioni di uno sviluppo diverso. Torino: Gruppo Abele.

UNESCO (2001): Allgemeine Erklärung der UNESCO zur kulturellen Vielfalt. Generalkonferenz der Unesco, November 2001, Paris. https://www.unesco.de/sites/default/files/2018-03/2001_Allgemeine_Erkl%C3%A4rung_zur_kulturellen_Vielfalt.pdf (Zugriff: 16. 4. 2023).

Wackernagel, Mathis (2014): 12 Fragen an … 12 Questions to Mathis Wackernagel. In: GAIA 23/1, S. 6–7.

WBGU (2011): Welt im Wandel. Gesellschaftsvertrag für eine Große Transformation. Berlin: Beirats der Bundesregierung Globale Umweltveränderungen (WBGU).

Wehling, Elisabeth (2019): Politisches Framing. Berlin: Ullstein.

Welsch, Wolfgang (2003): Ästhetisches Denken. Stuttgart: Reklam.

Teil I
Wandel *by Disaster:* Ursachenforschung

2
Transformation als Fortschritt

„Mehr Fortschritt wagen", so betitelten SPD, Grüne und FDP 2021 das Programm der neuen Bundesregierung. Dieser Fortschrittsbegriff wurzelt im Glauben an jenes rationale und wissenschaftliche Wissen, das der technologischen Innovation zugrunde liegt (Sbert 1998, S. 252). Ganze 76-mal kam „Innovation" auf den 144 Seiten des Koalitionsvertrages vor. Darin waren neue Technologien der Schlüssel, um Wachstum und Nachhaltigkeit zu verbinden – und aus technologischem sollte „gesellschaftlicher Fortschritt" werden (SPD et al. 2021, S. 15). In diesem Koalitionsvertrag wurde der Fortschrittsbegriff immer wieder durch jenen der „Modernisierung" spezifiziert. Die Rede war von „Modernisierung des Staates", „Verwaltungsmodernisierung", „Flottenmodernisierung" oder „Modernisierung des Industriestandortes Deutschland". Fortschritt und Modernisierung stehen für eine bestimmte Auffassung von gesellschaftlicher Entwicklung, die linear nach oben verläuft – oder verlaufen soll. So wie die biologische Evolution immer komplexere Organismen hervorgebracht hat, so haben sich die Gesellschaften historisch in immer ausdifferenziertere Systeme entwickelt (Parsons 1951; Luhmann 2011). Da sich der Westen an der Spitze der menschlichen Entwicklung sieht, ist „Moderne" eine Selbstzuschreibung dieser Gesellschaft. Entsprechend macht die Modernisierung die westliche Entwicklung zum universellen Maßstab für die Entwicklung aller Länder: vom Naturzustand über die Agrargesellschaft und die Industriegesellschaft bis zur Dienstleistungsgesellschaft. Diese Entwicklung ist für die soziologischen Modernisierungstheorien fast natürlich und deshalb alternativlos. Fortschritt wird so zum „Schicksal der Modernität" (Sbert 1998, S. 244). Man kann nicht die Modernität verfolgen und den Fortschritt gleichzeitig ablehnen.

Der Königsweg zu immer höheren Entwicklungsstufen heißt Wirtschaftswachstum. Seit den 1950ern gilt die Massenkonsumgesellschaft als Ziel der Modernisierung (Rostow 1960). Was soll danach kommen? Für den Ökonomen Richard Florida lautet die Antwort: die kreative Gesellschaft. Die wichtigsten Kräfte des Wirtschaftswachstums würden heute in der „Creative Class" liegen (Florida 2002, 2005). In der Nachhaltigkeitsdebatte träumt man hingegen von einer „ökologischen Modernisierung" (Prittwitz 1993; Mol und Sonnenfeld 2000). Für die Bundesregierung liegt die große Hoffnung der Zukunft in der „Digitalisierung". So kam der Begriff „digital" ganze 226-mal im Programm der Ampelkoalition vor (SPD et al. 2021).

Egal wie man sich die Weiterentwicklung der Modernisierung vorstellt, immer nimmt sich dabei eine Elite von „Experten" das Recht, die Masse in eine vorgeschriebene Zukunft zu führen (Sbert 1998, S. 243). Es sind immer die Zentren, die sich als Vorbild für die Entwicklung der Peripherie sehen. Jede Vorstellung von Fortschritt bedingt eine Vorstellung von Rückständigkeit. So schreiben die Subjekte der Modernisierung den eigenen Objekten eine „Unterentwicklung" zu, die „aufgeholt" werden soll (Esteva 1998, S. 347 ff.).

Der Fortschrittsglaube hat eine lange, tief verankerte Tradition im Westen (Bury 1979). Daran orientierten sich die großen Ideologien der letzten Jahrhunderte. Selbst wenn es zwischen Kapitalismus und Kommunismus harte Auseinandersetzungen gegeben hat (die insbesondere die soziale Frage und die Eigentumsverhältnisse in der Gesellschaft betrafen), in Bezug auf Fortschritt und Industrialisierung waren diese Ideologien eins (Sbert 1998, S. 240). Mit einer solchen Entwicklung verbanden sie das Versprechen nach mehr Wohlstand, der erreicht werden sollte, indem das Wissen zur progressiven Beherrschung der äußeren und inneren Natur dient. „Denn Wissen selbst ist Macht" war das Motto des englischen Philosophen Francis Bacon (1597). Mit René Descartes und Isaac Newton stieß er die wissenschaftliche Revolution im 17. Jahrhundert an.

In diesem Kapitel wird zunächst erläutert, wie zu Beginn der Geschichte die Kultur zum Fundament des Fortschritts wurde: Eine *kognitive Revolution* hat vor circa 70.000 Jahren das Verhältnis des Menschen zur Natur grundlegend verändert und die Basis für die Bildung von Gesellschaften geschaffen. Im Anschluss wird die Praxis der *kapitalistisch-industriellen Transformation* in den letzten Jahrhunderten behandelt. Mit der neoliberalen Globalisierung ist die ganze Weltgesellschaft zum Markt geworden, gleichzeitig hat die „Ökonomisierung" (Latour 2010) fast jeden Lebensbereich tief durchdrungen. In dieser Praxis ist eine *Logik* aus drei zusammenhängenden Dynamiken im Verhältnis System-Umwelt erkennbar: die Internalisierung von Ordnung, die Externalisierung von Unordnung und die expansive Dynamik. Durch „Grenzen als Sortiermaschinen" (Mau 2021) versuchen die Wohlstandsinseln die Unordnung (Folgen des Klimawandels, Abfall, Armut, Konflikte…) fernzuhalten. Allein mit Gewalt hätte die kapitalistisch-industrielle Transformation nie zu solch einem erfolgreichen Projekt werden und das Anthropozän einleiten können. Dafür stützte sie sich auf die *Macht der Kultur*. Das Kulturprogramm der Modernisierung ist inhaltlich aber nicht unbedingt hochwertiger als andere: Seine Dominanz ist vor allem eine mediale, deshalb wird dieser Aspekt im letzten Teil des Kapitels vertieft.

2.1 Am Anfang war die Kultur

Vor etwa 2,5 Mio. Jahren betraten die ersten menschenähnlichen Tiere die Bühne der biologischen Evolution. Für unzählige Generationen blieben sie lediglich ein Teil der Biodiversität, ohne besonders herauszustechen:

> „Die prähistorischen Menschen waren unauffällige Tiere, die genauso viel oder so wenig Einfluss auf ihre Umwelt hatten wie Gorillas, Libellen oder Quallen […]. Die Menschen [blieben] zwei Millionen Jahre lang schwache und unauffällige Geschöpfe. Zwischen Indonesien und der spanischen Halbinsel lebten nicht einmal eine Million Menschen und das mehr schlecht als recht. Sie lebten in dauernder Angst vor Raubtieren, erlegten selten große Beute und ernährten sich vor allem von Pflanzen, Insekten, Kleintieren und dem Aas, das größere Fleischfresser zurückgelassen hatten […]. Bis vor Kurzem befand sich die Gattung *Homo* irgendwo in der Mitte der Nahrungskette" (Harari 2013, S. 12, 20).

99,5 % ihrer Existenz hat die Menschheit als Jäger und Sammler verbracht, im Gleichgewicht mit der Natur (Junker 2008, S. 49). In der Vorgeschichte waren die Menschen Teil des natürlichen Energie- und Stoffkreislaufes, das Sterben war genauso immanent wie die Geburt. Die Weltbevölkerung blieb sehr lange konstant auf niedrigem Niveau. In dieser Phase zeigte sich der Mensch in seinem rein biologischen Zustand, für den Philosophen Arnold Gehlen dem Zustand eines „Mängelwesens": „Im Gegensatz zu allen höheren Säugern [sind die Menschen] hauptsächlich durch Mängel bestimmt" (zit. in Junker 2008, S. 78). Erst vor 100.000 Jahren schaffte die Menschheit den Sprung an die Spitze der Nahrungskette. Ein entscheidender Schritt dabei war die Bändigung des Feuers (Harari 2013, S. 22). Der Verzehr von gekochtem Essen führte zu einer Verkürzung des Verdauungstraktes im menschlichen Körper, die entsprechenden inneren Energieeinsparungen lösten eine weitere Evolution und die Vergrößerung des Gehirns aus. Diese Entwicklung brachte nicht nur Vorteile, denn gerade das Gehirn verbraucht besonders viel Körperenergie, heute ein Viertel der Kalorien (ebd., S. 17). Dies bringt einen höheren Nahrungsmittelbedarf mit sich. Außerdem müssen menschliche Säuglinge in einem unfertigen Zustand auf die Welt kommen, weil ein voll entwickelter Schädel den Gebärvorgang unmöglich machen würde. So ist der Nachwuchs für viele Jahre nicht selbstständig und zeichnet sich durch eine „ganz unvergleichlich langfristige Schutzbedürftigkeit" aus (Gehlen in Junker 2008, S. 79). Die Bindung zum Kind machte auch die Mütter vulnerabel, sodass sie auf die Unterstützung kleiner Gemeinschaften angewiesen waren.

Trotzdem löste das größere Gehirn einen Sprung in der Entwicklung der Spezies *Homo sapiens* aus. Vor gut 70.000 Jahren begannen diese Organismen „mit dem Aufbau von noch komplexeren Strukturen namens Kulturen" (Harari 2013, S. 11). Es war die kognitive Revolution, die die Geschichte überhaupt erst in Gang brachte. So war die erste große Transformation eine kulturelle. Was zeichnet diese Revolution aus? Wie wurde die Kultur zum Fundament der Gesellschaft?

2.1.1 Die kognitive Revolution

Das größere Gehirn brachte eine Erweiterung der Gedächtniskapazität sowie eine stärkere Lern- und Kommunikationsfähigkeit. Auf dieser Basis entwickelte sich die Sprache. Sie ist ein fundamentaler Bestandteil jeder Kultur. Sprache ist „Kommunikation mit Hilfe von Lauten". Für den Biologiehistoriker Thomas Junker hat sie den Zweck, „das Verhalten eines anderen Individuums, das nicht unbedingt der eigenen sozialen Gruppe angehören muss, zu beeinflussen [...]. Das Signal trägt eine Information, die wahr oder falsch sein und sowohl zum gegenseitigen Nutzen und zur Kooperation als auch zur Abschreckung, Einschüchterung oder Manipulation dienen kann [...]. Zum einen lassen sich so gemeinsame Handlungen koordinieren" (Junker 2008, S. 100). Zum anderen kann man sich gegenseitig warnen bzw. anderen Grenzen setzen. „Die akustischen Signale haben auch die Funktion, die Gruppenmitglieder über die eigenen emotionalen Zustände zu informieren" (ebd., S. 101). Durch Sprache „werden komplexere soziale und kognitive Interaktionen mit einer größeren Zahl von Individuen möglich" (ebd.). Worte sind zunächst nur Geräusche, erst durch Kultur erhalten sie eine symbolische Bedeutung. Während nur Individuen, die die gleiche Sprache sprechen, sich verständigen können, bleiben Wörter für Fremde bloß Laute. Die Kultur entscheidet deshalb über Inklusion und Exklusion. Das Teilen von Kultur ist eine wichtige Voraussetzung der sozialen Zugehörigkeit und Anerkennung. In der Kultur gehen jedoch die Möglichkeiten der Kommunikation über jene der verbalen Sprachen weit hinaus. Zur Kultur als umfassendes „semiotisches System" (Eco 1987) gehört auch eine Vielfalt nonverbaler Zeichen und Symbole.

Durch die verbale und nonverbale Sprache lassen sich individuelle Gedächtnisse zu einem „kollektiven Gedächtnis" (Halbwachs 1950) vernetzen. „Damit können wir gewaltige Mengen an Informationen über unsere Umwelt aufnehmen, speichern und weitergeben" (Harari 2013, S. 35). Ein kollektives Gedächtnis bietet die Möglichkeit, das Wissen aus individuellen Erfahrungen intra- und intergenerational zu teilen. Es ist nicht mehr nötig, dass jeder eigene Kochrezepte erfindet oder die gleichen Fehler wiederholt: Man kann einfach voneinander lernen. Das Wissen wird nicht mehr nur durch die Gene und die biologische Fortpflanzung geerbt, sondern auch durch die Kultur als System von „Memen" (Dawkins 1996) erlernt. Das kulturelle Wissen ist viel flexibler als das genetische Wissen. So haben sich die Menschen in den letzten 15.000 Jahren genetisch kaum verändert (Junker 2008, S. 11), sich kulturell jedoch enorm gewandelt und ausdifferenziert. Im Vergleich zur biologischen bringt die kulturelle Evolution also eine ganz andere Dynamik mit sich.

Ein wichtiger Bestandteil von Kultur ist die Kunst. Welcher evolutionäre Vorteil ist damit verbunden? Für Junker besteht das wichtigste Charakteristikum der Kunst gerade darin, „keinen direkten Nutzen haben zu müssen" (ebd., S. 103).

> „Die Kunst der Menschen ist ein sehr vielfältiges Phänomen, zu ihren auffälligsten Aspekten gehört das Streben nach Schönheit, die Ästhetik. Dabei wird auf einen Gegenstand oder ein Verhalten besondere Mühe verwandt, ohne dass dies unmittelbar etwas mit seiner Funktion zu tun haben muss […]. Das Bemühen um Schönheit kann sich auf alles beziehen, mit dem die Menschen in Kontakt kommen. Es gilt für Werkzeuge, Musikinstrumente und Waffen, für Kleidung, Behausungen und Höhlen, den menschlichen Körper (Schmuck, Tätowierungen) ebenso wie Verhaltensweisen, von Bewegungen (Tanz) bis zur akustischen Kommunikation (Sprache und Gesang). Menschen genügt es offensichtlich nicht, dass Dinge, Verhaltensweisen und die Kommunikation effektiv sind, sondern sie sollen auch schön sein" (ebd.).

Die ältesten Gegenstände, die Archäologen gefunden haben und die als Kunst bezeichnet werden können, sind rund 45.000 Jahre alt (Harari

2013, S. 33). Auch wenn Kunst keinen expliziten Nutzen hat, hat sie dem Menschen einen Habitus verliehen und dadurch die Möglichkeit, sich von anderen Menschen abzugrenzen und einen höheren Status in der Gruppe zu demonstrieren.[1] Dem Blauen Pfau beispielsweise dienen der Tanz und die Schönheit seiner Federn der sexuellen Auswahl. Genauso liefert die Kunst einen zuverlässigen und eindeutigen Indikator für den sozialen Status der potenziellen Partner*innen.

> „Signale ohne Kosten bieten sich zum Missbrauch an, deshalb werden sich solche durchsetzen, die schwierig zu reproduzieren sind. Kunst und Statussymbole allgemein eignen sich dafür, weil sie mit großen Mühen und hohen Kosten verbunden sind, eben Luxus […] darstellen […]. Die Aufmerksamkeit der potenziellen Reproduktionspartner wird also nicht mehr auf den Körper selbst, sondern zudem auf künstlich zusammengetragene Verzierungen und Statussymbole gelenkt" (Junker 2008, S. 106, 107).

Aus dieser Perspektive widerspricht eine „Kultur für alle" (Hoffmann 1981) der ursprünglichen Natur der Kunst. In der Geschichte der Menschheit bestand hingegen eine enge Interaktion zwischen den Sphären Macht, Kunst und Sexualität (u. a. Vicinus 1983; Oevermann et al. 2007). Kunst kann aber auch identitätsstiftend wirken, „wenn sie die gemeinsamen Phantasien repräsentiert und ihnen besonderen Wert verleiht, indem sie diese aufwendig und ästhetisch darstellt. Aus diesem Grund spielt die Kunst eine so wichtige Rolle für das Überleben eines Individuums und einer Gruppe, deshalb haben Eroberer aller Zeiten nicht nur die Festungen, sondern auch die Kunstwerke eines Volkes zerstört" (Junker 2008, S. 107).

In der Geschichte bestand auch eine enge Verbindung zwischen Kunst und Religion. Gerade die Religion macht uns bewusst, dass Men-

---

[1] Thomas Junker schreibt, dass die Kunst ein Zeichen ist, „dass der Künstler oder der Besitzer es sich leisten kann, auch an sich nutzlose Dinge herzustellen oder zu besitzen. Je schwerer dies im Einzelfall ist, je mehr ein Individuum in der Lage ist, sich mit für das Überleben unnützen Dingen auszustatten, desto eher beweist es seine – letztlich überlebensdienlichen – allgemeinen Fähigkeiten" (Junker 2008, S. 105).

schen Kultur und Sprache nicht nur dafür brauchen, um Informationen über die Umwelt und die Realität auszutauschen:

> „Das Einmalige ist, dass wir uns über Dinge austauschen können, die es gar nicht gibt. Soweit wir wissen, kann nur der Sapiens über Möglichkeiten spekulieren und Geschichten erfinden. Legenden, Mythen, Götter und Religionen tauchen erstmals mit der kognitiven Revolution auf [...]. Aber mit der fiktiven Sprache können wir uns nicht nur Dinge ausmalen – wir können sie uns vor allem *gemeinsam* vorstellen. Wir können Mythen erfinden, wie die Schöpfungsgeschichte der Bibel, die Traumzeit der Aborigines oder die nationalistischen Mythen der modernen Nationalstaaten. Diese und andere Mythen verleihen dem Sapiens die beispiellose Fähigkeit, flexibel und in größeren Gruppen zusammenzuarbeiten" (Harari 2013, S. 37).

Am Beispiel der Religion zeigt sich, was der Linguist Alfred Korzybski (2005) mit einer Metapher in seinem Werk „Science und Sanity" von 1933 meinte, nämlich dass die mentale Landkarte nicht das Gebiet ist. Trotzdem kann ein Glaubenssystem auf die Menschen eine stärkere Kraft ausüben als die Evidenz der Wirklichkeit. Die Religion bietet dort eine Orientierung, wo die kognitive Fähigkeit des Menschen nicht hinkommt: Die mentale Landkarte erstreckt sich weit in das Gebiet der Unwissenheit hinein. Religionen täuschen eine künstliche Ordnung vor, wo sich sonst Komplexität wie Chaos anfühlen würde. Je mehr ein Gefühl der Unsicherheit herrscht, desto mehr können Menschen an Glaubenssätzen und Glaubensgemeinschaften festhalten. Feste Glaubenssätze entsprechen dem Prinzip der Effizienz, weil sie die Möglichkeit bieten, kognitive Energie zu sparen. Wer sich an einfachen, kollektiven Überzeugungen orientieren kann, muss nicht ständig nach Antworten suchen und sich entscheiden. Unter Gleichgesinnten und Gläubigen zu bleiben, ist angenehmer, als ständig mit dem Widerspruch konfrontiert zu werden. Die soziale Zusammengehörigkeit kann sich in der Tatsache zeigen, dass sich Menschen in ihren Glaubenssätzen ständig gegenseitig bestätigen, selbst wenn diese falsch sind. Yuval Noah Harari definiert Religion wie folgt:

> „Eine Religion ist ein gesamthaftes System von Normen und Werten und nicht ein isolierter Brauch oder Glaube [...]. Um als Religion zu gelten, muss das System der Normen und Werte von sich behaupten, dass es auf übermenschlichen Gesetzen basiert und nicht auf menschlichen Entscheidungen" (Harari 2013, S. 254).

Nicht alle Religionen zeichnen sich durch einen Glauben an einen Gott aus, zum Beispiel der Buddhismus, der Taoismus und der Konfuzianismus glauben daran nicht (ebd., S. 271). „Nach Ansicht dieser Religionen ergab sich die übermenschliche Ordnung der Welt aus Naturgesetzen" (ebd., S. 272). Harari betrachtet auch die modernen Ideologien als eine besondere Form von Religion.[2] Jede Ideologie naturalisiert eine künstliche Alternativlosigkeit und universalisiert einen relativen Standpunkt. Im „Manifest der Kommunistischen Partei" stellten Karl Marx und Friedrich Engels die Geschichte der Menschheit so dar, als ob sie einer natürlichen Abfolge von Revolutionen einer unterdrückten Klasse gegen eine unterdrückende Klasse entspräche. Wenn sich die innere Natur des Menschen an Emanzipation und Gerechtigkeit orientiere, dann werde eine Revolution des Proletariats für Marx und Engels genauso unvermeidbar sein, wie es die Revolution der Bourgeoisie gegen die feudalen Verhältnisse gewesen sei (Marx und Engels 1972). Auch in der neoliberalen Globalisierung wird eine bestimmte Entwicklung als „alternativlos" bezeichnet, weil sich darin die einzig wahre innere Natur des Menschen entfaltet: jene des Homo oeconomicus.

Egal um welche Religion oder Ideologie es geht, sie bietet sozialen Systemen ein stabiles Fundament:

---

[2] Yuval Noah Harari schreibt: „Die Moderne erlebte den Aufstieg zahlreicher neuer Naturgesetz-Religionen, zum Beispiel des Liberalismus, des Kommunismus, des Kapitalismus, des Nationalismus und des Nationalsozialismus. Die Anhänger dieser Religionen reagieren zwar sehr allergisch auf das Wort ‚Religion' und bezeichnen sie lieber als ‚Ideologien'. Doch das ist lediglich ein Wortspiel, denn die modernen Ideologien sehen den traditionellen Religionen zum Verwechseln ähnlich. Wenn eine Religion ein System von Werten und Normen ist, das sich auf eine übermenschliche Ordnung beruft, dann ist der Kommunismus genauso eine Religion wie der Islam" (Harari 2013, S. 278).

> „Da alle gesellschaftlichen Ordnungen von Menschen erfunden werden, sind sie zerbrechlich, und je größer eine Gesellschaft, umso zerbrechlicher sind sie. Den Religionen kam eine zentrale Aufgabe zu, weil sie diese zerbrechlichen Ordnungen legitimieren, indem sie auf einen übermenschlichen Willen verweisen. Die Religionen behaupten nämlich, dass unsere Gesetze nicht etwa einer menschlichen Laune entspringen, sondern von einer absoluten Autorität angeordnet wurden" (Harari 2013, S. 254).

Auch eine Religion oder eine Ideologie kann als Legitimation für eine gesellschaftliche und politische Ordnung dienen, aber nicht jede Religion und Ideologie hat diese Möglichkeit genutzt: „Erstens muss sie den Anspruch erheben, eine für alle Menschen verbindliche Ordnung zu sein, die immer und überall wahr ist, und zweitens muss sie darauf bestehen, diesen Glauben an alle Menschen weiterzugeben. Das heißt, sie muss universell sein und sie muss sich missionarisch betätigen" (ebd., S. 255).

Diese Ausführungen über Sprache, Kunst und Religion ergeben gemeinsam eine wichtige Erkenntnis: Erst die Kultur hat die Gesellschaft möglich gemacht. Die Kultur ist die „DNA der Gesellschaft"[3], die Kultur ist der „Bauplan der Gesellschaft" (Brocchi 2006, S. 2).

2.1.2 Der Bauplan der Gesellschaft

Die Kultur ist das, was eine Gesellschaft trotz interner Ausdifferenzierung und Arbeitsteilung zusammenhält (Durkheim 1897). Ein größeres Gehirn wird nicht nur benötigt, um mit der ökologischen Komplexität fertig zu werden: Auch die soziale Komplexität nimmt einen großen Teil der kognitiven Energie in Anspruch und kann Menschen überfordern.

---

[3] Diese Bezeichnung verwendete der Autor bei der Verfassung des Selbstverständnisses von Kulturattac, dem Kulturnetzwerk von Attac Deutschland, im Jahr 2003. Dokumentiert ist diese Bezeichnung bei einem Vortrag von 2006 in der Humboldt Universität Berlin, unter: https://www.davidebrocchi.eu/wp-content/uploads/2021/02/2006_Kultur_Nachhaltigkeit.pdf (Zugriff: 15.4.2023).

Schon die kleinen Gruppen von Jagenden und Sammelnden brachten eine hohe soziale Komplexität mit sich:

> „Es ist ganz erstaunlich, wie viel Information man aufnehmen und im Kopf haben muss, um das sich ständig verändernde Beziehungsgeflecht zwischen einigen Dutzend Personen im Blick zu behalten. (In einer Gruppe von 50 Menschen gibt es allein 1.225 Zweierbeziehungen und eine schier unüberschaubare Vielzahl von Dreiecks-, Vierecks- und anderen Über-Eck-Beziehungen)" (Harari 2013, S. 35 f.).

Durch die Kultur können die Menschen eine viel größere soziale Komplexität handhaben. Während die Schimpansen nur mit wenigen Artgenossen zusammenarbeiten können, die sie gut kennen, sind „die Sapiens ausgesprochen flexibel und können mit einer großen Zahl von wildfremden Menschen kooperieren. Und genau deshalb beherrschen die Sapiens die Welt, während […] Schimpansen in unseren Zoos und Forschungslabors herumhocken" (ebd., S. 38). Die kognitive Revolution ermöglichte die Bildung von größeren und stabileren Organisationen, die über eine „natürliche Gruppe" (aus maximal 150 Personen) weit hinausgingen (Junker 2008, S. 59). „Ein kleines Familienunternehmen kann auch ohne Aufsichtsrat, Vorstandsvorsitzenden und Finanzvorstand ein Vermögen verdienen. Aber sobald die magische Grenze von 150 überschritten ist, funktioniert dieses Prinzip nicht mehr" (Harari 2013, S. 40). Eine Division von 10.000 Soldaten lässt sich nur durch eine gemeinsame Kultur zusammenhalten, in den Krieg und zum Sieg führen.

> „Eine große Zahl von wildfremden Menschen kann effektiv zusammenarbeiten, wenn alle an gewisse Mythen glauben. Jede großangelegte menschliche Unternehmung – angefangen von einem archaischen Stamm über eine antike Stadt bis zu einer mittelalterlichen Kirche oder einem modernen Staat – ist fest in gemeinsamen Geschichten verwurzelt, die nur in den Köpfen der Menschen existieren. Glaubensgemeinschaften basieren auf diesen kollektiven Mythen […]. Zwei Katholiken, die einander nie zuvor begegnet sind, verstehen einander ohne lange Erklärungen, weil beide glauben, dass es einen Gott gibt, der seinen Sohn auf die Erde

geschickt hat und dass dieser sich kreuzigen ließ, um die Menschheit von ihren Sünden zu erlösen […]. Zwei Mitarbeiter von Google, die einander noch nie gesehen haben, können um den halben Erdball hinweg zusammenarbeiten, weil sie an die Existenz von Google, Aktien und Dollars glauben. Zwei wildfremde Anwälte können effektiv kooperieren, weil sie an die Existenz von Recht, Gesetz und Menschenrechte glauben" (ebd., S. 41).

So bietet die Kultur den Menschen eine besondere Strategie im Umgang mit Komplexität. Die Kultur ist eine Strategie der Reduktion der umweltbedingten und der sozialbedingten Komplexität.

2.1.3 Die Reduktion von Komplexität

Unsere biophysische und kognitive Begrenztheit zwingt uns ständig dazu, die ökologische und die soziale Komplexität auf eine Form und Größe zu reduzieren, die wir begreifen und kontrollieren können. Diese Reduktion findet nicht zufällig statt, sondern wird durch die Kultur auf zwei interagierenden Ebenen maßgeblich geprägt (Brocchi 2015, S. 52 ff.):

- Auf der Ebene der *gesellschaftlichen Konstruktion der Wirklichkeit* (Berger und Luckmann 2007): Menschen nehmen ihre Wirklichkeit selektiv wahr. Diese Selektion findet anhand von „Filtern" statt, zu denen auch kulturelle Werte gehören. Geert Hofstede definiert Werte als „die allgemeine Neigung, bestimmte Umstände anderen vorzuziehen. Werte sind Gefühle mit einer Orientierung zum Plus- oder zum Minuspol hin. Sie betreffen: böse/gut; schmutzig/sauber; gefährlich/sicher; verboten/erlaubt; anständig/unanständig; moralisch/unmoralisch; hässlich/schön; unnatürlich/natürlich; anomal/normal; paradox/logisch; irrational/rational" (Hofstede und Hofstede 2009, S. 9). Auch mentale Kategorien und Vorurteile stellen Vereinfachungen der Wirklichkeit dar. Menschen nehmen nicht die Gegenstände an sich wahr, sondern mentale Repräsentationen davon. Je höher die Komplexität eines Gegenstandes ist, desto höher ist die Reduktion von Komplexität, die durch die Repräsentation stattfindet. So ist die Kommunikation über die „Natur" in Wirklichkeit eine Kommunikation über „Naturbilder": Die Natur kann als nützlicher Untertan, Rohstofflager und Deponie gesehen werden; als komplexe Maschine, die wie ein Uhrwerk repariert werden kann; als fürsorgliche „Pachamama" (Mutter Erde) oder als romantische Landschaft. Egal, welches Naturbild wir teilen: Durch die mentale Reduktion von Komplexität wird eine Mehrdeutigkeit durch die Eindeutigkeit eines kollektiven Glaubenssatzes ersetzt, an dem wir unsere Wahrnehmungen und Gedanken orientieren. Wir tun das Gleiche, wenn wir über „die Globalisierung", „die Gesellschaft", „die Wirtschaft", „den Menschen" oder „das Unternehmen" sprechen. Bereits mit dem Erlernen einer Sprache wird ein Weltbild in unser Gedächtnis installiert, das unsere Wahrnehmung enorm beeinflusst. In jeder Sprache und in jeder Fachsprache drückt sich ein Weltbild aus. So sieht die Welt durch die Brille der englischen Sprache anders aus als durch jene der russischen oder chinesischen (Boroditsky 2012; Athanasopoulo et al. 2014; Wittgenstein 2014).

- Auf der Ebene der *gesellschaftlichen Konstruktion der Umwelt:* Menschen reduzieren die Komplexität ihrer Umwelt durch Gestaltung, indem sie die Vielfalt zunehmend in Einfalt umwandeln, das „Chaos" in „Ordnung". So wurde die Biodiversität der Wälder im Prozess des Fortschritts in landwirtschaftliche Monokulturen und in Städte transformiert. Im sozialen Beziehungsgeflecht wurde die Freiheit (die stellenweise mit „Anarchie" gleichgesetzt wurde) beschränkt, indem Regelwerke beschlossen und Institutionen eingerichtet wurden, die ein Gefühl der Sicherheit vermitteln. Die Normalität und die Routine sorgen für eine künstliche Reduktion in der „Überfülle des Möglichen" (Luhmann 1971, S. 32) und entlasten die Menschen davon, sich ständig entscheiden zu müssen. Auch der Bau eines geometrischen Hauses liefert Geborgenheit durch Abgrenzung von einer als unsicher empfundenen Umwelt. Jede alltägliche Entscheidung wird auf der Basis derselben Werte und Bilder getroffen, die bei der gesellschaftlichen Konstruktion der Wirklichkeit genauso wirken. Das heißt, wir gestalten die Natur, so wie wir die Natur sehen:

als Deponie oder als romantische Landschaft eines Parks. Durch Gestaltung (Materialisierung von Kultur) werden die Unterschiede zwischen den Kulturen sichtbar: in der Architektur, in den Artefakten, in den Speisen, in den bevorzugten Organisationsformen oder in der Art und Weise wie gewirtschaftet wird.

Durch diese doppelte Reduktion von Komplexität werden geistige Systeme zum Fundament für die Bildung sozialer Systeme (Luhmann 1970, S. 73; Luhmann und De Giorgi 1992). Das soziale System selbst erzieht jedoch seine Mitglieder und lenkt ihr Verhalten im Alltag, denn – wie Winston Churchill (1943) sagte – „erst gestalten wir unsere Gebäude, danach gestalten sie uns". Sowohl die Kultur als auch die Gesellschaft stellen „strukturierte strukturierende Strukturen"[4] dar. Eine Veränderung der Wahrnehmung der Welt führt zu einer Veränderung von deren Gestaltung, deshalb lösen kulturelle Revolutionen umfassende gesellschaftliche Veränderungen aus. Diese Wechselwirkung von Kultur und Gesellschaft wurde erst mit der neolithischen Revolution richtig greifbar.

2.1.4 Die neolithische Revolution

Nach der kognitiven Revolution zeigte die neolithische Revolution, die vor 12.000 Jahren begann, wie der Mensch die ökologische Komplexität beherrschen und sich selbst zunutze machen kann. Dort, wo Ackerbau und Viehzucht betrieben wurden, kam es zu einem starken Verlust der Biodiversität: Die „technik-gestützte Gestaltung" (Heidegger 2003, S. 94) bedeutete einen selektiven Prozess, der sich durch die Reproduktion von Nutzpflanzen und Nutztieren auszeichnete, bei gleichzeitiger Verdrängung von Parasiten und Schädlingen. Doch was als „Nutzpflanze" oder als „Parasit" galt, war selbst kulturbedingt. Die Bergschnecke kann in einer Kultur als Schädling gelten oder Ekel erregen, und in einer anderen eine Delikatesse sein.

---

[4] So beschreibt Pierré Bourdieu den „Habitus" (Bourdieu und Wacquant 1996, S. 173).

Da der Mensch selbst Teil seiner Umwelt und die Umwelt ein Teil von ihm ist, hat jeder starke Eingriff in die Umwelt Auswirkungen auf den Menschen selbst. Eine Veränderung der Umwelt bedeutet gleichzeitig eine Veränderung des Menschen. So ist Yuval Noah Harari der Ansicht, dass nicht wir den Weizen domestiziert haben, sondern dass er uns domestiziert hat (Harari 2013, S. 106). „Das Wort ‚domestizieren‘ kommt vom lateinischen Wort *domus* für ‚Haus‘. Wer lebt aber eingesperrt in Häusern? Der Mensch, nicht der Weizen" (ebd.). Das Leben der Bauern und Bäuerinnen ist nicht unbedingt leichter gewesen als das von Jagenden und Sammelnden in der freien Natur. „Der Weizen bot auch keinen Schutz vor menschlicher Gewalt. Die ersten Bauern waren mindestens so gewalttätig wie ihre Vorfahren, wenn nicht gewalttätiger. Bauern hatten mehr Besitzgegenstände und benötigten Land, um ihre Pflanzen anzubauen" (ebd., S. 107). Warum gaben die Menschen ihre relativ freie Existenz für diesen Weg her? Harari beantwortet die Frage so:

> „Die Währung der Evolution ist weder Hunger noch Leid, sondern DNA. So wie sich der wirtschaftliche Erfolg eines Unternehmens in Dollar auf einem Bankkonto messen lässt, so lässt sich der evolutionäre Erfolg einer Art an der Anzahl der vorhandenen DNA-Moleküle messen. Wenn keine DNA mehr übrig ist, dann ist die Art ausgestorben, genau wie eine Firma pleitegeht, wenn sie kein Geld mehr hat. Wenn eine Art auf viele DNA-Moleküle verweisen kann, ist sie ein Erfolg und floriert. So gesehen sind tausend Exemplare besser als hundert. So funktioniert unter dem Strich auch die landwirtschaftliche Revolution: Sie ernährte mehr Menschen, wenn auch unter schlechteren Bedingungen" (ebd., S. 108 f.)

Vor diesem Hintergrund zeigt sich der Erfolg der Kultur und des darauffolgenden Fortschrittes daran, dass heute mehr als acht Milliarden Menschen auf der Erde leben.

Der Überschuss an Nahrungsmitteln aus Ackerbau und Viehzucht machte die Menschen sesshaft und ermöglichte die Entstehung der ersten Städte in Mesopotamien. Wer von der Aufgabe der Nahrungsmittelbeschaffung befreit war, konnte nun seine Kraft anderen Aufgaben widmen – als König, Priester, Verwaltungsmitarbeiter, Händler,

Handwerker, Philosoph, Künstler usw. Die Arbeitsteilung erfolgte jedoch nicht durch Zufall, denn jede soziale Rolle benötigt eine kollektive Zuschreibung und/oder Anerkennung. Die Organisation einer Gesellschaft ist kulturell geregelt (Heidbrink 2007, S. 117). Die Konzentration der Menschen in der Stadt führte nicht unbedingt zu einer höheren Kooperationsbereitschaft, denn gerade dort ist der Wettbewerb um Status, Raum, Sexualpartner oder Nahrung besonders ausgeprägt. In der Geschichte war die Stadt ein Herd von Konflikten. Umso mehr brauchte es die Kultur, um dort für Ordnung zu sorgen. Während ein Verhalten, das der Norm entspricht, anerkannt wird, wird ein deviantes Verhalten sanktioniert. Ohne Kultur gäbe es heute vermutlich im Straßenverkehr viele Unfälle, während an Straßenkreuzungen harte Kämpfe geführt würden. Die Normalität der Stadt besteht aber nicht nur aus festgeschriebenen Normen: Die nichtgeschriebenen sind mindestens genauso wichtig.

Die Abhängigkeit von der landwirtschaftlichen Versorgung machte die Städte von Anfang an besonders vulnerabel. Was machte die Könige, die Priester und die Künstler so sicher, dass die Bauern auf den Feldern bereit waren, hart für sie zu schuften, um ihre Versorgung zu garantieren? Während die Könige im Luxus lebten, leisteten die Bauern schwere Arbeit für einen Hungerlohn. Die gesellschaftliche Ordnung sollte noch lange auf dieser Ausbeutung basieren, die durch Gewaltandrohung aufrechterhalten wurde. Diese Gewalt wurde früh mittels Armeen und Soldaten organisiert. Eine noch stärkere gesellschaftliche Kontrolle ließ sich jedoch durch die Kultur ausüben: Damit wurden nicht nur die Privilegien legitimiert, sondern auch die Benachteiligung. Durch die Erziehung ließ sich die soziale Ungleichheit als Normalzustand verinnerlichen. Die Autorität des Königs war von Anfang an auf jene der Priester angewiesen, so akzeptierten die Menschen die soziale Ungleichheit „als natürlich und sogar als gottgegeben."

„Hierarchie war nicht nur die Norm, sondern auch das Ideal. Wie kann es Ordnung geben ohne eine klare Hierarchie zwischen Adligen und Gemeinen […] oder zwischen Eltern und Kindern […]. So wie im menschlichen Körper nicht alle Glieder gleichberechtigt seien – die Füße müssten schließlich dem Kopf gehorchen –, so würde auch in der menschlichen Gesellschaft Gleichheit nur zu Chaos führen" (Harari 2019, S. 131).

Die staatlichen und die religiösen Hierarchien hatten auch in der ungleichen Behandlung der Geschlechter eine wichtige Gemeinsamkeit. So gibt es in jeder Gesellschaft Männer und Frauen, aber in den meisten Gesellschaften werden Männer gegenüber Frauen bis heute bevorzugt.[5] Auch sonst basierte die neue gesellschaftliche Ordnung auf einer Struktur der Unterwerfung. So wurde die Erde der Kultur unterworfen. Die Zuchttiere waren die ersten Sklaven des Menschen, Milliarden von ihnen haben bis heute ein grausames Schicksal erfahren (Harari 2013, S. 119 ff.). Die Landbevölkerung war der Stadtbevölkerung genauso unterworfen wie die Masse der Elite. Selbst die Spitze der Gesellschaft ist jedoch nie ganz frei gewesen:

> „Eines der ehernen Gesetze der Geschichte lautet, dass ein Luxus schnell zur Notwendigkeit wird und neue Zwänge schafft. Sobald wir uns an einen Luxus gewöhnt haben, verkommt er zur Selbstverständlichkeit" (ebd., S. 114).

Die landwirtschaftliche Revolution hat zu einer ersten sprunghaften Vermehrung der menschlichen Bedürfnisse geführt. Auch diese sind zum großen Teil kulturbedingt: Milliarden von Individuen akzeptieren heute „bedingungslos die eigene Abhängigkeit von Gütern und Dienstleistungen" (Illich 1998, S. 63). Mit den Bedürfnissen steigt natürlich die Wahrscheinlichkeit, dass diese nie ganz befriedigt werden können. Deshalb hat der Fortschritt den Homo sapiens in ein bedürftiges Wesen umgewandelt, für den Philosophen Ivan Illich in einen „Homo miserabilis" (ebd., S. 61).

---

[5] Harari schreibt: „In jeder Gesellschaft gibt es Männer und Frauen, und in jeder, aber auch jeder Gesellschaft werden Männer gegenüber Frauen bevorzugt" (Harari 2013, S. 180 f.). Eine solche Verallgemeinerung übersieht die Tatsache, dass skandinavische Länder der Geschlechtergerechtigkeit sehr nah sind (EM2030 2022, S. 18). Außerdem orientieren sich manche indigenen Völker am Matriarchat, zum Beispiel die Minangkabau auf Sumatra und der Mosuo-Stamm in China.

2.1.5 Die mediale Revolution

Nach der neolithischen Revolution bildeten sich immer komplexere Gesellschaften. Dabei wurde eine neue Art von Information überlebenswichtig: Daten und Zahlen (Harari 2013, S. 155). Für Jagende und Sammelnde waren Zahlen relativ unwichtig, „daher lernte das menschliche Gehirn nie, diese Art von Information zu speichern und zu verarbeiten" (ebd.). Entscheidend waren Zahlen hingegen, um ein Weltreich zu beherrschen und um Steuern einzutreiben: „Ohne diese Informationen hätte ein Staat nie gewusst, über welche Mittel er verfügt und wo er noch Mittel lockermachen konnte" (ebd.). Die Grenzen des Fortschritts von Gesellschaften lagen in den ersten Jahrtausenden nach der neolithischen Revolution in der begrenzten Leistungsfähigkeit des menschlichen Gehirns. Dieses Problem lösten die Sumerer durch die Erfindung der Schrift, das erste Datenverarbeitungssystem der Geschichte. „Die Schrift ist eine Technik zur Speicherung und Verarbeitung von Information mittels physischer Zeichen" (ebd., S. 156). Die Schrift ist ein Medium. Als solches fungiert es nach Marshall McLuhan als „Körperprothese" bzw. als „Körpererweiterung" (McLuhan 1964), denn durch die Schrift wurde die Speicherkapazität des Gehirns enorm vergrößert. Während das Gehirn vergisst und mit seinem Besitzer stirbt, können gedruckte Informationen über längere Zeiträume bestehen und fehlerfrei reproduziert werden. In der Geschichte der Menschheit verstärkte jede weitere Erfindung und Entwicklung von Medien (Buchdruck, Radio, Fernsehen…) die individuelle und kollektive Fähigkeit, Informationen zu speichern und zu kommunizieren. Deshalb bilden die Medien auch eine Erweiterung des „kollektiven Gedächtnisses". Dafür sind Bibliotheken ein wichtiges Beispiel.

Die Medien haben den Menschen ein besonderes Instrument geliefert, um ökologische und soziale Komplexität zu handhaben. Mit Daten und Zahlen lassen sich Natur und Gesellschaft leichter kontrollieren und beherrschen. Dieses Prinzip hat sich in einer besonderen gesellschaftlichen Institution materialisiert: der Bürokratie. Harari erklärt ihre Entstehung in der Antike wie folgt:

„Um ein funktionierendes Datenverarbeitungssystem zu schaffen, reicht es ganz offensichtlich nicht aus, ein paar Zahlen in eine Tontafel zu ritzen. Dazu waren Kataloge und Suchsysteme erforderlich, und vor allem pedantische Beamte, die sie benutzen [...]. Die Schreiber lernten nicht nur Lesen und Schreiben, sondern auch den Umgang mit Katalogen, Wörterbüchern, Kalendern, Formularen und Tabellen. Sie lernten Techniken zur Erfassung, Suche und Verarbeitung von Information, die sich ganz erheblich von der Denkweise unseres Gehirns unterscheiden [...]. Damit das System funktioniert, müssen die Hüter der Schubladen so umprogrammiert werden, dass sie nicht mehr wie Menschen denken, sondern wie Beamte und Buchhalter. Seit frühesten Zeiten weiß jeder, dass Beamte und Buchhalter nicht wie Menschen denken. Sie denken wie Aktenschränke" (Harari 2013, S. 165).

Jedes Medium verändert unsere Wahrnehmung der Welt. Die Schrift selbst hat die Weltsicht und die Denkweise der Menschen geprägt: „Freie Assoziation und ganzheitliches Denken mussten Bürokratie und Kästchendenken weichen" (ebd.). Mit dem Fortschritt ist die soziale Konstruktion der Wirklichkeit immer mehr zu einer *medialen* Konstruktion der Wirklichkeit geworden. Wenn eine gesellschaftliche Ordnung „festgeschrieben" wird, dann ist es auch nicht mehr so leicht, sie zu ändern. So hat Marshall McLuhan darauf hingewiesen, dass jede „Körpererweiterung" gleichzeitig eine „Amputation" ist. Je mehr die gesellschaftliche Ordnung durch Zahlen und Bürokratie gefestigt wird, desto mehr wird der gesellschaftliche Wandel als Abweichung (Devianz) von dieser Ordnung unterdrückt. Je mehr Menschen auf technische Medien zugreifen, desto mehr verlernen sie die sinnliche Kommunikation. Medien machen Wissen und Information zugänglich, bergen jedoch gleichzeitig das Risiko der Manipulation der Wahrnehmung, um Herrschaftsverhältnisse zu stützen (Postman 1989, S. 7 f.; Hamm 2006, S. 271 ff.).

Als Francis Bacon behauptete, dass Wissen Macht sei, meinte er damit vor allem die Mathematik und die Geometrie. Der Vorteil dabei: Jede Information, die sich in die mathematische Schrift und in geometrische Formen übersetzen lässt, wird mit erstaunlicher Geschwindigkeit, Effizienz und Genauigkeit verarbeitet, reproduziert und weitergeben.

Die Amputation dabei: Jede Information, die sich aus unerfindlichen Gründen nicht in die mathematische Schrift oder geometrische Formen übersetzen lässt, wird ignoriert oder vergessen (Harari 2013, S. 166). Hier zeigt sich, auf welche Weise die Medien selbst zu einer Komplexitätsreduktion führen. Mit dem Fortschritt wird das Weltbild der Menschen immer quantitativer und weniger qualitativ. „Unseren Computern fällt es schwer, die Sprache, Gefühle und Träume des *Homo sapiens* in ihre Sprache aus Nullen und Einsen zu übersetzen" (ebd., S. 167).

Das wichtigste Zahlenmedium ist das Geld. Bis heute ist es das erfolgreichste Medium in der Geschichte der Menschheit: „Geld ist das einzige von Menschen geschaffene System, das fast jede kulturelle Barriere überwindet" (ebd., S. 228). In den kleinen Gemeinschaften aus Jagenden und Sammelnden brauchte eine funktionierende Ökonomie kein Geld: „Jede Gruppe jagte, sammelte und produzierte fast alles Lebensnotwendige selbst" (ebd., S. 214). Unentgeltliche Formen von Ökonomie werden noch heute in der Familie, im Freundeskreis und manchmal in der Nachbarschaft praktiziert, wo der Tausch auf Basis der Prinzipien der Wechselseitigkeit (Reziprozität) und der Umverteilung (Redistribution) stattfinden kann (Leggewie und Welzer 2009, S. 108). Aber „wenn viele Fremde zusammenarbeiten, funktioniert die Wirtschaft der gegenseitigen Gefälligkeiten und Verpflichtungen nicht mehr" (Harari 2013, S. 216). Dieses Problem hat sich an mehreren Orten der Welt gleichzeitig gestellt, deshalb wurde das Geld „oft und an vielen Orten erfunden" (ebd., S. 218). Für Harari ist das Geld mehr eine geistige als eine technische Revolution. Das monetäre Zahlungssystem setzt die kollektive Übereinkunft voraus, dass bestimmte Zahlungsmittel (Muscheln, Münzen, Scheine, Bitcoins…) überall einen bestimmten Wert haben und als Tauschmittel akzeptiert werden. „Dazu gehört die Schaffung einer neuen, intersubjektiven Wirklichkeit, die nur in der gemeinsamen Vorstellung der Menschen existiert" (ebd.). So wie das Handeln mit Daten und Zahlen das Weltbild der Beamten stark geprägt hat, so führt das ständige Handeln mit Geld zu einer veränderten Wahrnehmung. Für das Überleben der Menschen erscheinen heute Lohn und Einkommen viel wichtiger als Luft und Wasser. Aber die mentale Landkarte ist auch hier nicht das Gebiet. Einerseits ermöglicht das Geld eine erweiterte Fähigkeit miteinander zu tauschen. Andererseits kann es zur Amputation führen, wenn die Ökonomie immer anonymer wird und Eigennutz Reziprozität ersetzt:

> „Obwohl Geld Vertrauen zwischen Fremden schafft, wird dieses Vertrauen nicht in Menschen, Gemeinschaften oder heilige Werte investiert, sondern in Geld und das unpersönliche System dahinter. Wir vertrauen weder dem Fremden noch unserem Nachbarn, sondern nur der Münze, die sie in der Hand halten. Haben sie kein Geld mehr, haben wir kein Vertrauen mehr […]. Das Geld ermöglicht uns die Zusammenarbeit mit Fremden, doch gleichzeitig müssen wir befürchten, dass es unsere Werte und zwischengemeinschaftliche Beziehungen zerstört" (ebd., S. 229).

Genau davor warnte der Sozialanthropologe Karl Polanyi (1978, S. 70 f.). Das Geld kann zwar fast jede kulturelle Barriere überwinden, aber dabei auch die Gesellschaft in einen riesigen, kalten Markt verwandeln.

2.1.6 Kultur oder Vielfalt?

Bald nach der kognitiven Revolution des Homo sapiens vor rund 70.000 Jahren verschwanden die Neandertaler (Harari 2013, S. 23 ff.). Es ist bezeichnend, dass die Geburt der Kultur zur Verdrängung und zum Aussterben aller anderen Menschenarten führte. Wenn die Kultur eine Strategie der Komplexitätsreduktion ist, dann gilt dies für die Biodiversität genauso wie für die menschliche Vielfalt. Wie viel Vielfalt verträgt also die Kultur neben sich und in sich? Zu dieser fundamentalen Frage gibt es mindestens zwei Zugänge:

Erstens. Wenn die Kultur ein Produkt der Natur ist (Tomasello 2006), dann folgt ihre Entwicklung biologischen Mechanismen, die für alle Organismen gelten. Wie Harari bereits geschrieben hat, lässt sich der Erfolg einer Spezies an der Anzahl der vorhandenen DNA-Moleküle messen. Je größer eine Population ist, desto größer ihr Erfolg. Eben zu diesem Erfolg trägt auch die Kultur bei. Sie sorgt für eine Aneignung von Energie und Ressourcen, sodass die Fortpflanzungs- und Überlebenschancen einer Gruppe von Menschen erhöht werden. Das Privileg der einen ist jedoch die Benachteiligung der anderen, genauso wie das Eigentum der einen auf Kosten der Freiheit der anderen geht. So hat die Landwirtschaft die sesshafte Bevölkerung vergrößert, aber den Nomaden freie Flächen entzogen. In einer ungleichen Gesellschaft kann der Habitus die Fortpflanzungs- und Überlebenschancen erhöhen oder senken. Laut einer Studie von 2019 sterben Männer aus den ärmsten Gegenden Englands fast zehn Jahre früher als in wohlhabenden Orten (Lewer et al. 2020). Die Kultur führt zu einer Reduktion der Vielfalt durch die Lenkung der Energieflüsse und Stoffströme im Rahmen des gesellschaftlichen Metabolismus (Fischer-Kowalski und Haberl 1997).

Zweitens. In den Systemtheorien ist die Komplexitätsreduktion ein wesentliches Merkmal jedes mentalen und sozialen Systems (Krieger 1998). Wenn ein soziales System das ist, was wir als eigen, vertraut, kontrollierbar und geordnet empfinden oder als solches gestalten, dann ist die Umwelt das, was wir als unkontrollierbar, unsicher oder chaotisch erleben (Brocchi 2015, S. 54). In gewisser Weise gibt es so auch eine kulturelle Umwelt, die aus einer Vielfalt fremder Kulturen und Standpunkte besteht. Die Grenze zwischen System und Umwelt ist so diffus wie jene zwischen dem Vertrauten und dem Fremden, deshalb sprechen die Systemtheoretiker lieber von einer *Differenz*. Was System und Umwelt ist, hängt von der *Perspektive des Beobachters* ab (Luhmann 2011). Unsere „Komfortzone" ist die „Panikzone" der anderen, genauso wie umgekehrt. Was für uns selbstverständliche Normalität ist, kann aus einer fremden Perspektive völlig anormal und sinnlos wirken. Während der Tropenwald für uns „Umwelt" ist, stellt er für indigene Völker ein sicheres Zuhause dar. Umgekehrt sind unsere sicheren und geordneten Städte für die Eingeborenen aus Westpapua unheimliche, laute und stinkende Betonwüsten (vgl. Kuegler 2005). Es gibt viele unterschiedliche Perspektiven auf dieselbe Komplexität. Selbst innerhalb derselben Stadt leben verschiedene Milieus jeweils in einer eigenen Wirklichkeit. Vom selben Gebiet gibt es also viele verschiedene mentale Landkarten: Jede von ihnen enthält bestimmte Informationen über das Gebiet, keine kann es jedoch vollständig abbilden. Jede Perspektive ist relativ zum Standpunkt des Beobachters, keine Perspektive kann jedoch für sich universelle Gültigkeit beanspruchen: Sie ist so absolut beschränkt, wie es das Wesen des Menschen ist. Trotzdem bedeutet die Relativität der Standpunkte selten ihre Gleichberechtigung. Warum? Weil eine gleichberechtigte Kommunikation mit Fremden den Widerspruch offenbart und dies die mentale und soziale Ordnung gefährden kann. Auch wenn der Kulturrelativismus die Realität des Menschen am besten wiedergibt, lässt sich keine feste gesellschaftliche Ordnung darauf aufbauen. Je ausgeprägter die kulturelle Vielfalt in einer Gesellschaft ist, desto höher die Gefahr der kognitiven Überlastung und des sozialen Konflikts. So ist das Prinzip der Effizienz der größte Feind der „offenen Gesellschaft" (Popper 1992). Wofür braucht es weltweit unterschiedliche Sprachen und Schriftsysteme, wenn diese Vielfalt die Verbreitung von Wissen hemmt und Übersetzungen so viel Energie in Anspruch nehmen? Eine Homogenität kann sich leichter anfühlen als jede Buntheit. Um die Komplexität der Vielfalt zu reduzieren, muss die Andersartigkeit jedoch nicht unbedingt zerstört oder verdrängt werden. Stattdessen sind in der Geschichte der Menschheit Hierarchisierungen eine bewährte Strategie der Komplexitätsreduktion gewesen. Die Römer haben sich den Status der „Zivilisation" zugeschrieben und andere Kulturen als „Barbarentum" abgewertet. Dadurch wurde die relative Perspektive des mächtigeren Subjektes künstlich universalisiert und in der Gestaltung materialisiert (Brocchi 2015, S. 55). Der Westen hat später die „Zivilisierung der Barbaren" (Lanternari 1997) durch die Kolonisierung anderer Kontinente fortgeführt. In der Globalisierung hat sich die Sichtweise der gesellschaftlichen Zentren universalisiert, sodass der Tropenwald als Rohstofflager behandelt wird und seine Bewohner in die Slums der Großstädte vertrieben wurden (Brocchi 2007, S. 117). Innerhalb der Gesellschaft haben Hierarchien den Vorteil, dass sie Orientierung bieten und Entscheidungsprozesse vereinfachen. Jede Hierarchie impliziert jedoch Fremdbestimmung und kann deshalb Widerstand erzeugen, es sei denn, Menschen werden dazu erzogen.

Alle diese Mechanismen der Komplexitätsreduktion haben sich in einem besonderen historischen Prozess ausgedrückt, der für Yuval Noah Harari auf eine „Vereinigung der Menschheit" zielte (Harari 2013, S. 199). Dabei waren drei große Antriebskräfte am Werk:

- **Die Eroberer:** Ihr Medium war die Waffe. Damit verfolgten sie die Bildung eines Imperiums, in dem alle Menschen potenzielle Untertanen sind. Die Eroberer wollten „eine politische Ordnung errichten, die für alle Menschen gleichermaßen galt" (ebd., S. 211). Dabei hat jedes Imperium zwei entscheidende Eigenschaften: Erstens „muss es über eine ausreichende Zahl von verschiedenen Völkern herrschen, von denen jedes seine eigene kulturelle Identität und sein eigenes Territorium hat. Wie viele Völker müssen es genau sein? […]. Zwanzig oder dreißig sind genug […]. Zweitens zeichnen sich Imperien durch flexible Grenzen und einen potenziell grenzenlosen Appetit aus. Sie können sich immer mehr Völker und Gebiete einverleiben, ohne ihre Struktur oder Identität zu verlieren" (ebd., S. 233). Imperien reduzieren die Komplexität, indem sie Ethnien und Religionen nicht zerstören, sondern „unter einen Hut bringen und dabei immer größere Teile der Menschheit und des Planeten" vereinen (ebd., S. 234).
Die Eroberer garantieren Sicherheit auf dem Territorium, beanspruchen aber dafür auch einen Teil der Ressourcen, des Reichtums und der Macht. „Ein Imperium muss nicht unbedingt von einem Alleinherrscher geführt werden" (ebd.). Zum britischen Empire hätte vor einem Jahrhundert fast jeder Ort der Erde gehören können, er wurde aber von einem halbwegs demokratisch gewählten Parlament regiert.
- **Die Propheten:** Ihr Medium war der Glaube. Für sie gab es „auf der ganzen Welt nur eine einzige Wahrheit und alle Menschen waren potenzielle Gläubige" (ebd., S. 211). Die Propheten „wollten eine religiöse Ordnung errichten, die für alle Menschen gleichermaßen gilt" (ebd.). In der griechischen Idee der „Ökumene" drückte sich die Unifizierung der bewohnten Welt aus (Toynbee 1998, S. 40). Das Christentum verfolgte das Ziel der „Ökumene" durch den Einsatz von Missionaren (ebd., S. 384). Im Namen der Religion wurde jedoch immer wieder Gewalt gegen die kulturelle Andersartigkeit ausgeübt, nach außen durch die Kreuzzüge (u. a.), nach innen durch die Inquisition und die „Hexenverfolgung" (ebd., S. 523).
- **Die Händler:** Ihr Medium war das Geld. Sie haben die Vereinigung der Menschheit weder durch Gewalt noch durch Missionierung

verfolgt, sondern durch kommerziellen Handel. Für die Händler war „die ganze Welt ein Markt und alle Menschen potenzielle Kunden. Sie wollten eine Wirtschaftsordnung errichten, die für alle Menschen gleichermaßen galt" (Harari 2013, S. 211).

Eroberer, Propheten und Händler „waren die Ersten, die den Gegensatz von ‚wir' und ‚die anderen' überwanden und eine Einigung der Menschheit vorhersahen" (ebd.). Während der letzten Jahrtausende wurden immer ehrgeizigere Versuche unternommen, um die Vision einer vereinten Menschheit zu verwirklichen. Nun gibt es keine ursprünglichen Kulturen mehr. „Heute sprechen, denken und träumen wir in Sprachen, die unseren Vorfahren mit dem Schwert aufgezwungen wurden [...]. Die meisten Bewohner des amerikanischen Doppelkontinents verständigen sich in einer von vier Kolonialsprachen: Spanisch, Portugiesisch, Französisch oder Englisch" (ebd., S. 238). Warum Kulturen untergehen oder dominieren, das erklärten Sozialdarwinisten wie Herbert Spencer durch das Konzept des „Survival of the Fittest". So wie die biologische Evolution gute Erbanlagen fördert und schlechte auslöscht, so haben sich hoch entwickelte Kulturen gegen „unterentwickelte" durchgesetzt (Puschner 2016).

Beim Versuch, die Menschheit zu vereinen, war bisher die westliche Gesellschaft am erfolgreichsten. Nach außen wurde die Vereinigung erst durch die Kolonisierung, später durch die Globalisierung verfolgt; nach innen durch die Industrialisierung und die Modernisierung. Beide Prozesse sind in der kapitalistisch-industriellen Transformation vereint gewesen.

2.2 Die kapitalistisch-industrielle Transformation

Die „Große Transformation", die Karl Polanyi 1944 beschrieb, ist die kapitalistisch-industrielle. Sie begann vor 500 Jahren und erreichte mit der neoliberalen Globalisierung ihren Höhepunkt. Dieser tiefgreifende Wandel der Gesellschaft ist ein weiterer großer Entwicklungssprung in der Geschichte der Menschheit gewesen. Einerseits baute diese Transformation auf den Errungenschaften der kognitiven und der neolithischen Revolution auf. Sie führte Lehren aus der biblischen Genesis („Dominium terrae") und aus der altgriechischen Philosophie (Platons Höhlengleichnis) zu ihrer letzten Konsequenz (White 1967; Latour 2010, S. 22-26). Andererseits stellte diese Transformation einen gewaltigen Bruch mit der äußeren und inneren Natur des Menschen dar. Heute befinden wir uns in einem neuen Zeitalter der Erdgeschichte: dem Anthropozän.

So wie die kognitive Revolution die neolithische Revolution antizipierte, so ist die industrielle Revolution ohne die wissenschaftliche Revolution kaum vorstellbar.

2.2.1 Die wissenschaftliche Revolution

Der erste Auslöser der wissenschaftlichen Revolution war die Erfindung des Buchdrucks um 1450. Damit wollte Johannes Gutenberg die schnelle Produktion von Texten und ihre Verbreitung in hoher Auflage ermöglichen. Diese Technik leitete das Ende des Mittelalters ein und legte das Fundament für die Moderne: die von Wissenschaft, Kapital und Industrie beherrschte Welt. Dass der Druck den Lauf der Geschichte veränderte, zeigt wieder, wie sehr die Medien gesellschaftliche und kulturelle Entwicklungsprozesse prägen. Bücher und später Zeitungen machten das Wissen nicht nur überall zugänglich, sondern auch speicherbar, dadurch optimierbar und erweiterbar. Paradoxerweise entstand ausgerechnet nach dieser Erfindung ein Bewusstsein über die Begrenztheit des menschlichen Wissens. So zeigte Nikolaus Kopernikus, dass die Erde nur eine Nebenerscheinung im Universum ist: Wie konnte ein kleines Wesen wie der Mensch die gewaltige Komplexität des Kosmos erfassen? Diese „Entdeckung der Unwissenheit" (Harari 2013, S. 301) war der zweite Auslöser der wissenschaftlichen Revolution; das, was die Begründer der modernen Naturwissenschaften bewegte. Francis Bacon, Galileo Galilei, René Descartes und Isaac Newton erkannten, dass die Religionen nicht alles erklären können, während die altgriechische „Weisheit fruchtbar in Worten aber unfruchtbar in Werken" ist (Bacon 2017, S. 55).

Weil uns die Sinneswahrnehmung täuscht, muss sich die Erkenntnis auf Objektivität statt auf Subjektivität gründen. So wie in der Antike die Daten und die Zahlen zum Fundament der bürokratischen Ordnung geworden waren, so erklärte René Descartes die Mathematik und die Geometrie zum Wesen der universalen Grundordnung (Hösle 1991, S. 55). Sie wurden der Schlüssel zur sicheren Erkenntnis. Ab jetzt konnte eine Erkenntnis, die sich nicht quantifizieren lässt, auch keine sichere sein. Später zeigte Isaac Newton, wie sich die Bewegung aller Körper im Universum (die Flugbahn eines Kometen oder einer Kanonenkugel auf dem Kriegsfeld) durch einfache mathematische Formeln ausdrücken lässt. Der Physiker bewies, „dass das Buch der Natur in der Sprache der Mathematik geschrieben ist" (Harari 2013, S. 313). Selbst wenn die Sprache der Zahlen unserem Gehirn fremd ist und die Mathematik oft genug dem gesunden Menschenverstand widerspricht (ebd., S. 317), werden wir heute durch das Schulsystem erzogen, quantitativ zu denken.[6]

Ohne die Naturwissenschaften wäre die Menschheit nie auf dem Mond gelandet oder zur Atombombe gelangt. Die Wissenschaft hat dem Menschen eine enorme Macht verliehen, deshalb genießt sie noch heute solch ein großes Ansehen. Es war Francis Bacon, der mit seinem „Neuen Organon" die Erkenntnis zum Werkzeug der Macht machte: „Der wahre Prüfstein für Wissen sei nicht, ob es wahr sei oder nicht, sondern ob es uns Macht verleihe" (ebd.). Das Wissen muss dem Menschen nutzen und ihm die Beherrschung der Natur ermöglichen. Wenn in der biblischen Genesis Gott den Menschen beauftragt hatte, „über die Fische des Meeres, über die Vögel des Himmels, über das Vieh, über die ganze Erde und über alle Kriechtiere auf dem Land" zu herrschen

---

[6] „Immer mehr Menschen sind dazu gezwungen, Mathematikkurse zu belegen. Wir beobachten eine unaufhaltsame Verschiebung hin zu den ‚exakten' Wissenschaften, die deshalb exakt heißen, weil sie mit den Instrumenten der Mathematik arbeiten. Selbst Fächer, die in der Vergangenheit zu den Geisteswissenschaften zählten, etwa die Erforschung der menschlichen Sprache (Linguistik) oder Psyche (Psychologie) bedienen sich zunehmend bei der Mathematik und schmücken sich mit der Bezeichnung ‚exakte Wissenschaft'" (Harari 2013, S. 316).

(Gen 1,26), dann sollte die neue Wissenschaft diesen Auftrag endlich erfüllen. Für Bacon ergab nur eine anwendungsorientierte Forschung Sinn. Das Experiment und die Beobachtung wurden zum Bestandteil der wissenschaftlichen Methode. Dabei war die Erkenntnis über die Funktionsweise von natürlichen Prozessen die Voraussetzung für ihre Reproduktion und Manipulation zum Nutzen des Menschen (Bury 1979, S. 47). Die enge Verbindung von Wissenschaft und Technologie war ein Novum in der Geschichte (Harari 2013, S. 318).

Die modernen Naturwissenschaften zeichnen sich durch ein dualistisches Weltbild aus: Darin sind die gesetzmäßige Natur (Objekt) und der beobachtende und erkennende Mensch (Subjekt) getrennt (Latour 2010, S. 26 f.). Die platonische Separation zwischen einer „Sphäre der Werte" und einer „Sphäre der Tatsachen" übersetzte Descartes mit der Trennung von „res cogitans" (denkender Substanz, Geist) und „res extensa" (ausgedehnter Substanz, Materie). Diese Trennung verläuft durch den Menschen selbst:

> „Die physische Natur des Menschen, sein Leib, wird ebenfalls zur res extensa gerechnet. Res cogitans ist nur das Bewußtsein des Menschen; die zum menschlichen Geist gehörigen unbewußten Denkvorgänge haben in der Cartesischen Systematik keinen Platz" (Hösle 1991, S. 54).

Durch diese Separation wird die nicht-menschliche Natur nicht nur von ihrer Seele entleert, sondern auch von jeglicher Lebendigkeit und Emotionalität. In diesem Weltbild verkommen die Pflanzen und Tiere zu „Maschinen ohne Innenseite" (ebd.). Wenn Tiere keine Schmerzen empfinden können, dann sind Zuchttiere nur bloßes Material, das zu Fleisch verarbeitet werden kann. Die Erziehung zu einer solchen Wissenschaft ist eine Erziehung zur Empathielosigkeit. Durch ihre Objektivierung wurde die nicht-menschliche Natur in ein riesiges Rohstofflager umgewandelt und für die industrielle Ausbeutung vorbereitet. Wenn das Bewusstsein über die menschlichen Grenzen die wissenschaftliche Revolution ausgelöst hatte, dann versprach der wissenschaftliche und technologische Fortschritt die Überwindung dieser Grenzen. Die industrielle Maschine sollte die ultimative Körpererweiterung werden, die dem Menschen fehlt, um die Natur zu beherrschen. Weil die Natur, die

Gesellschaft und der Mensch selbst nichts anderes als komplexere Maschinen sind, erschien kein Problem mehr als irreparabel: Es musste nur ausreichend in Forschung und Innovation investiert werden. Erst durch die Wissenschaft begannen die Menschen zu ahnen, „dass tatsächlich so etwas wie Fortschritt möglich sein könnte [...]. Armut, Krankheit, Krieg, Hunger, Alter und Tod waren kein Schicksal, sondern nur das Produkt der Unwissenheit" (Harari 2013, S. 323).

Durch die kognitive und die landwirtschaftliche Revolution war dem Menschen schon vieles gelungen, doch er war noch im Kreislauf der Natur gefangen. Dass jede Geburt ein Sterben impliziert, das gilt für den Menschen genauso wie für alle Lebewesen. Im westlichen Kulturkreis ist die Angst vor dem Tod jedoch besonders ausgeprägt (Esposito 2004a), auch darin liegt ein wichtiger Antrieb für den Fortschritt. Für Wissenschaftler sterben die Menschen nicht, „weil die Götter dies so beschlossen haben, sondern durch technisches Versagen – Herzinfarkt, Krebs, Infektionen. Doch jedes technische Problem hat eine technische Lösung. Wenn das Herz schwächelt, können wir es mit einem Schrittmacher auf Trab bringen oder durch ein neues ersetzen [...]. Das wichtigste Projekt der wissenschaftlichen Revolution ist das ewige Leben für den Menschen" (Harari 2013, S. 326 f.). Alle modernen Ideologien (Kapitalismus, Sozialismus, Feminismus usw.) haben den Tod nicht für etwas Normales gehalten, sondern für ein technisches Problem (ebd., S. 330). Anders als die meisten Religionen haben sich diese Ideologien auf das Leben auf der Erde und nicht auf das Leben im Jenseits fokussiert. Das Versprechen des Fortschritts war das Paradies auf Erden, nicht im Himmel. Die Angst vor dem Tod wurde zum wichtigen Antrieb auch für die industrielle Revolution (August Comte in Aron 1989). So wie sich die alten Pharaonen mit großen Pyramiden verewigt hatten, so ermöglichte die Industrie eine massive Materialisierung von Kultur: Durch diesen Fußabdruck wird der moderne Mensch noch lange präsent bleiben.

Selbst wenn die Wissenschaft ein fundamentaler Bestandteil der kapitalistisch-industriellen Transformation gewesen ist, allein konnte sie diese Entwicklung weder vorantreiben noch ihre Richtung bestimmen. Denn wissenschaftliche Forschung ist eine kostspielige Angelegenheit. Wer eine Finanzierung benötigt, ist auf Geldgeber angewiesen, und diese investieren selten ganz selbstlos. Dass die Wissenschaft vom „Nutzen der Menschheit" geleitet sei und „zweckfrei" handele, ist für Yuval Noah Harari „das Märchen, [an das] viele so naiv" geglaubt haben. Vielmehr diente sie meistens den Interessen von Wirtschaft, Politik und Religion (Harari 2013, S. 331 f.). „Die meisten wissenschaftlichen Untersuchungen werden von Leuten bezahlt, die hoffen, mit dem Ergebnis ihre politischen, wirtschaftlichen oder religiöse Ziele zu erreichen" (ebd.).

Wissenschaftler*innen bestimmen selten die eigene Agenda. Wenn „Digitalisierung" im Koalitionsvertrag der Bundesregierung großgeschrieben wird, dann ist dies ein Auftrag auch an die Wissenschaft, die durch Fördermittel gelenkt wird. Ein Staat, der hingegen eine imperialistische Politik verfolgt, steckt viel Geld in die Militärforschung.

> „Eine der wichtigsten Mächte der Gegenwart ist der militärisch-industrielle Komplex, der eigentlich genauer militärisch-industriell-wissenschaftlicher Komplex heißen müsste. Die Militärs der Welt initiieren, finanzieren und dirigieren einen erheblichen Teil der wissenschaftlichen Forschung und der technischen Entwicklung. Wenn sich taktische, strategische oder politische Schwierigkeiten auftun, wenden sich Staatenlenker immer häufiger an Wissenschaftler in der Hoffnung auf Wunderwaffen, die das Problem lösen […]. Während Sie diese Zeilen lesen, fließen Millionen von Dollar aus dem Verteidigungshaushalt in die Labors der Nanotechnologie und der Hirnforschung. Diese Besessenheit mit der Kriegstechnologie ist ein neues Phänomen" (ebd., S. 322).

Die Wissenschaft ist unfähig, selbst die eigenen Prioritäten zu setzen. Was mit ihren Entdeckungen passiert, auch darauf hat sie wenig Einfluss. Dieselbe wissenschaftliche Erkenntnis kann für die Emanzipation oder für die Beherrschung der Menschheit verwendet werden. Wenn die Wissenschaft eine noch nie dagewesene Macht ermöglicht hat, dann kam ihr Auftrag meistens entweder aus der Politik oder aus der Wirtschaft. Es war vermutlich die Rückkopplung zwischen Wissenschaft, Imperialismus und Kapitalismus, die als Motor der großen Transformation zur kapitalistisch-industriellen Gesellschaft diente (ebd., S. 334 f.).

2.2.2 Der Weg in die expansive Moderne

Die frühere Geschichte begann vor 70.000 Jahren mit der Expansion des Homo sapiens auf Kosten der Neandertaler. Die neuere Geschichte beginnt hingegen mit der Expansion des westlichen Mannes auf Kosten der außereuropäischen Völker. Es war die „Entdeckung" Amerikas durch Christoph Kolumbus im Jahr 1492, die dem Kolonialismus die Türen öffnete. Diese massive Expansion des Westens wurde von der Allianz zwischen Eroberern, christlichen Missionaren und Händlern ermöglicht. So fasst Harari 500 Jahre Entwicklung zusammen:

> „Zwischen 1500 und 1750 nahm Westeuropa an Fahrt auf und schwang sich zum Herrn des amerikanischen Doppelkontinents und der Weltmeere auf […]. Noch im Jahr 1775 zeichnete Asien für 80 Prozent der Weltwirtschaft verantwortlich. Indien und China machten zusammen allein zwei Drittel der weltweiten Produktion aus. Im Vergleich war Europa ein wirtschaftlicher Zwerg. Erst zwischen 1750 und 1850 verlagerte sich das globale Machtzentrum nach Europa, als die Europäer die asiatischen Mächte in einer Reihe von Kriegen erniedrigten und weite Teile Asiens eroberten. Im Jahr 1900 beherrschten die Europäer unangefochten die Weltwirtschaft und den größten Teil der Erde. Im Jahr 1950 waren Westeuropa und die Vereinigten Staaten zusammen für mehr als 50 Prozent der Weltwirtschaft verantwortlich, während Chinas Anteil auf 5 Prozent zusammengeschrumpft war. Unter der Ägide der Europäer entstanden eine neue Weltordnung und eine neue Weltkultur" (Harari 2013, S. 341 f.).

Wie konnten die Europäer in einer relativ kurzen Zeit die ganze Welt erobern? Wie wurde ihre Kultur zur dominanten Kultur weltweit? Hararis Antwort klingt simpel: „Die Europäer lernten wissenschaftlich und kapitalistisch zu denken und zu handeln, lange bevor sie einen spürbaren technischen Vorsprung daraus zogen" (ebd.). Auch wenn Europa und die Europäer heute die Welt nicht mehr allein beherrschen, wirken ihre kulturellen Errungenschaften in Amerika, China und Indien weiter.

Im 15. Jahrhundert waren auch chinesische Flotten auf Entdeckungsreise gegangen, doch sie eroberten die besuchten Länder nicht und unternahmen keinen Versuch darin (ebd., S. 355). Hingegen war der Entdeckungsdrang der Europäer immer mit einem Eroberungsdrang verbunden. So wie die Wissenschaft die Macht über die Natur verfolgte, so beanspruchten die europäischen Seefahrer die „entdeckten" Territorien für die jeweilige Krone. Allen voran James Cook, der unter anderem Australien zum Teil des britischen Imperiums machte. Cook war nicht nur Seefahrer, Geograf und Ethnograf, sondern auch Offizier der Marine (ebd., S. 337 ff.). Wenn Wissen Macht ist, dann fielen ihm auch die indigenen Völker früh zum Opfer. Auf Australien und Neuseeland nahmen die europäischen Siedler den größten Teil des fruchtbaren Lands in Anspruch, in der Folge brach die einheimische Bevölkerung um 90 % ein (ebd., S. 339). Nach der Landung der Spanier in der Karibik starb die indigene Bevölkerung in nur zwanzig Jahren aus (ebd., S. 358). Der Kontakt mit den Weißen führte auch zum Zusammenbruch der indigenen Stämme in Nordamerika. Mit der Heimat verloren sie ihre kulturellen Traditionen und Lebensweisen (Milner und Chaplin 2010).

Wenn die kapitalistisch-industrielle Transformation zu einem Wechsel des Energieregimes in Europa führte, dann liegt dies zuerst an der Aneignung der Ressourcen auf anderen Kontinenten. In Zentralamerika fielen die Azteken dem Goldrausch der Spanier zum Opfer, obwohl in dieser Kultur selbst Federn weitaus wertvoller als das Edelmetall erschienen (Volz 2015). Mit dem Gold ließen die Eroberer Kirchen in Europa schmücken, zum Beispiel die Lateranbasilika in Rom. Als die industrielle Revolution zur Massenproduktion und zum Massenkonsum führte, kam ein großer Teil der Rohstoffe aus Kolonien und später aus Ex-Kolonien. Die weißen Eroberer und Händler wollten jedoch weder im Bergbau noch auf den Baumwollplantagen arbeiten: Sie setzten Sklaven ein. Schon bevor die industrielle Revolution kam, dienten Millionen Menschen als Maschinen.

> „Zwischen dem 16. und dem 19. Jahrhundert wurden rund 10 Millionen Afrikaner als Sklaven nach Amerika verschleppt. Rund 70 Prozent arbeiteten auf Zuckerrohrplantagen. Die Arbeitsbedingungen waren unmenschlich, die meisten Sklaven starben einen qualvollen Tod und viele weitere Millionen kamen schon während der Sklavenjagd oder auf dem langen Transport vom Innern des afrikanischen Kontinents nach Amerika

ums Leben. Und das nur, damit die Europäer Zucker in ihren Tee rühren und Bonbons lutschen konnten – und natürlich, damit die Zuckerbarone riesige Gewinne einstreichen konnten" (Harari 2013, S. 403).

Ein Beleg für die Entmenschlichung der Sklaven ist die Unabhängigkeitserklärung der Vereinigten Staaten von 1776. In der Präambel wurde anerkannt, „dass alle Menschen gleich geschaffen sind; dass sie von ihrem Schöpfer mit gewissen unveräußerlichen Rechten ausgestattet sind; dass dazu Leben, Freiheit und das Streben nach Glück gehören" (zit. in Vorländer 2017, S. 26). Doch zu den Unterzeichnern dieser Unabhängigkeitserklärung gehörten zu einem erheblichen Teil weiße Sklavenhändler. Wie auf der demokratischen Agora der altgriechischen Polis nur Männer Bürgerrechte genossen, so gründete sich auch die US-amerikanische Gesellschaft auf Diskriminierung: Zu jenen „gleichen Menschen" zählten Frauen und Sklaven in der Unabhängigkeitserklärung nicht. Ein Teil der Menschheit erfuhr damit die gleiche Empathielosigkeit, mit der Descartes und Bacon die nicht-menschliche Natur behandelt hatten.

Selbst wenn sich die westliche Expansion vor allem an politischen und ökonomischen Interessen orientierte, wird sie bis heute immer religiös oder moralisch begründet, zum Beispiel, wenn es darum geht, Demokratie und Menschenrechte in anderen Ländern zu verteidigen oder durchzusetzen. Unter den führenden Industrienationen fühlen sich die USA dieser Missionierung immer noch besonders verpflichtet. Ihre Vorbestimmung als „Gottes auserwähltes Volk" (Bungert 2013) fand im 19. Jahrhundert einen bemerkenswerten Ausdruck im „Manifest Destiny": Das Dokument lieferte den theoretischen Grundstein der expansionistischen US-Doktrin.[7] Als Verteidiger von Demokratie und

---

[7] Der New Yorker Journalist John L. O'Sullivan schrieb 1845 im „Democratic Review", dass es die „offenkundige Bestimmung" (Manifest Destiny) der USA sei, „sich auszubreiten und den gesamten Kontinent in Besitz zu nehmen, den die Vorsehung uns für die Entwicklung des großen Experimentes Freiheit und zu einem Bündnis vereinigter Souveräne anvertraut hat" (zit. in Braig 2011). Damit lieferte er „eine wirkmächtige ideologische Rechtfertigung" nicht nur für die Expansionsbestrebungen des Nordens nach Süden (ebd.), sondern auch nach Westen auf Kosten der indigenen Bevölkerung.

Freiheit sahen sich die Vereinigten Staaten in der Pflicht, dort einzugreifen, wo nationale Bewegungen und autoritäre Regime an der Macht waren, zum Beispiel in Lateinamerika.

Parallel zur Expansion nach außen fand eine Expansion innerhalb der westlichen Gesellschaft statt. Auch sie trug zum Wechsel des Energieregimes bei. Im Mittelalter basierte ein großer Teil der Wirtschaft auf Holz: Es war Energielieferant und bot das wichtigste Baumaterial für Häuser und Schiffe. Irgendwann waren jedoch die Wälder weitgehend abgeholzt, diese Übernutzung von Holz führte in Europa zur ersten großen Energie- und Rohstoffkrise der Geschichte. Im Jahr 1713 veröffentlichte Hans-Carl von Carlowitz, sächsischer Oberberghauptmann des Erzgebirges, seine „Sylvicultura oeconomica" (Carlowitz 2013). Darin beschrieb er ein besonderes Rezept, um die Holzknappheit zu überwinden: „Nicht mehr Holz fällen, als nachwächst". Jedoch nicht diese Strategie der Selbstbegrenzung setzte sich in der Gesellschaft durch. Schon 20 Jahre vor Carlowitz hatte Johann Philipp Bünting (1693) in seiner „Sylva subterranea" den Abbau „unterirdischer Wälder" als Ersatz für den der oberirdischen empfohlen. Kohle, Gas und Erdöl wurden so zum Treibstoff der industriellen Revolution. Anders als die erneuerbaren Energieträger (Wasser, Wind oder Arbeitstiere) verfügten die fossilen über eine hohe Energiedichte: Wenig Masse reichte aus, um große Maschinen in Bewegung zu setzen. Funktionsfähige Dampfmaschinen wurden von Thomas Newcomen entwickelt und dann durch James Watt in Großbritannien optimiert. In der zweiten Hälfte des 19. Jahrhunderts wurden sie immer stärker im Verkehrswesen und in der Produktion eingesetzt. Diese Entwicklung führte zu einer energetischen Spaltung der Welt:

„Um 1780 waren alle Gesellschaften weltweit auf die Nutzung von Energie aus Biomasse angewiesen. Gut ein Jahrhundert später, zu Beginn des 20. Jahrhunderts, zerfiel die Welt in die kleine Gruppe der industrialisierten Länder, in denen der Ausbau von Infrastrukturen zur Nutzung fossiler Energieträger gelungen war, und der Mehrheit der Staaten, die weiterhin mit herkömmlichen Energiequellen auskommen musste" (WBGU 2011, S. 93).

Nicht anders als nach der neolithischen Revolution bedingte das neue Energieregime ein neues gesellschaftliches Regime. Während vor der Industrialisierung Handwerker Unikate herstellten, die auf die Bedürfnisse einzelner Konsumenten zugeschnitten waren, ermöglichten die großen Dampfmaschinen eine zentralisierte Massenproduktion. Als Zentrum der Wirtschaftsdynamik dienten die Städte: Hier siedelte sich die Industrie an und hier konnte die Massenproduktion abgesetzt werden. Verbunden wurden die Städte durch die Bahn, mit der nicht nur Personen, sondern auch Rohstoffe und Waren transportiert wurden. Während früher viele Handwerker an der Produktion verdienten, machte die zentralistische Produktion eine starke Akkumulation von Kapital in wenigen Händen möglich. Die Investitionen, die zur industriellen Revolution führten, kamen von der aufsteigenden Klasse der Bourgeoisie, die durch den Welthandel immer stärker geworden war.[8] Die industrielle Produktionsweise versprach gute Geschäfte und hohe Gewinnmargen, deshalb wurde gerne darin investiert. Es war die Marktwirtschaft, die zur industriellen Revolution führte, nicht umgekehrt (Braudel 1997).[9]

Der Schulterschluss von Kapital und Staat wurde benötigt, um die Arbeitskraft für die Industrie zu beschaffen. Denn freiwillig verließen die Menschen das Land nicht, um in den Fabriken zu arbeiten. Als wichtiges Druckmittel wirkte laut Polanyi die Privatisierung der Gemeingüter. Wie im ersten Kapitel bereits beschrieben, begannen die Lords im 17. Jahrhundert mit der Abzäunung offener Felder in England und der Umwandlung von Ackerland in Weideflächen (Polanyi 1978, S. 60). Nun konnten die Bauern ihre Familien nicht mehr selbstversor-

---

[8] Karl Marx und Friedrich Engels beschrieben den Zusammenhang wie folgt: „Die große Industrie hat den Weltmarkt hergestellt, den die Entdeckung Amerikas vorbereitete. Der Weltmarkt hat dem Handel, der Schifffahrt, den Landkommunikationen eine unermeßliche Entwicklung gegeben. Diese hat wieder auf die Ausdehnung der Industrie zurückgewirkt, und in demselben Maße, worin Industrie, Handel, Schifffahrt, Eisenbahnen sich ausdehnten, in demselben Maße entwickelte sich die Bourgeoisie, vermehrte sie ihre Kapitalien" (Marx und Engels 1972, S. 463 f.).

[9] Der Historiker Fernand Braudel schreibt: „Auch wenn der Kapitalismus ein Privileg von wenigen ist, so ist er doch nicht ohne die aktive Komplizenschaft der Gesellschaft denkbar. Er ist zwangsläufig eine Realität der sozialen und politischen Ordnung oder sogar eine Realität der Zivilisation. In gewisser Weise muss die gesamte Gesellschaft mehr oder weniger bewusst die kapitalistischen Werte akzeptieren [...]. Der Kapitalismus triumphierte nur dann, wenn er mit dem Staat identifiziert wurde, wenn er der Staat war" (Braudel 1997, S. 60).

gen. Die Privatisierung der Flächen führte zu einer künstlichen Knappheit. Nur wer einen Lohn erhielt, konnte damit die eigene Familie ernähren. Das ist ein Prinzip, das noch heute gilt: Jede zusätzliche Privatisierung von Gütern und Dienstleistungen bedeutet eine zusätzliche Beschneidung der Freiheit der Menschen, weil damit die Abhängigkeit von Geld und Lohn erhöht wird. Wer das Kapital kontrolliert, kann die Löhne auszahlen und damit die Menschen kontrollieren. Wenn die Enteignung von Gemeinschaftsgütern ein landloses Proletariat im 17. und 18. Jahrhundert hervorbrachte, dann musste dies in die Städte abwandern, um dort seine Arbeitskraft zu verkaufen (Horn und Bergthaller 2019, S. 109 f.). Die Expansion der Marktwirtschaft gelang also auch durch eine Kolonisierung nach innen,[10] auf Kosten der Subsistenzwirtschaft und der Selbstversorgung.

Das Wesen einer entfesselten kapitalistischen Wirtschaft zeigte sich im früheren „Manchesterkapitalismus". In den Fabriken herrschte eine militärische Ordnung. „Arbeitermassen […] werden soldatisch organisiert", schrieben Karl Marx und Friedrich Engels (1972, S. 469). In der Massenproduktion wurden die Menschen selbst zu einer Masse, die nach den Prinzipien der Effizienz diszipliniert wurde. Wo sich die Bauern früher der Herrschaft der Natur unterordnen mussten, standen nun die Arbeiter unter dem Zwang der Uhr. Die Industrialisierung hat mit der Natur auch den Menschen selbst verändert (vgl. Marx 1968, S. 192). Die Beherrschung der äußeren Natur schließt die Beherrschung der inneren Natur mit ein:

> „Der Mensch teilt im Prozess seiner Emanzipation das Schicksal seiner übrigen Welt. Naturbeherrschung schließt Menschenbeherrschung ein. Jedes Subjekt hat nicht nur an der Unterjochung der äußeren Natur, der menschlichen und der nicht-menschlichen, teilzunehmen, sondern muss, um das zu leisten, die Natur in sich selbst unterjochen" (Horkheimer 1991, S. 106).

---

[10] Während die Aneignung von Gemeindeland noch heute in England schamhaft „enclosure" (dt.: Einfriedung) genannt wird, spricht man im schottischen Hochland von „Clearance", „Säuberung" (Neumann 2020).

Mit der Marktwirtschaft entstand zum ersten Mal in der menschlichen Geschichte eine Zivilisation, die den Profit zur wesentlichen Motivation ökonomischen Handelns erhob: „Der Mechanismus, der durch das Gewinnstreben in Gang gesetzt wurde, war in seiner Wirksamkeit nur mit wildesten Ausbrüchen religiösen Eifers in der Geschichte zu vergleichen. Innerhalb einer Generation wurde die ganze menschliche Welt seinem kompakten Einfluß unterworfen" (Polanyi 1978, S. 54). Wenn das Gewinnstreben zum leitenden Gesellschaftsprinzip wird, dann kann alles darin zu bloßer Handelsware werden: die Arbeit, das Geld und die Natur. In der kapitalistisch-industriellen Gesellschaft bestimmt die ökonomische Logik, wie wir zu leben haben, so Polanyi.

2.2.3 Die Entwicklungspolitik als Machtpolitik

Wenn Yuval Noah Harari schreibt, „dass im Jahr 1500 die Produktion pro Kopf umgerechnet bei durchschnittlich 550 Dollar lag, während heute jeder Mann, jede Frau und jedes Kind pro Jahr durchschnittlich Waren und Dienstleistungen im Wert von 8.800 Dollar produziert" (Harari 2013, S. 374 f.), dann glauben wir, dass dies ein erstaunliches Wachstum für die *ganze* Menschheit sei. Noch heute wird der „Wohlstand der Nationen" (Smith 1776) mit einem einzigen Indikator gemessen: dem Bruttoinlandsprodukt (BIP). Wenn das BIP einer Nation steigt, dann wird diese Entwicklung allgemein so bewertet, als ob es fast allen Menschen in dieser Gesellschaft besser geht (Adam 2009). Seit Jahrzehnten sind die USA das Land mit dem höchsten BIP. Mit 22.996 Mrd. US$ macht ihre Volkswirtschaft fast ein Viertel des weltweiten Bruttoinlandsprodukts (97.076 Mrd. US$) aus (IMF 2022). Die monodimensionale Messung von Wohlstand suggeriert also, dass die USA auch das Land sind, in dem sich am besten leben lässt: „Wie ein Amerikaner!" An diesem Modell sollte sich also die Entwicklung aller Länder orientieren, die einen höheren Wohlstand anstreben. In diesem Glauben ist der Westen seit dem 20. Januar 1949 gefangen. Mit der Amtsantrittsrede von US-Präsidenten Harry S. Truman an jenem Tag begann das „Zeitalter der Entwicklung" (Sachs 1998, S. 6). Darin deklarierte er den Kommunismus zum neuen Feind der USA und kündigte ein Vier-Punkte-Programm für „Frieden und Freiheit" an: 1) Unterstützung der Vereinten Nationen und ihrer Agenturen; 2) Programm für die Erholung der Weltwirtschaft durch den Abbau von Handelsschranken und Verstärkung des Marshall-Plans für den Wiederaufbau Europas; 3) Gründung des westlichen Militärbündnisses NATO. Über den vierten Punkt äußerte sich Truman wie folgt:

> „Wir müssen ein kühnes neues Programm auf den Weg bringen, um die Vorzüge unseres wissenschaftlichen und industriellen Fortschritts der Verbesserung und dem Wachstum der *unterentwickelten* Gebiete verfügbar zu machen [...]. Mehr als die Hälfte der Menschen auf der Welt lebt unter nahezu elenden Bedingungen [...]. Ihre Wirtschaft ist primitiv und stagnierend. Ihre Armut ist ein Hemmnis und eine Bedrohung, sowohl für sie als auch für die wohlhabenderen Gebiete [...]. Ich glaube, dass wir friedliebenden Völkern die Vorzüge unseres gesammelten technischen Wissens zur Verfügung stellen sollten, um ihnen das Streben nach einem besseren Leben zu erleichtern. Und wir sollten [...] Kapitalinvestitionen in Gebiete, die Entwicklung brauchen, fördern [...]. Unser Ziel sollte sein, den freien Völkern der Welt zu *helfen,* durch ihre eigenen Anstrengungen mehr Nahrung, mehr Kleidung, mehr Baumaterial und mehr ihre Mühsal erleichterndes mechanisches Gerät herzustellen [...]. In unseren Plänen ist kein Platz mehr für den alten Imperialismus, der Ausbeutung zugunsten von Profiten bedeutete. Was uns vorschwebt, ist ein Programm der Entwicklung auf der Grundlage von demokratischem fairem Handel" (Truman 2008; Ziai 2004, Kursivsetzung vom Autor).

Zum ersten Mal wurde ein großer Teil der Weltgesellschaft als „unterentwickelt" bezeichnet. Für den Soziologen Wolfgang Sachs trifft diese Begrifflichkeit „so gut den Nagel auf den Kopf, dass sie später als kognitive Grundlage sowohl für den arroganten Interventionismus des Nordens als auch für das erbärmliche Selbstmitleid des Südens diente" (Sachs 1998, S. 7). Trumans Rede enthielt eine merkwürdige Kombination aus Überheblichkeit und moralischer Verpflichtung, Machtanspruch und Hilfsbereitschaft. Im ethnozentrischen Weltbild des US-Präsidenten war dies keine widersprüchliche Kombination, sondern eine komplementäre (Brocchi 2019, S. 6). Die „unterentwickelten Gebiete" wurden zum *Objekt* der Entwicklungspolitik gemacht, gleichzeitig implizierte diese ein bestimmtes Selbstverständnis des *Subjekts*. Die USA hielten sich für die Nation an der Spitze des wissenschaftlichen und industriellen Fortschritts. Aus dieser Perspektive galten fast alle anderen Nationen als unterwickelt, damit wurde also Andersartigkeit mit einem Defizit oder gar mit Armut gleichgesetzt. Truman sah seine Nation in der Pflicht, allen anderen Ländern zu „helfen", ihren Entwicklungsrückstand aufzuholen und sich zu „amerikanisieren". Die Einflussnahme auf die Entwicklung anderer Länder wurde so als „Entwicklungshilfe" getarnt (Gronemeyer 2010). In dieser Entwicklungspolitik ist die alte Mission des „Manifest Destiny" verankert.

So wurde die westliche Hegemonie nicht beendet, sondern nur umgeformt. Diese Entwicklungspolitik war die Fortführung des Kolonialismus mit anderen Mitteln. In der Antike legitimierten die Römer ihren Imperialismus durch die Asymmetrie von Zivilisation und Barbarei. Daran orientierten sich später die westlichen Eroberer und Missionare: Mit dem Kolonialismus sollten die „Zivilisation" und der „Glaube an Gott" unter die Barbaren gebracht werden (Toynbee 1998, S. 529). Doch Herrschaft und Fremdbestimmung verursachen Widerstand und Konflikt. In vielen unterdrückten Ländern bildeten sich ab der ersten Hälfte des 20. Jahrhunderts Befreiungsbewegungen, zum Beispiel in Indien (unter Mahatma Gandhi), in Vietnam (Hồ Chí Minh) und im Kongo (Patrice Lumumba). Die Expansion des kapitalistisch-industriellen Komplexes wurde zusätzlich durch die Konkurrenz der Weltmächte im Kalten Krieg ausgebremst. Es war dieser Kontext, der zu einem Strategiewechsel im Westen führte und die Entwicklungspolitik als neue Form der Machtpolitik ins Spiel brachte. Dass Truman in derselben Rede die Gründung der Militärorganisation NATO ankündigte, kann nicht nur ein Zufall gewesen sein. Genauso wenig, dass alle wichtigsten internationalen Institutionen (Vereinte Nationen, Weltbank und Internationaler Währungsfonds) ihren Sitz in den USA hatten.

Als Prototyp für die neue Entwicklungspolitik der USA diente der Marshall-Plan (*European Recovery Program*), als Testgelände Westeuropa. Der Kulturwissenschaftler Hermann Glaser beschreibt den Marshall-Plan als „Produkt des Klimas von Kaltem Krieg und echter Not, von humanitären Impulsen und realpolitischem Kalkül" (Glaser 2007, S. 91). Nach den weitreichenden Zerstörungen des Zweiten Weltkrieges zählten die europäischen Nationen selbst zu den „unterentwickelten Gebieten". In der westlichen Entwicklungspolitik meinte „Entwicklung" fast selbstverständlich die Orientierung am kapitalistischen Wirtschaftsmodell und am Wirtschaftswachstum. So wurden in Deutschland „der freie Erwerb aller Güter, das den Markt bestimmende Konkurrenzprinzip und die Beachtung des Privateigentums […] als Antriebskräfte wirtschaftlicher Dynamik anerkannt" (ebd., S. 92). Ab den 1950er-Jahren wurde eine enorme Werbemaschinerie in Bewegung gesetzt, der Massenkonsum breitete sich entsprechend aus. „Für die Menschen der damaligen Westzonen [begann] der Aufstieg ins Konsumparadies" (ebd., S. 90). Die „US-Amerikanisierung" (Butterwegge 2020) der Lebensstile führte zu einer Erweiterung der Absatzmärkte für US-Produkte. Auch dazu kann Entwicklungspolitik dienen.

In die Geschichtsbücher sind die 1950er-Jahre als „Wirtschaftswunder" eingegangen (ebd., S. 87), aus der Perspektive der Theoretiker des Anthropozäns gelten sie hingegen als Beginn der „Großen Beschleunigung" (Steffen et al. 2011, S. 743) in der Entwicklung der Umweltbelastung durch den Menschen. Mit dem weltweiten Bruttoinlandsprodukt begannen die Weltbevölkerung, der Energie- und Wasserverbrauch, der globale Transport (u. a.) exponentiell zu wachsen, und damit die Auswirkungen auf die Umwelt (Abb. 2.1).

Im Jahr 1950 waren Westeuropa und die Vereinigten Staaten für die Hälfte der weltweiten Wirtschaftsleistung verantwortlich (Harari 2013, S. 341). Dieser Anteil wuchs bis auf 60,5 % im Jahr 1970.[11] Entsprechend war vor allem der Westen für die „Große Beschleunigung" zum Anthropozän verantwortlich. Eigentlich wäre „Westozän" der treffendere Begriff für diese Entwicklung (Schwägerl 2017, S. 128). Oder vielleicht auch „Kapitalozän" (ebd.), denn der Kapitalismus ist „der Glaube an das grenzenlose Wachstum der Wirtschaft" (Harari 2013, S. 385). Nachkriegsboom und Wirtschaftswunder bedeuteten einen wachsenden Hunger nach Energie und Rohstoffen, die im Westen selbst knapp

---

[11] EU – USA – China: Bruttoinlandsprodukt (BIP), Grafik der Bundeszentrale für politische Bildung unter https://m.bpb.de/nachschlagen/zahlen-und-fakten/europa/135823/bruttoinlandsprodukt-bip (Zugriff: 3.2.2022).

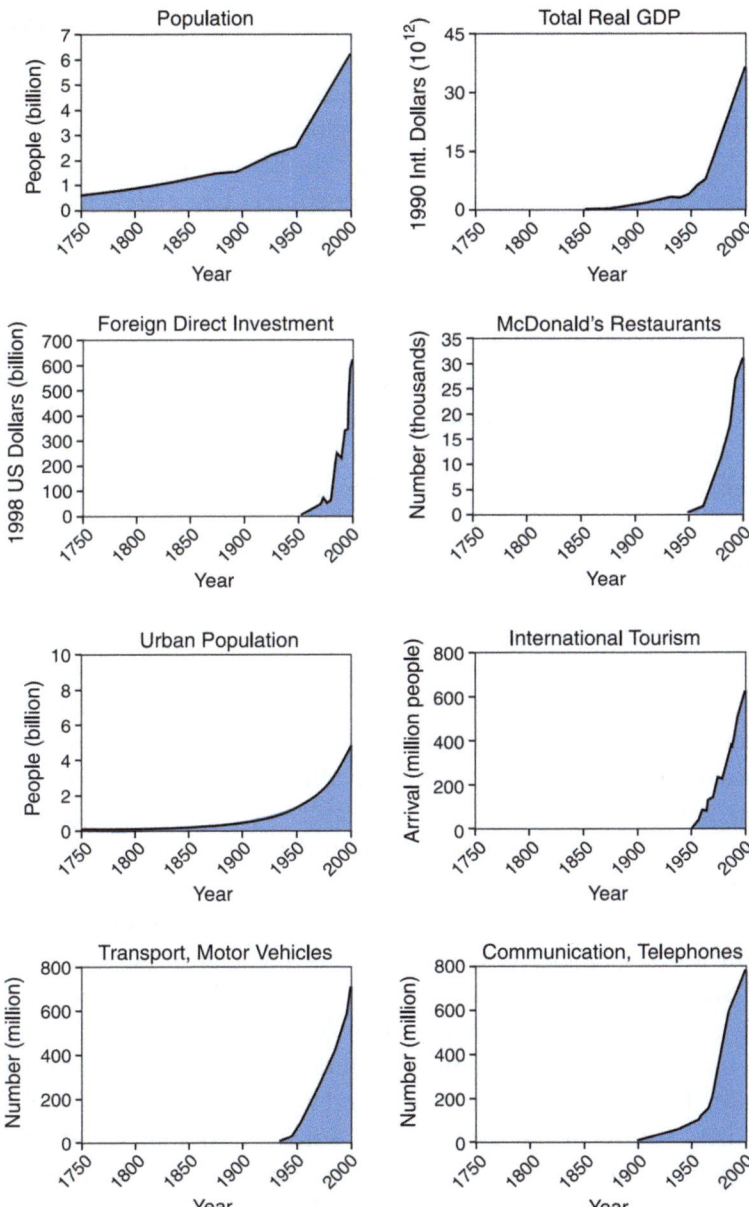

Abb. 2.1 Zuwachsraten in ausgewählten gesellschaftlichen Bereichen seit dem Beginn der industriellen Revolution bis 2000. (Aus Steffen et al. 2011, S. 742, ausgewählte Indikatoren; mit freundlicher Genehmigung von © Springer Fachmedien Wiesbaden GmbH 2011. All Rights Reserved)

waren oder fehlten. Der Energie- und Rohstoffpreis musste zugleich niedrig bleiben, um den Massenkonsum zu fördern und die Kapitalrenditen zu vergrößern. Deshalb setzte eine weitere Expansion des Kapitalismus eine weitere Ausbeutung des globalen Südens voraus. Aus den ehemaligen Kolonialmächten wurden so Entwicklungshilfegeber, aus den alten Kolonien Entwicklungshilfenehmer. Die ersten übten einen Einfluss über die zweiten nicht mehr durch physische Gewalt, sondern durch „strukturelle Gewalt" (Galtung 1988) aus, sprich durch einen Mechanismus von Kredit, Zins und Verschuldung.

Diese Strategie der sozialen Kontrolle war nicht neu. Der Anthropologe David Graeber hat in seinem Buch von 2012 beschrieben, wie sie in den letzten 5000 Jahren immer weiterentwickelt worden ist. Unter dem Sumererkönig Emmetena vor 4400 Jahren geriet ein großer Teil der Untertanen infolge schlechter Ernten und hoher Zinslasten in Schuldknechtschaft bei den reichen Tempelhändlern. Da Massenabwanderung und wirtschaftlicher Niedergang drohten, blieb dem König nichts anderes übrig, als „sämtliche fälligen Zinszahlungen" zu streichen: Emmetena nannte es die „Einführung der Freiheit" (Graeber 2012). So wie die Freiheit den Schuldenerlass voraussetzt, so kann die Verschuldung der Machtausübung dienen. Während die christlichen Kirchenväter und die islamischen Rechtsgelehrten den Zinswucher bekämpften, braucht der Kapitalismus die Garantie, dass jede Schuld samt Zinsen zurückbezahlt wird (ebd.). Dafür sind die Gläubiger auf die Komplizenschaft des Staates angewiesen, der im Extremfall den Schuldnern mit Gewalt oder mit Bestrafung droht. Anders als im Christentum ist die Armut im Kapitalismus kriminalisiert worden. Schon im 18. Jahrhundert konnten Menschen ins Gefängnis gesteckt werden, wenn sie ihre Schulden nicht mehr bezahlen konnten. Noch heute haben es Arme in Deutschland nicht leicht: Wer keine Miete zahlen kann, muss die Zwangsräumung durch den Gerichtsvollzieher fürchten. Für zwei Jahrzehnte bedeutete „Hartz IV" eine Bevormundung armer Menschen (Butterwegge 2020). Eine solche Drohkulisse bringt auch Menschen aus den mittleren Schichten dazu, jeden Job anzunehmen oder jede Überstunde zu leisten, um nicht in die Armut abzurutschen. In diesem System schafft die Schuld einen Zwang:

„Ein Blick in die Geschichte zeigt, dass Schulden das wirksamste Mittel sind, um bei einer eigentlich gewaltsamen Erpressung den Anschein von Moral zu wahren, und es dabei so aussehen zu lassen, als sei das Opfer moralisch im Unrecht […]. Schulden sind immer verhandelbar, vorausgesetzt, es sind Schulden zwischen Gleichgestellten. Zwischen Menschen von gleichem Status halten wir Schulden für neu verhandelbar. Bei der Finanzkrise 2008 erlebten wir […], dass die Schulden der American Insurance Group abgeschrieben werden, dies aber bei den Schulden Griechenlands nicht möglich ist. Die einzige mögliche Erklärung ist, dass die Leute davon ausgehen, die American Insurance Group würde von Menschen wie ihnen betrieben. In der Geschichte waren Schulden unter Gleichen etwas fundamental anderes als Schulden zwischen Mächtigen und Machtlosen" (Graeber in Ziv 2014).

Schulden sind eine Form von Erpressung, die moralisch legitimiert wird, indem dem Opfer eine Form von selbstverursachter Unterentwicklung zuschrieben wird. Diese Strategie ist durch die Entwicklungspolitik auf die armen Länder übertragen worden. Dass die Armut nicht selbstverschuldet ist und auch das Ergebnis von Ausbeutung sein könnte, das kam Harry S. Truman 1949 nicht in den Sinn. Für den US-Präsidenten waren die Menschen in Afrika arm, weil sie zum Beispiel an alten Traditionen festhielten. Das war ihre Schuld – und auf dieser Zuschreibung basierte nun die Selbstverpflichtung der USA, Entwicklungshilfe zu leisten. Selbstlos war diese Operation nicht, genausowenig wie der Marshall-Plan in Westeuropa.

1944 wurden bei der internationalen Konferenz von Bretton Woods im US-Bundesstaat New Hampshire die Institutionen gegründet, die für die Vergabe von Krediten an „Entwicklungsländer" zuständig wurden: die Weltbank und der Internationale Währungsfonds (IWF). Darin orientierte sich das Stimmrecht der Länder am Kapitalanteil der vertretenen Staaten, die Dominanz des Westens war dadurch gesichert (Dreher 2003). In Bretton Woods wurde der US-Dollar zur Leitwährung der Weltwirtschaft deklariert. Dies zwang auch die „Entwicklungsländer", ihre Wirtschaft am internationalen Markt zu orientieren: Um ihre Schulden zurückzuzahlen, brauchten sie nämlich US-Dollar. Gleichzeitig waren die Schuldner nun von der Finanzpolitik der

US-Regierung abhängig, denn jede Verteuerung der US-Währung bedeutete für sie eine Zunahme des Schuldenbergs. Genau das passierte in den 1980ern, als die Hochzinspolitik der US-Regierung zu einer tiefen Schuldenkrise in vielen Ländern führte.[12] In Lateinamerika gelten die 1980er-Jahre als „verlorenes Jahrzehnt" (Weizsäcker et al. 2010, S. 344 f.). Während dieser Zeit fand ein massiver Wohlstandstransfer aus den armen Ländern in die reichen statt (ebd.). Die Entwicklungsländer wurden doppelt bestraft, denn die Krise zwang sie dazu, weitere Kredite bei der Weltbank oder beim IWF zu beantragen. Um diese zu erhalten, mussten sie sich jedoch dem „Washington Consensus" unterziehen.[13] Er fasst die Maßnahmen zusammen, die den Schuldnerländern in Form von „Strukturanpassungen" als Gegenleistung abverlangt werden. Der Internationale Währungsfonds (IWF) bemüht sich dabei im Interesse der Großbanken, die Zahlungsfähigkeit der Schuldner mittelfristig wiederherzustellen, indem er die Gewährung neuer Kredite an harte wirtschaftspolitische Auflagen knüpft. Den Schuldnerländern wurde damit eine neoliberale Wirtschaftspolitik aufgezwungen, so sollten sie: (a) ihre Exporte forcieren, (b) ihre Importe drosseln, (c) ihre staatlichen Ausgaben vermindern, (d) den Außenwirtschaftsverkehr liberalisieren, (e) den Zufluss von ausländischem Kapital erleichtern,

---

[12] „1982 erklärte Mexiko […] seine Zahlungsunfähigkeit. Dies bewegte die Banken zu einem Rückzug aus dem Kreditgeschäft in der Dritten Welt. Der Kreditstopp bewirkte, dass von Mitte 1982 bis Ende 1984 66 Länder der Dritten Welt ihre Zahlungsunfähigkeit erklärten und sich den Strukturanpassungsmaßnahmen des IWF unterwerfen mussten. Angesichts des Mangels an neuen Krediten wurden die hoch verschuldeten Länder der Dritten Welt in den Status von Nettokapitalexporteuren gezwungen, während die USA dank des enormen Kapitalimports eine konjunkturelle Erholung erlebten" (Hamm 2006, S. 100).

[13] Der Konsensus wurde von Wirtschaftswissenschaftlern konzipiert, die der US-Regierung, der Weltbank und dem Internationalen Währungsfonds angehörten. Dazu schreibt der Soziologe Bernd Hamm: „Es handelte sich um einen sehr begrenzten Konsens. Er wurde nie in der Öffentlichkeit diskutiert, und es wurde nie über ihn abgestimmt. Er wurde nicht einmal von den Ländern unterzeichnet, denen er aufgezwungen wurde. Er war und ist immer noch eine autoritäre, aus der Gier geborene Zwangsmaßnahme, die keine Unterstützung bietet und die auf der Grundlage des angeblich über alle Zweifel erhabenen wirtschaftswissenschaftlichen Charakters seiner Richtlinien gerechtfertigt werden soll. Lateinamerika, das am meisten unter dem ‚Konsens' gelitten hat, ist ein leuchtendes Beispiel für die von ihm verursachte Katastrophe. 1980 gab es in dieser Region 120 Mio. arme Menschen, 1990 waren es 220 Mio., das sind 45 % der Bevölkerung" (Hamm 2006, S. 219).

Tab. 2.1 Entwicklung in der Verteilung des Weltvermögens (Anteil des reichsten und des ärmsten Fünftels der Weltbevölkerung)

Anteil des Weltvermögens in der Hand des…	1960	1998	2016
… reichsten Fünftels der Weltbevölkerung	70 %	86 %	96 %
… ärmsten Fünftels der Weltbevölkerung	2,3 %	1,3 %	−0,4 %

(Aus UNDP 1998; Credit Suisse AG Research Institute 2016, S. 115).

(f) die einheimischen Märkte für ausländische Investoren öffnen und (g) den Rohstoffabbau ermöglichen (Hamm 2006, S. 101).

Durch die Strukturanpassungsprogramme des IWF wird die politische und ökonomische Souveränität der Schuldnerländer stark beschnitten.[14] In dieser Entwicklungspolitik dient die „Hilfe" meistens den Helfenden mehr als den Geholfenen (Gronemeyer 2010). So hat zwischen 1960 und 2016 die soziale Ungleichheit zwischen dem reichsten und dem ärmsten Fünftel der Weltbevölkerung zu- statt abgenommen (Tab. 2.1).

Die westliche Entwicklungspolitik hat sich bisher durch eine „Unterentwicklung" legitimiert, die sie selbst teilweise (re-)produziert hat. Nach der Finanzkrise von 2008 machte ein europäisches Land Bekanntschaft mit den Zwängen der Entwicklungspolitik: Griechenland. Das Land war auf Kredite aus dem Ausland angewiesen, um zahlungsfähig zu bleiben. Die Troika aus Europäischer Zentralbank (EZB), EU und Internationalem Währungsfonds (IWF) sprang 2010 ein. Sie schrieben dem Land ein Strukturanpassungsprogramm vor: Schrumpfung des Staatsapparats, Senkung der Staatsausgaben, Privatisierung der Staatsunternehmen. Egal, wen die Bürger*innen wählten, die Troika gab dem Parlament die Wirtschaftspolitik nun vor. Doch wem diente diese Kur wirklich? Ein Hinweis kam im Juli 2018 aus der Presse:

---

[14] Jene, die sich den Auflagen des IWF nicht beugen wollten, sollten automatisch vom internationalen Kreditmarkt ausgeschlossen werden. „Ziel dieser Strategie des ‚teile und herrsche' ist es, globale Lösungsansätze, die auf grundlegende Korrekturen der internationalen Finanz- und Wirtschaftsbeziehungen zielen, gar nicht erst in den Horizont politischer Alternativen treten zu lassen" (Hamm 2006, S. 102).

„Profiteur statt Zahlmeister Europas […]. Deutschland ist ein großer Profiteur der Milliardenhilfen zur Rettung Griechenlands und hat seit dem Jahr 2010 insgesamt rund 2,9 Milliarden Euro an Zinsgewinnen verdient. Das geht aus einer Antwort der Bundesregierung auf eine Anfrage der Grünen hervor, die der Deutschen Presse-Agentur vorliegt".[15]

Für die Wirtschaftswissenschaftler Thomas Piketty und Yanis Varoufakis war die Bezeichnung „Rettungsschirm" ein „fantastischer Marketing-Trick", denn „kein Cent davon wurde in die griechische Wirtschaft reingesteckt".[16] Das Paket sollte nur den Patienten solvent halten, um durch Steuern und Privatisierungen so viel Geld wie möglich herauszupressen (ebd.). Die Folge war tiefste Armut für große Teile der griechischen Bevölkerung (Klemm und Schultheiß 2015).

Keine Krise hat bisher zum lang prophezeiten Ende des Kapitalismus geführt. In der jüngeren Geschichte hat der Kapitalismus paradoxerweise stets dann am besten funktioniert, wenn dessen Profiteure mit seinem nahen Ende durch Revolution oder Depression rechneten (Schumann 2012). Der Kapitalismus produziert ständig Krisen, von denen er dann selbst profitiert. Denn sobald es zur Rezession kommt, wird der Ruf nach mehr Wirtschaftswachstum, nach dem Abbau von staatlichen Schranken sowie nach Steuersenkungen für Unternehmen lauter. Vor der Finanzkrise von 2008 wurden die Gewinne privatisiert, nach der Finanzkrise die Kosten sozialisiert. So werden Krisen zum Treiber der ökonomischen Expansion und der Umverteilung von unten nach oben. Der Westen pflegt das Bild der „Wertegemeinschaft" (Winkler 2007), obwohl sein Zwang nach Wirtschaftswachstum unweigerlich eine „imperiale Lebensweise" bedingt (Brand und Wissen 2017). Reichen die Mittel der Entwicklungspolitik nicht aus, um andere Länder zu kontrollieren, kommt es zu „verdeckten Operationen" (*Covert Operations*). So nahm die US-Regierung 1948 starken Einfluss auf die Parlamentswahlen in Italien, um zu verhindern, dass das linke Bündnis dort die Mehrheit

---

[15] „Durch Zinsen: Deutschland macht 2,9 Mrd. Gewinn mit Griechenland-Hilfe". In: focus.de 21.6.2018. https://www.focus.de/finanzen/news/staatsverschuldung/deutschland-macht-bisher-milliarden-gewinn-mit-griechenland-hilfe_id_9133358.html (Zugriff: 12.3.2023).
[16] Interview mit Thomas Piketty und Yanis Varoufakis in Ziv 2014.

bekam (De Lutiis 1996). Im Iran 1953 wurde der demokratisch gewählte Premierminister Mohammad Mossadegh mit einem Putsch abgesetzt. Diese „Operation Ajax" war vom britischen Premierminister Winston Churchill und vom amerikanischen Präsidenten Dwight D. Eisenhower genehmigt worden (Bayandor 2010, S. 86). Zwanzig Jahre später wurde die Diktatur in Chile eingesetzt und der demokratisch gewählte Präsident Salvador Allende gestürzt (Church Committee 1975). Immer wieder ist militärische Gewalt angewendet worden, um Ressourcen unter Kontrolle zu bringen. So ist Erdöl für manche Regionen der Welt eher Fluch als Segen gewesen (Heinberg 2008). In anderen Fällen war keine Gewalt nötig, weil Korruption ein wirksames Mittel für die Einflussnahme ist. Auf dieser Basis funktionierte vermutlich jahrzehntelang die Kooperation zwischen dem Ölkonzern Royal Dutch Shell und dem Militärregime in Nigeria (ftd.de 2010). Manchmal waren weder Gewalt noch Korruption nötig, denn die lokalen Eliten unterstützten die Interessen des Westens: Am neokolonialen Ausbeutungssystem verdienten sie selbst mit (Nkrumah 1966).

2.2.4 Der Fortschritt als Modernisierung

Hegemoniale Verhältnisse sind in der Moderne auf naturwissenschaftliche Fundamente gestellt worden. Wenn Geist und Materie bzw. Kultur und Natur separiert und in ein hierarchisches Verhältnis gestellt werden, dann prägt dies auch das Verhältnis zwischen den Menschen. Dafür lieferte schon Platon eine Vorlage. An die Spitze seines idealen „guten" und „gerechten" Staates setzte er die Philosophen, denn politische Entscheidungen sollten sich an der Vernunft orientieren und nicht aus einem Dialog bloßer Meinungen (Demokratie) entspringen. In der platonischen Hierarchie bildeten die Wächter (Soldaten) die mittlere Schicht, während Bauern, Handwerker und Gewerbetreibende die Basis der Gesellschaft stellten und für die Versorgung zuständig waren. Ganz ohne Rechte waren die Sklaven (Platon 2000). An diesem Ideal von Staat orientiert sich die Konstruktion der modernen Gesellschaft. Auch sie ist auf Grundlage von Sklaverei und Ausbeutung entstanden, im

Namen der Vernunft. So handelte es sich beim Sklavenhandel zwischen dem 16. und dem 19. Jahrhundert „um eine rein wirtschaftliche Unternehmung, die auf dem freien Markt nach dem Gesetz von Angebot und Nachfrage organisiert und finanziert wurde" (Harari 2013, S. 403).

Wenn Wissen Macht ist, dann soll die innere Natur des Menschen genauso beherrscht werden wie die äußere. In der biblischen Genesis symbolisiert Adam die Vernunft, während Eva der Versuchung der Schlange (der Natur) erlag. Adam nannte seine Frau Eva („Leben"), „denn sie wurde die Mutter aller Lebendigen" (Gen 3,20). Wenn diese Lebendigkeit die Quelle der Erbsünde der Menschheit gewesen ist und für so viel Unheil in der Geschichte der Menschheit gesorgt hat, dann setzt eine stabile gesellschaftliche Ordnung die Kontrolle der Lebendigkeit durch die Vernunft voraus. Genau darauf zielte die politische Philosophie von Thomas Hobbes. Er lebte während des Dreißigjährigen Krieges (1618–1648), der sich durch umfassende Zerstörung und eine bis dahin ungekannte Grausamkeit auch gegen die Zivilbevölkerung auszeichnete. Der Ausgangspunkt von Hobbes' Überlegungen: Im Krieg zeigt sich, wozu Menschen in einem gesetzlosen Zustand fähig sind. Und weil sich der Naturzustand ebenso durch Gesetzlosigkeit kennzeichnet, entspricht die innere Natur des Menschen jener eines egoistischen Wesens. Im freien Naturzustand ist der Mensch jedem Menschen ein Wolf (Homo homini lupus). Eine friedliche Ordnung in der Gesellschaft erfordert also eine Abgrenzung zum Naturzustand. Hobbes wollte die Methoden der neuen Wissenschaften auf die Politik übertragen, um eine funktionierende gesellschaftliche Ordnung zu ermöglichen, in der der Konflikt die Ausnahme bleibt. So wie der Dreißigjährige Krieg mit einer Reihe von Friedensverträgen (Westfälischer Friede) zu Ende ging, so machte Hobbes den *Gesellschaftsvertrag* zur Voraussetzung der modernen Gesellschaft. Durch seine ideelle Unterzeichnung sollten die Bürger auf Freiheit verzichten und die Souveränität auf die Autorität des Staates übertragen, der durch sein Gewaltmonopol für Ordnung, Recht und Frieden in der Gesellschaft sorgt (Hobbes 1996). Die moderne Staatstheorie basiert so auf einem tiefen Misstrauen in Mensch und Natur (Esposito 2004a). Wenn Freiheit und Lebendigkeit mit Anarchie gleichgesetzt werden, dann wird die Gesellschaft zur Maschine organisiert.

Im Körper des Staates soll der Bürger wie ein „Rädchen" funktionieren, während die Autorität den Kopf bildet. Genau mit diesem Bild ist der „Leviathan" illustriert, das Hauptwerk von Thomas Hobbes.

Wenn Hobbes die moderne Staatstheorie begründete, dann schufen zwei weitere englische Philosophen, John Locke und Adam Smith, die Fundamente der modernen Wirtschaftstheorie. Zu der Frage, warum unsere Gesellschaft ständiges Wachstum braucht, stellte Locke eine These auf, die bis heute das westliche Weltbild stark prägt. Mit den Worten des Ökonomen Jeremy Rifkin:

> „Sobald wir [...] nutzlose Gewohnheiten und Vorurteile abgelegt haben [...], sehen wir, daß die Gesellschaft ausschließlich aus Individuen besteht, die sich ihre persönlichen Zielvorstellungen schaffen, aber dennoch nur einem einzigen Zweck dienen: die Vermehrung des Eigentums ihrer Mitglieder zu ermöglichen und diesen Besitz zu schützen [...]. Die Gesellschaft wird dadurch zwangsläufig materialistisch und individualistisch, da die Vernunft uns zu dem Schluß führt, daß dies die natürliche Ordnung der Dinge sei. Nach den Gesetzen der Natur ist jedes Individuum aufgerufen, seine Rolle als soziales Atom zu spielen, im Leben erfolgreich zu sein und persönlichen Reichtum anzuhäufen. Werturteile sind hier überflüssig; das Prinzip Eigennutz ist der einzige Mechanismus, nach dem die Gesellschaft funktioniert. Nach Lockes Ansicht ist es Aufgabe des Staates, den Bürgern die Freiheit zu garantieren, von ihrer neu erworbenen Macht über die Natur auch Gebrauch zu machen, damit sie Wohlstand schaffen können. Seit den Tagen Lockes bis in unsere Zeit ist es die soziale Rolle des Staates gewesen, die Unterwerfung der Natur zu unterstützen, damit die Menschen den materiellen Wohlstand erwerben können, der für ihr Glück notwendig ist. ‚Die Negation der Natur', erklärte Locke, ‚ist der Weg zum Glück. Die Menschen müssen sich vollständig von der Natur emanzipieren'" (Rifkin 1982, S. 34 f.).

Locke und Smith vertraten ein ähnliches Natur- und Menschenbild wie Hobbes. Bis heute bildet der „Homo oeconomicus", der nur bedacht ist, ständig den Eigennutzen zu maximieren und die Kosten zu minimieren, das Fundament der modernen Wirtschaftstheorie. Aber während der hobbessche Staat die egoistischen Individuen in Schach halten sollte, lehnten John Locke und Adam Smith jede Bevormundung ab. Da der Egoismus des Menschen die natürliche Antriebskraft des Wachstums sei, liege die wirkungsvolle Methode ökonomischer Organisation im „Laissez-faire": Ein Staat solle den Menschen freies Handeln ermöglichen und „den Genuss ihres Eigentums" schützen. Auf selbstregulierenden Märkten wäre allein das Prinzip von Angebot und Nachfrage der Ordnungsgarant. Für Smith sorgt eine „unsichtbare Hand" dafür, dass das Streben nach dem eigenen Vorteil in der Summe dem Gemeinwohl dient.[17] Es wird kein Staat als Ordnungshüter benötigt, wenn sich die Akteure durch freien Wettbewerb gegenseitig kontrollieren.

Für Locke war das Problem nicht, dass die Menschen habgierig wären, sondern dass diese Natur bestritten, unterdrückt und abgewertet werde. Die großen Schäden für die Gesellschaft entständen durch die Tatsache, dass der Habgier nicht angemessen nachgekommen werde. Es seien vor allem die Armut und der Mangel an Besitz, die den Menschen zu einem schlechten Wesen machten.

> „Daher [ist es] nur notwendig, den Reichtum der Gesellschaft weiter zu mehren; dann wird die soziale Harmonie ebenfalls zunehmen. Man braucht sich nicht gegenseitig zu bekämpfen, weil ‚die Natur alles in ausreichendem Maße zur Verfügung stellt, ja, mehr als auch die noch Unversorgten nutzen konnten'. Man kann den Menschen völlige Handlungsfreiheit gewähren, da sie ihr Eigeninteresse vor Auseinandersetzungen mit anderen bewahren wird. Lockes Philosophie war die der unbegrenzten Expansion und des materiellen Überflusses […]. Die Aneignung von aus der Natur entnommenen Werten ist nicht nur ein gesellschaftliches Recht: Sie ist sogar Pflicht. [Locke] schreibt nämlich, daß Land, welches vollständig der Natur überlassen bleibt … reine Verschwendung ist'" (ebd., S. 35 f.).

---

[17] Adam Smith brachte den Menschen bei, „die Wirtschaft als Win–win-Situation zu verstehen, in der ein Gewinn für mich auch ein Gewinn für Sie ist […]. Wenn ein Landbesitzer, Weber oder Schumacher größere Gewinne erwirtschaftet, als er zum Unterhalt seiner Familie benötigt, dann nutzt er diesen Überschuss, um mehr Mitarbeiter zu beschäftigen und seine Gewinne weiter zu steigern. Je mehr Gewinne er erwirtschaftet, umso mehr Mitarbeiter beschäftigt er. Daraus folgt, dass die Gewinnsteigerung von Unternehmern die Grundlage für den kollektiven Wohlstand ist […]. Die Reichen sind folglich die größten Wohltäter einer Gesellschaft, denn sie sind der Motor des Wachstums, von dem alle profitieren" (Harari 2013, S. 382).

Nur wenn die Wirtschaft ständig wächst, kann der soziale Frieden trotz ungleicher Verhältnisse aufrechterhalten werden. Mit den Methoden der Wissenschaft lässt sich auch die Produktivität der Arbeitskräfte steigern, indem die Arbeit möglichst effizient organisiert wird:

> „Als Idealmittel zur Hebung der Produktivität erschien Smith die strengste Arbeitsteilung, die Mechanisierung der Arbeit; ein Arbeiter könne am Tage zehn Stecknadeln erzeugen, in einer Manufaktur vermöchten jedoch zehn spezialisierte Handfertige, die richtig ineinander arbeiteten, in derselben Zeit 49.000 Stecknadeln herzustellen" (Glaser 1994, S. 41 f.).

Bei Hobbes wurden die Menschen zum Rädchen im Staat, durch Smith zum Rädchen im Betrieb. Später verfeinerte der Autobauer Henry Ford die Methode. In der Fließbandfertigung waren Arbeiter und Maschinen eins. Ford erkannte, dass das Eigeninteresse nicht nur für die Unternehmer ein Antrieb war, sondern auch für die Arbeiter. Deshalb verdoppelte er ihre Gehälter, reduzierte gleichzeitig die tägliche Arbeitszeit von 9 auf 8 Stunden. Seine These: Mit der Lohnerhöhung würde er die Arbeiter zu Verbrauchern machen, dies würde den Automobilverkauf und die gesamte Wirtschaft ankurbeln. Jeder Arbeiter, so sein Traum, sollte irgendwann seinen eigenen Ford besitzen (Ford 1952).

Diese Beispiele zeigen, wie die Methoden der Wissenschaft genutzt worden sind, um die gesellschaftliche Entwicklung berechenbar und planbar zu gestalten, sodass sie in die gewünschte Richtung gelenkt werden kann. Die Theorien wollten ursprünglich das Funktionieren von Gesellschaft und Wirtschaft erklären, doch sie beschrieben nicht nur, sondern boten auch eine Anleitung dafür. So ist die Theorie des Kapitalismus zu einer „Religion mit eigenen Verhaltensregeln" geworden (Harari 2013, S. 384). Wenn die Theorien die Gesellschaft schaffen, die sie beschreiben, dann werden sie zur selbsterfüllenden Prophezeiung.

Mit seinem „System der positiven Politik" stellte August Comte (2004) die „Wissenschaft der Gesellschaft" in den Dienst des Fortschritts. Er behauptete, dass die gesellschaftliche Entwicklung der Hierarchie der Wissenschaften folgt: In der natürlichen Ordnung bildet die anorganische Physik die Basis (Astronomie, Physik, Chemie). Komplexer ist die organische Physik (Biologie) und noch komplexer die soziale Physik (Soziologie). Wenn die Gesellschaft jedoch auf eine komplexere Physik reduziert wird, dann wird sie zur „Megamaschine" (Mumford 1974), die durch die Wissenschaft immer wieder repariert oder perfektioniert werden kann. Dabei fungiert die Soziologie als „Sozialtechnologie" (Habermas und Luhmann 1990) und dient dem „Social Engineering".

Mit dem wissenschaftlichen Fortschritt wurde auch die Überwindung der innergesellschaftlichen Widersprüche und Konflikte verfolgt, damit die Kritik überflüssig wird (Bury 1979, S. 207; Aron 1989, S. 104). Die Weiterentwicklung der Maschinen aus Stahl ermöglichte das Ersetzen der „Maschinen aus Fleisch", auch deswegen konnte in der zweiten Hälfte des 19. Jahrhunderts die Sklaverei in den USA abgeschafft und eine soziale Gesetzgebung in Deutschland[18] verabschiedet werden. Soziale Konflikte wurden in den westlichen Ländern entschärft, indem eine liberal-repräsentative Demokratie eingeführt und damit für eine breitere Legitimation von politischen Entscheidungen gesorgt wurde. Durch das Parteiensystem sollten Impulse aus der Basis der Gesellschaft institutionalisiert werden. Für die Lösung von Problemen sind die Institutionen in der modernen Gesellschaft zuständig. Die Institutionalisierung der Politik fungiert jedoch selbst als Filter und als Kontrollmittel. So wie die Entwicklungspolitik den globalen Süden als „Objekt" behandelt, so wird die Masse zum „Objekt" einer institutionalisierten Innenpolitik. Das hobbessche Misstrauen in den Menschen spiegelt sich auch in der Tatsache wider, dass sich die westlichen Gesellschaften (mit wenigen Ausnahmen) für die repräsentative und nicht für die direkte Demokratie entschieden haben. In Deutschland sind die öffentlichen Verwaltungen immer noch hierarchisch und zentralistisch organisiert (Rudzio 2003). Schon Max Weber (1968) erkannte, dass die „Bürokratie" die Form legitimer Herrschaft ist, die in der modernen Gesellschaft

---

[18] Mit der Einführung einer allgemeinen Versicherung gegen Krankheit, Invalidität und Altersarmut verfolgte der konservative Reichskanzler Otto von Bismarck eine Befriedigung der Gesellschaft „von oben" und eine Entschärfung der sozialistischen Bewegungen (Ayaß 2006).

dominiert. In dieser Organisation greift man stark auf Expert*innen und Berater*innen zurück, sprich auf die anwendungsorientierten Wissenschaften.

Wenn die Soziologie die moderne Gesellschaft so beschreibt, dann macht sie diese auch zum Vorbild für alle Gesellschaften, die noch nicht modern sind. Die Evolutionstheorie von Charles Darwin ist im 20. Jahrhundert in eine Theorie der Evolution der Gesellschaften umgewandelt worden. Die Modernisierungstheorien haben nicht nur die Dominanz der entwickelten über die „unterentwickelten" Gesellschaften legitimiert, sondern auch die Dominanz der Zentren über die Peripherien, der Eliten über die Massen, der Expert*innen über die Laien (Eblinghaus und Stickler 1996). Auch in diesem Fall dient die wissenschaftliche Beschreibung gleichzeitig als Anleitung.

2.2.4.1 Die Modernisierungstheorien

Die Modernisierungstheorien zeichnen sich durch folgende Merkmale und Positionen aus (Brocchi 2019, S. 7 ff.):

- Für eine Gesellschaft kann es keine andere Entwicklung geben, als jene, die von undifferenzierten, traditionellen zu ausdifferenzierten, modernen Gesellschaftsstrukturen führt. Die Entwicklung verläuft linear und wachsend nach oben, von der Agrargesellschaft über die Industriegesellschaft bis zur Dienstleistungsgesellschaft (Harris 1989, S. 17–28). Diese universalisierte Vorstellung von Entwicklung ist gleichzeitig eine universalisierte Vorschreibung von Entwicklung. Obwohl die Modernisierung das Ergebnis von bewussten politischen Entscheidungen ist, wird sie immer wieder lapidar mit dem Satz „es gibt keine Alternative" verteidigt (Bauman 2005) und/oder als eine Art „Schicksal" hingenommen.
- Modernität ist eine Selbstzuschreibung des Westens. Mit dem Begriff wird die westliche Lebensweise und der westliche Entwicklungszustand zum universellen Maßstab erhoben. Was davon abweicht, gilt als „Tradition", sprich als rückständig und „unterentwickelt". In seiner Stufentheorie der gesellschaftlichen Entwicklung betrachtete

der US-amerikanische Ökonom und Wirtschaftshistoriker Walt W. Rostow (1960) das „Zeitalter des Massenkonsums" als höchstes – also erstrebenswertestes – Stadium der gesellschaftlichen Entwicklung. Auch damit erhob er die USA zum Vorbild für die Entwicklung aller anderen Länder. So ist mit Modernisierung oft eine „US-Amerikanisierung der Welt" gemeint (Radkau 2012, S. 284; Butterwegge 2020).

- Die Modernisierungstheorien sind das soziologische Äquivalent zur ökonomischen Wachstumstheorie (Eblinghaus und Stickler 1996, S. 20). Die Förderung des Massenkonsums wird als Königsweg zum Wirtschaftswachstum gesehen. Darauf zielen staatliche Konjunkturpakete in Zeiten der Wirtschaftskrise (u. a. Bundesregierung 2020). Wenn Wirtschaftswachstum als oberstes Staatsziel gilt, dann haben wirtschaftliche Interessen in der Gesellschaft Vorrang. Andere Belange werden der Wirtschaft untergeordnet oder funktionalisiert, zum Beispiel wird aus Bildung marktorientierte Ausbildung. Demokratisierung, Säkularisierung und Individualisierung werden als fast logische Folge von Wirtschaftswachstum gesehen: Wer Demokratie und Freiheit will, muss also zuerst Wirtschaftswachstum fördern (Merkel 1999, S. 83). Genauso gilt jede Rezession als starke Gefährdung für gesellschaftliche Stabilität und zivilisatorische Errungenschaften. Eine Selbstbegrenzung und eine Postwachstumsökonomie können entsprechend weder wünschenswert noch realistisch sein. In der Modernisierung wird Wohlstand mit einem einzigen ökonomischen Indikator gemessen (Bruttoinlandsprodukt) und dadurch mit Wirtschaftswachstum und Massenkonsum gleichgesetzt.
- Innerhalb einer Gesellschaft verläuft die modernisierende Entwicklung nicht homogen: Neben treibenden „Zentren" bilden sich rückständige „Peripherien". So betrachten sich die kommerzialisierten Innenstädte als Vorbild für die „unterentwickelten" Peripherien. Die Aufholung ihres Entwicklungsrückstands wird entsprechend durch den Bau von Einkaufszentren gefördert.
- Zu den wichtigsten Treibern der gesellschaftlichen Entwicklung zählt der wissenschaftliche und technologische Fortschritt. Deshalb gibt es moderne Gesellschaften laut Rostow (1960) erst seit Isaac Newton. Die Modernisierung geht von einer gewissen Kontrollierbarkeit und

Planbarkeit der gesellschaftlichen Entwicklung aus, dazu dient die Wissensakkumulation. Kein Problem gilt als unlösbar, keine Grenze als unüberwindbar.
- Jede Modernisierung impliziert einen Prozess der progressiven Abgrenzung zur äußeren und inneren Natur des Menschen. So wie die Ware hochwertiger als der Rohstoff ist, so ist das Künstliche wertvoller als das Natürliche, die Innovation wertvoller als die Tradition. In die entsprechende Richtung geht die Entwicklung. Die ökologische und die soziale Umwelt werden progressiv nach dem Vorbild einer Idee modelliert (Rationalisierung).[19] Die Ergebnisse sind unter anderem eine funktionalistische Architektur und die landwirtschaftliche Monokultur. Der Kunsthistoriker Mateo Kries (2010) spricht von einem „Total Design".
- Das gestaltende Subjekt, das diese Rationalität trägt und vorgibt, betrachtet sich getrennt von seiner Umwelt und spricht sich eine „Verantwortung" – eine paternalistische Macht – über die „Objekte" zu. Die modernisierende Entwicklungspolitik hat keinen reflexiven Charakter, die Defizite werden vor allem bei den „anderen" gesehen. So wie Wohlstand nur durch Eigenleistung entstehen kann, so wird Armut durch die Mängel der Betroffenen erklärt, zum Beispiel durch ihr Festhalten an Traditionen. Denn lokale Kulturen „verlangsamen, verzögern oder blockieren die unternehmerische Expansion und bilden ein kostentreibendes organisations- und personalpolitisches Problem" (Rieger und Leibfried 2004, S. 13). Weil Andersartigkeit als Defizit begriffen wird, verfolgt die Modernisierung ihre Überwindung. In diesem Weltbild wird jeder Zusammenhang zwischen

---

[19] Platon folgend wird die Perfektion nicht in der komplexen Realität gesucht, sondern im geistigen Reich der Ideen. Während die Idee universell, unsterblich und unveränderlich ist, stellte der altgriechische Philosoph die Realität als vergänglich dar – also auch gestaltbar. In der griechischen Mythologie ist der Gestalter der „Demiurg" (gr.: Handwerker), der Schöpfergott. Im Dialog „Timaios" schreibt Platon (1971, S. 154), dass der Demiurg „die materielle Welt des Werdens [...] gemäß der Vernunft planvoll [anlegt], indem er sie nach dem Vorbild der Idee gestaltet" (vgl. Kunzmann et al. 1991, S. 39). Seit der industriellen Revolution handeln die Menschen wie „irdische Demiurgen", die das „Gebiet" nach dem Vorbild der „mentalen Landkarte" umgestalten. Darum geht es, wenn gesellschaftliche Entwicklung geplant wird: Die Realität wird nach dem Vorbild einer Idee umgeformt statt umgekehrt.

„Entwicklung" und „Unterentwicklung", Reichtum und Armut sowie Macht und Ohnmacht verdrängt, abgewertet oder verleugnet.
- Kein Patient operiert sich selbst. So wie die Ursachen der wirtschaftlichen Unterentwicklung, der sozialen Benachteiligung oder der kulturellen Marginalisierung endogen bzw. selbst verursacht sind, so kann die Entwicklung nur durch externe Anreize/Eingriffe entstehen: Entwicklungshilfe, Strukturanpassungsmaßnahmen, Investitionen usw. Die Bevölkerung muss bereit sein, Opfer zu bringen und schwierige Phasen durchzustehen, um das Ziel des dauerhaften Wachstums und des verbreiteten Wohlstands zu erreichen.
- Dem Übergang von einer Entwicklungsphase in die nächste dienen vor allem Top-down-Strategien. Die entwicklungsfördernden Maßnahmen von außen werden auf eine „Elite" (Unternehmer*innen, Wissenschaftler*innen, „Kreative") konzentriert, die dann die endogenen Potenziale der Region beleben. Das Kapital, das an der Spitze der Gesellschaft akkumuliert wird, fällt nach unten und kommt so auch anderen Teilen der Bevölkerung zugute (Trickle-down-Effekt). Wer reicher wird, investiert. So werden Arbeitsplätze geschaffen, Aufträge erteilt und an karitative Organisationen gespendet. Eine Partizipation von „unten" ist vor allem dann erwünscht, wenn sie die vorgegebenen Ziele legitimiert und den Top-down-Prozess unterstützt.

2.2.4.2 Die Modernisierung der Welt

In der Modernisierung ermöglichen mächtige Technologien die Anpassung der Realität an ein hegemoniales Weltbild:

> „Wir gestalten die Welt, so wie wir sie sehen und sehen die Welt, so wie wir sie gestaltet haben. Die Realität entspricht irgendwann dem Weltbild und das Weltbild der Realität. Im selbstreferenziellen Kreis zwischen Wahrnehmung und Gestaltung gibt es immer weniger Platz für Widersprüche und Alternativen. Alles ist zwar kontrollierbar, aber es passiert auch nichts wirklich Neues. Die Erfahrung der ursprünglichen Natur wird immer mehr zur Ausnahme. Die Kinder kennen heute nichts anderes als die künstliche Welt und mehr Fernsehhelden als Pflanzenarten" (Brocchi 2013, S. 66 f.).

Die Kultur der Modernisierung hat sich unter anderem im Städtebau materialisiert. Die Städte sind immer stärker nach dem technischen Prinzip der Effizienz und der Funktionalität geplant worden. Dabei hat die Stadtplanung den Menschen aus dem Blick verloren, so der dänische Stadtplaner Jan Gehl:

> „Bis in die 1960er-Jahre hinein wurden Städte weltweit in erster Linie auf Basis jahrhundertelanger Erfahrung geplant. Dass und wie Stadträume nach menschlichem Maß gestaltet werden, war Teil dieser Erfahrung und eine Selbstverständlichkeit. Im Zuge steigender Einwohnerzahlen wurde der Städtebau dann allerdings zunehmend professionellen Planern übertragen. Damit verbunden ersetzten Theorien und Ideologien nach und nach die Erfahrung als Grundlagen der Stadtentwicklung. Insbesondere die Architekturmoderne mit ihrer Vision der Stadt als Maschine, deren Einzelteile separiert speziellen Funktionen entsprachen, gewann an Einfluss. Mit der Zeit kam eine neue Gruppe, die Verkehrsplaner, hinzu und brachte ihre Ideen und Theorien ein, um beste Bedingungen für den Autoverkehr zu schaffen – mit dem Ziel einer ‚autogerechten' Stadt. Weder Stadtplaner noch Verkehrsplaner setzten die Menschen, für die sie die Städte im Grunde bauten, auf ihre Agenda und wussten so jahrelang fast nichts über den Einfluss baulicher Strukturen auf menschliches Verhalten. Die negativen Auswirkungen dieser rein funktionalen Stadtplanung auf die Menschen und darauf, wie diese den Stadtraum nutzen, wurden erst viel später erkannt" (Gehl 2015, S. 96).

Modernisierung bedeutet eine Deterritorialisierung, Entwurzelung und Standardisierung der Orte und der Lebensweisen (Magnaghi 2000). Geht Wirtschaftswachstum über alles, dann werden die Innenstädte in Einkaufszentren umgewandelt. Internationale Handelsketten verdrängen dabei den lokalen Einzelhandel. Die Stadtplanung findet von oben nach unten statt, wobei der wirtschaftlichen Rentabilität eine größere Bedeutung beigemessen wird als den Bedürfnissen der Menschen vor Ort (Van Wezemael 2006; Spitzner 2012). Eine solche Stadtentwicklung zerstört oft genau das, was vor Ort durch Selbstorganisation entstanden ist und gut funktioniert. Findet eine „Aufwertung der Quartiere" statt, hat dies die Segregation als Nebenwirkung. Durch die Gentrifizierung bleiben wohlhabende Milieus immer mehr unter sich, benachteiligte genauso (Kronauer 2018).

2.2.5 Die neoliberale Globalisierung

Vom Weltreich der Römer bis heute zeichnet sich imperialistische Politik durch eine doppelte Dynamik aus: nach außen (horizontal) wird die Einheit der Menschheit verfolgt, nach innen (vertikal) ihre soziale Spaltung in Elite und Masse praktiziert (Toynbee 1998, S. 294). Das gilt auch für den neoliberalen Globalisierungsprozess: 2017 besaßen acht Männer genauso viel Vermögen wie die ärmere Hälfte der Weltbevölkerung.[20] Obwohl diese Entwicklung Ausdruck einer Allianz von politischen und ökonomischen Kräften ist, wird sie als eine Art „Schicksal" hingenommen. Durch die neoliberale Globalisierung ist die Modernisierung zum Referenzmodell für die Entwicklung aller Gesellschaften weltweit geworden.

2.2.5.1 Die Vorgeschichte

Die ersten kolonialistischen Eroberungen gingen vom Staat aus und wurden mit Steuergeldern finanziert. Die Könige und die Generäle hatten sich das kaufmännische Denken zu eigen gemacht (Harari 2013, S. 386). Mit der Zeit wurden aber die Händler und die Bankiers selbst zur herrschenden Elite. Sie trieben die kolonialistischen Eroberungen voran und finanzierten diese mit Krediten, denn die Kapitalisten waren daran interessiert, ihre Erträge zu maximieren. Die Eroberungen und der Welthandel führten zu einer enormen Kapitalakkumulation, die ihrerseits eine starke Entwicklung des Finanzwesens ermöglichte. Dadurch formierte sich schon damals eine Kraft, die später in der neoliberalen Globalisierung eine zentrale Rolle spielen sollte: die Hochfinanz. Weil Regierungen und Unternehmen innerhalb kürzester Zeit große Kredite auftreiben konnten, um ihre Vorhaben zu realisieren, erschuf sich die

---

[20] Bill Gates (Nettovermögen: 75 Mrd. US-$), Amancio Ortega, Warren Buffett, Carlos Slim Helu, Jeff Bezos, Mark Zuckerberg, Larry Ellison und Michael Bloomberg besitzen zusammen 426,2 Mrd. US-$. Die ärmste Hälfte der Weltbevölkerung besitzt hingegen 409,1 Mrd. US-$ (Oxfam Deutschland 2017).

Hochfinanz einen immer größeren Einfluss auf politische und wirtschaftliche Entwicklungen.

Im 16. Jahrhundert war es die Hochfinanz, die es einem kleinen Staat wie den Niederlanden ermöglichte, sich gegen Mächte wie Spanien durchzusetzen. Das Vertrauen der Bankiers hatten die Niederländer einerseits gewonnen, weil sie die Kredite pünktlich zurückzahlten und andererseits, weil sie ein unabhängiges Justizsystem gründeten, das das Privateigentum besonders schützte. Seitdem verlässt das Kapital autoritäre Systeme, die die Eigentumsrechte von Privatpersonen nicht garantieren, um in Staaten zu wandern, die diese achten (ebd., S. 389 f.). Im Kapitalismus genießt Privateigentum einen sehr hohen Wert. Nur sein Schutz durch den Staat macht eine Kapitalakkumulation überhaupt möglich. Innerhalb der westlichen Staaten ist Enteignung bis heute tabu, gleichzeitig wird hier Vermögen durch die Enteignung des globalen Südens aufgebaut. In Amerika war Privateigentum unter Indigenen unbekannt, denn dort gab es nur Gemeingüter. Entsprechend leicht fiel den Kolonialmächten die Aneignung. John Locke verurteilte die amerikanischen Indianer als „eine Spezies Mensch [...], die in einem der reichsten Länder der Welt leben und sich aus Faulheit weigern, ihre Ressourcen auszubeuten: ‚Ein Häuptling in einem großen und fruchtbaren Gebiet ißt, wohnt und kleidet sich dort schlechter als ein Tagelöhner in England'" (zit. in Rifkin 1982, S. 37). Für Locke war es deshalb Pflicht, brachliegende Ressourcen in Beschlag zu nehmen, um sie in Wohlstand umzuwandeln.[21]

Neben der Hochfinanz sind die transnationalen Konzerne die treibende Kraft der neoliberalen Globalisierung. Der erste davon wurde 1602 in den Niederlanden gegründet. Die Vereinigte-Ostindien-Kompanie war gleichzeitig eine Aktiengesellschaft und beschaffte sich Kapi-

---

[21] Zum Beispiel die Insel Manna-Hata, ein Jagdgebiet der Lenape-Indianer. Die Nutzungsrechte übertrugen die Eingeborenen 1626 den ersten niederländischen Siedlern. Als Gegenleistung erhielten die Indianer von Peter Minuit, einem Seefahrer der Niederländischen Westindien-Kompanie, Gegenstände im Wert von 60 Gulden, das entsprach zehn mittleren Tageslöhnen (Burmeister 2009). Aus diesen Nutzungsrechten machten die Siedler Eigentumsrechte und sie sahen sich damit als offizielle Grundbesitzer. Heute ist die Insel Manhattan fast komplett von Beton und Asphalt bedeckt. Eine zwei Zimmer-Wohnung ist hier eine Million Dollar wert. Gerade die Privatisierung hat also zur Zerstörung des Gemeinguts geführt.

tal, indem sie an der Börse Aktien ausgab. Mit den Einnahmen baute das Unternehmen zum einen Schiffe, die einen Handel mit China und Indien ermöglichten. Zum anderen wurden Truppen bezahlt, die die Schiffe und den Handel schützten. So waren die Kolonien in Indonesien zunächst im Besitz der Vereinigten-Ostindien-Kompanie und wurden erst später verstaatlicht. Wer heute Angst vor der immer größeren Macht der Konzerne hat, sollte sich mit der Geschichte der früheren Neuzeit beschäftigen.[22] Als 1848 Karl Marx und Friedrich Engels ihr „Manifest der Kommunistischen Partei" verfassten, waren die wichtigsten Zutaten der Globalisierung bereits da und ihre Grundzüge schon erkennbar.[23] Für Karl Polanyi fungierte die Hochfinanz im letzten Drittel des 19. und im ersten Drittel des 20. Jahrhunderts „als wichtigstes Bindeglied zwischen der politischen und der wirtschaftlichen Struktur der Welt [...]. Von den einzelnen, selbst den mächtigsten Regierungen unabhängig, stand sie mit allen in Kontakt" (Polanyi 1978, S. 28). Durch die Kredite der Bankiers waren nicht nur Eroberungsexpeditionen finanziert worden, sondern auch die Gründung von Industrien. Die Hochfinanz konnte zwischen Frieden und Krieg entscheiden, einerseits,

---

[22] „Genau wie es heute einen internationalen Markt für Telefonmarketing gibt, gab es damals einen internationalen Markt für Kriege. Privatunternehmen konnten Soldaten, Generäle und Admiräle anheuern und Kanonen, Schiffe und ganze Armeen mieten. Die internationale Gemeinschaft empfand es als völlig normal, und wenn ein privates Unternehmen ein Imperium gründete, dann entlockte dies niemandem auch nur ein Stirnrunzeln" (Harari 2013, S. 393).

[23] Im „Manifest der Kommunistischen Partei" schrieben Karl Marx und Friedrich Engels: „Das Bedürfniß nach einem stets ausgedehnteren Absatz für ihre Produkte jagt die Bourgeoisie über die ganze Erdkugel. Ueberall muß sie sich einnisten, überall anbauen, überall Verbindungen herstellen [...]. Die Bourgeoisie hat durch ihre Exploitation des Weltmarkts die Produktion und Konsumption aller Länder kosmopolitisch gestaltet [...]. Die uralten nationalen Industrien sind vernichtet worden und werden noch täglich vernichtet. Sie werden verdrängt durch neue Industrien, deren Einführung eine Lebensfrage für alle zivilisierten Nationen wird, durch Industrien, die nicht mehr einheimische Rohstoffe, sondern den entlegensten Zonen angehörige Rohstoffe verarbeiten und deren Fabrikate nicht nur im Lande selbst, sondern in allen Weltteilen zugleich verbraucht werden. An die Stelle der alten lokalen und nationalen Selbstgenügsamkeit und Abgeschlossenheit tritt ein allseitiger Verkehr, eine allseitige Abhängigkeit der Nationen voneinander [...]. Die wohlfeilen Preise ihrer Waren sind die schwere Artillerie, mit der sie alle chinesischen Mauern in den Grund schießt, mit der sie den hartnäckigsten Fremdenhaß der Barbaren zur Kapitulation zwingt. Sie zwingt alle Nationen, die Produktionsweise der Bourgeoisie sich anzueignen, wenn sie nicht zugrunde gehen wollen; sie zwingt sie, die sogenannte Zivilisation bei sich selbst einzuführen, d. h. Bourgeois zu werden. Mit einem Wort, sie schafft sich eine Welt nach ihrem eigenen Bild" (Marx und Engels 1972, S. 466 ff.).

weil das Finanzkapital die Dachorganisation der Schwerindustrie bildete (ebd., S. 36) und hier Waffen produziert werden konnten. Andererseits, weil Kriege eine extrem teure Angelegenheit sind und diese oft durch Kredite finanziert wurden. So war fast jeder Krieg „das Werk der Financiers, aber auch der Friede war ihr Werk" (ebd.). Polanyi hielt die Hochfinanz für den „Kern einer der kompliziertesten Institutionen, die die Menschheit je hervorgebracht hat" (ebd., S. 29).

Es war die Entfesselung der Marktkräfte bzw. die Liberalisierung der Weltmärkte, die für Polanyi in der ersten Hälfte des 20. Jahrhunderts zu einer mehrfachen Katastrophe führte – bis hin zum Zweiten Weltkrieg. In den USA verlief jedoch die Entwicklung anders als mitten in Europa. Dort übernahm der Staat nach der Finanzkrise von 1929 wieder das Ruder. Unter US-Präsident Franklin D. Roosevelt wurden mit dem „New Deal" die Finanzmärkte reguliert, Sozialversicherungen eingeführt, starke öffentliche Investitionen getätigt, Arbeiterrechte gestärkt. Holding-Gesellschaften, die durch ihre Größe den Wettbewerb beeinträchtigten und ein Systemrisiko bildeten („too big to fail"), wurden zerschlagen (Fitzgerald et al. 2006). Der Zweite Weltkrieg war es jedoch, der die Finanzkrise endgültig beendete (Karel 2009). Der rasante Anstieg der Militärausgaben und die Kriegsindustrie wirkten sich wie ein künstlicher Schub auf die Wirtschaft der USA aus (militärischer Keynesianismus). Der „militärisch-industrielle Komplex" wurde auch nach 1945 immer einflussreicher (Mills 1962).

Daraufhin gingen damals die marktradikalen Kräfte in die Defensive, doch sie verschwanden nicht komplett. Denn die Profitmaximierung blieb die dominante Handlungsmotivation des Marktes. Es war nur eine Frage der Zeit, bis sich die ökonomischen Kräfte wieder organisiert hatten, um die Hindernisse der Expansion aus dem Weg zu räumen. Die ideale Gelegenheit kam mit einer Reihe von Wirtschaftskrisen in den 1970er-Jahren.

2.2.5.2 Die Revolte des Kapitals

Damals mussten die USA immer mehr Dollarnoten drucken, um den kostspieligen Vietnamkrieg zu finanzieren. Dazu kamen die Ölpreisschocks von 1973 und 1978. Trotz staatlicher Konjunkturprogramme nahmen die Arbeitslosigkeit und die Inflationsrate weiter zu. So „begann eine ‚Revolte des Kapitals' gegen die soziale und demokratische Einhegung des Kapitalismus, die den Beginn der ‚lange[n] Wende zum Neoliberalismus' markierte [...]. Die komplexe institutionelle Regulierung des Nachkriegskapitalismus mit seinem dichten Netz von arbeitsrechtlichen und sozialstaatlichen Absicherungen, einem eingebetteten Finanzmarkt sowie umfassend staatlich gesteuerten Sektoren erschien der Unternehmerseite nun als ein ‚zentrales Hindernis der Kapitalakkumulation'" (Nachtwey 2016, S. 49). Neoliberale Theorien hatten schon 20 Jahre früher in akademischen Kreisen für Aufsehen gesorgt. Verbunden waren sie mit den Namen Milton Friedman, Friedrich von Hayek und Ronald Coase. Diese Wirtschaftswissenschaftler forderten eine Politik, die Investitionshindernisse abbaut und Steuern senkt. „Deregulierung, Liberalisierung und Privatisierung waren [...] die Schlagworte des neuen Denkens" (Weizsäcker et al. 2010, S. 342 f.).

Ab Ende der 1970er setzte sich die neoliberale Ideologie immer stärker politisch durch. Die Konservative Margaret Thatcher wurde im Mai 1979 britische Premierministerin, der Republikaner Ronald Reagan im Januar 1981 US-Präsident. Ihre Regierungen sorgten dafür, dass Thatcherismus und Reagonomics bis heute als Synonym neoliberaler Politik gelten. Die New-Deal-Reformen wurden rückgängig gemacht, die Arbeitslöhne wurden gedrückt, die Gewerkschaften entmachtet und die sozialen Leistungen abgebaut. Die Märkte wurden liberalisiert und große Teile der öffentlichen Infrastruktur privatisiert. In einem Interview von 1987 erklärte Thatcher ihre Politik so: „So etwas wie Gesellschaft gibt es nicht" (Thatcher 1987). Und wenn es keine Gesellschaft gibt, dann gibt es auch keine gesellschaftlichen Probleme, die gesellschaftlich gelöst werden müssen. Es gibt nur Individuen, also individuelle Probleme, die privat angegangen werden können.

Am 27. Oktober 1986 leitete die britische Premierministerin die Liberalisierung der Finanzmärkte ein. Mit einem Gesetz wurde die Trennung zwischen Geschäftsbanken und Investmentbanken aufgehoben. Die Devisenkontrollen und die staatliche Überwachung von Kapitalbewegungen wurden abgeschafft. Alle Maßnahmen zielten darauf ab,

London als internationales Finanzzentrum für ausländisches Kapital so attraktiv wie möglich zu machen.[24] Der weltweite Devisenhandel wuchs zwischen 1983 und 1997 explosionsartig von 60 auf 1.500 Mrd. Dollar pro Tag (Nachtwey 2016, S. 52). Durch solche Wachstumsraten sahen sich die neoliberalen Kräfte in ihrer Politik bestätigt, sodass der Neoliberalismus zur selbsterfüllenden Prophezeiung von Wachstum zu werden schien. Aus Geld sollte unmittelbar mehr Geld werden. Da Menschen nicht in der Lage sind, hohe Zahlen in Nanosekunden zu handhaben, wurden sie zunehmend durch Computer an den Börsen ersetzt. Durch „Hochfrequenzhandel" werden noch heute riesige Kapitalmärkte von Maschinen gesteuert: Logarithmen entscheiden so weltweit über das Schicksal von Menschen.

Wegen der Vormachtstellung von USA und Großbritannien in der westlichen Einflusssphäre konnte ihre neoliberale Politik nicht ohne Konsequenzen für andere Staaten bleiben.[25] Die italienische Regierung leitete die neoliberale Wende 1985 mit der Entschärfung der „Scala Mobile" (Lohngleitklausel) ein. In Deutschland kam die wirtschaftspolitische Wende mit der neuen konservativ-liberalen Koalition von Helmut Kohl (Weizsäcker et al. 2010, S. 343).

Mit dem Ende des Kalten Krieges im Jahr 1989 war die große Hoffnung verbunden, dass die unglaublichen Mengen an Ressourcen, die jahrzehntelang in dem Rüstungswettlauf der Großmächte verpulvert

---

[24] „Die City sprach [an diesem Tag] von einer finanzpolitischen Revolution. Die Medien von einem ‚Urknall': dem ‚Big Bang' […]. Innerhalb weniger Jahre wurde die City zu einem Magneten für die internationale Vermögensverwaltung […]. Und plötzlich konnten die Banker mit den Geldern, die von den Kunden einbezahlt wurden, spielen und spekulieren, geradeso als wären sie Investmentbanker. Traditionelle Bausparkassen verloren ihren Sonderstatus und wurden von den großen Banken verschluckt. Ausländische Banken rieben sich die Hände: für sie galten plötzlich dieselben Bestimmungen wie für die britischen Banken. Zahlreiche amerikanische Geldinstitute ließen sich in der Londoner City nieder. Und importierten ihre ‚Kultur'. Riskante Transaktionen, riesige Gewinne, stratosphärische Boni. Der ‚Gentleman Banker' wurde zum Mythos und von einer neuen Spezies verdrängt" (Rach 2016).

[25] Der politische Einfluss wurde unter anderem im Rahmen internationaler Denkfabriken ausgeübt. Der Trilateralen Kommission, die 1973 auf Initiative vom Politikberater Zbigniew Brzeziński und dem US-Bankier David Rockefeller gegründet wurde, gehörten circa 400 höchst einflussreiche Mitglieder aus den drei großen internationalen Wirtschaftsblöcken Europa, Nordamerika und Asien-Pazifik an. Schon in den 1970er- und 1980er-Jahren arbeitete diese Kommission erfolgreich am Projekt „neoliberale Globalisierung" (Knudsen 2016).

worden waren, nun in eine globale sozial-ökologische Wende einfließen könnten. Doch diese Hoffnung wurde enttäuscht. Während sich die Sowjetunion und der Warschauer Pakt auflösten, sahen sich die USA als Sieger des Kalten Krieges[26] und hielten an der NATO fest. Gleichzeitig verlor die Entwicklungshilfe an strategischer Bedeutung. Unter den Geberländern drosselten die USA ihren Entwicklungshilfeetat nach 1989 am stärksten: Er fiel zwischen 1994 und 1995 um 28 %, zwischen 1995 und 1996 noch einmal um 11 %. „In keinem anderen OECD-Land gab es solche Einbrüche, obwohl die Wirtschaft boomte" (Nohlen 1998, S. 240). Anstelle der Agenda 21 für nachhaltige Entwicklung, die 1992 in Rio de Janeiro verabschiedet worden war, kam die neoliberale Globalisierung. Für den US-Politikwissenschaftler Francis Fukuyama (1992) ging die Geschichte so zu Ende, da sich der Kapitalismus nun endgültig weltweit gegen den Kommunismus durchgesetzt hatte. Ideologische Konflikte waren passé, es brauchte also keine Systemkritik mehr. So dachte man damals zumindest.

2.2.5.3 Das Testgelände Osteuropa

Als erstes Labor neoliberaler Wirtschaftspolitik hatte in den 1970er-Jahren Chile unter der Diktatur von Augusto Pinochet gedient (Martinez Mateo 2022). Nach dem Fall der Berliner Mauer bot hingegen Osteuropa ein ideales Testgelände für die neoliberale Globalisierung. Dort sollten in einem Zug der Kapitalismus und die Demokratie etabliert werden, obwohl der Kapitalismus bisher nirgendwo auf demokratischen Weg eingeführt worden war und seine Entstehung einer späteren Demokratisierung stets vorausgegangen ist (Neckel 2023). So versprach Bundeskanzler Helmut Kohl 1990 per Fernsehansprache „blühende Landschaften" in der ehemaligen DDR.[27] In kurzer Zeit wurde die

---

[26] Bei seiner „State of the Union"-Rede am 28. Januar 1992 sagte US-Präsident George H. W. Bush vor dem Kongress: „By the grace of God we won the Cold War!".
[27] Helmut Kohl (1990): Fernsehansprache von Bundeskanzler Kohl anlässlich des Inkrafttretens der Währungs-, Wirtschafts- und Sozialunion, 1. Juli 1990.

Planwirtschaft in eine Marktwirtschaft umgewandelt,[28] wobei es sich um eine Transformation im Sinne einer „nachholenden Modernisierung" handelte (Sievers et al. 2016, S. 13). Es nannte sich Demokratie, doch allein die Treuhandanstalt verfügte über viel Macht. Der Wandel in Ostdeutschland wird in der Kulturpolitik so dargestellt:

> „Es gab in den 1990er Jahren eine starke Anpassung der kulturellen Infrastruktur und der kulturpolitischen Administrationen nach den Modellen des Westens […]. Nicht von ungefähr fühlten sich Ostdeutsche lange als Migranten im eigenen Land, weil sie sich überformt wähnten und in der Mehrheitsgesellschaft kaum Prägungen hinterließen" (ebd., S. 15 f.).

Was für Kunst und Kultur galt, galt genauso für andere gesellschaftliche Bereiche. Die Transformation war einseitig, ein Prozess der (zum Teil forcierten) Assimilation.

Nach Freiheit hatten sich die Ostdeutschen gesehnt, nach der hohen Arbeitslosigkeit jedoch nicht: Auch das war eine neue Erfahrung. Länder wie Ungarn und Polen erlebten damals, dass die Steigerung der Wirtschaftsleistung Hand in Hand mit der Verschlechterung der Lebensverhältnisse gehen kann (Gehler 2009). Die deklarierten Entwicklungsziele („blühende Landschaften") stimmten mit der erlebten Entwicklung nicht überein. In Großstädten wie Budapest, Prag oder Berlin wurden die staatlichen Wohnungsbestände nach und nach privatisiert, die Wohnungsmieten erhöhten sich und Alteingesessene wurden verdrängt. Unter anderem in Ungarn wurden die Rechte der Mieter eingeschränkt, während internationale Investoren sich ganze urbane Viertel aneigneten (vgl. Ildikó 1997). Der Prozess, der damals auf dem osteuropäischen Wohnungsmarkt begann, breitete sich später auf den ganzen Westen aus. Auch in deutschen Großstädten ist der Boden zum Spekulationsobjekt geworden, während die Immobilien- und Mietpreise dramatisch gestiegen sind. In Berlin gehört inzwischen fast die Hälfte der Wohnungen Multimillionären (Trautwetter 2020).

---

[28] Aus dem Gesetz zur Privatisierung und Reorganisation des volkseigenen Vermögens (Treuhandgesetz), § 8 Aufgaben der Treuhand-Aktiengesellschaften.

2.2.5.4 Die westliche Weltregierung

Die Geschichte war angeblich zu Ende gegangen, aber keiner fragte die Menschen danach, welche Zukunft sie sich wünschen. Die neoliberale Globalisierung kam von oben nach unten und entsprach einer zentralistischen Form von gesellschaftlicher Steuerung. Doch wie war es dazu gekommen?

Schon 1975 hatten die sieben wichtigsten westlichen Industrienationen (G7 = USA, Japan, Deutschland, Frankreich, Großbritannien, Italien, Kanada) den jährlichen Weltwirtschaftsgipfel eingeführt, „eine Art internationaler konzertierter Aktion" (Hamm 2006, S. 217). Dabei handelte es sich ursprünglich um „informelle Kamingespräche" (ebd.). Da Beschlüsse nicht bindend sein sollten, mussten Parlamente nicht eingeschaltet werden. Und doch zeigte sich in den späteren Jahrzehnten, welchen Einfluss solche „informellen Runden" ausübten. Für ihre Organisation waren die einzelnen Staaten bereit, hohe Summen auszugeben. Beim G8-Gipfel (G7 + Russland) von 2001 in Genua wurden 20.000 Polizisten stationiert, in Heiligendamm 2007 sogar das Militär, während die Zivilgesellschaft hinter einem zwölf Kilometer langen und 2,50 m hohen Zaun aus Stacheldraht ausgesperrt wurde (NDR 2007). Als Zusammenschluss von nationalen Regierungen trug die G7/G8 zu einer Machtverschiebung von der Legislative zur Exekutive in den jeweiligen Staaten bei (Merkel 2016).

Vor allem die US-Regierung übte einen starken Druck zur Liberalisierung des Welthandels aus, denn gerade auf freien Märkten gilt das Gesetz des (Finanz-)Stärksten. 1984 initiierte Ronald Reagan die Uruguay-Runde. In diesem Rahmen beschlossen mehrere Staaten internationale Abkommen: Allgemeines Zoll- und Handelsabkommen (GATT), Patentabkommen (TRIPS), Dienstleistungsabkommen (GATS) und Investitionsschutzabkommen (TRIMs).

> „Als dann 1990 das Sowjetimperium implodierte, bekam die letzte GATT-Runde einen mächtigen Schub und entwickelte sich in nur zwei Jahren zur mit Abstand weitestgehenden Freihandelsrunde der Geschichte" (Weizsäcker et al. 2010, S. 345 f.).

Aus der Uruguay-Runde wurde 1994 die Welthandelsorganisation (WTO). Gegründet wurde sie in Marrakesch. Heute gehören 164 Staaten dazu, seit 2001 China, seit 2012 Russland. Anders als die meisten internationalen Klimaschutzabkommen sind die Abkommen im Rahmen der WTO verbindlich. Neben der Weltbank und dem Internationalen Währungsfonds durfte die Welthandelsorganisation einen erheblichen Einfluss auf die Wirtschaftspolitik der Mitgliedstaaten ausüben. Diese Macht ist jedoch nicht mit einer entsprechenden demokratischen Legitimation verbunden. Das höchste Organ der WTO ist die Ministerkonferenz der Wirtschafts- und Handelsminister. Transnationale, meist westliche Konzerne sowie die Internationale Handelskammer (ICC) nehmen durch geschickte Lobby-Arbeit und Kontakte immer mehr Einfluss auf sie (Garnreiter 2007, S. 27 ff.). Hingegen bekommen Nichtregierungsorganisationen (NGOs) keinen Zugang zu den Verhandlungen, die oft hinter verschlossenen Türen stattfinden (Eckert 2002). Entsprechend kritisch ist die Haltung der Zivilgesellschaft zur WTO.[29]

Das wichtigste Ziel der WTO ist der Abbau der internationalen Handelsschranken: Dies lag vor allem im Interesse des Westens und seiner transnationalen Konzerne. Die Marktliberalisierung ist durch eine Machtverschiebung von der Legislative zur Exekutive ermöglicht worden, in der Konsequenz hat sie jedoch zu einer Machtverschiebung von der Politik zum Markt geführt. Mit der neoliberalen Globalisierung wurde nämlich das Prinzip „Laissez-faire" von Adam Smith universalisiert. Was früher öffentliche Daseinsvorsorge hieß, galt nun als „Subvention" und Einmischung des Staates ins Marktgeschehen. Nicht nur die Entwicklungshilfe nach außen wurde in den 1990ern abgebaut, sondern auch die Entwicklungshilfe nach innen: Im Standortwettbewerb war der Wohlfahrtsstaat vor allem Ballast.

---

[29] Zum Beispiel von Greenpeace: „Die WTO hat zwar Verbindungen zum System der Vereinten Nationen (UN). Dennoch gehört sie nicht zur UN und ist auch keinem UN-Gremium gegenüber rechenschaftspflichtig. Ihr einzigartiges Schiedsgericht verleiht dem Handelssystem Vorherrschaft vor anderen, in der UN entwickelten Rechtsregimen wie Umweltabkommen, Menschenrechten oder Kernarbeitsnormen, die über kein effektives Streitschlichtungsverfahren verfügen" (Greenpeace 2003, S. 4).

2.2.5.5 Die Ökonomisierung der Politik

Für den Soziologen und Politikwissenschaftler Claus Offe (2020) zeigte der Transformationsprozess in den postsozialistischen Gesellschaften Osteuropas vor allem eines: dass sich Kapitalismus und Demokratie gegenseitig behindern (Dilemma der Gleichzeitigkeit). Durch die Liberalisierung der Märkte und den Rückzug des Staates ist die Demokratie jedoch selbst im Westen entmachtet worden (Abschn. 3.2.3.4). Unabhängig vom Wahlausgang bleibt die Politik seit Jahrzehnten in neoliberalen Leitplanken hängen. Unter Helmut Kohl (CDU) wurden in den 1990ern große Teile der öffentlichen Infrastruktur privatisiert.[30] Unter Gerhard Schröder (SPD) wurde eine Deregulierung des Finanzsektors durchgeführt (Herz 2005). 2002 und 2003 verabschiedete die rot-grüne Bundesregierung die Hartz-Gesetze, sprich „die größte Kürzung von Sozialleistungen seit 1949" (Soldt 2004). Für zwei Jahrzehnte wurde das Privatwesen dem Gemeinwesen konsequent vorgezogen. Der Staat überführte immer mehr öffentliche Dienstleistungen auf den Markt, wo sie der Profitlogik unterstellt waren. Der gesundheitliche, der soziale und der kulturelle Sektor mussten sich nun stärker an marktwirtschaftlichen Prinzipien orientieren. Mehr Autonomie für Universitäten bedeutete, dass diese wie Unternehmen denken sollten, die auf dem Bildungsmarkt im Wettbewerb miteinander stehen – und den Status der „Eliteuniversität" anstreben können.

Die neoliberale Globalisierung hat so zu einer „schrittweisen *Ökonomisierung* von Beziehungen" in der Gesellschaft geführt (Latour 2010, S. 178).[31] Infolgedessen hat das Geld in der Lebensgestaltung an

---

[30] Aus der Fusion der Deutschen Bundesbahn und der Deutschen Reichsbahn entstand 1994 die Deutsche Bahn AG; aus der Deutschen Bundespost 1995 die Deutsche Telekom AG, die Deutsche Postbank AG und die Deutsche Post AG. Bis 1998 lagen die Energiemärkte, also sowohl der Strommarkt als auch der Gasmarkt, in staatlicher Hand, danach wurden sie liberalisiert und privatisiert. „Gab es 1990 noch 22.000 Filialen und Postämter, sind es mittlerweile – gemeinsam mit den Partneragenturen – nur noch 13.500 Filialen im gesamten Bundesgebiet" (Engartner 2009). In den ersten 20 Jahren seit der Bahnreform sind über 7.000 km Schienen stillgelegt worden, das heißt fast 18 % des Streckennetzes von 1993 (Knierim und Wolf 2014).

[31] Nach Bruno Latour gibt es „die Ökonomie […] genausowenig, wie es einen Homo oeconomicus gibt […]. Es gibt nicht unten eine ökonomische Basis, die von den Ökonomen oben studiert wird, sondern das Kollektiv wird von Ökonomisierern formatiert" (Latour 2010, S. 178).

Bedeutung und Gewicht gewonnen: Eine ökonomisierte Gesellschaft schafft notwendigerweise einen ökonomisierten Menschen. Nicht jeder kommt jedoch wirklich dazu, egoistisch zu sein, denn Lohnabhängigkeit macht erpressbar. Auch an dieser Stelle hat die neoliberale Globalisierung die Demokratie als Möglichkeit der kollektiven Selbstbestimmung geschwächt. Wie im Leviathan von Thomas Hobbes müssen die Individuen in der Gesellschaft als Markt vor allem funktionieren. Sie müssen ihre Leistung ständig optimieren, um konkurrenzfähig zu bleiben.

2.2.5.6 Die große Umverteilung

Eine öffentliche Daseinsvorsorge wird über Steuergelder finanziert. Das heißt, ihre Schrumpfung führt zu einer Senkung der öffentlichen Ausgaben – und dies hat es dem Staat ermöglicht, einen weiteren Aspekt der neoliberalen Wirtschaftspolitik umzusetzen: die Senkung der Steuerlast für die oberen Schichten. In den 1990ern und 2000ern haben die Länder der OECD die Unternehmenssteuer progressiv gesenkt (Weizsäcker et al. 2010, S. 347). Laut einer Studie der Grünen im EU-Parlament zahlen multinationale Unternehmen in der Europäischen Union nicht einmal den gesetzlich vorgeschriebenen Steuersatz.[32] In immer mehr Ländern sind die Vermögenssteuern ausgesetzt worden: in Österreich 1993, in Italien 1995, in Dänemark 1996, in Deutschland 1997, in den Niederlanden 2001, in Schweden 2007, in Spanien 2012 und in Frankreich 2017. Der Spitzensteuersatz auf das Einkommen lag in Deutschland bis 1997 bei 53 % und wurde dann progressiv auf 42 % gesenkt (Beznoska und Hentze 2017). Besonders niedrige Steuersätze auf Einkommen und Vermögen herrschen in den sogenannten Steuerparadiesen. Dort, wo Handelsschranken für das Kapital fallen, sind

---

[32] „Der gesetzliche Steuersatz für Unternehmen liegt in Deutschland bei 30 %, tatsächlich zahlten die Konzerne nur 20 %. In Luxemburg waren es sogar 2 statt 29 % […]. In keinem Land der Europäischen Union – mit Ausnahme Bulgariens – stimmt der gesetzlich vorgeschriebene Steuersatz mit jenem überein, den multinationale Konzerne im Durchschnitt tatsächlich an den Fiskus abführen" (Mühlauer 2019).

Tab. 2.2 Rangliste der größten Steuerparadiese und Schattenfinanzzentren weltweit laut Tax Justice Network (2021, 2022)

	Steuerparadiese (nach dem Corporate Tax Haven Index 2021)		Schattenfinanzzentren (nach dem Financial Secrecy Index 2022)
1	Britische Jungferninseln (GB)	1	USA
2	Kaimaninseln (GB)	2	Singapur
3	Bermuda (GB)	3	Schweiz
4	Niederlande	4	Hongkong
5	Schweiz	5	Luxemburg
6	Luxemburg	6	Japan
7	Hongkong	7	Deutschland
8	Jersey (GB)	8	Vereinigte Arabische Emirate
9	Singapur	9	Britische Jungferninseln (GB)
10	Vereinigte Arabische Emirate	10	Guernsey (GB)

(Aus Tax Justice Network 2021, S. 11 f.; Tax Justice Network 2022).

solche Gebiete für vermögende Persönlichkeiten und für finanzstarke Konzerne entsprechend interessant. Das Tax Justice Network erstellt ein Ranking der größten Steuerparadiese sowie der größten Schattenfinanzzentren weltweit, in Tab. 2.2 werden die ersten zehn Positionen gezeigt.

Im Ranking der Steuerparadiese belegt Deutschland Platz 23 zwischen Spanien und Ungarn, unter den Schattenfinanzzentren Platz 7. Multinationale Konzerne verlagern weltweit jedes Jahr mehr als 640 Mrd. Euro in Steueroasen (Baraké et al. 2022, S. 692). Allein im Jahr 2015 wurden in der Europäischen Union 825 Mrd. Euro Steuern hinterzogen, das entspricht ungefähr dem Fünffachen des jährlichen EU-Haushaltes. Von Steuerlücken besonders betroffen sind Italien (190 Mrd. €), Deutschland (125 Mrd. €) und Frankreich (125 Mrd. €) (Murphy 2019).

Diese Politik des Laissez-faire ist ganz im Sinne der neoliberalen Vordenker. Ihre These: Je niedriger die Steuersätze, desto attraktiver wird ein Land für Unternehmen und Investitionen. Unternehmen, die entlastet werden, schaffen mehr Arbeitsplätze. Wenn die oberen Schichten mehr Reichtum anhäufen, dann sickert dieser mit der Zeit zu allen gesellschaftlichen Gruppen durch (Trickle-down-Theorie) (Nachtwey 2016, S. 69). Doch genau das Gegenteil ist geschehen: Die Unternehmen haben die Gewinne gesteigert und die Investitionen reduziert

(Deutschmann 2015, S. 20). Ein Grund liegt im Finanzkapitalismus: Warum in die reale Wirtschaft investieren, Maschinen kaufen und Menschen einstellen, wenn sich an den Aktienmärkten mühelos Geld aus Geld machen lässt?

Wenn die Unternehmen nicht investieren, Arbeitsstellen wegrationalisiert werden, Maschinen Arbeitskräfte ersetzen und der Staat abgebaut wird, nimmt die Arbeitslosigkeit zu.

> „Ausgerechnet in den Jahren, in denen die Aufhebung der Schranken für den Kapitaltransfer und den internationalen Handel der Motor für das Wirtschaftswachstum wurde, stieg die Arbeitslosigkeit in den G7-Ländern von 2–3 auf 5–6 Prozent und allgemein in den OECD-Staaten auf 8 Prozent" (Salimbeni 1999, S. 21).

1996 fanden in Deutschland mehr als sechs Millionen Arbeitswillige keine feste Anstellung – mehr als je zuvor seit der Gründung der Bundesrepublik (Martin und Schumann 1999, S. 14). Solch eine hohe Arbeitslosigkeit bedeutet für den Staat noch weniger Einnahmen (Einkommenssteuer, Rentenbeiträge…), gleichzeitig mehr Sozialausgaben. Das heißt: Je deregulierter die Wirtschaft ist, desto mehr Kosten werden auf den Staat und auf die Allgemeinheit verlagert. In fast allen OECD-Ländern hat die neoliberale Politik zu einem negativen Finanzierungssaldo geführt (Beqiraj et al. 2018). Ohne weitere Schulden können die Staaten die öffentliche Infrastruktur, die Schulen oder die Umweltpolitik nicht mehr finanzieren. So hat die Staatsverschuldung in den USA und in Deutschland enorm zugenommen (Abb. 2.2 und 2.3). Steigende Staatsschulden bedeuten jedoch steigende Zinsausgaben. Dabei wirken Zinsen nicht nur als Beschleuniger der Staatsverschuldung, sondern möglicherweise auch als mächtiger Transfermechanismus vom Gemeinwesen zum Privatwesen, denn immer mehr Steuergelder fließen in die Finanzwirtschaft.

Dem Modell der USA folgend hat auch Deutschland das Wirtschaftswachstum der letzten Jahrzehnte durch steigende Staatsschulden gestützt: Vor allem auf diesem Weg sind die Steuersenkungen und die Spekulationsblasen auf den Märkten finanziert worden. Nicht einmal die internationale Finanzkrise 2008 hat zu einem nennenswerten Umdenken geführt.

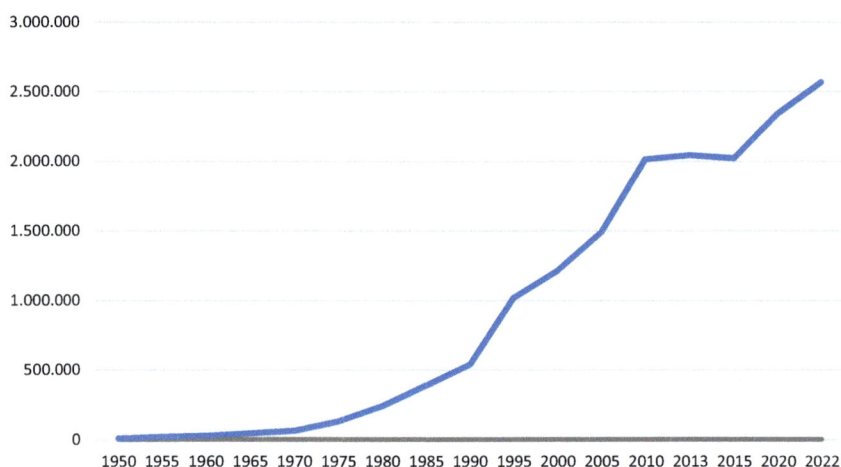

Abb. 2.2 Entwicklung der Staatsverschuldung in Deutschland im Zeitraum 1950–2022 (in Mio. Euro). (Quelle: Statistisches Bundesamt; eigene Darstellung)

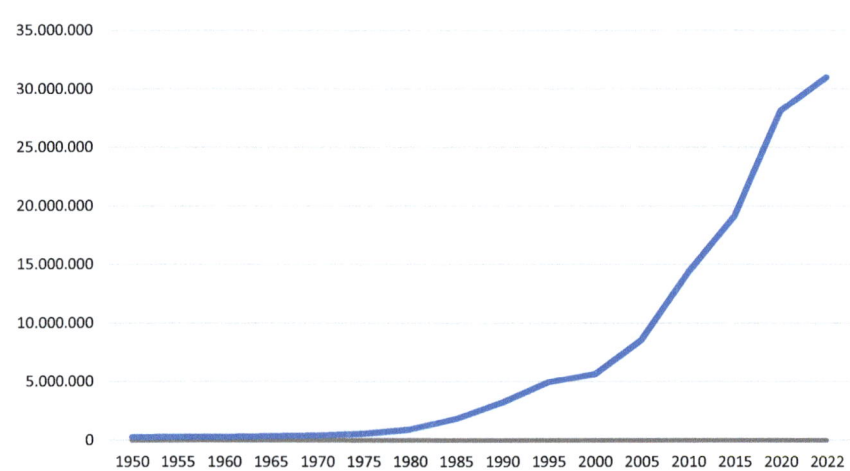

Abb. 2.3 Entwicklung der Staatsverschuldung in den USA im Zeitraum 1950–2022 (in Mio. Dollar). (Quelle: White House; eigene Darstellung)

2.2.5.7 Die Marktkonzentration

Mit dem Rückzug des Staates ist der Wettbewerb auf den Märkten entfesselt worden, doch er findet nicht unter Gleichen statt und stellt für die Unternehmen selbst kein Wunschkonzert dar:

> „Markt und Wettbewerb auf den Absatzmärkten, auf denen die Unternehmen ihre Waren verkaufen wollen, sind für die Manager unbequem. Das Leben ist für sie einfacher, sprich: sie können müheloser Gewinne erwirtschaften, wenn sie keine starken Konkurrenten und die Käufer nur unzureichende Marktübersicht haben. Deshalb sind die Manager der Großunternehmen daran interessiert, unliebsame Konkurrenten zu ‚schlucken', d. h. Unternehmen, die auf dem gleichen Markt tätig sind, aufzukaufen. Infolgedessen gibt es in Marktwirtschaften starke Tendenzen zur Konzentration: Immer mehr Unternehmen fusionieren (schließen sich zusammen), sodass immer weniger Unternehmen auf einem Markt als Anbieter tätig sind" (Adam 2009, S. 45).

Die Liberalisierung des Welthandels bildet vor allem für die größeren und die stärksten Wirtschaftsakteure ein gutes Geschäft: Nun können sie leichter die kleinere Konkurrenz zerstören oder sich diese einverleiben. Wie ausgeprägt die Marktkonzentration inzwischen ist, machte eine Studie der Eidgenössischen Technischen Hochschule Zürich 2011 deutlich. Auf Grundlage von Netzwerkanalysen kam sie zu dem Ergebnis, dass 40 % des weltweiten Unternehmenswerts von lediglich 147 transnational agierenden Konzernen gehalten werden – was normalerweise aufgrund der vielfältigen Eigentumsverschachtelungen unsichtbar bleibt. Die Rangliste der Hochschule Zürich zeigte besonders deutlich, wem die neoliberale Globalisierung gedient hat. Von den ersten 50 Konzernen saßen 24 in den USA, 8 in Großbritannien, 5 in Frankreich, 4 in Japan, 2 jeweils in Deutschland, in der Schweiz und in den Niederlanden, 1 Konzern jeweils in Kanada, Italien und China (Vitali et al. 2011, S. 33). Von 50 Unternehmen hatten 45 also in einem westlichen Land ihren Sitz. Gleichzeitig wurden die ersten 49 Plätze des Rankings durch Finanzunternehmen belegt.

Gegen Marktkonzentrationen unternehmen die Staaten kaum etwas, denn ein gesunder innerstaatlicher Wettbewerb würde in der Globalisierung auf Kosten einer transnationalen Wettbewerbsfähigkeit gehen. Eine große Bank kann sich auf den Finanzmärkten besser behaupten als mehrere kleine Banken. Gleichzeitig ist jedes Unternehmen aus der Gruppe der 147 „mühelos in der Lage, ganze Volkswirtschaften und ihre Währungen zu ruinieren [,too big to fail'], und zugleich ist sie in ihrer Vernetzungsarchitektur von bestehenden, gar von nationalen Überwachungsinstitutionen wie Steuerbehörden, Kartellämtern, Transparency-NGOs usw. überhaupt nicht zu kontrollieren" (Welzer 2015, S. 55). 2020 saß an der Spitze der Rangliste der größten Unternehmen der Welt der US-Konzern Walmart. Sein Jahreserlös betrug 524 Mrd. US$, das entspricht in etwa dem Bruttoinlandsprodukt von Schweden (Fortune 2020). Derartig große Konzerne können auch Regierungen erpressen.

2.2.5.8 Die Nivellierung der Standards

Die Liberalisierung des Welthandels hat transnationalen Unternehmen die Möglichkeit geboten, sich der demokratischen Kontrolle und dem Gesetz zu entziehen. Ist die Politik in einem Land ungünstig für die Investoren? Dann können sie ihr Kapital schnell abziehen und in ein anderes Land bringen. Konzerne wirtschaften einfach dort, wo die Konditionen für sie am günstigsten sind. So hat sich die westliche Textilindustrie in Ländern wie Bangladesch angesiedelt. Genauso ist die schmutzige Schwerindustrie in Schwellenländer wie China und Indien verlagert worden: Nun ist der Himmel über der Ruhr blau, dafür ist aber der Himmel über Peking und Neu-Delhi grau.

Die Verlagerung der Produktion in ärmere Länder bringt drei große Vorteile mit sich. Die Ware kann dort besonders günstig produziert und auf den westlichen Märkten für den gleichen Preis verkauft werden: Das bringt hohe Gewinne. Vor allem in den Schwellenländern bildet sich zusätzlich ein riesiger Absatzmarkt für westliche Ware. 2020 produzierte China nicht nur jedes dritte Auto, sondern kaufte auch jedes dritte deutsche Auto.³³ Schließlich führt die neoliberale Globalisierung zu einer Arbeitsteilung auf dem Weltmarkt. Während sich die Entwicklungsländer und die Schwellenländer auf Rohstoffabbau, Landwirtschaft und Schwerindustrie spezialisieren, kann der Westen den Sprung in die Dienstleistungsgesellschaft unternehmen – und sich als Spitze der wissenschaftlichen und technologischen Innovation profilieren.

Die neoliberale Globalisierung hat zu einer weltweiten Nivellierung der ökologischen und sozialen Standards nach unten geführt, zugunsten einer weltweiten Nivellierung der Renditen nach oben. Heute ist es nicht die Wirtschaft, die in die ökologischen und sozialen Beziehungen eingebettet ist. Vielmehr sind es die ökologischen und die sozialen Beziehungen, die in das kapitalistische Wirtschaftssystem eingebettet sind (vgl. Polanyi 1978).

2.2.5.9 Die globalisierte Stadt

Der „Prozess der Nivellierung" (Jaspers 1932) spiegelt sich auch in der weltweiten Materialisierung einer Monokultur wider. So beschreibt der italienische Soziologe Alberto Magnaghi die globalisierte Stadt:

> „Eine einzige wiederholte, allgegenwärtige, homologierende, iterierte Form auf der ganzen Welt; eine ausgedehnte Fläche von Objekten aus Serienproduktion […]; eine Form, die Beziehungen zu Anderen (als sich selbst) leugnet, bis sie einer Tautologie gleicht; die monotone Wiederholung eines Zeichens, das sich selbst darstellt, nach dem Motto des ‚gleichgeschalteten Denkens' […]. Durch technisches Wissen und technologische Prothesen hat man sich von den territorialen Verbindungen ‚befreit'. Genauso frei kann man sich überall, mit allem, immer niederlassen […]. Die progressive Befreiung von territorialen Verbindungen (Deterritorialisierung) hat im Laufe der Zeit zu einer wachsenden Ignoranz über die Beziehungen zwischen menschlicher Besiedlung und Umwelt geführt" (Magnaghi 2000, S. 20–23; eigene Übersetzung).

---

[33] „Jedes dritte deutsche Auto geht nach China", unter wiwo.de 21.11.2017. https://www.wiwo.de/unternehmen/auto/vw-bmw-daimler-jedes-dritte-deutsche-auto-geht-nach-china/20610900.html. „Fast jedes dritte Auto wird in China produziert", unter ap-verlag.de 23.8.2020. https://ap-verlag.de/fast-jedes-dritte-auto-wird-in-china-produziert/62830/ (Zugriff: 8.4.2023).

Die entwurzelte Stadt zeichnet sich durch entwurzelte Einwohner aus:

„Die Kondition des Ausländers, Einwanderers, des Nomaden, des City Users, des Massenmenschen dominiert in dem Siedlungsmodell der Metropole, dabei zerbricht die Beziehung zwischen Ethnizität, Sprache und Territorium. Die ‚Einwohner' der Peripherie werden zufällig stationiert, in Stätten, die gegenüber ihrer Geschichte gleichgültig sind" (ebd., S. 23).

In der neoliberalen Globalisierung sind Grund und Boden zur Handelsware geworden. So ist die Agora[34] aus der modernen Stadtplanung verschwunden, genauso wie unkommerzielle Begegnungsräume:

„Die Reduktion der Räume der sozialen Kommunikation der Stadt (Straßen, Plätze, Alleen, Galerien…) auf eine Funktion hat zu einer Marginalisierung des öffentlichen Raums geführt: In der Stadtplanung und im Flächennutzungsplan ist er nicht vorgesehen; in neuen Siedlungen wird er nicht explizit vorgesehen; in historischen Städten wird er auf einen Parkplatz, Übergang, Verkehrsknoten reduziert, oder wird musealisiert, wird Ort für den Strom des Massentourismus […] oder ist Surrogat von spezialisierten Handelskonzentrationen (der Einkaufsstraße, dem Hypermarkt) […]. Die beiden Probleme greifen ineinander: Das physische Verschwinden des öffentlichen Raums entspricht dem fortschreitenden Machtverlust über die *res publica* seitens der lokalen Gemeinschaft […]. Das Verschwinden des Sinns für den öffentlichen Raum ist von einigen konzeptionell gelöst worden, durch die Verlagerung der Sozialität […] auf den ‚telematischen Platz', die medialen Netzwerke und in das ‚Globale Dorf', in eine Ästhetik des Nomadismus und des Übergangs" (ebd., S. 23 f.).

Auch an dieser Stelle hat die neoliberale Globalisierung die Demokratie und den sozialen Zusammenhalt unterminiert, gleichzeitig eine Vereinzelung gefördert. Kann eine digitale Agora die verschwundene analoge Agora wirklich ersetzen?

---

[34] Die Agora ist der Platz inmitten der altgriechischen Polis, auf dem die Demokratie ihren Ursprung hatte.

2.2.6 Die digitale Revolution

Seit dem Buchdruck ist eine ganze Reihe weiterer Medien entwickelt worden, die die moderne Gesellschaft stark geprägt haben: Tageszeitung, Telegraph, Fotografie, Telefon, Film, Radio und Fernsehen (Moser 2000, S. 43). Doch kaum eine Medientechnologie durchdringt alle Bereiche so sehr und ist im Alltag so immanent wie die digitale. Wenn heute von Fortschritt die Rede ist, dann sind Digitalisierung und Künstliche Intelligenz die erste Assoziation. Computer und Internet sind Inbegriff der „Wissens- und Informationsgesellschaft" (Stehr 1994). Noch nie in der Geschichte hatten Menschen Zugang zu so viel Wissen und Information wie heute. Durch Computer haben wir unser Gedächtnis erweitert, indem wir Unmengen an Informationen speichern, verarbeiten und beliebig abrufen können. Mit einem Smartphone kann sich jeder von uns in einer fremden Stadt überall auf der Welt zurechtfinden. In den Digitaltechnologien stecken enorme Potenziale auch für die Nachhaltigkeit. Damit kann zum Beispiel die Sharing Economy gestärkt werden (Sühlmann-Faul und Rammler 2018, S. 73). Carsharing und Mitfahrdienste ohne Digitalisierung? Heute kaum vorstellbar. Die Digitalisierung ermöglicht die „geografische Flexibilisierung des Arbeitens" (ebd., S. 71). Man muss nicht mehr jeden Tag ins Büro fahren oder zu Meetings fliegen, wenn man von zu Hause via Internet alles regeln kann. Durch Crowdworking und Crowdsourcing entstehen neue Formen von Zusammenarbeit. Schließlich fördert die Digitalisierung die Bildung und die Pflege sozialer Beziehungen. Die Hemmschwelle, mit Fremden oder Nachbarn in Kontakt zu treten, ist im virtuellen Raum niedriger. Über Internet kann man mit Politiker*innen in Berlin diskutieren. Die Digitalisierung ermöglicht Bürgerbeteiligung, zum Beispiel durch Online-Petitionen oder digitale Bürgerhaushalte (ebd., S. 87). Übt ein Polizist Gewalt gegen Schwarze aus? Schnell kursiert das Video weltweit im Internet und eine breite Kampagne gegen Rassismus wird entfacht. Wenn das World Wide Web in Ländern wie China eingeschränkt wird, dann ist dies der beste Beweis, dass die Mächtigen Angst vor einem freien Internet haben. Die digitale Revolution macht unsere Gesellschaft zukunftsfähig: „Entweder retten wir die Welt digital – oder gar nicht" (Heynkes 2018). Wie der Fortschritt ist auch die Digitalisierung mit einem ausgeprägten Technikoptimismus verbunden: Kaum ein Problem, das man damit nicht lösen könnte.

Wie der Fortschritt hat die Digitalisierung die Emanzipation des Menschen versprochen – und doch die Möglichkeit seiner Beherrschung erweitert. Wenn die USA und Großbritannien die treibenden Kräfte der kapitalistisch-industriellen Transformation gewesen sind, dann gilt dies auch für die digitale Revolution. Darin sah Zbigniew Brzeziński, der 1973 die Trilaterale Kommission mitgegründet hatte und jahrelang Nationaler Sicherheitsberater des US-Präsidenten war, das Vehikel für die weltweite Weihe der amerikanischen Supermacht: So entsteht die erste wirklich globale Gesellschaft in der Geschichte der Menschheit (Salimbeni 1999, S. 6 f.). Wenn die Massenmedien die Welt schon zum „Globalen Dorf" werden lassen (McLuhan und Powers 1995), dann sollten die USA auch darin eine Sonderstellung haben. Das Internet wird oft mit seiner „wilden Phase" verbunden: gemeinschaftlicher Entwicklung von Software, Wissen als Open Source, graswurzelbasierter Selbstorganisation, Hackergeist. Tatsächlich ist das US-Militär an der Entwicklung des Internets stark beteiligt gewesen.[35] Später wandelten die USA und Großbritannien diese Technologie in ein globales Überwachungs- und Spionagesystem um, wie die Enthüllungen des Whistleblowers Edward Snowden 2013 gezeigt haben.[36] Betroffen sind verfeindete wie befreundete Staaten, internationale Organisationen (UNO, EU), Regierungen, Unternehmen, wissenschaftliche Einrichtungen sowie Zeitungsredaktionen (Greenwald 2014). Alles, was

---

[35] Als Grundlage für die Entwicklung des Internets gilt die Arbeit des Informatikers Paul Baran beim US-Unternehmen RAND Corporation. In den 1960ern sah das US-amerikanische Department of Defense das Problem der Ausfallsicherheit von Kommunikationsnetzen und der Handlungsfähigkeit der Waffensysteme im Fall eines Atomraketenangriffes. Um es zu lösen, entwickelte Baran die Idee eines elektronischen Kommunikationsnetzes („Paul Baran and the Origins of the Internet" unter https://www.rand.org/about/history/baran.html, Zugriff: 11.3.2023). Ab 1968 wurde das Computer-Netzwerk ARPANET (Advanced Research Projects Agency Network) im Auftrag der U.S. Air Force von einer kleinen Forschergruppe unter der Leitung des MIT-Institute und des US-Verteidigungsministeriums entwickelt (Abbate 1999, S. 2).

[36] Durch Programme und Systeme wie PRISM, Boundless Informant, Tempora, XKeyscore, Mail Isolation Control and Tracking oder FAIRVIEW haben Militäreinrichtungen wie die National Security Agency (NSA) Zugang zur weltweiten elektronischen Kommunikation bekommen: Diese wird verdachtsunabhängig überwacht.

Nicht-US-Bürger*innen in den Clouds von Anbietern elektronischer Kommunikationsdienste (Microsoft, Google, Zoom[37] usw.) speichern, steht den US-Geheimdiensten zur freien Verfügung. Dies wird durch US-Gesetze (Foreign Intelligence Surveillance Acts sowie CLOUD- und PATRIOT-Act) ermöglicht (Tangens 2012; Ballweber 2022). So ist durch die elektronische Kommunikation jeder Mensch zum „gläsernen Wesen" geworden: Nicht nur für die Geheimdienste, sondern auch für Unternehmen (Sühlmann-Faul und Rammler 2018, S. 73). „Facebook, Google & Co. wissen alles über uns. Sogar, was wir morgen tun" (Ankenbrand und Beeger 2013). Im Einsatz der Digitalisierung als Sozialtechnologie gehört heute auch China zu den Vorreitern (Assheuer 2017).

Unsere Wahrnehmung kann durch Algorithmen, Bots, Memes und Fake News manipuliert werden. „Politische Kampagnen sind heute ein moderner Informationskrieg – massive Propagandaoperationen, die mit Twitter-Bots von Staaten ausgehen, die Empörung schüren und die Berichterstattung beeinflussen," schreibt Dan Pfeiffer, ehemaliger Kommunikationsdirektor des früheren US-Präsidenten Barack Obama (zit. in Wagner 2020). Durch die Digitaltechnologie können Menschen ausgespäht oder manipuliert werden, ohne dass sie es merken. Damit werden psychologische Schutzmechanismen umgangen und es kommt nicht zum Widerstand. Die Menschen werden von Google abhängig gemacht, indem ihnen nützliche Werkzeuge angeboten werden. Als Lockmittel kann auch das kostenlose Überangebot an Pornografie dienen.[38] Internet wirkt anziehend, weil es eine Illusion ist: Die Illusion der Social

---

[37] 2023 wurde in Bielefeld der BigBrotherAward in der Kategorie Kommunikation an „Zoom Video Communications Inc." verliehen. Die Begründung: „Eine Firma wie Zoom, die in den USA ansässig ist, unterliegt dem Cloud Act, dem Patriot Act und dem FISA-Act (Foreign Intelligence Surveillance Act). Und die bedeuten, dass eine in den USA ansässige Firma sämtliche Daten von Nicht-US-Bürger*innen an die dortigen Geheimdienste weitergeben muss. Ganz egal, wo die Server stehen, auf denen die Dienste laufen. Ganz egal, was für nette Versprechen in ihren Privacy-Bestimmungen stehen. Firmen dürfen Betroffene nicht einmal darüber informieren, wenn sie Daten weitergegeben haben" (https://bigbrotherawards.de/2023/zoom, Zugriff: 29.4.2023).

[38] 35 % des Internet-Datenverkehrs ist pornografischen Ursprungs. Weltweit schauen sich 43 % aller Internet-User pornografische Seiten an (Dath 2014).

Media als weiter virtueller Gemeinschaftsraum (während der physische Freiraum in den Städten schrumpft); die Illusion, durch einen Knopfdruck allmächtig zu sein (während der Bürger oder die Bürgerin nicht einmal die eigene Straße verschönern darf, ohne mit Vorschriften und hohen Auflagen der öffentlichen Verwaltung konfrontiert zu werden).

Was für die mediale Revolution und die Erfindung des Alphabets bei den Sumerern vor Jahrtausenden galt, gilt genauso für die digitale Revolution: Jede mediale Technologie ist nicht nur eine „Körpererweiterung", sondern auch eine „Amputation". So hat die Digitalisierung die Abhängigkeit der Gesellschaft von der Stromversorgung enorm verstärkt. Bis zu zehn Prozent des globalen Strombedarfs fließen heute in die Produktion und Nutzung von digitalen Geräten, in Treibhausemissionen übersetzt bedeutet dies 2 bis 4 % des Gesamtausstoßes. Bis zum Jahr 2030 könnte der digitale Stromverbrauch um 80 % steigen (Lange und Santarius 2023, S. 74). Eine weitere Amputation ergibt sich aus der Tatsache, dass moderne Kommunikationstechnologien „stark depolitisierend" wirken, so Zygmunt Bauman (zit. in Mazzeo 2021, S. 45). Für den Soziologen funktioniert die digitale Kommunikation selbst „als Fetisch und dient heute als Tarnung für eine fundamentale Inhibition auf der Ebene politischen Handelns" (ebd). Zudem machen die neuen Technologien Massen von Menschen als Werktätige überflüssig. Schon bei einer internationalen Konferenz im September 1995 in San Francisco ging man davon aus, dass die Automatisierung und die Digitalisierung eine Ökonomie ermöglichen, in der ein Fünftel aller Arbeitssuchenden genügt, um alle Waren zu produzieren und alle Leistungen zu erbringen. „Diese 20 % werden damit aktiv am Leben, Verdienen und Konsumieren teilnehmen – egal, in welchem Land" (zit. in Martin und Schumann 1999, S. 12). Was sollte mit dem restlichen Teil der Beschäftigten passieren? „Sicher werden die unteren 80 % gewaltige Probleme bekommen", sagte Jeremy Rifkin bei der Konferenz und bezog sich dabei auf sein Buch „Das Ende der Arbeit" (Rifkin 1995). Für die überflüssige Masse schlug der einflussreiche US-Politikberater Zbigniew Brzeziński eine besondere Lösung vor: „Mit einer Mischung aus betäubender Unterhaltung und ausreichender Ernährung könnte die frustrierte Bevölkerung der Welt schon bei Laune gehalten werden." Er nannte es „Tittytainment"[39] (Martin und Schumann 1999, S. 13). Durch die Digitalisierung hätte die Arbeit für alle reduziert werden können, indem sie umverteilt wird, schreibt der US-Anthropologe David Graeber. Stattdessen ist die Arbeitszeit auf durchschnittlich 41,5 Wochenstunden gestiegen, während sich unsinnige bzw. überflüssige Beschäftigungen („Bullshit-Jobs")[40] ausgebreitet haben (Graeber 2019).

Die Digitalisierung und die Künstliche Intelligenz (KI) stellen ein weiteres großangelegtes Experiment mit der Menschheit dar, doch diese technologische Entwicklung gilt als „Schicksal", schon bevor der Ausgang des Experiments bekannt ist (Welzer 2019). Computer verfügen weder über Lebendigkeit noch über Empathie – und bilden trotzdem eine sich vergrößernde Infrastruktur, die Menschen mitzieht und in ihrem Verhalten lenkt.

2.3 Die Fortschrittslogik

Der Fortschritt zeichnete sich bisher durch eine progressive Abwendung der Gesellschaft von der äußeren und inneren Natur aus. Für John Locke war die Negation der Natur der Weg zum Glück. Entsprechend müssen sich die Menschen vollständig von der Natur emanzipieren (Rifkin 1982, S. 34 f.). Dieser Prozess begann mit der kognitiven Revolution und erfuhr eine starke Beschleunigung durch die kapitalistisch-industrielle Transformation. Dabei hat sich die Kultur in eine künstliche Technosphäre materialisiert, die die Ökosphäre zunehmend ersetzt hat. Das ist die eine Perspektive. Eine zweite Perspektive wurde bereits erwähnt. Die Kultur beginnt nicht dort, wo die Natur endet: Die Kultur ist selbst ein Produkt der Natur. Als „DNA der Gesellschaft" interessiert

---

[39] Tittytainment meint „eine Kombination von ‚Entertainment' und ‚Tits', dem amerikanischen Schlagwort für Busen." Ihm ging es weniger um Sex als um „die Milch, die aus der Brust einer stillenden Mutter strömt" (Martin und Schumann 1999, S. 13).

[40] „Ein Bullshit-Job ist eine Beschäftigungsform, die so völlig sinnlos, unnötig oder schädlich ist, dass selbst der Arbeitnehmer ihre Existenz nicht rechtfertigen kann. Es geht also gerade nicht um Jobs, die niemand machen will, sondern um solche, die eigentlich niemand braucht" (Graeber 2019).

sich die Kultur nicht unbedingt für Glück, sondern auch – oder vor allem – für Überleben und Fortpflanzung (Harari 2013, S. 470). Ein guter Indikator, um den Erfolg der Spezies Mensch zu beurteilen, ist die Zunahme der Weltbevölkerung. Die Menschen halten sich für besonders intelligent, und doch verhält sich ihre Population genauso wie die Bakterienpopulation in einer Agar-Kultur: Die Organismen eignen sich die verfügbare Energie an, um sich exponentiell fortzupflanzen. Der Fortschritt liefert den Menschen das beste Instrumentarium dafür.

So wie die DNA den Metabolismus von Organismen regelt, so regelt die Kultur den „gesellschaftlichen Metabolismus" (Fischer-Kowalski und Haberl 1997), sprich den Energie- und Stoffaustausch zwischen sozialem System und Umwelt.[41] Um die Selbsterhaltung der Gesellschaft zu garantieren, „müssen die Menschen Rohstoffe aus der Natur entnehmen und sie in mehr oder weniger komplizierten und vermittelten Schritten in nützliche Stoffe, also in Nahrungsmittel, in Kleidung, Häuser, d. h. in Subsistenzmittel, umformen, die schließlich am Ende zu Abfall werden" (Hamm 1996, S. 43). Kulturen unterscheiden sich durch die Art und Weise, wie sie den Stoffwechsel mit der Natur organisieren (ebd., S. 41). So zeichnet sich die westliche Kultur durch ein „fossiles Denken"[42] und eine starke, progressive Zunahme des Naturverbrauchs aus:

„Die Menschen der heutigen Gesellschaft in Deutschland [setzen] ungefähr fünfzigmal so viel Stoff durch wie die Menschen in Jäger- und Sammlergesellschaften vor 4.000 Jahren, obgleich sich die existentiellen Bedürfnisse (essen, trinken, schlafen, Schutz) kaum so wesentlich verändert haben. Wir brauchen das Zehnfache an Luft, das Zwanzigfache an festen Rohstoffen, das Sechzigfache an Wasser. Wir belasten unsere Umwelt fünfzigmal mehr als unsere Vorfahren" (ebd., S. 47).

---

[41] Darauf wies bereits Karl Marx hin: „Die Arbeit ist zunächst ein Prozeß zwischen Mensch und Natur, ein Prozeß, worin der Mensch seinen Stoffwechsel mit der Natur durch seine eigene Tat vermittelt, regelt und kontrolliert. Er tritt dem Naturstoff selbst als eine Naturmacht gegenüber" (Marx 1968, S. 192).

[42] „Fossiles Denken schadet noch mehr als fossile Brennstoffe", so lautete die Anzeige der Bank Sarasin in Neue Zürcher Zeitung 24.9.2009, Nr. 221, internationale Ausgabe 12 (zit. in Schindler und Held 2009).

Diese Zeilen wurden 1996 geschrieben. Allein im 20. Jahrhundert wurde weltweit zehnmal mehr Energie verbraucht als während der kompletten Menschheitsgeschichte zuvor (McNeill in Sommer und Welzer 2014, S. 13). Durch seine ökonomische Verwestlichung hat auch China im Schnelltempo die kapitalistisch-industrielle Transformation nachgeholt – mit entsprechend wachsendem Naturverbrauch. In den drei Jahren zwischen 2008 bis 2010 wurde in der Volksrepublik mehr Zement verbaut als in den USA im gesamten 20. Jahrhundert (WBGU 2016, S. 7).

Für Bernd Sommer und Harald Welzer ist die kapitalistisch-industrielle Entwicklung Ausdruck einer „expansiven Moderne":

„Die bisherige Entwicklung moderner Gesellschaften ist grundsätzlich durch eine expansive Entwicklung gekennzeichnet – und zwar nach innen und nach außen. Die Expansionsbewegung ‚nach außen' bedarf vor dem Hintergrund von Kolonialisierung sowie anhaltender Globalisierung des Wirtschafts- und Kulturmodells, das vor etwa 250 Jahren in Europa und in Nordamerika seinen Ausgang nahm, kaum weiterer Erläuterung. Aber auch ‚nach innen' zeichnen sich diese Gesellschaften durch ungeheure Zuwachsraten in der Güterproduktion und Konsumption und damit einhergehend beim Ressourcen- und Naturverbrauch aus" (Sommer und Welzer 2014, S. 16).

Um die Logik des Fortschritts zu begreifen, reicht eine Analyse des gesellschaftlichen Stoffwechsels nicht aus. Der Multidimensionalität der Prozesse kann eine systemtheoretische Betrachtung besser gerecht werden. Der Fortschritt prägt das Verhältnis zwischen dem sozialen System und seiner Umwelt, nicht (nur) zwischen Gesellschaft und Natur. In der kapitalistisch-industriellen Transformation umfasst die System-Umwelt-Differenz jene zwischen Technosphäre und Ökosphäre, globalem Norden (Industrieländern) und globalem Süden (Entwicklungsländern), Zentren und Peripherien, Eliten und Massen sowie zwischen gegenwärtigen und künftigen Generationen. Die große Transformation, die Polanyi 1944 untersuchte, hat Strukturen geschaffen, die in den Energieflüssen und Stoffströmen das System konsequent begünstigen und seine Umwelt konsequent benachteiligen. In der modernen Gesellschaft

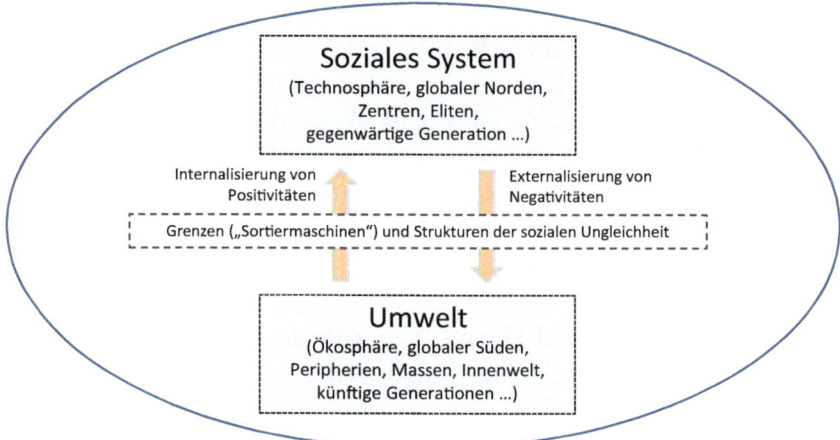

Abb. 2.4 Die kapitalistisch-industrielle Entwicklungslogik. (Aus Brocchi 2019, S. 33; überarbeitete Darstellung)

überschneiden sich die Energieflüsse und Stoffströme mit dem Fluss von Profiten, Chancen, Aufmerksamkeit, Wissen oder auch zivilisatorischen Errungenschaften. Diese Elemente werden in Abb. 2.4 „Positivitäten" (Vorteile) genannt.

Gleichzeitig umfassen die Kosten der Entwicklung nicht nur Abfälle und schädliche Emissionen, sondern auch Armut und Konflikte. In Abb. 2.4 werden diese Elemente „Negativitäten" (Nachteile) genannt.

Die Logik der kapitalistisch-industriellen Entwicklung kann so beschrieben werden: Die Positivitäten werden der Umwelt entnommen und ins soziale System internalisiert, während die Negativitäten aus dem sozialen System in die Umwelt externalisiert werden. Die wachsende Ordnung im sozialen System korrespondiert so mit einer wachsenden Unordnung in der Umwelt. Zu beachten ist, dass die *Um*welt gleichzeitig *Innen*welt ist. So macht sich die Unordnung auch innerhalb des Systems und im Inneren der Menschen bemerkbar. Ökologische und soziale Belange werden oft gegeneinander ausgespielt (z. B. Arbeitsplätze gegen Umweltschutz), tatsächlich sind sie aber Opfer der gleichen Entwicklungslogik (Horkheimer 1991, S. 106).

Die soziale Ungleichheit bildet die Differenz zwischen sozialem System und Umwelt. Soziale Ungleichheit meint ein Verhältnis, in dem nicht nur Energie und Ressourcen, sondern auch Güter, Profit, Chancen, Wissen – genauso wie Kosten und Risiken – ungleich verteilt werden (vgl. Hradil 2001). Verhältnis bedeutet in diesem Fall, dass es keinen Massenkonsum ohne Ausbeutung, keinen Reichtum ohne Armut und keine Macht ohne Ohnmacht geben kann – und umgekehrt. Soziale Ungleichheit betrifft also nicht nur „die anderen", sondern Beziehungen zwischen mindestens zwei Seiten, die sich gegenseitig bedingen. Weil die Modernisierung solche Zusammenhänge a priori negiert, ist sie der sozialen Ungleichheit gegenüber blind. Tatsächlich kann aber die Benachteiligung der einen nicht überwunden werden, ohne die Privilegien der anderen infrage zu stellen.

Bei der sozialen Ungleichheit handelt es sich um „strukturierte strukturierende Strukturen" (vgl. Bourdieu und Wacquant 1996). Dafür gibt es verschiedene Gründe:

- In der sozialen Ungleichheit findet eine Wechselwirkung zwischen Makro-, Meso- und Mikroebene der Gesellschaft statt. So wirkt eine neoliberale Wirtschaftspolitik, die soziale Ungleichheiten vergrößert, bis ins Private der Menschen hinein. Gleichzeitig stützen verinnerlichte Werteinstellungen an der Basis der Gesellschaft ungleiche Verhältnisse auf den übergeordneten Ebenen.
- Formen der Ungleichheit überschneiden sich. Wer reicher ist, hat oft mehr politischen Einfluss, eine bessere Bildung, also mehr Karrierechancen. Wer ärmer ist, hat tendenziell weniger politischen Einfluss, eine schlechtere Bildung, also weniger Karrierechancen.
- Es sind Strukturen, die bestimmte Menschen in Machtpositionen befördern, aber genauso schnell fallen lassen können. Es können sich auch Seilschaften bilden und selbst reproduzieren, und doch sind Individuen in modernen Machtstrukturen austauschbar.
- Soziale Ungleichheit hat die starke Tendenz zur Selbstreproduktion: Die einen erben riesige Vermögen, ohne dafür etwas leisten zu müssen, während die anderen Armut erben, aus der es auch mit harter Arbeit kaum einen Ausweg gibt.

- Zur Gesellschaft gehören nicht nur Menschen, denn auch „Dinge" wirken als „Aktanten" in sozialen Netzwerken mit (Latour 2010). Einerseits erzeugen sie selbst soziale Ungleichheit. So ist Eigentum die Voraussetzung für langfristige Ungleichheit. Während die vorgeschichtlichen Banden von Wildbeutern egalitärer waren, weil sie über sehr wenig Eigentum verfügten, nahm mit allen späteren menschlichen Gesellschaften das Eigentum und dadurch die soziale Ungleichheit zu (Harari 2019, S. 130 f.). Die Kontrolle über Geld, Maschinen, Medien oder Waffen verschafft bestimmten Gruppen Vorteile gegenüber anderen (Diamond 1998). Andererseits werden die Dinge selbst ungleich behandelt. So gelten die Banken als „systemrelevant", das Klima jedoch nicht.

An den Grenzen des sozialen Systems wirken die Strukturen der sozialen Ungleichheit wie „Sortiermaschinen" (Mau 2021): Sie bestimmen die Flussrichtung von Positivitäten und Negativitäten; wer begünstigt und wer benachteiligt wird; wer dazu gehören darf und wer nicht. Wie eine Sortiermaschine funktioniert, zeigen zum Beispiel die Klimaanlagen. Sie klimatisieren die Innenräume in Zeiten der Erderwärmung. Diese Technologie macht denjenigen das Leben angenehmer, die sie sich leisten können. Doch Klimaanlagen stoßen Zusatzwärme nach außen ab, verbrauchen viel Strom und tragen so selbst zum Klimawandel bei. Ihre Anwendung geht also auf Kosten anderer: Jedes Privileg führt zu einer Benachteiligung an anderer Stelle. Nicht nur Technologien wirken als Sortiermaschinen, sondern auch Codes wie Geld, Macht und Status. Wer mehr Geld und mehr Macht hat, darf sich mehr Positivitäten aneignen. Wer weniger Geld und Macht hat, muss die Entwicklung über sich ergehen lassen und ihre „Kollateralschäden" ertragen. Bestimmte Merkmale (Geschlecht, Alter, Hautfarbe, Herkunft etc.) vereinfachen oder erschweren den Karriereweg, weil sie mit Status assoziiert werden. Auch besondere künstlerische und geistige Qualitäten können dazu führen, dass man in eine Elite aufgenommen wird. Genauso kann jedoch eine Elite Menschen ausschließen, zum Beispiel, weil deren Kunst und Kritik Privilegien gefährden.

Die soziale Wirksamkeit von Geld, Macht und Status basiert auf Werten, die im Rahmen einer Kultur geteilt werden. Kulturbedingte Werte sind aber relativ und nicht absolut. So ist ein 500-Euro-Schein in einer indigenen Kultur im Tropenwald nur ein Stück Papier. Ein General ist nur in einer Umgebung mächtig, die seinen Habitus anerkennt. Wenn die Sortiermaschinen auf Basis von Werten selektieren und diese Werte durch die Erziehung verinnerlicht werden, dann wirken die Sortiermaschinen ebenfalls aus dem Inneren der Menschen heraus. Jeden Tag beteiligt sich jeder Mensch an der strukturellen Selektion – und dies zum Teil unbewusst. Soziale Ungleichheit drückt sich auch durch Arroganz oder Scham, Machtbewusstsein oder Ohnmachtsgefühl, Gleichgültigkeit oder Resignation aus. Zwischen Schichtzugehörigkeit und persönlicher Haltung besteht jedoch kein Automatismus: So wie Arroganz unter armen Menschen auftreten kann, können einflussreiche und reiche Menschen Demut zeigen.

Das westliche Gesellschaftsmodell versteht sich heute als fortgeschritten, weil es die kapitalistisch-industrielle Transformation mit zivilisatorischen Errungenschaften wie Demokratie und Menschenrechten verbindet. Tatsächlich bleiben die Strukturen der sozialen Ungleichheit prägend für diese Gesellschaft und bestimmen ihr Verhältnis zur ökologischen und sozialen Umwelt immer noch maßgeblich. Um dies bewusst zu machen, werden die drei grundlegenden Dynamiken der kapitalistisch-industriellen Entwicklungslogik in folgenden Abschnitten vertieft dargestellt: die Internalisierung der Positivitäten, die Externalisierung der Negativitäten und die expansive Dynamik.

2.3.1 Die Internalisierung der Positivitäten

Das kapitalistisch-industrielle System ist darauf ausgerichtet, sich möglichst viele Dinge anzueignen und aufzuhäufen, die in der Gesellschaft als notwendig, nützlich oder wertvoll begriffen werden. Aus der Perspektive der Thermodynamik lassen sich jedoch alle Positivitäten auf Energie reduzieren. In der Natur ist Energie die wichtigste Währung. Von Albert Einstein wissen wir, dass Materie nichts anderes ist als eine besondere Form von Energie ($E = mc^2$). In Anlehnung an William Catton (1980) hat der Wissenschaftsjournalist Richard Heinberg fünf Wirkungsstrategien beschrieben, die soziale Systeme anwenden, um die Energieflüsse in die eigene Richtung zu lenken bzw. um Energie nutzbar zu machen. Diese sind Aneignung, Werkzeuggebrauch, Spezialisierung, Erweiterung des Wirkungsbereichs und Abbau (Heinberg 2008, S. 36).

2.3.1.1 Strategie der Aneignung

Durch die Landwirtschaft und die Zucht hat die Kultur dafür gesorgt, dass ein größerer Teil der Energieflüsse und Stoffströme zum Menschen kanalisiert wird, auf Kosten anderer Spezies. Ackerbau bringt eine bewusste Vereinfachung der Ökosysteme mit sich, wobei die natürliche Konkurrenz (Unkraut, Ungeziefer…) ferngehalten wird, während auf den Flächen nur Pflanzen angebaut werden, die dem Menschen nutzen. Die Sonnenenergie, die auf Ackerflächen von Nutzpflanzen gebunden wird, steht anderen Spezies nicht mehr zur Verfügung. Was für den Menschen gut ist, ist in diesem Fall für die Biodiversität schlecht (vgl. Junker 2008, S. 79).

Die Konkurrenz um Energie und Ressourcen besteht jedoch auch zwischen den Menschen. „Im Allgemeinen eigneten sich Gesellschaften mit größerer Bevölkerungsdichte und wirksameren Waffen die Territorien von Gruppen mit geringeren Umweltansprüchen an, um diese dann manchmal sogar zu versklaven" (Heinberg 2008, S. 41). Zu den Aneignungsstrategien gehört nicht nur die Kolonisierung, sondern auch die Privatisierung.

2.3.1.2 Strategie des Werkzeuggebrauchs

„Über die Jahrtausende hinweg erleichterte ein ständig größer werdender Werkzeugbestand uns Menschen die Aneignung neuer Lebensräume und anderer Gesellschaften – vom Feuerreibholz, dem Speer, Messer, Korb und Topf bis zum Pflug, Karren, Segelboot, Maschinengewehr, der Dampfmaschine und dem Computer" (ebd.). Werkzeuge können genutzt werden, um die Umwelt anzupassen und zu verändern. Damit kann man sich zum Beispiel ein Haus bauen. „Jedoch stimmt es genauso [...], dass wir Werkzeuge dazu benutzen, um *uns selbst* an die unterschiedlichsten Lebensräume anzupassen. Zum Beispiel tragen wir Schuhe, um unsere Füße an das Gehen auf felsigem oder unebenem Gelände anzupassen" (ebd., S. 42). Erst durch Werkzeuge konnten sich die Menschen über weite Entfernungen bewegen und Gebiete besiedeln, die sonst zu kalt oder zu warm gewesen wären. „Die Verbindung von Mensch und Werkzeug ist [...] tatsächlich ein ganz anderer Organismus als ein werkzeugloser Mensch [...]. So führt zum Beispiel der Gebrauch des Geldes gewöhnlich dazu, dass ganze Kulturen [...] utilitaristische Einstellungen gegenüber natürlichen Ressourcen und den Mitmenschen verstärken, da Geld ja die Akkumulation von Reichtum erleichtert" (ebd., S. 43).

Die ersten Werkzeuge, die Menschen erstellt und gebraucht haben, wurden allein durch menschliche Energie betätigt. Die modernen Industriegesellschaften verwenden hingegen vor allem Werkzeuge und Werkzeugsysteme, die für ihre Herstellung und für ihre Nutzung eine externe Energiequelle benötigen. Die Abhängigkeit von externen Energiequellen hat mit der Mechanisierung, der Elektrifizierung und der Digitalisierung enorm zugenommen. Menschen und Maschinen könnten miteinander so verschmelzen, dass die Menschen gar nicht mehr überleben können, wenn die Verbindung zu den Maschinen getrennt ist (Harari 2019, S. 139). Wie vulnerabel an dieser Stelle unsere Lebensweise ist, zeigt sich unter anderem bei Stromausfällen oder bei steigenden Ölpreisen.

2.3.1.3 Strategie der Spezialisierung

Diese Strategie ist mit der vorherigen eng verbunden: „Da die Verbindung von Mensch und Werkzeug tatsächlich ein ganz anderer Organismus als ein werkzeugloser Mensch ist, können sich Menschen, die unterschiedliche Werkzeuggruppen nutzen, dann auch zu ganz unterschiedlichen Arten auseinander entwickeln" (Heinberg 2008, S. 46). Durch die Arbeitsteilung nimmt die Komplexität der Gesellschaft zu. Das technisch-ökonomische System entwickelt sich „deutlich abgesondert vom größeren Ökosystem" (ebd.). Der Entwicklungsstand der Werkzeuge wird auch zur Grundlage für eine soziale Ungleichheit in der Gesellschaft, so werden Kulturen, die noch mit Pfeil und Bogen kämpfen, als „unterentwickelt" behandelt im Vergleich zu Kulturen, die über die Atombombe verfügen.

2.3.1.4 Strategie der Erweiterung des Wirkungsbereichs

Normalerweise hängt die Entwicklung einer Population von der Verfügbarkeit desjenigen Stoffes ab, der für ihr Überleben unerlässlich ist (Liebigs Gesetz). So verhindert vor allem die Wasserknappheit in der Wüste die Verbreitung der menschlichen Population. Das Handels- und Transportsystem ermöglicht es aber, solche begrenzenden Faktoren zu umgehen: Man kann Wasser von einer Region zur anderen transportieren, genauso Lebensmittel oder Erdöl. In der Erweiterung des weltweiten Handels- und Transportsystems liegt die wesentliche Dynamik, die den Kapitalismus möglich machte: „Noch heute setzt die Expansion der Märkte den Ausbau der weltweiten Transport- und Kommunikationsinfrastruktur voraus. In der Globalisierung hat die Erweiterung des Wirkungsbereichs einen vorläufigen Höhepunkt gefunden" (ebd., S. 49).

2.3.1.5 Strategie des Abbaus

„Was die Erhöhung der Tragfähigkeit des Planeten für menschliche Population angeht, war Abbau die bei weitem erfolgreichste der fünf Strategien" (ebd., S. 50). Mit dieser Strategie werden nicht-erneuerbare Energievorkommen und Ressourcen abgebaut, nutzbar gemacht, verbrannt und verbraucht. Diese Strategie hat die Wirksamkeit der anderen vier Strategien enorm verstärkt. So wie Kohle der Treibstoff der industriellen Revolution gewesen ist, so basiert die Globalisierung auf Erdöl. Ohne Erdöl wären die Intensivierung der Landwirtschaft und die Beschleunigung von Transport und Handel undenkbar gewesen. Ohne Erdöl gäbe es heute keine Millionenstädte, die sich durch Lieferung aus der ganzen Welt ernähren können. Kohle und Erdöl erleichtern unseren Alltag.[43]

Konsumistische Gesellschaften sind in ihrer Stabilität von der Frage abhängig, wie sie ihren Energiehunger befriedigen und die Energievorkommen unter die eigene Kontrolle bringen – im Zweifelsfall militärisch. Auch in der Darstellung dieser fünf Wirkungsstrategien wird deutlich, wie sehr sich Energieregime und Gesellschaftsregime gegenseitig bedingen: Man kann das eine nicht ohne das andere transformieren. Der Fortschritt hat uns genauso viele Freiheiten wie Abhängigkeiten beschert.

2.3.2 Die Externalisierung der Negativitäten

Zu den Negativitäten gehören Kosten des Wohlstands, Abfall und Umweltrisiken. Ebenso dazu gehören Dinge, mit denen der Kontakt und die Auseinandersetzung unangenehm ist: neben Schmutz und Elend auch Widersprüche und Konflikte. Das Bedürfnis, Negativitäten nach außen zu verlagern, hat sich ursprünglich aus der Hygiene ergeben. Gerade Städte bilden seit jeher Brutstätten für Infektionserreger. Das Zusammenleben von Menschen – und Tieren – auf engem Raum ist immer mitverantwortlich für große Seuchenzüge gewesen. Die Bevölkerungsdichte bringt zusätzlich immer eine Konzentration an Abfällen und menschlichen Ausscheidungen mit sich. Um solche Probleme zu lösen, ist nach und nach eine Infrastruktur entstanden, die dafür sorgte, dass Umweltrisiken externalisiert werden, zum Beispiel durch

---

[43] „Wenn wir die Kraft von Treibstoff angetriebenen Maschinen zusammenzählten, auf die wir angewiesen sind, um unsere Wohnungen zu beleuchten und zu heizen, die uns transportierten und auf andere Weise unseren Lebensstil sichern, an den wir uns so sehr gewöhnt haben, und dann diese Summe mit der Kraftmenge verglichen, die vom menschlichen Körper erzeugt werden kann, würden wir erkennen, dass jeder Amerikaner den Gegenwert von über 50 ‚Energiesklaven' jeden Tag für sich arbeiten lässt. Der entsprechende Wert für Deutschland wäre 26 ‚Energiesklaven' pro Einwohner. Was den Energieverbrauch angeht, praktiziert jeder Mittelklasse-Amerikaner einen verschwenderischen Lebensstil, der fast jeden Sultan oder historischen Potentaten vor Neid erblassen ließe" (Heinberg 2008, S. 51 f.).

Abflusskanäle wie die römische Kloake (Townsend et al. 2003, S. 538). Bei modernen Millionenstädten stellt die Abfallentsorgung eine ähnlich große Herausforderung wie die Versorgung dar. Die Müllberge sind die Kehrseite des Massenkonsums.

Doch das Hygiene-Management hat sich auch auf das Verhältnis zwischen den Menschen ausgewirkt. Im Mittelalter waren die hohen Stadtmauern eine Immunisierungsstrategie nicht nur gegen Feinde, sondern auch gegen Fremde als potenzielle Träger von Krankheitserregern. Mit der industriellen Revolution wurden jedoch die Fabriken selbst zum Hygiene-Problem für urbane Zentren, wie es der Präfekt Georges-Eugène Haussmann in Paris erkannte. Er ließ die Stadt bis 1870 so umbauen, dass die Industrie komplett nach außen verlagert wurde (Firges 1998, S. 51 ff.). Ein Hygiene-Problem stellte jedoch auch die Lage des Proletariats in der Stadt dar. 1855 bemerkte der Chemiker Max von Pettenkofer (1855), dass Epidemien wie Cholera nicht alle gleich treffen. Weil die Armen in schmutzigen, überbevölkerten Vierteln der Städte leben, sind sie deutlich stärker betroffen. Pettenkofer wies nach, dass schlechte soziale Verhältnisse Epidemien begünstigen. Diesem Problem wurde mit drei Strategien begegnet:

- Erstens wurde erkannt, dass nur gesunde Untertanen der Industrie und dem Militär nützlich sein konnten (Harari 2019, S. 131). Ihre Lage wurde durch soziale Maßnahmen entsprechend verbessert. Es fand eine Umerziehung der Massen zur Hygiene statt, dazu diente zum Beispiel die Internationale Hygiene-Ausstellung von 1911 in Dresden.
- Zweitens können Monokulturen nur durch künstliche Eingriffe von außen gegen Parasiten und Schädlinge bestehen. Was für landwirtschaftliche Monokulturen gilt, gilt genauso für menschliche Monokulturen (Städte). So wurden Chemikalien entwickelt, um die innere und äußere Umwelt der Menschen zu sterilisieren. Im Kampf gegen Malaria wurde DDT eingesetzt (jedoch später verboten, weil krebserregend). Als Technologie bildet die Medizin eine „prothetische Vorrichtung" für die körperlichen Abwehrmechanismen.

- Drittens fand eine Segregation in veränderter Form statt, um keine unangenehmen Gefühle in der Öffentlichkeit hervorzurufen. So können Obdachlose oder Heime für Geflüchtete in Orte verlegt werden, wo sie für die Öffentlichkeit nicht sichtbar sind.[44]

In den letzten Jahrzehnten sind diese Techniken der künstlichen „Immunisierung" globalisiert worden (Esposito 2004b). Die schmutzige Industrie, die früher in der Peripherie westlicher Großstädte stand, produziert inzwischen im globalen Süden. Unsere alten Dieselautos verschwinden nicht, sondern werden in afrikanischen und osteuropäischen Ländern wieder verkauft. Was in unserer Kultur als Unordnung und Risiko gilt, wird externalisiert. Für den Soziologen Stephan Lessenich leben „,wir', die Bürgerinnen und Bürger der selbsterklärten ‚westlichen' Welt, [...] in der großen Externalisierungsgesellschaft des globalen Nordens".

„Wir leben in der Externalisierungsgesellschaft, wir leben sie – und wir leben gut damit. Wir leben gut, weil andere schlechter leben [...]. Der moderne, globalisierte Kapitalismus [operiert] auf der Grundlage eines nicht minder groß angelegten Arrangements der *Auslagerung* – und zwar der immensen Kosten ebenjener wirtschaftlichen Wertschöpfung. Diese Kosten werden zu erheblichen Teilen externalisiert. Denn wo ungeheurer Wohlstand geschaffen wird, da entsteht allenthalben auch das, was man mit dem britischen Schriftsteller und Sozialkritiker John Ruskin »Übelstand« nennen mag [...]. Der Preis, den die einen erhalten, ist »*wealth*«. Der Preis aber, den die anderen zu zahlen haben, ist »*illth*«" (Lessenich 2017, S. 25, 43).

Die Externalisierung der Kosten ist eine konstituierende Praxis für die Marktwirtschaft, denn sie erzeugt Wachstum nicht nur durch Profitmaximierung, sondern auch durch Kostenminimierung. Indem bestimmte Kosten als „externe Kosten" (Externalitäten) begriffen und bezeichnet werden, müssen sie nicht in der Bilanz von Unternehmen erscheinen.

---

[44] In einigen Ländern wie Ungarn ist Obdachlosigkeit sogar per Gesetz als Straftat kriminalisiert worden.

> „Es geht im Kern um wirtschaftliches Handeln, das von den anfallenden Kosten dieses Handelns ganz oder teilweise in dem Sinne *abzusehen,* sie gleichsam *auszublenden* vermag, dass diese nicht in das wirtschaftliche Handlungskalkül eingehen müssen, sondern auf unbeteiligte Dritte *abgewälzt* werden können, also von anderen Marktteilnehmern zu tragen sind" (ebd., S. 45).

Die Wirtschaft externalisiert ihre Kosten, indem diese sozialisiert werden (Chomsky 2004). Während die Investoren sich selbst wachsende Profite zuschreiben dürfen, bleibt der Staat auf den „externen Kosten" sitzen: Finanzkrisen, Arbeitslosigkeit durch Rationalisierungsmaßnahmen, Umwelt- und Gesundheitskosten etc. Solange der Markt für die verursachten Kosten nicht haften muss, führt er sein „Business as usual" fort. Freiwillig werden die Unternehmen „externe Kosten" nie in die eigene Rechnung aufnehmen. Nur der Staat kann die Preise ökologisch und sozial gestalten (Weizsäcker et al. 2010, S. 331).

Durch ihren Massenkonsum verursachen auch die Verbraucher*innen täglich Abfälle, schädliche Emissionen und soziale Kosten. Die Externalisierungsgesellschaft sorgt jedoch dafür, dass diese Kosten außerhalb ihrer Wahrnehmungshorizonte fallen, sodass sich keiner als Täter und Komplize fühlen muss. Um den privilegierten Gruppen unangenehme Gefühle zu ersparen, werden benachteiligte Gruppen ferngehalten, indem sie diskriminiert oder gar kriminalisiert werden. So werden „irreguläre Migrant*innen" festgenommen und abgeschoben. Um ärmere Menschen in gentrifizierten Quartieren zu verdrängen, braucht es hingegen keine physische Gewalt: Es reichen steigende Mieten (Dohnke et al. 2012).

Moderne Gesellschaften immunisieren sich auch gegenüber der Umwelt, zum Beispiel durch eine funktionalistische Architektur, die nicht zufällig so steril wirkt. Bis auf die Mikroebene vertreibt der Mensch die Natur aus der eigenen Welt. So gehören weder Körperbehaarung noch Spontangeburt zum Alltag des „Homo aestheticus", sprich „des Idealbürgers der Designgesellschaft" (Kries 2010, S. 103 f.).

2.3.3 Die expansive Dynamik

Wachstum ist das Grundprinzip unseres Wirtschaftssystems, das hatte Karl Marx bereits erkannt:

> „Die Entwicklung der kapitalistischen Produktion [macht] eine fortwährende Steigerung des in einem industriellen Unternehmen angelegten Kapitals zur Notwendigkeit [...]. Sie zwingt [den Kapitalisten], sein Kapital fortwährend auszudehnen, um es zu erhalten" (Marx 1968, S. 618).

Ständiges Wachstum kann es jedoch ohne ständige Expansion nicht geben. Eine wachsende Ökonomie ist auf eine wachsende Kontrolle von Energiequellen und Rohstoffreserven angewiesen, auf wachsende Absatzmärkte sowie auf eine Absicherung der Handelswege. Der Wachstumszwang erfordert eine imperiale Governance, die sich aus einem Mix aus Herrschaft, Expansion und Selektion an den Grenzen ergibt.

2.3.3.1 Wachstum durch Herrschaft

Die Lebensweise des kapitalistisch-industriellen Systems beruht auf Exklusivität: „Sie setzt voraus, dass nicht alle Menschen gleichermaßen auf die Ressourcen und Senken der Erde zugreifen" (Sommer und Welzer 2014, S. 42). Diese Exklusivität bringt jedoch ein altes Problem mit sich (Abschn. 2.1.4): Wie kann täglich garantiert werden, dass die Regale der Supermärkte im globalen Norden mit Waren aus dem globalen Süden gefüllt werden? Wer Massenkonsum und Wachstum propagiert, muss dafür sorgen, dass die entsprechende Ausbeutung weiterbesteht und stillschweigend akzeptiert wird. Dies geht nicht ohne Macht und Habitus:

> „Sozial wirksam und gesellschaftlich stabilisiert werden Machtungleichheit und Ausbeutungsdynamik in der Externalisierungsgesellschaft durch einen spezifischen Habitus derjenigen, die aus machtvollen Positionen heraus ausbeuterisch handeln: Externalisierung wird für sie zu einer sozialen

Praxis, die sie als möglich, üblich und legitim wahrnehmen und daher wie selbstverständlich vollziehen […]. Die globalen Machtstrukturen ermöglichen einen Habitus der Auslagerung, Verschiebung und Verdrängung der sozialen Kosten des Wohlstands der Zentren in die Peripherien, und dieser Habitus trägt wiederum maßgeblich dazu bei, die gesellschaftliche Ausbeutungsbeziehung zu Lasten Letzterer dauerhaft zu zementieren" (Lessenich 2017, S. 62 f.).

Eine „imperiale Lebensweise" impliziert „herrschaftliche Produktions-, Distributions- und Konsummuster, die tief in die Alltagspraktiken der Ober- und Mittelklassen im globalen Norden und zunehmend auch in den Schwellenländern des Südens eingelassen sind" (Brand und Wissen 2011, S. 79). Wenn die soziale Ungleichheit zunimmt, dann bedeutet dies, dass die Kapitalakkumulation durch eine Form von Enteignung an anderer Stelle stattfindet. Um dabei mögliche Konflikte einzudämmen, benötigt die Marktwirtschaft den Staat als Ordnungsgaranten und Kompensator.[45] Bisher hat die neoliberale Politik den Sozialstaat abgebaut, gleichzeitig aber die Staatsgewalt (innere Sicherheitsapparate, Militär etc.) gestärkt, so war es schon bei Margaret Thatcher und Ronald Reagan. Denn in einer polarisierten Gesellschaft müssen die bestehende Ordnung und das Privateigentum noch stärker geschützt werden – unter anderem gegen radikale Bewegungen. Außerdem braucht die Wirtschaft den Staat als Rückversicherung, zum Beispiel um Unternehmen in der Krise zu retten, die „too big to fail" sind.

2.3.3.2 Wachstum durch Expansion

Die kapitalistisch-industrielle Entwicklung zeichnet sich „durch ungeheure Zuwachsraten in der Güterproduktion und Konsumption und damit einhergehend beim Ressourcen- und Energieverbrauch" aus (Sommer und Welzer 2014, S. 16). Weil sich der Kapitalismus nicht aus sich selbst heraus erhalten kann, lebt er „von der Existenz eines ‚Außen',

---

[45] „Die moderne Staatsgewalt ist nur ein Ausschuß, der die gemeinschaftlichen Geschäfte der ganzen Bourgeoisklasse verwaltet" (Marx und Engels 1972, S. 464).

das er sich einverleiben kann, er zehrt von allen möglichen – materiellen wie immateriellen – Formen des ihm zuzuführenden ‚Brennstoffs', ohne den sein angeblich ewiges Feuer ziemlich rasch erlöschen würde" (Lessenich 2017, S. 41). In der Globalisierung ist die wirtschaftliche Expansion durch internationale Freihandelsabkommen besiegelt worden. Beispiele dafür sind CETA (zwischen EU und Kanada) und Mercosur (südamerikanischer Markt). Aber wo kann Expansion nach der Globalisierung noch stattfinden? Es gibt drei Möglichkeiten:

- *Expansion nach innen.* In den letzten Jahrzehnten ist der Leistungsdruck auf die Arbeitskräfte progressiv erhöht worden. Entweder bestimmt die Maschine den Arbeitstakt oder sie ersetzt die Arbeiter*innen (Rosa 2005). Werbekampagnen erweitern die Absatzmärkte ins psychische Innere des Menschen, indem das Bedürfnis nach Überflüssigem vermehrt wird.
- *Expansion in die Zukunft.* Die Ausbeutung wird „vom Raum in die Zeit verlagert. Der Kollaps des Systems wird hinausgeschoben, indem es Raubbau an der Zukunft der kommenden Generationen betreibt" (Sommer und Welzer 2014, S. 43). Von der heutigen Generation erben die künftigen Generationen nicht nur die Staatsschulden, sondern zunehmend auch die ökologischen Schulden.
- *Konfrontation und feindliche Übernahme.* Solange auf den liberalisierten Märkten die Großen die Kleinen schlucken oder verdrängen konnten, verlief die Globalisierung ohne große Brüche. Nun sind wenige große transnationale Konzerne und imperialistische Mächte übriggeblieben, die sich den Weltmarkt aufteilen. So kommt es an den Grenzen der jeweiligen Einflusssphären zunehmend zur Konfrontation. Man kann nicht auf Expansion setzen, ohne mit dem Krieg zu rechnen.

2.3.3.3 Wachstum durch Sortiermaschinen

Ein Organismus braucht eine Haut, eine umhüllende Membran, die seine Organe und Zellen zusammenhält; eine Haut, die ihnen eine Einheit und Identität verleiht. Jeder Organismus (auch der menschliche) stellt selbst ein Ökosystem dar, wobei die Membran das innere vom äußeren Ökosystem trennt. Jede Membran übt eine wichtige Schutzfunktion aus, muss jedoch durchlässig sein, um das Überleben zu ermöglichen. Denn ohne Transpiration ist kein Organismus überlebensfähig. Organe und Zellen sind auf Energie und Stoffe von außen angewiesen, während sie ihre Abfälle ausscheiden müssen. Die Abfälle der einen sind in der Natur jedoch die Nahrungsmittel der anderen.

Wie alle Organismen benötigen auch soziale Systeme Grenzen, die jedoch einen Austausch mit ihrer Umwelt ermöglichen. Jedes soziale System ist Teil seiner Umwelt und davon deutlich abhängiger als umgekehrt. Genau diese Einsicht fehlt jedoch in der kapitalistisch-industriellen Gesellschaft. Anders als in der Natur schließen sich die Kreisläufe dieser Gesellschaft nicht (Commoner 1973), was zur Folge hat, dass sich die Unordnung in der Umwelt akkumuliert. Hier setzt Wachstum also unsichtbare und sichtbare Grenzen voraus, die wie „Sortiermaschinen" (Mau 2021) wirken – und für eine kontrollierte Selektion sorgen: Die Ordnung wird internalisiert und geschützt, die Unordnung wird externalisiert und ferngehalten. So erzeugt der globale Norden den eigenen Wohlstand durch Rohstoffe und Ölvorkommen aus dem globalen Süden, wofür die Grenzen offen sind. Gleichzeitig wird der Wohlstand geschützt, indem Mauern gegen Geflüchtete und Dämme gegen den steigenden Meeresspiegel errichtet werden.

Eine Globalisierung, die soziale Ungleichheiten reproduziert und verschärft, kann nicht als Entgrenzungsprojekt realisiert werden, sondern muss die Grenzen neu erfinden (ebd.). So wurden Mauergrenzen, wie sie im Mittelalter Städte vor Fremden schützten, in den letzten Jahrzehnten um Europa herum errichtet. Der Rückbau der Binnengrenzen durch das Schengen-Abkommen ging hier Hand in Hand mit einer Aufwertung der Außengrenzen (ebd., S. 118). Solche Grenzen verschaffen einerseits Exklusivität und andererseits Ausgrenzung. So ist die Globalisierung eine geteilte Erfahrung bzw. eine Form der „Restratifikation", denn „Mobilitätsrechte waren auch historisch niemals Rechte von Gleichen, sondern üblicherweise an den Status von Personen gebunden. Das freie Geleit, das sich öffnende Tor, der sich hebende Schlagbaum waren oft ein Privileg der Privilegierten. Dies gilt letztlich bis heute" (ebd., S. 160). Während es in Deutschland ganz normal ist, Urlaub in einem fremden Land zu machen, bleiben die Grenzen für Menschen aus dem globalen Süden geschlossen[46] – es sei denn, sie sind jung und hochqualifiziert.

Im 21. Jahrhundert sind die Grenzen nicht unbedingt örtlich fixiert und physisch: Sie können auch flexibel und virtuell sein (ebd., S. 154 f.). So bestimmen Codes wie Macht, Geld und Status, wem eine Tür offensteht und wem nicht. Schon der Zugang zu Transportmitteln spaltet die Menschheit, denn nicht alle können sich einen Flug leisten:

> „Der Anteil derer, die innerhalb eines Jahres überhaupt fliegen, wird auf drei Prozent der Weltbevölkerung geschätzt, von 80 bis 90 Prozent der Menschheit nimmt man an, dass sie in ihrem Leben noch nie ein Flugzeug betreten haben" (ebd., S. 47).

Innerhalb der Gesellschaft sorgen auch Sicherheitsapparate dafür, dass die Unordnung ferngehalten wird. Inzwischen gibt es sogar „eine wachsende kommerzielle Sicherheitsindustrie, die mit paramilitärischer Organisationsstruktur und ausgebildetem Personal Bewachungs- und Kontrollaufgaben übernimmt. Dabei wird ein Teil vormals hoheitlicher Staatsaufgaben an private Akteure delegiert" (ebd., S. 139). Selbst Busunternehmen und Fluggesellschaften werden in die Kontrolle eingebunden. Passagiere müssen ihre persönlichen Daten angeben, um reisen zu dürfen, was ein „Pre-Screening" durch staatliche Agenturen ermöglicht (ebd., S. 142). Durch den Einsatz neuer Technologien sind die Kontrollaktivitäten nicht immer leicht zu erkennen. So werden öffentliche Räume durch Kameras observiert oder Daten ohne Zustimmung abgegriffen und ausgewertet.

---

[46] Stephan Lessenich dazu: „Bürger der Vereinigten Staaten etwa dürfen visumsfrei in 90 andere Länder reisen, umgekehrt gestehen die USA dieses Recht aber nur den Bürgern von 36 Staaten zu [...]. Die heutzutage mehr denn je gegebene Bewegungsfreiheit, wie sie von den Bürgerinnen und Bürgern der reichen Demokratien des globalen Nordens wie selbstverständlich genutzt und als elementarer Bestandteil von Lebensqualität geschätzt wird, steht im krassen Missverhältnis zu den eingeschränkten und vorenthaltenen Mobilitätschancen großer Teile der Weltbevölkerung [...]. So gesehen ist Globalisierung nicht ein bloßes Faktum, keine unabweisbare Realität. Sie ist Realität für die einen – und Illusion für viele andere" (Lessenich 2017, S. 136 ff., 127).

Je polarisierter die Gesellschaft ist, desto mehr kommen sichtbare und unsichtbare Grenzen zum Einsatz, um die Privilegien gegenüber der Benachteiligung zu schützen. So haben *Guarded Borders* an den Außengrenzen ihre innergesellschaftliche Entsprechung in *Gated Communities*. Das sind „exklusive, umzäunte und bewachte Wohnkomplexe, in deren heiler Welt sich die Wohlhabenden häuslich einrichten" (Lessenich 2017, S. 125–129).

2.4 Zur Macht der Kultur

Allen bisherigen großen Transformationen ging eine kulturelle Revolution voraus. So antizipierte die kognitive Revolution die neolithische, während die kapitalistisch-industrielle Transformation durch die wissenschaftliche Revolution angekurbelt wurde. Dass die Kultur eine grundlegende Dimension der gesellschaftlichen Entwicklung ist, erkannte die UNESCO 1982 mit der „Erklärung von Mexiko City über Kulturpolitik" an:

„Die Kultur kann in ihrem weitesten Sinne als die Gesamtheit der einzigartigen geistigen, materiellen, intellektuellen und emotionalen Aspekte angesehen werden, die eine Gesellschaft oder eine soziale Gruppe kennzeichnen. Dies schließt nicht nur Kunst und Literatur ein, sondern auch Lebensformen, die Grundrechte des Menschen, Wertsysteme, Traditionen und Glaubensrichtungen […]. Erst durch die Kultur werden wir zu menschlichen, rational handelnden Wesen, die über ein kritisches Urteilsvermögen und ein Gefühl der moralischen Verpflichtung verfügen. Erst durch die Kultur erkennen wir Werte und treffen die Wahl. Erst durch die Kultur drückt sich der Mensch aus, wird sich seiner selbst bewusst, erkennt seine Unvollkommenheit, stellt seine eigenen Errungenschaften in Frage, sucht unermüdlich nach neuen Sinngehalten und schafft Werke, durch die er seine Begrenztheit überschreitet" (UNESCO 1982, S. 1).

So gesehen war Kulturpolitik schon immer Gesellschaftspolitik – und umgekehrt. Das erweiterte Kulturverständnis der UNESCO suggeriert, dass alle Erzeugnisse, Praktiken und Rituale einer Gesellschaft Ausdruck von Kultur sind. Vor allem in der Industriemoderne findet gesellschaftliche Entwicklung als Materialisierung von Kultur statt. So hat sich die Masse der weltweit von Menschen hergestellten und gebauten Dinge (Plastik, Gebäude, Straßen, Maschinen…) in den vergangenen 100 Jahren alle 20 Jahre verdoppelt. Während am Anfang des 20. Jahrhunderts die künstliche Masse nur etwa drei Prozent der Biomasse betrug, übertraf ihr Gewicht ab 2020 jenes aller Lebewesen der Erde (Elhacham et al. 2020). „Culture is power!", so könnte man heute Francis Bacons Motto paraphrasieren.

Die UNESCO hat 1998 ihren Stockholmer Aktionsplan „Kulturpolitik für Entwicklung" anders genannt, nämlich „The Power of Culture". In diesem Dokument wird Kultur so begriffen, als wäre sie per se gut. Sie wird fast ausschließlich mit wünschenswerten Zielen assoziiert: mit der „Sicherung und Bewahrung der kulturellen Identität", mit der „Verbreitung der Teilnahme aller am kulturellen Leben", mit der „Verstärkung der internationalen kulturellen Zusammenarbeit", mit dem Erhalt der kulturellen Vielfalt und mit universellen Werten (UNESCO 1998, S. 1 f.). Wenn die Kulturpolitik von einer „alternativlosen" enggefassten Kultur ausgeht, dann handelt sie aber nicht wesentlich anders als eine Wirtschaftspolitik, die „Ökonomie" sagt, aber „Marktwirtschaft" meint. Wenn Kultur nur wünschenswert sein kann, dann erübrigt sich jede Kulturkritik. Legt man hingegen den erweiterten Kulturbegriff zugrunde, benötigt Kultur keine gesonderte öffentliche Förderung, um wirksam zu werden: Ihre Macht ist nämlich immanent. Dementsprechend werden im nächsten Abschnitt die wesentlichen Merkmale des Kulturprogramms zusammengefasst, das das Anthropozän einleitete. Auch das kapitalistisch-industrielle Kulturprogramm zeichnet sich durch eine besondere Art und Weise aus, wie Menschen mental „programmiert" werden: Mit diesem Aspekt befasst sich der zweite Abschnitt.

2.4.1 Das kapitalistisch-industrielle Kulturprogramm

Jedes Kulturprogramm, das sich in gesellschaftlicher Entwicklung ausdrückt, zeichnet sich durch verschiedene, aufeinander aufbauende

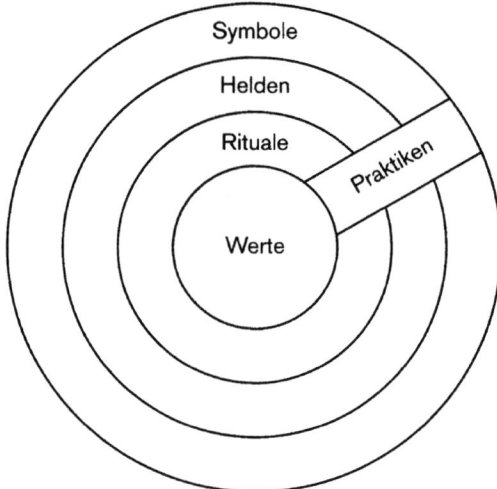

Abb. 2.5 Das „Zwiebeldiagramm": Manifestation von Kultur auf verschiedenen Tiefenebenen. (Aus Hofstede und Hofstede 2009, S. 8; mit freundlicher Genehmigung von © Verlag C.H. Beck oHG 2009. All Rights Reserved)

„Tiefenebenen" aus. Um sie zu beschreiben, verwendet der Sozialpsychologe Geert Hofstede die Zwiebel als Metapher (Abb. 2.5). Von jeder Kultur nehmen wir immer nur die äußeren Schalen wahr (Moden und Symbole), während uns der innere Kern (Werte) verborgen bleibt.

Während sich die Moden sehr schnell wandeln, bleiben die inneren Werte für Jahrzehnte, Jahrhunderte oder gar Jahrtausende bestehen und sorgen so für eine langfristige Reproduktion der Grundordnung in der Gesellschaft (Hofstede und Hofstede 2009, S. 7 ff.). Mit Werten meint Hofstede nicht die Vernunft oder eine bewusste Moral, sondern die Art und Weise, wie Menschen geistig erzogen werden. Je tiefer die Schale im Zwiebelmodell ist, desto unbewusster ist sie und desto mehr prägt sie unser Verhalten und unseren Habitus.

Da unser Denken zum großen Teil außerhalb der bewussten Wahrnehmung stattfindet, wird unser Verhalten größtenteils von den tief liegenden kulturellen, psychischen und biologischen Strukturen beeinflusst: von Routinen und Gewohnheiten, von verinnerlichten Hierarchien und künstlichen Abhängigkeiten, von Werteinstellungen und

Weltbildern sowie von Emotionen und Trieben. Nach dem Eisberg-Modell der Psychologie, das die Thesen von Sigmund Freud bildlich veranschaulicht, liegt das Verhältnis zwischen Bewusstem und Unbewusstem ungefähr bei 20 % zu 80 % (Ruch und Zimbardo 1974, S. 366). Bei aktuelleren Schätzungen der Neuro- und Kognitionsforschung sind hingegen nur 2 bis 10 % unseres Denkens bewusst, der Rest ist unbewusst (Wehling 2019, S. 48; Kiesel 2020). Das heißt, nur ein kleiner Teil des menschlichen Verhaltens und des gesellschaftlichen Geschehens findet auf Basis rationaler Überlegungen statt und wird bewusst gesteuert. Da Gewohnheit und Normalität aus dem Unbewussten heraus wirken, werden sie nur selten reflektiert und hinterfragt.

Jede Kultur hat einen kollektiven Charakter. Jedes Kollektiv zeichnet sich durch eine bestimmte Kultur aus, genauso wie eine Kultur nur dann existiert, wenn sie von einem Kollektiv gelebt wird (Giddens 1989, S. 32). So vielfältig eine Gesellschaft in ihrem Inneren auch sein mag, sie wird durch eine gemeinsame Kultur zusammengehalten, die die Überfülle des Möglichen durch einen gemeinsamen Rahmen begrenzt. Nur aufgrund der gemeinsamen Kultur können Individuen miteinander kommunizieren und ihr Verhalten koordinieren. Weil innere Werte weder sichtbar noch greifbar sind, lassen sie sich nur über Umwege erforschen (Heidbrink 2010, S. 53), zum Beispiel durch eine „Ethnologie der eigenen Kultur" (Foucault 2005, S. 776).

Es muss hier betont werden, dass Kulturen und Kulturprogramme keine abgeschlossenen „Container" sind, die geografisch nebeneinander liegen oder historisch nacheinander auftreten. Da, wo sich Kulturen berühren, findet eine Kontamination statt. So wie sich in der DNA des Menschen Informationsbestände aus früheren Phasen der Evolution befinden, so begann das kulturelle Programm der Beherrschung der Natur nicht erst mit Francis Bacon: Hinweise darauf finden sich auch in der biblischen Genesis (Gen 1,26). Nicht nur Spezies haben gemeinsame Vorfahren, sondern auch Kulturen: die „Protokulturen" (Finke 2003, S. 259). So wie das Genom von Menschen und Schimpansen zu 98,63 % übereinstimmt (Scally et al. 2012), so gibt es auch zwischen Kulturen (gesellschaftliche DNA) starke Überschneidungen. Gerade die Natur zeigt, dass minimale genetische Differenzen zu großen Abgrenzungen führen können. Ähnlich ist es bei Kulturen. Katholiken und

Protestanten gehören dem christlichen Kulturkreis an, doch mit dem Dreißigjährigen Krieg begannen ihre Protagonisten einen der blutigsten Konflikte der Geschichte, nur „weil sie die Lehre der Nächstenliebe in einigen Detailfragen unterschiedlich" interpretierten (Harari 2013, S. 261). In den letzten Jahrhunderten haben sich auch Kapitalismus und Kommunismus heftig bekämpft, obwohl die beiden Ideologien starke Überschneidungen haben und die Industrialisierung gutheißen.

Spezies reproduzieren sich immer in Abgrenzung zu anderen, Kulturen genauso. Systeme sind nicht nur durch Differenz charakterisiert, sondern auch durch Selbstreferenz und Autopoiesis.[47] So beziehen sich kulturelle Systeme auf sich selbst, organisieren sich aus sich selbst heraus – und selektieren entsprechend in ihrer Wahrnehmung, Kommunikation und operativen Handlung (Luhmann 2011). Die westliche Kultur zeichnet sich durch bestimmte historische Konstanten aus, zum Beispiel gibt es hier schon lange ein Privatwesen und ein Gemeinwesen. Doch im Laufe der Zeit hat sich eine Konstante auf Kosten der anderen radikalisiert, so dominiert heute das Privatwesen über das Gemeinwesen.

Vor diesem Hintergrund wird im Folgenden der Versuch unternommen, die innersten Schalen (Abb. 2.5) des kapitalistisch-industriellen Kulturprogramms anhand von sechs Merkmalen zu beschreiben: Separationsdenken, hierarchisches Denken, pessimistisches Menschenbild, quantitatives und monetäres Denken, Fortschrittsmythos und universalistischer Anspruch.

2.4.1.1 Separationsdenken

Der Dualismus zwischen einer gesetzmäßigen Natur und einem erkennenden Menschen, zwischen Objekt und Subjekt, ist die Basis der kapitalistisch-industriellen Moderne (vgl. Horn und Bergthaller 2019, S. 122). Daher behandelt die Modernisierung Objekte und keine Beziehungen.

---

[47] Autopoiesis ist ein Begriff aus der Biologie, den Luhmann aus den Theorien der chilenischen Biologen Humberto Maturana und Francisco Varela übernommen hat (Treibel 2000, S. 36).

Die Begründer der Naturwissenschaften gingen davon aus, dass die Natur am besten durch ihre Zerteilung und eine Spezialisierung der Disziplinen erforscht werden kann, als ob sie eine Maschine wäre, die aus Rädchen besteht. Eine Entwicklung, die auf einer solchen Wissenschaft basiert, führt zu einer Ausdifferenzierung der gesellschaftlichen Strukturen. Nicht anders als im menschlichen Körper findet in modernen Gesellschaften eine Arbeitsteilung zwischen verschiedenen Organen statt, die jeweils eine Funktion übernehmen. So garantieren für den Soziologen Talcott Parsons vier Subsysteme die Selbsterhaltung der modernen Gesellschaft: das Wirtschaftssystem, das politische System, das Gemeinwesen(-system) und das kulturelle System (Parsons 1951). Luhmann wiederum geht von einer weiteren Spezialisierung in Subsubsysteme aus, die nebeneinander selbstreferenziell handeln (Luhmann 2011, S. 32 f.). Eine Spezialisierung findet auch in Berufen und Diskursen statt, bis sie ein Eigenleben nebeneinander führen. Jede Arbeitsteilung erhöht die Kompetenz über einen Teil, mindert aber gleichzeitig die Wahrnehmung des Ganzen.

Das Separationsdenken habitualisiert sich in individualistischen Lebensstilen und institutionalisiert sich in einer Wirtschaftspolitik, die den Markt aus der Natur und der Gesellschaft „entbettet". Mentale Trennungen materialisieren sich in Mauern und Grenzen, die als solche die Menschen zum Separationsdenken erziehen.

2.4.1.2 Hierarchisches Denken

Im westlichen Kulturkreis werden die Sphären nicht nur mental separiert, sondern auch hierarchisch behandelt. So wird der Mensch über die Natur, das Subjekt über das Objekt, die Vernunft über die Lebendigkeit gestellt. Die Abwertung der Natur ist komplementär zu einer Selbstüberschätzung des Menschen. „Wenn Gott Mensch geworden ist, dann liegt bewusstseinsgeschichtlich der Umkehrschluss nahe, dass der Mensch Gott werden könne und müsse" (Hösle 1991, S. 53; vgl. Harari 2020). Im kapitalistisch-industriellen Kulturprogramm hat die Natur kein eigenes Existenzrecht: Sie existiert nur zum Nutzen des Menschen. Wenn die Natur bloßer „Rohstoff" ist, dann braucht es die Arbeit und die Kunst, um sie zu wertvollen Waren und Werken umzuwandeln. Auch die Aufteilung der Menschheit in Regierende und Regierte oder in „Anständige" und „Parasiten" (Bundesministerium für Wirtschaft und Arbeit 2005) basiert nicht auf universellen, sondern auf relativen Werturteilen. Und doch kann das geteilte Werturteil eine soziale Handlung ermöglichen oder legitimieren, die zur Ausbeutung anderer Menschen führt.

2.4.1.3 Pessimistisches Menschenbild

In der westlichen Kulturtradition bedingen sich Naturbild und Menschenbild gegenseitig. Das Misstrauen in die äußere Natur korrespondiert mit einem Misstrauen gegenüber der inneren Natur des Menschen. Die Auffassung, dass „der Mensch jedem Menschen ein Wolf" sei, begründet die moderne Staatstheorie (Hobbes 1996). Auf dem egoistischen „Homo oeconomicus" basiert hingegen die klassische Wirtschaftstheorie. Vermutlich ist es kein Zufall, dass die kapitalistisch-industrielle Entwicklung in dem Land angesetzt hat und besonders gediehen ist, in dem Thomas Hobbes, John Locke und Adam Smith gelebt haben. Gerade die angelsächsische Kultur ist besonders individualistisch (Hofstede und Hofstede 2009, S. 105). Wer nicht miteinander teilen kann, zieht das Privateigentum dem Gemeinwesen vor. In der modernen Gesellschaft drückt sich das Grundmisstrauen im Menschen an mehreren Stellen aus (vgl. Brocchi 2011, S. 6 f.):

- Natürliche und juristische Personen greifen oft auf schriftliche Verträge zurück, um sich gegenüber dem anderen abzusichern.
- In den öffentlichen Verwaltungen herrscht gelegentlich der Glaube, dass nur Chaos entstehen könne, wenn mehr Verantwortung auf die Bürger*innen übertragen und Selbstorganisation zugelassen wird.
- Die kapitalistisch-industrielle Wirtschaft orientiert sich am Prinzip des freien Wettbewerbs, nicht der Kooperation.
- Mit der neoliberalen Globalisierung ging angeblich die Geschichte zu Ende (Fukuyama 1992), gleichzeitig begann auch der „Kampf der Kulturen" (Huntington 1993).

- In der westlichen Filmindustrie wird der Mensch auffällig oft mit Krieg und Gewalt in Verbindung gebracht. Das Hollywood-Kino hat das negative Menschenbild erst auf die „Indianer" (Genre: Western), später auf die Aliens (Science-Fiction) übertragen.
- Auch die Diskriminierung von Migrant*innen basiert auf Misstrauen. Sie werden besonders häufig in Verbindung mit Kriminalität gebracht, in Deutschland vor allem dort, wo es am wenigsten Migrant*innen gibt.

Dass Menschen von Natur aus egoistisch, panisch und aggressiv sind, ist für den niederländischen Historiker Rutger Bregman ein hartnäckiger Mythos. Weil die Menschen auch durch solche Mythen erzogen werden, wird das pessimistische Menschenbild zu einer selbsterfüllenden Prophezeiung. Denn Ideen sind nicht einfach nur Ideen: „Was wir glauben, bestimmt, was wir werden. Was wir suchen, bestimmt, was wir finden. Was wir vorhersagen, bestimmt, was tatsächlich eintritt" (Bregman 2022, S. 27). So erzeugt ein negatives Menschenbild ein „Nocebo-Effekt"[48] in der Gesellschaft: „Wenn wir *glauben*, dass die meisten Menschen im Grunde nicht gut sind, werden wir uns gegenseitig auch dementsprechend behandeln. Dann fördern wir das Schlechteste in uns zutage" (ebd.). Wer glaubt, dass alle anderen Egoisten sind, wird selbst zum Egoisten: Dieser Zusammenhang wurde 2011 durch eine Studie der Bonner Max-Planck-Gesellschaft empirisch belegt (Engel et al. 2011). So fördert ein Medienangebot, das sich auf Krieg, Gewalt und Kriminalität fokussiert, Egoismus und Zynismus im eigenen Publikum. Auch das ökonomische Menschenbild hat sich jahrzehntelang als Nocebo ausgewirkt: „Bereits in den 1990er-Jahren fragte sich der Ökonom Robert Frank, was das Bild vom Menschen als selbstsüchtigem Wesen mit seinen Studenten machte. Er ließ sie alle möglichen Aufgaben erledigen, bei denen ihre Großzügigkeit gemessen wurde, und was stellte sich heraus? Je länger sie Ökonomie studiert hatten, desto egoistischer waren sie geworden" und desto mehr waren sie später mit dem eigenen Gewinn beschäftigt. Das heißt also auch: „Wir werden zu dem, was wir lehren" (Bregman 2022, S. 35).

---

[48] Während Placebo für den positiven Effekt steht, meint Nocebo einen negativen.

2.4.1.4 Quantitatives und monetäres Denken

Durch die kapitalistisch-industrielle Transformation wird das (empfundene) Chaos durch eine kontrollierbare, berechenbare Ordnung ersetzt. Wenn die Mathematik und die Geometrie nicht ausreichen, um die Welt zu begreifen, dann kann die Welt so umgeformt werden, bis sie komplett messbar erscheint.

Das Großbürgertum nutzte das Kapital, um „eine Welt nach ihrem eigenen Bilde" zu formen (Marx und Engels 1972, S. 466). In der kapitalistischen Gesellschaft ist das Geld der bestimmende Wert.[49] Ob Dinge wertvoll sind oder nicht, wird in Geldbeträgen ausgedrückt. Wieviel Anerkennung eine Arbeit oder ein Mensch bekommt, genauso. Das Kapital ist Selbstzweck geworden, eine „sich ständig selbst reproduzierende, letztlich irrational gesteuerte Sucht. Geld anzuhäufen, ist die Philosophie oder Manie der Zeit" (Glaser 1994, S. 63). Weil das Gewinnstreben die Prinzipien der Reziprozität und der Redistribution aufhebt, ist die Gesellschaft im Kapitalismus zum Anhängsel des Marktes geworden (Polanyi 1978, S. 88).

2.4.1.5 Mythos Fortschritt

Während die altgriechische Kultur eine zyklische Auffassung der Geschichte vertrat, stützt sich die kapitalistisch-industrielle Entwicklung auf eine lineare Auffassung. Im Gegensatz zum Christentum, das die Zukunft mit dem dunklen Szenario des Weltgerichts verbindet, geht die Moderne vom Fortschritt aus. Ihre Glaubenssätze lauten:

---

[49] Dazu äußert sich Hermann Glaser wie folgt: „Das Geld, indem es die Eigenschaft besitze, alles zu kaufen und alle Gegenstände sich anzueignen, bedeutet – nach Karl Marx – eine besondere Form des ‚Genusses'. Die Universalität seiner Eigenschaft sei die Allmacht seines Wesens: es gelte daher als allmächtiges Wesen. Das Geld erweise sich als Kuppler zwischen dem Bedürfnis und dem Gegenstand, zwischen dem Leben und dem Lebensmittel des Menschen. ‚Was durch das Geld für mich ist, was ich zahlen, das heißt, was das Geld kaufen kann, das bin ich, der Besitzer des Geldes selbst. So groß ist die Kraft des Geldes, so groß ist meine Kraft. Die Eigenschaften des Geldes sind meine – seines Besitzers – Eigenschaften und Wesenskräfte.' [Karl Marx/Friedrich Engels]" (Glaser 1994, S. 63).

- Heute leben wir besser als in der Vergangenheit.
- Die Gegenwart entspricht dem höchsten Grad an Entwicklung, die die Menschheit je erreicht hat, und stellt gleichzeitig den Übergang zu einer noch besseren Zukunft dar.
- Durch die Akkumulation von Wissen können sowohl die Technologien als auch die menschlichen Lebensbedingungen verbessert werden.

Die zeitliche Dimension der Zukunft steht im Vordergrund. Während die Vergangenheit etwas ist, was archaisch erscheint und überwunden werden muss, steht die Gegenwart für das unvollendete Projekt der Vernunft. Die Gegenwart ist der Moment der Entscheidung über die Zukunft, weg von der Tradition hin zur Utopie (Morra 1992, S. 14). Der Fortschritt umfasst sowohl den Prozess der progressiven Beherrschung der Komplexität (Natur, Umwelt) als auch den der Rationalisierung und Säkularisierung.

Der Fortschrittsmythos wurde lange bei den Weltausstellungen gefeiert: in London, Paris, Wien, Philadelphia, Chicago…[50] Heute veranstaltet jede Industriebranche eine Weltausstellung für sich, zum Beispiel die „Internationale Automobil-Ausstellung" (IAA) oder die Hannover Messe für das produzierende Gewerbe. Dabei wird die Maschine geehrt. Wenn die Menschen „katastrophale Entscheidungen" treffen (Diamond 2006), machen vielleicht die Computer die bessere Politik?

2.4.1.6 Universalistischer Anspruch

Der Monotheismus ist eine wesentliche Quelle des universalistischen Anspruchs von Kulturen. So gelten das Christentum (2,3 Mrd. Gläubige), der Islam (1,8 Mrd.) und das Judentum (15 Mio.) als „die drei großen Weltreligionen", obwohl der Hinduismus, der Buddhismus, der Shintoismus und der Sikhismus gemeinsam auch mehr als 1,5 Mrd.

---

[50] Walter Benjamin beschrieb sie als „Wallfahrtsstätten zum Fetisch ‚Ware'. ‚Sie waren dies, aber sie waren noch weit mehr. Sie waren ein aus Stahlträgern und Fortschrittsglauben, Nationalhymnen und elektrischem Draht gezeichnetes Nervensystem der sich formierenden modernen Welt'" (zit. in Glaser 1994, S. 79).

Gläubige haben (Harari 2019, S. 293). Die Jagenden und Sammelnden verfügten viele Jahrtausende vor der Begründung der Weltreligionen über Moralkodizes, trotzdem berufen sich die christlichen Kolonisatoren auf ihre „moralische Überlegenheit", um „die Wilden" mit Gewalt zu vertreiben und zu enteignen. Entsprechend deutlich fällt Hararis Urteil über den Monotheismus aus: Er sei „vermutlich eine der schlimmsten Ideen der Menschheitsgeschichte" (ebd., S. 299).

Durch die monotheistische Tradition ist die Überheblichkeit ins Wesen der westlichen Kultur eingepflanzt worden. Wenn China andere Kontinente nie kolonisiert hat und heute eine einzige Militärbasis im Ausland betreibt (nämlich in Dschibuti mit 400 Soldaten), dann könnte dies an den kulturellen Unterschieden zum Westen liegen.[51] Der universalistische Anspruch der westlich geprägten Kultur ist jedoch auch in der altgriechischen Philosophie begründet. Im Platonismus galt die Demokratie als Raum der Meinungen (im Altgriechischen: *doxa*), während sich die Philosophie an einer übergeordneten, ewigen Wahrheit *(episteme)* orientierte. Diese Unterscheidung hat die wissenschaftliche Revolution stark geprägt. So wird heute zwar anerkannt, dass es eine kulturelle Vielfalt gibt – dennoch beansprucht die Wissenschaft ein übergeordnetes, objektives Wissen für sich. Denn allein sie kann „die stumme Welt zum Sprechen bringen, die Wahrheit sagen, ohne dass darüber diskutiert zu werden bräuchte" (Latour 2010, S. 27). Diese Wissenschaft beendet endlose Debatten, denn sie ist „die unbestreitbare Form von Autorität", die sich von den Tatsachen selbst herleitet (ebd.). Weil sich die Modernisierung als wissensbasierte Entwicklung der Gesellschaft versteht, stellt sie die eigene „Hochkultur" über die Vielfalt. Diese Hierarchie wirkt sich auch nach innen aus, zum Beispiel in einer Politik, die Expert*innen mehr traut als Bürger*innen. Oder innerhalb einer Wissenschaft, die die Wertigkeit der Inhalte allein am akademischen Titel misst.

---

[51] Allein kulturelle Unterschiede machen kein Land zum Vorbild für andere. Was für den Westen gilt, gilt auch für China. So hat die Volksrepublik Tibet unterdrückt, genauso wie Großbritannien lange Zeit Irland unterdrückte.

Jede kulturelle Hierarchisierung fordert einerseits den Ausschluss von Perspektiven, die von der hegemonialen „Vernunft" abweichen (Foucault 2012). Wenn nur *ein* Wissen „objektiv" sein kann, dann kann es nur *eine* Wissenschaft geben und keine Wissenschaft*en*. Nur in einem Weltbild, das von einem Universum anstelle eines Pluriversums ausgeht, kann sich „die" Wissenschaft von den Wissenschaften abheben – und eine „Macht-Politik" in der platonischen Tradition begründen (Latour 2010, S. 32). Anderseits verursacht die Hierarchisierung eine kulturelle Assimilierung. Dabei orientieren sich die Menschen weniger an der Frage, was die Wahrheit ist. Viel relevanter ist die Frage, wie man dazugehören kann (z. B. zur Elite) oder wie man verhindert, ausgeschlossen zu werden. In kulturhierarchischen Kontexten muss die Assimilation nicht unbedingt erzwungen werden, denn der Wunsch nach Karriere oder sozialer Integration wird von den Individuen selbst verinnerlicht.

Das westliche Weltbild ist kein universelles, sondern ein universalisiertes. Genauso ist das Wissen der Wissenschaft meistens ein objektiviertes und kein objektives (Latour und Woolgar 1979). Die kulturelle Hegemonie ist von der Kolonisierung bis zur Globalisierung militärisch und ökonomisch durchgesetzt worden, sodass eine Monokultur die Vielfalt progressiv ersetzt hat. „Heute sind die meisten Menschen der Welt kulturell gesehen Europäer. [Sie] sehen Politik, Medizin, Krieg und Wirtschaft durch eine europäische Brille" (Harari 2013, S. 342). Der universelle Anspruch hat sich in einer „Bildung" und einer „Entwicklungshilfe" institutionalisiert, die Andersartigkeit als eine Form von „Analphabetismus" und „Rückständigkeit" betrachten. Die mentale Monokultur hat sich in ökonomischen und architektonischen Monokulturen materialisiert, die ihrerseits die Menschen entsprechend erziehen (Shiva 1998).

2.4.2 Die mentale Programmierung

In den 1990ern kursierte die These der „20:80-Gesellschaft" (Martin und Schuhmann 1999): 20 % der Gesellschaft bereichern sich auf Kosten der anderen 80 %. Noch radikaler klang das Motto der Occupy-Wall-Street-Bewegung im Jahr 2011: „We are the 99 percent" (Wir sind die 99 %) (Pitzke 2011). Diese 99 % der Bevölkerung stehen demnach einem Top-1 Prozent gegenüber. Wie auch immer das genaue Verhältnis geartet ist: Vor der Finanzkrise hat eine privilegierte Minderheit ein unglaubliches Vermögen aufgehäuft, danach die Kosten der Finanzkrisen auf die Gesellschaft abgewälzt. Bei solchen Verhältnissen stellt sich die Frage: Warum rebelliert die ausgebeutete Mehrheit nicht?

In autoritären Gesellschaften wird die Kontrolle der Massen durch die Androhung von Gewalt gewährleistet, nicht so in demokratisch-liberalen Gesellschaften. Auch „strukturelle Gewalt" (Galtung 1988) kann nicht erklären, warum ländliche Gemeinden Einkaufszentren bauen, die den lokalen Einzelhandel zerstören. Frauen und Arbeiter*innen werden ebenso nicht gezwungen, Parteien zu wählen, von denen sie benachteiligt werden: Trotzdem tun sie es. Selbst dort, wo das tiefste Elend herrscht, teilen die Menschen die Illusion des Massenkonsums. So träumt das Proletariat heute eher von einem iPhone als von der eigenen Revolution. Menschen können so erzogen werden, dass sie die eigene Benachteiligung oder gar das eigene Unglück friedlich hinnehmen und als *normal* empfinden (Watzlawick 2009). Auch das ist die „power of culture".

Jede gesellschaftliche Ordnung ist eine „erfundene Ordnung", schreibt Yuval Noah Harari. Wir glauben an eine allgemeingültige Ordnung nicht, weil sie wahr ist, sondern weil sie uns eine Form von Zusammenleben ermöglicht (Harari 2013, S. 140). Das trifft auch auf die kapitalistisch-industrielle Gesellschaft zu: „Um eine erfundene Ordnung aufrechtzuerhalten, […] müssen viele Menschen wirklich überzeugt sein" (ebd., S. 142). Dafür ist eine entsprechende „mentale Programmierung" der Individuen erforderlich. Das Fundament jeder Erziehung ist dabei die menschliche Kommunikation, wobei zwischen einer primären und einer sekundären Sozialisierung unterschieden werden muss. Eine institutionalisierte Erziehung findet durch Bildungseinrichtungen statt, doch bei der (Re-)Produktion der kulturellen Hegemonie spielen die Massenmedien in modernen Gesellschaften eine wichtige Rolle. Diese Aspekte werden im Folgenden vertieft betrachtet und auf die kapitalistisch-industrielle Gesellschaft bezogen.

2.4.2.1 Die menschliche Kommunikation

In der „menschlichen Kommunikation" unterscheidet Paul Watzlawick zwei Ebenen (Watzlawick et al. 2007):

- *Die digitale/verbale Kommunikation.* Damit lassen sich Inhalte vermitteln: Information, Wissen, rationale und moralische Überlegungen sowie Meinungen. Die digitale Kommunikation ist leicht zu deuten, weil sie scharf ist: Fragen können mit Ja oder Nein beantwortet werden. Worte lassen sich bewusst wählen, die verbale Sprache lässt sich steuern und kontrollieren, auch um Menschen zu manipulieren.
- *Die analoge/nonverbale Kommunikation.* Es ist unmöglich, nicht zu kommunizieren, weil das Verhalten und der Habitus an sich Kommunikation sind. Keine Antwort ist auch eine Antwort. Die nonverbale Sprache verrät unsere inneren Gefühle, Emotionen und Werteinstellungen dazu, wie der Sender zum Empfänger steht. Die sinnliche Kommunikation ist komplexer (ein Bild sagt mehr als tausend Worte), gleichzeitig ist sie unscharf, nicht leicht zu deuten und zu steuern. Es ist nicht leicht damit zu lügen.

In modernen Gesellschaften wird die digitale Kommunikation höher geschätzt, weil sich damit Zahlen, Daten und Fakten übertragen lassen. Selbst wenn die Rationalisierung der Kommunikation zu einer Rationalisierung des Menschen geführt hat, wird sein Verhalten jedoch weiterhin durch unbewusste Faktoren stark beeinflusst. So lernen die Kinder vor allem *per Nachahmung*. In der Entwicklung ihrer Persönlichkeit orientieren sie sich am Verhalten ihrer Eltern mehr als an deren Worten (Hurrelmann und Bauer 2015). Wenn die Eltern jeden Tag pünktlich zur Arbeit gehen und sich acht Stunden lang einem Unternehmen unterordnen, dann lernen die Kinder, dass dieses Verhalten normal ist.

Verbale Botschaften sind dann besonders überzeugend, wenn sie durch das nonverbale Verhalten gestützt werden (kongruente Kommunikation). Erst in einer inkongruenten Kommunikation zeigt sich, welche der zwei Ebenen entscheidend ist. Die Menschen tun nicht unbedingt, was sie wissen, wenn eine neue Information in Konflikt mit einer Gewohnheit steht oder *nicht* in einen verinnerlichten Deutungsrahmen passt. Denn dann „reagiert unser Gehirn wie ein bockiges Pferd [und] weigert sich, die abweichende Information als Teil der Realität aufzunehmen!" (Wehling 2019, S. 34). Eine Gesellschaft, die Jahrhunderte lang zum Rassismus erzogen worden ist, kann bewusst die Gleichberechtigung verherrlichen und unbewusst die Diskriminierung weiter praktizieren.[52] Menschen können bei internationalen Konferenzen für Klimaschutz plädieren und dann nach Hause fliegen. Genauso widersprechen oft die *realen* Ergebnisse den *deklarierten* Zielen der Entwicklungspolitik. Die anerzogenen Werte drücken sich in der realen Entwicklung aus, nicht unbedingt in den deklarierten Zielen. Die kapitalistisch-industrielle Transformation konnte für Jahrhunderte ihre eigenen Widersprüche überleben, weil ihr Kulturprogramm so tief in uns verankert ist.

2.4.2.2 Die Normalisierung des Menschen

Gelegentlich werden Rationalität und Emotionalität als Gegensätze behandelt. Während die Rationalität die Vernunft darstellt, wird die Emotionalität mit einer inneren Natur gleichgesetzt, die mal als egoistisch (Thomas Hobbes), mal als friedlich (Jean Jacques Rousseau) begriffen wird. Tatsächlich wird auch die Emotionalität anerzogen. Gewohnheit, Angst, Ekel, Aggression, Bedürfnis, Geschmack, Vertrauen und Misstrauen werden durch die jeweilige Kultur geformt. Neben natürlichen gibt es auch „künstliche Instinkte", die durch die Erziehung fast von Geburt an in den Menschen implantiert werden, anhand von Mythen und Märchen. Auch das kapitalistisch-industrielle Kulturprogramm besteht aus einem Netz künstlicher Instinkte: So wirkt diese erfundene Ordnung ein Leben lang aus dem Inneren heraus (Harari 2013, S. 201).

---

[52] „Ein Manager […] weiß vermutlich und ist sogar zutiefst davon überzeugt, dass es unmoralisch ist, Schwarze und Frauen zu diskriminieren, aber wenn eine schwarze Frau sich tatsächlich um einen Job bewirbt, diskriminiert der Manager sie unterbewusst und beschließt, sie nicht einzustellen" (Harari 2019, S. 111).

2 Transformation als Fortschritt

Im Vergleich zu anderen Spezies verweilt der Nachwuchs von Menschen besonders lang bei den Eltern, um hier die primäre Sozialisation zu erfahren. In dieser Phase werden die tiefsten Werteinstellungen verinnerlicht: Sie leiten „sich aus unserem sozialen Umfeld ab" (Hofstede und Hofstede 2009, S. 4). Schon „bei Eltern besteht – gewollt oder ungewollt – die Neigung zur Reproduktion ihrer eigenen Erziehung" (ebd., S. 12). Die gesellschaftlichen Herrschaftsverhältnisse drücken sich schon am familiären Esstisch aus: Hier sind Geschlechter und Generationen nicht unbedingt gleichberechtigt. Den kleinen „nackten Affen" wird schnell ein „Habitus"[53] anerzogen. Die Klassenzugehörigkeit wird sogar über den Geschmack vermittelt (Bourdieu 2016). Obwohl die Kinder in unterschiedlichen sozialen Verhältnissen aufwachsen, sorgt die gemeinsame Kultur dafür, dass sie in einer einheitlichen Ordnung funktionieren. Zum Beispiel lernen benachteiligte wie privilegierte Kinder, dass man Geld braucht, um sich zu ernähren.

In der Psychoanalyse wird die Erziehung als ein Prozess der „Verinnerlichung der Eltern" beschrieben: Sie wirken später als Über-Ich aus dem Unbewussten heraus (Freud 1944, S. 71). So hat der moderne Mensch die alten Autoritäten nicht abgeschafft, sondern verinnerlicht: Der Staat, die Kirche und der Markt wirken sich immer noch als „innerer Zwang" aus (Elias 1990). Selbst in Situationen, in denen keine Autoritäten anwesend sind, betreiben Menschen „Selbstzensur". Obwohl Margaret Thatcher und Ronald Reagan längst verstorben sind, verhält sich unsere Gesellschaft an vielen Stellen immer noch so, als ob deren Wirtschaftspolitik alternativlos sei.

Bei der sekundären Sozialisation treten neben der Familie weitere Sozialisationsagenten aus dem Umfeld auf, unter anderem Gleichaltrige und Einrichtungen (u. a. Kirche, Sportvereine). Während die Eltern den Kern der Persönlichkeit formen, prägt der erweiterte soziale Kreis die nächsten inneren Schalen der Persönlichkeit. Aus den verinnerlichten Eltern wird so ein „inneres Team" (Schulz von Thun 2005). Je bunter das innere Team ist, desto beweglicher ist das Individuum im Leben:

---

[53] Allgemein bedeutet „Habitus" Erscheinungsbild. Aus dem Lateinischen kommt das italienische „Abito", das „Kleid" bedeutet.

Von den Eltern hat man gelernt, dass es normal ist, sich täglich einem Unternehmen unterzuordnen – und dann lernt man Künstlerinnen und Freiberufler kennen. Umgekehrt: Je homogener das innere Team ist, desto enger sind die Horizonte, in denen das Leben gedacht und gestaltet wird.

Menschen bleiben gerne unter sich, nach dem Motto „Gleich und Gleich gesellt sich gern" (Prinzip der sozialen Homophilie). Selbst wenn Menschen mit Migrationshintergrund in direkter Nachbarschaft wohnen, verkehrt man lieber mit Einheimischen. Akademiker*innen pflegen Beziehungen vor allem mit Akademiker*innen, Arbeiter*innen vor allem mit Arbeiter*innen. Eine reduzierte soziale Komplexität wird als angenehmer empfunden, sodass eine Interaktion mit Fremden eher die Ausnahme ist. Diese menschliche Eigenschaft hat sich in den letzten Jahrhunderten zum Kulturprogramm entwickelt. Einerseits hat sich die globale Gesellschaft homogenisiert, andererseits hat die Liberalisierung des Marktes zu einer sozialen Polarisierung geführt: Wohlhabende Menschen bleiben immer mehr unter sich, benachteiligte Gruppen genauso. Auch in der Globalisierung bewegen sich Massen von Menschen ständig, doch während die einen von Zentrum zu Zentrum fliegen, migrieren die anderen von Peripherie zu Peripherie – als ob diese Gruppen auf zwei verschiedenen Planeten leben würden. Selbst bei wohlhabenden Menschen verarmt das „innere Team". Die Andersartigkeit verschwindet zwar nicht ganz, doch das Spektrum ihrer Variationen wird enger.

Das moderne Weltbild ist sehr stark durch die platonische Philosophie geprägt, die die geistige Sphäre über die körperliche erhoben hat. Tatsächlich lassen sich diese Sphären nicht trennen. Die körperliche Erfahrung der Welt ist eine viel intensivere als die rein kognitive. Wir werden durch Räume mitgezogen (Schäfer und Schäfer 2009); so macht es einen Unterschied, ob Kinder in einer Stadt oder in der freien Natur aufwachsen. Je mehr sich das kapitalistisch-industrielle Kulturprogramm materialisiert, desto mehr werden die Menschen durch standardisierte Infrastrukturen geformt und kommen immer seltener mit Alternativen in Berührung. Eine Modernisierung der Stadt führt zu einer Modernisierung ihrer Bewohner*innen. Warum sollten die

Konsument*innen die weite Fahrt zum Biobauernhof auf sich nehmen, wenn es an jeder Straßenecke einen REWE-Supermarkt gibt? Warum sollte man Rad oder Bus fahren, wenn die Verkehrsinfrastruktur autogerecht ist? Selbst in liberalen Gesellschaften wird das Verhalten durch ein Netz innerer und äußerer Zwänge gelenkt – und jede Abweichung davon kostet größere Anstrengungen.

Gerade durch seine Institutionalisierung und Materialisierung wird das kapitalistisch-industrielle Kulturprogramm zur selbsterfüllenden Prophezeiung. Die Infrastruktur prägt unsere Wünsche: Sie „sind das wichtigste Bollwerk der erfundenen Ordnung" (Harari 2013, S. 146). Wenn diese kapitalistisch-industrielle Ordnung unsere Denkweise und unser Verhalten so stark lenkt, dann kann sie kein Fantasieprodukt sein – so glauben viele (ebd.). Insbesondere durch seine Materialisierung wirkt ein Kulturprogramm über Generationen.

2.4.2.3 Die funktionalisierte Erziehung

Kindergärten, Schulen und Hochschulen sind für die institutionalisierte Erziehung in der Gesellschaft zuständig. Selbst die Massenmedien haben einen „Bildungsauftrag" (Hoffmann 2016). Die Freiheit von Bildung und Medien wird in Deutschland durch Artikel 5 des Grundgesetzes garantiert.[54] Dies verhindert jedoch nicht, dass auch Lehrer*innen und Journalist*innen in einer bestimmten Art und Weise erzogen werden und so möglicherweise unbewusst eine bestimmte Kultur reproduzieren. Wofür braucht es die Freiheit von Bildung und Presse, wenn ein Wirtschaftssystem „alternativlos" ist? Öffentliche Diskurse können kontrolliert werden, ohne dabei den liberaldemokrati-

---

[54] Art. 5 GG: (1) Jeder hat das Recht, seine Meinung in Wort, Schrift und Bild frei zu äußern und zu verbreiten und sich aus allgemein zugänglichen Quellen ungehindert zu unterrichten. Die Pressefreiheit und die Freiheit der Berichterstattung durch Rundfunk und Film werden gewährleistet. Eine Zensur findet nicht statt. (2) Diese Rechte finden ihre Schranken in den Vorschriften der allgemeinen Gesetze, den gesetzlichen Bestimmungen zum Schutze der Jugend und in dem Recht der persönlichen Ehre. (3) Kunst und Wissenschaft, Forschung und Lehre sind frei. Die Freiheit der Lehre entbindet nicht von der Treue zur Verfassung.

schen Charakter der Gesellschaft infrage zu stellen.[55] Laut Michel Foucault ist die Ausschließung eine besonders wirksame Prozedur dafür. Wer die Selbstverständlichkeit der Vernunft infrage stellt, gilt als „wahnsinnig". Weil die „Experten" dem „Willen zur Wahrheit" entsprechen, werden die „Laien" aus dem Diskurs ausgeschlossen (Foucault 2012, S. 11–17). In deutschen Schulen ist die unterrichtete Geschichte selbstverständlich eine des Fortschritts: von primitiven zu hochentwickelten Gesellschaften. Es ist die Geschichte des Menschen, der sich gegen die Kräfte der Natur durchsetzt. Während Pharaonen, Könige und Regierungschefs eine prominente Rolle in der schulischen Geschichtserzählung bekommen, bleibt der Alltag der Massen darin häufig im Dunkeln. Ebenso besteht die Menschheit zwar zur Hälfte aus Frauen, auf der Bühne der gelehrten Geschichte kommen sie aber – wenn überhaupt – nur als Nebenrolle vor. Und obwohl die Wiege der Menschheit in Afrika liegt, wird dieser Kontinent in der Geschichtserzählung erst durch die Kolonisierung zum Leben erweckt. Wer die Vergangenheit als Fortschritt erzählt, erzieht schon dadurch die Menschen zur sozialen Ungleichheit und zu einer Zukunft als Fortschritt. An diesem Beispiel zeigt sich, was Strukturfunktionalisten wie Talcott Parsons meinen, wenn sie Kultur und Bildung als eine *Funktion* der gesellschaftlichen Ordnung beschreiben. Dabei ist Kultur „Inbegriff für die Gesamtheit der Leistungen, die an die Stelle der unmittelbaren Natur die Steuerung des menschlichen Verhaltens und Zusammenlebens in Gesellschaften ersetzen" (Klein 2009, S. 61). Der soziologische Strukturfunktionalismus hat die Modernisierungstheorien stark geprägt. Dass Kultur und Bildung in dem entsprechenden Entwicklungsmodell *funktionalisiert* werden, kann deshalb kein Zufall sein: Wenn die Gesellschaft zum Markt wird, dann sind Bildungseinrichtungen der Ort, wo Kinder lernen, ihre Kraft für Innovation und Wachstum einzusetzen.

---

[55] Michel Foucault setzt nämlich voraus, „daß in jeder Gesellschaft die Produktion des Diskurses zugleich kontrolliert, selektiert, organisiert und kanalisiert wird – und zwar durch gewisse Prozeduren, deren Aufgabe es ist, die Kräfte und die Gefahren des Diskurses zu bändigen, sein unberechenbares Ereignishaftes zu bannen, seine schwere und bedrohliche Materialität zu umgehen" (Foucault 2012, S. 11).

Während Menschen nur eine bestimmte Zeit in Schulen verbringen, werden sie von Massenmedien lebenslang mental programmiert. Durch die Massenmedien lässt sich die öffentliche Meinung am besten lenken. Durch die tägliche ARD-Sendung „Wirtschaft vor acht" lernen die Menschen, dass „Wirtschaftswachstum" selbstverständlich gut ist. In den Massenmedien sahen Max Horkheimer und Theodor W. Adorno (1988) einen technischen Apparat, der die Menschen auf die Ausbeutungsverhältnisse des modernen Kapitalismus vorbereiten und darauf einschwören soll. Um die Massen zu erreichen, orientieren sich die Medien am Geschmack der Menschen. Die „Einschaltquotenmentalität" korrespondiert mit dem „Verkaufserfolg", sprich mit dem Kommerzialisierungsgrad der Gesellschaft (Bourdieu 1998, S. 36). In den Massenmedien ist der redaktionelle Teil, „den wir meist für das Wichtigste an einem Medium halten, […] lediglich der Lockvogel, um die Werbebotschaft an die Leute zu bringen […]. Die Information wird vereinfacht, damit möglichst viele Menschen sie verstehen. Zudem wird der Sensationsgehalt hervorgehoben" (Hamm 2006, S. 278).

2.4.2.4 Die Unterhaltungsindustrie

Während sich die High Society bei der Vernissage oder in der Oper trifft, begnügen sich die Massen mit der „Kulturindustrie". Laut Max Horkheimer und Theodor W. Adorno (1988) war es das Hollywood-Kino, das die Kunst endgültig in eine Ware umwandelte. In der modernisierten Gesellschaft ist Kultur nicht mehr nur „geistiger Bauplan" oder „Überbau": Geschichten, Bilder und Töne können hingegen produziert werden, um auf dem Markt verkauft zu werden. Dazu erscheint „Kultur durch ihre mechanische Massenproduktion und -verteilung zunehmend technologisch" (Lash 1998). Ihre Wiederholung ist ganz im Sinne der maschinellen Serienfertigung.

Heute ist die Kulturindustrie vor allem eine Unterhaltungsindustrie. In westlichen Demokratien ist sie auffallend imposant. Schon im Römischen Reich diente die Unterhaltung der ideologischen Erziehung der Massen und der Stärkung der Autorität, nach dem Motto „Brot und Zirkusspiele" (panem et circenses). Für Horkheimer und Adorno (1988, S. 145) ist „Amusement […] die Verlängerung der Arbeit unterm Spätkapitalismus". Unterhaltung wirkt wie eine Droge, die die Bevölkerung von Problemen und Widersprüchen ablenkt. Vor einer Hegemonie durch „Soft Power" warnte der US-Medienökologe Neil Postman in seinem Werk „Wir amüsieren uns zu Tode" von 1985. Seine zentrale These: Während sich in modernen Diktaturen die Dystopie von George Orwell durchgesetzt hat, „bevorzugen" moderne Demokratien die Dystopie von Aldous Huxley:

> „In ‚1984' [von Orwell] werden die Menschen kontrolliert, indem man ihnen Schmerz zufügt. In ‚Schöne neue Welt' [von Huxley] werden sie dadurch kontrolliert, daß man ihnen Vergnügen zufügt" (Postman 1989, S. 8).[56]

In den 1980ern regierte ein ehemaliger Hollywood-Schauspieler die USA. Mit Ronald Reagan hatten sich die Politik und die Wirtschaft in „kongeniale Anhängsel des Showbusiness verwandelt" (ebd., S. 12). Mit der Globalisierung hat sich die weltweite Medienlandschaft amerikanisiert. In Italien stand der Aufstieg des Medienunternehmers Silvio Berlusconi symbolisch dafür. Auch in Deutschland findet die Demokratie immer mehr in Talkshows, Politshows und Satiresendungen statt. So durchdringen die globalen Kulturindustrien alle Lebensbereiche (Lash 1998).

---

[56] Neil Postman schrieb: „Orwell warnt vor der Unterdrückung durch eine äußere Macht. In Huxleys Vision dagegen bedarf es keines Großen Bruders, um den Menschen ihre Autonomie, ihre Einsichten und ihre Geschichte zu rauben. Er rechnete mit der Möglichkeit, daß die Menschen anfangen, ihre Unterdrückung zu lieben und die Technologien anzubeten, die ihre Denkfähigkeit zunichtemachen. Orwell fürchtete diejenigen, die Bücher verbieten. Huxley befürchtete, dass es einiges Tages keinen Grund mehr geben könnte, Bücher zu verbieten, weil keiner mehr da ist, der Bücher lesen will. Orwell fürchtete jene, die uns Informationen vorenthalten. Huxley fürchtete jene, die uns mit Informationen so sehr überhäufen, daß wir uns vor ihnen nur in Passivität und Selbstbespiegelung retten können. Orwell befürchtete, daß die Wahrheit vor uns verheimlicht werden könnte. Huxley befürchtete, dass die Wahrheit in einem Meer von Belanglosigkeiten untergehen könnte" (Postman 1989, S. 7 f.).

2.4.2.5 Die mediale Kommunikation

Die oberen Schichten gehen ins Gymnasium, die unteren zur Hauptschule: Auf dieser Weise reproduziert das Bildungssystem die soziale Ungleichheit. Übertragen auf die Medienlandschaft haben die *Quality Papers* (Qualitätszeitungen) die Bildungseliten als Zielgruppe, die *Popular Papers* (Boulevardzeitungen) die Massen. In Deutschland hat mit großem Abstand die BILD-Zeitung die stärkste Auflage.[57] Im Fernsehen boten lange die öffentlich-rechtlichen Anstalten die Qualität, während das Privatfernsehen (RTL, SAT1...) für das kommerzielle Angebot stand. In den letzten Jahrzehnten haben sich ARD und ZDF jedoch selbst kommerzialisiert und die Qualität auf Nischenkanäle wie ARTE oder 3SAT „outgesourct". Weil der öffentlich-rechtliche Rundfunk hierzulande zunehmend in einen Legitimierungszwang gerät, fordern Teile der CDU, der FDP sowie die AfD bereits seine Verkleinerung sowie seine Teilprivatisierung (Rotermund 2023a). Vor einer solchen Uniformierung der Fernsehlandschaft warnte bereits Pierre Bourdieu, denn Fernsehen kann „zeigen und dadurch erreichen, daß man glaubt, was man sieht. Diese Macht etwas vor Augen zu führen, hat mobilisierende Wirkung" (Bourdieu 1998, S. 27).

Wie die menschliche Kommunikation zeichnet sich auch die mediale Kommunikation durch die doppelte Ebene digitale/analoge bzw. verbale/nonverbale Kommunikation aus. Auf der digitalen und verbalen Ebene wird eine *explizite Botschaft* vermittelt, doch neben dieser übertragen die Massenmedien auch eine *implizite Botschaft* auf der analogen und nonverbalen Ebene. Diese wird nicht unbedingt absichtlich und bewusst gestaltet und bleibt meistens bei den Zuschauenden unbemerkt. Trotzdem wird das Publikum vor allem auf dieser Ebene durch die Massenmedien mental programmiert, denn die impliziten Botschaften (re-)produzieren die innersten Schalen der Kultur und stützen damit die gesellschaftliche Ordnung (Abb. 2.6).

---

[57] Rangliste der überregionalen Tageszeitungen nach Auflage (2022): https://www.meedia.de/analysen/die-zeitungs-auflagen-im-ersten-quartal-2022-ivw-zeit-und-wams-punkten-mit-digital-abos-bild-verliert-107-prozent-c55b003aff345de1f55190af8b43b2a0 (Zugriff: 20.4.2023).

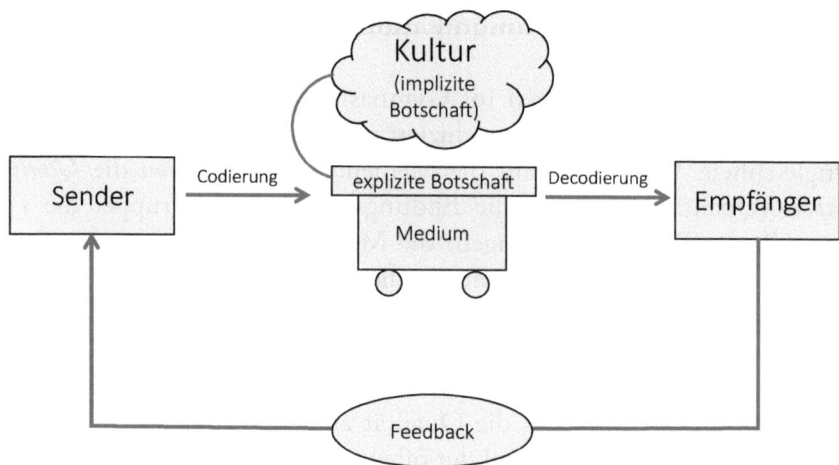

Abb. 2.6 Erweitertes Grundmodell der Kommunikation. (Eigene Darstellung; basierend auf Ternes 2008, S. 31)

Um zu verstehen, wie Massenmedien eine Kultur übertragen und auf das Publikum einwirken, wird hier die Werbung als Beispiel genommen. Werbung ist ein Produkt der Wissenschaft der Propaganda. Begründet wurde diese in den 1920ern von Edward Bernays in den USA. Weil „Propaganda" zu negativ klang, nannte es der Journalist später „Public Relations" (PR) (Bernays 1928, 1952). Es entbehrt nicht einer gewissen Ironie, dass Bernays Neffe des Psychoanalytikers Sigmund Freud war, denn Manipulation funktioniert am besten, wenn sie auf das Unbewusste einwirkt, ohne dass es die „Opfer" bewusst merken. Eine bewusste Wahrnehmung der Manipulation könnte nämlich Widerstandsmechanismen aktivieren. Eine erfolgreiche Propaganda fußt auf der Erkenntnis der Neurowissenschaften: Egal, ob eine Botschaft wahr oder falsch ist, sie wird von Menschen verinnerlicht und abgespeichert, je öfter und je länger sie wiederholt wird.

Kaum ein Format ist in der kapitalistisch-industriellen Gesellschaft so verbreitet und wird so intensiv eingesetzt wie die Werbung. Inzwischen gehen die Fachleute davon aus, dass jeder Bundesbürger zwischen 3.000 und 13.000 Werbebotschaften pro Tag ausgesetzt ist (Kreiß 2017). Ein

Werbespot ist kein künstlerisches Werk, sondern verbindet Kreativität mit wissenschaftlichen Erkenntnissen über die Frage, wie Marketingziele besonders wirksam und effektiv erreicht werden können. Da Werbung mit hohen Investitionen verbunden ist, muss sich ihr Einsatz für die Auftraggebenden (meistens Unternehmen) lohnen. Erfolgreich ist eine Werbung dann, wenn mehr Konsument*innen dazu gebracht werden, eine bestimmte Ware oder Dienstleistung zu kaufen. Allgemein versuchen Werbespots mit ihrer expliziten Botschaft die Praktiken und die Moden der Gesellschaft zu beeinflussen, das heißt die oberflächlicheren, wandelbareren Ebenen von Kultur. Die Verpackung liefert Informationen über den Inhalt und verdeckt ihn gleichzeitig, indem eine Gefühlswelt durch Farben, Formen und Bilder vorgetäuscht wird. Je stärker der Wettbewerb ist, desto auffälliger werden die Verpackungen.

Stellvertretend für die Wirkungsweise der Medien und der Werbung wird hier der Spot „McDonald's Restaurant" aus dem Jahr 2012 kurz analysiert.[58] Die explizite Botschaft dieser Werbung ist in etwa: „Jede Familie sollte ein McDonald's Restaurant besuchen. Da kann man eine tolle Zeit verbringen". Gegen die explizite Botschaft der McDonald's-Werbung können sich die Zuschauer gut wehren, denn sie wird bewusst wahrgenommen. Wer grundsätzliche Vorbehalte gegen McDonald's hat, wird sich davon nicht überzeugen lassen. Gegenüber den impliziten Botschaften der Werbung ist die Psyche hingegen wehrloser, weil sie auf das Unbewusste (den mächtigeren Apparat der Psyche) einwirken. Welche Botschaften sind das bei der oben genannten McDonald's-Werbung?

- Die erste implizite Botschaft ist das Medium selbst (vgl. McLuhan 2001). Vor 150 Jahren wäre ein audiovisuelles Dokument, das elektronisch und digital verbreitet wird, unvorstellbar gewesen. Heute ist dies Normalität. Jedes Medium ist selbst mit einem System von sozialen Praktiken verbunden. Die audiovisuellen Medien erzeugen

---

[58] Werbespot „McDonald's Restaurant" (2012): https://www.youtube.com/watch?v=f1xAxutjXXQ (Zugriff: 11.6.2023).

an sich ein anderes Zusammenleben der Menschen im Vergleich zu einer mündlichen Kommunikation (Innis 1997, S. 182 f.).
- Zum Medium gehört auch die Sprache. In diesem Fall richtet sich der Werbespot an die deutschsprachige Bevölkerung. Jede Sprache ist ein semiotisches System (mit einer Semantik und einer Grammatik), das an sich ein Weltbild vermittelt. Die Sprache wird nicht bewusst registriert, und doch hat sie einen großen Einfluss auf unsere Wahrnehmung. Unsere Vorstellung der Welt ist den Möglichkeiten untergeordnet, die uns die Sprache zur Verfügung stellt (Wittgenstein 2014, S. 86). Die Tatsache, dass Englisch die meistgesprochene Sprache weltweit ist (1,45 Mrd. Menschen, Zweitsprachler*innen inbegriffen), impliziert die Dominanz des Weltbilds, das mit dieser Sprache verbunden ist. Produkte und Dienstleistungen, die auf Englisch kommuniziert werden, verfügen schon dadurch über einen deutlich größeren Absatzmarkt als jene, die auf Quechua oder Konkani präsentiert werden.
- Ein Werbespot erzieht die Bevölkerung, Werbung als Teil einer selbstverständlichen Normalität zu akzeptieren. In ihrer Gesamtheit drückt die Werbemaschinerie eine implizite Botschaft aus: „Bitte mehr kaufen und mehr konsumieren!" – ganz im Sinne einer Massenkonsumgesellschaft. Wenn diese Maschinerie für Jahrzehnte aktiv bleibt und durch wissenschaftliche Erkenntnisse immer weiter perfektioniert wird, dann gehört irgendwann die konsumistische Metabotschaft selbst zum inneren Kern der dominanten Kultur. Verbraucher*innen, die so lange zum Massenkonsum erzogen worden sind, verhalten sich so, als ob der Überfluss ihr eigenes Bedürfnis wäre. Dementsprechend nehmen sie dann Nachhaltigkeit als „Fremdbestimmung" oder „Verzicht" wahr.
- Im Werbespot von McDonald's spielt sich die Handlung komplett in künstlichen, geschlossenen Räumen ab: Wohnung, Büro, Restaurant. Hier wird ein Mensch inszeniert, der selbstverständlich sein komplettes Leben in der „Technosphäre" (Commoner 1990) einrichtet. Die „Ökosphäre" bleibt am Rande, nur durch das Sonnenlicht suggeriert, das im Werbespot durch das Fenster die Räume bestrahlt. Diese dargestellten Menschen kommunizieren vor allem digital, über ihre Handys. Sie ernähren sich nicht von den Früchten des eigenen

Gartens. Sie gehen nicht zu Nachbar*innen oder zum Wochenmarkt, um dort frische Lebensmittel zu kaufen. Sie kochen nicht selbst zu Hause. Stattdessen essen sie einen vorgefertigten Hamburger oder Cheeseburger (Fastfood) aus einem rotgelben Papierbehälter mit großem McDonald's-Logo. Diese Form von Ernährung ist „modern", das heißt so steril und dekontextualisiert wie die Einrichtung des Restaurants. Die Zutaten könnten von überall stammen, das Restaurant überall liegen. Ob es Sommer oder Winter ist, spielt keine Rolle: Das ganze Jahr lang kann man das Gleiche essen. In diesem Werbespot interessiert sich keiner der Protagonisten dafür, welche Stoffe das Essen enthält, das sie zu sich nehmen, oder wo und wie diese Lebensmittel hergestellt worden sind. Die implizite Botschaft lautet, dass eine Ernährung normal ist, die möglichst wenig mit der Natur zu tun hat.

- Es herrscht eine allgemein fröhliche, unbeschwerte Atmosphäre. Hier ist die Erde eine einzige Wohlstandsinsel, auf der Massenkonsum die Menschen glücklich macht. In der Werbung wird nicht gezeigt, dass der dargestellte Genuss Geld kostet. Die ökologischen und sozialen Kosten, die diese Wirtschafts- und Lebensweise erzeugt, werden ebenso ausgeblendet.
- Im Werbespot sind alle Protagonisten selbstverständlich weiße Menschen, zum großen Teil blond. Genauso selbstverständlich ist das Familienbild: Eine Kernfamilie mit Vater und Mutter um die 40 und zwei Kindern (Junge und Mädchen) dazu. Es ist eine Familie der Mittelschicht, natürlich arbeitet der Mann im Büro, während sich die Frau zu Hause um die Kinder kümmert.
- Zu einem Erwachsenen kann man leicht „Nein" sagen, zu einem Kind nicht. Darauf beruht die Pointe des Spots: Das kleine süße Mädchen bittet die eigenen Eltern ins Restaurant, selbstverständlich zu McDonald's. Kinder eignen sich in der Werbung besonders gut für Manipulation.

Durch das Fernsehen wirkt diese mächtige Werbemaschinerie täglich in jedem Wohnzimmer. Das Massenmedium gehört zur engen Familie und wirkt sich dadurch schon in der primären Sozialisierung auf die Persönlichkeitsentwicklung aus. Was McDonald's und die beauftragte

Werbeagentur mit dieser Werbung tun, ist legal. In kapitalistischen Gesellschaften verbietet kein Gesetz die kommerzielle Propaganda. Manipulation wird aber nicht nur für kommerzielle Zwecke eingesetzt, sondern auch für politische. So wurden die Propagandatechniken von den Nationalsozialisten perfektioniert und systematisch eingesetzt. Heute lassen sich Politiker*innen von PR-Berater*innen schulen und begleiten, denn demokratische Institutionen sind auf Legitimation angewiesen. Dass die *deklarierten* Ziele der Entwicklungspolitik nicht mit den *realen* Zielen übereinstimmen, kann auch Absicht sein. So war das Programm für „Frieden und Freiheit" von Harry S. Truman eine international angelegte PR-Kampagne. Nach dem Nationalsozialismus sollte der amerikanische Lebensstil (im Gegensatz zum kommunistischen) ein angenehmes Gefühl der Freiheit bieten, doch der Freiheitsbegriff war vor allem ein konsumistischer: Er bezog sich auf die breite Auswahl von Produkten im Supermarkt oder an Urlaubszielen, nicht unbedingt auf die Freiheit, die gesellschaftliche Entwicklung mitzubestimmen. Spätestens durch die 1968er-Proteste wurde vielen Menschen bewusst, dass auch die westliche Freiheit Grenzen hat.

2.4.2.6 Die Wirklichkeit der Medien

Ein kognitiv und physisch begrenztes Wesen wie der Mensch kann die Komplexität (die Wirklichkeit, die Umwelt) nicht ganz begreifen, deshalb muss er diese auf eine mentale Repräsentation der Welt (Weltbild) reduzieren. In diese mentale Konstruktion fließen Informationen aus zwei Quellen ein:

- *Informationen aus erster Hand.* Sie stammen aus der „unmittelbaren sinnlichen Wahrnehmung mittels unserer physiologischen Ausstattung – riechen, tasten, hören, sehen, schmecken. Unsere Sinnesorgane informieren uns über die alltägliche Nahwelt".
- *Informationen aus zweiter Hand* „durch Gespräche, Erzählungen, Briefe, vor allem durch die Massenmedien (Printmedien, elektronische Medien, Filme)." (Hamm 2006, S. 271)

Je mehr wir auf Kenntnisse angewiesen sind, die über den Nahbereich hinausgehen, desto mehr hängen wir von Informationen aus zweiter Hand ab. „99 % unserer Welt bestehen aus Papier' – wenn man das so auffasst, dass 99 % aller unserer Informationen aus zweiter Hand stammen, ist die Aussage zweifellos richtig" (ebd.). Die Medien sind die Quelle für alle Informationen aus zweiter Hand. Als „Körperprothesen" erweitern sie die Horizonte unserer Wahrnehmung (McLuhan 1964; Wagner 2014, S. 33 ff.). Ohne die Medien bliebe die Wahrnehmung der Bürger*innen in den persönlichen Zeit-/Raumhorizonten gefangen. Von der Politik in Berlin oder von der Abholzung in Brasilien würden sie nichts erfahren. „Was nicht in den Medien erscheint, geschieht nicht. Und was in den Medien ständig auftaucht und oft genug wiederholt wird, sedimentiert zu Bewusstsein" (Hamm 2006, S. 271). Strenggenommen sind die neoliberale Globalisierung und die Weltfinanzkrise keine sinnlichen Erfahrungen, sondern mediale Phänomene. Wenn überhaupt über so etwas wie Welt oder Umwelt diskutiert wird, dann hat dies maßgeblich mit Medien zu tun (Wagner 2014, S. 31).

Als „Körpererweiterung" offenbaren die Medien einen Teil der Wirklichkeit, einen anderen Teil verbergen sie als „Amputation" (ebd., S. 19 f.). Dies hat nicht nur für autoritäre Systeme einen Nutzen, sondern auch für westliche Gesellschaften, denn ihre Institutionen müssten einen starken Legitimationsverlust erfahren, wenn Widersprüche und Zusammenhänge im Zentrum der Berichterstattung stehen würden. Was würde es bewirken, wenn die Gesellschaft aus der Perspektive der Benachteiligten statt aus jener der Privilegierten erzählt werden würde?

Informationen aus zweiter Hand können die Komplexität der Welt nie ganz abbilden, weil sie selbst einer Selektion unterliegen. Aus der unglaublichen Masse an Ereignissen und Themen weltweit schaffen es nur sehr wenige auf die erste Seite der Presse. Wie Abb. 2.7 zeigt, wirken sich in den Redaktionen verschiedene Filter wie ein Trichter auf den Informationsfluss aus (Reduktion von Komplexität). Die Relevanz dieser Selektion besteht darin, dass damit das Agenda-Setting und das Framing der öffentlichen Debatte stark beeinflusst werden. Dadurch verändern die Massenmedien die Wirklichkeit, die sie selbst darstellen.

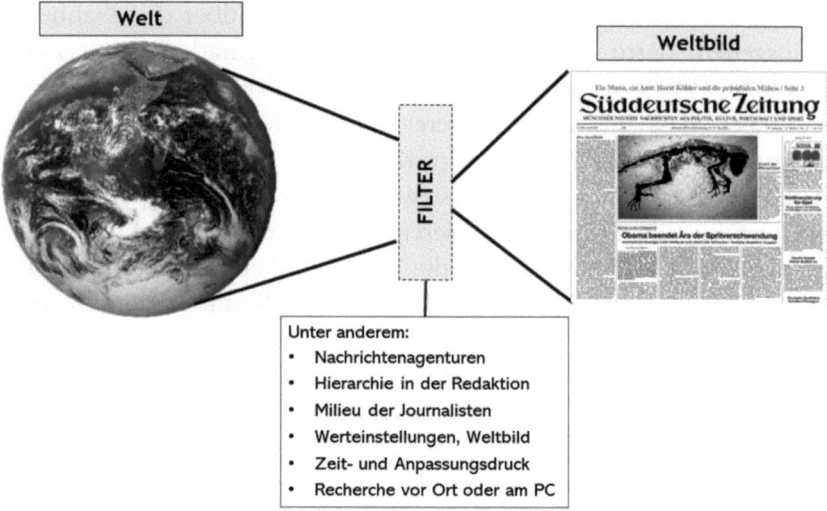

Abb. 2.7 Die mediale Konstruktion der Wirklichkeit (Beispiel Tageszeitung). (Eigene Darstellung)

Welche Faktoren üben eine Filterfunktion bei der Auswahl der Themen in den Redaktionen aus und wirken so auf die Darstellung der Welt in den Medien?

- Weltweit ist die Pressefreiheit die Ausnahme. „Die Unterdrückung unliebsamer Berichterstattung nimmt weltweit zu" (Reporter ohne Grenzen 2023). So erhält ein großer Teil der Weltbevölkerung ein verfälschtes Bild der Wirklichkeit. Denn „wer Informationen kontrolliert, der übt Macht aus, der hat Zugang zu unseren Gehirnen" (Hamm 2006, S. 273). In autoritären Systemen geben die Regierungen der Presse vor, worüber berichtet werden soll und wie. Aber auch in demokratischen Staaten wie Deutschland ist die Staatsferne der öffentlich-rechtlichen Medien eine seit Jahrzehnten umstrittene Problematik. So sind in den Aufsichtsgremien die etablierten Parteien bzw. die Spitzen der Landregierungen überproportional vertreten (Rotermund 2023a, S. 7). Die Inhaftierung des investigativen Journalisten Julian Assange (WikiLeaks) in Großbritannien hat gezeigt,

dass die Pressefreiheit auch im Westen ausgesetzt werden kann, wenn sie starke Interessen gefährdet (Melzer 2021).
- In demokratischen Staaten richtet sich das Zensurverbot „ausdrücklich nur *gegen den Staat*. Wenn ein Verleger Zensur nach innen gegen die Redakteure seiner Zeitung oder seines Senders ausübt, ist dies durch Art. 5 [des Grundgesetzes] nicht untersagt" (ebd., S. 274). Tageszeitungen wie die Süddeutsche Zeitung werden im Eigenverlag herausgegeben und bewahren damit eine gewisse redaktionelle Autonomie. In Italien hingegen gehören Medien und Verlage oft Großunternehmern. Die Washington Post galt in den USA als besonders unabhängige Tageszeitung, 2013 wurde sie jedoch vom Amazon-Gründer Jeff Bezos übernommen (Farhi 2013). 2022 hat Elon Musk den Mikroblogging-Dienst Twitter gekauft. Wer Kapital besitzt, kann sich Medien aneignen und dadurch die öffentliche Meinungsbildung beeinflussen.
- Wirtschaftliche Interessen lenken die Medienlandschaft nicht allein durch Eigentumsverhältnisse, sondern auch durch Werbeausgaben. Es gibt nicht viele Massenmedien, die sich eine kritische Berichterstattung gegen die eigenen Werbeträger leisten (können). Wer die Werbeeinnahmen steigern will, muss die Audience erweitern, also Unterhaltung bieten. Nicht selten bestimmen die Marketing-Abteilungen die redaktionellen Inhalte mit.
- Öffentlich-rechtliche Medien sowie Tageszeitungen senken ihre Kosten, indem Redaktionen zusammengelegt werden und auf Korrespondent*innen verzichtet wird. Immer seltener basieren die veröffentlichten Nachrichten auf Eigenrecherche, während die Stellungnahmen von Ministerien, Militärs und Unternehmen immer öfter ungeprüft verbreitet werden (Pürer und Rabe 2007; Rotermund 2023b). Die Vielfalt von Titelblättern korrespondiert nicht mehr mit einer Vielfalt von Perspektiven, da sich alle Tageszeitungen bei denselben westlichen Nachrichtenagenturen bedienen (AP, Reuters, AFP, dpa etc.).
- Redaktionen treffen täglich viele Entscheidungen über die Relevanz von Ereignissen und Themen. „Diese Entscheidungen fallen in hierarchisch-zentralisierten Redaktionen anders aus als in dezentralen, eigenverantwortlich arbeitenden Einheiten. Ein Newsroom mit einer

ausgeprägt hierarchischen Struktur gefährdet daher trotz bester Absichten der Unternehmensleitungen die journalistische Vielfalt" (Rotermund 2023a, S. 10). Die Digitalisierung der Medien hat zu einer Beschleunigung der Arbeit geführt. „Statt der vielfach […] zugeschriebenen Kooperationsvorteile (Abstimmung mit anderen Mitarbeitern, die notfalls durch schnellen Zuruf erfolgt) entsteht größere Hektik. Im Resultat gibt es statt besser geprüfter Meldungen und mehrfach reflektierter Entscheidungen über den Wert eines Themas qualitative Schwächen in der Berichterstattung und der Reflexion journalistischer Standards". Der ständig vorhandene Zeitdruck führt in Kombination mit hierarchischen Organisationsformen dazu, „dass Entscheidungen qua professioneller Abstimmung durch Anweisungen ersetzt werden" (ebd.).
- Die meisten Journalist*innen kommen aus der Mittelschicht und vertreten eine entsprechende Sicht der Welt (Hamm 2006, S. 29). Die Perspektive der benachteiligten Schichten ist in den Massenmedien unterrepräsentiert.

Aus diesen und anderen Gründen vermittelt die Medienlandschaft ein ziemlich einfältiges Weltbild: Stimmt es mit der Wirklichkeit überein? „In aller Regel stimmen die Fakten, die mitgeteilt werden. Aber diese einzelnen Fakten ergeben zusammengenommen noch keine Information. Die Medien manipulieren durch das, was sie weglassen: Hintergrundberichte, Zusammenhänge, Strukturen, die alleine den gemeldeten Ereignissen Sinn geben könnten, sind die Ausnahme" (ebd., S. 275).

Selbst wenn die Massenmedien als „Vierte Gewalt" bezeichnet werden (Precht und Welzer 2022), kann ein Sender nur dann eine Wirkung haben, wenn es auch einen Empfänger (Rezipienten) gibt. Das Publikum ist jedoch kein passives Wesen, das alles ungeprüft übernimmt. Im übergroßen Angebot von Medien und Informationen können Menschen auswählen. Nicht alle Menschen lesen Zeitung, und wenn, dann nicht jeden Bericht. Fernsehschauende können zwischen Kanälen und Programmen zappen. „Wir sind also am Informationsprozess aktiv beteiligt" (Hamm 2006, S. 272). Doch auch wenn Menschen selbst denken, können sie nur im Rahmen des Angebots auswählen, das ihnen die Medien zur Verfügung stellen – genauso wie die Verbraucher*innen aus dem Regal eines Supermarkts. Medien und Rezipient*innen sind übrigens keine völlig getrennten Wesen, sondern wählen sich tendenziell gegenseitig aus („Gleich und Gleich gesellt sich gern"). So lesen Menschen, die konservativ denken, bevorzugt konservative Tageszeitungen (FAZ, Welt), während linksliberal denkende Menschen lieber in der Taz oder im Freitag blättern.

Im digitalen Raum sorgen Algorithmen dafür, dass User nur mit Inhalten beliefert werden, die ihren persönlichen Interessen entsprechen.[59] In „Echokammern" findet keine Interaktion mit fremden Perspektiven statt. Die gegenseitige Bestätigung ist eben angenehmer als der Widerspruch.

2.4.2.7 Das Medium ist die Botschaft

Nach der neolithischen Revolution wurden die Menschen sesshaft und verbrachten dadurch immer mehr Zeit in künstlichen Räumen. Nun kommen die medialen Räume dazu: Gerade mit der Globalisierung ist die Kommunikation zunehmend medialisiert worden. Aus der Studie „Massenkommunikation 2020" im Auftrag von ARD und ZDF geht hervor, dass „fast alle Menschen in Deutschland (99 %) täglich Medien nutzen – im Schnitt mehr als sieben Stunden pro Tag (424 Min. netto) (ARD und ZDF 2020, S. 3 f.).[60] Diese Zeit geht auf Kosten von Resonanzerfahrungen mit der Natur oder mit der analogen Gemeinschaft. Einerseits ist die Welt zu einem Globalen Dorf geworden, andererseits haben sich die Menschen von ihrer unmittelbaren, sinnlichen Umgebung entfernt. Während Menschen in virtuellen sozialen Netzwerken eifrig

---

[59] „Durch die Algorithmisierung steigt die Anfälligkeit der Nutzer*innen für Fehlinformationen und gezielte Manipulation. Aufgrund der eingeschränkten Auswahl von Nachrichten entsteht eine Art ‚Echokammer', in der die Nutzer*innen ihre eigene Meinung wiederfinden" (Sühlmann-Faul und Rammler 2018, S. 83 f.).

[60] Weitere wichtige Erkenntnisse aus der Studie „Massenkommunikation 2020" sind: (a) Im Langzeitvergleich steigt die Zeit, die Menschen insgesamt mit Medien (inkl. Internet) verbringen, kontinuierlich. Im Vergleich zu 2015 bleibt die Dauer aber stabil. Allerdings nutzen 14- bis 29-Jährige Medien noch einmal deutlich länger. (b) Der Wettbewerb um die Zeitbudgets der Menschen führt zu einer steigenden Parallelnutzung, insbesondere bei den 14- bis 29-Jährigen: Sie nutzen Medien aktuell zwei Stunden pro Tag parallel.

kommunizieren, herrscht in urbanen Nachbarschaften oft eine gewisse Anonymität. Das Globale Dorf bildet also selbst eine „Wahrnehmungsblase" – und dies hat vor allem mit ihrer Virtualität zu tun, sprich mit einer Entkörperlichung der Kommunikation. In virtuellen Räumen gibt es nicht einmal die Sicherheit, mit echten Menschen statt mit Social-Bots zu kommunizieren. Weil der virtuelle Raum von der physischen Wirklichkeit implizit abgekoppelt ist, haben hier „Fake News" Hochkonjunktur. Eine Botschaft erscheint umso wahrer, je breiter sie geteilt wird. Im Zeitalter der Hyperinformation wird die Aufmerksamkeit der Menschen zwar stark beansprucht, aber sind sie deshalb klüger geworden?

Literatur

Abbate, Janet (1999): Inventing the Internet. Cambridge (Massachusetts): MIT Press.
Adam, Hermann (2009): Bausteine der Wirtschaft. Wiesbaden: VS Verlag für Sozialwissenschaften.
Ankenbrand, Hendrik; Beeger, Britta (2013): Der gläserne Mensch. In: Frankfurter Allgemeine Zeitung 9.6.2013. https://www.faz.net/aktuell/wirtschaft/internet-der-glaeserne-mensch-12214568.html (Zugriff: 18.4.2023).
ARD; ZDF (2020): ARD/ZDF-Massenkommunikation 2020. Frankfurt/Main: ARD-Werbung Sales & Services. https://www.ard-media.de/media-perspektiven/studien/ardzdf-massenkommunikation-langzeitstudie/archiv-mk-2015/ (Zugriff: 18.4.2023).
Aron, Raymond (1989): Le tappe del pensiero sociologico. Milano: Oscar Mondadori.
Assheuer, Thomas (2017): China: Die Big-Data-Diktatur. In: Zeit-Online 21.12.2017. https://www.zeit.de/2017/49/china-datenspeicherung-gesichtserkennung-big-data-ueberwachung/komplettansicht (Zugriff: 10.4.2023).
Athanasopoulo, Panos; Bylund, Emanuel; Montero-Melis, Guillermo; Damjanovic, Ljubica; Schartner, Alina (2014): Two languages, two minds. Flexible cognitive processing driven by language of operation. In: Psychol Sci 4(26), S. 518–526.
Ayaß, Wolfgang (2006): Quellensammlung zur Geschichte der deutschen Sozialpolitik 1867 bis 1914. In: Jahrbuch der historischen Forschung in der Bundesrepublik Deutschland. Berichtsjahr 2005. München. S. 26–35.

Bacon, Francis (1597): Meditationes sacrae. Londini: Excusum impensis Humfredi Hooper.
Bacon, Francis (2017): Große Erneuerung der Wissenschaft. Neues Organon. Berlin: Holzinger.
Ballweber, Jana (2022): Wie US-Geheimdienste Daten aus der EU abgreifen könnten. In: Netzpolitik.org 26.1.2022. https://netzpolitik.org/2022/gutachten-veroeffentlicht-wie-us-geheimdienste-daten-aus-der-eu-abgreifen-koennten/ (Zugriff: 29.4.2023).
Baraké, Mona; Chouc, Paul-Emmanuel; Neef, Theresa; Zucman, Gabriel (2022): Revenue Effects of the Global Minimum Tax Under Pillar Two. In: INTERTAX Vol. 50, Issue 10. S. 689-710.
Bauman, Zygmunt (2005): Wenn Menschen zu Abfall werden. In: Die Zeit 17.11.2005. https://www.zeit.de/2005/47/st-bauman_alt (Zugriff: 4.5.2023).
Bayandor, Darioush (2010): Iran and the CIA. New York: Palgrave Macmillan.
Beqiraj, Elton; Fedeli, Silvia; Forte, Francesco (2018): Public Debt Sustainability: An Empirical Study on OECD Countries. In: Journal of Macroeconomics 58/2018, S. 238–248.
Bernays, Edward (1928): Propaganda. New York: Horace Liveright.
Bernays, Edward (1952): Public Relations. Norman: University of Oklahoma Press.
Beznoska, Martin; Hentze, Tobias (2017): Die Verteilung der Steuerlast in Deutschland. In: IW-Trends – Vierteljahresschrift zur empirischen Wirtschaftsforschung. Vol. 44, Iss. 1. Köln: Institut der deutschen Wirtschaft (IW). S. 99–116.
Boroditsky, Lera (2012): Wie die Sprache das Denken formt. In: Spektrum der Wissenschaft 15. 3. 2012. https://www.spektrum.de/news/linguistik-wie-die-sprache-das-denken-formt/1145804 (Zugriff: 18.4.2023).
Bourdieu, Pierre (1998): Über das Fernsehen. Frankfurt/Main: Suhrkamp.
Bourdieu, Pierre (2016): Die feinen Unterschiede. Frankfurt/Main: Suhrkamp.
Bourdieu, Pierre; Wacquant, Loic J. D. (1996): Reflexive Anthropologie. Frankfurt/Main: Suhrkamp.
Braig, Marianne (2011): Hinterhof der USA? Eine Beziehungsgeschichte. In: Aus Politik und Zeitgeschichte (APUZ) 26.9.2011. https://www.bpb.de/shop/zeitschriften/apuz/33096/hinterhof-der-usa-eine-beziehungsgeschichte/ (Zugriff: 17.4..2023).
Brand, Ulrich; Wissen, Markus (2011): Gesellschaftliche Naturverhältnisse und materialistische Menschenrechtspolitik – Zur Kritik imperialistischen

Lebensweise. In: Edgar Weiß, Gerd Steffens (Hrsg.), Menschenrechte und Bildung. Jahrbuch für Pädagogik 2011. Frankfurt/Main: Peter Lang. S. 125–139.

Brand, Ulrich; Wissen, Markus (2017): Imperiale Lebensweise. München: oekom.

Braudel, Fernand (1997): Die Dynamik des Kapitalismus. Stuttgart: Klett-Cotta.

Bregman, Rutger (2022): Im Grunde gut. Hamburg: Rowohlt.

Brocchi, Davide (2006): Der kulturelle Ansatz der Nachhaltigkeit. Düsseldorf: Eigenverlag. https://www.davidebrocchi.eu/wp-content/uploads/2021/06/ansatz_nachhaltigkeit_2006.pdf (Zugriff: 17.4..2023).

Brocchi, Davide (2007): Die Umweltkrise – eine Krise der Kultur. In: Günter Altner, Heike Leitschuh, Gerd Michelsen, Udo E. Simonis, Ernst U. von Weizsäcker (Hrsg.), Jahrbuch Ökologie 2008. München: C.H. Beck, 2007. S. 115–126.

Brocchi, Davide (2011): Negatives Menschenbild und Separationsdenken der modernen Gesellschaft. Cultura21 eBooks Reihe zur Kultur und Nachhaltigkeit 4. Berlin: Institut Cultura21 e. V. https://www.davidebrocchi.eu/wp-content/uploads/2018/01/2011_Negatives_Menschenbild_DB.pdf (Zugriff: 17.4..2023).

Brocchi, Davide (2013): Das (nicht) nachhaltige Design. In: Simone Fuhs, Davide Brocchi, Michael Maxein, Bernd Draser (Hrsg.), Die Geschichte des nachhaltigen Designs. Bad Homburg: VAS, 2013. S. 54–80.

Brocchi, Davide (2015): Nachhaltigkeit als kulturelle Herausforderung. In: Vera Steinkellner (Hrsg.), CSR und Kultur. Corporate Cultural Responsibility als Erfolgfaktor in Ihrem Unternehmen. Berlin/Heidelberg: Springer-Gabler, 2015. S. 41–70.

Brocchi, Davide (2019): Nachhaltigkeit und soziale Ungleichheit. Wiesbaden: Springer VS.

Bundesministerium für Wirtschaft und Arbeit (2005): Vorrang für die Anständigen – Gegen Missbrauch, „Abzocke" und Selbstbedienung im Sozialstaat. Ein Report vom Arbeitsmarkt im Sommer 2005. Berlin: Bundesministerium für Wirtschaft und Arbeit.

Bundesregierung (2020): Konjunkturpaket: „Ein ambitioniertes Programm". https://www.bundesregierung.de/breg-de/aktuelles/konjunktur-paket-1757482 (Zugriff: 17.4.2023).

Bungert, Heike (2013): Ohne Bibel geht es nicht. In: Frankfurter Rundschau, 16.1.2013. https://www.fr.de/kultur/ohne-bibel-geht-nicht-11273013.html (Zugriff: 17.4.2023).

Bünting, Johann Philipp (1693): Sylva subterranea, oder: vortreffliche Nutzbarkeit des unterirdischen Waldes der Stein-Kohlen. In: Karl H. Kaufhold (Hrsg.), Quellentexte zur Geschichte der Umwelt. Northeim: Hans Hansen-Schmidt Verlag, 1999. S. 187–189.

Burmeister, Thomas (2009): 400 Jahre New York: Partys und Paraden. In: Manager Magazin 20.6.2009. https://www.manager-magazin.de/lifestyle/reise/a-629372.html (Zugriff: 17.4.2023).

Bury, John (1979): Storia dell'idea di progresso. Milano: Feltrinelli.

Butterwegge, Christoph (2020): Die zerrissene Republik. Weinheim: BeltzJuventa.

Carlowitz, Hans Carl von (2013): Sylvicultura oeconomica oder Anweisung zur wilden Baum-Zucht. Leipzig: Johann Friedrich Braun. Reprint von Joachim Hamberger (Hrsg.). München: oekom. S. 89–590.

Catton, William (1980): Overshoot: The Ecological Basis of Revolutionary Change. Champaign: University of Illinois Press.

Chomsky, Noam (2004): Profit over people. Hamburg: Europa Verlag.

Church Committee (1975): Covert Action in Chile 1963–1973. Staff Report. 94th Congress 1st Session. Washington: Government Printing Office. https://web.archive.org/web/20100504030947/http://www.fas.org/irp/ops/policy/church-chile.htm (Zugriff: 14.4.2023).

Churchill, Winston (1943): Speech to the House of Commons (October 28, 1943). London.

Commoner, Barry (1973): Wachstumswahn und Umweltkrise. München: Bertelsmann.

Commoner, Barry (1990): Far pace col pianeta. Milano: Garzanti.

Comte, Auguste (2004): System der positiven Politik. Wien: Edition Turia & Kant.

Credit Suisse AG Research Institute (2016): Global Wealth Databook 2016. Zürich: Credit Suisse AG Research Institute.

Dath, Dietmar (2014): Im Weltreich der nackten Daten. In: Frankfurter Allgemeine Zeitung 23.1.2014. https://www.faz.net/aktuell/feuilleton/medien/internet-pornographie-im-weltreich-der-nackten-daten-12764666.html (Zugriff: 17.4.2023).

Dawkins, Richard (1996): Das Egoistische Gen. Reinbek bei Hamburg: Rowohlt.

De Lutiis, Giuseppe (1996): Il lato oscuro del potere. Roma: Ed. Riuniti.

Deutschmann, Christoph (2015): Die Finanzialisierung der Welt. In: Weniger ist mehr. Atlas der Globalisierung. Berlin: Le Monde diplomatique/taz Verlag. S. 20–21.

Diamond, Jared (1998): Arm und Reich. Frankfurt/Main: S. Fischer.
Diamond, Jared (2006): Kollaps: Warum Gesellschaften überleben oder untergehen. Frankfurt/Main: S. Fischer.
Dohnke, Jan; Seidel-Schulze, Antje; Häußermann, Hartmut (2012): Segregation, Konzentration, Polarisierung – sozialräumliche Entwicklung in deutschen Städten 2007–2009. Berlin: Difu.
Dowideit, Martin; Hahn, Sebastian (2021): Corona in Köln. Inzidenz in Chorweiler weiter über 500 – Hahnwald nicht mehr bei null. In: Kölner Stadtanzeiger 30.4.2021. https://www.ksta.de/koeln/inzidenz-in-chorweiler-weiter-ueber-500-hahnwald-nicht-mehr-bei-null-210834 (Zugriff: 17.4.2023).
Dreher, Axel (2003): Die Kreditvergabe von IWF und Weltbank: Ursachen und Wirkungen aus politisch-ökonomischer Sicht. Berlin: wvb.
Durkheim, Émile (1897): Le suicide. Etude de sociologie. Paris: Alcan.
Eblinghaus, Helga; Stickler, Armin (1996): Nachhaltigkeit und Macht. Frankfurt/Main: IKO – Verlag für interkulturelle Kommunikation.
Eckert, Dirk (2002): Hinter verschlossenen Türen. In: Telepolis 26.6.2002. https://www.heise.de/tp/features/Hinter-verschlossenen-Tueren-3425723.html (Zugriff: 27.3.2023).
Eco, Umberto (1987): Trattato di semiotica generale. Milano: Bompiani.
Elhacham, Emily; Ben-Uri, Liad; Grozovski, Janathan; Bar-On, Yion M.; Milo, Ron (2020): Global human-made mass exceeds all living biomass. In: Nature Nr. 558, 9.12.2020, S. 442–444. https://www.nature.com/articles/s41586-020-3010-5 (Zugriff: 27.3.2023).
Elias, Norbert (1990): Über den Prozess der Zivilisation. Bd. 1. Frankfurt/Main: Suhrkamp.
EM2030 (2022): „Back to Normal" is Not Enough: the 2022 SDG Gender Index. Equal Measures 2030. https://www.equalmeasures2030.org/wp-content/uploads/2022/03/SDG-index_report_FINAL_EN.pdf (Zugriff: 31.3.2023).
Engartner, Tim (2009): Ausverkauf von Bahn, Post und Telekom. In: Hintergrund 25.4.2009. https://www.hintergrund.de/wirtschaft/wirtschaft-inland/ausverkauf-von-bahn-post-und-telekom/ (Zugriff: 27.3.2023).
Engel, Christoph; Kube, Sebastian; Kurschilgen, Michael (2011): Can we manage first impressions in cooperation problems? An experimental study on „Broken (and Fixed) Windows". Preprints of the Max Planck Institute for Research on Collective Goods, No. 2011/05. Bonn: Max Planck Gesellschaft.

Esposito, Roberto (2004a): Communitas. Ursprung und Wege der Gemeinschaft. Berlin: Diaphanes.
Esposito, Roberto (2004b): Immunitas – Schutz und Negation des Lebens. Berlin: Diaphenes.
Esteva, Gustavo (1998): Sviluppo. In: Sachs 1998, S. 347–378.
Farhi, Paul (2013): Washington Post to be sold to Jeff Bezos. In: The Washington Post online 5.8.2013. https://www.washingtonpost.com/national/washington-post-to-be-sold-to-jeff-bezos/2013/08/05/ca537c9e-fe0c-11e2-9711-3708310f6f4d_story.html (Zugriff: 17.4.2023).
Faulstich, Werner (2002): Einführung in die Medienwissenschaft. München: Fink.
Finke, Peter (2003): Kulturökologie. In: Vera Nünning, Ansgar Nünning (Hrsg.), Konzepte der Kulturwissenschaften. Stuttgart: Metzger, 2003. S. 249–279.
Firges, Jean (1998): Die Stadt Paris. Geschichte ihrer Entwicklung und Urbanisierung. Annweiler: Sonnenberg.
Fischer-Kowalski, Marina; Haberl, Helmut (1997): Stoffwechsel und Kolonisierung. In: Marina Fischer-Kowalski, Helmut Haberl, Harald Hüttler, Harald Payer, Heinz Schandl, Verena Winiwarter (Hrsg.), Gesellschaftliche Stoffwechsel und Kolonialisierung. Amsterdam: Fakultas, 1997. S. 3–12.
Fitzgerald, Stephanie; Shouba, Derek; Van Sluys, Katie (2006): The New Deal: Rebuilding America. Mankato: Compass Point Books.
Florida, Richard (2002): The Rise of the Creative Class. New York: Basic Books.
Florida, Richard (2005): Cities and the Creative Class. London: Routledge.
Ford, Henry (1952): Erfolg im Leben. München: Paul List Verlag.
Fortune (2020): Global 500. Fortune Magazine. https://fortune.com/global500/ (Zugriff: 10.7.2022)
Foucault, Michel (2005): Schriften in vier Bänden. Dits et Ecrits – Dits et Ecrits I-IV. Bd. 1. Frankfurt/Main: Suhrkamp.
Foucault, Michel (2012): Die Ordnung des Diskurses. Frankfurt/Main: S. Fischer.
Freud, Sigmund (1944): Gesammelte Werke. Bd. 15. London: Imago.
Ftd.de (2010): Neue Wikileaks-Enthüllungen. Shells Kontakte und Mugabes Geschäfte. In: Financial Times Deutschlands 9.12.2010.
Fukuyama, Francis (1992): The End of History. New York: Free press.
Galtung, Johan (1988): Strukturelle Gewalt. Reinbek bei Hamburg: Rowohlt.

Garnreiter, Franz (2007): Die Entwicklungsländer im System von WTO und IWF. Konzerngetriebene Regulierung der Weltwirtschaft. In: Institut für sozial-ökologische Wirtschaftsforschung e. V. (Hrsg.), ISW-Spezial. Nr. 20, April 2007.

Gehl, Jan (2015): Städte für Menschen. Berlin: Jovis.

Gehler, Michael (2009): Die Umsturzbewegungen 1989 in Mittel- und Osteuropa. In: bpb.de 20.3.2009. https://www.bpb.de/geschichte/deutsche-einheit/deutsche-teilung-deutsche-einheit/43728/die-umsturz-bewegungen-1989 (Zugriff: 27.3.2023).

Giddens, Anthony (1989): Sociology. Cambridge: Polity Press.

Glaser, Hermann (1994): Industriekultur und Alltagsleben. Frankfurt/Main: S. Fischer.

Glaser, Hermann (2007): Kleine deutsche Kulturgeschichte. Frankfurt/Main: S. Fischer.

Graeber, David (2012): Schulden. Die ersten 5.000 Jahre. Stuttgart: Klett-Cotta.

Graeber, David (2019): Bullshit Jobs: Vom wahren Sinn der Arbeit. Stuttgart: Klett-Cotta.

Greenpeace (2003): Der Welthandel auf Abwegen. Die WTO im Dienst der Konzerne – ändern oder abschaffen? Hamburg: Greenpeace Deutschland. https://www.greenpeace.de/publikationen/hintergrund_wto_1.pdf (Zugriff: 27.3.2023).

Greenwald, Glenn (2014): Die globale Überwachung – der Fall Snowden, die amerikanischen Geheimdienste und die Folgen. München: Droemer Knaur.

Gronemeyer, Marianne (2010): Helping. In: Wolfgang Sachs (Hrsg.), The Development Dictionary. London: Zed Books, 2010. S. 55–73.

Habermas, Jürgen; Luhmann, Niklas (1990): Theorie der Gesellschaft oder Sozialtechnologie. Frankfurt/Main: Suhrkamp.

Halbwachs, Maurice (1950): La mémoire collective. Paris: Presses Universitaires de France.

Hamm, Bernd (1996): Struktur moderner Gesellschaften. Opladen: Leske + Budrich.

Hamm, Bernd (2006): Die soziale Struktur der Globalisierung. Berlin: Kai Homilius.

Harari, Yuval Noaḥ (2013): Eine kurze Geschichte der Menschheit. München: Pantheon.

Harari, Yuval Noah (2019): 21 Lektionen für das 21. Jahrhundert. München: C.H. Beck.

Harari, Yuval Noah (2020): Homo deus. Eine Geschichte von Morgen. München: C.H. Beck.
Hardin, Garrett (1968): The Tragedy of the Commons. In: Science, Vol. 162, Issue 3859 (13. Dezember 1968).
Heidbrink, Ludger (2007): Handeln in der Ungewissheit. Paradoxien der Verantwortung. Berlin: Kadmos.
Harris, Graham (1989): The Sociology of Development. London: Longmann.
Heidbrink, Ludger (2010): Kultureller Wandel: Zur kulturellen Bewältigung des Klimawandels. In: Harald Welzer, Hans-Georg Soeffner, Dana Giesecke (Hrsg.), KlimaKulturen. Soziale Wirklichkeiten im Klimawandel. Frankfurt/Main: Campus, 2010. S. 49–64.
Heidegger, Martin (2003): Die Zeit des Weltbildes. In: Holzwege. Hrsg. von Friedrich-Wilhelm von Herrmann. Frankfurt am Main: Klostermann. S. 75–113.
Heinberg, Richard (2008): Öl-Ende. „The party's over". München: Riemann.
Herz, Wilfried (2005): Das größte Geschenk aller Zeiten. In: Die Zeit 8.9.2005. https://www.zeit.de/2005/37/Steuern (Zugriff: 27.3.2023).
Heynkes, Jörg (2018): Zukunft 4.1: Warum wir die Welt nur digital retten – oder gar nicht. Moos: Orgshop GmbH.
Hobbes, Thomas (1996): Leviathan, or The Matter, Forme & Power if a Common Wealth Ecclesiastical an Civil. Cambridge: Cambridge University Press (engl. Original 1651).
Hoffmann, Dagmar (2016): Bildungsauftrag und Informationspflicht der Medien. In: bpb.de 9.12.2016. https://www.bpb.de/themen/medien-journalismus/medienpolitik/237014/bildungsauftrag-und-informations-pflicht-der-medien/ (Zugriff: 27.3.2023).
Hoffmann, Hilmar (1981): Kultur für alle. Perspektiven und Modelle. Frankfurt/Main: S. Fischer.
Hofstede, Geert; Hofstede, Jan (2009): Lokales Denken, globales Handeln. München: dtv.
Horkheimer, Max (1991): Zur Kritik der instrumentellen Vernunft. Frankfurt/Main: S. Fischer.
Horkheimer, Max; Adorno, Theodor W. (1988): Dialektik der Aufklärung. Frankfurt/Main: Suhrkamp.
Horn, Eva; Bergthaller, Hannes (2019): Anthropozän zur Einführung. Hamburg: Junius.
Hösle, Vittorio (1991): Philosophie der ökologischen Krise. München: C.H. Beck.

Hradil, Stefan (2001): Soziale Ungleichheit in Deutschland. Opladen: Leske + Budrich.
Huntington, Samuel P. (1993): The Clash of Civilizations? In: Foreign Affairs Summer 1993. https://www.foreignaffairs.com/articles/united-states/1993-06-01/clash-civilizations (Zugriff: 27.3.2023).
Hurrelmann, Klaus; Bauer, Ullrich (2015): Einführung in die Sozialisationstheorie. Weinheim und Basel: Beltz.
Ildikó, Szondi (1997): Wohnungspolitik in Ungarn in den 1990er Jahren. Dissertation. Szeged: Universitatis Szegediensis de Attila Jozsef Nominatae.
Illich, Ivan (1998): Bisogni. In: Sachs 1998, S. 61–83.
IMF (2022): IMF World Economic Outlook. Washington: International Monetary Fund (IMF).
Innis, Harold A. (1997): Kreuzwege der Kommunikation. Ausgewählte Texte, hrsg. von Karlheinz Barck. Wien: Springer.
Jaspers, Karl (1932): Die geistige Situation der Zeit. Berlin: de Gruyter.
Junker, Thomas (2008): Die Evolution des Menschen. München: C.H. Beck.
Karel, William (2009): Der große Börsencrash (1929). Kampf gegen die Krise. Teil 2/2. Filmdokumentation von Arte France. https://www.youtube.com/watch?v=5cATgGEF7v4 (Zugriff: 27.2.2023).
Kiesel, Andrea (2020): Verarbeitet das Gehirn 95 Prozent aller Informationen unbewusst? In: spektrum.de 19.2.2020. https://www.spektrum.de/frage/verarbeitet-das-gehirn-95-prozent-aller-informationen-unbewusst/1616926 (Zugriff: 10.8.2023).
Klein, Armin (2009): Kulturpolitik. Eine Einführung. Wiesbaden: VS Verlag.
Klemm, Ulf-Dieter; Schultheiß, Wolfgang (Hrsg.) (2015): Die Krise in Griechenland: Ursprünge, Verlauf, Folgen. Frankfurt/Main: Campus.
Knierim, Bernhard; Wolf, Winfried (2014): Bitte umsteigen! 20 Jahre Bahnreform. Stuttgart: Schmetterling Verlag.
Knudsen, Dino (2016): The Trilateral Commission and Global Governance. Informal Elite Diplomacy, 1972–82. London/New York: Routledge.
Korzybski, Alfred (2005): Science and Sanity. New York: Institute for General Semantics.
Kreiß, Christian (2017): Ist Werbung volkswirtschaftliche Verschwendung? In: Forum Nachhaltig Wirtschaften 1.12.2017. https://www.forum-csr.net/News/11909/Werbung-Nein-Danke.html (Zugriff: 28.5.2023).
Krieger, David J. (1998): Einführung in die allgemeine Systemtheorie. München: Fink.
Kries, Mateo (2010): Total Design. Berlin: Nicolai.

Kronauer, Martin (2018): Gentrifizierung: Ursachen, Formen und Folgen. In: Dossier „Stadt und Gesellschaft", bpb.de 9.7.2018. https://www.bpb.de/politik/innenpolitik/stadt-und-gesellschaft/216871/gentrifizierung-ursachen-formen-und-folgen (Zugriff: 27.3.2023).

Kuegler, Sabine (2005): Dschungelkind. München: Droemer Knaur.

Kunzmann, Peter; Burkard, Franz-Peter (1991): dtv-Atlas zur Philosophie. München: dtv.

Lange, Steffen; Santarius, Tilman (2023): Digital Reset. München: oekom.

Lanternari, Vittorio (1997): L'incivilimento dei barbari. Bari: Dedalo.

Lash, Scott (1998): Wir leben im Zeitalter der globalen Kulturindustrie. In: Zeit Online 26.2.1998. https://www.zeit.de/1998/10/thema.txt.19980226.xml (Zugriff: 15.1.2024).

Latour, Bruno; Woolgar, Steve (1979): Laboratory Life. The Social Construction of Scientific Facts. Beverly Hills: Sage Publications.

Latour, Bruno (2010): Das Parlament der Dinge. Frankfurt/Main: Suhrkamp.

Leggewie, Claus; Welzer, Harald (2009): Das Ende der Welt, wie wir sie kannten. Frankfurt/Main: S. Fischer.

Lessenich, Stephan (2017): Neben uns die Sintflut. Die Externalisierungsgesellschaft und ihr Preis. München: Carl Hanser.

Lewer, Dan; Jayatunga, Wikum; Aldridge, Robert W.; Edge, Chantal; Marmot, Michael (2020): Premature mortality attributable to socioeconomic inequality in England between 2003 and 2018: an observational study. In: The Lancet Public Health Vol. 5, Issue 1, E33–E44, January 1, 2020.

Luhmann, Niklas (1970): Soziologische Aufklärung: Aufsätze zur Theorie sozialer Systeme. Opladen: Westdeutscher Verlag.

Luhmann, Niklas (1971): Sinn als Grundbegriff der Soziologie. In: Jürgen Habermas, Niklas Luhmann (Hrsg.), Theorie der Gesellschaft oder Sozialtechnologie – Was leistet die Systemforschung? Frankfurt/Main: Suhrkamp.

Luhmann, Niklas (2011): Einführung in die Systemtheorie. Heidelberg: Carl-Auer.

Luhmann, Niklas; De Giorgi, Raffaele (1992): Teoria della società. Milano: Franco Angeli.

Magnaghi, Alberto (2000): Il progetto locale. Torino: Bollati Boringhieri.

Martin, Hans Peter; Schumann, Harald (1999): Die Globalisierungsfalle. Der Angriff auf Demokratie und Wohlstand. Reinbek bei Hamburg: Rowohlt.

Martinez Mateo, Marina (2022): Chile - Autoritärer Neoliberalismus per Gesetz. In: medico.de 18.8.2022. https://www.medico.de/blog/autoritaerer-neoliberalismus-per-gesetz-18737 (Zugriff: 17.9.2023).

Marx, Karl (1968): Das Kapital. Bd. 1. In: Karl Marx, Friedrich Engels, Werke. Bd. 23. Berlin: Dietz.
Marx, Karl; Engels, Friedrich (1972): Manifest der Kommunistischen Partei (1848). In: Ders., Werke. Bd. 4. Berlin: Dietz. S. 459–493.
Mau, Steffen (2021): Sortiermaschinen. Die Neuerfindung der Grenze im 21. Jahrhundert. München: C.H. Beck.
Mazzeo, Riccardo (2021): Zygmunt Bauman. Milano: Feltrinelli.
McLuhan, Marshall (1964): Understanding Media. The Extensions of Man. New York: McGraw-Hill.
McLuhan, Marshall (2001): Das Medium ist die Botschaft. Dresden: Verlag der Kunst.
McLuhan, Marshall; Powers, Bruce R. (1995): The Global Village. Paderborn: Juferman.
MediaClub Germania (Hrsg.) (2007): Media e società in Italia e Germania. Köln: MediaClub Germania.
Melzer, Nils (2021): Der Fall Julian Assange. München: Piper.
Merkel, Wolfgang (1999): Systemtransformation. Opladen: Leske + Budrich.
Merkel, Wolfgang (2016): Krise der Demokratie? Anmerkungen zu einem schwierigen Begriff. In: bpb.de 30.9.2016. https://www.bpb.de/apuz/234695/krise-der-demokratie-anmerkungen-zu-einem-schwierigen-begriff (Zugriff: 27.3.2023).
Mills, Charles Wright (1962): Die amerikanische Elite: Gesellschaft und Macht in den Vereinigten Staaten. Hamburg: Holsten.
Milner, George R.; Chaplin, George (2010): Eastern North American Population at ca. A.D. 1500. In: American Antiquity, Volume 75, No. 4, Oktober 2010, S. 707–726.
Mol, Arthur; Sonnenfeld, David (Hrsg.) (2000): Ecological Modernisation Around the World. London: Frank Cass.
Morra, Gianfranco (1992): Il quarto uomo. Roma: Armando.
Moser, Heinz (2000): Einführung in die Medienpädagogik. Opladen: Leske + Budrich.
Mühlauer, Alexander (2019): Konzerne zahlen zu wenig Steuern in der EU. In: Süddeutsche Zeitung 22.1.2019. https://www.sueddeutsche.de/wirtschaft/unternehmenssteuern-gruene-eu-1.4296481 (Zugriff: 27.3.2023).
Mumford, Lewis (1974): Mythos der Maschine. Kultur, Technik und Macht. Wien: Europa-Verlag.
Murphy, Richard (2019): The European Tax Gap. A Report for Group of the Progressive Alliance of Socialists & Democrats in the European Parliament.

London https://socialistsanddemocrats.eu/sites/default/files/2019-01/the_european_tax_gap_en_190123.pdf (Zugriff: 27.3.2023).
Nachtwey, Oliver (2016): Die Abstiegsgesellschaft. Berlin: Suhrkamp.
NDR (2007): Demonstrationsverbot rund um Heiligendamm. In: ndr.de 16.5.2007. https://web.archive.org/web/20140308155040/http://www.ndr.de/regional/g8/seesicherheit2.html (Zugriff: 17.3.2021).
Neckel, Sighard (2023): Die Blockierte Transformation. Zum sozial-ökologischen Dilemma der Gleichzeitigkeit. Vortrag am 30.11.2023 im Rahmen der Tagung der Transformationssoziologie der Sektion Umwelt und Nachhaltigkeitssoziologie der Deutschen Gesellschaft für Soziologie (DGS), RWTH Aachen.
Neumann, Stan (2020): Nicht länger nichts. Geschichte der Arbeiterbewegung – Fabrik (1/4). Eine Dokumentation von ARTE, Strasbourg.
Nkrumah, Kwame (1966): Neo-Colonialism: The Last Stage of Imperialism. New York: International Publishers.
Nohlen, Dieter (Hrsg.) (1998): Lexikon Dritte Welt. Reinbek bei Hamburg: Rowohlt.
Oevermann, Ulrich; Süßmann, Johannes; Tauber, Christine (Hrsg.) (2007): Die Kunst der Mächtigen und die Macht der Kunst. Berlin: De Gruyter Akademie Forschung.
Offe, Claus (2020): Das Dilemma der Gleichzeitigkeit. Demokratisierung und Marktwirtschaft in Osteuropa (1991). In: Übergänge. Ausgewählte Schriften von Claus Offe, Vol 6. Wiesbaden: Springer VS.
Oxfam Deutschland (2017): 8 Männer besitzen so viel wie die ärmere Hälfte der Weltbevölkerung. Pressemitteilung vom 16.1.2017. https://www.oxfam.de/ueber-uns/aktuelles/2017-01-16-8-maenner-besitzen-so-viel-aermere-haelfte-weltbevoelkerung (Zugriff: 8.8.2023).
Parsons, Talcott (1951): The Social System. New York: Free Press.
Precht, Richard David; Welzer, Harald (2022): Die vierte Gewalt. Frankfurt/Main: S. Fischer.
Pettenkofer, Max von (1855): Untersuchungen und Beobachtungen über die Verbreitungsart der Cholera nebst Betrachtungen über Maßregeln derselben Einhalt zu thun. München: Cotta.
Pitzke, Marc (2011): Geräumte Occupy-Aktivisten. Trotz ohne Kopf. In: Spiegel-Online 15.11.2011. https://www.spiegel.de/wirtschaft/geraeumte-occupy-aktivisten-trotz-ohne-kopf-a-798041.html (Zugriff: 27.3.2023).
Platon (1971): Sämtliche Werke 5 (Politikos, Philebos, Timaios, Kritias). Hamburg: Rowohlt.

Platon (2000): Der Staat. Politeia. Düsseldorf/Zürich: Artemis & Winkler.
Polanyi, Karl (1978): The Great Transformation. Frankfurt/Main: Suhrkamp.
Popper, Karl (1992): Die offene Gesellschaft und ihre Feinde. Bd. 1: Der Zauber Platons. Tübingen: J.C.B. Mohr.
Postman, Neil (1989): Wir amüsieren uns zu Tode. Frankfurt/Main: S. Fischer.
Prittwitz, Volker von (Hrsg.) (1993): Umweltpolitik als Modernisierungsprozess. Opladen: Leske+Budrich.
Pürer, Heinz; Raabe, Johannes (Hrsg.) (2007): Presse in Deutschland. Konstanz: UVK.
Puschner, Uwe (2016): Sozialdarwinismus als wissenschaftliches Konzept und politisches Programm. In: Gangolf Hübinger (Hrsg.), Europäische Wissenschaftskulturen und politische Ordnungen in der Moderne (1890–1970). Oldenburg: De Gruyter.
Rach, Ruth (2016): Londoner Börse vor 30 Jahren. „Big Bang" brachte riskante Transaktionen und riesige Gewinne. In: Deutschlandfunk 27.10.2016. https://www.deutschlandfunk.de/londoner-boerse-vor-30-jahren-big-bang-brachte-riskante-100.html (Zugriff: 27.3.2023).
Radkau, Joachim (2012): Natur und Macht. Eine Weltgeschichte der Umwelt. München: C.H. Beck.
Reiermann, Christian (2020): CDU-Wirtschaftsexperten wollen ARD und Co. Privatisieren. In: Spiegel Online 15.12.2020. https://www.spiegel.de/politik/deutschland/oeffentlich-rechtlicher-rundfunk-cdu-experten-wollen-ard-und-co-privatisieren-a-c00ec550-71fa-4203-b247-84f59a5b9409 (Zugriff: 27.3.2023).
Reporter ohne Grenzen (2023): Rangliste der Pressefreiheit. Berlin. https://www.reporter-ohne-grenzen.de/rangliste/rangliste-2023 (Zugriff: 3.5.2023).
Rieger, Elmar; Leibfried, Stephan (2004): Kultur versus Globalisierung. Frankfurt/Main: Suhrkamp.
Rifkin, Jeremy (1982): Entropie. Ein neues Weltbild. Hamburg: Hoffmann und Campe.
Rifkin, Jeremy (1995): Das Ende der Arbeit und ihre Zukunft. Frankfurt/Main: Campus.
Rosa, Harmut (2005): Beschleunigung. Die Veränderung der Zeitstrukturen in der Moderne. Frankfurt/Main: Suhrkamp.
Rostow, Walt Whitman (1960): The stages of economic growth: A non-communist manifesto. London: Cambridge University Press.

Rotermund, Hermann (2023a): Rundfunk neuerfinden. Die Zukunft öffentlich-rechtlicher Medien. Vortrag beim Seminar „Der deutsche öffentlich-rechtliche Rundfunk im Legitimierungszwang" der Konrad-Adenauer-Stiftung am 15.4.2023 in Potsdam. https://weisses-rauschen.de/hero/2023_KAS_Vortrag.pdf (Zugriff: 7.6.2023).

Rotermund, Hermann (2023b): Kurzandacht in der Wohnzimmerkapelle. Die "Tagesschau" als beruhigende Welterzählung. In: epd-Medien 2.6.2023. https://www.epd.de/fachdienst/epd-medien/schwerpunkt/debatte/kurzandacht-der-wohnzimmerkapelle (Zugriff: 7.6.2023).

Ruch, Floyd L.; Zimbardo, Philip G. (1974): Lehrbuch der Psychologie. Berlin: Springer.

Rudzio, Wolfgang (2003): Das politische System der Bundesrepublik Deutschland. Opladen: Leske + Budrich.

Sachs, Wolfgang (Hrsg.) (1998): Dizionario dello sviluppo. Torino: Gruppo Abele.

Salimbeni, Antonio Pollio (1999): Il grande mercato. Realtà e miti della globalizzazione. Mailand: Bruno Mondadori.

Sbert, José Maria (1998): Progresso. In: Sachs 1998, S. 239–260.

Scally, Aylwyn; Dutheil, Julien Y. et al. (2012): Insights into hominid evolution from the gorilla genome sequence. In: Nature 483, 7.3.2012. http://www.nature.com/nature/journal/v483/n7388/full/nature10842.html (Zugriff: 27.3.2023).

Schäfer, Gerd E.; Schäfer, Lena (2009): Der Raum als dritter Erzieher. In: J. Böhme (Hrsg.), Schularchitektur im interdisziplinären Diskurs. Wiesbaden: VS Verlag für Sozialwissenschaften.

Schindler, Jörg; Held, Martin (2009): Postfossile Mobilität. Bad Homburg: VAS.

Schulz von Thun, Friedemann (2005): Miteinander Reden 3: Das „Innere Team" und situationsgerechte Kommunikation. Hamburg: Rowohlt.

Schumann, Harald (2012): Am Anfang stand die Schuld. In: Tagesspiegel 14.5.2012. https://www.tagesspiegel.de/kultur/am-anfang-stand-die-schuld/6627056.html (Zugriff: 27.3.2023).

Schwägerl, Christian (2017): Die Anthropozän-Idee. In: Rat für nachhaltige Entwicklung (Hrsg.), Deutscher Nachhaltigkeitsalmanach. Berlin: Rat für nachhaltige Entwicklung. S. 123-131.

Shiva, Vandana (1998): Monocultures of the mind. London: Zed Books.

Sievers, Norbert; Föhl, Patrick S.; Knoblich, Tobias J. (2016): Einleitung. In: Ders. (Hrsg.), Jahrbuch für Kulturpolitik 2015/16. Bd. 15: Transformatorische Kulturpolitik. Bielefeld: Transcript, 2016. S. 13–22.

Smith, Adam (1776): An Inquiry into the Nature and Causes of the Wealth of Nations. Vol. I/Vol. II. München: IDION-Verlag, 1976.
Soldt, Rüdiger (2004): Hartz IV: Die größte Kürzung von Sozialleistungen seit 1949. In: Frankfurter Allgemeine 2.7.2004. https://www.faz.net/aktuell/politik/inland/hartz-iv-die-groesste-kuerzung-von-sozialleistungen-seit-1949-1164343.html (Zugriff: 27. 3. 2023).
Sommer, Bernd; Welzer, Harald (2014): Transformationsdesign. Wege in eine zukunftsfähige Moderne. München: oekom.
SPD; Die Grünen; FDP (2021): Mehr Fortschritt wagen. Bündnis für Freiheit, Gerechtigkeit und Nachhaltigkeit. Koalitionsvertrag 2021–2025. Berlin. https://www.spd.de/fileadmin/Dokumente/Koalitionsvertrag/Koalitionsvertrag_2021-2025.pdf (Zugriff: 27.3.2023).
Spitzner, Gabriel (2012): Rezeptionen von Stadtquartieren und Nachhaltigkeit durch private Akteure in der Stadtentwicklung. In: Matthias Drilling, Olaf Schnur (Hrsg.), Nachhaltige Quartiersentwicklung. Wiesbaden: VS Verlag für Sozialwissenschaften, 2012. S. 131-146.
Steffen, Will; Persson, Asa; Deutsch, Lisa; Zalasiewicz, Jan; Williams, Mark; Richardson, Katherine; Crumley, Carole; Crutzen, Paul et al. (2011): The Anthropocene: From Global Change to Planetary Stewardship. In: Ambio (2011) 40, S. 739–761. https://www.ncbi.nlm.nih.gov/pmc/articles/PMC3357752/pdf/13280_2011_Article_185.pdf (Zugriff: 27.5.2023).
Stehr, Nico (1994): Knowledge Societies. New York: Sage.
Sühlmann-Faul, Felix; Rammler, Stephan (2018): Der blinde Fleck der Digitalisierung. München: oekom.
Tangens, Rena (2012): Cloud. In: Big Brother Award 2012, Bielefeld. https://bigbrotherawards.de/2012/cloud (Zugriff: 29.5.2023).
Tax Justice Network (2021): Corporate Tax Haven Index – 2021 Results. https://cthi.taxjustice.net/cthi2021/country-list.pdf (Zugriff: 15.5.2023).
Tax Justice Network (2022): The Financial Secrecy Index. https://fsi.taxjustice.net/ (Zugriff: 19. 5. 2023).
Ternes, Doris (2008): Kommunikation – eine Schlüsselqualifikation. Paderborn: Jufermann.
Thatcher, Margaret (1987): No such thing as society. Interview in Woman's Own, 23.9.1987. https://www.margaretthatcher.org/document/106689 (Zugriff: 27.3.2023).
Tomasello, Michael (2006): Die kulturelle Entwicklung des Denkens. Frankfurt/Main: Suhrkamp.

Townsend, Colin R.; Harper, John L.; Begon, Michael E.; Steidle, J. (2003): Ökologie. Berlin: Springer.
Toynbee, Arnold (1998): Menschheit und Mutter Erde. Berlin: Ullstein.
Trautwetter, Christoph (2020): Wem gehört die Stadt? Berlin: Rosa Luxemburg Stiftung.
Treibel, Annette (2000): Einführung in soziologische Theorien der Gegenwart. Opladen: Leske + Budrich.
Truman, Harry S. (2008): Inaugural Address of Harry S. Truman, January 20, 1949. New Haven (USA): Lillian Goldman Law Library. http://avalon.law.yale.edu/20th_century/truman.asp (Zugriff: 27.3.2023).
UNDP (1998): Rapporto sullo sviluppo umano 1990-1998. Turin: Rosenberg & Sellier.
UNESCO (1982): Erklärung von Mexiko-City über Kulturpolitik. Weltkonferenz über Kulturpolitik. Paris: UNESCO. https://www.boell.de/sites/default/files/2022-01/Boell_Fleischatlas2021_V01_kommentierbar.pdf (Zugriff: 17.4.2023).
UNESCO (1998): The Power of Culture. Aktionsplan über Kulturpolitik für Entwicklung. Verabschiedet von der UNESCO-Weltkonferenz „Kulturpolitik für Entwicklung", Stockholm, Schweden, 30. März – 2. April 1998. https://www.unesco.de/sites/default/files/2018-03/1998_The_Power_of_Culture_Aktionsplan_fuer_Entwicklung_0.pdf(Zugriff: 27.3.2023).
Van Wezemael, Joris (2006): Wohnbauerneuerung unter den Bedingungen des demografischen Wandels. In: Berichte zur deutschen Landeskunde 80 (3), S. 315-339.
Vicinus, Martha (1983): Sexualität und Macht. In: Feministische Studien 1983/113. S. 141–156.
Vitali, Stefania; Glattfelder, James B.; Battiston, Stefano (2011): The network of global corporate control. In: Plos one 26.10.2011.
Volz, Andreas (2015): Weitaus wertvoller als Gold. In: Badische Zeitung 12.3.2015. https://www.badische-zeitung.de/ausstellungen/weitaus-wertvoller-als-gold--101714698.html (Zugriff: 27.3. 023).
Vorländer, Hans (2017): Wege zur modernen Demokratie. In: Informationen zur politischen Bildung 1/2017, S. 20–35.
Wagner, Elke (2014): Mediensoziologie. Konstanz: UVK.
Wagner, Jennifer (2020): So manipuliert Social Media. In: Deutsche Welle 16.11.2020. https://www.dw.com/de/so-manipuliert-social-media/a-55606935 (Zugriff: 27.3.2023).
Watzlawick, Paul (2009): Anleitung zum Unglücklichsein. München: Piper.

Watzlawick, Paul; Beavin, Janet H.; Jackson, Don D. (2007): Menschliche Kommunikation. Bern: Huber.

WBGU (2011): Welt im Wandel. Gesellschaftsvertrag für eine Große Transformation. Berlin: Beirats der Bundesregierung Globale Umweltveränderungen (WBGU).

WBGU (2016): Der Umzug der Menschheit. Die transformative Kraft der Städte. Berlin: Wissenschaftlicher Beirat der Bundesregierung Globale Umweltveränderungen (WBGU).

Weber, Max (1968): Die drei reinen Typen der legitimen Herrschaft. In: Ders., Gesammelte Aufsätze zur Wissenschaftslehre. Hrsg. von Johannes Winckelmann, 3. Auflage. Tübingen: Mohr Siebeck, 1968. S. 457–488.

Wehling, Elisabeth (2019): Politisches Framing. Berlin: Ullstein.

Weizsäcker, Ernst Ulrich von; Hargroves, Karlson; Smith, Michael; Desha, Cheryl; Stasinopoulos, Peter (2010): Faktor Fünf: Die Formel für nachhaltiges Wachstum. München: Droemer/Knaur.

Welzer, Harald (2015): Selbst denken. Eine Anleitung zum Widerstand. Frankfurt/Main: S. Fischer.

Welzer, Harald (2019): Digitalisierung: Fröhliche Unbedarftheit in Sachen Wirklichkeit. In: Zeit Online 18.8.2019. https://www.zeit.de/2019/34/digitalisierung-kuenstliche-intelligenz-algorithmen-denken-dummheit (Zugriff: 13.6.2023).

White, Lynn (1967): The Historical Roots Of Our Ecological Crisis. In: Science 155 (1967) Nr. 3767. S. 1203-1207.

Winkler, Heinrich August (2007): Was heißt westliche Wertegemeinschaft? In: Internationale Politik 4, April 2007, S. 66–85. https://internationale-politik.de/de/was-heisst-westliche-wertegemeinschaft (Zugriff: 27.3.2023).

Wittgenstein, Ludwig (2014): Tractatus logico-philosophicus. Frankfurt/Main: Suhrkamp.

Ziai, Aram (2004): Imperiale Repräsentationen. Vom kolonialen zum Entwicklungsdiskurs. In: iz3w (Zeitschrift für Politik, Ökonomie und Kultur zwischen Nord und Süd), Nr. 276/2004. S. 15–18.

Ziv, Ilan (2014): Karl Polanyi, Wirtschaft als Teil des menschlichen Kulturschaffens. Dokumentarfilm aus der Reihe „Der Kapitalismus" 6/6, Arte France 2014.

3

Transformation als Polykrise

Im vorigen Kapitel wurde die Erfolgsgeschichte der Menschheit erzählt. Zuerst lernte der Homo sapiens das Leben in größeren Gruppen. Die neolithische Revolution erweiterte die Versorgungsbasis der Population und ließ die Städte entstehen. Der Aufstieg des Westens begann mit der Eroberung Amerikas, dann änderte die Industrialisierung das Verhältnis von Mensch und Natur grundlegend. Ab den 1950ern beschleunigte sich das materielle Wachstum. Im Anthropozän ist der Mensch eine bestimmende geologische Kraft.

In der bisherigen Geschichte der Menschheit wurden alle Entwicklungssprünge und großen Transformationen von kulturellen Revolutionen antizipiert, allen voran von der kognitiven Revolution vor 70.000 Jahren. Als „DNA der Gesellschaft" hat die Kultur dafür gesorgt, dass Energieströme auf den Menschen gelenkt und Rohstoffe in wertvolle Waren umgewandelt werden. Ohne den Fortschritt wären die zahlreichen Welterbestätten der UNESCO, die wir heute bewundern, nie entstanden. Und doch hat diese Entwicklung eine dunkle Kehrseite, die in diesem Kapitel beleuchtet wird. Schon das plötzliche Verschwinden

---

Die Originalversion des Kapitels wurde revidiert. Ein Erratum ist verfügbar unter https://doi.org/10.1007/978-3-658-42317-9_9

© Der/die Autor(en), exklusiv lizenziert an Springer Fachmedien Wiesbaden GmbH, ein Teil von Springer Nature 2024, korrigierte Publikation 2024
D. Brocchi, *By Disaster or by Design?*, https://doi.org/10.1007/978-3-658-42317-9_3

der Neandertaler nach der kognitiven Revolution liefert einen beunruhigenden Verdacht. Die Verbreitung von Landwirtschaft und Zucht sowie der Städtebau verlief später parallel zum Schwund der Biodiversität. Heute bezeichnet sich der Westen gerne als „Wertegemeinschaft", und doch entstand seine Dominanz durch Völkermord, Sklaverei und (neo-)koloniale Ausbeutung. So ist Fortschritt nur eine ethnozentrische Einbildung, die die Perspektive nicht-menschlicher Wesen und außereuropäischer Völker außer Acht lässt (Peck 2021).

Die moderne Gesellschaft krankt „an ihren Siegen" und nicht an ihren Niederlagen (Beck 2008, S. 54). Nach den Hauptsätzen der Thermodynamik kann es in geschlossenen Systemen keine wachsende Ordnung geben, ohne dass es woanders zu einer wachsenden Unordnung kommt. Das gilt insbesondere für ein Wirtschaftswachstum, das auf fossilen Energieträgern basiert (Rifkin 1982; Georgescu-Roegen 1987). Eine solche Entwicklung muss fast zwangsläufig zu einer Polykrise führen. Diese ist jedoch mehr eine System- als eine Umweltkrise. Warum ist das so?

- *Erstens,* weil die wesentlichen Ursachen der gegenwärtigen Krise im Inneren des Systems und nicht in seiner Umwelt liegen. Mit dem kapitalistisch-industriellen Entwicklungsmodell sind auch seine Risiken globalisiert worden.
- *Zweitens,* weil die gegenwärtige Polykrise einen globalen Charakter hat (Hamm 1996). Anders als die Krisen der Vergangenheit betrifft sie nicht nur eine Region, sondern erstreckt sich über den ganzen Planeten.
- *Drittens,* weil sich eine Polykrise nicht auf einen Teilbereich der Gesellschaft begrenzt, sondern „mehrdimensionale Entgrenzungstendenzen" vorweist (Brinks und Ibert 2020, S. 44). Darin überlagern sich verschiedene Krisen und verstärken sich gegenseitig (Tooze 2022). So kann eine Pandemie in eine Wirtschaftskrise münden und die Demokratiekrise beschleunigen. „Der Klimawandel wird ohne Zweifel zu einer Häufung sozialer Katastrophen führen" (Heidbrink 2007). Wenn Erdöl knapper wird, werden Öl-Kriege wahrscheinlicher. Genauso kann ein Krieg zu Engpässen in der Gaslieferung führen. Schon im Brundtland-Bericht von 1987 wurde erkannt, dass die verschiedenen weltweiten Krisen der Gegenwart „keine isolierten Krisen [sind].

Es gibt keine Umweltkrise, keine Entwicklungskrise und keine Energiekrise – sie sind alle Teil einer einzigen Krise" (Hauff 1987, S. 4).
- *Viertens,* weil die Umwelt immer ihre Systeme überlebt – egal wie sich die Zukunft entwickelt. Eine Natur ohne Menschen kann es geben, Menschen ohne Natur jedoch nicht (Sacchetti 1986). Auch wenn im westlichen Weltbild System und Umwelt separiert werden, ist die Gesellschaft Teil ihrer Umwelt. Weil die Umwelt gleichzeitig Innenwelt ist (Uexküll 1909), kann das soziale System die wachsende Unordnung nicht ewig hinter Dämmen und Stacheldrahtzäunen halten: Die Krise schlägt früher oder später auf das System zurück.
- *Fünftens,* weil wir ausgerechnet im Anthropozän eine Umkehrung der globalen Machtverhältnisse erleben. Bisher wurde die Umwelt als das passive Objekt wahrgenommen, das durch das aktive Subjekt fast beliebig umgestaltet werden konnte. Doch nun wird die Umwelt durch die Krisen zunehmend zum Subjekt, während die gesellschaftlichen Institutionen überfordert wirken und einen zunehmenden Kontrollverlust erfahren. So waren es winzige Viren, die die Weltwirtschaft in der Corona-Krise lahmgelegt haben.

Während im vorigen Kapitel das System von Innen behandelt wurde und die systemrelevanten Faktoren der Entwicklung im Vordergrund standen (z. B. Banken und Hochfinanz), findet in diesem Kapitel ein Perspektivenwechsel statt: Das System wird aus der Perspektive seiner Umwelt betrachtet. Dabei erscheint der Untergang als die Kehrseite des Fortschritts: Um diesen Zusammenhang geht es im folgenden Abschnitt. Danach wird die Empirie der heutigen Polykrise behandelt und anhand vier zusammenhängender Dimensionen (Ökologie, Ökonomie, Soziales, Kultur) dargestellt. In der Krisendynamik entfaltet sich eine Logik, die eine starke kulturelle Komponente hat.

3.1 Vom Fortschritt zum Untergang

So wie Fortschritt Ausdruck von Hochkulturen ist, so ist der Untergang ihre mögliche Folge. Nicht jeder Fortschritt führt automatisch zum Untergang, aber diese Beziehung offenbarte sich historisch immer wieder.

Stellvertretend dafür werden hier zunächst zwei Geschichten vorgestellt, die jeweils mit einer Welterbestätte der UNESCO in Verbindung stehen. Im weiteren Abschnitt geht es um die Parallelen zwischen den Finanzkrisen von 1929 und 2008.

3.1.1 Der Weg zum Weltkulturerbe

Zu den Errungenschaften der Menschheit, die wir heute als Weltkulturerbe bewundern, gehören die berühmten, riesigen Steinstatuen auf der Osterinsel. Die meisten Moai sind vier bis sechs Meter hoch. Das Gewicht liegt zwischen 10 und 270 Tonnen (Diamond 2006, S. 103 f.). Sie sind das Werk der Rapa Nui, einer kleinen polynesischen Zivilisation, die um 900 n. Chr. die Insel besiedelte. Zwischen 1100 und 1650 schuf sie bis zu 1.000 Moai (ebd., S. 124 ff.). Im Laufe der Zeit nahm die Größe der Figuren zu, dabei liegen die Größten (bis zu 21 Meter) unvollendet im Steinbruch an den Hängen des Vulkanes Rano Raraku (ebd., S. 125).

Die Kultur der Rapa Nui gilt als hochentwickelt für ihre Zeit in dieser Region, denn an keinem anderen Ort im Südpazifik sind solche kolossalen Steinstatuen gefunden worden. Der Wert ihrer Errungenschaft wird durch die Erkenntnis verstärkt, dass diese Zivilisation keine Werkzeuge aus Metall kannte. Die meisten Moai wurden an der Küste errichtet, 15 km entfernt vom Steinbruch. Der lange Transport und die Errichtung schufen die Rapa Nui allein durch die Muskelkraft von Menschen, denn Kräne, Räder oder Zugtiere hatten sie nicht (ebd., S. 104). Von der Außenwelt war diese Zivilisation komplett abgeschnitten, da die Osterinsel einer der abgelegensten Orte der Welt ist (der nächstgelegene Ort ist 2.078 km entfernt).

Von der hochentwickelten Kultur der Rapa Nui fand der erste westliche Seefahrer, der 1722 auf der Insel landete, kaum noch etwas. Der Holländer Jakob Roggeveen zählte nicht mehr als 3.000 Bewohner, die als einzige Wasserfahrzeuge nur über undichte, zerbrechliche Kanus verfügten. Er fragte sich, wie solch ein Volk in der Vergangenheit so lange Wege zurückgelegt haben konnte, um solch eine kleine Insel (24 mal 13 km) im Pazifik zu erreichen. Thomas Cook beschrieb 1774 die Rapa

Nui als „abgemagert, ängstlich und elend" (ebd., S. 105, 109). Da die letzten Moai bis 1650 gebaut wurden, musste sich in den 70 Jahren vor der Landung von Roggeveen ein Zusammenbruch der Zivilisation ereignet haben. Die Archäologen haben berechnet, dass in der Hochphase dieser Kultur mehr als 15.000 Menschen die Insel bewohnten. Bis zur Landung der Seefahrer hatte es also einen drastischen Bevölkerungsrückgang gegeben. Auch ein weiterer Befund sorgt für Fragen. Bis 1100 n. Chr. war die Insel von einem subtropischen Laubwald mit Bäumen von bis zu 30 Meter Höhe bedeckt. Dann nahmen der Wald und die Artenvielfalt immer mehr ab. Als Roggeveen auf die Osterinsel kam, war sie Ödland: Es gab nur sehr wenige Bäume, die höchstens drei Meter hoch waren. Auf keiner anderen Insel Polynesiens war der Baumbestand so gering. Wo war der grüne Wald hin? Die Ursachen für eine solche dramatische Verwüstung konnten nicht natürlich sein, wie wissenschaftliche Untersuchungen ergaben. Es kann kein Zufall sein, dass die letzten großen Bäume um 1650 verschwanden, genau in der Zeit, in der die letzten Moai geschaffen wurden. Anhand seiner Recherchen ist der Biogeograf Jared Diamond zu dem Schluss gekommen, dass die Rapa Nui das Ökosystem der Insel und dadurch ihre eigene Lebensgrundlage zerstört haben mussten, um ihre größte kulturelle Errungenschaft zustande zu bringen. Erstens wurden Unmengen an Holz und Seilen benötigt, um die massiven Statuen über die weiten Wege zu transportieren. Zweitens waren die Mitarbeiter der „Moai-Industrie" mit Nahrungsmitteln bezahlt worden. Das erforderte einen Überschuss an landwirtschaftlicher Produktion. Die Ausweitung der Landwirtschaft ging auf Kosten des Waldes. Der Verlust der Waldbedeckung verursachte eine wachsende Erosion, die kultivierbares Land beschädigte: Die Rapa Nui ersetzten es durch die Rodung anderer Waldteile. Ohne Holz wurde es schwierig, den kalten Winter zu überstehen und gute Kanus zum Fischen herzustellen. Aufgrund des Nahrungsmangels begannen die Rapa Nui Seevögel zu essen. Ab Mitte des 17. Jahrhunderts nahm die Artenvielfalt der Osterinsel so rapide ab, dass es zum ökologischen Kollaps kam. Immer mehr Menschen starben an Hunger. Der Wettbewerb um knapp werdende Ressourcen führte zu sozialen Konflikten, die in Bürgerkriege mündeten. Die Überlebenden wurden im folgenden Jahrhundert durch die von den Weißen eingeführten Krankheiten weiter dezimiert und von den Peruanern versklavt. 1877 zählte der französische Anthropologe Alphonse Pinart nur noch 111 Rapa-Nui-Individuen auf der Insel (ebd., S. 144).

Dieses historische Beispiel zeigt, dass die Naturzerstörung keine Erfindung des Westens und der Gegenwart ist. Wie konnte es eine hochentwickelte Kultur innerhalb von nur 500 Jahren schaffen, die eigene Lebensgrundlage systematisch zu vernichten? Man könnte behaupten, dass die Rapa Nui besonders dumm waren, aber unsere Gesellschaft ist heute dabei, ähnliche Fehler zu begehen. Die drei zusammenhängenden Faktoren, die zum Zusammenbruch der Zivilisation auf der Osterinsel führten, haben immer noch Aktualität. Diese sind (Brocchi 2010, S. 147):

- *Soziale Ungleichheit.* Die Gesellschaft der Rapa Nui war in Elite und Masse unterteilt. Die einfachen Leute waren gezwungen, ihre Häuser im Landesinneren zu bauen, während die Häuptlinge und ihre Familien in der Nähe der Küste leben durften, in relativ großen Häusern (*hare paenga*) aus Stroh, mit einem Basaltboden und einer Terrasse mit Blick auf den Ozean (Diamond 2006, S. 121). Die gesellschaftliche Entwicklung wurde von einer Minderheit bestimmt, die sich selbst bevorzugte. Da die Elite die treibende Kraft hinter dem Bau der Moai war, wurden die Kosten dieser Entwicklung hauptsächlich auf das einfache Volk verlagert. Das Überleben des einfachen Volkes hing aufgrund des Lohnsystems von der Elite ab: Die Häuptlinge kontrollierten die Lagerung, den Transport und die Verteilung von Nahrungsmitteln. Deshalb rebellierte das Volk nicht, als die Krise eintrat.
- *Wettbewerb.* Die Insel war in zwölf verschiedene Territorien unterteilt, die jeweils von einem Häuptling und seiner Sippe kontrolliert wurden. Die Häuptlinge konkurrierten miteinander um den höchsten sozialen Status, der durch die Höhe des Moai symbolisiert wurde (ebd., S. 126). Dieser Wettbewerb trieb zwar den „Fortschritt" an (die Statuen wurden immer größer), verursachte jedoch gleichzeitig eine massive Umweltzerstörung. Die Konkurrenz um Status behinderte die Wahrnehmung tatsächlicher Probleme und eine Zusammenarbeit für deren Lösung. Deshalb markierten ausgerechnet die größten Moai das Ende der Zivilisation.

- *Religion und Ideologie.* Nur kulturelle Mechanismen können die Irrationalität einer „erfundenen Ordnung" erklären, die zur Selbstzerstörung führt. Als künstlerische Statussymbole machten die Moai den Unterschied zwischen Elite und gewöhnlichem Volk greifbar. Diese Statuen hatten auch eine religiöse Funktion und dienten zur Ahnenverehrung. Die Mischung aus sozialer und religiöser Symbolik spiegelte sich in der engen Verbindung zwischen Häuptlingen und Priestern wider. „Die Häuptlinge und Priester auf der Osterinsel hatten ihre herausgehobene Stellung anfangs damit gerechtfertigt, dass sie für sich eine Verwandtschaft mit den Göttern in Anspruch nahmen und dem Volk Wohlstand sowie eine reiche Ernte versprachen. Diese Ideologie unterstrichen sie mit monumentalen Bauwerken und Zeremonien, mit denen die Massen beeindruckt werden sollten" (ebd., S. 141). Was geschah, als sich eine starke Hungerkrise abzeichnete? Die Häuptlinge und die Priester überzeugten das einfache Volk, dass Opfer notwendig seien, um die Ahnen zu besänftigen und wieder Wohlstand und gute Ernten zu bekommen. Dazu diente wahrscheinlich der Bau immer größerer Moai nach 1600, also in der Krisenphase (ebd., S. 141 f.).

Ideologien zeichnen sich durch die außergewöhnliche Fähigkeit aus, die Ursache des Problems als Lösung zu verpacken (Brocchi 2020). Auch in der westlichen Gesellschaft wird die Ursache der Umweltzerstörung immer wieder als Allheilmittel verpackt: Unser Moai heißt nämlich Wirtschaftswachstum. Doch eine weitere Parallele findet Diamond besonders beunruhigend:

„Durch Globalisierung, internationalen Handel, Flugverkehr und Internet teilen sich heute alle Staaten der Erde die Ressourcen, und alle beeinflussen einander genau wie die zwölf Sippen auf der Osterinsel. Die Osterinsel war im Pazifik ebenso isoliert wie die Erde im Weltraum. Wenn ihre Bewohner in Schwierigkeiten gerieten, konnten sie nirgendwohin flüchten, und sie konnten niemanden um Hilfe bitten; ebenso können wir modernen Erdbewohner nirgendwo Unterschlupf finden, wenn unsere Probleme zunehmen. Aus diesen Gründen erkennen viele Menschen im Zusammenbruch der Osterinselgesellschaft eine Metapher, ein schlimmstmögliches Szenario für das, was uns selbst in Zukunft vielleicht noch bevorsteht" (Diamond 2006, S. 153).

3.1.2 Die Schattenseite der Hochkultur

Kein Ort in Deutschland symbolisiert den historischen Höhepunkt der kulturellen Entwicklung dieser Gesellschaft besser als Weimar. Hier wirkten Goethe, Schiller, Bach und Liszt. Hier gründete Walter Gropius das weltbekannte Bauhaus, im selben Jahr, in dem die Weimarer Verfassung erlassen wurde. Dieses Städtchen mitten in Europa wirkt beschaulich, fast harmonisch. Die verewigte, homogene Schönheit der Klassik strahlt noch heute Geborgenheit und Frieden aus. Weimar ist der Inbegriff der Hochkultur – und wurde in den 1930ern zur Hochburg des Nationalsozialismus. 49,64 % der Stimmen erhielt die NSDAP bei der Reichstagswahl im März 1933 (Hendel 1994). Ein Widerspruch? Keinesfalls. Der Nationalsozialismus selbst verfolgte eine ästhetische Perfektion (Bauman 2010, S. 103). Sie kam in den Stadtentwürfen von Albert Speer genauso wie in den Inszenierungen von Leni Riefenstahl zum Ausdruck (Ogan und Weiß 1992). Hitler selbst wäre allzu gerne Künstler geworden, aber die Wiener Akademie der Bildenden Künste lehnte ihn zweimal ab (1907 und 1908). Leider Gottes, denn später entwarf er als Diktator seinen eigenen platonischen Staat – und schuf als „irdischer Demiurg" einen autoritären Apparat, der die Gesellschaft nach dem Vorbild seiner Idee von Perfektion modellieren sollte.

Um die völkische, als harmonisch verklärte Monokultur durchzusetzen, wurde die kulturelle Vielfalt zerstört. „Asoziale", politische Gegner, Emigranten, Homosexuelle, Juden, Sinti und Roma wurden aussortiert.[1] In Weimar-Nohra wurde 1933 das erste deutsche Konzentrationslager eingerichtet (Drobisch und Wieland 1993). Noch berüchtigter wurde jedoch das KZ Buchenwald, das 1937 in Betrieb genommen wurde. Es lag nur acht Kilometer vom Zentrum der Weimarer Klassik entfernt, beide Orte wurden sogar durch eine Bahnstrecke verbunden. Am Bau der Todesmaschine beteiligten sich Ingenieure und Architekten; am Betrieb wirkten Betriebswirte, Juristen und Ärzte mit. Doch sie ermordeten keinen einzigen Menschen mit den eigenen Händen und

---

[1] Für Zygmunt Bauman (2010, S. 101) war die nationalsozialistische Revolution „ein gigantisches Projekt des Social Engineering. Die ‚Rasse' das Kernstück der gestalterischen Maßnahmen".

mussten nie in die Augen der wehrlosen Opfer schauen. Ein Teil der Inhaftierten wurde als Kapos für die Aufsicht im Lager eingesetzt oder musste sich um die Verbrennung der Leichen kümmern.

In diesem KZ wurden mehr als 56.000 Menschen ermordet, bis im April 1945 die US-Soldaten die Lagerinsassen befreiten. Vom Ausmaß der Gräueltaten waren sie derart schockiert, dass sie entschieden, sofort Weimars Bevölkerung damit zu konfrontieren. Keiner hätte später behaupten sollen, dass es dies alles gar nicht gegeben hätte. 1.000 Einwohner der Stadt, davon die Hälfte Frauen, wurden so gezwungen das Lager und die dazugehörigen Lazarette zu besichtigen. Ihre Reaktion:

„Immer und immer wieder fragten sie sich und schauten sich an: ‚Wie ist so etwas möglich? Warum haben wir nie etwas davon erfahren?' […]. Als die Zivilisten immer wieder riefen: ‚Wir haben nichts gewusst! Wir haben nichts gewusst!', gerieten die Ex-Häftlinge außer sich vor Wut. ‚Ihr habt es gewusst', schrien sie. ‚Wir haben neben Euch in den Fabriken gearbeitet. Wir haben es Euch gesagt und dabei unser Leben riskiert. Aber Ihr habt nichts getan' […]. Der Weimarer Probst und Superintendent schrieb eine Erklärung, die am Sonntag, den 22. April 1945, in allen evangelischen Kirchen Weimars verlesen wurde. Sie gipfelte in dem Satz: ‚So dürfen wir vor Gott bekennen, dass wir keinerlei Mitschuld an diesen Gräueln haben'" (Iken und Frank 2018).

„Ist das ein Mensch?", betitelte Primo Levi (1947) seine Erfahrungen als Häftling in Auschwitz.[2] Der kulturelle Höhepunkt der Entwicklung einer Gesellschaft kann ihrem Abgrund so nah sein. Heute halten wir den westlichen Menschen des 20. Jahrhunderts für viel zivilisierter als die primitiven Völker und doch zeigten Buchenwald und Auschwitz, auf welcher Seite die Barbaren wirklich waren.

Der Nationalsozialismus ist kein Betriebsunfall der Geschichte gewesen. Im Gegenteil: Gerade darin kamen der Leviathan von Thomas Hobbes und Bacons Spruch „Wissen ist Macht" zu ihrer konsequen-

---

[2] Primo Levis Werk fand auch deswegen breite Beachtung, weil es sachlich, fast wissenschaftlich geschrieben war. Levi bekannte, dass ihn nicht nur der Drang das Erlebte zu beschreiben antrieb, sondern auch das Bedürfnis es zu verstehen.

testen Umsetzung. So machte die bürokratische Gesellschaft, die Max Weber 1922 beschrieben hatte, den Holocaust erst möglich (Bauman 2010, S. 32 f.), denn die Bürokratie entspricht der modernsten und *„rationalsten* Form der Herrschaftsausübung":

> „Präzision, Stetigkeit, Disziplin, Straffheit und Verläßlichkeit, also: Berechenbarkeit für den Herrn […]. Die bureaukratische Herrschaft bedeutet sozial im allgemeinen […] die Herrschaft der formalistischen *Unpersönlichkeit* […], daher ohne ‚Liebe' und […] unter dem Druck schlichter *Pflicht*begriffe; ‚ohne Ansehen der Person'" (Weber 1985, S. 128).

Wenn „die Reduktion von Komplexität die Hauptaufgabe moderner Gesellschaften [ist] und ein Zwang zur Selektion" besteht (Luhmann in Treibel 2000, S. 26), dann ist der Nationalsozialismus dieser Aufgabe bestens gerecht worden. Die Nationalsozialisten erkannten, welche entscheidende Rolle Bildung, Medien und Kunst spielen können, um eine erfundene Ordnung zu stützen und die Öffentlichkeit zu lenken. So wie diese Ideologie auf einer Kultur gedieh, die schon da war, so erloschen bestimmte Werteinstellungen 1945 nicht.

3.1.3 Die Wiederholung der Geschichte

Als der Erste Weltkrieg 1914 begann, lebte Karl Polanyi in Budapest. Hier hatte er sich während des Jura- und Philosophie-Studiums in linken Studentengruppen engagiert. Nach der Niederschlagung der ungarischen Räterepublik 1919 zog er aus politischen Gründen nach Wien, wo er zum renommierten Wirtschaftsjournalisten und politischen Leitartikler avancierte, zunächst als Redakteur, später als Mitherausgeber des „Österreichischen Volkswirts". Da er aus einer liberalen jüdischen Familie kam, emigrierte er 1933 unter dem Druck des aufkommenden Nationalsozialismus erst nach England, dann in die USA.[3] Dem

---

[3] Aus dem Portal „Deutsche Biografie" der Historischen Kommission bei der Bayerischen Akademie der Wissenschaften: https://www.deutsche-biographie.de/gnd118836404.html#ndbcontent (Zugriff: 21.3.2023).

Konzentrationslager war er entkommen, trotzdem hatte Polanyi den Zusammenbruch der westlichen Zivilisation in der ersten Hälfte des 20. Jahrhunderts hautnah miterlebt. Als auch noch der Zweite Weltkrieg ausbrach, begann er am Bennington College in Vermont an seinem Werk „The Great Transformation" zu arbeiten. Darin befasste er „sich mit den politischen und wirtschaftlichen Ursachen [des] Geschehens sowie mit der großen Transformation, die es einleitete" (Polanyi 1978, S. 19). Als die Arbeit veröffentlicht wurde, war der Zweite Weltkrieg noch nicht zu Ende. Selbst sein forciertes Ende in Hiroshima und Nagasaki leitete eine neue Ära der Angst ein: Mit der Atombombe wurde die Selbstvernichtung der Menschheit zum ersten Mal in der Geschichte möglich.

Für Polanyi waren diese Ereignisse die Konsequenz des Zusammenbruchs der Weltordnung des 19. Jahrhunderts. Diese Ordnung basierte auf vier Einrichtungen:

> „Die erste war das System des Kräftegleichgewichts, das ein Jahrhundert lang [1815–1914] den Ausbruch von lange dauernden und verheerenden Kriegen zwischen den Großmächten verhinderte. Die zweite war der internationale Goldstandard, der eine einmalige Form der Weltwirtschaft symbolisierte. Die dritte war der selbstregulierende Markt, der einen bis dahin nie gekannten Wohlstand hervorbrachte. Die vierte war der liberale Staat" (ebd.).

Von diesen vier war die dritte Einrichtung die entscheidende, denn der selbstregulierende Markt war Ausdruck des Gewinnstrebens – und ihm dienten die anderen drei Einrichtungen: Das Kräftegleichgewicht und der Goldstandard stützten den Welthandel; „der liberale Staat war seinerseits eine Schöpfung des selbstregulierenden Marktes" (ebd.). Während John Locke und Adam Smith die Marktwirtschaft für einen natürlichen Ausgang der Geschichte hielten, stellte sie für Polanyi eine historische Anomalie dar. Die Marktwirtschaft entzieht sich nicht nur der Kontrolle des Staates: Sie macht den Staat selbst zu ihrer Funktion; die Gesellschaft selbst wird zum Markt (ebd., S. 102). Die besondere Abartigkeit besteht darin, Arbeit, Boden und Geld in „fiktive Waren" zu verwandeln (ebd.). Diese können aber keine Ware sein. So ist Arbeit nur eine andere Bezeichnung für die menschlichen Aktivitäten, die das

Leben selbst ausmachen. Genauso ist Boden nur ein anderer Name für Natur: Sie kann kein ökonomischer Akteur wie alle anderen sein. „Die Natur mit den Mechanismen des Marktes zu verwalten, das war für Polanyi Illusion" (Robert Boyer in Ziv 2014). Auch das Geld ist nichts weiteres als ein Tauschmittel, ein Zeichen für Kaufkraft. Für die Gesellschaft ist Geld zu wichtig, um es dem opportunistischen Verhalten von Privatbankiers zu überlassen. Wer die Arbeit, den Boden und das Geld zur „fiktiven Ware" umwandelt, unterstellt die Gesellschaft und die Natur der Herrschaft des Marktes (Polanyi 1978, S. 106).[4]

Wenn die Marktwirtschaft bestimmen darf, wie wir leben, arbeiten, konsumieren und denken, dann entsteht am Ende ein System, das nicht nachhaltig ist: „Die […] verursachten Verschiebungen müssen zwangsläufig die zwischenmenschlichen Beziehungen zerreißen und den natürlichen Lebensraum des Menschen mit Vernichtung bedrohen", schrieb Polanyi (ebd., S. 70). Während in den klassischen Wirtschaftstheorien die Gesellschaft als Akteur nicht einmal vorgesehen ist (am Werk sind nur egoistische Individuen) und die Natur auf Rohstoffe reduziert wird, bilden die Gesellschaft und die Natur in der Vorstellung von Polanyi das Fundament der Wirtschaft. Eine entbettete Wirtschaft muss deshalb früher oder später gegen die Wand laufen.

Das bewies nicht zuletzt die große Weltfinanzkrise von 1929: Sie zeigte, was passiert, wenn das Geld vom Tauschmittel zum Spekulationsobjekt wird – und die Staaten der Hochfinanz das Spielfeld überlassen. In seinem Werk „The Great Crash" beschrieb John Kenneth Galbraith 1954, wie die USA die Weltwirtschaftskrise auslösten (Galbraith 2005). Auf den liberalisierten Märkten konnte der Homo oeconomicus seine Gier frei entfalten. Da alle glaubten, dass das amerikanische Wirtschaftsmodell nahezu perfekt sei, kam keiner auf die Idee, dass der Finanzmarkt zusammenbrechen könnte: Die Anzeichen wurden bis zum Ende verdrängt. Die Menschen begeisterten sich für den technologischen Fortschritt (Automobil, Radio, Flugzeug…) und steckten ihr

---

[4] Denn „die Arbeitskraft und der Boden [bedeuten] nichts anderes als die Menschen selber, aus denen jede Gesellschaft besteht, und die natürliche Umgebung, in der sie existieren. Sie in den Marktmechanismus einzubeziehen, das heißt, die Gesellschaftssubstanz schlechthin den Gesetzen des Marktes unterzuordnen" (Polanyi 1978, S. 106).

3 Transformation als Polykrise

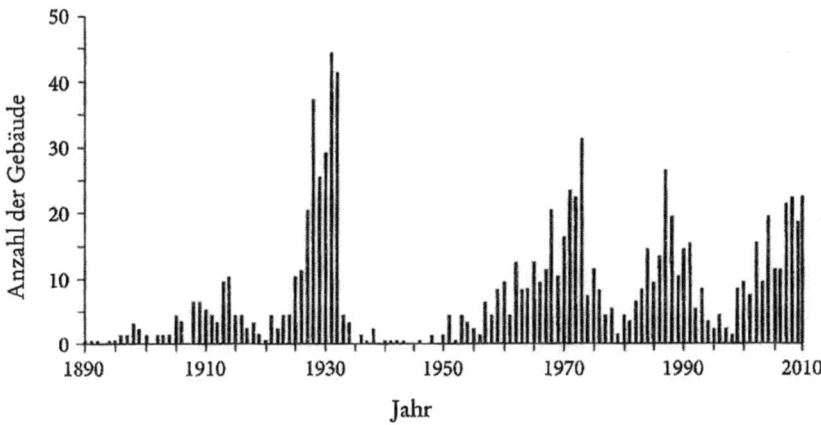

Abb. 3.1 Übersicht über die Anzahl der Hochhäuser, die in den Jahren 1890 bis 2010 in New York errichtet wurden. (Aus Harvey 2013, S. 75; mit freundlicher Genehmigung von © Suhrkamp Verlag/Insel Verlag 2013. All Rights Reserved)

Gespartes in undurchsichtige Fonds an der Börse, dem Versprechen folgend, dass jeder reich werden könne. Noch wenige Tage vor dem großen Crash versicherte einer der führenden US-Wirtschaftswissenschaftler, „dass die Aktienkurse, wie es scheint, ein dauerhaft hohes Niveau erreicht haben" (Irving Fischer zit. in Jung 2009).

Der Sozialwissenschaftler David Harvey hat gezeigt, dass Finanzspekulation und Bodenspekulation in den letzten 100 Jahren immer Hand in Hand gingen: Die Entwicklung der Börsenwerte verlief parallel zum Immobilienboom. In Abb. 3.1 wird er durch die Zahl der Hochhäuser symbolisiert, die in New York von 1890 bis 2010 gebaut wurden. Es ist deutlich zu erkennen, dass dem Zusammenbruch von 1929 ein Immobilienboom voranging. Diese Immobilienblase war der Auslöser für den größten Börsencrash der Geschichte (Harvey 2013, S. 72 ff.). Er begann am 24. Oktober 1929 (Schwarzer Freitag).

Die USA lernten damals aus der Krise. Mit dem New Deal von US-Präsident Franklin D. Roosevelt wurden die Märkte stark reguliert und dem Staat unterstellt. In Europa folgte hingegen ein Jahrzehnt der sozialen und politischen Polarisierung. Hier hatte die Liberalisierung der Märkte das soziale Gewebe der Gesellschaft zerstört. Die Auswirkungen der Finanzkrise führten zu autoritären Entwicklungen in mehreren Staaten. In Deutschland kamen 1933 die Nationalsozialisten an die Macht. Der fehlende Zusammenhalt an der Basis der Gesellschaft wurde von oben künstlich hergestellt: durch den Führer, den nationalistischen Gedanken und nicht zuletzt durch Feindbilder, unter denen vor allem die Juden als Sündenbock dienten. Um die inneren Mängel zu kompensieren, wählte Deutschland den Weg der Aufrüstung und der territorialen Expansion. Es kam zum Krieg.

Nach 1945 gerieten die Finanzkrise und Polanyi in Vergessenheit. Der Fortschritt war mit der Überzeugung von Politikern und Ökonomen verbunden, „sie seien heute schlauer. Regierung, Notenbanken und Wissenschaftler wüssten, was damals schiefgelaufen sei, sie hätten gelernt, und deshalb würden sie die Fehler nicht wiederholen" (Schäfer 2010). So kam es ab den 1980ern zu einer erneuten Deregulierung der Finanzmärkte. Die Finanzierung des Wohnungsbaus dehnte sich wieder rasant aus. Es bildete sich eine neue Immobilienblase (Abb. 3.1). Vor den Folgen warnte der US-Finanzexperte John R. Talbott 2003 mit dem Buch „The Coming Crash in the Housing Market". Im März 2006 berichtete der Volkswirt Willi Semmler auf Spiegel Online: „Nie in den letzten 30 Jahren sind die Preise auf dem US-Immobilienmarkt so stark gestiegen wie seit 2003 – und nie ist so oft ein Crash vorhergesagt worden" (Semmler 2006). Im September 2006 hieß es: „Hedgefonds sammeln immer mehr Geld und spekulieren mit allem, was Profit bringt: mit Aktien, Devisen, Rohstoffen, sogar mit den Schulden anderer. Niemand weiß, welche Risiken sie eingehen. Deshalb sind sie selbst zum Risiko geworden, Experten warnen vor einem Domino-Crash" (Balzli et al. 2006).

Obwohl vielerorts vor einer dramatischen Finanzkrise gewarnt wurde, trafen Politik und Wirtschaft zwei Jahre lang keine nennenswerten Gegenmaßnahmen. Der Finanzbetrieb ging wie gewohnt weiter. Im Juli 2007 feierten die Börsen sogar Rekordwerte: An der Wall Street überschritt der Dow Jones erstmals die Rekordmarke von 14.000 Zählern. Auch der DAX in Frankfurt am Main lag so hoch wie nie zuvor: 8.136 Punkte. Die Anleger*innen träumten in dieser Zeit nur von höheren Gewinnmargen.[5] Pessimistische Voraussagen verhallten indes ungehört. Es dauerte nur ein Jahr, bis die US-Investmentbank Lehman Brothers Inc. Insolvenz beantragte. Am 14. September 2008 kam es zum Beben an der Wall Street und die größte Weltfinanzkrise seit 1929 nahm ihren Lauf. In wenigen Monaten fiel der DAX unter 4.000 Punkte. Die EU-Mitgliedstaaten mussten mit der unglaublichen Summe von 4,6 Billionen Euro ihre Banken stützen.[6] Nur weil die Wohnungshypotheken in den Industriestaaten mittlerweile mehr als 40 % des Bruttoinlandsprodukts (BIP) ausmachten, konnte 2008 ein Immobiliencrash so eine schwere Finanz- und Wirtschaftskrise auslösen (Harvey 2013, S. 69, 76).[7]

Anders als nach 1929 in den USA wurden die Finanzmärkte dieses Mal nicht wieder reguliert.[8] Man rettete hingegen die Banken mit Steuergeldern: Aus der Finanzkrise wurde so eine Staatsverschuldungskrise. Nun standen nicht mehr die Fehler der Finanzwirtschaft im Mittelpunkt der Debatte, sondern jene der Staaten. Nach Berechnungen der Commerzbank verursachte die Finanzkrise Gesamtkosten in Höhe von 7.300 Mrd. Euro weltweit (Greive 2009), für Deutschland waren es 187 Mrd. Euro (Greive 2013). Länder wie Griechenland, Irland, Spanien und Italien standen am Rande des Bankrotts. Die Kosten der Finanzkrise wurden auch auf die Kommunen verlagert. In Deutschland besetzten Schulden und Sparmaßnahmen jahrelang die lokale politische

---

[5] „DAX: DSW gibt 9.000-Punkte-Ziel frei". In: Manager Magazin, 14.7.2007. https://www.manager-magazin.de/finanzen/artikel/a-494433.html (Zugriff: 21.4.2023). DSW ist die Deutsche Schutzvereinigung für Wertpapierbesitz.

[6] DPA/Reuter/AFP: „Europa steht mit 4,6 Billionen Euro für Banken gerade". In: Die Zeit, 1.12.2010.

[7] Was war der entscheidende Fehler, der zur neuen Finanzkrise führte? Ulrich Schäfer, stellvertretender Chefredakteur der Süddeutschen Zeitung, gab diese Antwort: „Die Amerikaner haben über Jahrzehnte hinweg auf Pump gelebt. Sie haben sich nicht darum geschert, ob sie ihre Schulden noch bezahlen können, sondern haben darauf vertraut, dass die ganze Welt ihr Leben (und auch die Exzesse an den Kapitalmärkten) auf Dauer finanziert. Mit ihrer Maßlosigkeit haben die USA den Rest der Welt als Geisel genommen. Diese Schuldenwirtschaft bricht nun zusammen" (Schäfer 2010).

[8] Banken und Konzerne, die „too big to fail" sind, existieren immer noch und können jederzeit eine Weltfinanzkrise auslösen. Geschäftsbanken und Investmentbanken sind nicht wieder getrennt worden. Der Hochfrequenzhandel wird auf den Börsen immer noch praktiziert. Die Spekulationen werden weiterhin mit hohen Boni vergütet.

Agenda. Als „freiwillige Aufgabe" der Kommunen traf die Krise Kunst und Kultur ganz besonders.[9]

Wie die 1930er zeichneten sich auch die 2010er durch zunehmende soziale und politische Polarisierungen innerhalb der Gesellschaft aus. Die Schere zwischen Arm und Reich klaffte immer weiter auseinander. So gehörte im Jahr 2017 dem wohlhabendsten einen Prozent die Hälfte des weltweiten Reichtums. „In Deutschland [besaßen] 36 Milliardäre so viel Vermögen (297 Mrd. US-Dollar) wie die ärmere Hälfte der Bevölkerung" (Oxfam 2017a). Trotzdem wurden die Geflüchteten (die Schwächsten unter den Schwachen) ab 2015 zum neuen Sündenbock der gesellschaftlichen Widersprüche gemacht. So nahmen zwischen 2010 und 2019 die politisch motivierten Straftaten in Deutschland von 27.180 auf 41.177 zu, darunter vor allem jene mit rechtsextremistischem Hintergrund (2019: 22.342 Straftaten).[10] Inzwischen denkt ein Fünftel der Deutschen rechtspopulistisch (Brettschneider 2023, S. 38). Bei den Wahlen 2022 waren rechtsextreme Parteien auch in Frankreich im Aufwind, in Schweden die zweitstärkste Kraft und in Italien sogar die stärkste. Ungarn, Polen, die Türkei und Russland haben in den 2010er-Jahren autoritäre Entwicklungen erfahren. Ein besonderes Ereignis stellte jedoch die Wahl von Donald Trump zum Präsidenten der USA dar. Sein Motto war 2016 „America first"; sein größtes Projekt die Errichtung einer Mauer an der Grenze zu Mexiko, um die Flüchtlingsströme aus den armen Ländern zu stoppen. Vier Jahre später bekam Trump bei der US-Präsidentschaftswahl 2020 noch 46,8 % der Stimmen, und dies bei einer der höchsten Wahlbeteiligungsquoten überhaupt. Auch wenn er abgewählt wurde, sind die USA ein tief gespaltenes Land. Am 6. Januar 2021 stürmten Trump-Anhänger das Kapitol in Washington, was die Weltmacht an den Rand eines Bürgerkrieges brachte. Wie Polanyi 1944 prophezeit hatte: Wer die Märkte entfesselt, muss mit der Desintegration der Gesellschaft rechnen. „Kapitalismus und Demokratie werden als zusammengehörig dargestellt, aber

---

[9] Zum Beispiel in Wuppertal, wo 2013 das Schauspielhaus geschlossen wurde.
[10] BKA: Politisch motivierte Kriminalität. https://www.bka.de/DE/UnsereAufgaben/Deliktsbereiche/PMK/pmk_node.html (Zugriff: 21.3.2023).

bei näherer Untersuchung ist es nicht so. Nicht wenn der Kapitalismus die krasse Form dieses Finanzkapitalismus annimmt und sich politischer Prozesse bemächtigt", sagt die Wirtschaftswissenschaftlerin Kari Polanyi-Levitt (in Ziv 2014), Tochter von Karl Polanyi. „Die Regierungen bewerten ihre Entscheidungen immer noch anhand der Reaktion der Märkte" (ebd.).

Wie in den 1930ern nehmen seit Jahren die internationalen Spannungen zu. Der Ton zwischen den Großmächten wird rauer. 1990 hatte Präsident George H. W. Bush die „Neue Weltordnung" ausgerufen (Bush 1990), daraus ist jedoch wieder eine „Neue Welt*un*ordnung" geworden. Diese Unordnung zeichnet sich durch vier zusammenhängende Dimensionen aus: eine ökologische, eine ökonomische, eine soziale und eine kulturelle.

3.2 Die vier Dimensionen der Polykrise

„Die Bourgeoisie hat die Waffen geschmiedet, die ihr den Tod bringen werden", schrieben Karl Marx und Friedrich Engels 1848. So wird die Gesellschaft von den Widersprüchen eingeholt, die sie selbst geschaffen hat. Die Krisen nehmen an Häufigkeit und Intensität zu und führen immer mehr ein Eigenleben. Entgegen dem Glauben, dass „die Natur keine Sprünge macht" (Horn und Bergthaller 2019, S. 121), müssen wir uns heute mit *Tipping Points* (Kipppunkten) auseinandersetzen, deren Überschreitung zu einer Kettenreaktion führt. Bei einer Krankheit ist der Tipping Point der Punkt, an dem der Sterbeprozess irreversibel ist, egal, was der Arzt unternimmt. Im Klimasystem wird der Kipppunkt bei einer Erderwärmung von 2 Grad vermutet. Danach würde sich die Klimakrise weiter verschärfen, selbst wenn die Menschheit plötzlich aufhören würde, Treibhausgase in die Atmosphäre auszustoßen.[11] Die Wissenschaftler haben 15 kritische Entwicklungen ermittelt, die das Klimasys-

---

[11] Dies liegt an positiven Rückkopplungseffekten, die zu exponentiellen Entwicklungen führen. Ein Beispiel davon: Je wärmer die Atmosphäre wird, desto mehr Wasser verdampft. Wasserdampf ist jedoch selbst ein Treibhausgas. Mit steigenden Temperaturen kommt es öfter zu Waldbränden. Dabei gelangt noch mehr CO_2 in die Atmosphäre, wobei sich die Erderwärmung weiter verstärkt

tem umkippen lassen könnten. Davon sind neun bedrohlich nah oder könnten bereits im Gange sein (Lenton et al. 2019).[12]

Tipping Points gibt es jedoch nicht nur im Ökosystem, sondern auch in sozialen Systemen. Im Kalten Krieg wäre jeder Knopfdruck, der den Abschuss einer Atomrakete gegen den Feind ausgelöst hätte, ein Tipping Point gewesen. Gerade Tipping Points machen bewusst, dass nicht nur Menschen über eine „Handlungsmacht" (Agency) verfügen, sondern auch „Dinge". Sie sind keine passiven Objekte, denn Klimawandel, Wasserknappheit oder Pandemien können die Menschen so beherrschen, dass sich diese ohnmächtig fühlen (Latour 2014). Es ist also eine paradoxe Ambivalenz, die mit dem Anthropozän zum Ausdruck kommt: Die immense Wirkmacht des Menschen ist mit einem progressiven Kontrollverlust verbunden (Horn und Bergthaller 2019, S. 16 f.).

Wie bereits beschrieben, ist die heutige Krise auch deshalb systemisch, weil sie mehrere zusammenhängende Dimensionen umfasst, die hier nacheinander vertieft werden.

3.2.1 Die ökologische Dimension

In der neoklassischen Wirtschaftstheorie sind ökologische Grenzen des Wachstums nicht vorgesehen (Costanza et al. 2001, S. 58). Genauso hat sich die Soziologie lange nur mit sozialen Netzwerken und Institutionen beschäftigt, während Raum und Umwelt ausgeblendet wurden (Brand 1997; Beck 2008, S. 60). Die moderne Gesellschaft brauchte offenbar erst die Umweltkrise, um die ökologischen Bedingungen bewusst wahrzunehmen.

---

und noch mehr Waldbrände entstehen. Beim Auftauen des Permafrostbodens in Sibirien werden große Mengen Methan in die Atmosphäre freigesetzt. Die Treibhauswirkung von Methan ist 25- bis 35-mal intensiver als die von CO_2 (Plöger 2020, S. 145).

[12] Noch pessimistischer ist die Studie der „Earth Commission", einem internationalen Zusammenschluss von Wissenschaftlern, aus dem Jahr 2023. Darin wird behauptet, dass sieben von acht Grenzen der Belastbarkeit des Planeten bereits überschritten sind. So lässt sich der Verlust der Biodiversität oder auch die Erderwärmung nicht mehr rückgängig machen. Damit wäre ein sicheres und gerechtes Leben für viele Menschen auf der Erde heute und in Zukunft nicht mehr möglich (Rockström et al. 2023).

Polanyi hat gezeigt, dass die Wirtschaft immer in eine Natur und eine Gesellschaft eingebettet ist. Zu schweren Krisen kommt es, wenn sich die Wirtschaft geistig herauslöst – und so handelt, als ob es keine Natur und keine Gesellschaft gäbe. Das Gleiche gilt für die Gesellschaft selbst: Sie ist in eine physische und ökologische Umwelt eingebettet. Erst wenn die Gesellschaft so handelt, als ob es keine Gesetze der Ökologie gäbe, kommt es zu Krisen. Spätestens der Kollaps justiert dann die Strukturen der Gesellschaft neu und passt die Werte so an, dass das soziale System bestimmten Tragfähigkeitsgrenzen gerecht wird. Diese Entwicklung wäre für den Menschen jedoch katastrophal.

3.2.1.1 Die Grenzen der Tragfähigkeit

Eine solche Krisendynamik wurde schon 1972 in den „Grenzen des Wachstums" von Dennis Meadows und seinem Team beschrieben. Aus ihrem Werk stammt das Beispiel in Abb. 3.2. Es bezieht sich auf einen einzigen Indikator, nämlich die Populationsentwicklung. In einem geschlossenen System wie der Erde können nicht unendlich viele Menschen leben: Hier besteht eine Tragfähigkeitsgrenze (Kapazitätsgrenze in der Abb.).

Unter dieser Grenze liegt die Verfügbarkeit an Ressourcen über dem Gesamtbedarf der Population: In diesem Fall ist die gesellschaftliche Entwicklung nachhaltig. Das Verhältnis kehrt sich um, wenn die Population die Kapazitätsgrenze übersteigt: So ist eine Entwicklung nicht nachhaltig. Mechanismen wie Hunger, Krankheit und Krieg führen dann dazu, dass sich die Population irgendwann (manchmal nach mehreren Versuchen) wieder unter der Kapazitätsgrenze stabilisiert.[13] Während der kapitalistisch-industriellen Transformation hat nicht nur die Zahl der Menschen exponentiell zugenommen, sondern auch

---

[13] Diese Dynamik wurde schon vom britischen Ökonomen Thomas Robert Malthus (1798) in seiner „Abhandlung über das Bevölkerungsgesetz" beschrieben. Er behauptete, dass eine Bevölkerung viel schneller wächst als die verfügbaren Nahrungsmittel. Ohne demografische Selbstbegrenzung kommt es also regelmäßig zu Krisen, die die Population unter die ökologischen Tragfähigkeitsgrenzen sinken lassen.

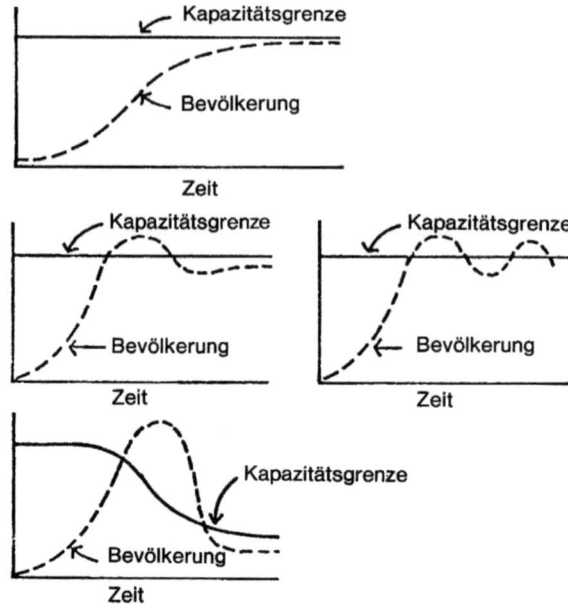

Abb. 3.2 Szenarien einer tragfähigen Entwicklung. (Aus Meadows 1972, S. 78; mit freundlicher Genehmigung von © Deutsche Verlags-Anstalt 1972, München, in der Penguin Random House Verlagsgruppe GmbH. All Rights Reserved)

ihr Naturverbrauch. Heute lebt die Weltbevölkerung so, als ob sie 1,8 Erden zur Verfügung hätte – und doch sind die Unterschiede zwischen den Staaten gewaltig: Wenn alle Menschen wie ein durchschnittlicher US-Amerikaner leben würden, dann bräuchten wir 5,1 Erden. Wenn es ein Deutscher wäre, bräuchten wir 3,0 Erden, bei einem Chinesen 2,4, aber bei einem Inder „nur" 0,7.[14] Unter solchen Bedingungen ist eine

---

[14] „How many Earths?". Die Rangliste 2022 des „Global Footprint Network" befindet sich unter https://www.overshootday.org/how-many-earths-or-countries-do-we-need/ (Zugriff: 26.3.2023). Die Organisation ruft jedes Jahr den Earth Overshoot Day aus. Das ist der Tag, an dem symbolisch das Jahresbudget an Naturressourcen weltweit aufgebraucht ist – und die Menschheit beginnt, auf Dispo zu leben. Im Jahr 2022 fiel der globale Termin auf den 28. Juli, während die Deutschen schon ab dem 4. Mai über die eigenen ökologischen Verhältnisse gelebt haben (https://www.overshootday.org/newsroom/past-earth-overshoot-days/, Zugriff: 26.3.2023).

nachhaltige Entwicklung für Dennis Meadows unmöglich. In einem Interview im Jahr 2010 erwartete er,

> „dass in den nächsten 30-40 Jahren vermehrt Krisen auftreten werden, Krisen, die nicht nur die Gesundheit der Menschen bedrohen, sondern auch die Stabilität von Regierungs- und Wirtschaftssystemen. Die Nahrungsmittelproduktion wird für einige Menschen sehr schwierig werden, deshalb wird die Weltbevölkerung abnehmen. Ich glaube, dass es zu spät ist, diese Reihe von Krisen abzuwenden, aber es ist nicht zu spät, aus diesen Krisen zu lernen [...]. Nachhaltigkeit ist möglich, wenn man unter der Belastbarkeitsgrenze ist, aber wenn man sie schon überschritten hat, bleibt es einem nur, auf ein verträgliches Niveau zurückzukehren" (Meadows in Wilutzky 2010).

Umweltkrisen entstehen, wenn im sozialen System die Fähigkeit zur *Selbstbegrenzung* fehlt. In Abb. 3.2 ist das letzte Szenario für die Menschheit am katastrophalsten: Je mehr das Ökosystem zerstört wird, desto mehr sinkt auch die Tragfähigkeitsgrenze für die Population. In den 1970ern hätten drei oder vielleicht vier Milliarden Menschen die Chance gehabt, auf nachhaltige Weise zu leben. Doch inzwischen ist eine enorme Menge an nicht-erneuerbaren Ressourcen verbraucht und Tropenwälder sind massiv abgeholzt worden. Fruchtbare Böden sind durch Erosion verloren gegangen und die Weltmeere überfischt worden. Das Erdöl, das bisher verbrannt wurde, steht künftigen Generationen nicht mehr zur Verfügung. Auf dieser Energiequelle und diesem Rohstoff basieren heute das weltweite Verkehrs- und Transportwesen, die intensive Landwirtschaft und ein beträchtlicher Teil der Chemieindustrie. Da diese Ressource begrenzt verfügbar ist, wird die progressive Ölverknappung womöglich große Auswirkungen auf die Entwicklung der menschlichen Population haben. So wie die Weltbevölkerung in den letzten 200 Jahren parallel zur Ölförderung zugenommen hat, so könnte die Weltbevölkerung mit der sinkenden Ölförderung abnehmen, das behauptet zumindest der Geologe Colin John Campbell, Gründer der „Association for the Study of Peak Oil and Gas" (ASPO) (Abb. 3.3).

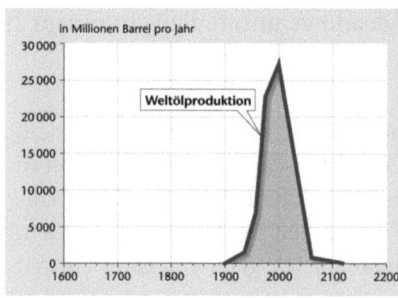 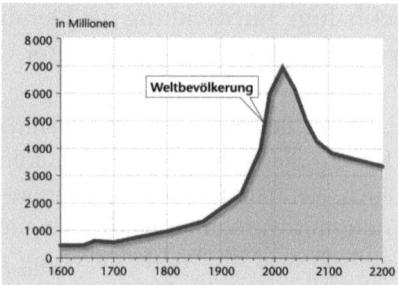

Abb. 3.3 Entwicklung und Entwicklungsprognose von Weltölproduktion und Weltbevölkerung im Zeitraum 1600–2200. (Aus C. J. Campbell in Heinberg 2008, S. 52 f.; mit freundlicher Genehmigung von © Ingrid Schobel, Illustration und Kartographie)

Erdöl ist der Treibstoff der Globalisierung. Nur solange die Ölpreise niedrig bleiben, können chilenische Äpfel mit Äpfeln aus Regionalanbau in deutschen Supermärkten konkurrieren. Entsprechend würde eine Ölverknappung eine Veränderung des Energieregimes bedeuten, und dadurch auch des Wirtschafts- und des Gesellschaftsregimes. Solche Zusammenhänge erklären, warum die Regionen mit den höchsten Ölreserven geostrategisch so wichtig und militärisch entsprechend umkämpft sind – allen voran die Länder am Persischen Golf (Heinberg 2008).

Zurzeit verbraucht die Welt 100 Mio. Barrel (15,9 Mrd. Liter) pro Tag (Plöger 2020, S. 270). Je stärker die Weltwirtschaft wächst, desto mehr Öl wird unwiederbringlich verbrannt. Je schneller das Wachstum ist, desto schneller wird das Öl zu Ende gehen. Spürbar wird das Problem schon dann, wenn das sogenannte Ölfördermaximum (Peak Oil) überschritten wird, das heißt, wenn die Hälfte des weltweit verfügbaren Öls gefördert ist. Sobald die Nachfrage das Angebot übersteigt, steigen die Ölpreise – und damit alle Preise, die davon abhängen. Durch den Vergleich aller relevanten Studien ist das Dezernat für Zukunftsanalyse der Bundeswehr zu dem Schluss gekommen, „dass der Peak Oil bereits um das Jahr 2010 zu verorten ist und sicherheitspolitische Auswirkungen je nach Entwicklung der hierbei global relevanten Faktoren mit einer Verzögerung von 15 bis 30 Jahren erwartet werden können" (Dezernat für Zukunftsanalyse der Bundeswehr 2010, S. 5).

Neben Erdöl sind weitere Ressourcen begrenzt verfügbar. Gerade in den Großstädten bekommt man zu spüren, dass Grund und Boden eine knappe Ressource ist. Weil man Flächen nicht gleichzeitig für Straßen, Wohnungen, Gewerbe und Grünflächen verwenden kann, treten Nutzungskonflikte häufiger auf. Deshalb muss sich unsere Gesellschaft nicht nur mit einem Peak Oil, sondern auch mit einem „Peak Soil" auseinandersetzen. Und eigentlich mit einem „Peak Everything", das auch Metalle und Trinkwasser umfasst (Paech 2012, S. 67). Nicht die Begrenztheit der Ressourcen ist jedoch das Problem, sondern die geistige Abhängigkeit davon: Sie nimmt mit dem Wirtschaftswachstum und mit den künstlichen Bedürfnissen zu. Wer nachhaltig leben will, muss diese Abhängigkeit entsprechend senken. Fatih Birol, ehemaliger Chefökonom der Internationalen Energieagentur (IEA), hat es so formuliert: „Wir sollten das Öl verlassen, bevor es uns verlässt" (in Schneider 2008).

Heute beziehen sich die „Grenzen des Wachstums" nicht mehr nur auf die Verfügbarkeit der Ressourcen: Wichtiger ist die begrenzte Aufnahmefähigkeit der Biosphäre als Senke. So zwingt uns vor allem der Klimawandel zu einem schnellen Ausstieg aus Öl, Kohle und Gas. CO_2 und Methan sind natürliche Bestandteile der Atmosphäre, doch seit der industriellen Revolution hat ihre Konzentration stark zugenommen. Dies hat eine dramatische globale Erwärmung ausgelöst. Verglichen mit der vorindustriellen Zeit hat sich die Lufttemperatur in Deutschland im Jahresdurchschnitt bereits um 1,7 Grad erhöht (Umweltbundesamt 2023, S. 19). Die Dürren zwischen 2018 und 2022 waren Vorboten einer künftigen Entwicklung;[15] extreme Wetterereignisse wie 2021 im Ahrtal ebenso. Zurzeit gehen die Prognosen von einem weltweiten Anstieg der Durchschnittstemperatur um 4,4 Grad Celsius bis 2100 aus, wenn weltweit am bisherigen Kurs festgehalten wird (IPCC 2021,

---

[15] Die Klimawirkungs- und Risikoanalyse (KWRA) des Bundes von 2021 sieht schon jetzt bei 31 von mehr als 100 untersuchten Auswirkungen des Klimawandels dringenden Handlungsbedarf: „Tödliche Hitzebelastungen besonders in Städten; Wassermangel in Böden; schwerwiegende Folgen für die Wirtschaft, etwa durch sogenannte Extremwetterereignisse [...]. Der Meeresspiegel-Pegel in Cuxhaven liegt heute um 42 cm höher als im Jahr 1843 [...]. Die Anzahl heißer Tage hat seit 1951 um 196 % zugenommen" (ZDF heute 2021).

S. 18). Das wäre der Temperaturunterschied von der letzten Eiszeit bis heute, allerdings innerhalb von nur 100 Jahren, also 110-mal schneller (Plöger 2020, S. 49). In diesem Tempo werden sich die Ökosysteme nicht anpassen können und zum großen Teil kollabieren (UBA 2008). Die begrenzte Aufnahmefähigkeit der Biosphäre bezieht sich nicht nur auf natürliche Stoffe wie CO_2, sondern auch auf künstliche Stoffe, die von der Natur nicht abgebaut werden können und sich deshalb in der Umwelt akkumulieren. Die Industrialisierung hat zu einer Verschmutzung von Boden, Luft und Gewässern geführt, der wachsende Massenkonsum zu riesigen Müllbergen. Plastikmüll und Mikroplastik setzen den Weltmeeren zunehmend zu.

Neben der Verfügbarkeit der Ressourcen und der Aufnahmefähigkeit der Biosphäre liegt die dritte wichtige ökologische Tragfähigkeitsgrenze in der Biodiversität, die das Gleichgewicht von Ökosystemen stützt. Auch erneuerbare Ressourcen wie Holz sind nicht unbegrenzt verfügbar. Zerstörte Tropenwälder wachsen nicht direkt nach. Selbst die landwirtschaftliche Produktion und die Verfügbarkeit von Nahrungsmitteln stößt gegen biophysische Grenzen. Aus ökologischer Sicht bilden nicht nur die Landwirtschaft und die industrielle Zucht eine Monokultur: Mit der Weltbevölkerung und mit der Urbanisierung weitet sich die menschliche Monokultur aus. Die Bevölkerungsexplosion und der Urbanisierungsprozess, die zuerst in Europa stattfanden und in den Kolonien ein Ventil fanden, sind zum globalen Phänomen geworden. Die Prognosen gehen von 9,7 Mrd. Menschen bis zum Jahr 2050 aus (UN 2022). „Die Stadtbevölkerung könnte sich bis 2050 weltweit von heute knapp 4 Mrd. auf dann 6,5 Mrd. Menschen vergrößern" (WBGU 2016, S. 1). Diese Monokultur verdrängt die Biodiversität, damit nimmt die Widerstandsfähigkeit von Ökosystemen dramatisch ab. Zum ersten Mal erlebt der Mensch ein Massenaussterben auf der Erde live mit: „Die Populationen wild lebender Fische, Vögel, Reptilien und Säugetiere sind in den letzten vierzig Jahren im Durchschnitt um 58 % geschrumpft […], und es gibt viele Hinweise darauf, dass auch die Zahl der Insekten drastisch zurückgegangen ist" (Horn und Bergthaller 2019, S. 10). Bisher fanden fünf Massenaussterben in der Erdgeschichte statt. Sie wurden durch den Einschlag eines Asteroiden oder durch einen Vulkanausbruch verursacht. Beim sechsten Massenaussterben ist der

Mensch selbst die eindeutige Ursache. Seine destruktive Wirksamkeit hat proportional zum Fortschritt zugenommen.

Aus der Perspektive von Thermodynamik und Ökologie liegt es im Wesen jedes materiellen Wachstums, das es früher oder später zur Krise oder gar zum Kollaps führt. Die energetische und ökologische Rechnung, die dadurch entsteht, muss in einem geschlossenen System wie der Erde irgendwann beglichen werden. Die Frage ist nur, wie.

3.2.1.2 Die Gesetze der Thermodynamik

Sowohl die Natur als auch die Gesellschaft sind Teil einer astrophysischen Umwelt und dadurch ihren Gesetzen unterworfen. Die Gesetze der Thermodynamik dienten den Wirtschaftswissenschaftlern Nicholas Georgescu-Roegen (1987) und Jeremy Rifkin (1982) als Erklärung für die ökologische Krise. Denn die Thermodynamik bilde „den alles umspannenden wissenschaftlichen Rahmen für die Entfaltung jeglicher physischen Aktivität in dieser Welt" (ebd., S. 17). Selbst Albert Einstein war von der Bedeutung der Thermodynamik beeindruckt,[16] da ihre Gesetze die Grundeigenschaften der Energie beschreiben: „Wenige verstehen genau, was Energie überhaupt ist. Und doch wissen wir, dass sie existiert; tatsächlich würde ohne sie *überhaupt nichts* existieren" (Heinberg 2008, S. 18). Weil alle Prozesse im Universum, in der Natur, in der Gesellschaft oder im Gehirn Energie verbrauchen, unterliegen sie der Thermodynamik. Weil die Materie selbst nichts anderes als „verkalkte Energie" ist (Dürr 2010, S. 95),[17] gelten die Gesetze der Thermodynamik auch für sie.

Der Erste Hauptsatz der Thermodynamik, der vom deutschen Physiker Julius Robert von Mayer (1814–1874) verfasst wurde, besagt, „daß der Betrag der gesamten Materie und Energie des Universums konstant

---

[16] „Sie ist die einzige physikalische Theorie universellen Inhalts, von der ich überzeugt bin, daß sie im Rahmen der Anwendbarkeit ihrer grundlegenden Begriffe niemals umgestoßen werden wird" (A. Einstein zit. nach Rifkin 1982, S. 57).

[17] Albert Einstein hat die Äquivalenz von Materie und Energie in seiner weltberühmten Formel $E = mc^2$ ausgedrückt.

ist und daß ihm weder etwas hinzugefügt noch genommen werden kann. Nur die Erscheinungsform kann sich ändern, nicht aber die Essenz" (Rifkin 1982, S. 15). Dieser Energieerhaltungssatz begründet die bereits dargestellten Tragfähigkeitsgrenzen:

- Wenn materielle Ressourcen weder geschaffen noch vernichtet werden können, dann sind sie auf der Erde genauso begrenzt wie der Planet selbst.
- Abfälle oder Abgase, die Menschen verursachen und die biologisch nicht abgebaut werden können, sind nicht einfach „weg", weil man sie nicht mehr sieht oder riecht, sondern akkumulieren sich in der Umwelt (Commoner 1973, S. 45).

Wäre nur der Erste Hauptsatz der Thermodynamik gültig, könnten Materie und Energie unbegrenzt verwendet werden, weil sie niemals abnehmen. Doch die Realität widerspricht dieser Annahme:

„Wenn etwa ein Stück Kohle verbrennt, bleibt zwar die Energiemenge konstant, wird aber umgewandelt in Schwefeldioxid und andere Gase, die in den Raum entweichen. Obwohl während dieses Prozesses keine Energie verlorengeht, wissen wir, daß wir das Stück Kohle nicht noch einmal verbrennen können und keineswegs dieselbe (physikalische) Arbeit geleistet wird" (Rifkin 1982, S. 45).

Die Umwandlung von Materie und Energie findet nur in eine Richtung statt, „nämlich von einer *nutzbaren* Form in eine *nichtnutzbare*, von einer *verfügbaren* in eine *nichtverfügbare*, von einer *geordneten* in eine *ungeordnete*" (ebd., S. 15 f.). Zu dieser Erkenntnis kam der Physiker Rudolf Clausius, der 1868 den Zweiten Hauptsatz der Thermodynamik formulierte: den der Entropie.

„Die Grundaussage des Zweiten Hauptsatzes ist, dass alles im Universum eine Struktur besaß und sich unwiderruflich auf ein Chaos zubewegt. Entropie ist die Maßeinheit dafür, bis zu welchem Ausmaß die verfügbare

Energie in einem beliebigen Subsystem des Universums in eine nichtverfügbare Form umgewandelt wird. Wann und wo immer auf der Erde oder im Universum eine geordnete Struktur geschaffen wird, geschieht dies nach dem Entropiegesetz auf Kosten einer größeren Unordnung in der jeweiligen Umgebung" (ebd., S. 16).

Auch in der Natur verlaufen viele Prozesse von einem geordneten Zustand in einen ungeordneten Zustand: der Boden erodiert durch den Regen; im Laufe der Zeit verrostet Eisen. Bei Menschen nehmen die körperlichen und geistigen Fähigkeiten nach dem dreißigsten Lebensjahr stetig ab (Junker 2011, S. 66 f.). Entropie kann auf einfache Weise im Alltag festgestellt werden. Wenn wir unsere Wohnung für einige Wochen verlassen, finden wir nach unserer Rückkehr die Wohnräume nicht im gleichen Zustand vor, obwohl sie die ganze Zeit verschlossen waren: Staub wird sich auf die Möbel gelegt haben und ohne Wasser und Licht sind die Pflanzen eingegangen. Was tun wir dann? Wahrscheinlich bringen wir die Wohnung wieder „in Ordnung", indem wir eine externe Energiequelle (in Form von verzehrten Nahrungsmitteln) in Arbeit umwandeln. So gehen Menschen mit Entropie im Alltag um: Städte werden gegen die schleichende Unordnung ständig gereinigt, Gebäude immer wieder saniert, abgenutzte Maschinen und Produkte durch neue ersetzt usw. Nach dem gleichen Prinzip stellt die Natur ihre Ordnung immer wieder her, indem sie die Sonnenenergie in Arbeit umsetzt, um der Entropie innerhalb der Biosphäre zu trotzen. Weil die Sonne außerhalb der Erde liegt, bleibt die Unordnung, die diese Energiequelle produziert, draußen.

Anders als die Ökonomie der Natur schließt die kapitalistisch-industrielle Ökonomie die Kreisläufe nicht (Commoner 1973). Sie nutzt nicht die Sonne als Hauptenergiequelle. So verursacht die Verbrennung von fossilen Energieträgern eine erhöhte Entropie auf der Erde. Indem anderen Kontinenten oder den unteren Schichten Ressourcen entnommen werden, nimmt auch dort die ökologische und soziale Unordnung zu. Unsere Wirtschaft ist nicht nachhaltig, weil sie keine Ökonomie nach dem Vorbild der Natur ist (Bioökonomie).

3.2.2 Die ökonomische Dimension

Die Europäische Union begann als ökonomisches Projekt (Montanunion), ebenso die Globalisierung. Als sich 1975 die Gruppe der Sieben (G7) bildete, um die Fäden der globalen Entwicklung zu ziehen, war die Stärke der Volkswirtschaft das Kriterium für die Auswahl ihrer Mitglieder, nicht die Demokratie oder die Menschenrechte.[18] Gerade in der kapitalistisch-industriellen Entwicklung stellt die Ökonomie also die dominante Dimension dar, aber das Wirtschaftsmodell ist nicht einmal auf dem eigenen Feld zukunftsfähig. So befriedigt es die überflüssigen Bedürfnisse eines Teils der Menschheit auf Kosten der Grundbedürfnisse eines anderen. Die Industrialisierung zerstört das ökologische Fundament, auf das sie sich stützt. Der Kapitalismus verursacht wiederkehrende Wirtschaftskrisen im globalen Norden und eine dauerhafte im globalen Süden. Die Vulnerabilität des Weltmarktes ist die Vulnerabilität der Gesellschaft, die auf ihm basiert. Inwiefern ist es da überhaupt berechtigt, von Wirtschaftswachstum zu sprechen?

3.2.2.1 Die Formen der Wirtschaftskrise

Während die Menschen in vormodernen Zeiten mit einer verblüffenden Vielfalt wirtschaftlicher Modelle experimentiert haben, glaubt heute „so gut wie jeder in leicht unterschiedlichen Variationen an das gleiche kapitalistische Thema, und wir alle sind Rädchen in einem einzigen globalen Produktionsprozess. Ob im Kongo oder in der Mongolei, in Neuseeland oder Bolivien – die alltäglichen Routinen und das wirtschaftliche Geschick der Menschen hängen von den gleichen Wirtschaftstheorien, den gleichen Unternehmen und Banken, den gleichen Kapitalströmen ab […]. Die Dollarnote wird weltweit über alle politischen und religiösen Trennlinien hinweg verehrt" (Harari 2019,

---

[18] 1975 belegten die Staaten, die in der G7 vertreten waren, die ersten sieben Positionen in der Rangliste der größten Volkswirtschaften der Welt: (1) USA, (3) Japan, (4) Deutschland, (5) Frankreich, (6) Vereinigtes Königreich, (7) Italien, (8) Kanada. An zweiter Position war die Sowjetunion, die wegen des Kalten Krieges ausgeschlossen wurde.

S. 275 f.). Wir leben also in einer ökonomischen Monokultur und doch sind Monokulturen besonders anfällig für Krisen. So haben sich von 1966 bis 2023 in der Bundesrepublik Deutschland elf Zyklen ereignet, in denen es zur Rezession kam: (1) Stabilisierungskrise 1966/67; (2) Erste Ölkrise 1974/75; (3) Zweite Ölkrise 1980; (4) Konsolidierungskrise 1982; (5) Einigungskrise 1991; (6) Konsolidierungskrise 1993; (7) High-Tech-Krise 2002/03; (8) Finanz- und Wirtschaftskrise 2008/09; (9) Revisionskrise 2012/13; (10) Corona-Krise 2020/21; (11) Ukraine-Krise 2022/23[19] (Heilemann 2019 mit eigenen Ergänzungen). Bei jeder Krise wurde ein beträchtlicher Teil der ökonomischen Werte zerstört, die in der vorangegangenen Wachstumsphase entstanden sind. Der Evidenz zum Trotz gibt es in der neoklassischen Wirtschaftstheorie immer noch keine ernstzunehmende Krisentheorie (Krüger 2006, S. 87). Prominente Ökonomen waren immer wieder der Auffassung, dass größere Wirtschaftskrisen künftig ausgeschlossen seien, weil die Erkenntnisse der Ökonomie sie verhindern könnten.[20] Selbst nach der Weltfinanzkrise von 2008 hat sich in der Volkswirtschaftslehre kaum etwas verändert (Backhaus 2011; Ötsch et al. 2017). Dieser blinde Fleck trägt vermutlich selbst dazu bei, dass sich Wirtschaftskrisen ständig wiederholen. Die Monokultur der Marktwirtschaft korrespondiert mit einer Monokultur in den Wirtschaftswissenschaften – und beides trägt zur Vulnerabilität des Systems bei.

Auf dem Weltmarkt ist die Krise keine Ausnahme. Sie hat verschiedene Formen, einige davon werden hier kurz vorgestellt.

Überproduktionskrise
Schon Marx und Engels erkannten die krisenhafte Anfälligkeit des kapitalistischen Entwicklungsmodells – und bezogen sich dabei auf Handelskrisen, bei denen „ein großer Teil nicht nur der erzeugten Produkte, sondern der bereits geschaffenen Produktivkräfte regelmäßig vernich-

---

[19] Im Mai 2023 berichteten die Medien, dass das BIP zum zweiten Mal in Folge gesunken war. „Grund dafür seien vor allem die als Folge des Krieges gegen die Ukraine stark gestiegenen Energiekosten" (https://www.zeit.de/thema/wirtschaftskrise, Zugriff: 28.5.2023).

[20] 2003 erklärte der Nobelpreisträger Robert Lucas: „Das zentrale Problem der Vermeidung von Depressionen ist gelöst" (zit. in Dohmen 2017).

tet [werden]. In den Krisen bricht eine gesellschaftliche Epidemie aus, welche allen früheren Epochen als ein Widersinn erschienen wäre – die Epidemie der Überproduktion" (Marx und Engels 1972, S. 468). Wenn das Angebot ständig wächst, führt dies irgendwann zur Sättigung der Märkte. Wer bereits ein Auto besitzt, braucht nicht unbedingt ein zweites, die überflüssige Ware bleibt so in den Lagern. Ohne Nachfrage sinken die Einnahmen von Unternehmen, diese entlassen einen Teil der Belegschaft, die Arbeitslosigkeit steigt und die Nachfrage nimmt zusätzlich ab: Es kommt zur Rezession. Meistens versuchen die Regierungen dagegen zu steuern, indem sie die Bürger*innen zu noch mehr Konsum auffordern, zum Beispiel mit Kaufprämien für neue Autos.

Nachfragekrise
Es ist die kapitalistische Logik der Profitmaximierung und der Kostenminimierung, die die Nachfrage zerstört. Wer die Lohnkosten ständig nach unten drücken will, mindert die Kaufkraft der Arbeiter*innen. Maschinen, die Arbeitskräfte ersetzen, fordern zwar keinen Lohn, geben aber auch kein Geld aus. Wer keine Steuern zahlen will, entzieht dem Staat die Möglichkeit, die Nachfrage selbst anzukurbeln. Ein Staat, der kein Geld hat, kann auch keine Arbeitskräfte bilden und keine gute Infrastruktur garantieren.

Finanzkrise und Staatsverschuldungskrise
Wenn das Geld zum Spekulationsobjekt wird, führt dies früher oder später zur Krise. Ohne eine Regulierung der Finanzmärkte bleiben die Mechanismen, die zur Finanzkrise 2008 führten, aktiv. So werden „riskante Wetten mit Derivaten" immer noch praktiziert (Demling 2012). Genauso bilden sich in Deutschland wieder Immobilienblasen, die jederzeit implodieren können (Maroldt 2018). Thomas Piketty warnt vor einer Dynamik, in der die Kapitalrenditen strukturell stärker sind als die Wachstumsraten.[21] Wer heute Kapital besitzt, muss nicht unbedingt

---

[21] Thomas Piketty sagt: „Wenn wir auf der Erde ungeheuer reiche Milliardäre haben, deren Vermögen vier bis fünf Mal schneller wächst als die gesamte Weltwirtschaft, dann haben wir ein Problem" (Piketty in Ziv 2014).

etwas leisten oder produzieren, um das eigene Kapital zu vermehren. Er kann das Geld ausleihen und Zinsen dafür verlangen. Was für die einen Kredite sind, sind für die anderen Schulden. Um nicht unter der durch Zinsen steigenden Schuldenlast zusammenzubrechen,[22] können Volkswirtschaften entweder ständig wachsen oder die alten Schulden mit neuen begleichen. Auf den Punkt gebracht: Wirtschaftswachstum und Staatsverschuldung dienen nicht einer notwendigen Befriedigung der Grundbedürfnisse aller Menschen, sondern der Logik der Kapitalvermehrung (aus Geld Geld machen).[23]

Krise durch Rentenökonomie

Für den Kölner Ökonomen Lutz Becker gehen wesentliche Krisenpotenziale von der „Rentenökonomie" aus. Damit ist eine Wirtschaftsform gemeint, bei der Akteure auf eine strukturelle Knappheitslage spekulieren und daraus Profit schlagen (Löhr und Harrison 2017). Die Knappheit wird nicht stabilisiert, indem sie durch erhöhte Produktion ausgeglichen wird, sondern indem die Allgemeinheit zu Schaden kommt. „Dies kann zum Beispiel durch Patente und weitere Property Rights erzeugt werden. Damit werden Dinge verknappt und privatisiert, die eigentlich unendlich verfügbar sind", so Becker.[24] Ein solcher Zustand wird heute durch die Patentierung von Pflanzen und Zuchttieren erreicht, die durch Gentechnik ermöglicht wird.[25] In der

---

[22] Angenommen, die Summe der Schulden wäre heute in Deutschland 1.000 Mrd. Euro (Verschuldung von Staat, Unternehmen, Privathaushalten…) und dieser Betrag wäre mit 7 % verzinst, dann würde der Betrag in 50 Jahren schon auf 29.457 Mrd. und in 100 Jahren auf 867.716 Mrd. ansteigen (Zinsrechner unter https://www.zinsen-berechnen.de/zinsrechner.php, Zugriff: 21.4.2023).

[23] Für den Kölner Ökonomen Lutz Becker stimmt diese Perspektive jedoch vor allem dort, wo es zu starken Asymmetrien zwischen Zinsgebern und Zinsnehmern kommt. Das Zinssystem enthält sonst auch positive, krisendämpfende Aspekte. Landwirte können Geld leihen, damit sie die Saat finanzieren. Ein Kredit kann als Überbrückungsgeld helfen, falls eine Ernte ausfällt. Ohne Zinsen gäbe es keine Motivation, das Geld zu verleihen.

[24] Persönliche Mitteilungen am 20.-22.1.2021.

[25] Zu Beginn des 20. Jahrhunderts waren Pflanzen und Tiere ein öffentliches Gut. Das änderte sich ab den 1980ern, als einige Firmen begannen, systematisch in die Gentechnik zu investieren und gentechnisch veränderte Pflanzen und Tiere patentieren zu lassen, um sich die Nutzungsrechte zu sichern (Keine Patente auf Saatgut! 2013, S. 4). Für etwas, das früher frei verfügbar war, müssen Landwirte nun zahlen. Die Nutznießer heißen Bayer/Monsanto, DuPont, Syngenta,

Rentenökonomie lassen sich auch schwere Krisen zum lukrativen Geschäft umwandeln. So waren in der Corona-Krise Schutzmasken und Pflege-Schutzhandschuhe ein ideales Spekulationsobjekt.[26] Spekulationen finden auf dem Nahrungsmittelmarkt statt, oft mit Grundnahrungsmitteln wie etwa Mais und Weizen. Solche Finanzoperationen sind für die starken Preissprünge mitverantwortlich, tragen zu globalen Nahrungsmittelkrisen bei und treffen vor allem die Armen (Heuser 2016). Es kann also im Interesse der Finanzwirtschaft sein, Krisen zu verursachen oder zu verschärfen, um aus ihnen Profit zu schlagen.

Dauerhafte Wirtschaftskrise

Was für die eine Seite der Weltgesellschaft Wirtschaftswachstum ist, bedeutet für die andere Seite eine dauerhafte Wirtschaftskrise. Von der Kolonialisierung bis zur neoliberalen Globalisierung ist die Subsistenzwirtschaft (sprich die Möglichkeit der Selbstversorgung) in vielen Regionen der Welt zerstört worden, unter anderem durch „Landgrabbing".[27] 2021 waren bis zu 828 Mio. Menschen unterernährt (Welthungerhilfe 2022). Selbst in reichen Ländern wie den USA oder Deutschland gibt es Teile der Bevölkerung, die sozial abgehängt bleiben, egal, ob es Wirtschaftswachstum oder eine Wirtschaftskrise gibt. Gleichzeitig vermehrt sich das Vermögen der Wirtschaftseliten selbst in Krisenphasen (Oxfam 2021).

Dow und BASF. Diese fünf größten Unternehmen kontrollierten 2013 53 % des relevanten Marktes. „Sie konzentrieren sich dabei auf wenige, lukrative Pflanzenarten, die von zahlungskräftigen Landwirten auf großen Flächen angebaut werden und auf Regionen, die eine entsprechende Infrastruktur und Rechtsschutz für ihre Ansprüche aufweisen" (Zukunftsstiftung Landwirtschaft 2020).

[26] Investoren versuchten große Mengen dieser Waren zu kaufen, um eine künstliche Knappheit auf dem Markt zu erzeugen. Das sollte die Preise nach oben treiben, sodass die Investoren wenige Tage später die Ware zum überhöhten Preis wieder hätten verkaufen können, um damit einen hohen Gewinn herauszuschlagen.

[27] Mit dem Begriff „Landgrabbing" sind großflächige Käufe von privaten, aber auch staatlichen Investoren und Agrarunternehmen gemeint, die Agrarflächen in ihren Besitz bringen oder langfristig pachten, „um sie in eigener Regie zur Herstellung von Agrarrohstoffen zu nutzen […]. Häufig könnte man bei Landgrabbing von einer Landreform von oben sprechen oder der Etablierung neuer, privatwirtschaftlicher Kolonialverhältnisse" (Zukunftsstiftung Landwirtschaft 2019).

3.2.2.2 Die ökonomische Vulnerabilität

Wenn eine „alternativlose Wirtschaftspolitik" dazu führt, dass die Symptome der Wirtschaftskrise mithilfe ihrer Ursachen behandelt werden, dann kann dies nur verheerend sein: Deshalb können selbstregulierende Märkte „über längere Zeiträume nicht bestehen" (Polanyi 1978, S. 19 f.). Wenn der Kapitalismus exzessiv bleibt und nicht reformiert wird, kann dies die gesellschaftliche Grundordnung gefährden (Piketty 2014). Marktkonzentrationen sind genauso wenig nachhaltig wie der Abbau der staatlichen Kontrolle, der sie ermöglicht.

In der Globalisierung sind die nationalen Volkswirtschaften stark voneinander abhängig. Einerseits brauchen die Industrien weite Absatzmärkte, um große Mengen an Waren zu verkaufen und dadurch in Kapital umzuwandeln. Andererseits benötigen sie Rohstoffe für die Produktion: Diese müssen aus der ganzen Welt importiert werden. Wenn in einer Region aber Monokulturen angebaut werden, dann kann die lokale Bevölkerung nur ernährt werden, indem die restlichen Nahrungsmittel von außen kommen. Die Globalisierung wird so zum System der Fremdversorgung. Während eine Familie, die sich selbst versorgt, nicht unbedingt Geld braucht, setzt die Fremdversorgung Geld voraus: Ohne Lohn kein Überleben. Dies macht die Menschen erpressbar. Gleichzeitig kann jede Wirtschaftskrise die Massen in Existenznot stürzen, selbst wenn die Gesamtproduktion der Weltwirtschaft den Gesamtbedarf übersteigt, denn ohne Geld kommen die Menschen an die Nahrungsmittel nicht heran. Die Liberalisierung der Märkte hat nur die Freiheit einer ökonomischen Elite gestärkt, während sie für viele Menschen mit monetären Zwängen verknüpft ist.

Regionen mit einer diversifizierten Ökonomie sind beweglicher und stabiler als Regionen, die sich ökonomisch spezialisieren und alles auf eine Karte setzen. So hat zum Beispiel eine Stadt wie Venedig, die seit Jahrzehnten nur vom Tourismus lebt (30 Mio. Touristen pro Jahr), mit der Corona-Krise einen ökonomischen Stillstand erlebt. Die ökonomische Spezialisierung der Regionen wirkt sich außerdem nicht unbedingt positiv auf die Lebensqualität der Bewohnerschaft aus, da sich die

Wirtschaft nach oben und nach außen orientiert – und dabei die Bedürfnisse der eigenen Bevölkerung vernachlässigt.[28]

In einer globalisierten Gesellschaft können sich Menschen und Waren schneller bewegen, aber auch Viren verbreiten.[29] Für die Wirtschaft wurde daher das Corona-Virus ein Problem, schon bevor es sich Anfang 2020 in Europa verbreitete. Beim Ausbruch der Epidemie mussten viele Betriebe in China schließen, was zu einer Unterbrechung der internationalen Lieferketten führte. Weil Bauteile fehlten, mussten deutsche Unternehmen ihre Produktion herunterfahren (Herz et al. 2020). Die zunehmende Komplexität globaler Lieferketten birgt Risiken auch für die Lebensmittelsicherheit (BfR 2019, S. 10). Um sich zu ernähren, benötigt eine Stadt wie Berlin (3,8 Mio. Menschen) zwölf Mal so viel Fläche wie ihr eigenes Gebiet.[30] Wenn diese Fläche überall in der Welt verteilt ist, dann hängt die Ernährung dieser Stadt von einer Vielzahl externer Akteure und Faktoren ab. Je stärker die Abhängigkeiten, desto höher die Vulnerabilität eines sozialen Systems. Weil die Globalisierung diese Abhängigkeiten multipliziert hat, hat sie die Krisenanfälligkeit erhöht. Der Soziologe Ulrich Beck (2015) spricht von „Weltrisikogesellschaft".

3.2.2.3 Wachstum als Propagandabegriff

In der Literatur und in den Massenmedien wird Wirtschaftswachstum ganz selbstverständlich als erstrebenswert angesehen, dementspre-

---

[28] So ist Venedig in eine Art Disneyland verwandelt worden, in dem der öffentliche Raum tagsüber den Touristenmassen gehört. Immer mehr öffentliche Gebäude werden an Investoren verkauft und in Hotels umgewandelt. Der globalisierte Tourismus zerstört oft das, was er begehrt (Andriolli 2020).

[29] Solche Risiken könnten sich in den nächsten Jahren vermehren. Nach Einschätzung des Biodiversitätsrats (IPBES) der Vereinten Nationen müssen sich die Menschen bei einer Fortsetzung der gegenwärtigen Lebensweise darauf einstellen, dass Pandemien in Zukunft häufiger auftreten und höhere Totenzahlen verursachen. „Dieselben menschlichen Aktivitäten, die den Klimawandel und die Verluste bei der Artenvielfalt verursachen, erhöhen auch das Pandemierisiko", so Peter Daszak, IPBES-Experte, bei der Vorstellung des „IPBES Pandemics Report" im Oktober 2020 (UN Bonn 2020).

[30] Derzeit verbrauchen die Deutschen 2.900 m^2 Fläche pro Person und Jahr (WWF 2012).

chend ist der Begriff „Rezession" negativ besetzt. Das Wachstumsparadigma gilt als oberstes Staatsziel, dem etliche Belange untergeordnet werden. In der Modernisierung wird Wirtschaftswachstum mit Wohlstand gleichgesetzt und allein anhand des Bruttoinlandsprodukts (BIP) gemessen. Die Länder mit dem höchsten BIP weltweit galten für Jahrzehnte als Vorbild für alle anderen.[31] Das BIP ergibt sich aus der Summe des Kaufpreises aller Güter und Dienstleistungen, die in einem Land konsumiert, investiert oder an das Ausland verkauft wurden, minus dem Wert aller Güter und Dienstleistungen, die importiert wurden (Adam 2009, S. 54). Tatsächlich sagt aber das Bruttoinlandsprodukt „nichts darüber aus, ob es einem Volk gut geht" (ebd., S. 56). Der Politikwissenschaftler Hermann Adam listet dafür folgende Gründe auf:

- Auf wie viele Einwohner verteilt sich das Bruttoinlandsprodukt? Für den Wohlstand ist das Bruttoinlandsprodukt pro Kopf viel aussagekräftiger. So gelten heute zwar die USA und China als die größten Volkswirtschaften der Welt, auf der Rangliste des BIP pro Kopf liegen die USA aber auf Platz 7 (69.227 US-$ pro Kopf) und China auf Platz 64 (12.562 US-$ pro Kopf) (IMF 2022).
- Wie ist das BIP innerhalb eines Volkes verteilt? „Wenn z. B. der größte Teil des Bruttoinlandsprodukts einer zahlenmäßig kleinen Gruppe von Personen zufließt, während die breite Masse des Volkes nur sehr wenig von den erzeugten Gütern und Dienstleistungen ‚abbekommt', kann trotz eines großen Bruttoinlandsprodukts nicht von einem zufriedenstellenden Wohlstand des Volkes gesprochen werden" (Adam 2009, S. 56). Der Indikator, mit dem die soziale Ungleichheit bzw. die Verteilung des Reichtums in einem Land gemessen wird, ist

---

[31] 2021 machte die US-Wirtschaft mit 22.996 Mrd. US$ fast ein Viertel des weltweiten Bruttoinlandsprodukts (97.076 Mrd. US-$) aus. Noch 1990 waren auf die Vereinigten Staaten (5.803 Mrd. US-$) Japan (3.031), Deutschland (1.547), Frankreich, Italien, Großbritannien und Kanada gefolgt. Damals hatten also die Länder der G7 die Rangliste angeführt. Seit 2019 hat sie sich jedoch verändert, denn die Schwellenländer hatten während der neoliberalen Globalisierung ein fast exponentielles Wirtschaftswachstum hingelegt. Inzwischen belegt China Platz 2 (17.744 Mrd. US-$) und Indien Platz 6 hinter Deutschland (4.262 Mrd. US-$) und Großbritannien (3.187 Mrd. US$) (IMF 2022).

der Gini-Koeffizient. Der Wert beträgt zwischen 0 (vollkommene Gleichheit) bis 100 (vollkommene Ungleichheit). In den meisten Ländern hat die sozioökonomische Ungleichheit im Laufe der neoliberalen Globalisierung zugenommen.[32]

- Mit welchen Mühen und Anstrengungen ist das Bruttoinlandsprodukt erzeugt worden? Einerseits kann erhöhte Produktivität durch einen erhöhten Druck auf die Belegschaft erreicht werden. Die Folge: Zwischen 2007 und 2017 hat sich die Diagnose „Burnout" um 115 % erhöht (KKH 2019). Andererseits können Menschen durch Maschinen ersetzt werden, mit der Wirtschaft wächst so auch die Arbeitslosigkeit („Jobless Growth") (Opielka 2017, S. 16). In beiden Fällen ist das BIP allein kein Zeichen von hoher Lebensqualität.
- Wie ist das Bruttoinlandsprodukt zusammengesetzt? „Aus seinem absoluten Wert lässt sich nicht ablesen, aus welchen Gütern und Dienstleistungen es besteht. Es kann sich dabei um Lebensmittel, langlebige Konsumgüter, Roboter, Computer, Erholungs- und Sportstätten oder Bildungseinrichtungen, aber auch um Panzer, Atombomben oder chemische Kampfstoffe handeln" (Adam 2009, S. 56). Selbst ein Krieg oder ein Autounfall kann sich positiv auf das BIP auswirken.
- Manche Güter und Dienstleistungen werden in der Sozialproduktrechnung gar nicht erfasst. So geht der Wert der Betreuung und Pflege kranker oder behinderter Familienmitglieder seit jeher gar nicht in die Größe „Sozialprodukt" ein, aber was würde mit der Volkswirtschaft passieren, wenn sich keiner mehr um Hausarbeit und Kinder kümmern würde? (ebd.) In der Volkswirtschaftslehre bezeichnet man solche Bereiche als „Schattenwirtschaft" oder „informelle Ökonomie" (Opielka 2017, S. 16). Im Vergleich zur konventionellen Wirtschaft wird sie in der Wirtschaftspolitik kaum wahrgenommen.

---

[32] In den USA ist der Gini zwischen 1991 und 2016 von 38 auf 41,1 gestiegen, in China von 32,2 auf 38,5 (UN data 2019). Zwischen 1991 und 2021 hat sich der Gini in Deutschland von 29,2 auf 38,1 erhöht, in Italien von 31,5 auf 37,2 und in Luxemburg von 26,8 auf 35,4 (eurostat 2023).

Hermann Adams Liste lässt sich um vier weitere Gründe erweitern:

- Wenn der erste Hauptsatz der Thermodynamik besagt, dass jede wachsende Ordnung immer eine wachsende Unordnung an anderer Stelle verursacht, dann führt jedes Prozent Zuwachs des Bruttoinlandsprodukts zu einem Zuwachs an Entropie.[33] So ist die „große Beschleunigung" im Anthropozän nicht nur eine des Wirtschaftswachstums, sondern auch des Naturverbrauchs und der Umweltzerstörung (Abb. 3.4). Langfristig könnten die Umweltkosten das Wirtschaftswachstum sogar übersteigen (Sternfeld und Waldersee 2005). So ist der Klimawandel „der größte Fall von Marktversagen, den die Welt je gesehen hat" (Stern 2006).
- Wirtschaftswachstum kann auch künstlich erzeugt werden, nämlich durch steigende Staatsausgaben bzw. Staatsschulden. Auf diese Weise werden die Kosten des Wachstums auf die nachfolgenden Generationen verlagert.
- Wirtschaftswachstum kann auf Kosten der Menschenrechte gehen. So gibt es in manchen Ländern immer noch Kinderarbeit.[34] Waren, die so entstanden sind, werden auch in Deutschland verkauft und gekauft. In fast zwei Dritteln aller Länder können Beschäftigte keine Gewerkschaft gründen[35] und Handelskonzerne wie Amazon haben sich „bislang standhaft gegen Arbeitnehmervertretungen gewehrt".[36]
- Das Wirtschaftswachstum kann auf Kosten anderer gehen. Luxemburg, Schweiz und Irland führen zwar die Rangliste der Länder mit dem höchsten BIP pro Kopf an, aber sie gelten gleichzeitig als Steuerparadiese (Oxfam 2017b). Industrieländer wie Deutschland sind

---

[33] Im 20. Jahrhundert wurde „weltweit zehnmal mehr Energie verbraucht als während der kompletten Menschheitsgeschichte zuvor" (McNeill in Sommer und Welzer 2014, S. 13). Dies hat zu einer entsprechenden Zunahme an Umweltverschmutzung geführt.

[34] „Insgesamt gehen weltweit 218 Mio. Kinder und Jugendliche zwischen fünf und 17 Jahren einer Arbeit nach, wenn man ausbeuterische Kinderarbeit und legale Beschäftigung zusammenzählt" (Charbonneau 2020).

[35] In Ländern wie Brasilien, China und Kolumbien sind in den letzten Jahren Gewerkschaftler ermordet worden. In fast neun von zehn Ländern (87 %) wird einigen oder allen Beschäftigten das Streikrecht verweigert (IGB 2018).

[36] „Erstmals Gewerkschaft bei Amazon in den USA". In: Deutsche Welle 1.4.2022.

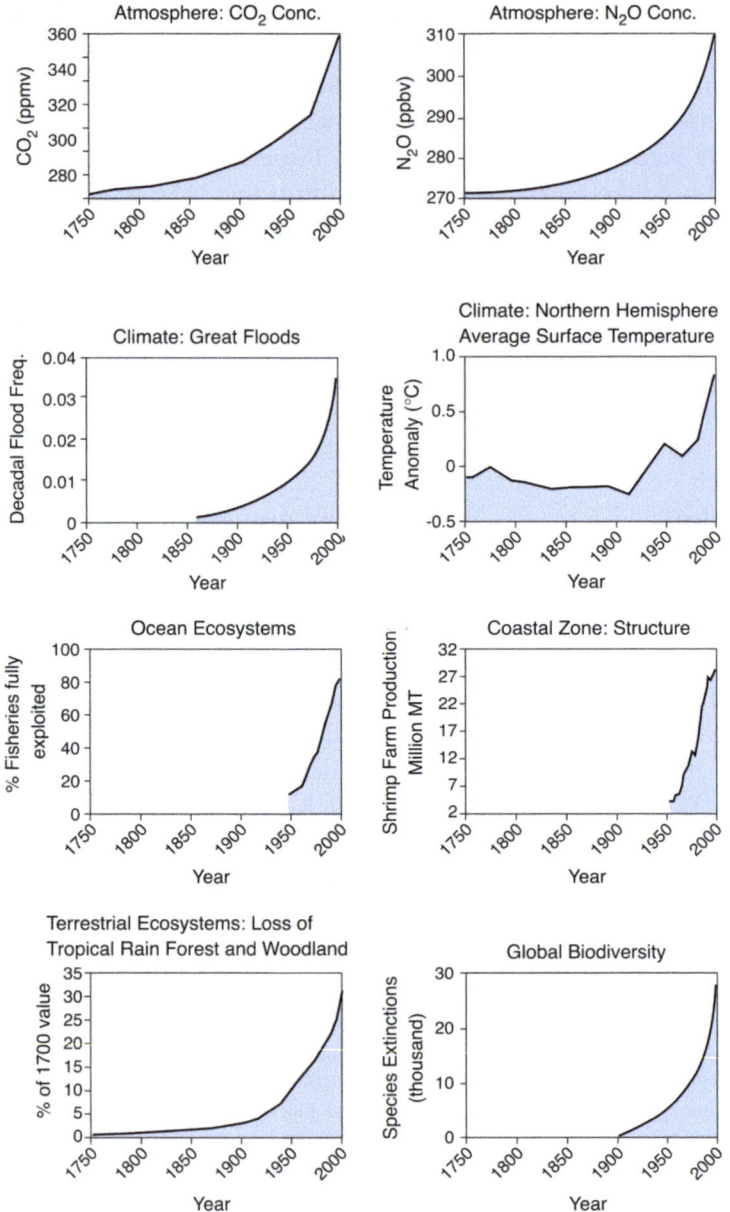

Abb. 3.4 Globale Veränderungen im Erdsystem als Folge der dramatischen Zunahme der menschlichen Aktivität im Zeitraum 1750–2000. (Aus Steffen et al. 2011, S. 745, ausgewählte Indikatoren; mit freundlicher Genehmigung von © Springer Fachmedien Wiesbaden GmbH 2011. All Rights Reserved)

ökonomisch stark und rohstoffarm, während rohstoffreiche Länder im globalen Süden ökonomisch arm sind. Manche Großkonzerne wie Boeing und Monsanto sind wortwörtlich über Leichen gegangen, um die Renditen zu steigern[37].

Vor diesem Hintergrund stellt ein Wirtschaftswachstum, das auf der BIP-Messung basiert, eine starke Verzerrung der Wahrnehmung dar. Wenn alle ökologischen, ökonomischen und sozialen Kosten in die Gesamtrechnung einbezogen würden, wäre der Begriff „Wirtschaftswachstum" nicht mehr tragbar. Seine wichtigste Funktion ist vermutlich die ideologische Legitimation des dominanten Wirtschaftssystems.

3.2.3 Die soziale Dimension

In den neoklassischen Wirtschaftstheorien ist so etwas wie Gesellschaft nicht einmal vorgesehen. In den Modernisierungstheorien wird die soziale Dimension der ökonomischen untergeordnet. Für die Nachhaltigkeit spielt diese Dimension hingegen eine zentrale Rolle, denn es geht dabei um die Frage, *wie ein friedliches Zusammenleben in der Vielfalt auf einem physisch begrenzten Planeten möglich ist.* Durch Kooperation funktioniert dies vermutlich besser als durch freien Wettbewerb. Auch auf das Klima hat es große Auswirkungen, ob ein „Homo oeconomicus" oder ein „Homo solidaricus" am Werk ist (Harsvik und Skjerve 2021). Wie eine Gesellschaft mit ihrer Umwelt umgeht, hängt von den innergesellschaftlichen Verhältnissen ab. So korrespondiert die negative Haltung gegenüber Umweltthemen oft mit der negativen Haltung gegenüber Fremden. Beides korreliert jedoch mit Polarisierungen innerhalb der Gesellschaft. Nicht zufällig ist der Hass gegenüber Fremden dort besonders ausgeprägt, wo die Selbstachtung der Menschen schwindet oder bereits zerstört worden ist (Bauman 2016). Egal, ob die Umwelt eine

---

[37] Die Aussage bezieht sich unter anderem auf den 737-Max-Skandal bei Boeing und den Glyphosat-Skandal bei Monsanto.

ökologische oder eine soziale ist, sie stellt immer wieder eine Projektionsfläche für die inneren Verhältnisse dar.[38]

Anders als die Volkswirtschaftslehre bieten die Sozialwissenschaften eine lange Reihe von theoretischen Ansätzen für das Verständnis von Krisen. Es kommt zu Krisen, wenn der Zusammenhalt einer Gesellschaft geschwächt wird (Anomie) und es zu Vereinzelung kommt (Atomie). Weil sich die Eigentumsverhältnisse und die sozialen Verhältnisse gegenseitig formen, trägt eine Privatisierung von Gütern zur gesellschaftlichen Desintegration bei. In der Debatte über die „Tragödie der Allmende" geht es um die Frage, warum Gemeinschaften Gemeingüter (Commons) abwirtschaften und sich dadurch selbst schaden.

Wer bestimmt aber die gesellschaftliche Entwicklung für wen? Wer macht die Wirtschaft oder wer baut die Städte für wen? Zwischen der Umweltkrise und der Krise der Demokratie könnte es eine Verbindung geben. In der Geschichte der Menschheit war die Spaltung zwischen Elite und Masse eine wesentliche Ursache für den Zusammenbruch von Zivilisationen: Das hat auch die Geschichte der Rapa Nui gezeigt. Deshalb sollte uns eine wachsende soziale Ungleichheit genauso viele Sorgen bereiten wie der Klimawandel. Diese Aspekte werden in den nächsten Abschnitten vertieft.

3.2.3.1 Die Krise als Anomie

Nicht nur Individuen, sondern auch soziale Systeme können erkranken: Die Prognose lautet dabei nicht zwangsläufig Genesung. So kann eine soziale Krise chronisch werden und einen progressiven Zerfall des Organismus erzeugen. Dafür steht der Begriff „Anomie":

> „Unter dem Begriff ‚Anomie' ist zu zeigen, dass die eskalierenden Krisenphänomene allesamt soziale Ursachen und Folgen haben, die als Erosion zivilisierter Verkehrsformen beschrieben werden können (als Anomie, zu-

---

[38] In der Philosophiegeschichte bedingen sich die Haltung gegenüber der äußeren Natur und die Haltung gegenüber der inneren Natur des Menschen gegenseitig: So ist es bei Platon, John Locke, Adam Smith, Thomas Hobbes oder Jean-Jacques Rousseau.

weilen auch als soziale Entropie bezeichnet) [...]. ‚Anomie' ist eine Situation, ‚in welcher herrschende Normen auf breiter Front ins Wanken geraten, bestehende Werte und Orientierungen an Verbindlichkeit verlieren, die Gruppenmoral eine starke Erschütterung erfährt und die soziale Kontrolle weitgehend unterminiert wird. Derartige Erscheinungen sind in Zeiten beschleunigten sozialen Wandels zu beobachten'" (Hamm 2006, S. 174).

Der Begriff Anomie ist auf Émile Durkheim (1897) zurückzuführen: Wenn die Kultur und die Normen das sind, was eine Gesellschaft zusammenhält, dann führt ihre Schwächung zu einer sozialen Desintegration. Darauf bezieht sich Johan Galtung (1995), wenn er die Anomie als Folge einer sozialen Dekulturalisierung beschreibt:

„Im Zustand der Anomie sind Werte und Normen nicht verschwunden, aber sie haben keine bindende Kraft mehr für die Individuen in Gesellschaften oder für die Staaten im Weltsystem. Das muss nicht unbedingt schlecht sein: Es könnte sich ja auch um die falschen Werte und Normen handeln, und dann wäre es richtig, wenn sie nicht mehr verpflichtend sind [...]. In anomischen Situationen handeln die Akteure ausschließlich nach ihren egoistischen Interessen, nach ihrer Kosten-Nutzen-Rechnung (und bringen dadurch andere zu Schaden). Es existiert keine hohe Instanz mehr, die gemeinschaftliche Ziele, Werte und Normen durchsetzen kann" (über Galtung in Hamm 2006, S. 174f.).

So wie die verinnerlichte Kultur nicht sichtbar ist und erst durch ihre Praktiken greifbar wird, so lässt sich Anomie für Galtung nicht direkt beobachten, sondern anhand ihrer Effekte diagnostizieren. Die Anomie kann auf drei Ebenen festgestellt werden: auf der des Individuums, auf der Ebene der Gesellschaft und auf der Weltebene. Außerdem strukturiert der Soziologe Bernd Hamm auf Basis von Galtungs Theorie anomische Verhaltensweisen nach drei Kategorien: (a) passiv-hedonistisch den eigenen Vorteil suchend, (b) anderen die geschuldete Solidarität verweigernd, (c) aggressiv und rücksichtslos den eigenen Vorteil durchsetzend (Tab. 3.1).

Für die Gesellschaft kann ein Zustand der Anomie diagnostiziert werden, wenn die Verhaltensweisen in Tab. 3.1 vier Anforderungen erfüllen. Sie müssen

- geltenden Regeln widersprechen,
- massenhaft auftreten,
- sich deutlich vermehren und
- mehr von Egoismus als vom Altruismus der Handelnden geprägt sein. (ebd.)

Tab. 3.1 Typologie anomischer Verhaltensweisen

Akteur	Akt		
	(a) Passiv-hedonistisch den eigenen Vorteil suchend	(b) Anderen die geschuldete Solidarität verweigernd	(c) Aggressiv und rücksichtslos den eigenen Vorteil durchsetzend
Individuum	Typ 1 Drogen, Schulschwänzen, Sekten, Medikamentensucht, Internetsucht…	Typ 2 Steuerhinterziehung, Wahlenthaltung, Rassismus, Versicherungsbetrug, Schwarzarbeit…	Typ 3 Korruption, hohe Vorstandsgehälter, sadistische Gewalt, sexueller Missbrauch…
Gesellschaft	Typ 4 Problemmüll, Kohlesubventionen, Finanzspekulationen…	Typ 5 Asylverweigerung, Handelsbarrieren…	Typ 6 Regierungskriminalität, autoritäre Entwicklungen, Wirtschaftskriminalität, organisierte Kriminalität…
Welt	Typ 7 Dollar als Reservewährung…	Typ 8 Strukturanpassungsprogramme vom IWF, Verweigerung der UN-Beiträge, Boykott der Klimaprotokolle…	Typ 9 Agrarsubventionen, Abholzung von Tropenwäldern, Terrorismus, Rüstungswettlauf, Covert Operations, Krieg…

(Aus Hamm 2006, S. 179; eigene Ergänzungen).

In seinem Werk „Die soziale Struktur der Globalisierung" zeigt Bernd Hamm, wie die neoliberale Globalisierung zu einer progressiven sozialen Desintegration in Deutschland, in Europa und in der Weltgesellschaft geführt hat. Mit seiner Diagnose liegt der Soziologe auf einer Linie mit Karl Polanyi: Wer die Märkte entfesselt, muss mit Anomie rechnen. Schon Émile Durkheim vertrat die These, dass der moderne Kapitalismus die Kontroll- und Regulierungsfähigkeit der Gesellschaft beeinträchtigt und damit anomische Entwicklungen begünstigt. Die Allokation von Waren führt zu einem verschärften Wettbewerb und zu einem Kampf um Profit, beides schwächt Normen und Regeln (Durkheim 1897). Der Soziologe Robert Merton präzisierte später die Anomietheorie von Durkheim: Alle Menschen werden mit als legitim anerkannten kulturellen Zielen (Wohlstand, Konsum, Status…) konfrontiert, doch die Mittel für ihre Erreichung (Status, Geld, Einfluss, Beziehungen…) sind nicht gleich verteilt. Dieses Ungleichgewicht erzeugt Frustration und bringt Menschen dazu, einen Umweg zum Ziel zu gehen – zum Beispiel durch kriminelles Verhalten (Merton 1949). Durkheim und Merton folgend muss ein System, das Wettbewerb, Profitorientierung und soziale Ungleichheit fördert, zwangsläufig zu mehr Anomie führen.

Aus der Perspektive der Anomie sind Umweltprobleme ein Symptom von fehlendem Zusammenhalt: Da, wo die Gemeinschaft ihre Identifikationselemente verliert, fühlen sich Akteure und Akteurinnen an Normen weniger gebunden. Prozesse der Dekulturalisierung sind auch eine Folge der Entwurzelung der Lebensweisen, wie sie von der Kolonisierung bis zur Globalisierung stattgefunden hat (Magnaghi 2000). Wenn lokale Kulturen die Gemeinschaft zusammenhalten und ein System mit der Natur bilden, dann führt ihre Zerstörung zu sozialen und ökologischen Missständen.

3.2.3.2 Die Krise als Atomie

Durkheim sieht in der Arbeitsteilung einen weiteren Grund für den Solidaritätsverlust in der Gesellschaft. Das Phänomen wird von Johan Galtung (1995) unter dem Begriff der „Atomie" aufgegriffen. Die Menschen leben dabei wie Monaden nebeneinander. Es sind Prozesse der Parzellierung, der Zerteilung und der Individualisierung, die den Zusammenhalt der Gesellschaft unterminieren. Durch die Arbeitsteilung wird das Zusammenleben mechanisch statt organisch geregelt: Statt Menschen interagieren Rollen und Positionen miteinander. In einer versäulten Verwaltung ist jede Abteilung nur für ein Thema zuständig, während sich für das Ganze keiner verantwortlich fühlt. Darüber hinaus kann ein kulturbedingtes Misstrauen die Menschen voneinander trennen. In einer Gesellschaft, die sich am Leviathan und am Homo oeconomicus orientiert, sind die Menschen zur Kooperation unfähig und die Privatisierung wird der Sozialisierung vorgezogen. Was nicht geteilt wird, muss von jedem besessen werden, deshalb verursachen individualistische Lebensstile eine stärkere Umweltbelastung.

In einer „Ökonomie der kurzen Wege" ist das Verhältnis zwischen Produzenten und Konsumenten ein persönliches. Anders ist es in einer globalisierten Wirtschaft, wo anonyme Verhältnisse zwischen den Akteur*innen herrschen. Dabei sinkt die moralische Hemmschwelle für anomisches Verhalten (Misswirtschaft, Steuerhinterziehung usw.). Ohne persönliche Beziehungen wird Vertrauen durch Marketing künstlich erzeugt, so werden Kaufentscheidungen durch Werbung beeinflusst. In Modezeitschriften werden Models gezeigt und nicht die Frauen in den asiatischen Textilfabriken. Den Käuferinnen und Käufern bleibt es als ahnungslosen Komplizen erspart, den Opfern des eigenen Lebensstils in die Augen schauen zu müssen.

3.2.3.3 Die Krise der Allmende

Für einen großen Teil der menschlichen Geschichte war eine Form des Zusammenlebens relativ verbreitet und hat sich besonders bewährt: der „elementare Kommunismus". Darunter verstehen die Anthropolog*innen „eine soziale Organisation, in der sämtliches Eigentum im Besitz der Gemeinschaft ist und der Beitrag und das Einkommen eines jeden von dem abhängt, was man beitragen kann und was man benötigt" (Oxford English Dictionary zit. in Bregman 2022,

S. 336). So waren Seen, Strände, Wälder und Weideflächen für Jahrtausende ein Kollektivgut, sprich ein Gemeingut und eine Allmende. Jeder konnte sich daran bedienen, um den eigenen Nahrungsbedarf zu decken. Wer ein neues Haus bauen wollte, ging einfach in den Wald und holte dort, was er brauchte.

Diese Form von Kommunismus hat mit der Sowjetunion oder mit Kambodscha unter Pol Pot wenig zu tun.

> „Mehr noch, wir betreiben ihn jeden Tag. Selbst nach Jahrzehnten der Privatisierungen ist der größte Teil unserer Wirtschaft noch kommunistisch organisiert. Es ist so normal, so selbstverständlich, dass wir seinen Einfluss nicht mehr wahrnehmen [...]. Milliarden Haushalte weltweit sind nach kommunistischer Definition organisiert: Eltern teilen ihren Besitz mit den Kindern und tragen dazu bei, was sie können" (ebd., S. 337 f.).

Warum ist diese nachhaltige Form des Zusammenlebens mit der Zeit verdrängt worden? Warum sind die Gemeingüter nicht in kollektiver Hand geblieben? Denn die Naturräume selbst befinden sich inzwischen entweder in Privateigentum oder Staatseigentum. Wer heute Holz aus dem Wald holt, begeht je nachdem eine Straftat, die mit einer Geldstrafe oder einer Freiheitsstrafe geahndet werden kann.

In den Umweltwissenschaften hat sich eine Forschungsrichtung entwickelt, die die Ursache von Umweltkrisen in der sozialen Organisation sucht. Dafür stehen Begriffe wie „Tragik der Allmende" und „Allmende-Dilemma". In seinem Aufsatz „The Tragedy of the Commons" von 1968 sah der konservative US-Biologe Garrett Hardin eine wesentliche Ursache der Zerstörung von Gemeingütern in der Freiheit ihrer Nutzung: „Freedom in a commons brings ruin to all" (Hardin 1968). Damit lag Hardin in der Tradition des pessimistischen Menschenbildes, das angelsächsische Philosophen wie Thomas Hobbes und Adam Smith vertraten (Abschn. 2.4.1.3). Auch Hardin war der Meinung, dass die Menschen aus ihrer Natur heraus unfähig seien, Verantwortung miteinander zu teilen und dadurch verdammt, Gemeingüter herunterzuwirtschaften:

„Stell dir ein Stück Land vor, das jedermann offensteht […]. Jeder Hirte wird so viel Vieh wie möglich auf diesem Land grasen lassen. Doch was auf diesem individuellen Niveau praktisch scheine, sorge bald für eine kollektive Katastrophe: Alle Pflanzen würden aufgefressen, und es bliebe eine Wüste zurück" (Hardin 1968).

Gerade in der Umweltkrise sah Hardin den besten Beweis für seine Thesen. In der Soziologie wird die „Tragik der Allmende" so dargestellt:

„Zahlreiche Umweltprobleme sind Folge einer Situation, in der viele Akteure gemeinsam über eine knappe Ressource verfügen. Unter diesen Umständen ist die Neigung gering, in deren Erhalt zu investieren, und die Neigung groß, sich mehr als ‚nötig' von der Ressource anzueignen. Die Beispiele reichen von der Überfischung der Weltmeere, der Abholzung der tropischen Regenwälder und der Ausrottung gefährdeter Arten bis hin zum Treibhauseffekt und der damit verbundenen Klimagefährdung. Aber auch im alltäglichen ‚Mikrokosmos' erfahren wir des Öfteren Allmende-Probleme. Der Kühlschrank einer Wohngemeinschaft, ein gemeinsam genutztes Kopiergerät oder ein Restaurantbesuch mit gemeinsamer Abrechnung sind Beispiele alltäglicher Gemeingüter. Im historischen Maßstab finden wir immer wieder Beispiele dafür, dass Kulturen schwere Krisen durchlitten haben oder gar untergegangen sind, weil eine ‚freie' und lebenswichtige Ressource übernutzt wurde" (Diekmann und Preisendörfer 2001, S. 77).

Ein Allmende-Dilemma liegt also unter folgenden Voraussetzungen vor (ebd., S. 78):

1. Es existiert eine gemeinsam genutzte, knappe Ressource (die Allmende);
2. Mehrere Personen haben Verfügungsrechte über diese Ressource;
3. Niemand kann das Ausmaß der Nutzung durch die anderen Verfügungsberechtigten kontrollieren.

Mit seinem Plädoyer wollte Hardin mit dem naiven Idealismus der Studentenbewegung der 1968er abrechnen, die sich für gemeinschaftliche Alternativen einsetzte. Der logische Schluss seiner Theorie war: Wenn die freie Verfügbarkeit die Gemeingüter gefährdet, dann müssen sie entweder privatisiert oder verstaatlicht werden, sodass sich eine Autorität (der Staat oder der Privatbesitzende) für sie verantwortlich fühlt. Ironisch zugespitzt: „Entweder müsse die sichtbare Hand von Väterchen Staat ihr segenreiches Werk tun, oder aber die unsichtbare Hand des Marktes müsse es richten. Der Kreml oder die Wall Street – mehr Geschmackrichtungen schienen nicht zur Auswahl zu stehen" (Bregman 2022, S. 341).

Die Theorie von Hardin hat den Bock zum Gärtner gemacht. So fördert sein pessimistisches Menschenbild gegenseitiges Misstrauen und egoistische Verhaltensweisen. Eine solche Haltung erschwert jede Kooperation. Aus dieser Perspektive bildet die „Tragödie der Allmende" eine besondere Form des Interessenkonflikts unter Menschen:

> „Manche Menschen kommen auf den [...] Gedanken, dass es ihren eigenen Interessen nützt, wenn ihr Verhalten anderen Menschen schadet [...]. Die Täter wissen, dass sie häufig mit ihrem schlechten Verhalten davonkommen, insbesondere wenn dieses nicht durch Gesetze verboten ist oder wenn die Gesetze nicht effizient durchgesetzt werden. Sie wiegen sich in Sicherheit, weil es sich in der Regel nur um wenige Personen handelt, die durch die Aussicht auf große, sichere, unmittelbare Gewinne höchst motiviert sind, während sich die Verluste auf eine große Personenzahl verteilen. Deshalb haben diese Verlierer kaum einen Beweggrund, dagegen anzukämpfen – jeder einzelne verliert nur wenig und würde selbst dann, wenn der Minderheit ihre Beute abgenommen wird, erst sehr viel später einen geringen, unsicheren Gewinn erzielen" (Diamond 2006, S. 528).

Dort, wo die Nutzer*innen miteinander konkurrieren (z. B. in der Marktwirtschaft), ist eine Zerstörung der Allmende wahrscheinlicher. In Wettbewerbssituationen gilt der Gedanke „gut für mich, schlecht für dich und die anderen" (ebd.). Wenn Nutzer*innen miteinander konkurrieren, dann ist die Bereitschaft zur Selbstbegrenzung niedrig: „Was ich selbst nicht nehme, wird sowieso von der Konkurrenz genommen, um ihren eigenen Gewinn zu erhöhen". „Warum sollte ich dem Klima zuliebe auf eine Fernreise verzichten, wenn es alle anderen (auch) nicht tun?" Doch ein solches Verhalten schadet am Ende allen.

Privatisierungen können vielleicht im Kleinen und in bestimmten Situationen funktionieren (z. B. wenn jedes Mitglied einer Wohngemeinschaft sein eigenes Kühlschrankfach bekommt). Aber wie können große Probleme wie die Überfischung der Meere oder die Luftverschmutzung durch Privatisierung gelöst werden? Gerade wenn die Natur dem Prinzip der Profitmaximierung untergeordnet wird, ist ihre Zerstörung vorprogrammiert. Privateigentum kann bedeuten, dass der Wald einem ökonomischen Zweck dient. So bestehen heute 26,3 % des deutschen Waldes aus nicht naturnahen Monokulturen (UBA 2016a), die am meisten für die Folgen des Klimawandels anfällig sind (Grober 2010, S. 125). Was dem ökonomischen Eigennutzen dient, ist offensichtlich nicht unbedingt im Sinne des ökologischen Gleichgewichtes.

Ist der Staat also die bessere Lösung? Er steht für die Vorstellung, dass sich Probleme (z. B. umweltpolitische) am besten global und auf möglichst hoher Ebene lösen lassen. Tatsache ist, dass Probleme dann am schlimmsten werden, wenn man nach einer großen Lösung strebt (Radkau 2012, S. 114). Gerade der Zentralismus kann der Komplexität am wenigsten gerecht werden. So ist auch der Staat keine Garantie für den Naturschutz, denn seine Gesetze entsprechen nicht unbedingt jenen der Ökologie. Die Autorität des Staates hat immer wieder die Zerstörung der Natur verordnet statt verhindert.[39] Während im Staat die Naturbesitzenden und die Naturnutzenden viele Rechte haben, wird die Natur als eigenständiges Rechtssubjekt nicht anerkannt: „Unsere Verfassungsordnung versteht die Natur als ein Objekt" (Kersten 2020).[40] Auch wenn Staaten Gesetze verabschieden, die den Naturschutz verfolgen, ist ihre Umsetzung bzw. Überwachung schwierig und sehr kostspielig. Staatliches Handeln ist nur innerhalb nationaler Grenzen möglich, während Umweltprobleme vor solchen Grenzen nicht haltmachen. Der gleiche Staat, der Konzernen den freien Zugang zu natürlichen Ressour-

---

[39] Dafür gibt es zahlreiche Beispiele: Rohstoffabbau, Entwaldung, Versiegelung von Flächen, Aufbau von Flughäfen usw.

[40] Dieses Verständnis hat seinen Ausdruck in Artikel 20a Grundgesetz (GG) gefunden: „Der Staat schützt auch in Verantwortung für die künftigen Generationen die natürlichen Lebensgrundlagen und die Tiere im Rahmen der verfassungsmäßigen Ordnung durch die Gesetzgebung und nach Maßgabe von Gesetz und Recht durch die vollziehende Gewalt und die Rechtsprechung."

cen in bestimmten Gebieten gewährt, kann in anderen indigene Völker aufgrund von Naturschutz daran hindern (dort, wo Natur und Mensch getrennt gedacht werden, kann die „wilde Natur" nur menschenleer sein).[41]

Die heutige ökologische Krise ist also der vielleicht beste Beweis dafür, dass Markt und Staat keine Lösung sind (Nerfin 1986). Dem Problem wird die Beschränkung der Debatte auf den Dualismus „mehr Markt vs. mehr Staat" nicht gerecht. So brachte die US-Politikwissenschaftlerin Elinor Ostrom einen dritten Weg ins Spiel. In ihrem Buch „Die Verfassung der Allmende" (orig.: Governing the Commons) sah sie in der Verwaltung von Gemeingütern durch die Gemeinschaft ihrer Nutzenden (z. B. im Rahmen von Genossenschaften) eine historisch bewährte Alternative neben privat und öffentlich bzw. Markt und Staat. Mehrere lokale Kulturen beweisen, dass Menschen sehr wohl miteinander kommunizieren und kooperieren können. Sie können sich selbstorganisieren, in Kollektiven gemeinsame Regeln aushandeln und Probleme lösen. Dafür stehen unter anderem die Fischer von Alanya (Türkei) und die Bauern von Törbel (Schweiz), die sich jeweils in einer Gemeinschaft zusammengeschlossen haben, die über Jahrhunderte zu einer nachhaltigen Bewirtschaftung von Fischereigründen bzw. von Weideflächen fähig war (Ostrom 1999).

Doch auch das optimistischere Menschenbild von Ostrom ist keine Garantie für eine nachhaltige Bewirtschaftung von Gemeingütern. Im falschen hat es das richtige Leben eben schwer. Ostrom selbst hat gescheiterte Fälle von Allmende-Bewirtschaftung untersucht. Sie ergeben sich vor allem aus der Unfähigkeit zu kooperieren. Manchmal ist die Allmende zu groß, als dass sich eine echte Genossenschaft der Nutzer*innen bilden kann. Manchmal ist die Gruppe zu groß, als dass sich Vertrauen bilden kann. Manchmal sind die Interessen zu heterogen und manchmal die sozialen Asymmetrien zu stark. Eine zu mächtige Fischereiindustrie erkennt keine Notwendigkeit, mit kleinen Fischern

---

[41] In Afrika wird diese extreme Form von Naturschutz als „grüner Kolonialismus" kritisiert. (https://www.survivalinternational.de/kolonialer-naturschutz Zugriff: 27.2.2022).

an den Küsten zu verhandeln. Soziale Ungleichheiten erschweren die Kooperation (Abschn. 3.2.3.5).

3.2.3.4 Die Krise der Demokratie

Die globale Systemkrise ist auch Ausdruck einer bestimmten Form von Steuerung der Gesellschaft. Dabei lauten die zentralen Fragen: Wie wird die Komplexität regiert? Wie wird die Governance organisiert? Wer bestimmt die gesellschaftliche Entwicklung für wen?

Eine erste wichtige Antwort liefert der Democracy-Index 2022 von The Economist (2023, S. 3):[42]

- In einer *funktionierenden Demokratie* leben 8,0 % der Weltbevölkerung und zwar in 24 Ländern (u. a. skandinavischen Ländern, Kanada, Deutschland, Irland, Frankreich, Chile).
- In einer *defizitären Demokratie* leben 37,2 % der Weltbevölkerung. Dazu zählen 48 Länder (u. a. USA, Italien, Polen, Ungarn, Brasilien, Indien).
- In einem *Hybridregime* leben 17,9 % der Weltbevölkerung, es herrscht in 36 Ländern (u. a. Türkei, Ukraine, Marokko, Pakistan, Nigeria, Bolivien).
- In einem *autoritären Regime* leben 36,9 % der Weltbevölkerung, es herrscht in 59 Ländern (u. a. China, Russland, Ägypten, Saudi-Arabien, Iran, Venezuela).

Diese Statistik macht eines klar: Weltweit ist eine funktionierende Demokratie immer noch die Ausnahme. Insgesamt nimmt die Zahl der autoritären Regierungen seit Jahren zu und die Demokratiequalität nimmt ab. Laut Bertelsmann Stiftung (2022) liegt ein wesentlicher Grund dafür in der „einseitige[n] Konzentration der politischen Eliten auf politische und wirtschaftliche Machtsicherung, der jegliche gesellschaftliche

---

[42] Die Begriffe „funktionierende Demokratie" (Working Democracy) und „defizitäre Demokratie" (Deficient Democracy) stammen von der „Democracy Matrix" der Universität Würzburg (https://www.democracymatrix.com/).

Entwicklung untergeordnet wird". Selbst wenn der Begriff „Demokratie" die „Herrschaft des Volkes" suggeriert, ist diese Regierungsform relativ jung und ihre Entwicklung am Beginn. In vielen Fällen muss die Demokratie mit älteren Formen von Macht koexistieren, zum Beispiel mit der kapitalistischen und mit der imperialen Macht. In einer Atmosphäre des Misstrauens kann sich eine Demokratie deutlich schlechter entfalten als in einer des Vertrauens (Sztompka 1995).

Ob sich die Demokratie in einer Krise befindet und wie tief diese Krise ist, die Diagnose hängt auch vom Demokratieverständnis ab. Der Politikwissenschaftler Wolfgang Merkel fasst die Positionen in drei „Modellen von Demokratie" zusammen, die an verschiedene Demokratietheorien angelehnt sind. Seine Grundthese: „Je maximalistischer ein Demokratiekonzept [ist], umso wahrscheinlicher wird die Krisendiagnose" (Merkel 2020, S. 117).

- *Minimalistisches Modell von Demokratie.* Hier wird die Demokratie auf die freie, gleiche und geheime Wahl reduziert. Zu den Vordenkern gehört der Ökonom und Demokratietheoretiker Joseph Schumpeter, der in etwa folgende Auffassung vertrat: Über Wahlen „können die politischen Unternehmen – etwa Parteien – ihre programmatischen Produkte anbieten, die von den Wählern nachgefragt, geprüft, ausgewählt oder verworfen werden. Das Angebot mit der höchsten Nachfrage bekommt den Zuschlag und damit das Recht, die Präferenzen und Interessen der Wähler für eine bestimmte Zeit zu repräsentieren" (ebd., S. 115). Diese repräsentative Demokratie organisiert sich als „vertikale Verantwortlichkeit" zwischen Regierten und Regierenden, weshalb es als „elitäres Demokratiemodell" bezeichnet wird. Die Menschenrechte oder der Rechtsstaat werden nicht ausgeschlossen, trotzdem nicht unbedingt als notwendige Voraussetzung gesehen, um von Demokratie zu sprechen. Während die Bürger*innen den Status von Politikkonsumenten genießen, werden zivilgesellschaftliche Kontrollen der Regierenden oder direktdemokratische Mechanismen „als unverträglich mit der rationalistisch-realistischen Demokratietheorie betrachtet" (ebd., S. 116). Empirisch orientierte Forscher*innen, die eine solche Perspektive vertreten, werden

kaum Belege für eine Krise der Demokratie finden können. Wenn die Demokratie die Herrschaft des Volkes meint, dann gab es in den letzten 40 Jahren keinen Rückgang der Zufriedenheit der Bürger der EU-Mitgliedsstaaten mit ihren Demokratien. Das ist zumindest das, was die Umfragen ergeben (ebd., S. 125). Wenn die Menschen in China befragt werden, dann sind sie mit ihrer „Demokratie" zufriedener als die Japaner mit der ihren. „Aus nationalen Umfragen erfahren wir, dass auch die Bürger in Putins Russland mehrheitlich ‚ihre Demokratie' schätzen. Das Gleiche gilt für die Türkei Erdogans, das Ungarn des Viktor Orbán, das gegenwärtige Polen und Italien" (ebd., S. 126). Einzig der neokonservative Thinktank „Trilaterale Kommission" äußerte 1975 eine Krisendiagnose, die passend zu dieser Auffassung von Demokratie ist. Michel Crozier, Samuel P. Huntington und Joji Watanuki postulierten damals die These, „dass demokratische Regierungen gegenwärtig mit zu vielen ‚staatsfremden Aufgaben' (z. B. einem ausgebauten Sozialstaat) und Erwartungen überlastet sind […]. Als konservative Auflösung dieses Dilemmas propagiert das Autorenteam, dass der Staat sich ‚überflüssiger' (vor allem sozialpolitischer) Aufgaben entledigen solle" (ebd., S. 122). Die Ursache der Krise der Demokratie wird hier also in der „‚Anspruchsinflation' und in der ‚Überpartizipation' von Bürgern" gesehen (ebd.), sprich in einem „Excess of Democracy": „Needed instead is a greater degree of moderation in society" (Crozier et al. 1975, S. 113). Diese Position ist besonders vor dem Hintergrund interessant, dass die Trilaterale Kommission zu den geistigen Wegbereitern der neoliberalen Globalisierung gehört.
- *Mittleres Modell von Demokratie.* Hier wird die Demokratie mit dem Rechts- und Verfassungsstaat verbunden. Eine gesunde Demokratie braucht neben den Wahlen auch eine horizontale Gewaltenteilung und -kontrolle zwischen Exekutive, Legislative und Judikative. Menschen-, Grund- und Bürgerrechte müssen garantiert werden. Eine vitale Zivilgesellschaft soll „die partizipativen Potenziale der Demokratie beleben und diese vor der Inbesitznahme durch eine abgehobene ‚politische Klasse' schützen" (Merkel 2020, S. 116). Wie das minimalistische Modell beschränkt sich auch dieses Modell „auf Nor-

men, Prinzipien und Verfahren, die dem demokratischen Entscheidungsprozess zugrunde liegen" (ebd.). Aus dieser Perspektive reichen Wahlen allein nicht aus, um von Demokratie zu sprechen. Entsprechend kritisch müssen die Entwicklungen in einigen Gesellschaften beurteilt werden. In den letzten Jahren hat sich in einigen Ländern gezeigt, wie latente Krisen der Demokratie in akute Krisen münden können.[43] Dieser Wandel kommt meistens schleichend, „von oben und aus dem Inneren der Demokratie gesteuert. Es sind häufig gewählte Präsidenten, die sich extra-konstitutionelle Kompetenzen aneignen [...]. Nicht selten missbrauchen sie das verfassungsmäßige Institut des Notstands und regieren am Parlament vorbei über Dekrete. Bisweilen dienen ihnen auch willfährige parlamentarische Mehrheiten" (ebd., S. 120).

- *Maximalistisches Modell von Demokratie.* Hier werden die Entscheidungen und die manifesten Resultate der Politik in die Demokratiedefinition einbezogen. Neben der „Herrschaft durch das Volk" braucht es die „Herrschaft für das Volk" (Scharpf 1999, S. 16). Im ersten Fall sind politische Entscheidungen legitim, „wenn und weil sie den ‚Willen des Volkes widerspiegeln', das heißt, wenn sie von den authentischen Präferenzen der Mitglieder einer Gemeinschaft abgeleitet werden können" (ebd.). Im zweiten Fall „sind politische Entscheidungen legitim, wenn sie und weil sie auf wirksame Weise das allgemeine Wohl im jeweiligen Gemeinwesen fördern" (ebd.). Zu den „Outputs", die eine Herrschaft für das Volk braucht, werden

---

[43] Eine Studie der Bertelsmann Stiftung von 2020 zeigt, dass „weltweit die Zahl der Menschen, die weniger demokratisch und schlechter regiert werden [steigt]. So wurde die Gewaltenteilung im letzten Jahrzehnt in 60 Staaten erkennbar ausgehöhlt. In 58 Ländern wurden Demonstrationsrechte und Organisationsfreiheit eingeschränkt. Die Meinungs- und Pressefreiheit sank sogar in der Hälfte aller untersuchten Länder. Nahezu ungebremst setzt sich dieser Negativtrend in der aktuellen Untersuchung fort. In rund einem Fünftel der untersuchten Entwicklungs- und Transformationsländer sank die Demokratiequalität oder stieg das Repressionsniveau erneut [...]. Die Regierungen [treiben] in einst stabilen Demokratien den Abbau von Rechtsstaatlichkeit und Freiheitsrechten aktiv voran [...]. Beispiele hierfür sind der Hindunationalismus in Indien, der Rechtspopulismus in Brasilien oder der autoritäre Kurs des EU-Mitglieds Ungarn. Die Entwicklungen in diesen Ländern stehen stellvertretend dafür, dass die zunehmende politische Polarisierung auch konsolidierte Demokratien ins Wanken bringt" (Hartmann 2020).

„Kollektivgüter wie die innere und äußere Sicherheit, ökonomische Wohlfahrt, sozialstaatliche Garantien und die erkennbare Fairness bei der Verteilung von Grundgütern, Einkommen, sozialer Sicherung und Lebenschancen [gezählt]. Insbesondere die Vermeidung extremer Ungleichheiten bei der Verteilung von Einkommen, Primär- wie Sozialgütern steht im Mittelpunkt. Denn erst die ‚soziale Demokratie' sichere das politische Gleichheitsprinzip" (Merkel 2020, S. 117). Aus dieser Perspektive würden also auch westliche, liberale Demokratien in einer dauerhaften Krise stecken. Die wichtigste Ursache sehen der Politikwissenschaftler Colin Crouch und der Soziologe Wolfgang Streeck in der neoliberalen Globalisierung: Regiert heute wirklich das Volk, oder regieren eher die Finanzmärkte, die Konzerne und ihre Lobbys? (Streeck 2011, S. 21; Crouch 2015). „Ein deregulierter globaler Kapitalismus ist […] nur bedingt mit den Geboten demokratischen Regierens vereinbar. Die Mitsprache der Vielen (Bürgerinnen und Bürger) wird durch die Entscheidungsgewalt Weniger (Investoren) suspendiert" (Merkel 2020, S. 128). In den USA ist der Lobbyismus so ausgeprägt,[44] dass manche Politikwissenschaftler Schwierigkeiten haben, von einer Demokratie zu sprechen. So haben Forscher der Universitäten Princeton und Northwestern einen langzeitigen Vergleich von Meinungsumfragen mit realen Gesetzgebungsvorhaben des US-Kongresses durchgeführt. Ihre Erkenntnis: Erlassene Gesetze sind überproportional oft auf den Willen einer kleinen Wirtschaftselite zugeschnitten, seltener auf den Willen der großen Masse des Volkes. „Wenn eine Mehrheit der Bürger mit den ökonomischen Eliten oder mit organisierten Interessen nicht einverstanden ist, dann verliert sie in der Regel" (Gilens und Page 2014, S. 576).

---

[44] Durch die zunehmende Macht der EU ist Brüssel für Lobbyist*innen besonders interessant geworden. 2012 wurden hier 15.000 bis 30.000 Interessenvertreter*innen vermutet, zwei Drittel davon für die Wirtschaft (LobbyControl und CEO 2012). Besonders stark ist Wirtschaftslobbyismus in den USA. Um die eigenen Interessen politisch durchzusetzen, geben amerikanische Konzerne offiziell 3,2 Mrd. Dollar pro Jahr für Lobbying aus, Analysten gehen jedoch von mehr als 9 Mrd. Dollar aus (Fang 2014).

Indikatoren der Demokratiekrise
Strenggenommen sind nicht einmal „funktionierende Demokratien" vollkommene Demokratien, die sich durch eine „Herrschaft durch das Volk für das Volk" auszeichnen. So weisen liberal-repräsentative Demokratien grundlegende Defizite auf, die in ihrer Krise nur noch offensichtlicher werden. Diese Defizite sind:

- *Top-down-Governance und institutionelle Zentralisierung.* Nach dem Ende des Kalten Krieges wurde die „Neue Weltordnung" top-down durchgesetzt. Die Bürger*innen wurden nicht gefragt, ob sie lieber eine neoliberale Globalisierung oder eine sozial-ökologische Entwicklung wollen. In zentralistischen Systemen sind die Entscheidungsbefugnisse und die Ressourcen der Institutionen proportional zu ihrer Entfernung zu den Bürger*innen. So sind die Kommunen in Deutschland die schwächste Institution. Wenn es Quartiersräte gibt, dann haben diese lediglich eine konsultative Funktion. In den letzten Jahrzehnten hat die Zusammenlegung von Gemeinden und Stadtbezirken die Institutionen von den Bürger*innen weiter entfernt.[45] „Unter größeren Verhältnissen löst sich Politik eher von ihrem Sozialgefüge ab, um ein Eigenleben zu führen, als unter kleineren" (Bogumil und Holtkamp 2013, S. 148).
- *Machtverschiebungen auf Kosten der Demokratie.* In der neoliberalen Globalisierung kontrollieren die Märkte die Demokratie mehr als umgekehrt. Dort, wo Märkte dereguliert werden, gilt das Gesetz des ökonomisch Stärksten (Brocchi 2019, S. 44). Der Rückzug des Staates aus dem Markt bedeutet das Ende seiner Rolle als Vermittler zwischen ungleichen Akteuren. So entstehen immer mehr Konflikte, zum Beispiel zwischen Investoren und Bürgerschaft in den Großstädten. Innerhalb der westlichen Demokratie gab es in den letzten Jahrzehnten eine progressive Machtverschiebung von der Legislative zur Exekutive. Ein Beispiel dafür ist „der Machtverlust nationaler Parla-

---

[45] Stadtbezirke wie Berlin-Mitte sind heute für fast 400.000 Menschen zuständig und es gibt keine weitere nennenswerte Institution unterhalb dieser Ebene, an die sich Bürger*innen wenden können.

mente gegenüber den Institutionen der EU, in denen wiederum die exekutiven Institutionen Europäischer Rat, Ministerräte und Kommission dominieren. Das Machtgeflecht politischer Entscheidungen prämiert die Exekutiven, während sich die legislativen Kompetenzen, die parlamentarische Kontrolle, Verantwortlichkeit und Transparenz ausdünnen" (Merkel 2020, S. 127). Wenn parlamentarische Mehrheiten immer nur geschlossen hinter der Regierung stehen, während parlamentarische Minderheiten kaum Einfluss haben, dann ist die Legislative der Exekutive untergeordnet.

- *Parteiendemokratie als Demokratiemodell.* Im Westen dürfen die Bürger*innen die Politik selten direkt bestimmen, so gibt es in Deutschland keine Volksentscheide auf Bundesebene. Die Macht des Volkes wird an Parteien delegiert. Die Parlamente werden alle vier oder fünf Jahre neu gewählt. Schon das Wahlsystem kann eine Demokratie schwächen oder stärken. So dominiert in angelsächsischen Ländern das Mehrheitswahlsystem, das die zwei größeren Parteien begünstigt und dadurch eine politische Verkrustung fördert. Auch die Fünf-Prozent-Hürde erschwert in Deutschland eine Erneuerung der Politik. In einer Parteiendemokratie kann der politische Wettbewerb mehr um Macht als um Alternativen ringen. Außerdem kann es keine starke Demokratie ohne innerparteiliche Demokratie geben. Die Parteien haben inzwischen stark an Vertrauen eingebüßt[46] und in Deutschland seit 1990 mehr als die Hälfte ihrer Mitglieder verloren (Niedermayer 2017, S. 2). Dazu kommt die sinkende Wahlbeteiligung in den westlichen Ländern (Cremer 2016). In Deutschland liegt sie seit 1987 fast immer unter 80 % bei Bundestagswahlen,[47] meistens unter 70 % bei Landtagswahlen und teilweise sogar unter 50 % bei Kommunalwahlen (Bogumil und Holtkamp 2013). Wen vertreten die Parteien noch?

---

[46] Brachten in den 1980er-Jahren noch 50 % der Deutschen den Parteien Vertrauen entgegen (Bogumil und Holtkamp 2013, S. 74), waren es 2023 nur noch 30 % (Standard Eurobarometer der Europäischen Kommission).

[47] Der Bundeswahlleiter (2021): https://www.bundeswahlleiter.de/dam/jcr/8dbb2264-1f08-405d-97fd-56868c8eaad8/BTW_Wahlbeteiligung.pdf (Zugriff: 21.3.2023).

- *Reduktion der Politik auf Verwaltung.* Durch Wahlen können die Bürger*innen einen Regierungswechsel erzwingen, nicht unbedingt einen politischen Wechsel. Wenn Entscheidungen „alternativlos" sind, dann verkommt die Politik immer mehr zu einer „Verwaltung von Sachen" (Marx zit. in Merkel 2020, S. 112). Die administrativen Institutionen verfügen oft über mehr Macht als die demokratischen, so entscheiden in den Kommunen die Verwaltungen oft mehr als die Stadträte.[48]
- *Ungleiche Demokratie.* Die liberal-repräsentative Demokratie ist nicht die Macht des Volkes: Meistens ist sie die Macht einer Mehrheit über eine Minderheit oder sogar die Macht einer Elite über eine Masse.[49] Die Abgeordneten sollten Vertreter des ganzen Volkes sein, doch ein Abbild der Gesellschaft ist der Bundestag nicht: „Migranten und Frauen, aber noch stärker Arbeiter und Geringgebildete sind im Parlament unterrepräsentiert […]. Obwohl laut Erhebungen des Statistischen Bundesamtes nur 14 % der Bevölkerung über ein abgeschlossenes Hochschulstudium verfügen, sind mehr als 90 % der Abgeordneten Akademiker" (Schäfer 2013). Während die Wahlbeteiligung in den oberen Schichten hoch bleibt, hat sie vor allem in den unteren Schichten abgenommen.[50] Die ungleiche politische Vertretung führt dazu, dass die Politik von privilegierten Gruppen vor allem für privilegierte Gruppen gemacht wird, während der Rest zunehmend abgehängt wird. Die Resignation in den unteren Schichten vergrößert die Gruppe der Nichtwähler, sodass die politische Bühne noch stärker

---

[48] Ein Grund: Während in der Kommunalverwaltung Mitarbeiter*innen eine feste Stelle haben, erhalten die Ratsmitglieder etwa in NRW lediglich 650 Euro Entschädigung pro Monat, inklusive Sitzungsgeld – und dies für einen Zeitaufwand, der bundesweit in Großstädten bei durchschnittlich 25 Stunden pro Woche liegt (vgl. Bogumil und Holtkamp 2013, S. 112 ff.).

[49] Leider herrscht in den politischen Eliten und in beachtlichen Teilen der bessergestellten Bevölkerung eine Indifferenz „gegenüber gravierenden sozioökonomischen Ungleichheiten von Einkommen, Vermögen, Lebens- und politischen Partizipationschancen" (Merkel 2020, S. 128).

[50] Hier ein Vergleich der Wahlbeteiligung bei der Bundestagswahl 2017 zwischen vier Kölner Quartieren nach ökonomischer Lage geordnet (von sozial benachteiligt bis wohlhabend): 45,8 % in Chorweiler, 67,3 % in Mülheim, 85,9 % in Sülz und 88,5 % in Hahnwald (vgl. Stadt Köln 2017).

von den oberen Schichten besetzt wird. Es ist ein Teufelskreis (Schäfer 2017).
- *Intoleranz und antidemokratische Positionen.* Profiteure und Ausdruck der Krise der Demokratie sind die populistischen und die rechtsextremen Parteien, heute wie in den 1930ern.[51]

Krisen in der Demokratie

Die Schwächung der Demokratie führt zu Krisen und wird gleichzeitig durch Krisen verschärft, wie es unter anderem die Finanzkrise von 2008 gezeigt hat. In Notstandsituationen sind schnelle Entscheidungen gefragt, gleichzeitig können die Regierungen selbst überfordert sein. Eigentlich müsste in einer Demokratie gelten: Je relevanter und folgenreicher eine Entscheidung ist, desto größer ist der Kreis, in dem sie getroffen wird. Im Umgang mit der Finanzkrise, der Corona-Krise und dem Ukraine-Krieg wurden jedoch weitreichende Entscheidungen erst in einem relativ kleinen Kreis getroffen.[52] Meistens ziehen die Parlamente dann nach, ohne allzu breite Debatten zu führen.

Der Publizist Bernhard Pötter stellt sich die Frage, ob sich globale Probleme wie die Klimakrise überhaupt demokratisch lösen lassen. Für ihn scheiterte bei der internationalen Klimaschutzkonferenz von 2009 in Kopenhagen die Idee „einer globalen demokratischen Lösung für ein globales und sehr undemokratisches Problem: die multiple Krise aus Klimakrise, Rohstoffknappheit, dem Verlust von Artenvielfalt […]. Gescheitert [war] die Idee, dass die großen Demokratien in Amerika und in Europa bei der Zukunftssicherung ein Vorbild für andere Staaten sein

---

[51] Die Frustration führt in der Bevölkerung zum „Aufbegehren": „Die Verunsicherung verschmilzt bei manchen gemeinsam mit dem Gefühl, von demokratischen Institutionen im Stich gelassen worden zu sein, zu einem autoritären Ressentiment […]. Das Gefühl ist: Ich selbst bin im ständigen Abstiegskampf, passe mich permanent an neue Marktbedingungen an und verhalte mich konform, um ja den Erwartungen zu entsprechen. Und dann kommen Flüchtlinge, die sich schon allein, weil sie eine andere Kultur haben, nicht konform verhalten. Und sie wollen auch noch etwas abhaben von einem Kuchen, der ohnehin permanent schrumpft" (Nachtwey 2016a).

[52] In der Corona-Krise zeigte sich, dass Parlamente entmachtet werden können, um ein schnelles Handeln zu ermöglichen. In Deutschland beschloss ein Gremium (aus Kanzlerin und Länderchef*innen), das nicht einmal im Grundgesetz vorkommt, weitreichende Maßnahmen (Hofmann 2021).

können" (Pötter 2010, S. 16 f.). Während die Überwindung der Polykrise den Weitblick braucht, reicht der Zeithorizont der Politik meistens nur bis zur nächsten Wahl. Fast alle westlichen Demokratien wirtschaften auf Kosten anderer und weisen einen besonders breiten ökologischen Fußabdruck auf (Kopp et al. 2017). Schon die ursprüngliche Demokratie auf der Agora der altgriechischen Polis basierte auf Sklavenhaltung und Ausbeutung. Braucht es deshalb weniger Demokratie, um mehr Umweltschutz zu bekommen?

Wahrscheinlicher ist, dass eine verschärfte Klimaerwärmung zu weniger Demokratie führen wird, als dass weniger Demokratie mehr Klimaschutz bringt. Demokratien sind zwar weniger effizient, aber Hierarchien sind weniger effektiv: Sie erhöhen das Risiko von Fehleinschätzungen und Fehlentscheidungen. Wer immer die eigene Perspektive durchsetzen kann, muss sich nicht unbedingt mit anderen Perspektiven auseinandersetzen.[53] Wer die Macht hat, verlernt im Laufe der Zeit das Lernen (Keltner 2016). „Wisdom is power", aber Macht kann dumm machen.

Es gibt zudem keine Garantie, dass eine autoritäre Regierung für die erwünschte statt für die unerwünschte Entwicklung arbeitet. Meistens schützen autoritäre Regierungen die bestehende Ordnung gegen den Wandel. Zentralistische Systeme lassen sich durch starke Interessengruppen leichter beeinflussen: Diese haben nicht selten selbst zur Krise beigetragen. Was westliche Gesellschaften bisher verwirklicht haben, ist nicht *die* Demokratie, sondern eine schwache Form von Demokratie. Sie hat sich der Marktwirtschaft verpflichtet und die Ausbeutung demokratisiert. Über das Argument der Arbeitsplatzsicherung ist selbst der Wohlfahrtsstaat zu einem Wunschtreiber für stoffliches Wirtschaftswachstum geworden (Opielka 2017, S. 7). Außerdem ist für den Output einer Demokratie eine Variable entscheidend: die Kultur. Es kann nämlich keine starke Demokratie ohne eine „Kultur der Demokratie" geben (Meyer 2009).

---

[53] Für Max Weber bedeutet Macht „jede Chance, innerhalb einer sozialen Beziehung den eigenen Willen auch gegen Widerstreben durchzusetzen, gleichviel worauf diese Chance beruht" (Weber 1985, S. 28). Mit Chance ist hier auch eine Meinung oder eine Perspektive auf die Wirklichkeit gemeint.

3.2.3.5 Die Krise durch Ungleichheit

Eine der wichtigsten Ursachen des Zusammenbruchs von Zivilisationen in der Geschichte der Menschheit ist die Spaltung der Gesellschaft zwischen Elite und Masse. Was für die Rapa Nui auf der Osterinsel gilt, gilt genauso für den Untergang des Römischen Reichs (Mitchell 1990) oder der Maya auf der Yucatán-Halbinsel (Culbert 1973). In ihrer Studie[54] aus dem Jahr 2014 schrieben die US-Wissenschaftler*innen Safa Motesharrei, Jorge Rivas und Eugenia Kalnay:

> „In den letzten 5.000 Jahren kam es häufig zum Zusammenbruch selbst von fortgeschrittenen, hochentwickelten Zivilisationen, es folgten häufig Jahrhunderte des Bevölkerungs- und kulturellen Niedergangs sowie des wirtschaftlichen Rückgangs […]. Unsere Ergebnisse zeigen, dass ein Zusammenbruch unausweichlich wird, sobald zwei bestimmte Dynamiken entstehen: Die Überlastung der Ökosysteme durch zu hohen Verbrauch der globalen Ressourcen bei gleichzeitiger Aufspaltung der Gesellschaft in Elite (reich) und Masse (arm) […]. Zusammenfassend zeigen die Ergebnisse unserer Experimente […], dass eine der beiden Dynamiken, die bei historischen Zusammenbrüchen in der Gesellschaft auftreten (Übernutzung der natürlichen Ressourcen und starke wirtschaftliche Schichtung), unabhängig von der anderen einen vollständigen Zusammenbruch zur Folge haben kann. Bei vorhandener wirtschaftlicher Schichtung ist ein Zusammenbruch sehr schwer zu vermeiden" (Motesharrei et al. 2014, S. 101; eigene Übersetzung).

Das Muster, das sich historisch beim gesellschaftlichen Untergang wiederholt, ist folgendes: Die Eliten, die die Gesellschaft steuern, haben lange von der Entwicklung profitiert und diese von der Schokoladenseite erlebt. Entsprechend schwer fällt es ihnen, davon Abstand zu nehmen. Zudem sind sie viel später als die Massen von den Auswirkungen

---

[54] Titel der Studie: „Human and nature dynamics (HANDY): Modeling inequality and use of resources in the collapse or sustainability of societies". Dabei haben sich die Forscher*innen Safa Motesharrei, Jorge Rivas und Eugenia Kalnay auf ein mathematisches Modell des NASA Goddard Space Flight Centers gestützt, um das Verhältnis verschiedener Rahmenbedingungen in gesellschaftlichen Entwicklungen zu untersuchen.

der schweren Krise betroffen, weshalb sie sich noch im Angesicht der Katastrophe einreden, man könne „weitermachen wie bisher" (ebd., S. 99 f.). „Dieser Puffereffekt wird [...] verstärkt durch die lange, scheinbar solide Entwicklungsbahn vor dem Beginn des Zusammenbruchs" (ebd., S. 100). Deshalb verhindern die Eliten den Zusammenbruch nicht und wirken blind gegenüber der nahenden Katastrophe (am deutlichsten zu sehen im Fall der Römer und der Maya). „Während einige in der Gesellschaft darauf hinweisen, dass das System auf einen Kollaps zusteuert und grundlegende Veränderungen einfordern, um das Schlimmste zu verhindern, sind es die Eliten und ihre Unterstützer, die genau diese Veränderungen aufhalten und sich auf die vorherige lange, scheinbar bewährte Entwicklungsbahn berufen" (ebd.).

Wenn die Forschungsergebnisse von Motesharrei, Rivas und Kalnay stimmen, dann steht die heutige Zivilisation selbst auf der Kippe, denn sie belastet die Ökosysteme übermäßig und zeichnet sich durch eine extreme soziale Ungleichheit aus (Oxfam 2017a). Ist unsere Zivilisation immun gegen den Kollaps, weil sie deutlich entwickelter ist? „Zusammenbrüche sind nicht auf die ‚Alte Welt' beschränkt", schreiben Motesharrei, Rivas und Kalnay (2014, S. 91). Wir verfügen zwar über andere Technologien als die Rapa Nuis und die Mayas, aber diese Technologien schaffen auch neue Probleme, die alte Kulturen nicht hatten. „Technologische Innovationen steigern ebenfalls den Verbrauch von Ressourcen vor allem durch diejenigen, die Kapital besitzen" (ebd., S. 93). Zudem hat die jetzige Weltbevölkerung eine ganz andere Dimension als in vergangenen Epochen.

Zur Nicht-Nachhaltigkeit sozialer Ungleichheit
Strukturen der sozialen Ungleichheit sind ein wesentlicher Treiber nicht-nachhaltiger Entwicklung. Dafür gibt es verschiedene Gründe, die sich thesenhaft wie folgt darstellen lassen:

- Die soziale Ungleichheit ist die Sortiermaschine, die bestimmt, wer von der Entwicklung profitiert und wer den Preis dafür zahlt. Solche Strukturen ermöglichen eine Internalisierung der Vorteile der Entwicklung und eine Externalisierung der Kosten von Krisen. Dafür

steht unter anderem das sogenannte „Fußabdruck-/Umweltzerstörungs-Paradoxon" (*ecological footprint/environmental degradation paradox*): „Die reichen Industriegesellschaften [sind] in der Lage, die Voraussetzungen und Folgen ihres überbordenden Konsums systematisch in andere Weltregionen, nämlich an die Gesellschaften der ärmeren, rohstoffexportierenden Länder, auszulagern. Auf diese Weise säubern sie konsequent ihre eigene Umwelt- und Sozialbilanz – und überlassen das schmutzige Geschäft anderen. Bis auf die ökonomischen Profite natürlich, die daraus zu ziehen sind" (Lessenich 2017, S. 96 f.). Dort, wo soziale Ungleichheit herrscht, werden Probleme selten an der Wurzel gelöst, sondern meistens nur verlagert. So beansprucht heute die Autoindustrie Lithium- und Kobaltvorkommen in Bolivien und Kongo, um „saubere" Elektrofahrzeuge herzustellen, während alte Dieselfahrzeuge nach Osteuropa und Afrika entsorgt werden (Humml 2022; Prengel 2022). Nicht selten führt die Mobilitätswende in den Innenstädten zu einer Verlagerung des Autoverkehrs in die äußeren Bezirke. Jedes Wachstum von „Ordnung" auf den Wohlstandsinseln korrespondiert mit einer wachsenden Unordnung in ihrer ökologischen und sozialen Umwelt. Um den Wohlstand zu schützen, werden Grenzmauern und Grenzzäune errichtet. Diese schützen jedoch nicht nur den Wohlstand, sondern auch die Ursachen der Unordnung (Abschn. 2.3).
- Soziale Ungleichheit bedeutet eine ungleiche Wahrnehmung und Erfahrung derselben gesellschaftlichen Entwicklung. Belege dafür finden sich in jeder deutschen Großstadt. Dort besteht die höchste Autodichte pro Einwohner oft in wohlhabenden Stadtteilen, die niedrigste in ärmeren. Reichere Stadtteile sind gleichwohl tendenziell grüner und leiser, während die Mieten an stark befahrenen Straßen deutlich niedriger sind.[55] Die Menschen, die im Grünen leben, tragen zwar am meisten zum Autoverkehr bei, bekommen die gesundheitlichen Auswirkungen jedoch kaum ab, während die ärme-

---

[55] Ein Beispiel: Köln-Rodenkirchen ist sehr wohlhabend, hier leben die Menschen im Grünen, die Autodichte ist aber besonders hoch: 491 Pkw pro 1.000 Einwohner (Stand: 2016). In Köln-Kalk sind die Menschen ärmer und viele können sich kein Auto leisten: Hier beträgt die Autodichte 337 Pkw je 1.000 Einwohner.

ren Menschen, die weniger Autos besitzen, dem Verkehr ausgesetzt sind.[56] Bei den globalen Auswirkungen des Klimawandels sieht es ähnlich aus: Das reichste Prozent der Weltbevölkerung (77 Mio. Menschen) verursachte 2019 laut einer Analyse von Oxfam (2023) so viele klimaschädliche Treibhausgase wie die fünf Milliarden Menschen, die die ärmeren zwei Drittel ausmachen. Während die Reichsten die größte Verantwortung beim Klimawandel tragen, zahlen die Ärmsten jedoch den höchsten Preis dafür. So reichen die CO_2-Emissionen des reichsten Prozents aus dem Jahr 2019 aus, um 1,3 Mio. Todesfälle durch Hitze zu verursachen. Warum sollten sich die Nutznießer der Entwicklung von ihren Privilegien trennen, wenn sie mit den selbstverursachten Kosten und der Dringlichkeit der Probleme im Alltag kaum konfrontiert sind?

- Soziale Ungleichheit hemmt die Kommunikation zwischen den unterschiedlichen Gruppen und den unterschiedlichen Perspektiven. Prozesse der sozialen Entmischung (u. a. Gentrifizierung) führen dazu, dass jede Schicht immer mehr unter sich bleibt und in einer eigenen Wirklichkeit lebt. Ohne Interaktion mit anderen Perspektiven verlieren die Eliten den Kontakt zu bedeutenden Teilen der gesellschaftlichen Realität. Solche Derealisierungsprozesse sind eine wesentliche Quelle von Krisen (Abschn. 3.3). Die physische und psychische Distanz verhindert zudem das Mitgefühl für die Opfer des eigenen Handelns. Da, wo es Distanz gibt, kann sich keine Empathie entwickeln.
- Soziale Ungleichheit erschwert nicht nur das miteinander Teilen und die Kooperation für eine gemeinsame Lösung von Problemen, sondern verursacht auch Frustration und bildet eine wesentliche Quelle sozialer Konflikte. Durch soziale Ungleichheit wird die „Tragik der Allmende" wahrscheinlicher. So hat der Interessenskonflikt zwischen Industrieländern und Entwicklungsländern eine gewisse Tradition bei den UN-Klimakonferenzen.

---

[56] Wenn dauerhaft arme Menschen im Durchschnitt zehn Jahre früher sterben, dann könnte dies auch damit zu tun haben (Bolz und Soliman 2017).

- Reichtum und Macht vermitteln das trügerische Gefühl, gegen jede mögliche Krise abgesichert zu sein. Hitze, Dürren und Überschwemmungen? Wer Geld hat, kann eine Klimaanlage installieren, in einer geschützten *Gated Community* wohnen, im schlimmsten Fall wegziehen. Wenn der mächtigere Teil der Weltgesellschaft die Folgen der eigenen Entscheidungen nicht erleiden muss und für die Kosten nicht haftet, dann fördert dies seine Risikobereitschaft – ein Phänomen, das „Moral Hazard" genannt wird. Die Atombunker sind mindestens genauso gefährlich wie die Atombombe selbst, weil sie den Regierungen und den Generälen das Gefühl vermitteln, einen Atomkrieg überleben zu können.
- Wer von der gesellschaftlichen Entwicklung profitiert, hat oft mehr Einfluss auf ihre Gestaltung und auf politische Entscheidungen. Wer am stärksten mit den Kosten konfrontiert ist, dem ist es meist verwehrt, die gesellschaftlichen Rahmenbedingungen zu verändern (Schäfer 2013; Gilens und Page 2014).

Die nicht-nachhaltige Wirkung sozialer Ungleichheit verstärkt sich in Kombination mit drei Faktoren. Der erste ist die *freie Preisbildung* in der Marktwirtschaft. Denn Krisen verursachen oft eine Knappheit und dadurch steigende Preise. Auch sie wirken wie eine Sortiermaschine: Reiche Staaten und obere gesellschaftliche Schichten sichern sich den Zugang zu den verknappten Gütern, indem hohe Preise die ärmere Konkurrenz aus dem Markt verdrängen. Auch wenn der Peak Oil bereits überschritten ist, garantiert die Finanzkraft der reichen Länder ihre eigene Ölversorgung aus der ganzen Welt, während in Ländern wie Nigeria (einem der größten Erdölexporteure der Welt) die lokale Bevölkerung kein Benzin hat (Lemmenmeier 2023). So bietet die freie Preisbildung den Zentren und den Eliten eine Exit-Strategie in Zeiten der Krise. Gleichzeitig werden die Peripherien und die unteren Schichten früh mit der Not konfrontiert.

Der zweite Faktor ist der *Wettbewerb um Status*. Soziale Ungleichheit ist nicht nur ein Problem von Einkommen und Eigentum, sondern auch von Macht und Status. So behauptet der Ökonom Fred Hirsch (1980), dass (ungleiches) Wirtschaftswachstum nicht aus der Notwendigkeit entsteht: Vielmehr wird es durch einen kulturbedingten Willen der sozialen Abgrenzung nach unten verursacht. In ihrem Konsumverhalten orientieren sich die Menschen nicht mehr an einem Bedürfnis, sondern an dem sozialen Status, den das Bedürfnis symbolisiert. Die Zugehörigkeit zur Oberschicht wird durch die Fähigkeit besiegelt, Bedürfnisse zu befriedigen, die andere Schichten nicht befriedigen können: Was zählt, ist nicht der absolute, sondern der relative Besitz von Geld, Macht oder Wissen; das, was einer mehr als die anderen hat – die Exklusivität.

Der Status drückt sich über die Dinge aus, die wir uns leisten können und mit denen wir uns umgeben. Ein Wettbewerb um Status findet auch zwischen Konzernen und zwischen Staaten statt, zum Beispiel indem man den höchsten Wolkenkratzer baut. Auf der Weltbühne werden Staaten, die über die Atombombe verfügen, stärker beachtet. In der Privatwirtschaft liefern sich seit Jahren drei Milliardäre (Jeff Bezos, Richard Branson und Elon Musk) ein Rennen um Status beim Versuch, als Erster den Weltraum für den Tourismus zu erschließen. Auf individueller Ebene zeigt sich der Status durch die Wohnungsgröße und den Einrichtungsstil, wie man sich kleidet, die Automarke oder das Urlaubsziel. Obwohl wir uns mit verschiedenen Verkehrsmitteln von A nach B bewegen können, werden das Fliegen oder der SUV bevorzugt, weil sie einen höheren Status ausdrücken. Je ausgeprägter die soziale Ungleichheit ist, desto bedeutender werden der soziale Status und die entsprechenden Statussymbole. Die Kombination von sozialer Ungleichheit und Wettbewerb bildet einen erheblichen Stressfaktor für alle Schichten in der Gesellschaft, denn sie zwingt die Menschen dazu, sich ständig miteinander zu vergleichen, um die eigene soziale Position zu bestimmen, zu halten oder zu verbessern. Dieser ständige Vergleich miteinander findet weniger zwischen den Schichten statt (vertikal), sondern viel mehr innerhalb der Schichten (horizontal). So vergleicht sich der Chef eines DAX-Konzerns nicht mit seinen Angestellten, sondern mit den Chefs anderer DAX-Konzerne. Bei einem Jahresgehalt von 3 Mio. Euro würde er sich „sozial benachteiligt" fühlen, da Menschen in dieser Position im Durchschnitt 5,8 Mio. Euro in Deutschland kassieren (Tödtmann 2018). Für einen Normalsterblichen wäre ein Gehalt von

3 Mio. Euro pro Jahr eine astronomische Summe, doch beim Geldwert unterscheidet sich die Messskala des oberen einen Prozents der Menschheit stark von jenem der restlichen 99 Prozent. Ein Wettbewerb um Status findet auch in den unteren Schichten statt, so fahren Arbeiter mitunter einen Mercedes, um den Eindruck zu vermitteln, „es geschafft zu haben". In Kombination mit Wettbewerb erhöht die soziale Ungleichheit den Umweltverbrauch der Gesellschaft und dadurch ihre Abhängigkeit von Ressourcen. Gleichzeitig erschwert ein solcher Kontext die Kooperation, die für die Lösung von Problemen nötig wäre.

Der dritte Faktor ist eine *schwache Form von Demokratie*. Wenn mit Demokratie die „Herrschaft durch das Volk für das Volk" gemeint ist (Scharpf 1999, S. 16), dann ist Demokratie selbst im Westen ein unvollendetes Projekt (Abschn. 3.2.3.4). In Kombination mit der sozialen Ungleichheit wirkt sich eine schwache Demokratie als Verstärker des innergesellschaftlichen Wettbewerbs aus, weshalb der Umweltverbrauch enorm ist. Denn in dieser Demokratieform beanspruchen die Massen – unter anderem durch ihre parlamentarischen und gewerkschaftlichen Vertretungen – ständig die Privilegien und die Konsumoptionen, die sonst den Eliten vorbehalten sind. Wenn die Massen den eigenen Status erhöhen, dann wollen sich die Eliten von den Massen abgrenzen, indem neue exklusive Kauf- und Besitzoptionen erschaffen werden. Dadurch bewegen sich alle Gruppen zwar nach oben, die soziale Ungleichheit zwischen ihnen (relative Benachteiligung inbegriffen) bleibt jedoch bestehen. Ulrich Beck (1986, S. 122) spricht von einem sozialen „Fahrstuhl-Effekt", der alle Klassen und Schichten „*insgesamt* eine Etage höher" fährt: „Es gibt – bei allen sich neu einpendelnden Ungleichheiten – ein *kollektives Mehr* an Einkommen, Bildung, Mobilität, Recht, Wissenschaft, Massenkonsum". Weil Becks Metapher des „Fahrstuhls" suggeriert, dass alle Gesellschaftsmitglieder „im selben Boot" sitzen, ist „Paternoster-Effekt" (Butterwegge 2020, S. 110) der vielleicht treffendere Begriff, um das hier gemeinte Phänomen zu beschreiben: Dabei sitzen die Schichten weiterhin in verschiedenen „Kabinen", die in asymmetrischer Reihenfolge nach oben gezogen werden. So können heute in Deutschland auch die unteren Schichten in die Türkei oder auf die Kanaren fliegen – etwas, das sich früher nur die Oberschichten leisten konnten. Dafür fliegen die Oberschichten nun auf die Seychellen und die Malediven. Wenn der Massentourismus ebenso die Seychellen erreicht (mit einer entsprechenden Zunahme der klimaschädlichen Abgase durch Fernflüge), dann suchen sich die Eliten andere exklusive Urlaubsziele. Seit 2022 bietet das Unternehmen Virgin Galactic kommerzielle Flüge an den Rand des Weltraums zum Ticketpreis von 450.000 Dollar (Neate 2023).

Der ökologische Fußabdruck der Eliten ist viel größer, doch durch die genannten Mechanismen werden die Massen zum ahnungslosen Komplizen der Ausbeutung gemacht – und stützen dadurch selbst ein nicht-nachhaltiges System. Der lange Schatten der altgriechischen Agora, auf der die ursprüngliche Demokratie auf den Schultern der Sklaven entstand, wirkt also bis heute. John Locke formulierte die These, dass Wirtschaftswachstum entfesselt werden müsse, um den sozialen Frieden aufrechtzuerhalten (Abschn. 2.2.4). Bis heute ist Wirtschaftswachstum der bevorzugte künstliche Stabilisator einer sonst instabilen Kombination aus Demokratie, Wettbewerb und sozialer Ungleichheit, in der es weder ein starkes Gemeinwesen noch eine strukturelle Umverteilung geben darf, denn diese wären ohne Enteignungen und Abbau von Privilegien nicht zu bekommen. Deshalb: „Um die wirtschaftlichen Bedürfnisse der eigenen Bürger zu befriedigen und dadurch den sozialen Frieden zu erhalten, ist der moderne Staat zu einer Ausbeutungspolitik nach außen gezwungen, die in der Weltgeschichte einmalig sein dürfte" (Hösle 1991, S. 32). Jeder „Paternoster-Effekt" impliziert immer zwei Seiten, die sich gegenseitig bedingen: „Während die einen nach oben fahren, fahren andere nach unten, wodurch die Reichen reicher und die Armen zahlreicher werden" (Butterwegge 2020: 110).

Warum besteht soziale Ungleichheit trotzdem?
Obwohl Strukturen der sozialen Ungleichheit so viele Nachteile für die Gesellschaft haben und eine Mehrheit beeinträchtigen, bestehen sie weiterhin. In autoritären Systemen stützt sich die Ungerechtigkeit auf die Androhung und die Anwendung von Gewalt. Heute geben aber auch liberaldemokratische Gesellschaften immer mehr Geld für Militär,

Geheimdienste und Sicherheitsapparate aus. Da sich die physische Gewaltanwendung in Demokratien schwerer legitimieren lässt, wurde hier die Kontrolle immer wieder durch psychologische Techniken ausgeübt.[57] In seinem Buch „Angst und Macht" hat der Psychologe Rainer Mausfeld (2019) eine These aufgestellt, die so zusammengefasst werden kann: Je polarisierter eine Gesellschaft ist, desto mehr ist sie auf Feindbilder angewiesen, um eine künstliche innere Einheit zu erzeugen und um die Legitimation einer (vermeintlich) ordnenden Kraft zu erhöhen.

Für die Aufrechterhaltung einer ungerechten Ordnung kann die „strukturelle Gewalt" (Galtung 1988) noch effektiver als die Staatsgewalt sein. Denn Macht ist nicht nur jene von Menschen über andere Menschen: Auch die wirtschaftlichen und bürokratischen Strukturen üben eine starke Macht über Individuen aus. Massen lassen sich kontrollieren, indem sie abhängig gemacht werden. So fand auf der Osterinsel keine Rebellion der Basis der Gesellschaft während der Krise statt, weil sie in ihrer Ernährung weiterhin von den Häuptlingen abhängig war (Abschn. 3.1.1). Gerade in einer ökonomisierten Gesellschaft wie der unseren ist die Abhängigkeit vom Lohn besonders ausgeprägt, entsprechend schwer fällt eine öffentliche Kritik der eigenen „Versorgenden".

Im statusorientierten Wettbewerb solidarisieren sich nicht einmal die Schwachen untereinander. Im Gegenteil, der eigene Status wird künstlich aufgewertet, indem eine Abgrenzung nach unten stattfindet. Um die eigenen Aufstiegschancen nicht zu verbauen, wird der Sündenbock lieber bei den „Flüchtlingsmassen" als in den elitären Steuerparadiesen gesucht (Bauman 2016). Wenn die Gesellschaft selbst zum Markt wird, dann verleiht der Code Geld der Selektion zwischen Bevorzugung und Benachteiligung eine Legitimation. So empfindet es unsere Gesellschaft als legitim, dass sich Investoren große urbane Flächen aneignen. Genauso legitim erscheint es, wenn Menschen keinen Zugang mehr zu einer Leistung erhalten, weil sie diese nicht bezahlen können. Jede Legitimation lässt jeden Widerstand illegitim erscheinen.

---

[57] Ein Beispiel: Durch die Operation „Blue Moon" in den 1970ern wurden in Italien die sozialen Bewegungen, die aus den 1968ern hervorgegangen waren, durch die massenhafte Einführung von harten Drogen geschwächt. An der Operation beteiligt waren unter anderem die Geheimdienste und die Mafia (Torrini 2014; Festival 2018).

Selbst wenn die Mehrheit benachteiligt ist, bleibt eine Rebellion auch deshalb aus, weil die neoliberale Globalisierung zu einer Vereinzelung in der Gesellschaft geführt hat. Die Probleme selbst werden dabei privatisiert statt politisiert. Die Vereinzelung hemmt jene Kooperationen, die notwendig wären, um soziale Bewegungen zu bilden und politischen Druck auszuüben. Außerdem stützt sich die Ungerechtigkeit auf eine entsprechende Erziehung der Menschen. Im Kulturprogramm der Modernisierung werden ungleiche Verhältnisse unsichtbar gemacht, indem die Armen selbst für ihre Armut verantwortlich erklärt werden. Auch sprachliche Verallgemeinerungen wie „*die* Menschheit" und „*die* Menschen" verdecken soziale Ungleichheiten. Aber so wie das Wirtschaftswachstum nicht zum Wohlstand *aller* dient, so ist nicht „*die* Menschheit" für die Klimakrise gleichermaßen verantwortlich. Zwar bewohnen die Menschen eine Erde, aber im Alltag leben sie auf verschiedenen „Planeten". Obwohl sich diese „Planeten" gegenseitig bedingen, interagieren sie kaum miteinander, nicht einmal innerhalb derselben Stadt.

3.2.4 Die kulturelle Dimension

Bisher ist die systemische Krise so dargestellt worden, als ob sie eine unbestreitbare Tatsache sei: Es gab eine Finanzkrise, es gibt eine Klimakrise und anomische Zustände nehmen zu. Während die naturwissenschaftliche Betrachtung „objektiv" sein will, reflektieren die Geisteswissenschaften die Rolle des Subjekts im Erkenntnisprozess sowie seine Beziehung zum Objekt: Wer diagnostiziert hier eine Klimakrise und zu welchem Zweck? Mit welcher „Brille" wird das Phänomen betrachtet? Und wenn man die Begriffe „Klima" und „Krise" verwendet, welche Bedeutung wird ihnen zugeschrieben? Im Rahmen welcher „Risikokultur" (Beck 2008, S. 51)?

Die geisteswissenschaftliche Perspektive basiert auf dem Bewusstsein, dass es unterschiedliche Perspektiven auf die gleiche Wirklichkeit gibt – und keine universelle. Der Grund ist wieder der bereits erwähnte: Die mentale Landkarte ist nicht das Gebiet. Jeder kann sich die Komplexität nur vorstellen, jedoch nicht als Ganzes begreifen. Selbst wenn diese Publikation einen wissenschaftlichen Anspruch hat, so führen schon ihre

Leitfragen zu einer selektiven Recherche und bestimmen dadurch einen Teil der Antwort. Jede Darstellung (wissenschaftliche inbegriffen) kann nur relativ zu einem Standpunkt sein. Kein Standpunkt kann komplett falsch sein, schon durch die Tatsache, dass er von einem Individuum vertreten wird und dadurch einen performativen Charakter entfaltet. Aber genauso kann auch kein Standpunkt universalisiert werden, da er einer selektiven Wahrnehmung entspricht: Bestimmte Informationen werden in den Vordergrund gestellt, andere zurückgehalten. So ist es auch mit Krisendiagnosen.

Krisen werden ebenfalls sozial konstruiert, das ist das Thema im nächsten Abschnitt. In der Modernisierung orientiert sich das Weltbild an einer berechenbaren, planbaren Ordnung, in der Menschen zu funktionieren haben. Je größer die Angst vor Chaos und Anarchie ist, desto mehr hält eine Gesellschaft an ihrer Ordnung fest. Was ist aber, wenn die Ordnung selbst nicht mehr funktioniert? So beschäftigt sich der zweite Abschnitt mit der „Krise der Normalität". Die heutige Normalität ist Ausdruck des kapitalistisch-industriellen Kulturprogramms. Wenn es heute eine Systemkrise gibt, dann ist dies vermutlich Ausdruck einer Krise der Kultur.

3.2.4.1 Die Krise als soziale Konstruktion

Die sprachlichen Wurzeln des Begriffs „Krise" liegen in der griechischen Antike, wo er beim Militär und in der Medizin verwendet wurde. Darin bezeichnete er den knappen „Zeitpunkt der Wende, in der die Entscheidung über Sieg oder Niederlage fällt; die entscheidende Phase einer Krankheit, in der sich die Wende zum Besseren oder Schlechteren, zu Leben oder Tod vollzieht; in der also die Entscheidung über den Verlauf fällt, oder noch nicht gefallen ist" (Schnurr 1990, S. 61). Im 18. und 19. Jahrhundert wurde der klassische Krisenbegriff zunehmend auf Staat, Gesellschaft und Wirtschaft übertragen (Graf 2020, S. 33). Trotzdem existieren Krisen nicht von sich aus, „sondern eine Situation wird erst dadurch zur Krise, dass sie sprachlich und narrativ als solche gefasst wird" (ebd., S. 19).

Jede Krisendiagnose ist zunächst eine „soziale Konstruktion" (vgl. Berger und Luckmann 2016). Als solche ist sie meistens eine anthropozentrische: Eine Bedrohung für den Menschen wird als Desaster empfunden, aus ökozentrischer Perspektive wäre jedoch der Untergang der Menschheit ein Wiederaufleben der Biodiversität. Genauso kann eine soziale Konstruktion ethnozentrisch sein: In der Vielfalt der Kulturen sind die Finanzkrise oder die Corona-Krise keine unbestreitbaren Realitäten gewesen – und bestimmt nicht gleich erlebt worden. Während in unserer Kultur die Zerstörung des Tropenwaldes oder der Rohstoffabbau kaum als Bedrohung wahrgenommen werden, bilden diese Phänomene für indigene Völker seit Jahrzehnten eine andauernde Katastrophe. Eine soziale Konstruktion kann eine Wirklichkeit abbilden, aber auch eine Wirklichkeit vortäuschen. So kann eine Krisendiagnose instrumentalisiert werden, um einen besonderen politischen Handlungsdruck zu begründen, denn „die Krise duldet kein behutsames Abwägen, wie es gerade in Demokratien konstitutiv erforderlich ist, sondern erzwingt schnelle Entscheidungen und das Aussetzen von Handlungsroutinen und Verfahren" (Bösch et al. 2020, S. 6). Indem Politiker*innen in den 1980ern eine „Krise des Sozialstaates" oder 2015 eine „Flüchtlingskrise" diagnostizierten, „entwarfen sie die Gegenwart immer wieder als Entscheidungssituation zwischen einer positiv und einer negativ konnotierten Zukunft, um Reformen zu begründen" (Graf 2020, S. 28). Im Extremfall können Notstandssituationen künstlich erzeugt werden, um eine autoritäre Entwicklung herbeizuführen. Einen solchen Versuch gab es in den 1970er- und 1980er-Jahren in Italien im Rahmen der sogenannten „Strategie der Spannung" (Cento Bull 2012).

Über die Existenz einer Wirtschaftskrise kann Einigkeit herrschen, doch während die einen eine „Finanzkrise" feststellen und den Finanzmärkten die Verantwortung zuschreiben, wollen andere lieber von „Staatsschuldenkrise" sprechen und die Schuld beim Staat sehen. Während der „Flüchtlingskrise" sahen rechtspopulistische Gruppen im Vorgehen der ehemaligen Bundeskanzlerin Angela Merkel das „Zeichen einer Krise der Demokratie, während linksliberale Teile wiederum rechtspopulistische Reaktionen auf die Flüchtlinge (wie in Ungarn oder Italien) als eigentliche Krisenursache ausmachten" (Bösch et al. 2020, S. 6).

Einerseits kann die Gesellschaft über eine Krise kommunizieren, obwohl sie nicht „echt" ist. „So wurden etwa die Ölkrise der 1970er-Jahre oder das ‚Waldsterben' entsprechend relativiert, da die Ölversorgung nie gefährdet gewesen sei oder der deutsche Wald nicht einging" (ebd., S. 13). Andererseits kann eine Krise geleugnet werden, obwohl sie eine nachweisliche Erfahrung darstellt. So gibt es „Corona-Leugner" (Burger 2021) genauso wie „Klimaskeptiker" (Rahmstorf 2005).

Krisendiagnosen sind ein Konfliktfeld zwischen unterschiedlichen Auffassungen und Interessen. Trotzdem hat eine Krise nur dann eine Relevanz, wenn sie keine individuelle Überzeugung bleibt und über sie kommuniziert wird.[58]

Wer bestimmt die Konstruktion der Krise für wen?

In den letzten Jahrzehnten hat die soziale Ungleichheit in Deutschland zugenommen, sowohl in Zeiten des ökonomischen Aufschwungs als auch des Abschwungs (OECD 2013; Bender 2020). Wenn die Armen selbst beim Wirtschaftswachstum arm bleiben, dann ist für sie die Krise ein Dauerzustand. Eine ganze Gesellschaft (die Politik, die Massenmedien…) einigt sich trotzdem darauf, bestimmte Phasen als „Wachstum" und andere als „Rezession" zu bezeichnen. Eine Gesellschaft kann also eine Krise für überwunden erklären, obwohl manche Menschen weiter verarmen. Dies sollte bewusst machen, dass eine Krisendiagnose mehr als eine begriffliche Zuschreibung ist. Wenn eine Krise sozial konstruiert ist, dann bedeutet dies, dass auch die politische Interpretation der Ursachen und die politischen Maßnahmen Ausdruck einer selektiven Wahrnehmung sind. In der sozialen Konstruktion der Krise spiegeln

---

[58] Niklas Luhmann schreibt: „Es geht nicht um die vermeintlich objektiven Tatsachen: daß die Ölvorräte abnehmen, die Flüsse zu warm werden, die Wälder absterben, der Himmel sich verdunkelt und die Meere verschmutzen. Das alles mag der Fall sein oder nicht der Fall sein, erzeugt als nur physikalischer, chemischer oder biologischer Tatbestand jedoch keine gesellschaftliche Resonanz, solange nicht darüber kommuniziert wird. Es mögen Fische sterben oder Menschen, das Baden in Seen oder Flüssen mag Krankheiten erzeugen, es mag kein Öl mehr aus den Pumpen kommen und die Durchschnittstemperaturen mögen sinken oder steigen: solange darüber nicht kommuniziert wird, hat dies keine gesellschaftlichen Auswirkungen. Die Gesellschaft ist ein zwar umweltempfindliches, aber operativ geschlossenes System. Sie beobachtet nur durch Kommunikation" (Luhmann 2004, S. 62 f.).

sich die gesellschaftlichen Verhältnisse wider, inklusive der hegemonialen. Da Krisen auch medial konstruiert werden, haben die Verhältnisse innerhalb der Medien großen Einfluss auf die Bildung der öffentlichen Meinung.

Institutionelle Konstruktion der Klimakrise

Gerade globale Probleme implizieren eine sehr hohe Komplexität. Wenn es darum geht, einen globalen Klimawandel zu diagnostizieren, dann muss die soziale Konstruktion der Klimawirklichkeit in einer besonderen Art und Weise organisiert werden, um von allen Regierungen der Welt geteilt zu werden. Der aktuelle Sachstand zu Klimafragen erscheint in Form eines Weltklimaberichts, der vom Weltklimarat (IPCC) herausgegeben wird. Diese Organisation ist 1988 vom Umweltprogramm der Vereinten Nationen (UNEP) und von der Weltorganisation für Meteorologie (WMO) gegründet worden. Im Weltklimabericht fassen Wissenschaftler*innen aus der ganzen Welt den aktuellen Stand der Klimaforschung zusammen und geben damit der Politik eine solide Entscheidungsgrundlage. Bevor die Berichte veröffentlicht werden, müssen sie jedoch ein mehrstufiges Begutachtungsverfahren mit weltweiter Expertenbeteiligung bestehen, um die „Ausgewogenheit, Verlässlichkeit und Vollständigkeit" der veröffentlichten Ergebnisse zu gewährleisten. Als Mitglieder der UNEP und der WMO können Regierungsvertreter aus 195 Ländern Entwürfe kommentieren und die IPCC-Berichte „formell" genehmigen, bevor sie veröffentlicht werden (BMUV 2019). Die zentrale Behauptung der sechs bisher veröffentlichten Weltklimaberichte ist, dass wir gerade einen dramatischen Klimawandel erleben, der in der Geschichte der Menschheit beispiellos ist. Er wurde vom Menschen selbst verursacht und durch die industrielle Revolution ausgelöst. Wenn sogar Vertreter*innen von 195 Regierungen dieser Aussage zustimmen, besteht eine sehr hohe Wahrscheinlichkeit, dass sie wahr ist. Wenn eine Erkenntnis so breite Zustimmung findet, dann wird sie fast zur Selbstverständlichkeit und kann von „Klimaskeptikern" kaum widerlegt werden. In den Berichten dürfen die Regierungen keine Erkenntnisse zensieren, über die sich die wissenschaftliche Gemeinschaft einig ist.

Diagnosen stützen sich auf empirische Daten aus Vergangenheit und Gegenwart. Doch ein Weltklimabericht enthält auch Prognosen über die Zukunft und diese sind empirisch schwer belegbar. Aus diesem Grund beschränken sich Wissenschaftler*innen darauf, mögliche Szenarien zu formulieren. Der Sechste Weltklimabericht (IPCC 2021) sagt voraus, dass die globale Temperatur der Erde bis zur Mitte des Jahrhunderts steigen wird – und dies unabhängig vom Szenario und von der menschlichen Reaktion.[59] Im günstigsten Szenario des IPCC beginnen die globalen Treibhausgasemissionen ab 2020 zu sinken und sind bis 2050 gleich Null. Nur in diesem Fall ist es äußerst wahrscheinlich, dass die Erderwärmung unter 2° C gehalten werden kann. Wenn hingegen die Treibhausgasemissionen weiter zunehmen, wird die Klimaerwärmung im 21. Jahrhundert 2° C überschreiten und im schlimmsten Fall 4,4° C (Durchschnitt zwischen 3,3 und 5,7° C) erreichen (IPCC 2021, S. 18). Bemerkenswert in der Formulierung der Szenarien ist, dass die Komplexität des Klimas den Naturwissenschaftler*innen berechenbarer erscheint als die Komplexität von Menschen und Gesellschaft. Die Wissenschaften können eine Grundlage für Entscheidungen liefern, jedoch der Gesellschaft diese Entscheidung nicht abnehmen.

Bereits der aktuelle Weltklimabericht zeichnet eine düstere Zukunft, aber die Hinweise verdichten sich, dass die Realität noch schlimmer sein könnte. Denn die Unsicherheit der Wissenschaft bei Vorhersagen über die Zukunft wurde von Regierungen bisher ausgenutzt, um die dargestellten Szenarien zu verwässern. In der Bewertung der Glaubwürdigkeit von wissenschaftlichen Aussagen über die Zukunft ist für die Politik die „Ausgewogenheit" ein zentrales Kriterium (BMUV 2019). So wurden die dramatischsten Vorhersagen zensiert, weil sie als allzu alarmistisch, also als parteilich wahrgenommen wurden. Nun aber bestätigen

---

[59] Eine weitere Eskalation des Klimawandels in den nächsten drei Jahrzehnten ist unvermeidbar. Das hat mit der zeitlichen Differenz zwischen Treibhausgasemissionen und deren Auswirkungen auf das Klima zu tun, die zum Beispiel durch den mildernden Einfluss der Ozeane entsteht. Mit dem aktuellen Klimawandel zahlen wir erst die Rechnung, die bereits vor 30–40 Jahren durch menschliche Aktivitäten verursacht wurde. Wenn wir jetzt alle klimaschädlichen Aktivitäten einstellen würden, gäbe es unmittelbare regionale Auswirkungen auf die Luftqualität, aber für einen positiven Einfluss auf die globalen Temperaturen müssten wir mindestens drei oder vier Jahrzehnte warten (B.U.N.D. et al. 2008, S. 37 f.).

die realen Entwicklungen genau jene Szenarien, die einst als die pessimistischsten galten. Phänomene, die für die zweite Hälfte dieses Jahrhunderts vorhergesagt wurden, treten nämlich schon jetzt auf. Es heißt zum Beispiel, dass Grönlands Eis viermal schneller schmilzt „als erwartet" (Ley 2019). Wenn die gesellschaftlichen Verhältnisse die soziale Konstruktion der Krisendiagnose beeinflussen, dann bremsen diese im schlimmsten Fall eine angemessene und schnelle Reaktion darauf. Die Strukturen, die zur Klimakrise geführt haben, wollen sich nicht selbst überwinden.

Selbst wenn die Diagnostik den Ernst der Lage anerkennt, führt dies nicht unbedingt zur geeigneten Therapie. Bündnis 90/Die Grünen sitzen in der Koalition, die 2021 die neue Bundesregierung bildete. Die Präsenz dieser Partei macht sich im Koalitionsvertrag durch die Tatsache bemerkbar, dass Klima (in verschiedenen Wortkombinationen) ganze 198-mal im Text vorkommt. Dem Thema wird eine entsprechend hohe Relevanz beigemessen. Aber welche Folgen hat dies in Bezug auf Strategie und Maßnahmen für den Klimaschutz? Es wird vor allem auf Fortschritt und Wachstum gesetzt, jedoch mit grünem Anstrich. Es geht um eine „technologische, digitale, soziale und nachhaltige Innovationskraft" und um den Ausbau der Erneuerbaren Energien (SPD et al. 2021, S. 8). „Wir machen Deutschland zum Leitmarkt für Elektromobilität" (ebd., S. 27). „Wir wollen erheblich mehr in die Schiene als in die Straße investieren […] und den Schienengüterverkehr bis 2030 um 25 % steigern" (ebd., S. 48 f.). „Wir wollen Länder und Kommunen in die Lage versetzen, Attraktivität und Kapazitäten des ÖPNV zu verbessern. Ziel ist, die Fahrgastzahlen des öffentlichen Verkehrs deutlich zu steigern" (ebd., S. 50). Auch wenn dieser Koalitionsvertrag positive Aspekte enthält, sein Akzent liegt eindeutig auf einem Mehr. „Weniger" kommt in dem Dokument lediglich zweimal vor. Ein auf 2030 vorgezogener Kohleausstieg ist nur „idealerweise" vorgesehen. Das Benzinauto soll durch das Elektroauto ersetzt werden, doch eine absolute Reduktion des Autoverkehrs wird dabei nicht angestrebt. Durch die Digitalisierung, die Elektrifizierung des Autoverkehrs und den Ausbau der Bahn wird der Stromverbrauch in den nächsten Jahren nicht abnehmen, sondern zunehmen. Wie soll ohne eine Begrenzung des Überflusses ein effektiver Klimaschutz möglich sein?

Das Beispiel Klimapolitik zeigt, dass die soziale Konstruktion der Krise nicht nur durch die gesellschaftlichen Verhältnisse stark geprägt wird, sondern auch durch die kulturellen. Im Umgang mit neuen Problemen reproduzieren sich immer wieder dominante kulturelle Muster, obwohl sie teilweise selbst zu den Problemen geführt haben.

3.2.4.2 Die Krise der Normalität

Jede Kultur garantiert eine soziale Ordnung, und zwar selbst dann, wenn keine Autoritäten (Staat, Polizei, Arbeitgeber, Eltern…) physisch anwesend sind. Bei den Individuen wirkt die Kultur zum großen Teil aus dem Inneren und dem Unbewussten heraus. Trotzdem entspricht das Verhalten im Ergebnis sozialen Erwartungen und Konventionen, ob bei der Arbeit, an der Supermarktkasse oder am Esstisch.

In einer Krise funktioniert die soziale Ordnung aber nicht wie erwartet. Es ist die empfundene „Normalität", die aufs Spiel gesetzt wird. So definiert der Soziologe Bernd Hamm Krise als „eine gesellschaftliche Entwicklung, in der bestimmte Variablen Werte annehmen, die *normalerweise* und nach bisheriger Erfahrung nicht für tolerabel gehalten werden, in der die *Regelungskapazität* der bestehenden Institutionen überfordert ist" (Hamm 1996, S. 81; kursiv vom Autor). Laut Hamm stellt die Krise eine problematische Situation dar, die nicht in gewohnte geistige Muster passt. Die Überforderung durch die Krise entsteht aus der Tatsache, dass sie das Ungewohnte, das Unberechenbare, das Unplanbare und das Ungewisse ausdrückt. Ähnlich definiert der Soziologe Jürgen Friedrichs den Krisenbegriff:

> „Von Krisen wird immer dann gesprochen, wenn ein etablierter, gesichert oder verlässlich erscheinender Sachverhalt fraglich und instabil zu werden droht. Dabei verwende ich absichtlich das Wort ‚droht', um damit die negative Konnotation des Ausdrucks ‚Krise' hervorzuheben […]. Eine Krise ist die *wahrgenommene* Gefährdung eines institutionalisierten Handlungsmusters. Handlungsmuster haben, wenn sie einmal etabliert sind, keine zeitliche Dimension, sie gelten fortan" (Friedrichs 2007, S. 14; kursiv vom Autor).

Bei der Krisendiagnose spielen also die Wahrnehmung (die Perspektive des Beobachters) genauso wie die Erwartungen gegenüber institutionalisierten Handlungsmustern eine zentrale Rolle. So kann es nicht an der begrenzten Verfügbarkeit von Öl liegen, dass es zu einer „Ölkrise" kommt, denn auf einem physisch begrenzten Planeten kann jede nichterneuerbare Ressource nur begrenzt verfügbar sein. Die Ölkrise wird eher durch die falsche Erwartung verursacht, dass Öl immer zu haben sei, und zwar preiswert. Die Quelle der Krise liegt also in der geistigen Abhängigkeit von etwas, was durch den Verbrauch allmählich verschwindet. Die Gesellschaft entwickelt sich Jahrzehnte lang aber so, als ob Öl unendlich verfügbar sei. Wie falsch dieser Glaubenssatz ist, zeigt dann die Ölkrise. Bei einer Krise ist zunächst nur das Handlungsmuster gefährdet. Friedrichs nennt es „das Problem 1: Die Krise des Musters". Hinzu kommt jedoch ein „Problem 2: Die Krise der Legitimation". Selbst wenn es keine Krise gibt, muss eine Gesellschaft eine Vielzahl von Problemen im Alltag lösen, doch dafür sind Handlungsmuster und Institutionen da. Wenn ein Problem jedoch zur Krise wird, dann wird die Legitimation des betroffenen Handlungsmusters und der zuständigen Institution infrage gestellt. Es ist eine verletzte Erwartung, die zur „Krise der Legitimation" führt. „Es stehen meist auch grundlegende Werte der Gesellschaft zur Disposition, und dies ist vermutlich das besonders Bedrohliche", so Friedrichs (ebd.).

Der Begriff „Krise" wird angewendet, wenn Variablen Werte erreichen, die nicht „normal" sind. Doch „normal" entspricht keiner universellen Auffassung, sondern einer kulturrelativen. Dazu kommt die überforderte Regelungskapazität des Systems. „Auf den Chefetagen der Wirtschaft und der Politik sind die Probleme und Zusammenhänge [...] bekannt, oder sie könnten es zumindest sein. Daß dennoch so wenig erkennbares, so wenig wirksames Handeln daraus wird, daß eben die *vorhandenen Regulationsmechanismen* nicht greifen, eben dies rechtfertigt den Begriff ‚Krise'" (Hamm 1996, S. 81; kursiv vom Autor). Wie in Ökosystemen basiert auch das Gleichgewicht von Gesellschaften auf Mechanismen der Selbstregulation, die in Krisen nicht richtig greifen. Diese Mechanismen sind ebenso kulturbedingt (Beck 2008).

Gesellschaften bzw. Gruppen unterscheiden sich durch die Art und Weise, wie sie mit ihren Problemen umgehen – sprich durch eine spezifische Risikokultur. Während Japan selbst nach der Nuklearkatastrophe von Fukushima an der Atomenergie festhielt, hatte Deutschland schon 2002 den Atomausstieg beschlossen und nahm nach einer zwischenzeitlichen Wiederaufnahme der Technologie 2011 einen zweiten Ausstieg vor. Aber auch innerhalb der einzelnen Gesellschaften kommt es zu unterschiedlichen Reaktionen. Während die unteren Schichten mit der Knappheit vertraut sind, tun sich wohlhabende Menschen mit Statusverlust in Wirtschaftskrisen sehr schwer, sodass hier die Suizidraten zunehmen (Chang et al. 2013). Manche erstarren im Krisenschock und halten verbissen an der geltenden Ordnung fest. Andere hingegen lassen die Normalität schneller los und zeigen sich beweglicher.

Jede Gesellschaft weiß aus Erfahrung, dass sich Krisen jederzeit wieder ereignen können. Ganz unvorbereitet sind sie darauf nicht. In den Institutionen ist zum Beispiel ein „Katastrophenschutz" angesiedelt. Auch Versicherungsgesellschaften dienen der Eventualität der Krise – und der größte Versicherer ist meistens der Staat selbst. Mit Konjunkturprogrammen sorgt er dafür, dass eine gewisse ökonomische und soziale Stabilität in unvorhergesehenen Situationen aufrechterhalten wird. Solche Apparate zielen jedoch meistens darauf, die bestehende Ordnung und die bestehende Normalität zu schützen. Sie handeln, als ob jede Krise ein vorübergehendes Gewitter wäre: Man muss nur den großen Regenschirm aufspannen, bis das schöne Wetter zurückkommt. Was ist aber, wenn das erwartete Szenario der schnellen Besserung nicht eintritt? Diese Frage hat sich bereits bei der Corona-Krise gestellt – und neben dem Klimawandel bleiben weitere Krisen bestehen. So scheint die Krise seit über fünfzehn Jahren „ein Dauerzustand zu sein [...]. Unruhe ist die neue Normalität" (Cranach 2019).

Doch wenn die Krise selbst zur neuen Normalität wird, dann kann eine Reaktion der Gesellschaft ausbleiben. Das Phänomen ist unter „Nagasaki-Syndrom" bekannt. Als die erste Atombombe auf Hiroshima abgeworfen wurde, war die internationale Empörung enorm. Drei Tage später fiel die zweite Atombombe auf Nagasaki, doch dieses Mal war die Empörung deutlich geringer – als ob man sich an diese neue besonders destruktive Art der Kriegsführung schnell gewöhnt hätte (Anders 2001; Bauman 2011, S. 115-118). Auf die heutige Zeit übertragen bedeutet dies analog hierzu: Weil Ungerechtigkeiten und Klimakatastrophen inzwischen fast täglich weltweit auftreten, stellen sie nichts Besonderes mehr dar. Der Aufstand bleibt entsprechend aus.

3.2.4.3 Die kulturelle Krise

Gesellschaftliche Entwicklung basiert auf einem Kulturprogramm, das sich durch koordinierte Praktiken, Routinen und Rituale wirksam macht. Wenn die Entwicklung zu einer Finanzkrise oder Umweltkrise führt, dann ist die Krise eine kulturelle Krise. Diese Zusammenhänge sind durch die Gesellschafts- und Geisteswissenschaften immer wieder reflektiert und untersucht worden. Die dabei vertretenen Positionen können zwei Denkrichtungen zugeordnet werden, die mit zwei verschiedenen Menschen- und Gesellschaftsbildern verbunden sind.

- Die erste Denkrichtung geht davon aus, dass Menschen als *unzivilisierte Wesen* geboren werden. Sie müssen zunächst bezähmt und sozialisiert werden, um Teil einer soliden Gesellschaft zu werden. Der inneren „Wildnis" ist die Vernunft entgegengesetzt, entsprechend bedeutet Bildung die Formung des Menschen zur Vernunft. Wenn die Menschen der Vernunft folgen, dann schützen sie die Gesellschaft vor ihrem Verfall. Aus genau diesem Grund setzte Platon die Philosophen an die Spitze seines idealen Staates. Andersherum ist der Zerfall der Gesellschaft Ausdruck einer geistigen Dekadenz, eines Werteverfalls und einer mangelnden Bildung. Krisen ergeben sich also aus einer Art „kulturellen Unterentwicklung". Diese Diagnose führt zu einem entsprechenden therapeutischen Ansatz: Die Vorbeugung oder die Überwindung von Krisen benötigt eine „geistige Modernisierung". Dabei wird die Unwissenheit durch Wissen, Altes durch Neues, Tradition durch Hochkultur ersetzt. So wie der Lehrer oder die Lehrerin eine Klasse erzieht, so wird eine Elite oder eine geistige Avantgarde benötigt, die die Massen zur Vernunft erzieht.
- Die zweite Denkschule geht hingegen davon aus, dass alle Menschen als *unschuldige Wesen* geboren werden: Erst durch die Erziehung und die Gesellschaft werden sie zu schuldigen Wesen oder zu Komplizen gemacht. Während die erste Denkrichtung die Vernunft

universalisiert, kritisiert die zweite genau diese Universalisierung, denn jede Vernunft kann nur das Produkt ihrer Kultur sein: Sie ist so beschränkt wie der Mensch selbst. Die Psychoanalyse würde behaupten, dass eine „geistige Modernisierung" des Individuums das rationalistische Über-Ich stärkt und das lebendige Es unterdrückt. Das Ergebnis ist die Perversion (Freud 1994; Quindeau 2005). Für den Psychoanalytiker Wilhelm Reich war der Faschismus Ausdruck von autoritärer Triebunterdrückung, die nicht zuletzt in der patriarchalischen (Zwangs-)Familie und von der kirchlichen Sexuallehre gefördert wurde. Auf Reichs Theorie bezog sich später das Konzept des „autoritären Charakters" von Erich Fromm: Durch eine bestimmte Erziehung können Menschen eine „Furcht vor der Freiheit" verinnerlichen. Die Vernunft kann auch einem geistigen Konformismus entsprechen, der keine Andersdenkenden und keine pluralistische Welt verträgt (Fromm 1983). Wie die Modernisierung die „Unterentwicklung" konstruiert, um die eigene Überlegenheit zu legitimieren, so benötigt die Vernunft den „Wahnsinn" als konstruierten Gegenpart (Foucault 1983). Die Kritische Theorie der Frankfurter Schule sowie die „Ethnologie der eigenen Kultur" von Michel Foucault zielen auf eine neue Aufklärung ab. Während die alte Aufklärung die absolutistische Autorität der Könige und der Päpste durch die Autorität der Vernunft ersetzt hat, will diese neue Aufklärung die Menschen von einer universalisierten Rationalität emanzipieren (Horkheimer und Adorno 1988), denn „der Mensch ist frei geboren und überall liegt er in Ketten. Manch einer glaubt, Herr über die anderen zu sein, und ist ein größerer Sklave als sie" (Rousseau 2010). In der Industriemoderne sind die äußere und die innere Natur des Menschen gleichermaßen Opfer der Herrschaft der „instrumentellen Vernunft" (Horkheimer 1969, S. 84). Entsprechend braucht die Emanzipation eine „Kritik der Vernunft" (Kant 1986).

Nach der ersten Denkrichtung handeln Menschen nachhaltiger, wenn sie gebildeter sind: Die Gesellschaft sollte also *mehr* Bildung, also Hochkultur bieten. Nach der zweiten Denkrichtung stehen eher die *Qualität* der Bildung und das kritische „Selbst denken" (Welzer 2015) im

Vordergrund. Was spricht heute für die eine oder andere Denkrichtung? Einige Beobachtungen und Reflexionen:

- Studien belegen eine starke Korrelation zwischen Umweltbewusstsein und Bildungsniveau. Das Bewusstsein für die biologische Vielfalt ist unter den besser gebildeten stärker (BfN 2016, S. 7). 92 % der Teilnehmer*innen der Fridays-for-Future-Demonstrationen haben eine überdurchschnittliche Bildung: Abitur (55,1 %), ein abgeschlossenes Studium (32,1 %) oder eine Promotion (4,8 %) (Sommer et al. 2019, S. 13). „Umweltbewusstsein steigt mit dem Bildungsgrad […]. Auffallend ist, dass in fast allen Bereichen jüngere und höher gebildete Menschen versuchen, nachhaltiger zu leben", so das Ergebnis des Mikrozensus der Statistik Austria (Laufer 2017). Andersherum sind die Naturferne und das Desinteresse für Umweltthemen proportional zum Bildungsmangel (BfN 2017, S. 97).
- Gleichzeitig gehören Menschen mit überdurchschnittlicher Bildung zur Elite. Die Regierung lässt sich von hochgebildeten „Expert*innen" beraten. In der Verwaltung steigt das Bildungsniveau mit der Position in der Hierarchie. In der Hochfinanz ist der Bildungsweg ebenso entscheidend. Es ist also eine Bildungselite, die die Entwicklung der Gesellschaft lenkt – und zwar auch die nicht-nachhaltige.
- Wenn sich das Einkommen mit dem Bildungsniveau erhöht[60], dann nimmt auch der Umweltverbrauch mit dem Bildungsniveau zu. Denn wer mehr verdient, lebt meist umweltschädlicher (Oxfam 2023). „Mehr Einkommen fließt allzu oft in schwerere Autos, größere Wohnungen und häufigere Flugreisen – auch wenn die Menschen sich ansonsten im Alltag umweltbewusst verhalten. Aber gerade diese ‚Big Points' beeinflussen die Ökobilanz des Menschen am stärksten. Der Kauf von Bio-Lebensmitteln oder eine gute Mülltrennung wiegen das nicht auf," so Maria Krautzberger, bis 2019 Präsidentin des Umweltbundesamtes (UBA 2016b).

---

[60] „Bessere Bildung, besseres Gehalt". In: faz.net 23.11.2016. https://www.faz.net/aktuell/wirtschaft/grafik-des-tages-bessere-bildung-besseres-gehalt-14541253.html (Zugriff: 21.3.2023).

- Wenn die Modernisierung auf der Akkumulation von Wissen basiert, dann sind in den letzten Jahrzehnten tendenziell die wissenschaftlich fortgeschrittensten Nationen auch jene gewesen, die den größten ökologischen Fußabdruck hatten. Hingegen schaffen einige indigene Völker ein Leben im relativen Gleichgewicht mit dem Ökosystem, obwohl ihr „Bildungsniveau" niedrig ist. Selbst „Analphabeten"[61] haben eine Kultur und manche indigenen Kulturen ein beträchtliches Wissen über ihre Umwelt.
- 1999 unterzeichneten 29 Bildungsminister*innen im italienischen Bologna eine politisch-programmatische Erklärung für die Reform und die Harmonisierung der akademischen Ausbildung (Bologna-Reform). Dadurch ist die „mentale Programmierung" der Bildungseliten globalisiert worden, manche Kritiker*innen sprechen von einer „Ökonomisierung": „An die Stelle des humboldtschen Bildungsideals tritt die strikte Ausrichtung des Individuums an Markterfordernissen, wie sie im Schlüsselbegriff der Employability gefordert wird" (Becker 2012). Das heißt, die Eliten werden nicht mehr ganzheitlich gebildet, so wie Wilhelm von Humboldt gefordert hatte.[62] Der Bologna-Prozess hat die Ausbildung zum Beruf (Berglar 1970), sprich eine Funktionalisierung der Bildung gestärkt.

Diese Argumente zeigen, dass die „Wissens- und Informationsgesellschaft" (Stehr 1994) nicht per se nachhaltiger als andere Gesellschaften ist. Für die Nachhaltigkeit ist die Qualität der Bildung mindestens genauso wichtig wie die Quantität.

Die Asymmetrie Hochkultur/Populärkultur bzw. Episteme/Doxa (Wissen/Meinung) spiegelt sich in der modernen Hierarchie der Bildungsgrade wider. Weltweit wird Bildung heute am Grad des westlich

---

[61] In Kolumbien lag die Analphabetenrate 2011 bei den Indigenen zwischen 15 und 45 Jahren bei 24,1 %. „Nur die Hälfte der Bevölkerung zwischen fünf und 25 Jahren hat Zugang zu Bildung" (Cacsire de Schaller 2011).

[62] Wilhelm von Humboldt verstand Bildung als Stärkung des Selbst-Denkens im Sinne der Aufklärung und als Auseinandersetzung mit den großen Menschheitsfragen: „Sich um Frieden, Gerechtigkeit, um den Austausch der Kulturen, andere Geschlechterverhältnisse oder eine andere Beziehung zur Natur zu bemühen" (Hofmann 2010).

geprägten Wissens gemessen. Indem sich der Westen als höchstes Stadium der menschlichen Entwicklung sieht, hat er die eigene kulturelle Dominanz weltweit legitimiert und durchgesetzt. So ist die Zerstörung der kulturellen Vielfalt die Kehrseite der Globalisierung der Hochkultur.[63]

3.3 Die Krisenlogik

Gesellschaftliche Krisen entstehen selten plötzlich. So ist der Treibhauseffekt, der dem Klimawandel zugrunde liegt, schon 1958 festgestellt worden (Keeling 1960). In Deutschland waren die Dürren von 2018–2020 und die Überschwemmung von 2021 im Ahrtal keine Überraschung, denn eine solche Entwicklung wird seit Jahrzehnten vorhergesagt. Sogar nach katastrophalen Klimaereignissen laufen die Kohlekraftwerke jedoch weiter. 2021 nahm der Anteil der Kohle an der Stromerzeugung sogar deutlich zu (Hauser 2021). So wie die Rapa Nui im Angesicht der Krise immer größere Moai herstellten, um die Götter gnädig zu stimmen, so drückt unsere Gesellschaft immer kräftiger auf das Gaspedal.

Aus der Perspektive von außen *(Alien Perspective)* erscheint ein solches Verhalten hoch irrational. Doch aus der Innenperspektive gab es bisher kaum eine Gesellschaft, die so rational handelte und dabei so reibungslos funktionierte wie unsere. Die Erklärung für dieses Paradoxon steckt in der Kultur. Gerade die Tatsache, dass Menschen an „erfundenen Ordnungen" (Harari 2013, S. 140) und an Glaubenssätzen wie Wirtschaftswachstum selbst dann festhalten, wenn sie zu schweren Krisen führen, ist ein deutlicher Beleg für die Macht der Kultur. Im Prozess, der eine Gesellschaft zum Kollaps führt, klaffen die kulturbedingte Wahrnehmung und die tatsächliche Wirklichkeit immer weiter auseinander. Erst halten gesellschaftliche Akteur*innen an ihrem Kulturprogramm fest, selbst wenn eine Reihe von Problemen auftritt: So kommt

---

[63] So sind 1.500 Sprachen in aller Welt akut vom Aussterben bedroht, während sich die englische Sprache immer weiter verbreitet (Bromham et al. 2021).

es zur Krise. Wenn auch die Krise keinen kulturellen Wandel erzeugt, kommt es zum Kollaps. Eine Gesellschaft kann zwar die Anzeichen des Kollapses verdrängen, doch früher oder später setzt sich die Umweltlogik gegen die Systemlogik durch: Die Krise bzw. der Kollaps ist das, was die Lücke zwischen Wahrnehmung und Wirklichkeit schließt. Was lange Zeit nicht wahrgenommen wurde, drängt sich dann auf dramatische bzw. katastrophale Weise ins Bewusstsein. Diese Krisenlogik kann auch mit der bereits zitierten Metapher von Alfred Korzybski beschrieben werden: Wer an einer mentalen Landkarte festhält, obwohl sie mit dem Gebiet nicht mehr übereinstimmt, landet früher oder später in einer Sackgasse. Manche Beteiligte benötigen eben diese Erfahrung (und manchmal ihre Wiederholung), um daran erinnert zu werden: „Die Landkarte ist nicht das Gebiet" (Korzybski 2005).

Um zu verstehen, wie kulturelle Mechanismen und Prozesse zur Entstehung von Krisen beitragen, sollten die Faktoren unter die Lupe genommen werden, die die Wahrnehmung der Wirklichkeit behindern – und dadurch die Krise oder den Kollaps möglich machen (Brocchi 2012, S. 131). Mindestens vier Kategorien von Faktoren sind für die Kluft zwischen Wahrnehmung und Wirklichkeit (im Sinne von „Komplexität") verantwortlich (ebd., S. 132).

- *Menschen können nicht* die ganze Wirklichkeit wahrnehmen. Zu dieser Kategorie von Faktoren gehören z. B. die biophysischen und kognitiven Grenzen des menschlichen Wesens. Bereits die Zeit/Raum-Position der Beobachtenden verursacht eine „selektive Wahrnehmung". „Häufig wird ein Problem […] nicht wahrgenommen, weil die Verantwortlichen zu weit entfernt sind" (Diamond 2006, S. 524). Unter Umständen hat die Gesellschaft mit einem Problem noch keine Erfahrungen, sodass sie dafür nicht sensibilisiert ist. „Aber auch frühere Erfahrungen bieten nicht die Gewähr, dass eine Gesellschaft ein Problem voraussieht" (ebd., S. 521). Manchmal werden falsche Analogieschlüsse gezogen, sodass ein neues Problem wie ein altes angegangen wird, obwohl sich beide stark unterscheiden. Ein begrenztes Gehirn kann eine alte Erfahrung aber auch vergessen. Wenn die Generationen aussterben, die den Krieg am eigenen Leib erlebt haben, kann eine Gesellschaft die Hemmung vor neuen

Kriegen verlieren. Bei „Landschaftsvergesslichkeit" wird ignoriert, dass „die Landschaft vor 50 Jahren ganz anders aussah, weil von Jahr zu Jahr nur ein ganz geringfügiger Wandel eingetreten ist" (ebd., S. 525). Mancherorts in den Alpen können sich nur die älteren Generationen an Gletscher erinnern, für die jüngeren sind schneefreie Berge inzwischen normal. Um eine Krise zu registrieren, braucht die Wahrnehmung oft ein intensives Signal, ein Ereignis wie die Insolvenz von Lehman Brothers oder den Supergau von Fukushima. Aber manche Krisen sind „Krisen ohne Ereignis", deshalb für Menschen schwer fassbar (Gerhard Wotawa in Traxler 2020). Solange eine Krise nicht unmittelbar und am eigenen Leib spürbar ist, bleibt sie nur ein virtuelles abstraktes Phänomen, über das im Wohnzimmer-Fernsehen berichtet wird, zwischen Sport und Werbung.

- *Menschen wollen nicht* die ganze Wirklichkeit wahrnehmen, selbst wenn sie diese wahrnehmen könnten. Das eigene Essen schmeckt besser, wenn man nicht weiß, was alles darin enthalten ist. Geht unser Leben auf Kosten anderer? Dann kann man sich eben darauf freuen, auf der privilegierten Seite der Grenzen zu sitzen. Wenn Menschen die Komplexität ohnehin nur interpretieren, aber nicht ganz begreifen können, dann entscheiden sie sich tendenziell lieber für eine Interpretation, die das Wohlbefinden unterstützt, als für eine, die Schmerz verursacht. Manchmal werden Probleme in einer Gesellschaft nicht gelöst, „weil es einigen Menschen [nützt], wenn sie bestehen bleiben" (Diamond 2006, S. 533). Im Gegensatz zu diesem sogenannten „rationalen Verhalten" unterbleibt die Lösung erkannter Probleme in anderen Fällen wegen „irrationalen Verhaltens", „das heißt durch Verhaltensweisen, die für alle Beteiligten schädlich sind. Zu irrationalem Verhalten kommt es häufig dann, wenn Einzelne durch widerstreitende Wertvorstellungen hin- und hergerissen sind: Wir kümmern uns nicht um einen schlechten Zustand, weil irgendeine tief in uns verwurzelte Wertvorstellung für ihn spricht. Diese verbreitete menschliche Eigenschaft beschreibt [die Historikerin] Barbara Tuchman mit Ausdrücken wie ‚Festhalten an Fehlern', ‚Starrköpfigkeit', ‚Weigerung, Rückschlüsse aus negativen Anzeichen zu ziehen' oder ‚geistiger Stillstand'" (ebd.).

- *Menschen müssen nicht* die ganze Wirklichkeit wahrnehmen. Die Differenzierung der Gesellschaft, die Spezialisierung der Berufe und der Disziplinen sowie die soziale Ungleichheit erschweren eine ganzheitliche Wahrnehmung der Wirklichkeit. Was in Brasilien und was in Deutschland passiert, das geht formell nur die jeweiligen Regierungen etwas an. Die Wirtschaftsabteilung der Verwaltung ist nicht verpflichtet, sich mit Umwelt oder Kultur zu beschäftigen, genauso wie umgekehrt. Meistens wird der eigene Kompetenzbereich vor Einmischungen so geschützt, wie man es mit territorialen Grenzen tut. Psycholog*innen müssen sich nicht für Chemie oder Astronomie interessieren, genauso wie die Ökologie für Kulturwissenschaftler*innen ein Fremdgebiet ist. Auch zwischen Regierenden und Regierten bzw. zwischen Experten und Laien herrscht eine Art Arbeitsteilung, denn die einen machen Politik, während die anderen sie konsumieren. Wer über Macht verfügt, kann öfter die eigenen Argumente durchsetzen, ohne sich mit anderen Perspektiven auseinandersetzen zu müssen.
- *Menschen dürfen nicht* die ganze Wirklichkeit wahrnehmen. Zu dieser Kategorie gehört die Frage, ob und wie das Weltbild der Öffentlichkeit gesteuert wird, um eine nicht-nachhaltige gesellschaftliche Ordnung aufrechtzuerhalten. Unangenehme Studien werden der Öffentlichkeit vorenthalten und „Gefälligkeitsgutachten" in Auftrag gegeben. Auch in der „Wissens- und Informationsgesellschaft" werden wichtige Entscheidungen immer wieder unter Ausschluss der Öffentlichkeit getroffen. Es existieren Staatsgeheimnisse, Geheimdienste, Geheimarchive oder Geheimlogen. Whistleblower, Ermittelnde und Journalist*innen, die Geheimnisse preisgeben oder preisgeben könnten, werden in vielen Ländern unter Druck gesetzt, verfolgt oder gar ermordet.

In der Wahrnehmung der Wirklichkeit führen all diese „Filter" zu einer Selektion im Informationsfluss, sodass bestimmte Aspekte der Komplexität überbelichtet werden, während andere unterbelichtet oder ganz verborgen bleiben. Diese selektive Wahrnehmung beeinflusst entsprechend das Verhalten der Menschen und die Reaktion der Gesellschaft auf die Krisen. Die oben genannten selektiven Faktoren der Wahrnehmung sind in eine soziale Ordnung eingebettet. Unsere Wahrnehmung wird auch durch Normen, Rituale, Praktiken und Gewohnheiten beeinflusst – oder durch materielle Infrastrukturen. Wer in einem benachteiligten Quartier aufwächst, bekommt eine andere Wirklichkeit zu sehen als jemand, der in einem wohlhabenden wohnt. Man muss meistens die gewohnte soziale Ordnung verlassen, um mit der fremden Wirklichkeit in Kontakt zu kommen.

Im Folgenden werden zwei weitere theoretische Zugänge zur kulturellen Krisenlogik dargestellt. Im ersten geht es um Krisen als Ergebnis eines *anästhetischen* Zustandes, im zweiten um die individuelle und kollektive Lern*un*fähigkeit als Ursache von Krisen.

3.3.1 Die Anästhetik von Krisen

Wenn „Ästhetik" die Thematisierung von Wahrnehmungen aller Art, sinnenhaften ebenso wie geistigen, alltäglichen wie sublimen, lebensweltlichen wie künstlerischen ist, dann bezieht sich „Anästhetik" auf einen Zustand, in dem jede Empfindungsfähigkeit aufgehoben ist (Welsch 2003, S. 9 f.). Ökologische, ökonomische und soziale Krisen sind auch das Ergebnis eines anästhetischen Zustandes der Gesellschaft. Eine Art „Narkose" schützt sie zwar vor dem Empfinden des Schmerzes, vermindert jedoch gleichzeitig ihre Reaktionsfähigkeit gegen die Ursachen des Schmerzes (Brocchi 2012, S. 134 f.). Im Fall der Klimakrise gibt es jedoch keinen Chirurgen, der uns während des kognitiven Tiefschlafs heilt.

Die Anästhetik drückt sich im Versuch der Gesellschaft aus, alles zu verdrängen, zu verschleiern, abzuwerten, zu marginalisieren oder zu zerstören, was den Widerspruch spürbar macht oder den Konflikt auslösen kann. Dies geht nur durch eine extreme künstliche Reduktion von Komplexität. Die Individuen erfahren dabei Entlastung und Leichtigkeit, die Gesellschaft Effizienz. Deshalb setzt sich die Anästhetik oft gegen die Ästhetik durch. Auf der kognitiven Ebene wird die Komplexität vor allem durch die Massenmedien künstlich reduziert, auf der physischen Ebene durch die künstlichen, materiellen Infrastrukturen.

3.3.1.1 Die mediale Anästhetik

Menschen können mit Informationen aus erster Hand (sinnlicher Art) nur einen kleinen Teil der Wirklichkeit wahrnehmen. Zum großen Teil sind sie auf Informationen aus zweiter Hand angewiesen, die medial vermittelt werden (Abschn. 2.4.2.6). Die erste Quelle der medialen Anästhetik liegt in der Tatsache, dass Menschen immer mehr Zeit in künstlichen und virtuellen Räumen verbringen, sodass nicht viel Zeit für sinnliche Resonanzerfahrungen übrigbleibt. Die zweite Quelle besteht in der Tatsache, dass auch die *mediale* Landkarte nicht das Gebiet ist. Anders als die kognitive Landkarte kann die mediale aber viel bewusster, rationaler und geplanter erzeugt und eingesetzt werden, weil sie auf technischen Mitteln basiert. Ein Medium funktioniert wie ein Fotoapparat, der sein Objektiv auf einen winzigen Teil der Wirklichkeit fokussiert und den Rest außen vor lässt. Man kann die medialen Scheinwerfer auf die Hochzeit von Prinz William richten, während der Tropenwald in Brasilien massiv abgeholzt wird. Die Massenmedien ermöglichen einerseits die öffentliche Debatte, aber sie bestimmen gleichzeitig auch das „Framing" und das Deutungsraster (Dahinden 2006; Wehling 2019).

Vermutlich verbringen Menschen heute einen großen Teil ihres Lebens in einer inszenierten Wirklichkeit.[64] Gerade audiovisuelle Medien nähren „die Illusion, uns die Welt zu zeigen, wie sie ist", sie können aber auch „Unwirkliches in Wirklichkeit" verwandeln (Faulstich 2002, S. 184 f.). Massenmedien können eine falsche Botschaft verbreiten, bis sie wahr erscheint. Wenn Massenmedien die Meinung ständig verbreiten, dass eine bestimmte Wirtschaftspolitik „alternativlos" ist, dann ist es wahrscheinlich, dass ein großer Teil der Bevölkerung diese Bewertung verinnerlicht.

Wie bereits dargestellt, erziehen die Massenmedien ihr Publikum nicht nur durch Berichterstattung und Dokureihen, sondern auch

---

[64] Wie weit die mediale Inszenierung gehen kann, zeigte schon Orson Welles 1938, als es ihm durch seine Radiofassung von „Invasion from Mars" gelang, Teile von New Jersey in Panik zu versetzen (Faulstich 2002, S. 139–143).

Tab. 3.2 Programmstruktur von öffentlich-rechtlichen und privat-rechtlichen Fernsehsendern in Deutschland 2019 (Durchschnittlicher Zeitumfang pro Tag in %)

	Das Erste	ZDF	RTL	Sat.1
Journalistische Information	40,4	43,4	20,4	15,4
Sport	6,4	4,7	1,9	0,4
Nonfiktionale Unterhaltung und Reality-TV	14,0	11,3	38,5	42,5
Fiktionale Unterhaltung	35,0	36,6	19,3	21,3
Werbung	1,1	1,4	15,4	15,2
Sonstiges	3,1	2,6	4,5	5,2
Gesamt	*100,0*	*100,0*	*100,0*	*100,0*

(Aus Weiß et al. 2020, S. 238).

durch Werbung und Unterhaltung. Dieses Phänomen ist in den privatrechtlichen Fernsehsendern ausgeprägter als in den öffentlich-rechtlichen.

Aus Tab. 3.2 geht hervor, dass ARD und ZDF mehr journalistische Information bieten, während RTL und Sat 1 mehr Werbung ausstrahlen. Sonst besteht mehr als die Hälfte des Fernsehprogramms aus Unterhaltung – das sowohl bei den öffentlich-rechtlichen als auch bei den Privatsendern. Dieser Anteil könnte noch höher liegen, wenn berücksichtigt wird, welche Sendungen dem Genre „Journalistische Information" zugerechnet werden. „Beispielsweise zählen die Morgen- und Mittagsmagazine von ARD und ZDF, die weit überwiegend unterhaltenden Charakter haben, dazu" (Rotermund 2023, S. 6).

Schon im Jahr 2001 kritisierte der Politikwissenschaftler Claus Leggewie die Entpolitisierung der öffentlich-rechtlichen Medien.[65] Seitdem hat sich die Lage nicht verbessert. So weiß der Medienwissenschaftler Hermann Rotermund darauf hin, dass Sport etwa 25 % der Programmkosten der ARD verschlingt, während für Dokumentationen circa ein

---

[65] „Erstens zieht sich der öffentlich-rechtliche Rundfunk aus seinem Informations- und Bildungsauftrag zurück, vor allem das Fernsehen, das für Politiker wie Bevölkerung wichtigste und glaubwürdigste Medium. Vermeintlicher Quotendruck der privaten Konkurrenz ließ die Fernsehgewaltigen bei Infotainment und Klamauk Zuflucht suchen, womit man das Ansehen der Politiker-Politik vollends ruiniert" (Leggewie 2001).

Prozent des Jahresbudgets übrigbleibt. „Da Information, Bildung, Beratung und Kultur im Unterschied zu Unterhaltung und Sport zum Kernbereich der Aufgaben des öffentlich-rechtlichen Systems gehören, handelt es sich hier um ein für die Legitimation des Systems problematisches Missverhältnis" (ebd.). Wie lässt es sich erklären, dass liberaldemokratische Gesellschaften so viel Unterhaltung benötigen? Ist es nur Zufall, dass der Unterhaltungsanteil in den Medien zeitgleich mit der neoliberalen Wende stark zugenommen hat?

Doch die mediale Anästhetisierung kann auch über Hyperinformation stattfinden, denn sie führt zu einer regelrechten mentalen Verstopfung. In der „Wissens- und Informationsgesellschaft" werden zwar immer mehr Informationen produziert und veröffentlicht, doch parallel bleibt die Fähigkeit der Menschen, diese zu verarbeiten oder ihre Qualität zu prüfen, gleich.[66] Gerade in der Hyperinformation können wichtige Informationen in einem Meer von unwichtigen untergehen.

3.3.1.2 Die materialisierte Anästhetik

Weil die Kultur der Bauplan der Gesellschaft ist, lenkt sie unser Verhalten im Alltag auch durch die eigene Einbetonierung in eine künstliche, als sicher empfundene Infrastruktur. Während wir uns in Wäldern verlieren können, führt uns jeder Weg in der Stadt zu dem Ziel, das die Kultur vorgibt: Arbeitsplatz, Einkaufszentrum, Schule oder Disco. Warum sollten die Menschen Rad oder Bus fahren, wenn die Infrastruktur autogerecht ausgebaut ist? Auch nicht-nachhaltige Infrastrukturen nehmen den Menschen die Last der Entscheidung ab: Fremdbestimmung kann sich als bequeme Entlastung anfühlen. Dieselbe materielle Infrastruktur, die uns schützt, hält uns gleichzeitig gefangen – physisch wie geistig.

---

[66] Genau diese Aufgabe der Prüfung von Quellen hätte der Qualitätsjournalismus, doch weil er sich finanziell nicht mehr trägt, steckt er in der Krise und wird abgebaut. Immer mehr Redaktionen greifen auf dieselben Quellen zurück, ohne diese wirklich zu prüfen (Weichert et al. 2010).

3.3.2 Die Lernkrise

Spezies, die sich veränderten Umweltbedingungen nicht anpassen, sterben irgendwann aus. Zivilisationen und Kulturen, die an veralteten mentalen Ordnungen festhalten und zum Lernen unfähig sind, auch. Nach Jürgen Habermas ist die individuelle und kollektive Lernfähigkeit ein wesentlicher Mechanismus, um Sackgassen in der Entwicklung der Gesellschaft vorzubeugen (in Jäger und Weinzierl 2007, S. 28). Anders ausgedrückt: Es ist die mangelnde Lernfähigkeit, die eine Gesellschaft in Krisen und letztendlich zum Kollaps führt. In der Gesellschaft finden Lernprozesse relativ zügig statt, wenn es um die oberflächlichen Ebenen der Manifestation von Kultur geht (Moden, technologische Innovation…), doch nicht unbedingt, wenn es um die tieferen Ebenen geht (Werte, Weltbilder, Archetypen…). Was die individuelle und kollektive Lernfähigkeit behindert oder verhindert, wird im Folgenden erläutert.

3.3.2.1 Krise durch Selbstreferenzialität

Es müssen zwei Lernformen unterschieden werden. Bei der ersten Form geht es um die Erziehung als „Programmierung des Geistes" (Hofstede und Hofstede 2009), sodass das Individuum in einer gegebenen sozialen Ordnung gut funktioniert und darin eine möglichst gute Leistung abliefert. Diese Lernform entspricht einer *systemorientierten Verantwortung*, sprich der Verantwortung des „Pflichtbewusstseins". Bei einer zweiten Lernform geht es hingegen um eine Erweiterung der Wahrnehmungshorizonte: durch eine Auseinandersetzung mit dem Unbekannten, mit dem Fremden, mit der Umwelt und der Innenwelt. Diese Lernform entspricht einer *umweltorientierten Verantwortung*. Die erste Form des Lernens sorgt dafür, dass die Ordnung im Alltag reproduziert wird und die „Megamaschine" funktioniert. Aber die zweite Form des Lernens ist nötig, um die Frage *nach dem Sinn* zu stellen und eine Vogelperspektive über das Gesamtgeschehen einzunehmen. Sorgt der ganze Aufwand wirklich dafür, dass alle Menschen immer glücklicher werden? Gibt es vielleicht bessere Alternativen? Fährt die Megamaschine in eine zukunftsfähige Richtung oder doch gegen eine Wand?

In jedem kognitiven und sozialen System gibt es eine Tendenz zur Selbstreferenzialität bzw. Selbstbezogenheit. Dies ist nicht per se falsch, denn auf Selbstreferenzialität basieren die Selbstreproduktion und die Selbsterhaltung von Organismen (Autopoiesis). Es kann weder eine biologische noch eine kulturelle Vielfalt geben, wenn sich Identitäten und Einzigartigkeiten in ihrer Umwelt auflösen. Jede Kultur braucht eine eigene Nische und eine eigene Membran, um sich zu schützen und um zu bestehen. Gleichzeitig ist die Lebendigkeit des Organismus gefährdet, wenn die Membran keine Transpiration und keinen Austausch zulässt. Wenn sich mentale Unterscheidungen in eingemauerten Grenzen materialisieren, dann erschwert dies die Umweltkommunikation und fördert die Bildung von Wahrnehmungsblasen.

In der Selbstreferenzialität sah Niklas Luhmann die wesentliche Ursache von Umweltkrisen. Die Gesellschaft kann vor allem mit sich selbst und über sich selbst kommunizieren, jedoch nicht mit ihrer Umwelt (Luhmann 2004). Weil gerade Selbstreferenzialität der Hauptwesenszug von Ideologien ist, sind diese strukturell unfähig zur Umweltkommunikation und bilden somit eine wesentliche Ursache von ökologischen, ökonomischen und sozialen Krisen. Aber Selbstreferenzialität entsteht auch durch die Ausdifferenzierung und die Arbeitsteilung der Gesellschaft, sodass jede Institution, jedes Unternehmen, jede Kultureinrichtung, Abteilung oder Initiative vor allem auf sich selbst fokussiert ist. „Je komplexer […] Gesellschaften werden, desto mehr sind sie mit sich selbst beschäftigt und desto größer ist die Gefahr, daß sie unfähig werden, auf Naturnotwendigkeiten zu reagieren" (Radkau 2012, S. 32). Der Fortschritt hat zwar die ökologische Komplexität reduziert, jedoch dabei eine künstliche Komplexität erschaffen, die sich ebenso lähmend auf Individuen auswirken kann. Wer vom Alltag erschöpft ist, konsumiert Politik und Kultur lieber als diese selbst zu machen.

Während bei umweltorientierten Lernprozessen das Weltbild („mentale Landkarte") an eine dynamische Wirklichkeit („Gebiet") angepasst wird, passen Ideologien die Wahrnehmung der Wirklichkeit dem eigenen starren Weltbild an. Der Sozialpsychologe Leon Festinger erklärte die Tendenz der Menschen zu einer selbstreferenziellen Wahrnehmung mit seiner Theorie der kognitiven und emotiven Dissonanz. Danach ist man bestrebt, ein Ungleichgewicht zwischen der kognitiven und der emotionalen Komponente oder zwischen diesen Komponenten und realen Verhaltensweisen zu beseitigen, indem bei der selektiven Wahrnehmung jene Informationen bevorzugt werden, die die eigene Überzeugung bestätigen, während jene Informationen, die ihr widersprechen, verdrängt werden (Festinger 1957; Faulstich 2002, S. 36). Vor allem anhand dieser Theorie erklären Claus Leggewie und Harald Welzer, warum Menschen nicht tun, was sie eigentlich wissen. Wenn die bewusste Moral mit den inneren, unbewussten Werteinstellungen kollidiert, dann setzen sich meistens die inneren Einstellungen durch (Leggewie und Welzer 2009, S. 77).

Dissonanzen entstehen auch zwischen Individuen und Gruppen. Wenn die Wirklichkeit sozial konstruiert wird, dann bedeutet dies, dass sich Gruppen durch ein gleiches oder ähnliches Weltbild definieren. Individuen können Informationen, Zweifel und Widersprüche in der eigenen Wahrnehmung verdrängen und verwerfen, um keine Benachteiligung in der eigenen Gruppe zu riskieren und weiterhin an Bestätigung zu gelangen. Je mehr eine Gruppe oder eine Gesellschaft geistig gleichgeschaltet ist, desto schwieriger wird es für das Individuum, vom Mainstream abzuweichen. Die kulturelle Selbstreferenzialität wird so durch Gruppeneffekte verstärkt, zum Beispiel:

> *Normbildung*: Die Bereitschaft, eigene Entscheidungen an denen der anderen Teammitglieder zu orientieren (selbst wenn diese falsch sind) nimmt zu, wenn eine Entscheidung in Anwesenheit der anderen getroffen werden muss.
> *Konformitätszwang*: Steigt die gegenseitige Abhängigkeit innerhalb der Gruppe, z. B. durch die Notwendigkeit, ein gemeinsames Ziel zu erreichen, steigt die Bereitschaft zur Konformität, wodurch Individualität, Kreativität und Reflexionsbereitschaft verloren gehen.
> *Gleichheitseffekt*: Teams mit großem Zusammengehörigkeitsgefühl haben einen hohen Attraktivitätswert und schaffen den Wunsch nach Zugehörigkeit. Dadurch verstärkt sich die Bereitschaft, die Gruppenmeinung zu adaptieren, wodurch Innovationen und neue Ideen keine Chance haben." (Ternes 2008, S. 148)

Die Selbstreferenzialität einer Kultur geht Hand in Hand mit der Tendenz der Menschen, „unter sich" zu bleiben. Ohne Interaktion mit dem Fremden erübrigt sich jedoch jedes Lernpotenzial.

3.3.2.2 Krise durch Funktionalisierung

Soziale Systeme überleben, wenn sie sich neuen Umweltbedingungen anpassen können. Doch der Fortschritt dreht den Spieß um: Die Umwelt wird dem System angepasst. Eben diesem Fortschritt dient das moderne Bildungssystem: Darin wird Systemwissen, nicht unbedingt Umweltwissen vermittelt. Es werden Modelle gelernt, nicht unbedingt Empathie und Neugierde.

Eine Anpassung des sozialen Systems an veränderte Umweltbedingungen bräuchte „kulturelle Mutationen" (vgl. Finke 2003; Dawkins 1996). Es gibt jedoch wenig Raum für freie Kreativität, wenn Bildung und Kunst funktionalisiert werden und nur in eingezäunten Räumen stattfinden. Was der Reproduktion der Ordnung dienen muss, kann nicht gleichzeitig den Wandel fördern. In einer Kultur, die Vielfalt mit Chaos gleichsetzt, werden Mutationen als „Devianz" angesehen und deshalb unterdrückt. Die moderne Gesellschaft verfolgt das Ziel, die „innere Wildnis" im Menschen zu disziplinieren.[67] Individuen, die im System bloß funktionieren, stoppen die gesellschaftliche Abwärtsspirale nicht oder tragen sogar selbst zu ihr bei.

Ist aber nicht gerade die moderne Gesellschaft so innovativ? Ja, aber nur solange die Innovation systemgerecht ist. Die meisten Innovationen entstehen unter Laborbedingungen, da wo alle Faktoren kontrollierbar sind. Nur jene Innovationen, die einen Nutzen im System haben (für das Militär, für den Markt usw.), verlassen das Labor. Weil die kontrollierten Laborbedingungen selten den ökologischen und sozialen Kontext abbilden, werden technologische Innovationen auf dem Markt eingeführt, ohne dass die Langzeitauswirkungen bekannt sind. Diese Inno-

---

[67] Für Michel Foucault wird die „Disziplinargesellschaft" durch das „Panoptikum" symbolisiert, das Jeremy Bentham als perfektes Gefängnis entwarf, um viele Menschen möglichst effektiv zu kontrollieren (Foucault 2008).

vationen sind meistens für die Massenproduktion bestimmt. So wird die ganze globalisierte Gesellschaft ständig zum Testfeld von Großexperimenten gemacht, Ausgang ungewiss (vgl. Tiezzi und Marchettini 2006, S. 2).

3.4 Zur Transformation *by Disaster*

Die Corona-Krise war eine weitere verpasste Chance, eine Systemwende einzuleiten. Schon im Sommer 2021 lautete die Devise: Zurück zur alten Normalität. Nach dem krisenbedingten „Wirtschaftseinbruch" prognostizierte der Bundeswirtschaftsminister ein „Wirtschaftswachstum" von bis zu vier Prozent (Die Zeit 2021). Für den Bundesfinanzminister sollte es nun darum gehen, „die Staatsverschuldung abzubauen – dafür sei Wirtschaftswachstum das wichtigste Mittel" (ZDF 2021). Und auch die Airlines erwarteten wieder „Aufschwung nach dem Corona-Tief" (Koenen 2021). „Noch nie war das Wort Normalität so beliebt wie jetzt", war in einem Radiosender zu hören.[68] Doch wie kann sich die Gesellschaft nach einer Normalität sehnen, die nicht haltbar ist? Nach der Corona-Bremse von 2020 war 2021 bereits das Jahr mit dem höchsten globalen CO_2-Ausstoß der Geschichte (IEA 2022).

2021 wuchs die deutsche Wirtschaft um 2,7 %, aber gleichzeitig stiegen die deutschen Staatsschulden um 162 Mrd. Euro auf 2,48 Billionen Euro (Deutsche Bundesbank 2022). Das massive Hilfprogramm der Bundesregierung hat also die ökonomischen Auswirkungen der Corona-Krise nicht aufgelöst, sondern abgefedert und zeitlich verlagert. Die neuen Staatsschulden kommen zu den sozialisierten Kosten der Finanzkrise von 2008 hinzu, während die Klimakrise im Schnitt Schäden von mindestens 6,6 Mrd. Euro jährlich verursacht (BMUV 2022).[69] Wenn

---

[68] ARD-Infonacht (WDR5) am 23.6.2021.
[69] „In dieser Reihe stechen die außergewöhnlich heißen und trockenen Sommer 2018 und 2019 sowie die verheerenden Sturzfluten und Überschwemmungen im Juli 2021, insbesondere an Ahr und Erft, heraus: Alle drei Ereignisse haben insgesamt rund 80,5 Mrd. Euro Schadenskosten verursacht" (BMUV 2022).

das die Lage in einem relativ reichen Land wie Deutschland ist, dann stellt die Polykrise für ärmere Länder eine noch deutlich größere ökonomische Herausforderung dar. Die Rechnung des Wachstums geht selbst in der größten Volkswirtschaft der Welt nicht mehr auf: Gerade die USA weisen eine besorgniserregende Staatsverschuldung auf und diese nimmt immer weiter zu (Abschn. 2.2.5.6).

Trotzdem hält die westliche Zivilisation am bisherigen Entwicklungspfad fest. Selbst nach schweren Krisen wie der Weltfinanzkrise von 2008 verweigern die Regierungen strukturelle Reformen. Obwohl die Schere zwischen den oberen und unteren Schichten in Deutschland immer weiter auseinanderklafft,[70] wird dies bis heute nicht als Grund angesehen, wenigstens eine Vermögenssteuer wieder einzuführen und die öffentliche Daseinsvorsorge zu stärken.[71] So bleibt nur das Wirtschaftswachstum als künstlicher Stabilisator der Gesellschaft übrig. Je ausgeprägter also die Polykrise ist, desto lauter wird der Ruf nach Wirtschaftswachstum.

3.4.1 Culture as Usual

Diese Beispiele zeigen eines: Obwohl nach außen reger Betrieb herrscht, dreht sich die Gesellschaft im Kern ständig im Kreis. Harmut Rosa spricht von einem „rasenden Stillstand" (Kodalle und Rosa 2008). Im Regierungsprogramm der Ampelkoalition kommt der Begriff „Innovation" 76-mal vor (SPD et al. 2021), aber die Politik bleibt im nichtnachhaltigen Habitus gefangen. Die Polykrise verschärft sich und trotzdem wird am Business as usual festgehalten, oder besser: an der *Culture as usual*. Je mehr sich die hegemoniale Kultur verkrustet (habitualisiert, institutionalisiert und materialisiert), desto schwerer hat es der Wandel. Für Ludger Heidbrink, ehemaliger Direktor des Center for Responsabi-

---

[70] Die soziale Ungleichheit wird durch den Gini-Koeffizienten gemessen und zwar anhand einer Skala von 0 (vollkommene Gleichheit) bis 100 (vollkommene Ungleichheit). Zwischen 1991 und 2021 hat sich der Gini in Deutschland von 29,2 auf 38,1 verschlechtert (eurostat 2023).

[71] Das System „Hartz IV" wurde nicht abgeschafft, sondern eher in „Bürgergeld" umbenannt.

lity Research am Kulturwissenschaftlichen Institut (KWI) in Essen, ist die Kultur die eigentliche Ursache der gegenwärtigen Krise:

> „Nicht der Mensch als einzelner Akteur [ist] ursächlich für die destruktive Dynamik der Industriegesellschaft verantwortlich, sondern die *menschliche Kultur*, die als Rahmensystem und Hintergrundinformation [...] relevante Entscheidungsprozesse in einer schwer kontrollierbaren Weise beeinflusst. Die moderne Kultur wirkt als autonomes Steuerungsprogramm auf das menschliche Handeln ein und sorgt dafür, dass Akteure gemeinsame Ziele verfolgen, ohne sich der kollektiven Orientierung dabei unmittelbar bewusst zu sein [...]. Weil Kultur primär auf der Selbstorganisation von Verhaltensregeln beruht, ist sie ihrerseits nur auf Umwegen zu beeinflussen. Sie entzieht sich dem direkten Zugriff und entfaltet – gewissermaßen hinter dem Rücken der Akteure – ihren heilsamen oder zerstörerischen Einfluss auf Natur und Umwelt" (Heidbrink 2010, S. 52 f.).

Die Polykrise ist also kulturell bedingt und wird sich weiter verschärfen, solange das alte ideologische Programm wirkt und medial reproduziert wird.

3.4.2 Die neue Welt*un*ordnung

Dass die Gesellschaft in ihrer Systemlogik gefangen ist und sich im Kreis dreht, beweisen auch die internationalen Entwicklungen. Nach dem Fall der Berliner Mauer und dem Zusammenbruch der Sowjetunion sahen sich die Vereinigten Staaten als Sieger des Kalten Krieges (Abschn. 2.2.5.2). Genauso verhielt sich die westdeutsche Bundesregierung nach der Wiedervereinigung in den neuen Bundesländern (Abschn. 2.2.5.3). Die „Neue Weltordnung", die George H. W. Bush 1990 ausrief, war eine unilaterale. So wurde das Gesellschaftsmodell der USA globalisiert und zum Vorbild für die Entwicklung aller Gesellschaften weltweit. Überall wurden die Marktkräfte entfesselt und das Gemeinwesen zugunsten des Privatwesens abgebaut (Abschn. 2.2.5.6). Sogar Länder wie China und Russland bekehrten sich zum Kapitalismus und erhoben Wirtschaftswachstum zum obersten Staatsziel.

Wie die Kolonisierung ist auch die Globalisierung das Werk eines Schulterschlusses zwischen Markt und Staat gewesen (Abschn. 2.2.5), doch für die neue Expansion waren weder Soldaten noch Missionare nötig. Große Teile der Weltbevölkerung wünschen sich heute selbst, Teil des westlichen Traums zu sein, denn die kulturelle Hegemonie wirkt aus dem Inneren der Menschen heraus. Dafür hat nicht nur ein verwestlichtes Bildungssystem gesorgt, sondern auch Fernsehen, Kino, Modezeitschriften, Kulturindustrie und Internet. Jahrzehntelang haben die Massenmedien den westlichen Lebensstil weltweit in Szene gesetzt und den Menschen schmackhaft gemacht. So ist der Massenkonsum zum Weltphänomen geworden. Die Innenstädte von Moskau, Shanghai und New Dehli sind heute genauso kommerzialisiert wie die westlichen. In der Ukraine, in Georgien und im Iran verbindet die Jugend mit dem Westen nicht nur Emanzipation, Demokratie und Wohlstand, sondern auch einen erhabenen Status. Wer vom Westen träumt, möchte auf der privilegierten Seite der Welt stehen und sich von der benachteiligten bzw. von der „rückständigen" absetzen.

Jede kulturelle „Verwestlichung der Welt" (Latouche 1994) bedeutet im Ergebnis einen Zusatz an globalem Naturverbrauch und Umweltbelastung. So heißen die aktuellen Megatrends steigende Treibhausemissionen und Klimaerwärmung, Abholzung und Artensterben, Bodenerosion und Überfischung, Luftverschmutzung und Plastikmüll, Welthunger und Überbevölkerung. Während die Modernisierung und der Marshall-Plan die erste „Große Beschleunigung" des Anthropozäns ausgelöst haben, ist die zweite „Große Beschleunigung" die Folge der Globalisierung. Und sie könnte der Biosphäre den Todesstoß geben.

3.4.3 Die Abschottung der Wohlstandsinseln

Schon an der Schwelle zum neuen Jahrtausend beobachtete der Soziologe Wolfgang Sachs eine bedeutende Veränderung in der Entwicklungspolitik:

> „Die westliche Zivilisation ist am Ende dieses Jahrhunderts mit der bitteren Einsicht konfrontiert, daß ihre gewaltige Macht über die Welt und

die Natur keineswegs umfassende Kontrolle einschließt; im Gegenteil, sie bringt – raumverschoben und zeitversetzt – Auswirkungen hervor, welche das Zentrum selbst destabilisieren könnten. Folgt nach der Ausfahrt des Kolumbus die Heimkehr der Bedrohungen?

Als Folge dieser Verschiebungen zieht eine neue Epoche in den Nord-Süd-Beziehungen herauf: Der Norden versteht sein Verhältnis zum Süden nicht mehr im Rahmen von ‚Entwicklung', sondern im Rahmen von ‚Sicherheit'. Das Versprechen, andere Nationen auf der gemeinsamen Bahn durch systematische Hilfe zu industriellem Wohlstand zu führen, wird abgelöst von der Anstrengung, die Gefährdungen aus den unübersichtlichen Krisenherden besonders im Süden unter Kontrolle zu halten [...]. Der Norden sieht sich vor die Herausforderung gestellt, um seiner eigenen Sicherheit willen, überall auf dem Globus für Risikovorbeugung und Risikobekämpfung zu sorgen. Grund und Ziel der westlichen Hegemonie haben sich gewandelt. Von nun an holen hegemoniale Ansprüche ihre Rechtfertigung nicht mehr aus einer Philosophie des Fortschritts, sondern aus einer Theorie der Stabilität, wie auch die Ziele der Vorherrschaft nicht mehr in Entwicklung, sondern eher in Eindämmung zu suchen sind. Nachdem das Projekt weltweiten Fortschritts gescheitert ist, erhebt sich Schadensbegrenzung zum Gebot der Stunde" (Sachs 1997, S. 97 f.).

Für diese Schadenbegrenzung ist die erste angewendete Strategie die der Abschottung. Das Versprechen der Globalisierung lautete Entgrenzung und Zusammenrücken der Welt, tatsächlich ist es jedoch zu einer inflationären Zunahme von Mauern bzw. fortifizierten Grenzen gekommen (Mau 2021, S. 53): Deren Zahl hat sich zwischen 1989 und 2018 von zwölf auf insgesamt 72 versechsfacht (Vallet 2021). Meistens werden Mauergrenzen an der Nahtstelle zwischen globalem Norden und globalem Süden errichtet, „also dort, wo sehr ungleiche Wohlstandsniveaus und Lebensverhältnisse aufeinandertreffen" (Mau 2021, S. 58). So zum Beispiel zwischen den USA und Mexiko, Ungarn und Serbien, Polen und Belarus sowie Türkei und Syrien. Auch im Mittelmeer sowie im Meeresgebiet im Norden Australiens herrschen ähnliche Verhältnisse wie an einer befestigten Grenzanlage.

> „Mauergrenzen sind oft Wohlstandsgrenzen [...]. Je ungleicher die benachbarten nationalstaatlichen Räume, desto wahrscheinlicher ist es, dass sich die wohlhabendere Seite durch Grenzüberschreitungseffekte negativ tangiert sieht und versucht, das eigene Territorium davor zu schützen [...]. Konkret geht es um die Markierung und Verteidigung territorialer Souveränität über den Ausschluss von Migrantinnen und Migranten, um die Durchsetzung geopolitischer Interessen und nationaler Schutzbedürfnisse bis hin zu symbolisch-politischen Funktionen des ‚Othering'" (ebd., S. 63 ff.).

Mauergrenzen halten die globale Unordnung von den Wohlstandsinseln fern. Gleichzeitig versperren sie auf Dauer die Sicht und verhindern die Auseinandersetzung mit der globalen Weltlage, sprich mit den Kosten der eigenen Entwicklung. Zudem materialisiert sich in Mauergrenzen oft ein tief liegender Rassismus. Erst werden die Menschen aus dem globalen Süden durch verwestlichte Massenmedien angelockt, dann an den Grenzen unmenschlich behandelt und abgewiesen (Shaller 2023). Die Zahl der getöteten Menschen, die heute in die Nähe einer Grenze vorzudringen oder diese gar zu passieren versuchen, geht innerhalb nur einer Dekade in die Zehntausende (Mau 2021, S. 55). Selbstverständlicher Bestandteil von abgeschotteten Grenzregimen sind inzwischen Flüchtlingslager. Dort leben weltweit geschätzt 10 Mio. Menschen aufgrund von Flucht, Vertreibung und Migration (ebd., S. 68).

> „Für den italienischen Philosophen Giorgio Agamben sind Lager sogar Laboratorien der totalen Macht und emblematische Manifestationen des ‚nackten Lebens', weil sie Unterordnung erzwingen, die Handlungs- und Bewegungsfreiheit des oder der Einzelnen einschränken und die Möglichkeit politischer Teilhabe aussetzen. Menschen sind diesen Lagerzuständen ausgeliefert, das Verlassen des Lagers birgt hohe persönliche Risiken" (in ebd., 70).

Ein solches Grenzregime hat auch auf die Verhältnisse innerhalb der Wohlstandsinseln negative Konsequenzen. Erstens, weil die Freund-Feind-Unterscheidungen zu einer innergesellschaftlichen Polarisierung führen: „Gegner oder Skeptiker der Mauer können nun gleichfalls als

Gefährder der Nation dargestellt werden" (ebd., S. 67).[72] Oft geht der Bau von Mauergrenzen Hand in Hand mit dem Rückbau demokratischer Bürgerrechte nach innen.

Zweitens, weil die Logik der äußeren Grenzanlagen innerhalb der Länder reproduziert wird. So ist das Kanzleramt in Deutschland „eine wohlabgeschirmte Festung, von stählernen Zaunstangen umgeben, von der Bundespolizei gesichert" (Schulz 2011). Auch elitäre Konferenzen wie der Weltwirtschaftsgipfel in Davos finden inzwischen in einer „Festung" statt.[73] In den USA verschanzen sich die oberen Schichten immer öfter in „festungsartig bewachten ‚Gated Communities'" (gesicherte Wohnanlagen) – ein Phänomen, das sich seit Jahren auch in Deutschland breitmacht (Teigeler 2012; Schlosser 2018).

3.4.4 Die Rückkehr des Imperialismus

Neben der Abschottung wird eine zweite Strategie für die Schadensbegrenzung angewendet: die der Ausweitung der Herrschaft. Denn „die Hegemonialmächte sehen sich jetzt zum überlegenen Management eines potentiell chaotischen Weltsystems berufen" (Sachs 1997, S. 98).

Nach dem Ende des Kalten Krieges hätte die UNO reformiert und gestärkt werden können – im Rahmen einer multilateralen statt unilateralen Neuen Weltordnung. Stattdessen wurde sie geschwächt, denn die Weltpolitik sollte nun im Rahmen der G7 bestimmt werden. Während sich der Warschauer Pakt 1991 auflöste, beschloss die NATO die eigene Umgestaltung von einem Verteidigungsbündnis in eine Sicherheitsorganisation (Deiseroth 2017, S. 194). Dem „gemeinsamen Haus Europa" von Michail Gorbatschow wurde so die Osterweiterung des westlichen Militärbündnisses vorgezogen. 2008 kündigte US-Präsident George W. Bush an, die Ukraine und Georgien in die NATO aufneh-

---

[72] So ist es zum Beispiel in Ländern wie Ungarn, Polen oder Italien, wo rechtspopulistische Parteien an der Regierung sind.
[73] Bericht im Tagblatt St. Gallen vom 13. Januar 2023 über die Vorbereitungen des Weltwirtschaftsgipfels: „Viel Militär, viel Zaun und zahlreiche Kontrollen: Davos igelt sich ein. Während des Weltwirtschaftsforums […] wird Davos zum Hochsicherheitstrakt […]. Davos wird wieder zur Festung."

men zu wollen, was die Europäer spaltete und Russland brüskierte (Voswinkel 2008). Seit Gründung des westlichen Militärbündnisses 1949 in Washington korrespondiert jede Erweiterung der NATO mit einer Erweiterung der Einflusszone der Supermacht. Expansion ist eben „das Leitmotiv der amerikanischen Außenpolitik" (Schröder 2014, S. 1242). In den USA sind es vor allem die Neokonservativen, die „die NATO-Mitgliedschaft der Ukraine als Schlüssel zur regionalen und globalen Vorherrschaft der USA betrachten" (Sachs 2022).

Wenn die größte Volkswirtschaft der Welt seit Jahren mehr für das Militär ausgibt als die folgenden neun bis elf größten Militärmächte zusammen,[74] dann kann dies nicht nur der Verteidigung dienen. Laut Al-Jazeera unterhalten die Vereinigten Staaten 750 Militärbasen in mindestens 80 Ländern der Welt, darunter auch in Deutschland (in Ramstein, Stuttgart, Wiesbaden usw.) (Hussein und Haddad 2021). Für Politikwissenschaftler ist dies ebenso ein „Imperium" (Hochgeschwender 2006; Schröder 2014). Selbst US-Politikberater bestätigen diese Zuschreibung, zum Beispiel Zbigniew Brzeziński (2001), dessen Buch Programm ist: „Die einzige Weltmacht: Amerikas Strategie der Vorherrschaft".[75]

Laut dem Historiker Yuval Noah Harari schufen Imperien immer „eine einheitliche Kultur, um sich selbst zu legitimieren" (Harari 2013, S. 242). Diese bieten den untergeordneten Völkern nicht nur Nachteile, sondern auch Vorteile (ebd., S. 235 ff.). So bedeuten Imperien militärischen Schutz, jedoch nur unter der Bedingung, dass man sich

---

[74] 2022 gaben die USA 877 Mrd. US-$ für das Militär aus. Dieser Betrag entspricht mehr als der Summe der Militäretats der folgenden zehn Mächte zusammen: China (292 Mrd. US-$/Jahr), Russland (86,4), Indien (81,4), Saudi-Arabien (75,0), Großbritannien (68,5), Deutschland (55,8), Frankreich (53,6), Südkorea (46,4), Japan (46,0) und Ukraine (44,0) (SIPRI 2023). 2021 gaben die USA mehr als die folgenden neun größten Militärmächte zusammen, 2020 mehr als die folgenden elf, 2019 mehr als die folgenden zehn usw.

[75] Darüber hinaus schrieb 2009 der ehemalige amerikanische Botschafter in Deutschland, John Kornblum: „Vor mehr als 80 Jahren erklärte der Publizist Henry Luce das 20. Jahrhundert zum amerikanischen Jahrhundert, und das sollte sich bewahrheiten. Zu keinem Zeitpunkt in der Geschichte hat eine Nation eine derartige Macht und einen derartigen Einfluss ausgeübt, wie die Vereinigten Staaten in den vergangen 80 Jahren. Seit den Tagen des Römischen Reiches hat keine Kultur und Gesellschaft eines einzigen Volkes das Leben auf unserem Planeten stärker bestimmt. Kein anderes Land kann Amerikas Einfluss ignorieren, wenn es seine eigenen Ziele und Zwecke erfolgreich bestimmen will" (Kornblum/Kronzucker 2009, S. 9).

ihnen unterordnet (ebd., S. 235 ff.). Harari erinnert etwa an die Römer, die ihre Herrschaft mit der Behauptung rechtfertigten, „sie brächten den Barbaren Frieden, Gerechtigkeit und das Licht der Kultur" (ebd., S. 242). Da sich die Frage der Legitimation in demokratisch regierten Imperien stärker stellt als in autoritären Imperien wie Russland oder China, müssen hier expansionistische Bestrebungen und die Einflussnahme auf die untergeordneten Staaten so gestaltet werden, dass sie keinen Unmut und keinen Widerstand erzeugen. In diesem Zusammenhang unterstreicht Harari den Beitrag von Wissenschaft und Kapital.

In der Neuen Weltordnung hätten sich die USA als echter Ordnungsgarant profilieren können, tatsächlich haben sie sich im Laufe der Zeit selbst zum internationalen Ordnungsrisiko entwickelt. 2001 war es George W. Bush, der den Ausstieg der USA aus dem Kyoto-Klimaprotokoll verkündete. 2017 war es Donald Trump, der mit dem Pariser Klimaabkommen dasselbe tat. Unter anderem die militärischen Interventionen im Kosovo (1999) und im Irak (2003) waren ein Verstoß gegen das Völkerrecht. Nach den Terroranschlägen am 11. September 2001 forderte der „Krieg gegen den Terror" bereits im ersten Jahrzehnt mindestens 1,3 Mio. Todesopfer in Afghanistan, Pakistan und Irak (IPPNW 2015, S. 15). Bis heute gehören die USA zu den Ländern, die den Internationalen Strafgerichtshof in Den Haag nicht anerkennen, denn es wird eine Verfolgung der eigenen Kriegsverbrechen befürchtet. 2018 haben die USA begonnen, eine Reihe internationaler Friedensverträge aufzukündigen, insbesondere mit dem Iran und mit Russland.[76] Damit ist die Weltbühne zum „wilden Westen" geworden. Aus der Logik „America first" ist die Logik „China first", „Russia first", „Great Britain first", „Turkey first", „Hungary first", „Poland first" und „Ukraine first"[77] geworden. Die Anomie nimmt somit auch auf der Weltbühne zu.

---

[76] „USA und der Iran. Trump kündigt Atomabkommen" (Deutschlandfunk 9.5.2018), „Ausstieg aus dem INF-Vertrag. USA kündigen historischen Abrüstungsvertrag mit Russland auf" (Zeit Online 1.2.2019), „Open-Skies-Vertrag in Gefahr. Nach dem Austritt der USA will nun auch Russland folgen" (SWP-Aktuell 10.2.2021).

[77] Die Ukraine wird in den Politikwissenschaften als „Hybridregime" eingestuft (https://www.democracymatrix.com/ranking). Bei der Absetzung der Regierung von Wiktor Janukowytsch im Jahr 2014 haben rechtsradikale und ultranationalistische Parteien wie Swoboda eine wichtige

3.4.5 Zur großen Konfrontation

Karl Polanyi hat gezeigt, dass eine bestimmte strukturelle Entwicklung der Gesellschaft die Wahrscheinlichkeit von zerstörerischen Konflikten erhöht. In der ersten Phase der Globalisierung stieß die westliche Dominanz auf keine ernstzunehmende Konkurrenz. Anders ist es in der zweiten Phase. Aus ehemaligen Schwellenländern sind autoritäre Wirtschaftsmächte geworden. Bald könnte China sogar die USA als größte Volkswirtschaft der Welt ablösen. In dieser neuen Situation hat der Westen eine protektionistische Wende eingeleitet.[78] Gleichzeitig wird der internationale Wettbewerb immer stärker militärisch ausgetragen (Lippert und Perthes 2020). Seit der Finanzkrise von 2008 „verschlechtert sich die internationale Lage rasant, Kriegstreiberei ist wieder en vogue, und die [weltweiten] Rüstungsausgaben explodieren" (Harari 2019, S. 270). 2021 haben sie zum ersten Mal die Schwelle von 2.000 Mrd. US$ überschritten (Abb. 3.5).

Einerseits werden damit massenhaft Mittel und Ressourcen verpulvert, die woanders dringend benötigt werden und viel besser angelegt wären. Andererseits bedeutet Aufrüstung eine Verschärfung der globalen Probleme. Das Militär ist inzwischen für fünf Prozent des weltweiten Ausstoßes an Treibhausgas verantwortlich (Angler 2022).[79] Vor allem die Menschen, die zwischen die Blöcke geraten, zahlen den höchsten Preis für diese internationalen Entwicklungen. So befindet sich die Ukraine seit 2014 im Krieg.[80] Mit dem russischen völkerrechtswidrigen

---

Rolle gespielt (Casjens et al. 2014). 2019 wurde ein Sprachgesetz im ukrainischen Parlament beschlossen, das die russische Sprache im Land zurückdrängen sollte. Das Gesetz trat im Januar 2022 in Kraft (Holm 2022).

[78] „Eine zerstörerische neue Logik bedroht unsere Wirtschaft". In: focus.de 20.1.2023. https://www.focus.de/finanzen/news/beitrag-unseres-partnerportals-economist-eine-zerstoererische-neue-logik-bedroht-die-globalisierung_id_183548577.html (Zugriff: 14.3.2023).

[79] Doch die Staaten müssen ihre Militäremissionen nicht offenlegen, denn in den Klimaabkommen gibt es großzügige Ausnahmen für das Militär.

[80] Diesen Konflikt interpretiert Yuval Noah Harari wie folgt: „Tatsächlich waren aus russischer Sicht all seine angeblich aggressiven Vorgehensweisen in den letzten Jahren nicht die Eröffnungszüge eines neuen globalen Krieges, sondern viel mehr der Versuch, ungeschützte Verteidigungs-

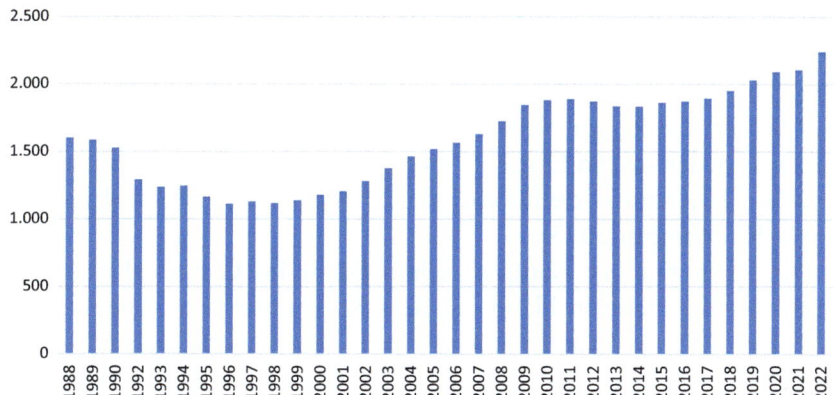

Abb. 3.5 Entwicklung der weltweiten Rüstungsausgaben im Zeitraum 1988–2022 (in Mrd. Dollar). (Quelle: SIPRI Military Database 2023; eigene Darstellung)

Überfall im Februar 2022 kam es zu einer starken Eskalation. Danach hat sich auch im Westen eine Militarisierung des Denkens breitgemacht (Mika 2022; Welzer 2022).

Gerade in Zeiten der Wirtschaftsrezession oder des Krieges setzt sich die Systemlogik noch stärker gegen die Umweltlogik durch. So beschloss der Bundestag im Juni 2022 einen 100-Mrd.-Euro-Sonderfonds für die Bundeswehr, während der Etat des Bundesumweltministeriums gekürzt wurde (Deutscher Bundestag 2022). Um die energetische Unabhängigkeit von Russland zu ermöglichen und die Energiesicherheit zu garantieren, wurde überteuertes und umweltschädliches Fracking-Gas aus den USA sowie Flüssiggas aus autoritären Golfstaaten impor-

---

flanken zu schließen. Russen können mit Recht darauf verweisen, dass sie nach ihrem friedlichen Rückzug am Ende der 1980er- und in den frühen 1990er-Jahren wie ein besiegter Feind behandelt wurden. Die USA und die NATO nutzten die russische Schwäche und dehnten trotz gegenseitiger Versprechungen das westliche Verteidigungsbündnis auf Osteuropa und sogar einige frühere Sowjetrepubliken aus. Der Westen ignorierte darüber hinaus russische Interessen im Nahen Osten, intervenierte unter zweifelhaften Vorwänden in Serbien und im Irak und machte Russland ganz generell deutlich, dass es nur auf eigene militärische Macht setzen kann, wenn es seine Einflusssphäre gegen westliche Einmischungen schützen will. So gesehen muss man für die jüngsten militärischen Aktionen Russlands Bill Clinton und George W. Bush genauso verantwortlich machen wie Wladimir Putin" (Harari 2019, S. 276 f.).

tiert (Kohnert und Schwarte 2022). Dazu stiegen die Staatsschulden weiter,[81] denn die Energiekosten wurden subventioniert, um die Preise künstlich abzufedern. Abgeschaltete Kohlekraftwerke wurden reaktiviert und bleiben länger am Netz. So ist der Kohleanteil bei der Stromproduktion wieder auf ein Drittel gestiegen.[82] Nach derzeitigem Stand werden die Klimaschutzziele für das Jahr 2030 deutlich verfehlt (Expertenrat für Klimafragen 2023).

Der Krieg mit der Natur ist schon längst im Gange, aber er geht immer wieder Hand in Hand mit dem Krieg unter den Menschen. Im Verhältnis mit der Umwelt spiegeln sich die gesellschaftlichen Verhältnisse wider. Für ein friedliches Zusammenleben auf einem begrenzten Planeten wäre mehr internationale Kooperation nötig (WBGU 2011). Die Alternative dazu heißt Konfrontation, womöglich Eskalation. In der gegenwärtigen Polykrise überschneiden sich Kriege, geopolitische Polarisierungen, die Klimakrise wie auch massive Spannungen im Weltwirtschaftssystem. „Und alle diese Herausforderungen potenzieren sich gegenseitig, sodass tatsächlich der Effekt entsteht, dass das Ganze schlimmer ist als die Folgen der Einzelkrisen für sich alleine betrachtet" (Tooze 2022, S. 23). Wenn sich die Wirkungen der jeweiligen Krisen gegenseitig verstärken, dann kann durch die Wirkung aller Phänomene gemeinsam ein Kipppunkt erreicht werden (Breuer 2023). Neben den ökologischen „Points of no Return" gibt es auch gesellschaftliche. Dazu zählt zum Beispiel die Möglichkeit eines atomaren Konflikts. So führen heute mehrere Wege zu einem Wandel *by Disaster*.[83]

---

[81] Die Bundesregierung hat einen „wirtschaftlichen Abwehrschirm" von 200 Mrd. Euro beschlossen.

[82] Tagesschau (2023): Deutscher Energiemix – Kohleanteil bei Strom steigt auf ein Drittel. In: tagesschau.de 9.3.2023. https://www.tagesschau.de/wirtschaft/stromerzeugung-windenergie-kohle-solar-erdgas-atomstrom-101.html (Zugriff: 12.3.2023).

[83] Dabei liegt die eigentliche Gefahr nicht allein in der Technologie (Atombombe, KI oder Kohlekraftwerke), sondern in ihrer Kombination mit einem physisch und kognitiv begrenzten Wesen: „Wir sollten nie die menschliche Dummheit unterschätzen" (Harari 2019, S. 282). Deshalb brauchen wir mehr Demut statt Überheblichkeit.

Literatur

Adam, Hermann (2009): Bausteine der Wirtschaft. Wiesbaden: VS Verlag für Sozialwissenschaften.

Anders, Günther (2001): Wir Eichmannsöhne. München: C. H. Beck.

Andriolli, Milva (2020): Turismo e coronavirus: L'anno „nerissimo" di Venezia. In: TG3 RAI3 Veneto 18.10.2020.

Angler, Martin (2022): Das Militär ist für fünf Prozent des weltweiten Treibhausgasausstoßes verantwortlich. Von Beschränkungen ist es ausgenommen. In: Neue Zürcher Zeitung 30.7.2022. https://www.nzz.ch/wissenschaft/vernachlaessigte-emissionen-von-treibhausgasen-durch-das-militaer-ld.1693659 (Zugriff: 12.3.2023)

Backhaus, Desireé (2011): Im VWL-Studium kommt die Krise nicht vor. In: Zeit Online 4.11.2011. https://www.zeit.de/wirtschaft/2011-10/vwl-studium-krise (Zugriff: 21.3.2023).

Balzli, Beat; Hornig, Frank; Reuter, Wolfgang (2006): Finanzmärkte: Die Billionen-Bombe. In: Spiegel Online, 25.9.2006. http://www.spiegel.de/spiegel/print/d-48990502.html (Zugriff: 21.3.2023).

Bauman, Zygmunt (2010): Modernità e Olocausto. Bologna: il Mulino.

Bauman, Zygmunt (2014): A Natural History of Evil. In: S:I.M.O.N. – Shoah: Intervention. Methods. DocumentatiON Issue 2/2014, S. 106-121. https://simon.vwi.ac.at/public/journals/1/fullissues/SIMON_2014-02.pdf (Zugriff: 10.8.2023).

Bauman, Zygmunt (2016): Die Welt in Panik. Wie die Angst vor Migranten geschürt wird. In: Blätter für deutsche und internationale Politik 10/2016, S. 41-50. https://www.blaetter.de/ausgabe/2016/oktober/die-welt-in-panik (Zugriff: 9.8.2023).

Becker, Lena (2012): Bildung im Zeichen der Ökonomisierung. Marburg: Büchner.

Beck, Ulrich (1986): Risikogesellschaft. Auf dem Weg in eine andere Moderne. Frankfurt/Main: Suhrkamp.

Beck, Ulrich (2008): Weltrisikogesellschaft. Frankfurt/Main: Suhrkamp.

Bender, Jörg (2020): Reiche werden dank Corona reicher. In: Deutsche Welle 7.10.2020. https://www.dw.com/de/reiche-werden-dank-corona-reicher/a-55184720 (Zugriff: 21.3.2023).

Berger, Peter; Luckmann, Thomas (2016): Die gesellschaftliche Konstruktion der Wirklichkeit. Frankfurt/Main: S. Fischer.

Berglar, Peter (1970): Wilhelm von Humboldt. Reinbek bei Hamburg: Rowohlt.
Bertelsmann Stiftung (2022): Transformation Index BTI 2022. Governance in International Comparison. Gütersloh: Bertelsmann Stiftung. https://www.bertelsmann-stiftung.de/de/themen/aktuelle-meldungen/2022/februar/demokratie-weltweit-unter-druck#detail-content-210640-3 (Zugriff: 21.3.2023).
BfN (2016): Gesellschaftliches Bewusstsein für biologische Vielfalt 2015. Bonn: Bundesamt für Naturschutz (BfN).
BfN (2017): Naturbewusstsein 2015. Wissenschaftlicher Vertiefungsbericht. Bonn: Bundesamt für Naturschutz (BfN).
BfR (2019): Feed and food safety in times of global production and trade. Berlin: Bundesinstitut für Risikobewertung. https://www.bfr.bund.de/cm/350/feed-and-food-safety-in-times-of-global-production-and-trade.pdf (Zugriff: 21.3.2023).
BMUV (2019): Der Weltklimarat IPCC. Berlin: Bundesministerium für Umwelt, Naturschutz, nukleare Sicherheit und Verbraucherschutz (BMUV). https://www.bmuv.de/themen/klimaschutz-anpassung/klima-schutz/internationale-klimapolitik/ipcc (Zugriff: 2.3.2022).
BMUV (2022): Hitze, Dürre, Starkregen: Über 80 Milliarden Euro Schäden durch Extremwetter in Deutschland. In: bmuv.de 18.7.2022. https://www.bmuv.de/pressemitteilung/hitze-duerre-starkregen-ueber-80-milliarden-euro-schaeden-durch-extremwetter-in-deutschland (Zugriff: 12.3.2023).
Bogumil, Jörg; Holtkamp, Lars (2013): Kommunalpolitik und Kommunalverwaltung. Bonn: Bundeszentrale für politische Bildung.
Bolz, Ben; Soliman, Tina (2017): Lebenserwartung: Wer wenig hat, ist früher tot. In: Panorama (NDR) 2.3.2017. https://daserste.ndr.de/panorama/archiv/2017/Lebenserwartung-Wer-wenig-hat-ist-frueher-tot,armreich106.html (Zugriff: 27.3.2023)
Bösch, Frank; Deitelhoff, Nicole; Kroll, Stefan (Hrsg.) (2020): Handbuch Krisenforschung. Wiesbaden: Springer VS.
Bourdieu, Pierre (2016): Die feinen Unterschiede. Frankfurt/Main: Suhrkamp.
Brand, Karl-Werner (1997): Nachhaltige Entwicklung. Eine Herausforderung an die Soziologie. Opladen: Leske + Budrich.
Bregman, Rutger (2022): Im Grunde gut. Hamburg: Rowohlt.
Brettschneider, Frank (2023): Rechtspopulismus, Verschwörungs-Erzählungen, Demokratiezufriedenheit und Institutionenvertrauenin Deutschland, 2023. Eine Studie der Universität Hohenheim. Stuttgart. https://www.uni-hohen-

heim.de/fileadmin/uni_hohenheim/Aktuelles/Uni-News/Pressemitteilungen/2023-08_Populismus_und_Demokratie.pdf (Zugriff: 1.12.2023).

Breuer, Christian (2023): Polykrise als Gefangenendilemma. In: Wirtschaftsdienst, Heft 1/2023. https://www.wirtschaftsdienst.eu/inhalt/jahr/2023/heft/1/beitrag/polykrise-als-gefangenendilemma.html (Zugriff: 25. 4. 2023).

Brinks, Verena; Ibert, Oliver (2020): Zur Räumlichkeit von Krisen: Relationalität, Territorialität, Skalarität und Topologien. In: Bösch et al. 2020, S. 41–57.

Brocchi, Davide (2010): The Cultural Dimension of Un/Sustainability. In: Sigurd Bergmann, Dieter Gerten (Hrsg.), Religion and dangerous environmental change. Münster: LIT-Verlag. S. 145–176.

Brocchi, Davide (2012): Sackgassen in der Evolution der Gesellschaft. In: Heike Leitschuh, Gerd Michelsen, Udo. E. Simonis, Jörg Sommer, Ernst Ulrich von Weizsäcker (Hrsg.), Wende überall? Jahrbuch Ökologie. Stuttgart: Hirzel, 2012. S. 130–136.

Brocchi, Davide (2019): Nachhaltigkeit und soziale Ungleichheit. Wiesbaden: Springer VS.

Brocchi, Davide (2020): Wenn die Ursache der Krise als Lösung verpackt wird. In: Spektrum der Wissenschaft 4.4.2020. https://www.spektrum.de/kolumne/wenn-die-ursache-der-krise-als-loesung-verpackt-wird/1717678 (Zugriff: 27.3.2023).

Bromham, Lindell; Dinnage, Russell; Skirgard, Hedvig; Ritchie, Andrew; Cardillo, Marcel; Meakins, Felicity; Greenhill, Simon; Hua, Xia (2021): Global predictors of language endangerment and the future of linguistic diversity. In: Nature Ecology & Evolution 6, 163–173 (2022). https://www.nature.com/articles/s41559-021-01604-y (Zugriff: 27.3.2023).

B.U.N.D.; Brot für die Welt; Evangelischer Entwicklungsdienst (Hrsg.) (2008): Zukunftsfähiges Deutschland in einer globalisierten Welt. Eine Studie des Wuppertal Instituts. Bonn: Bundeszentrale für politische Bildung.

Burger, Reiner (2021): „Die Corona-Leugner radikalisieren sich". In: faz. de 5.4.2021. https://www.faz.net/aktuell/politik/inland/herbert-reul-die-corona-leugner-radikalisieren-sich-17278513.html (Zugriff: 27.3.2023).

Bush, George H. W. (1990): Address Before a Joint Session of Congress (September 11, 1990). Charlottesville: Miller Center Public Affairs, University of Virginia. https://web.archive.org/web/20110116162710/http://millercenter.org/scripps/archive/speeches/detail/3425 (Zugriff: 28.5.2023).

Butterwegge, Christoph (2020): Die zerrissene Republik. Weinheim: Beltz Juventa.
Cacsire de Schaller, Romina Luz Hermoza (2011): Mittendrin am Rand der Gesellschaft Afrokolumbianer und Indigene in Kolumbien. In: Quetzal Magazin Oktober 2011. https://quetzal-leipzig.de/lateinamerika/kolumbien/afrokolumbianer-und-indigene-in-kolumbien (Zugriff: 27.3.2023).
Casjens, Nils; Davidenko, Polina; Edelhoff, Johannes; Goetz, John; Jolmes, Johannes (2014): Putsch in Kiew: Welche Rolle spielen die Faschisten? In: Panorama (NDR) 6.3.2014. https://daserste.ndr.de/panorama/archiv/2014/Putsch-in-Kiew-Welche-Rolle-spielen-die-Faschisten,ukraine357.html (Zugriff: 17.3.2023).
Cento Bull, Anna (2012): Italian Neofascism: The Strategy of Tension and the Politics of Nonreconciliation. New York: Berghahn Books.
Chang, Shu-Sen; Stuckler, David; Yip, Paul (2013): Impact of 2008 global economic crisis on suicide: time trend study in 54 countries. In: BMJ 2013/347. https://www.bmj.com/content/347/bmj.f5239 (Zugriff: 27.3.2023).
Charbonneau, Ninja (2020): Kinderarbeit weltweit. Köln: Unicef. https://www.unicef.de/informieren/aktuelles/blog/kinderarbeit-fragen-und-antworten/166982 (Zugriff: 27.3.2023).
Commoner, Barry (1973): Wachstumswahn und Umweltkrise. München: Bertelsmann.
Costanza, Robert; Cumberland, John H.; Daly, Herman E.; Goodland, Robert James; Norgaard, Richard B.; Eser, Thiemo W. (2001): Einführung in die ökologische Ökonomik. Stuttgart: Lucius & Lucius.
Cranach, Xaver von (2019): Welche Krise? In: Zeit Online 26.12.2019. https://www.zeit.de/2020/01/krisen-weltlage-klimawandel-migration-finanzbranche-demokratie (Zugriff: 27.3.2023).
Cremer, Arne (2016): Aktuelle Entwicklungen der Wahlbeteiligung in Europa. Berlin: Friedrich-Ebert-Stiftung. https://library.fes.de/pdf-files/dialog/12858.pdf (Zugriff: 27.11.2023).
Crouch, Colin (2015): Postdemokratie. Frankfurt/Main: Suhrkamp.
Crozier, Michel J.; Huntington, Samuel P.; Watanuki, Joji (1975): The Crisis of Democracy. Report on the Governability of Democracies to the Trilateral Commission. New York: New York University Press.
Culbert, Patrick (1973): The Classic Maya Collapse. Albuquerque: University of New Mexico Press.

Dahinden, Urs (2006): Framing: Eine integrative Theorie der Massenkommunikation. Konstanz: UVK.

Dawkins, Richard (1996): Das Egoistische Gen. Reinbek bei Hamburg: Rowohlt.

Deiseroth, Dieter (2017): Die NATO – Rechtliche Grundstrukturen, historische Wandlungen, aktuelle Rechtsfragen. In: Ad Legendum 3/2017. S. 188–199.

Demling, Alexander (2012): „Wie vor der Finanzkrise". Riskante Wetten mit Derivaten. In: Spiegel Online 29.12.2012. https://www.spiegel.de/wirtschaft/unternehmen/derivate-sorgen-fuer-situation-wie-vor-finanzkrise-fuerchten-experten-a-866176.html (Zugriff: 27.3.2023).

Deutsche Bundesbank (2022): Deutsche Schuldenquote 2021 auf 69,3 Prozent gestiegen. Pressemeldung vom 31.3.2022. https://www.bundesbank.de/de/aufgaben/themen/deutsche-schuldenquote-2021-auf-69-3-prozent-gestiegen-888382 (Zugriff: 27.3.2023).

Deutscher Bundestag (2022): Umweltministerium mit reduziertem Etat. In: Parlamentsnachrichten 22.3.2022. https://www.bundestag.de/presse/hib/kurzmeldungen-885662 (Zugriff: 22.4.2023).

Dezernat für Zukunftsanalyse der Bundeswehr (Hrsg.) (2010): Peak Oil. Sicherheitspolitische Implikationen knapper Ressourcen. Strausberg: Zentrum für Transformation der Bundeswehr – Dezernat für Zukunftsanalysen. https://www.oekologische-plattform.de/wp-content/uploads/2012/11/Sicherheitspolitische-Implikationen-knapper-Ressourcen.pdf (Zugriff: 27.3.2023).

Diamond, Jared (2006): Kollaps: Warum Gesellschaften überleben oder untergehen. Frankfurt/Main: S. Fischer.

Diekmann, Andreas; Preisendörfer, Peter (2001): Umweltsoziologie. Eine Einführung. Reinbek bei Hamburg: Rowohlt.

Die Zeit (2021): Peter Altmaier erwartet Wirtschaftswachstum von bis zu vier Prozent. In: Zeit Online 3.6.2021. https://www.zeit.de/politik/deutschland/2021-06/corona-hilfen-peter-altmaier-wirtschaftswachstum-wirtschaftskrise-konjunkturpaket (Zugriff: 27.3.2023).

Dohmen, Caspar (2017): Zehn Jahre nach der Finanzkrise – Wirtschaftswissenschaften reagieren träge. In: Deutschlandfunk 10.11.2017. https://www.deutschlandfunk.de/zehn-jahre-nach-der-finanzkrise-wirtschafts-wissenschaften-100.html (Zugriff: 27.3.2023).

Drobisch, Klaus; Wieland, Günther (1993): System der NS-Konzentrationslager. Berlin: Akademie Verlag.

Durkheim, Émile (1897): Le suicide. Etude de sociologie. Paris: Alcan.

Dürr, Hans-Peter (2010): Warum es ums Ganze geht. München: oekom.

Economist Intelligence (2023): Democracy Index 2022. Frontline democracy and the battle for Ukraine. London: Economist Intelligence.

eurostat (2023): Gini-Koeffizient des verfügbaren Äquivalenzeinkommens vor Sozialleistungen. https://ec.europa.eu/eurostat/databrowser/view/ILC_DI12C/default/table?lang=de&category=livcon.ilc.ilc_ie.ilc_iei (Zugriff: 26.3.2023).

Expertenrat für Klimafragen (2023): Stellungnahme zum Entwurf des Klimaschutzprogramms 2023. Berlin: Geschäftsstelle Expertenrat für Klimafragen (ERK). https://expertenrat-klima.de/content/uploads/2023/08/ERK2023_Stellungnahme-zum-Entwurf-des-Klimaschutzprogramms-2023.pdf (Zugriff: 23.8.2023).

Fang, Lee (2014): Where Have All the Lobbyists Gone? In: The Nation, 29.2.2014. https://www.thenation.com/article/archive/shadow-lobbying-complex/ (Zugriff: 27.3.2023).

Faulstich, Werner (2002): Einführung in die Medienwissenschaft. München: Fink.

Festinger, Leon (1957): A Theory of Cognitive Dissonance. Stanford, CA: Stanford University Press.

Festival, Antonio (2018): Full times blues. Napoli: Magmata.

Finke, Peter (2003): Kulturökologie. In: Vera Nünning, Ansgar Nünning (Hrsg.), Konzepte der Kulturwissenschaften. Stuttgart: Metzger, 2003. S. 249–279.

Foucault, Michel (1983): Der Wille zum Wissen. Frankfurt/Main: Suhrkamp.

Foucault, Michel (2008): Überwachen und Strafen. Frankfurt/Main: Suhrkamp.

Freud, Sigmund (1994): Das Unbehagen in der Kultur und andere kulturtheoretische Schriften. Frankfurt/Main: S. Fischer.

Friedrichs, Jürgen (2007): Gesellschaftliche Krisen. Eine soziologische Analyse. In: Helga Scholten (Hrsg.), Die Wahrnehmung von Krisenphänomenen. Köln: Böhlau, 2007. S. 13–26.

Fromm, Erich (1983): Die Furcht vor der Freiheit. Frankfurt/Main: Ullstein.

Galbraith, John Kenneth (2005): Der große Crash 1929. München: FinanzBuch Verlag.

Galtung, Johan (1988): Strukturelle Gewalt. Reinbek bei Hamburg: Rowohlt.

Galtung, Johan (1995): On the social Costs of Modernization. Geneva: United Nations Research Institute for social Development (UNRISD).

Georgescu-Roegen, Nicholas (1987): Entropiegesetz und ökonomischer Prozess im Rückblick. In: Schriftenreihe des IÖW 05/87, S. 4–31.

Gilens, Martin; Page, Benjamin (2014): Testing Theories of American Politics: Elites, Interest Groups and Average Citizens. In: Perspectives on Politics 12/2014, S. 564–581.

Graf, Rüdiger (2020): Zwischen Handlungsmotivation und Ohnmachtserfahrung – Der Wandel des Krisenbegriffs im 20. Jahrhundert. In: Bösch et al. 2020, S. 17–38.

Greive, Martin (2009): Finanzkrise vernichtete bislang 10,5 Billionen Dollar. In: Die Welt 29.8.2009. https://www.welt.de/wirtschaft/article4418941/Finanzkrise-vernichtete-bislang-10-5-Billionen-Dollar.html (Zugriff: 27.3.2023).

Greive, Martin (2013): Finanzkrise kostet Deutschland 187 Milliarden. In: Die Welt 3.4.2013. https://www.welt.de/wirtschaft/article114944193/Finanzkrise-kostet-Deutschland-187-Milliarden.html (Zugriff: 27.3.2023).

Gresh, Alain; Radvanyi, Jean; Rekacewicz, Philippe; Samary, Catherine; Vidal, Dominique (2006): Atlas der Globalisierung. Berlin: Le Monde diplomatique/taz Verlag.

Gresh, Alain (2022): Der Ukrainekrieg und der Globale Süden. In: Le Monde diplomatique; Stefan Mahlke (Hrsg.), Atlas der Globalisierung. Berlin: Le Monde diplomatique/taz Verlag. S. 34 f.

Grober, Ulrich (2010): Die Entdeckung der Nachhaltigkeit. Kulturgeschichte eines Begriffs. München: Kunstmann.

Hagelüken, Alexander (2022): Ökonom warnt vor größter Wirtschaftskrise seit Zweitem Weltkrieg. In: sueddeutsche.de 9.5.2022. https://www.sueddeutsche.de/wirtschaft/gasembargo-gas-lieferstopp-ukraine-krieg-rezession-inflation-1.5581075 (Zugriff: 27.3.2023).

Hamm, Bernd (1996): Struktur moderner Gesellschaften. Opladen: Leske + Budrich.

Hamm, Bernd (2006): Die soziale Struktur der Globalisierung. Berlin: Kai Homilius.

Hannah, Mark; Linetsky, Zuri; Gray, Caroline; Robinson, Lucas (2022): Rethinking American Strength. What Divides (and Unites) Voting-Age Americans. New York: Eurasia Group Foundation. http://egfound.org/wp-content/uploads/2022/10/2022-09-Rethinking-American-Strength.pdf (Zugriff: 27.3.2023).

Harari, Yuval Noah (2013): Eine kurze Geschichte der Menschheit. München: Pantheon.

Harari, Yuval Noah (2019): 21 Lektionen für das 21. Jahrhundert. München: C.H. Beck.
Harsvik, Wegard; Skjerve, Ingvar (2021): Homo Solidaricus. Berlin: Ch. Links.
Hartmann, Hauke (2020): Mehr Ungleichheit und Repression gefährden weltweit Demokratie und Marktwirtschaft. https://www.bertelsmann-stiftung.de/de/themen/aktuelle-meldungen/2020/april/mehr-ungleichheit-und-repression-gefaehrden-weltweit-demokratie-und-marktwirtschaft (Zugriff: 27.3.2023).
Harvey, David (2013): Rebellische Städte. Frankfurt/Main: Suhrkamp.
Hauff, Volker (Hrsg.) (1987): Unsere gemeinsame Zukunft. Der Brundtland-Bericht der Weltkommission für Umwelt und Entwicklung. Greven: Eggenkamp.
Hauser, Jan (2021): Deutscher Strommix. Kohlestrom legt deutlich zu. In: faz.net 14.12.2021. https://www.faz.net/aktuell/wirtschaft/deutscher-strommix-kohlestrom-legt-deutlich-zu-17684354.html (Zugriff: 27.3.2023).
Heidbrink, Ludger (2007): Von der Natur- zur sozialen Katastrophe. In: Zeit Online 30.10.2007. https://www.zeit.de/2007/45/U-Klimakultur (Zugriff: 8.5.2023).
Heidbrink, Ludger (2010): Kultureller Wandel: Zur kulturellen Bewältigung des Klimawandels. In: Harald Welzer, Hans-Georg Soeffner, Dana Giesecke (Hrsg.) (2010): KlimaKulturen. Frankfurt/Main: Campus. S. 49–64.
Heilemann, Ullrich (2019): Rezessionen in der Bundesrepublik Deutschland von 1966 bis 2013. In: Wirtschaftsdienst 2019, Heft 8, 2019. S. 546–551.
Heinberg, Richard (2008): Öl-Ende. „The party's over". Die Zukunft der industrialisierten Welt ohne Öl. München: Riemann.
Hendel, Gerhard (1994): Weimar. Köln: DuMont.
Herz, Carsten; Hua, Sha; Votsmeier, Volker (2020): Coronavirus wirbelt die Lieferketten durcheinander. In: Handelsblatt 26.2.2020. https://www.handelsblatt.com/unternehmen/management/produktion-coronavirus-wirbelt-die-lieferketten-durcheinander-firmen-pochen-auf-hoehere-gewalt/25579692.html (Zugriff: 27.3.2023).
Heuser, Alessa (2016): Nahrungsmittelspekulationen – mit Essen spielt man nicht. In: Netzdebatte, bpb.de 10.10.2016. https://www.bpb.de/dialog/netzdebatte/235048/nahrungsmittelspekulationen-mit-essen-spielt-man-nicht (Zugriff: 27.3.2023).
Hirsch, Fred (1980): Die sozialen Grenzen des Wachstums. Hamburg: Rowohlt.

Hochgeschwender, Michael (2006): Die USA – ein Imperium im Widerspruch. In: Zeithistorische Forschungen/Studies in Contemporary History 3 (2006), S. 55–76.

Hofmann, Jürgen (2010): Welche Bedeutung hat das Humboldt'sche Erbe für unsere Zeit? Veranstaltung der Humboldt-Gesellschaft am 8.1.2010. Berlin: Humboldt Gesellschaft. http://www.humboldtgesellschaft.de/inhalt.php?name=humboldt (Zugriff: 27.3.2023).

Hofmann, Kristina (2021): Corona ohne Parlament – „Eine schwere Missachtung des Bundestages". In: ZDF Heute 10.2.2021. https://www.zdf.de/nachrichten/politik/corona-bundestag-mpk-staatsrecht-coronakabinett-100.html (Zugriff: 27.3.2023)

Hofstede, Geert; Hofstede, Jan (2009): Lokales Denken, globales Handeln. München: dtv.

Holm, Kerstin (2022): Das Russische abwürgen. In: faz.net 18.1.2022. https://www.faz.net/aktuell/feuilleton/debatten/ukraine-neues-sprachgesetz-soll-das-russische-zurueckdraengen-17736397.html (Zugriff: 27.3.2023).

Horkheimer, Max (1969): Eclisse della ragione. Torino: Einaudi.

Horkheimer, Max; Adorno, Theodor W. (1988): Dialektik der Aufklärung. Frankfurt/Main: Suhrkamp.

Horn, Eva; Bergthaller, Hannes (2019): Anthropozän zur Einführung. Hamburg: Junius

Hösle, Vittorio (1991): Philosophie der ökologischen Krise. München: C.H. Beck.

Humml, Simone (2022): Woher kommen die Rohstoffe für Elektroautos? In: geo.de 24.1.2022. https://www.geo.de/wissen/elektroautos--woher-kommen-die-rohstoffe--31564220.html (Zugriff: 27.3.2023).

Hussein, Mohammed; Haddad, Mohammed (2021): US military presence around the world. In: Al Jazeera 10.9.2021. https://www.aljazeera.com/news/2021/9/10/infographic-us-military-presence-around-the-world-interactive (Zugriff: 18.4.2023).

IEA (2022): Global CO_2 emissions rebounded to their highest level in history in 2021. Press release 8.3.2022. https://www.iea.org/news/global-co2-emissions-rebounded-to-their-highest-level-in-history-in-2021 (Zugriff: 27.3.2023).

IGB (2018): Der globale Rechtsindex des IGB 2018. Brüssel: IGB Internationaler Gewerkschaftsbund. https://www.ituc-csi.org/IMG/pdf/ituc-global-rights-index-2018-de-final-2.pdf (Zugriff: 27.3.2023).

Iken, Katja; Frank, Alexandra (2018): KZ-Zwangsbesichtigung 1945: Konfrontation mit der Hölle. In: Spiegel Online 23.2.2018. https://www.spiegel.de/geschichte/kz-buchenwald-zwangsbesichtigung-am-16-april-1945-a-1193659.html (Zugriff: 27.3.2023).
IMF (2022): IMF World Economic Outlook. Washington: International Monetary Fund (IMF).
IPCC (2021): Climate Change 2021. The Physical Science Basis. Summary for Policymakers. Cambridge University Press. S. 5–11. https://www.ipcc.ch/report/ar6/wg1/downloads/report/IPCC_AR6_WGI_SPM.pdf (Zugriff: 27.3.2023).
IPPNW (2015): Body Count. Casualty Figures after 10 Years of the "War on Terror" Iraq Afghanistan Pakistan. Berlin: IPPNW. https://www.ippnw.de/commonFiles/pdfs/Frieden/Body_Count_first_international_edition_2015_final.pdf (Zugriff: 21.3.2023).
Jäger, Wieland; Weinzierl, Ulrike (2007): Moderne soziologische Theorien und sozialer Wandel. Wiesbaden: Springer VS.
Jung, Alexander (2009): Große Depression. Das Fanal von 1929. In: Spiegel Geschichte 10.8.2009. https://www.spiegel.de/geschichte/grosse-depression-a-948424.html (Zugriff: 27.3.2023).
Junker, Thomas (2011): Die 101 wichtigsten Fragen – Evolution. München: C.H. Beck.
Kant, Immanuel (1986): Kritik der reinen Vernunft. Ditzingen: Reclam.
Keeling, Charles D. (1960): The Concentration and Isotopic Abundances of Carbon Dioxide in the Atmosphere. In: Tellus, Bd. 12, Nr. 2, 1960, S. 200–203.
Keinath, Anja (2021): Wieso die USA den Internationalen Strafgerichtshof nicht anerkennen. In: t-online.de 23.8.2021. https://www.t-online.de/nachrichten/specials/id_90385596/wieso-die-usa-den-internationalen-strafgerichtshof-nicht-anerkennen.html (Zugriff: 27.3.2023).
Keine Patente auf Saatgut! (Hrsg.) (2013): Präsident des Europäischen Patentamts gibt grünes Licht für Patente auf Pflanzen und Tiere. Hamburg: Greenpeace. https://www.greenpeace.de/presse/publikationen/patente-auf-saatgut-2013 (Zugriff: 27.3.2023).
Keltner, Dacher (2016): Das Macht-Paradox. Frankfurt/Main: Campus.
Kersten, Jens (2020): Natur als Rechtssubjekt. In: APuZ – Aus Politik und Zeitgeschichte 6.3.2020. https://www.bpb.de/shop/zeitschriften/apuz/305893/natur-als-rechtssubjekt/ (Zugriff: 27.3.2023).

KKH (2019): Wenn Arbeit die Psyche verbrennt. Pressemeldung der Kaufmännischen Krankenkasse (KKH) 2.7.2019. Hannover: KKH. https://www.kkh.de/presse/pressemeldungen/wenn-arbeit-die-psyche-verbrennt (Zugriff: 27.3.2023).

Kodalle, Klaus M.; Rosa, Harmut (Hrsg.) (2008): Rasender Stillstand: Beschleunigung des Wirklichkeitswandels: Konsequenzen und Grenzen. Würzburg: K & N.

Koenen, Jens (2021): Aufschwung nach dem Corona-Tief: So wollen die Airlines durchstarten. In: Handelsblatt 2.1.2021. https://www.handelsblatt.com/unternehmen/handel-konsumgueter/luftfahrt-2021-aufschwung-nach-dem-corona-tief-so-wollen-die-airlines-durchstarten/26718230.html (Zugriff: 27.3.2023).

Kohnert, Nicole; Schwarte, Georg (2022): Erst Geschäft, dann Menschenrechte. In: tagesschau.de 24.9.2022. https://www.tagesschau.de/inland/scholz-golfstaaten-energie-101.html (Zugriff: 27.3.2023).

Kopp, Thomas; Brand, Ulrich; Muraca, Barbara; Wissen, Markus (2017): Auf Kosten anderer? Wie die imperiale Lebensweise ein gutes Leben für alle verhindert. München: oekom.

Kornblum, John C.; Kronzucker, Dietcr (2009): Mission Amerika. Weltmacht am Wendepunkt. München: Redline.

Korzybski, Alfred (2005): Science and Sanity. New York: Institute for General Semantics.

Krüger, Lydia (2006): Ökonomische Krise. In: Hamm 2006, S. 87–111.

Latouche, Serge (1994): Die Verwestlichung der Welt. Frankfurt/Main: dipa.

Latour, Bruno (2010): Das Parlament der Dinge. Frankfurt/Main: Suhrkamp.

Latour, Bruno (2014): Agency at the Time of the Anthropocene. In: NewLiterary History, Vol. 45/1 (2014), S. 1–18.

Laufer, Nora (2017): Umweltbewusstsein steigt mit dem Bildungsgrad. In: Der Standard 27.7.2017. https://www.derstandard.at/story/2000061902863/umweltbewusstsein-steigt-mit-dem-bildungsgrad (Zugriff: 27.3.2023).

Leggewie, Claus (2001): Demokratie. Netzbürger ohne Lobby. In: Die Zeit 15.2.2001. https://www.zeit.de/2001/08/Netzbuerger_ohne_Lobby (Zugriff: 22.4.2023).

Leggewie, Claus; Welzer, Harald (2009): Das Ende der Welt, wie wir sie kannten. Frankfurt/Main: S. Fischer.

Lemmenmeier, Anna (2023): Kein Bargeld, kein Benzin, kein Strom in Nigeria. In: SRF 5.2.2023. https://www.srf.ch/news/international/infrastruktur-unter-druck-kein-bargeld-kein-benzin-kein-strom-in-nigeria (Zugang: 7.2.2023).

Lenton, Timothy M.; Rockström, Johan; Gaffney, Owen; Rahmstorf, Stefan (2019): Climate tipping points — too risky to bet against. In: Nature, Vol. 575, 28.11.2019. S. 592–595. https://www.nature.com/articles/d41586-019-03595-0 (Zugriff: 27.3.2023).

Lessenich, Stephan (2017): Neben uns die Sintflut. Die Externalisierungsgesellschaft und ihr Preis. München: Carl Hanser.

Levi, Primo (1947): Ist das ein Mensch? Torino: Einaudi.

Ley, Stephen (2019): Grönlands Eis schmilzt viermal schneller als erwartet. In: National Geografic 23.1.2019. https://www.nationalgeographic.de/umwelt/2019/01/groenlands-eis-schmilzt-viermal-schneller-als-erwartet (Zugriff: 27.3.2023).

Lippert, Barbara; Perthes, Volker (Hrsg.) (2020): Strategische Rivalität zwischen USA und China. SWP-Studie 2020/S 01. Berlin: Stiftung Wissenschaft und Politik.

LobbyControl/CEO (2012): Das EU-Viertel. Köln: LobbyControl e. V.

Löhr, Dirk; Harrison, Fred (2017): Das Ende der Rentenökonomie. Marburg: Metropolis.

Luhmann, Niklas (2004): Ökologische Kommunikation. Wiesbaden: VS Verlag für Sozialwissenschaften.

Magnaghi, Alberto (2000): Il progetto locale. Torino: Bollati Boringhieri.

Malthus, Thomas Robert (1798): An Essay on the Principle of Population and other Writings. London: J. Johnson.

Maroldt, Lorenz (2018): So unfassbar schnell steigen die Mieten in Berlin. Tagesspiegel 13.12.2018. https://www.tagesspiegel.de/berlin/bezirke/neue-statistik-so-unfassbar-schnell-steigen-die-mieten-in-berlin/23754710.html (Zugriff: 27.3.2023)

Marx, Karl; Engels, Friedrich (1972): Manifest der Kommunistischen Partei (1848). In: Ders., Werke. Bd. 4. Berlin: Dietz. S. 459–493.

Mausfeld, Rainer (2019): Angst und Macht. Frankfurt/Main: Westend.

Meadows, Dennis (1972): Die Grenzen des Wachstums. 1. Bericht des Club of Rome zur Lage der Menschheit. München: Deutsche Verlags-Anstalt.

Merkel, Wolfgang (2020): Demokratiekrisen. In: Bösch et al. 2020. S. 111–133.

Merton, Robert K. (1949): Social Theory and Social Structure. Glencoe: Free Press.

Meyer, Thomas (2009): Die Kultur der Demokratie. In: Ders., Was ist Demokratie? Wiesbaden: Springer VS, 2009. S. 122–133.
Mika, Bascha (2022): Ukraine-Krieg: Trotz Russlands Aggression am Frieden arbeiten. In: Frankfurter Rundschau 14.4.2022. https://www.fr.de/meinung/kommentare/am-frieden-arbeiten-91478187.html (Zugriff: 21.3.2023).
Mitchell, Richard E. (1990): Patricians and Plebeians. Ithaka: Cornell University Press.
Morris, Desmond (1967): Der nackte Affe. München: Droemer Knaur.
Motesharrei, Safa; Rivas, Jorge; Kalnay, Eugenia (2014): Human and nature dynamics (HANDY): Modeling inequality and use of resources in the collapse or sustainability of societies. Ecological Economics 101 5/2014. S. 90–102.
Nachtwey, Oliver (2016a): „Lauter kleine Narzissten, auf Wettbewerb getrimmt". In: Spiegel-Online, Interview von Eva Töne, 14.8.2016. https://www.spiegel.de/kultur/gesellschaft/kapitalismuskritik-was-macht-die-angst-vorm-abstieg-mit-uns-a-1106577.html (Zugriff: 27.3.2023).
Nachtwey, Oliver (2016b): Die Abstiegsgesellschaft. Berlin: Suhrkamp.
Neate, Rupert (2023): Virgin Galactic completes first commercial flight into space. In: The Guardian 29.6.2023. https://www.theguardian.com/science/2023/jun/29/virgin-galactic-rocket-plane-commercial-space-flight (Zugriff: 21.11.2023).
Nerfin, Marc (1986): Né principe né mercante: cittadino – Una introduzione al Terzo Sistema. In: Tarozzi 1990, S. 135–155.
Niedermayer, Oskar (2017): Parteimitglieder in Deutschland. Arbeitshefte aus dem Otto-Stammer-Zentrum, Nr. 27. Berlin: Freie Universität Berlin.
OECD (2013): Crisis squeezes Income and puts Pressure on Inequality and Poverty. Paris: OECD. https://www.oecd.org/els/soc/OECD2013-Inequality-and-Poverty-8p.pdf (Zugriff: 27.3.2023).
Ogan, Bernd; Weiß, Wolfgang W. (Hrsg.) (1992): Faszination und Gewalt. Nürnberg: Pädagogisches Institut der Stadt Nürnberg.
Opielka, Michael (2017): Soziale Nachhaltigkeit. München: oekom.
Ostrom, Elinor (1999): Die Verfassung der Allmende. Tübingen: Mohr Siebeck.
Ötsch, Walter Otto; Pühringer, Stephan; Hirte, Katrin (2018): Netzwerke des Marktes. Wiesbaden: Springer VS.
Oxfam (2017a): Ein Wirtschaftssystem für alle. Auswege aus der Ungleichheitskrise. Berlin: Oxfam Deutschland e. V. https://www.oxfam.de/system/

files/20170116-oxfam-factsheet-wirtschaftssystem-fuer-alle.pdf (Zugriff: 11.8.2023).

Oxfam (2017b): Diese 35 Länder gehören auf die geplante EU-Steueroasenliste. Berlin: Oxfam Deutschland e. V. https://www.oxfam.de/presse/pressemitteilungen/2017-11-28-diese-35-laender-gehoeren-geplante-eu-steueroasenliste (Zugriff: 1.2.2023).

Oxfam (2021): Das Ungleichheitsvirus. Berlin: Oxfam Deutschland. https://www.oxfam.de/system/files/documents/oxfam_factsheet_ungleichheits-virus_deutsch.pdf (Zugriff: 27. 3. 2023).

Oxfam International (2023): Climate Equality: A Planet for the 99%. Oxford: Oxfam International. https://policy-practice.oxfam.org/resources/climate-equality-a-planet-for-the-99-621551/ (Zugriff: 23.11.2023).

Paech, Niko (2012): Befreiung vom Überfluss. München: oekom.

Peck, Raoul (2021): Rottet die Bestien aus! Vierteilige Dokumentarreihe von ARTE France.

Piketty, Thomas (2014): Das Kapital im 21. Jahrhundert. München: C.H. Beck.

Plöger, Sven (2020): Zieht euch warm an, es wird heiss! Frankfurt/Main: Westend.

Polanyi, Karl (1978): The Great Transformation. Frankfurt/Main: Suhrkamp.

Postman, Neil (1989): Wir amüsieren uns zu Tode. Frankfurt/Main: S. Fischer.

Pötter, Bernhard (2010): Ausweg Öko-Diktatur? Wie unsere Demokratie an der Umweltkrise scheitert. München: oekom.

Prengel, Haiko (2022): Gebrauchtwagen-Exporte. Ab nach Afrika. In: sueddeutsche.de 8.3.2021. https://www.sueddeutsche.de/auto/gebraucht-wagen-export-umweltprobleme-umweltschutz-1.5216523 (Zugriff: 27.3.2023).

Quindeau, Ilka (2005): Freud und das Sexuelle: Neue psychoanalytische und sexualwissenschaftliche Perspektiven. Frankfurt/Main: Campus.

Radkau, Joachim (2012): Natur und Macht. München: C.H. Beck.

Rahmstorf, Stefan (2005): Die Klimaskeptiker. In: Münchener Rückversicherungs-Gesellschaft (Hrsg.), Wetterkatastrophen und Klimawandel: Sind wir noch zu retten? München: Münchener Rückversicherungs-Gesellschaft. S. 77–83.

Rifkin, Jeremy (1982): Entropie. Ein neues Weltbild. Hamburg: Hoffmann und Campe.

Rockström, Johan; Gupta, Joyeeta; Qin, Dahe et al. (2023): Safe and just Earth System Boundaries. In: Nature 31.5.2023. https://www.nature.com/articles/s41586-023-06083-8 (Zugriff: 13.6.2023).

Rotermund, Hermann (2023): Rundfunk neuerfinden. Die Zukunft öffentlich-rechtlicher Medien. Vortrag beim Seminar „Der deutsche öffentlich-rechtliche Rundfunk im Legitimierungszwang" der Konrad-Adenauer-Stiftung am 15.4.2023 in Potsdam. https://weisses-rauschen.de/hero/2023_KAS_Vortrag.pdf (Zugriff: 7.6.2023).

Rousseau, Jean-Jacques (2010): Vom Gesellschaftsvertrag oder Grundsätze des Staatsrechts. Französisch/Deutsch. Stuttgart: Reclam.

Sacchetti, Aldo (1986): L'uomo antibiologico. Milano: Feltrinelli.

Sachs, Jeffrey D. (2022): Die Ukraine ist die neueste Katastrophe amerikanischer Neocons. In: Berliner Zeitung 30.6.2022. https://www.berliner-zeitung.de/wirtschaft-verantwortung/die-ukraine-ist-die-neueste-katastrophe-amerikanischer-neocons-li.242093 (Zugriff: 27.3.2023).

Sachs, Wolfgang (1997): Sustainable Development. Zur politischen Anatomie eines internationalen Leitbilds. In: Karl-Werner Brand (Hrsg.), Nachhaltige Entwicklung. Eine Herausforderung an die Soziologie. Opladen: Leske + Budrich. S. 93–110.

Sachs, Wolfgang (1998): Dizionario dello sviluppo. Torino: Gruppo Abele.

Schäfer, Armin (2013): Die Akademikerrepublik: Kein Platz für Arbeiter und Geringgebildete im Bundestag? In: Gesellschaftsforschung, 2013/2, S. 8–13. https://pure.mpg.de/rest/items/item_1909968_5/component/file_1909966/content (Zugriff: 27.3.2023).

Schäfer, Armin (2017): Demokratische Teilhabe in Zeiten der Partikularisierung. Keynote Speech im Rahmen des NRW-Dialogforums des Forschungsinstitutes für gesellschaftliche Weiterentwicklung, 23.11.2017, Düsseldorf.

Schäfer, Ulrich (2010): Finanzkrise – 1929 und 2008. In: sueddeutsche.de 17.5.2010. https://www.sueddeutsche.de/geld/finanzkrise-1929-und-2008-1.706025 (Zugriff: 27.3.2023).

Scharpf, Fritz (1999): Regieren in Europa. Frankfurt/Main: Campus.

Schlosser, Simone (2018): Gated Communities in Deutschland. In: SWR2 27.3.2018. https://www.swr.de/swr2/wissen/gated-communities-in-deutschland-100.html (Zugriff: 8.6.2023).

Schneider, Astrid (2008): „Die Sirenen schrillen". In: Internationale Politik 1.4.2008. https://internationalepolitik.de/de/die-sirenen-schrillen (Zugriff: 27.5.2023).

Schnurr, Günther (1990): Krise. In: Gerhard Müller (Hrsg.), Theologische Realenzyklopädie. Bd. 20. Berlin: De Gruyter. S. 61–65.

Schröder, Hans-Jürgen (2014): Die USA: ein Imperium? In: Michael Gehler und Robert Rollinger (Hrsg.): Imperien und Reiche in der Weltgeschichte. Wiesbaden: Harrassowitz Verlag, 2014. S. 1209–1254.

Schulz, Bernhard (2011): Bundeskanzleramt: Die Trutzburg im Regierungsviertel. In: Tagesspiegel 2.5.2011. https://www.tagesspiegel.de/berlin/die-trutzburg-im-regierungsviertel-7025974.html (Zugriff: 1.4.2023).

Semmler, Willi (2006): US-Immobilienblase: „Alle Ballons kommen runter". In: Spiegel-Online 14.3.2006. http://www.spiegel.de/wirtschaft/0,1518,405785,00.html (Zugriff: 27.3.2023).

Shaller, Caspar (2023): Grenzkonflikte in Osteuropa: Tear down this wall! In: taz – die Tageszeitung 7.3.2023. https://taz.de/Grenzkonflikte-in-Osteuropa/!5916160/ (Zugriff: 15.3.2023).

SIPRI (2023): Trends in World Military Expediture, 2022. SIPRI Fact Sheet April 2023. Solna: Stockholm International Peace Research Institute (SIPRI). https://www.sipri.org/sites/default/files/2023-04/2304_fs_milex_2022.pdf (Zugriff: 25.4.2023).

Sommer, Bernd; Welzer, Harald (2014): Transformationsdesign. München: oekom.

Sommer, Moritz; Rucht, Dieter; Haunss, Sebastian; Zajak, Sabrina (2019): Fridays for Future. Profil, Entstehung und Perspektiven der Protestbewegung in Deutschland. Berlin: Institut für Protest- und Bewegungsforschung.

SPD; Die Grünen; FDP (2021): Mehr Fortschritt wagen. Bündnis für Freiheit, Gerechtigkeit und Nachhaltigkeit. Koalitionsvertrag 2021–2025. Berlin. https://www.spd.de/fileadmin/Dokumente/Koalitionsvertrag/Koalitionsvertrag_2021-2025.pdf (Zugriff: 18.4.2023).

SPD; Die Grünen; FDP (2023): Modernisierungspaket für Klimaschutz und Planungsbeschleunigung. Ergebnis Koalitionsausschuss 28.3.2023. https://www.spd.de/fileadmin/Dokumente/Beschluesse/20230328_Koalitionsausschuss.pdf (Zugriff: 31.3.2023).

Stadt Köln (2017): Bundestagswahl 2017. Analyse des Kölner Wahlergebnisses. Stadt Köln: Amt für Stadtentwicklung und Statistik.

Stehr, Nico (1994): Knowledge Societies. New York: Sage.

Stern, Nicolas (2006): „Der größte Fall von Marktversagen, den die Welt je gesehen hat". In: Blätter für deutsche und internationale Politik 12/2006. https://www.blaetter.de/ausgabe/2006/dezember/der-groesste-fall-von-marktversagen-den-die-welt-je-gesehen-hat (Zugriff: 27.3.2023).

Sternfeld, Eva; Waldersee, Christoph (2005): Ökonomische Chancen in der ökologischen Krise. In: Internationale Politik Heft 12/2005, S. 52–64.

Streeck, Wolfgang (2011): The Crisis of democratic Capitalism. In: New Left Review 71 (5)2011, S. 5–29.

Sztompka, Piotr (1995): Vertrauen: Die fehlende Ressource in der postkommunistischen Gesellschaft. In: Kölner Zeitschrift für Soziologie und Sozialpsychologie – Sonderheft 35. S. 37–62.

Talbott, John R. (2003): The Coming Crash in the Housing Market. New York: McGraw Hill.

Teigeler, Martin (2012): Bewachtes Wohnen in Düsseldorf. Die diskrete Sicherheit der Bourgeoisie. In: wdr.de 16.11.2012. https://www1.wdr.de/archiv/staedtebau/bewachteswohnen100.html (Zugriff: 1.4.2023).

Ternes, Doris (2008): Kommunikation – eine Schlüsselqualifikation. Paderborn: Jufermann.

Tiezzi, Enzo; Marchettini, Nadia (2006): Conservazione della biodiversità e sviluppo. Guido Turus e Andrea Altobrando (Hrsg.), Biodifferenze. Padova: Esedra. https://settimoobiettivo.files.wordpress.com/2008/11/71articolo-tiezzi_biodifferenze.pdf (Zugriff: 27.5.2023).

Tödtmann, Claudia (2018): Vorstandsgehälter – 5,8 Millionen Euro für einen Dax-Chef – im Schnitt. In: WirtschaftsWoche 12.7.2018. https://www.wiwo.de/erfolg/management/vorstandsgehaelter-5-8-millionen-euro-fuer-einen-dax-chef-im-schnitt/22793772.html (Zugriff: 27.3.2023).

Tooze, Adam (2022): Kawumm! In: Zeit Online 15.7.2022. https://www.zeit.de/2022/29/krisenzeiten-krieg-ukraine-oel-polykrise (Zugriff: 25.4.2023).

Torrini, Emilio (2014): Heroin & Italy's 'Disappeared' Generation. In: Talking Drugs 18.8.2014. https://www.talkingdrugs.org/heroin-italy-disappeared-generation-1970 (Zugriff: 27.3.2023).

Traxler, Tanja (2020): Die ungewissen Klimafolgen der Pandemie. In: Der Standard 6.5.2020. https://www.derstandard.de/story/2000117298838/die-ungewissen-klimafolgen-der-pandemie (Zugriff: 27.3.2023).

Treibel, Annette (2000): Einführung in soziologische Theorien der Gegenwart. Opladen: Leske + Budrich.

UBA (2008): Kipp-Punkte im Klimasystem. Dessau: Umweltbundesamt (UBA).

UBA (2016a): Strukturvielfalt der Wälder. In: umweltbundesamt.de 11.3.2016. https://www.umweltbundesamt.de/daten/land-forstwirtschaft/strukturvielfalt-der-waelder#mischbestande-fordern-die-waldfunktionen-und-streuen-das-risiko (Zugriff: 27.3.2023).

UBA (2016b): Wer mehr verdient, lebt meist umweltschädlicher. In: umweltbundesamt.de 4.8.2016. https://www.umweltbundesamt.de/presse/pressemitteilungen/wer-mehr-verdient-lebt-meist-umweltschaedlicher (Zugriff: 27.3.2023).

Uexküll, Jakob von (1909): Umwelt und Innenwelt der Tiere. Berlin: J. Springer.

UN (2022): World Population Prospects 2022. New York: United Nations. https://www.un.org/development/desa/pd/sites/www.un.org.development.desa.pd/files/wpp2022_summary_of_results.pdf (Zugriff: 27.3.2023).

UN Bonn (2020): Der „Ära der Pandemien" entgehen. Veröffentlicht am 30.10.2020. Bonn: Gemeinsame Informationstelle UN Bonn. https://www.unbonn.org/de/news/der-aera-der-pandemien-entgehen-ipbes-pandemicsreport-jetzt-verfuegbar (Zugriff: 27.3.2023).

UN data (2019): GINI Index (World Bank estimate). New York: UNO. http://data.un.org/Data.aspx?d=WDI&f=Indicator_Code%3ASI.POV.GINI (Zugriff: 27.3.2023).

Umweltbundesamt (2023): Monitoringbericht 2023 zur Deutschen Anpassungsstrategiean den Klimawandel. Dessau: Umweltbundesamt. https://www.umweltbundesamt.de/sites/default/files/medien/479/publikationen/das-monitoringbericht_2023_bf.pdf (Zugriff: 1.12.2023).

Vallet, Élizabeth (2021): State of Border Walls in a Globalized World. In: Andreanne Bisonette, Élizabeth Vallet (Hrsg.), Borders and Border Walls. New York: Taylor and Francis.

Voswinkel, Johannes (2008): Was hat Bush mit der Nato vor? In: Zeit Online 1.4.2008. https://www.zeit.de/online/2008/14/bush-nato-gipfel-ukraine (Zugriff: 4.3.2023).

WBGU (2011): Welt im Wandel. Gesellschaftsvertrag für eine Große Transformation. Berlin: Beirats der Bundesregierung Globale Umweltveränderungen (WBGU).

WBGU (2016): Der Umzug der Menschheit. Die transformative Kraft der Städte. Berlin: Wissenschaftlicher Beirat der Bundesregierung Globale Umweltveränderungen (WBGU).

Weber, Max (1985): Wirtschaft und Gesellschaft – Grundriss der verstehenden Soziologie. Tübingen: J. C. B. Mohr.

Wehling, Elisabeth (2019): Politisches Framing. Berlin: Ullstein.

Weichert, Stephan; Kramp, Leif; Jakobs, Hans-Jürgen (2010): Wozu noch Journalismus? Wie das Internet einen Beruf verändert. Göttingen: Vandenhoeck & Ruprecht.

Weiß, Hans-Jürgen; Maurer, Torsten; Beier, Anne (2020): ARD/ZDF-Programmanalyse 2019: Kontinuität und Wandel. In: Media Perspektiven 5/2020. S. 226–244.
Welsch, Wolfgang (2003): Ästhetisches Denken. Stuttgart: Reklam.
Welthungerhilfe (2022): Hunger: Verbreitung, Ursachen & Folgen. Bonn: Deutsche Welthungerhilfe e. V. https://www.welthungerhilfe.de/hunger/ (Zugriff: 17.3.2023).
Welzer, Harald (2015): Selbst denken. Eine Anleitung zum Widerstand. Frankfurt/Main: S. Fischer.
Welzer, Harald (2022): Nirgends hört man: Moment mal? In: stern.de 16.3.2022. https://www.stern.de/plus/gesellschaft/ukraine-krieg---harald-welzer---nirgends-hoert-man--moment-mal---31701534.html (Zugriff: 27.3.2023).
Wilutzky, Dirk (2010): Was tun? Antworten von Dennis L. Meadows. Produktion Herbstfilm & Arte, Deutschland. https://www.youtube.com/watch?v=fzUGOm68Kf0 (Zugriff: 27.3.2023)
WWF (2012): Tonnen für die Tonne. Ernährung, Nahrungsmittelverluste, Flächenverbrauch. Berlin: WWF Deutschland. https://www.wwf.de/fileadmin/fm-wwf/Publikationen-PDF/studie_tonnen_fuer_die_tonne.pdf (Zugriff: 27.3.2023).
ZDF (2021): Ein Jahr Corona-Wirtschaftspaket. Altmaier und Scholz: Konjunkturhilfen richtig. In: zdf.de 3.6.2021.
ZDF heute (2021): Wie der Klimawandel Deutschland verändert. In: ZDF heute 14.6.2021.
Zinke, Olaf (2022): Lebensmittel-Preise gehen durch die Decke: Was hat das für Folgen? In: agrarheute.com 11.5.2022. https://www.agrarheute.com/markt/marktfruechte/lebensmittelpreise-gehen-decke-hat-fuer-folgen-593521 (Zugriff: 27.3.2023).
Ziv, Ilan (2014): Karl Polanyi, Wirtschaft als Teil des menschlichen Kulturschaffens. Dokumentarfilm aus der Reihe „Der Kapitalismus" 6/6, Arte France 2014.
Zukunftsstiftung Landwirtschaft (Hrsg.) (2019): Landgrabbing. Im Weltagrarbericht. Berlin: Zukunftsstiftung Landwirtschaft. https://www.weltagrarbericht.de/themen-des-weltagrarberichts/landgrabbing.html (Zugriff: 17.4.2023).
Zukunftsstiftung Landwirtschaft (Hrsg.) (2020): Saatgut und Patente auf Leben. In: Weltagrarbericht. Berlin: Zukunftsstiftung Landwirtschaft. https://www.weltagrarbericht.de/themen-des-weltagrarberichts/saatgut-und-patente-auf-leben.html (Zugriff: 27.3.2023).

4

Kulturpolitik der Krise

Die Krise der Gesellschaft ist auch eine Krise ihrer Kulturpolitik. Bisher war diese in der Systemlogik gefangen, deshalb unfähig, der Umweltlogik gerecht zu werden. Trotzdem werden gesellschaftliche Krisen in der Kulturpolitik aufgegriffen, vor allem dann, wenn sie sich auf den eigenen Kompetenzbereich auswirken. Die Corona-Krise, die Klimakrise und der Ukraine-Krieg dienen hierfür als Fallbeispiele. Die Kulturpolitik hat die dominante Entwicklung an der einen oder anderen Stelle korrigieren können, gleichzeitig reproduziert sie jedoch einen nicht-nachhaltigen Habitus.

4.1 Kulturpolitik und Systemlogik

Die Neue Kulturpolitik will „Gesellschaftspolitik" sein, dafür plädiert die Kulturpolitische Gesellschaft (2006). Und doch herrscht ein paradoxes Missverhältnis zwischen der gesellschaftlichen Relevanz von Kultur und dem tatsächlichen Stellenwert der Kulturpolitik. Seit Hilmar Hoffmanns Werk von 1979 fordert die Kulturpolitik eine „Kultur für alle".

Die Originalversion des Kapitels wurde revidiert. Ein Erratum ist verfügbar unter
https://doi.org/10.1007/978-3-658-42317-9_9

Genauso versteht sie sich als Advokatin der Kunstfreiheit. Wird die Kulturpolitik ihren Versprechen gerecht?

4.1.1 Die Ohnmacht der Kulturpolitik

Der größte Feind einer „alternativlosen" Politik ist der Widerspruch. Um ihn zu unterdrücken, zu verschleiern oder abzuwerten sind die westlichen Demokratien unter anderem auf Soft-Power-Strategien angewiesen (Nye 2004), in denen Kultur und Medien eine zentrale Rolle spielen. Dass eine Gesellschaft am nicht-nachhaltigen Entwicklungspfad festhält, obwohl er in eine Sackgasse führt, erklärt sich vor allem durch die Macht der Kultur. Merkwürdigerweise zählen jedoch ausgerechnet Kultusministerien und Kulturämter zu den schwächsten öffentlichen Institutionen überhaupt: Ein Paradox, das die Kulturpolitik mit der Umweltpolitik teilt.[1] Was sind die möglichen Gründe für das Missverhältnis? Zwei Thesen dazu:

Erstens. In der Modernisierung werden gerade die Kräfte verschleiert, von denen die gesellschaftliche Entwicklung am meisten geprägt wird: Nicht nur die Macht- und Herrschaftsstrukturen, sondern auch die Kultur und die Umwelt. Wer Kulturpolitik und Umweltpolitik formell betreibt, wird auf kleine Nebenschauplätze verwiesen, während das große Spiel mit Kultur und Umwelt in den anderen Ressorts (Wirtschaft, Verkehr, Verteidigung, Stadtentwicklung usw.) stattfindet.

Zweitens. Eine Kulturpolitik als Verwaltung eines gesellschaftlichen Bereichs lässt sich leicht funktionalisieren. So kann Kunst dem Standortwettbewerb und dem Stadtmarketing dienen. Die Kulturpolitik ist zum Instrument der Modernisierung geworden, entsprechend selten findet hier eine Kritik der „Alternativlosigkeit" statt. Auch in der Kulturpolitik wird eine bestimmte gesellschaftliche Entwicklung (Marktwirtschaft, Globalisierung, Digitalisierung usw.) als eine Art Schicksal hingenommen.

---

[1] Während die öffentlichen Haushalte im Jahr 2020 lediglich 1,89 % ihres Gesamtetats für Kultur zur Verfügung stellten (Statistische Ämter des Bundes und der Länder 2022, S. 19), gehören die Umweltausgaben in den grafischen Darstellungen des Bundeshaushaltes zu den irrelevanten Posten, die meistens am Ende der Liste unter „Sonstige" zusammengefasst werden (s. Grafik „Bundeshaushalt 2021" auf der Website der Bundesregierung. https://www.bundesregierung.de/breg-de/service/archiv/bundestag-bundeshaushalt-2021–1825670, Zugriff: 22.4.2023).

Bisher war die Kulturpolitik somit nicht immer der Raum, in dem die eigentliche Macht der Kultur bewusst reflektiert und gestaltet wird.

4.1.2 Die Modernisierung als Kulturpolitik

In der Modernisierung wird Kultur als *Funktion* in der sozialen Ordnung aufgefasst (Abschn. 2.4.2.3). Genau daran orientiert sich unter anderem der „Kulturfinanzbericht 2022", der mit folgendem Zitat des US-amerikanischen Philosophen William James Durant beginnt: „Kultur ist soziale Ordnung [...]. Sie beginnt, wo Chaos und Unsicherheit enden". Darauf beziehen sich die Herausgeber, wenn sie betonen, dass Kultur notwendig sei, „um ein *funktionsfähiges* Gemeinschaftsleben zu organisieren. Daraus kann grundsätzlich die Förderung von Kunst und Kultur als eine der Kernaufgaben staatlichen und kommunalen Handelns abgeleitet werden" (Statistische Ämter des Bundes und der Länder 2022, S. 13; kursiv vom Autor). In der Modernisierung ist gut, was funktioniert. Ob dies gleichzeitig auch nachhaltig ist und glücklich macht, diese Frage wird auch in der Kulturpolitik nicht immer gestellt.

Ebenso im Sinne der Modernisierung ist die Reproduktion von Asymmetrien, die einer engen Auffassung von Kultur innewohnt. Während aus der Perspektive des erweiterten, anthropologischen Kulturbegriffs jeder Mensch über ein Wissen und eine Kultur verfügt, dominiert in Deutschland der enge Kulturbegriff, der zwischen Kulturexperten und „Kulturanalphabeten" sowie zwischen Kulturschaffenden und Kulturkonsumenten unterscheidet (Klein 2009, S. 33). Der erweiterte Kulturbegriff ist „den meisten Deutschen nur schwer zu vermitteln, weil sie daran gewohnt sind, unter Kultur das Reich der höheren Werte und Tätigkeiten zu verstehen, im Kern das zeitlos Gute, Wahre und Schöne" (Mühlberg 2001, S. 31). So drückt der enge Kulturbegriff den exklusiven Status der Hochkultur aus, der auch als Abgrenzung der Elite zur Masse dient (Elias 1990, S. 27).

Als Kulturstadtrat der Stadt Frankfurt setzte sich Hilmar Hoffmann 1979 für eine „Kultur für alle" ein: „Jeder Bürger muss grundsätzlich in die Lage versetzt werden, Angebote in allen Sparten und mit allen Spezialisierungsgraden wahrzunehmen, und zwar mit zeitlichem Aufwand und einer finanziellen Beteiligung, die so bemessen sein muß, daß keine einkommensspezifischen Schranken" gelten (Hoffmann 1981, S. 29). Der Fokus des Plädoyers lag auf dem Bürger als Kulturkonsumenten, sonst hätte das Buch „Kultur von allen" heißen müssen. Etwa 25 Jahre nach Hoffmanns Werk schrieb Birgit Mandel, Professorin für Kulturvermittlung und Kulturmanagement an der Universität Hildesheim:

> „Der Zugang zu Kunst und Kultur ist in Deutschland nach wie vor und immer mehr das Privileg einer Bildungselite. Einerseits beobachten wir eine zunehmende Ästhetisierung des Alltags ebenso wie eine Popularisierung bestimmter Event-Kulturbereiche: Warenkonsum, Erlebniskonsum und Kulturkonsum lassen sich kaum mehr voneinander trennen. Kultur scheint allgegenwärtig. Andererseits beteiligt sich ein Großteil der Bevölkerung nicht am öffentlich geförderten Kulturleben. Gerade einmal zehn Prozent der Bevölkerung, und zwar fast ausschließlich diejenigen mit hoher Bildung, gehören zu den Stammnutzern der (Hoch-)Kulturangebote. Ihren eigenen Angaben zufolge haben sich nur 19 Prozent der Bevölkerung schon einmal selbst außerhalb der Schule künstlerisch kreativ betätigt" (Mandel 2005, S. 181).

So wie es Gymnasien und Hauptschulen gibt, so hat sich in der Kunst neben dem elitären Angebot ein kommerzielleres Angebot entwickelt, das sich am Geschmack der Massen orientiert. Für Mandel ist das Schlagwort „Kultur für alle" deshalb kaum noch hilfreich, „denn es könnte suggerieren, dass es damit um die Aufrechterhaltung der kulturellen Hegemonie einer Kulturelite geht" (ebd., S. 184). Die Statusorientierung ist im Habitus der deutschsprachigen Kunst- und Kulturlandschaft immer noch stark verankert. Die Kehrseite der Statusorientierung ist eine latente Assimilierung nach innen und eine latente Exklusion nach außen.

4.1.2.1 Assimilation nach innen

Im deutschen Alltag findet die Diskriminierung weniger durch die hörbaren Slogans von Pegida und AfD statt. Wenn Professoren in den Universitäten zum großen Teil weiße Männer sind und selten aus den unteren Schichten kommen, dann findet die Selektion vor allem durch die Strukturen und die Prozeduren statt: Darin wirken die sozialen und die mentalen Hierarchien – und dies selten bewusst. Selbstverständlich steht der Weg in die Rathäuser, in den Bundestag oder in die Vorstände für Frauen, Migranten und Arbeiter immer offen, doch leiden diese Institutionen letztlich an einer strukturellen Homogenität, die an sich Betriebsblindheit fördert. Jede Elite wählt ihren Nachwuchs nach den gleichen Prinzipien aus, von denen sie profitiert hat. Weil Kinder aus den unteren Schichten schon früh ausselektiert werden (zum Beispiel über Haupt- und Förderschulen), erscheinen sie selten bei Vorstellungsgesprächen. Meistens haben Arbeiter und Migranten die soziale Ungleichheit verinnerlicht, sodass sie sich keine Kandidatur gegen Menschen zutrauen, die die Sprache viel besser beherrschen und einen höheren Status ausstrahlen. Wenn Frauen und Migranten doch eine Karriere in der Politik oder in den Redaktionen anstreben, dann haben sie oft einen Prozess der Assimilierung hinter sich. Jene Eigenschaften, die vom System besonders gefördert werden, haben sie sich zu eigen gemacht. Dadurch unterdrücken die Menschen selbst ihre eigene Andersartigkeit.

Selbst unter Kulturschaffenden und Kulturvermittelnden gibt es eine Elite und eine Masse, „Profis" und „Amateure". Der Status bestimmt, zu wem man sich gerne gesellt und von wem man sich lieber abgrenzt (Brocchi 2019, S. 31). Da der Status schnell zum Selbstzweck werden kann, ist das Auswahlkriterium nicht unbedingt die Qualität der Arbeit. Eher bestimmt die hierarchische Position oder die Prominenz des Kunstschaffenden den Wert des Schaffens als umgekehrt. Gerade deshalb haben es junge Künstler*innen oder Quereinsteigende oft schwer, egal wie gut ihr Werk ist.

4.1.2.2 Exklusion nach außen

Systeme, die nach innen Status organisieren, wirken selektiv nach außen. So kann auch die Kunst einen elitären Habitus tragen, zum Beispiel in den Galerien und in den Opern. Von Einladungen zur „Kunstausstellung" fühlen sich Menschen aus dem Arbeitermilieu selten angesprochen, weil sie sich nicht zum entsprechenden Publikum zählen.

Die Gegenwartskunst ist Ausdruck der Hochkultur: Die Abgrenzung zur Masse korrespondiert mit der Abgrenzung zu nicht-westlichen Kulturen. Für den Künstler, Kurator und Kunsttheoretiker Peter Weibel ist Gegenwartskunst daher eine „verdeckte Strategie der Kolonisierung" (Weibel 2001, S. 103):

> „Kolonialisierung bedeutet territoriale, ökonomische, politische und kulturelle Unterwerfung, Aneignung, Ausbeutung anderer Länder und Völker, um die eigene Hegemonie und die Herrschaft des Eigenen weltweit durchzusetzen" (ebd., S. 106).

Das Separationsdenken der Modernisierung spiegelt sich auch im „Mythos von der Neutralität des Galerie- oder Museumsraumes" bzw. in der „wechselseitige[n] Abkoppelung des Kognitiven und Politischen vom Ästhetischen" wider (ebd., S. 103). Dafür steht das Ausstellungskonzept des „Weißen Würfels/White Cube": In weißen Räumen werden in der Regel Kunstwerke von 37-jährigen, katholischen, weißen Männern präsentiert. „Analog dazu steht die ‚Black Box' für das Theater" (Jerman 2001, S. 12). Selbst Künstler*innen aus Afrika bieten nicht unbedingt eine andere Kunst, wenn sie sich in westlich geprägten Kunstakademien ausgebildet haben. „Weltkunst" ist „Westkunst", aber „Westkunst" ist trotzdem vor allem „weiße Kunst" (Weibel 2001, S. 106). Man kann sich assimilieren, aber nicht die eigene Hautfarbe ändern. In der Klassik-Szene sind weibliche Dirigenten selten, ein schwarzer Chefdirigent jedoch kaum vorstellbar.[2] Für Peter Weibel ist „die Idee der ‚Weltkunst' ein Kind der westlichen Zivilisation, geboren in der ideologischen Absicht, jede künstlerische Äußerung, die sich nicht dem westlichen Kanon anpasst, zu unterdrücken und auszuschließen. Daher sind unsere ‚Kunstmuseen' voll mit westlichen Kunstprodukten und für die Kunst anderer Zivilisationen haben wir sogenannte ‚Häuser der Kulturen' gebaut. In dieser Trennung kommt symptomatisch der kulturelle euro-

---

[2] Dirigent Jonathon Heyward im Interview: „Corona und Black Lives Matter lassen uns mehr nachdenken". In: BR-Klassik 22.11.2022. https://www.br-klassik.de/aktuell/news-kritik/jonathon-heyward-dirigent-interview-diversitaet-inklusion-zukunft-orchester-100.html (Zugriff: 13.4.2023).

zentrische Exklusionsmechanismus zum Ausdruck. Die Trennung in ‚Kunstmuseum' und ‚Völkerkundemuseum' markiert genau die Grenzlinie von Inklusion und Exklusion" (ebd.).

4.1.2.3 Fallbeispiel 1: Kunstprojekt „2–3 Straßen/Ruhr.2010"

Für den US-Ökonomen Richard Florida bildet heute nicht mehr die Dienstleistungs- und Massenkonsumgesellschaft das höchste Stadium der menschlichen Entwicklung, sondern die kreative Gesellschaft. Um eine neue Entwicklungsdynamik in den Peripherien zu fördern, sollten also keine Einkaufszentren gebaut, sondern die „Creative Class" und ihr Einzug unterstützt werden (Florida 2002, 2005). An diesem Ansatz orientierte sich der Konzeptkünstler Jochen Gerz[3] mit seinem Kunstprojekt „2–3 Straßen",[4] einem der größten im Rahmen der Europäischen Kulturhauptstadt Ruhr.2010. Damit wollte Gerz zeigen, dass sich Stadtentwicklung in benachteiligten Quartieren durch künstlerische, immaterielle und unsichtbare Eingriffe fördern lässt. Im Auftrag des Instituts für Kunstgeschichte der Universität Düsseldorf wurde das Vorhaben vom Verfasser ein Jahr lang sozialwissenschaftlich begleitet (Brocchi und Eisele 2011). Hier wird Gerz' Kunstprojekt stellvertretend für kulturpolitische Strategien der Modernisierung vorgestellt.

Mit „2–3 Straßen" wurden drei Straßen in jeweils einem benachteiligten Viertel in Duisburg, Mülheim an der Ruhr und Dortmund bespielt. Diese bildeten einerseits den Raum für eine Kunstausstellung der besonderen Art, die am 1. Januar 2010 mit einer Vernissage begann und am 31. Dezember 2010 mit einer Finissage endete. Andererseits waren die drei Straßen das Objekt der Kunstausstellung. An ihnen änderte der Künstler nichts. Die Besucher*innen bekamen lediglich den Alltag einer urbanen Peripherie zu sehen und sollten diese mit kunstinteressiertem Blick betrachten. Außerdem lud Gerz Kreative aus der ganzen Welt ein, die leerstehenden Wohnungen in den drei Straßen zu beziehen. Aus

---

[3] Jochen Gerz: https://jochengerz.eu/ (Zugriff: 9.3.2023).
[4] Kunstprojekt „2–3 Straßen": http://www.2-3strassen.eu/ (Zugriff: 5.3.2023).

1.457 Bewerber*innen aus 30 verschiedenen Ländern wurden 78 Personen durch ein besonderes Verfahren ausgewählt. Sie durften daraufhin ein Jahr lang in einer „Ausstellung" kostenlos wohnen. „Was passiert, wenn Leute dorthin kommen, wo zunächst nichts los ist, und ein Jahr bleiben?" (Gerz zit. in ebd., S. 7) Vor allem durch diesen Eingriff wollte der Konzeptkünstler die Wirkung der „Creative Class" auf die Entwicklung urbaner Peripherien sichtbar machen.

Mit „2–3 Straßen" setzte Jochen Gerz ein ambivalentes Zeichen. Einerseits forderte er die Kunst auf, die „Kulturtempel" zu verlassen und sich mit den Lebenswelten der Menschen auseinanderzusetzen. Explizit setzte sich Gerz für eine Demokratisierung der Kunst ein: Wenn sogar eine heruntergekommene Straße in einen Ausstellungsraum umgewandelt werden kann, dann kann jeder Mensch darin ein Künstler werden. In den drei Straßen gab es keine Bewohner*innen zu sehen, sondern nur „Künstler*innen", die im Sinne Beuys' den Alltag als „Soziale Plastik" mitgestalten. Andererseits wurde im Vorfeld des Kunstprojektes ein wesentlicher Schritt versäumt. So ergaben die soziologischen Befragungen, dass die Bewohner*innen in den Straßen vorab nicht einmal gefragt worden waren, ob sie ein Jahr lang als Arbeiter*innen, Sozialhilfe-Empfänger*innen oder Menschen mit Migrationshintergrund vor der breiten Öffentlichkeit „ausgestellt" werden wollen (Grigoleit et al. 2013). Bei „2–3 Straßen" blieben sie so Objekte statt Subjekte der Kunst (Brocchi und Eisele 2011; Grigoleit et al. 2013). Ein großer Teil der Bewohnerschaft erlebte dies als Fremdbestimmung bzw. als starken Eingriff in ihre Lebenswelt: Nachdem man ihnen das ganze Leben lang ungerechte ökonomische und soziale Verhältnisse aufgedrückt hatte, wurde ihnen nun auch die Kulturpolitik vorgeschrieben.

Wenn sozialbenachteiligte Menschen als „Kulturanalphabeten" behandelt werden, dann bekommt kulturelle Bildung die Form der Missionierung. So orientierten sich damals die öffentlichen Kulturveranstaltungen in den drei Straßen an den Geschmacksvorstellungen der Hochkultur. Bildungsferne Schichten sollten im Oktober 2010 vor der eigenen Haustür Opernstücke erleben dürfen: „Duisburger Philharmoniker zu Gast in Hochfeld" (Molder 2010). Die Presse feierte das besondere Highlight in Gerz' Projekt. Dass fast keine einheimischen Bewohner*innen im Publikum zu sehen waren, fiel den

Journalist*innen nicht auf. Gegen die Fremdbestimmung und ihre Abwertung hatten die Bewohnerschaft nämlich mit einer stillen Form des Widerstandes reagiert: die Nicht-Partizipation.

Jochen Gerz hatte „2–3 Straßen" wie ein Demiurg konzipiert, der die eigene kreative Idee von oben nach unten umsetzt. Entsprechend hierarchisch war die Organisation hinter dem Projekt. Die explizite Botschaft (jene des Wortes) war „Demokratisierung". Die implizite Botschaft (jene des Habitus) war hingegen, dass die Bewohner*innen ein ideelles Konstrukt blieben und keine echte Interaktion auf Augenhöhe mit ihnen stattfand. Gegen diese hierarchische Ausführung rebellierte sogar ein Teil der einbezogenen Kreativen. In Mülheim an der Ruhr bildet sich eine „Widerstandszelle", die Gegeninformation betrieb, einen kritischen Internetblog einrichtete und „die andere Wahrheit" über „2–3 Straßen" durch Pressebeiträge bekannt machte (Brocchi und Eisele 2011, S. 98). Während der Dortmunder Teil der 78 Kreativen die Zusammenarbeit mit Gerz schätzte, waren die hohen ideellen Erwartungen beim Mülheimer Teil enttäuscht worden.

Durch die Befragung lernten die projektbegleitenden Sozialwissenschaftler*innen der Universitäten Düsseldorf und Lüneburg, dass ein Kunstprojekt auch durch die Kontrolle des Informationsflusses nach außen geformt werden kann, denn das Bild soll betrachtet werden, nicht die Realität. Gerz bestimmte, wie das Projekt in den Medien und dadurch in der Öffentlichkeit wahrgenommen werden sollte, zum Beispiel indem er seinen drei Straßenbüros die Anweisung gab, der Presse nur Interviewpartner*innen zu vermitteln, die eine positive Haltung zum Projekt und zum Konzeptkünstler hatten. Die Journalist*innen kamen so mit Kritik nicht in Berührung. Sie machten sich auch selbst keine Mühe, die Bevölkerung zu befragen, dafür war die Erzählung des Künstlers zu mitreißend und lesenswert. Die öffentlichen Institutionen, die das Projekt mit bis zu 1,5 Mio. Euro gefördert hatten, waren an einer kritischen Presse ebenso wenig interessiert (Grigoleit et al. 2013).

Was für die Modernisierung gilt, gilt also auch für die modernisierte und modernisierende Kulturpolitik: Auf den Schein wird oft mehr Wert gelegt als auf das Sein.

4.1.2.4 Fallbeispiel 2: Kulturregion und Soziokultur

In dieser Publikation werden zwei Praxisbeispiele vertieft behandelt: Im ersten Fall die regionale Kulturpolitik in der Region Oberes Mittelrheintal und das Programm „TRAFO – Modelle für Kultur im Wandel" der Kulturstiftung des Bundes; im zweiten Fall das Forschungsprojekt „Nachhaltigkeitskultur entwickeln: Praxis und Perspektiven soziokultureller Zentren" am Institut für Kulturpolitik der Universität Hildesheim. Darin wurde ein Nachhaltigkeitskodex für die Soziokultur ausgearbeitet, und zwar nach dem Vorbild des Nachhaltigkeitskodexes für Wirtschaft und Unternehmen von 2011 (Schneider et al. 2021).

Einige Gemeinsamkeiten zwischen den beiden Praxisbeispielen können als starkes Indiz für eine Kulturpolitik der Modernisierung gedeutet werden:

- In beiden kulturpolitischen Vorhaben werden die ländlichen Regionen bzw. die soziokulturellen Zentren vor allem als „Mängelwesen" betrachtet. In gewisser Weise wird ihnen eine Form von „Unterentwicklung" im Vergleich zu einem ideellen Vorbild zugeschrieben. Das TRAFO-Programm richtet sich an ländliche Regionen, die einen Rückgang der Bevölkerung registrieren, eine mangelhafte Infrastruktur haben, wirtschaftlich schlecht dastehen und nicht einmal über ein Kulturamt verfügen. In dieser defizitorientierten Bewertung machen sich die urbanen Zentren zum Maßstab der Entwicklung ländlicher Regionen. Der Mangel in der Soziokultur liegt hingegen in der Tatsache, dass „weder auf Landes- noch auf Bundesebene fundierte Handlungsansätze für eine nachhaltige Ausrichtung" vorliegen (Müller-Espey 2019, S. 9). Dabei werden die Forderungen von Institutionen wie der Rat für nachhaltige Entwicklung (RNE) sowie die Unternehmen mit ihrem Nachhaltigkeitskodex zum Maßstab für die Soziokultur gemacht.
- In beiden Fällen ist das Ziel die Aufholung eines zugeschriebenen Entwicklungsrückstandes im Vergleich zu einem ideellen Zustand. Beim TRAFO-Programm soll dies durch eine Art Entwicklungshilfe für ländliche Regionen geschehen, die von außen kommt, im Oberen

Mittelrheintal vor allem von oben. Denn Träger des TRAFO-Programms war hier der Zweckverband Welterbe Oberes Mittelrheintal: Dazu gehören zwei Landesregierungen und -parlamente (Hessen und Rheinland-Pfalz), fünf Landkreise, vier Verbandsgemeinden, 13 Städte und 35 Ortsgemeinden (Brocchi 2019, S. 123 f.). Bei der Soziokultur wird hingegen eine Art „ökologische Modernisierung" verfolgt (Brocchi 2022). Im entsprechenden Nachhaltigkeitskodex ist Nachhaltigkeit vor allem eine Managementaufgabe: Durch den Einsatz von LED-Beleuchtung können Kultureinrichtungen Strom sparen und einen Beitrag zum Klimaschutz leisten; die Gastronomie kann mit regionalen Produkten beliefert werden usw. Nachhaltigkeit ist hier die Kompetenz von „Experten", die „Laien" belehren – ganz im Sinne einer Modernisierung als Top-down-Strategie gesellschaftlicher Entwicklung.

- In beiden Beispielen hat die Ökonomie eine gewisse Zentralität. Gerade in benachteiligten ländlichen Regionen wird das Wirtschaftswachstum noch stärker verfolgt. Das führt dazu, dass auch die Kulturpolitik latent für das Wirtschaftswachstum funktionalisiert wird. So soll sich das Obere Mittelrheintal durch die Rheinromantik kulturpolitisch profilieren: Damit können Tourist*innen angezogen und der rheinische Riesling auf dem internationalen Markt vermarktet werden. Die lokale Bevölkerung kann sich aber mit der Rheinromantik kaum identifizieren. Das andere Phänomen ist Kultur als Unterhaltung für die Masse, denn diese rentiert sich ökonomisch am besten. Im Fall der Soziokultur wird die „finanzielle Nachhaltigkeit" der Kulturbetriebe stark unterstrichen: Eine lebendige Soziokultur benötigt eine stabile und starke öffentliche Förderung (Müller-Espey 2019).

In der Modernisierung wird Transformation als Fortschritt, Innovation, Optimierung und/oder Reparatur begriffen. In dieser Form wird die Transformation von Subjekten konzipiert und den Objekten vorgeschrieben. Sie stellt keine Umwälzung der herrschenden Verhältnisse dar, sondern eher deren Reproduktion. Entsprechend wirkt die Kulturpolitik, die sich an der Modernisierung orientiert. Ihr deklariertes Ziel ist eine Lösung der Probleme: einerseits die schwache Kulturinfrastruktur in ländlichen Regionen, andererseits die mangelnde Nachhaltigkeit von soziokulturellen Zentren. Im tatsächlichen Verfahren wird jedoch gelegentlich dasselbe „Kulturprogramm" geltend gemacht, das die genannten Probleme verursacht. Die Modernisierung legitimiert sich durch die Erzählung, dass jede „Unterentwicklung" selbstverursacht sei. Tatsächlich behandelt sie meistens Missstände, die sie selbst mitverursacht. So leiden an der Durchökonomisierung der Gesellschaft sowohl die ländlichen Regionen als auch die soziokulturellen Einrichtungen. Eine Entwicklungspolitik wird auch für die Zentren benötigt, nicht nur für die Peripherien.

4.1.3 Die separierende Kulturpolitik

Eine weitere bezeichnende Gemeinsamkeit zwischen den zwei genannten Praxisbeispielen stellt die Separation von Kultur und Natur dar. Selbst wenn es im TRAFO-Programm um ländliche Regionen geht, finden darin Begriffe wie „Natur" oder „Umwelt" keinen Platz (vgl. Kulturstiftung des Bundes 2018). Auch die Soziokultur wird vor allem als urbanes Phänomen thematisiert. 2007 definierte selbst die Enquete-Kommission „Kultur in Deutschland" des Deutschen Bundestages die Kultur in Abgrenzung zur Natur:

> „Kultur wird vielfach der vom Menschen nicht hervorgebrachten Natur gegenübergestellt und umfasst dann die Gesamtheit der menschlichen Hervorbringungen und Artikulationen, also seiner historischen, individuellen und gemeinschaftlichen, praktischen, ästhetischen und theoretischen sowie mythischen und religiösen Äußerungen'" (Deutscher Bundestag 2008, S. 57).

Ein Separationsdenken herrscht latent auch in dem Verhältnis Kultur und Gesellschaft. „Der deutsche Begriff ‚Kultur' bezieht sich im Kern auf geistige, künstlerische, religiöse Fakten, und er hat eine starke Tendenz, zwischen Fakten dieser Art auf der einen Seite und den politischen, den wirtschaftlichen und gesellschaftlichen Fakten auf der anderen, eine starke Scheidung zu ziehen", schrieb Norbert Elias (1990,

S. 2 f.). Wenn moderne Politik „Bürokratie" ist (Weber 1985), dann entspricht sie nicht der freien Assoziation und dem ganzheitlichen Denken, sondern dem „Kästchendenken" (Harari 2013, S. 165). Entsprechend grenzt sich die Kulturpolitik von anderen Fachbereichen ab: Wirtschaftspolitik, Sozialpolitik oder Umweltpolitik (vgl. Klein 2009, S. 62). Aber die Separation und die Spezialisierung gehen noch weiter in den Kulturbereich hinein. Während die UNESCO Bildung, Wissenschaft, Kunst, Medien und Information bündelt, werden diese Metiers in der Bundesrepublik meistens verschiedenen Ressorts zugeordnet. Entsprechend eng wird der Kompetenzbereich der Kulturpolitik bei den öffentlichen Haushalten Deutschlands gefasst:

„Sie umfasst die Abbildung der Aufgabenbereiche Theater, Musikpflege, nichtwissenschaftliche Bibliotheken und nichtwissenschaftliche Museen, Denkmalschutz, Sonstige Kulturpflege sowie die Verwaltung für kulturelle Angelegenheiten […]. Zusätzlich zu den genannten Aufgabenbereichen werden auch die wissenschaftlichen Museen und wissenschaftlichen Bibliotheken sowie die Auswärtige Kulturpolitik in die Analyse der öffentlichen Kulturausgaben einbezogen. Bildungsausgaben im Bereich Kultur finden darüber hinaus immer dann Berücksichtigung, wenn es sich bei den Anbietenden um kulturspezifische Einrichtungen handelt. Das heißt, öffentliche Kunsthochschulen sind enthalten, nicht jedoch entsprechende Angebote an öffentlichen Universitäten und Volkshochschulen. In ‚Öffentliche Ausgaben für Kulturnahe Bereiche' […] werden allerdings zusätzlich die für die Gemeinden wichtigen Förderschwerpunkte Volkshochschulen/Sonstige Weiterbildung sowie die Ausgaben für Kirchliche Angelegenheiten nachgewiesen" (Statistische Ämter des Bundes und der Länder 2022, S. 14).

Wenn die wichtigste Aufgabe der Kulturpolitik die Sicherung der „kulturellen Versorgung" der Bevölkerung ist, dann ist in Deutschland damit vor allem die Versorgung mit Kunst gemeint (Schneider 2007, S. 8).

Wie wird diese Zuständigkeit politisch und administrativ organisiert? Deutschland hat eine lange föderalistische Tradition. Gerade nach der Erfahrung des Nationalismus wird eine starke Zentralisierung im politischen System abgelehnt – zumindest dort, wo dies nicht wehtut. So ist die Kulturpolitik vor allem eine Kommunalaufgabe. Ein großer Teil der öffentlichen Kulturausgaben fließt über die Gemeinden (39,1 %), gefolgt von den Ländern (38,6 %) und vom Bund (22,4 %) (Statistische Ämter des Bundes und der Länder 2022, S. 19). Obwohl das Ressort Kulturpolitik in den Kommunen eng zugeschnitten ist, gliedert es sich selbst meistens in verschiedene Referate auf. Beim Kulturamt der Stadt Köln sind es zurzeit fünf:[5]

- artothek – Raum für junge Kunst
- Referat für Bildende Kunst, Medienkunst und Literatur
- Referat für Musik
- Referat für Popkultur und Filmkultur
- Referat für Tanz und Theater
- Referat Kultur als Akteur der Stadtgesellschaft – kulturelle Teilhabe

Diese Gliederung macht das genaue Handlungsfeld der Kulturpolitik in den Kommunen greifbar. Ihre kommunalpolitische Relevanz? In Köln betrugen die Kulturausgaben 2020 5 % des Haushalts (Kämmerei der Stadt Köln 2019), in Frankfurt am Main 8 % (Stadt Frankfurt am Main 2019). Im Durchschnitt geben die Gemeinden 2,37 % ihres Gesamthaushaltes für Kunst und Kultur aus (im Vergleich: 2,03 % bei den Ländern; 1,50 % beim Bund) (Statistische Ämter des Bundes und der Länder 2022, S. 22 ff.).

Was wird mit der öffentlichen Kulturförderung genau finanziert?

„Auf Theater und Musik entfielen im Jahr 2020 mit 31,4 % fast ein Drittel der gesamten Kulturausgaben von Bund, Ländern und Gemeinden. Weitere 18,7 % flossen in die Finanzierung der Museen, Sammlungen und Ausstellungen und 12,1 % in die für Bibliotheken. Für die Sonstige Kulturpflege wurden 21,6 % aufgebracht. Der Ausgabenanteil für Kulturelle Angelegenheiten im Ausland belief sich auf 4,8 %, der für öffentliche Kunsthochschulen auf 4,5 %. Den Bereichen Denkmalschutz und

---

[5] Kulturamt der Stadt Köln: https://www.stadt-koeln.de/service/adressen/kulturamt (Zugriff: 9.4.2023).

-pflege und Verwaltung für kulturelle Angelegenheiten wurden 4,5 % bzw. 2,5 % zugeordnet" (ebd., S. 20).

Schon 2005 kritisierte Birgit Mandel, dass „der allergrößte Teil der öffentlichen Förderung […] für den Erhalt von staatlichen Kulturinstitutionen verwendet [wird], für die Opern, Orchester, Theater und Museen" (Mandel 2005, S. 183). Entsprechend wenig bleibt dann für Soziokultur und freie Kunstszene übrig.

Eine weitere Abgrenzung und dadurch Eingrenzung des Handlungs- und Wirkungsfelds der Kulturpolitik erfolgt in dem Verhältnis zur Kulturwirtschaft. Die Kulturpolitik fokussiert sich auf eine Förderung der Kunst als Kulturgut und nicht der Kunst als Wirtschaftsgut. Während die internationale Filmwirtschaft kommerziell ausgerichtet ist und sich finanziell entsprechend selbst tragen kann, benötigt die „nationale Filmkunst" eine öffentliche Förderung, um bestehen zu können. Allein mit Kassenerfolg lassen sich künstlerische Freiheit, Qualität und Vielfalt nicht garantieren (Burckner 2007). Wenn man so will, stützen die öffentlichen Institutionen das Überleben der künstlerischen Oasen in der kommerziellen Kulturwüste.

Gegen die zunehmenden Desintegrationserscheinungen in der Gesellschaft (Anomie und Atomie) wird mehr Kultur benötigt (Abschn. 3.2.3.1). So ist es zu begrüßen, dass sich die öffentlichen Kulturausgaben zwischen 2010 und 2020 um 55,1 % erhöht haben (Statistische Ämter des Bundes und der Länder 2022, S. 19). Gleichzeitig stellt sich die Frage, wie Kultur als Bindemittel und Integrator wirken kann, wenn selbst diese Aufgabe oft einem administrativen Ressort neben anderen zugewiesen wird. Zu oft beziehen sich die Integrationsmaßnahmen nur auf die Anderen statt auf Beziehungen mit zwei Seiten. So sind es die Menschen mit Migrationshintergrund, die sich um Integration bemühen müssen. Ohne eine Auseinandersetzung mit sozialer Ungleichheit und mit Diversität in ihrer ganzen Bandbreite kann keine echte Integration stattfinden.

Die Logik der Arbeitsteilung und der Spezialisierung hemmt eine Auseinandersetzung von Kunst und Kultur mit dem ökologischen und dem gesellschaftlichen Kontext. Die Kulturpolitik bräuchte die Einheit ihrer Akteure, um sich zu emanzipieren und um Forderungen durchzusetzen, trotzdem bleibt jede Kunstsparte meistens für sich. Selbst Kultureinrichtungen und Kulturschaffende konkurrieren miteinander auf dem Kulturmarkt: Je knapper die Fördermittel und die Aufträge sind, desto stärker der Wettbewerb. Der künstlerische Prozess selbst ist vor allem in den bildenden Künsten ein sehr individueller – und die Identifikation zwischen Künstler*in und Werk eine sehr besondere. Commons und Commoning sind in Kunst und Kultur nicht besonders verbreitet (Hofmann et al. 2022). Als Statussymbol kann Kunst auch trennen statt verbinden.

4.1.4 Die künstlerische Unfreiheit

Gerade in Bezug auf Kunst wird Freiheit großgeschrieben – auch im Grundgesetz. In Deutschland darf es keine Zensur geben. Zu ihrer Zeit waren Joseph Beuys und Heinrich Böll sicher keine angenehmen Kulturschaffenden, und trotzdem konnten sie ihre Botschaft relativ frei ausdrücken und von ihrem Werk leben. Heute dürfen Theaterregisseure wie Andres Veiel das Innenleben der Finanzwirtschaft auf der Bühne bloßstellen, obwohl es sich dabei um eine mächtige Institution handelt.[6] Bisher haben nur wenige künstlerische Aktionen juristische Ermittlungen ausgelöst, im Allgemeinen gelten Kunst und Kultur in Deutschland als frei. „Die Politik, so sagt man gerne, soll nicht selbst Kultur machen, sondern Kultur ermöglichen und dafür das nötige Geld bereitstellen. Die Kultur darf nicht zum Mittel werden. Sie ist doch das Ziel" (Klein 2009, S. 7). Der Künstler Markus Lüpertz brachte es einmal so auf den Punkt: „Der Staat schafft den Rahmen, die Künstler den Kosmos" (ebd., S. 219). Der Bund und die Länder überlassen weite Felder der Kulturarbeit den Kommunen. Durch die weitgehend fehlenden Festschreibungen bekommen die Gemeinden große Handlungsspielräume (ebd., S. 84). Die kommunale Kulturpolitik ist so „einer der letz-

---

[6] Seine Theaterproduktion „das Himbeerreich" wurde durch eine Kooperation zwischen dem Schauspiel Stuttgart, dem Deutschen Theater Berlin und dem Schauspiel Zürich ermöglicht und durch die Kulturstiftung des Bundes gefördert.

ten Aufgabenblöcke, die sich bisher der Durchnormierung durch staatliche Spezialgesetze im Wesentlichen noch entziehen konnte [...]. Zwar hat auch hier die Tendenz zur Verrechtlichung zugenommen (Weiterbildungsgesetze, Denkmalschutzgesetze, Künstlersozialversicherungsgesetz), große Bereiche werden jedoch nach wie vor von den Kommunen nach ihren Vorstellungen gestaltet" (Pappermann in ebd., S. 84).

Es scheint so zu sein, als ob wenigstens in einem kleinen Bereich der deutschen Gesellschaft ganz viel Freiheit möglich wäre. Aber der Schein stimmt nicht unbedingt mit dem Sein überein.

Der erste Grund dafür ist, dass Kunst und Kultur nicht immun gegen allgemeine gesellschaftliche Entwicklungen sind, die vom Staat bestimmt oder mitgetragen werden. So hat die neoliberale Globalisierung der letzten Jahrzehnte tiefe Spuren auch in der Kulturpolitik hinterlassen. Einen kurzen Hinweis dazu liefert der „Kulturfinanzbericht 2022". Darin wird erklärt, warum ein Teil der Kulturlandschaft in der traditionellen Finanzstatistik nicht mehr erfasst wird:

> „Zu beachten ist, dass Kultureinrichtungen in der Vergangenheit im Zuge der Flexibilisierung und Globalisierung der Haushalte in einem großen Umfang aus den öffentlichen Haushalten ausgegliedert wurden. Heute werden sie vielfach in der Form von Eigenbetrieben der Gemeinden und der Länder beziehungsweise als private Einrichtung (z. B. GmbH) betrieben" (Statistische Ämter des Bundes und der Länder 2022, S. 59).

Der Staat hat sich vom Markt zurückgezogen. Er hat sich von einem Teil der öffentlichen Daseinsvorsorge getrennt und ihn auf den Markt überführt. So sind öffentliche Kultureinrichtungen outgesourct und in Unternehmen umgewandelt worden. Dass Themen wie „Kulturmanagement", „Kulturmarketing" und „Audience Development" an Bedeutung gewinnen, deutet auf eine Ökonomisierung der gesamten Kunst- und Kulturlandschaft hin.

Der zweite Grund ist, dass Kunst und Kultur selbst in einem festgelegten normativen Rahmen stattfinden müssen. Das Grundgesetz, das die Freiheit der Kunst schützt, setzt ihr gleichzeitig Grenzen. So werden künstlerische Vorhaben, die gegen das Grundgesetz verstoßen, nicht gefördert.[7] Zudem ist der kulturpolitische Handlungsspielraum von einer „Vielzahl anderer, allgemeiner Gesetze und Verordnungen betroffen, die nicht speziell für den Kulturbereich verabschiedet wurden, aber dennoch weitreichende Folgen haben können. Der ehemalige Stuttgarter Oberbürgermeister Manfred Rommel brachte das Zusammenspiel von verfassungsmäßig garantierten Freiheitsrechten und spezifischen Verordnungen einmal ironisch-drastisch auf die Formel: ‚Die Freiheit des Theaters endet bei den Bestimmungen der Brandpolizei'" (ebd., S. 87). Wenn eine Nachbarschaft nicht einmal die eigene Straße selbstbestimmt verschönern und beleben darf, ohne einen Riegel vom Verkehrs- und Ordnungsamt vorgeschoben zu bekommen, dann gilt dies meistens auch für die Kunst.

Der dritte Grund ist, dass Kunst und Kultur auf Finanzmittel angewiesen sind – und dies umso mehr, je ökonomisierter die Gesellschaft ist. Diese Abhängigkeit macht sie assimilierbar, lenkbar oder gar erpressbar. So gibt es nicht viele private Sponsor*innen und Auftraggebende, die bereit sind, gesellschaftskritische Kunstprojekte zu unterstützen. Wer sich Werbung durch Kunst wünscht, erreicht dies am besten mit Unterhaltung, Schönheit und Prominenz. Kultureinrichtungen, die diesem Kommerz nicht dienen wollen, wenden sich also an Stiftungen und öffentliche Institutionen. Tatsächlich wäre die Aufrechterhaltung eines breiten Spektrums kultureller Aktivitäten ohne die öffentliche Kulturförderung undenkbar. Auch hier entstehen jedoch finanzielle Abhängigkeiten, die die künstlerische Freiheit einschränken. So kann die Kulturförderung ein inhaltliches Framing vorgeben. Seit Jahren steht das Thema „Digitalisierung" hoch im Kurs. Wer sich öffentlich fördern lassen will, sollte sich also damit beschäftigen. Dazu kommen die Förderrichtlinien der Ausschreibungen, die Kunst und Kultur in formelle Leitplanken zwingen. Ein Beispiel dafür war in den 2000er-Jahren die Filmförderung: Insgesamt waren es 76 Paragrafen, die diese regelten

---

[7] Im Gesetz über Maßnahmen zur Förderung des deutschen Films (FFG) heißt es: „Förderungshilfen dürfen nicht gewährt werden, wenn der Referenzfilm, der neue Film oder das Filmvorhaben gegen die Verfassung oder gegen Gesetze verstoßen oder das sittliche oder religiöse Gefühl verletzen" (Schneider 2007, S. 17).

(Schneider 2007, S. 47). Außerdem schreibt die zeitliche Begrenzung der Förderung den Projekten einen Anfang und ein Ende vor. Genau dieses Projektdenken hinter der Förderpolitik wird von der Kulturpolitikerin Adrienne Goehler scharf kritisiert. Es werden ständig neue Projekte, Netzwerke und Strukturen gefördert, während sich die bestehenden auflösen müssen, weil ihre Förderung ausgelaufen ist. So wird die Liste der Best-Practice-Projekte immer länger, aber sie gleicht einem „Best-Practice-Friedhof". Was gefördert wird, so Goehler, ist die systematische Verschwendung von individueller und kollektiver Kreativität (Goehler 2021, S. 115).

Ein vierter Grund ist die Begrenztheit und die Unsicherheit der öffentlichen Kulturförderung. Zwar fließt ein großer Teil der Kulturausgaben in Deutschland über die Kommunen, gleichzeitig bilden Kunst und Kultur auf dieser Ebene eine *freiwillige Aufgabe* (Klein 2009, S. 84). Diese Freiwilligkeit ist nicht mit Beliebigkeit gleichzusetzen, da die Finanzierung von Museen und Theatern meistens durch feste Verträge abgesichert ist. Und trotzdem verfügen ärmere Kommunen oft nicht einmal über ein Kulturamt. Kultur ist also nicht überall selbstverständlicher Bestandteil der öffentlichen Daseinsvorsorge, jedenfalls garantiert der Staat nicht dafür. In der Modernisierung muss man sich Kulturpolitik „leisten" können, genauso wie Sozialpolitik und Umweltpolitik.[8] Wenn die Nachfrage nach öffentlicher Kulturförderung größer ist als das Angebot, dann muss eine Selektion stattfinden. Dies fördert einen Wettbewerb unter den Kulturakteuren. Neben der künstlerischen Arbeit müssen sie „Public Relations" betreiben, um bestehen zu können. Es ist nicht nur die künstlerische Qualität, die sich dabei durchsetzt. Manche Kultureinrichtungen haben sich auf Förderungen spezialisiert: Sie haben

---

[8] Wie die Bedürfnispyramide des US-Psychologen Abraham Maslow suggeriert, ist die Befriedigung der Grundbedürfnisse die Voraussetzung für die Befriedigung der höheren Bedürfnisse: Nur wer sich ernähren kann, kann sich auch kreativ entfalten. Während sich in „rückständigen" ländlichen Regionen der postmaterialistische Wandel noch nicht ereignet hat, ist die Kulturpolitik in den modernen Großstädten selbstverständlich. Für die urbanen Eliten ist das Streben nach materiellen Gütern inzwischen von geringerer Bedeutung als bestimmte, abstrakte und höhere Werte wie Freiheit, Glück, Umweltschutz und natürlich die künstlerische Beschäftigung (vgl. Inglehart 1998).

Personal, Knowhow und Ressourcen, um ständig gute Förderanträge zu stellen. Dabei kann die Kunst zum Mittel werden, um Arbeitsstellen und Strukturen abzusichern. Im Vergleich haben es kleine Initiativen oder selbstständige Künstler*innen besonders schwer, auch weil Förderanträge eine hohe Investition erfordern und trotzdem scheitern können.

Ein fünfter Grund liegt in der Tatsache, dass sich der Kulturbetrieb selbst durch interne Hierarchien und Abhängigkeitsverhältnisse auszeichnet. Wenn eine Kultureinrichtung eine Förderung erhält, dann bestimmt die Flussrichtung des Geldes die internen Verhältnisse – zum Beispiel zwischen Auftraggebenden und Auftragnehmenden. Zudem verläuft der künstlerische Prozess selten demokratisch.[9]

Ein sechster Grund ist, dass die Künstler*innen selbst ihre Freiheit eingrenzen und Selbstzensur üben. So können sie sich von ihrer eigenen Erziehung selten ganz emanzipieren. Auch Künstler*innen können Bestätigung suchen und sich an Status orientieren. Subversive Kreativität müssen sich Künstler*innen leisten können, denn damit können Fördermöglichkeiten verspielt werden. Die Diskussion um die Documenta fifteen 2022 in Kassel hat gezeigt, was passieren kann, wenn sich Künstler*innen außerhalb des politisch geltenden Kanons bewegen.[10] Wer hat dann noch den Mut, unangenehm zu sein?

Ein siebter Grund liegt in der Tatsache, dass sich die Freiheit der Kunst nur auf ihre Subjekte bezieht, nicht aber auf ihre Objekte. So kann die Kunst selbst zu einer Form der Machtausübung auf menschliche und nicht-menschliche Wesen verkommen, die dann nach dem Vorbild der eigenen Idee umgeformt werden.- Nicht nur der Markt, sondern auch die Kunst kann sich aus Natur und Gesellschaft geistig entbetten – und ihr „Material" entsprechend behandeln.

---

[9] Der Theaterregisseur Roberto Ciulli (Theater an der Ruhr) sagte dem Autor bei einem Gespräch im Jahr 2003: „Außerhalb des Theaters bin ich ein radikaler Verfechter von Demokratie, Gerechtigkeit und Emanzipation, aber auf der Bühne bin ich ein Diktator".
[10] Statement der „Findungskommission für die Künstlerische Leitung" vom 15.9.2022 unter https://documenta-fifteen.de/news/statement-der-findungskommission/ (Zugriff: 6.4.2023).

4.2 Kulturpolitik und Polykrise

Weil das Handlungs- und Wirkungsfeld der Kulturpolitik in Deutschland sehr eng gesteckt ist, werden hier Krisen meistens erst dann intensiv und konsequent behandelt, wenn sie sich auf den Kulturbetrieb selbst auswirken bzw. wenn Kulturschaffende und Kulturvermittler*innen betroffen sind. Wenn Krisen eine hohe gesamtgesellschaftliche Relevanz haben, dann positioniert sich die Kulturpolitik öffentlich dazu und bietet ein Forum für Kulturschaffende.

Tendenziell hat die Kulturpolitik bisher auf gesellschaftliche Entwicklungen eher reagiert, als dass sie selbst neue Debatten angestoßen hätte. Eine offene Kritik der dominanten Strukturen wird eher gemieden, entweder weil die kulturpolitischen Akteure darauf angewiesen oder weil sie selbst Teil davon sind. Anhand von drei Fallbeispielen wird im Folgenden der Umgang der Kulturpolitik mit Krisen kurz dargestellt und reflektiert, ohne Anspruch auf Vollständigkeit.

4.2.1 Fallbeispiel 1: Corona-Krise

In der Corona-Krise waren die Lockdowns ein weitreichender Eingriff in das Leben aller Menschen, dem sich auch Künstler*innen nicht entziehen konnten.

> „Der Kulturbereich wurde von den Folgen der Corona-Pandemie sehr hart getroffen. Seit März [2020] mussten alle Veranstaltungen im öffentlichen Raum abgesagt werden, Orte der Kultur und der Begegnung mussten schließen. Zahlreiche Künstlerinnen und Künstler, Kultureinrichtungen, Unternehmen der Kultur- und Kreativwirtschaft und Kulturvereine gerieten dadurch in existentielle Not" (Richter 2020, S. 7).

Anders als nach der Finanzkrise von 2008 schalteten sich die kulturpolitischen Verbände dieses Mal frühzeitig in die Diskussion über die Konjunkturpakete der Bundesregierung ein. Damals galten nur die Banken als „systemrelevant", nun sollten auch die Kunst und die Kultur als systemrelevant gelten.[11] Die Botschaft kam an, tatsächlich wurden die Soforthilfen und das Konjunkturprogramm der Bundesregierung ab 2020 auf Kunst und Kultur ausgeweitet. So unterstützte der Bund Kulturschaffende und Kultureinrichtungen vor allem mit dem Rettungs- und Zukunftsprogramm „Neustart Kultur" und dem Sonderfonds des Bundes für Kulturveranstaltungen. „Neustart Kultur" war mit einer Milliarde Euro ausgestattet, die 2021 um eine weitere Milliarde ergänzt wurde. Die insgesamt 74 Programmhilfen deckten dabei ein breites Spektrum an kulturellen Aktivitäten ab und förderten unter anderem Museen, Theater, Bibliotheken, Kinos, Gedenkstätten und viele weitere Kulturorte und -formen. Das Programm wurde bis Mitte 2023 verlängert (Statistische Ämter des Bundes und der Länder 2022, S. 27). Der Sonderfonds für Kulturveranstaltungen existierte hingegen seit dem Sommer 2021, war mit 2,5 Mrd. Euro ausgestattet und umfasste Wirtschaftlichkeitshilfe sowie Ausfallabsicherung von Veranstaltungen mit mehr als 2.000 Besuchenden. Von den Kulturverbänden wurden beide Programme positiv bewertet: „Es wurde deutlich, dass das Programm nah am Kulturbereich dran ist, dass passgenau auf die unterschiedlichen Bedarfe reagiert wird und dass die Verbände weitaus mehr Aufgaben übernehmen als die Mittel zu vergeben" (Deutscher Kulturrat 2020).

Wie hat die Corona-Zeit die Kulturlandschaft verändert? Zu dieser Frage gab die Friedrich-Ebert-Stiftung 2020 eine Anthologie heraus: „Echoräume des Schocks". Darin erschienen Erfahrungsberichte und Analysen von 25 Kulturschaffenden, Kreativen und Kulturpolitiker*innen. „Sie zeigen den Widerhall dieser Zeit auf – in den persönlichen Erfahrungen und Umgangsweisen mit der Pandemie, aber auch in den gesellschaftlichen Auswirkungen der Corona-Krise und den damit verbundenen Herausforderungen" (Richter 2020, S. 7). Die Kunst zeichnet sich durch die besondere Fähigkeit aus, Gefühlszustände greifbar zu machen. So wird das Private politisch – und zwar nicht nur durch Sprachbilder, sondern auch durch die Fotografie: Sie war in der Anthologie der Friedrich-Ebert-Stiftung prominent vertreten.

---

[11] So die Staatsministerin für Kultur und Medien Monika Grütters (CDU) in einem Interview (Knöfel 2020).

In der Gesellschaft als „Megamaschine" gibt es einen Mangel an Resonanzräumen (Rosa 2016), in denen Schwingungen reflektiert werden und wirken können. Eben die Kunst ist ein idealer Resonanzraum für die Gesellschaft. Weil die Corona-Krise auch eine kollektive Erfahrung der erzwungenen Entschleunigung war, bot die Kunst teilweise einen abstrakten Raum der Reflexion über eine sonst selbstverständliche Normalität. So schrieb die Künstlerin Saskia Ackermann:

> „In der Krise wird deutlich, welche normativen Grundlagen einer Gesellschaft zugrunde liegen. Anhand der Maßnahmen zur Eindämmung des Corona-Virus hat sich deutlich gezeigt, dass Lohnarbeit im Dienste wirtschaftlicher Gewinnorientierung das gesellschaftliche Primat hat, z. B. vor kulturellen und sozialen Tätigkeiten. Außerdem wurde die Vorrangstellung dieser Form der Arbeit vor all den Tätigkeiten sichtbar, die doch für unser System so relevant sind und trotzdem nicht ausreichend anerkannt werden. Für ein Umdenken in der Bewertung und Organisation von Care-Arbeit wird schon lange gekämpft" (Ackermann 2020, S. 41).

Schätzungsweise sind etwa 85–90 % der Ausgaben im Kulturbereich Personalausgaben (Klein 2009, S. 95), finanzielle Ausfälle für die Kultur wirken sich unmittelbar auf das Privatleben von Menschen aus. Eine Gesellschaft kann nur dann mit Kunst und Kultur versorgt werden, wenn diese zum Bestandteil der öffentlichen Daseinsvorsorge werden (Deutscher Kulturrat 2004).

4.2.2 Fallbeispiel 2: Umwelt- und Klimakrise

So wie Kunst und Kultur für die Kommunalpolitik eine freiwillige Aufgabe sind, so sind Umwelt und Gesellschaft eine freiwillige Aufgabe für Kunst und Kultur. Sie haben die Umwelt- und die Klimakrise lange nur marginal bewusst aufgegriffen.[12] Auch im Kulturbereich werden die

---

[12] In den Künsten haben sich einige Strömungen etabliert, die sich durch die Auseinandersetzung mit Umwelt und Ökologie auszeichnen. In der „Environmental Art" dient die Natur als Medium. Sie fördert das Bewusstsein für die Kräfte, die Prozesse und die Phänomene der Natur. „Ecological Artists" betrachten hingegen die Themen der Nachhaltigkeit, der Anpassungsfähigkeit, der

ökonomischen Abhängigkeiten selbstverständlicher hingenommen als die ökologischen. Um dies zu ändern, wurden im Vorfeld des Weltgipfels für nachhaltige Entwicklung 2002 in Johannesburg einige kulturpolitische Initiativen in Deutschland gestartet.[13] Doch nach der UN-Konferenz trat Nachhaltigkeit in der deutschen Kulturpolitik in den Hintergrund, fast 20 Jahre lang. Brauchte es die Fridays-for-Future-Bewegung und eine verheerende Dürre, um auch die Kulturpolitik aufzurütteln?

2018 startete das Institut für Kulturpolitik der Universität Hildesheim das Forschungsprojekt „Nachhaltigkeitskultur entwickeln". Im selben Jahr wurde auch das Projektbüro für „Nachhaltigkeit & Kultur" beim Deutschen Kulturrat eingerichtet.[14] Und auch die Kulturpolitische Gesellschaft widmete sich zunehmend der „Klimagerechten Kulturpolitik". Diese Auseinandersetzung stellt für die Kulturpolitik eine besondere Herausforderung dar, die Norbert Sievers so erklärt:

„Die Begründungslogik der Kulturpolitik, auch und gerade der ‚Neuen Kulturpolitik', ist auf Wachstum ausgerichtet. ‚Kultur für alle' und ‚Kulturelle Vielfalt' sind – genau besehen – auch Wachstumsformeln. Jedenfalls werden sie so ausgelegt […]. Verschwendung hat einen positiven Klang im Kunstdiskurs. Verzicht und Begrenzung kommen darin kaum vor. Kulturpolitik kann in diesen Kategorien gar nicht denken, weil dies ihrer Meinung nach die Vokabeln der Gegenerzählung sind, wenn nicht der Gegenaufklärung. Kulturpolitik läuft so Gefahr, zur Gefährtin der Wachstums- und Steigerungslogik zu werden. Kann es sein, dass auch dies die ‚bestehende Ordnung der ökologisch-sozialen Nicht-Nachhaltigkeit eisenhart stabilisiert'?" (Sievers 2019, S. 3).

---

erneuerbaren Ressourcen und der Biodiversität, ohne unbedingt die lokalen ökologischen Bedingungen transformieren zu wollen (Spaid in Kagan 2011, S. 271). Der Kulturwissenschaftler Sacha Kagan zählt Hans Haacke, Alan Sonfist, Joseph Beuys, Helen Mayer Harrison und Newton Harrison sowie Marie Laderman Ukeles zu den Pionieren dieser Form von Kunst.

[13] Zum Beispiel organisierten die Evangelische Akademie Tutzing und die Deutsche Gesellschaft für Ästhetik (u. a.) im April 2001 eine Tagung mit dem Titel „Ästhetik der Nachhaltigkeit", die in die Verfassung des „Tutzinger Manifestes für die Stärkung der kulturell-ästhetischen Dimension Nachhaltiger Entwicklung" mündete. Das Thema wird im Kap. 6 vertieft.

[14] Nachhaltigkeit beim Deutschen Kulturrat: https://www.kulturrat.de/thema/nachhaltigkeit-kultur/ (Zugriff: 13.7.2022).

In einem Positionspapier von 2019 hat sich der Deutsche Kulturrat die 17 Ziele für Nachhaltige Entwicklung der Vereinten Nationen zu eigen gemacht – und damit auch das achte Ziel: menschenwürdige Arbeit und Wirtschaftswachstum (Deutscher Kulturrat 2019). Die Frage, wie sich ständiges Wirtschaftswachstum mit dem Klimaschutz (Ziel 13) vereinbaren lässt, hat auch der Kulturrat vermieden. Hier fehlt eine Kulturpolitik als Kulturkritik.

Im Umgang mit der Umwelt- und Klimakrise bildet die Kulturstiftung des Bundes eine Avantgarde. Sie fördert transdisziplinäre Foren zwischen Kunst, Wissenschaft und Zivilgesellschaft sowie Reallabore und neuartige künstlerische Formate.[15]

4.2.3 Fallbeispiel 3: Ukraine-Krieg

„Da Kriege im Geist der Menschen entstehen, muss auch der Frieden im Geist der Menschen verankert werden", so steht es in der Präambel der Verfassung der UNESCO (Deutsche UNESCO-Kommission 2001). Bei ihrer Gründung im Jahr 1945 bekam diese Organisation einen starken Friedensauftrag. So sollte sie einen „Beitrag zur Wahrung des Friedens und der Sicherheit durch Förderung der Zusammenarbeit zwischen den Völkern im Bereich der Erziehung, Wissenschaft und der Kultur" leisten (Schraepler 1994, S. 127). Wie wird heute die Kulturpolitik ihrem Friedensauftrag gerecht?

Kaum ein Krieg hat die deutsche Öffentlichkeit in den letzten Jahrzehnten so bewegt wie jener in der Ukraine. Die Kulturstaatsministerin Claudia Roth besuchte im Juni 2022 die ukrainische Hafenstadt Odessa und sprach von einem „gezielten Krieg gegen die Kultur, um die kulturelle Identität eines Landes, einer Gesellschaft zu zerstören" (Roth 2022). Die Kulturpolitische Gesellschaft beschäftigte sich bei einem Webtalk mit der Frage, wie man ukrainischen Kulturmacher*innen

---

[15] Programm „Klima und Nachhaltigkeit" der Kulturstiftung des Bundes mit einer Vorstellung der geförderten Projekte: https://www.kulturstiftung-des-bundes.de/de/projekte/klima_und_nachhaltigkeit.html (Zugriff: 14.3.2023).

helfen könne, denn „es fehlt nicht selten die notwendige Sensibilität und ausreichende Hintergrundinformationen für [ihre] aktuelle Situation".[16] Für potenzielle Helfer*innen hat das Goethe-Institut ein Starter-Kit herausgegeben (Goethe-Institut 2022). Zum Thema „Kulturpolitik als Friedenspolitik?" veranstalteten das Institut für Kulturpolitik der Universität Hildesheim und die Kulturpolitische Gesellschaft im Oktober 2022 einen Salon in Berlin.

Jeder Krieg bringt das Böse im Menschen zum Ausdruck und erfordert eine Auseinandersetzung damit. In Deutschland hat der Nationalsozialismus gezeigt, dass das Böse kein Märchen ist. Das Phänomen beschäftigte Hannah Arendt (1963) und auch Theodor W. Adorno (1973), der den „autoritären Charakter" erforschte. Welche besonderen Antworten haben die Kunst und die Kultur darauf? Die Bevölkerung in der Ukraine zahlt den höchsten Preis für den Krieg, darüber sind sich die Intellektuellen und die Künstler*innen in Deutschland einig. Dass Russland im Februar 2022 die Ukraine überfallen hat, ist ebenso unbestritten. In Bezug auf die Lieferung schwerer Waffen ist jedoch die Kulturgemeinschaft genauso gespalten wie die breite Öffentlichkeit.[17] In einem offenen Brief der Zeitschrift Emma sprachen sich im April 2022 unter anderem Andreas Dresen, Reinhard Mey, Alice Schwarzer, Harald Welzer und Juli Zeh gegen Waffenlieferungen an die Ukraine aus und warnten vor einer Eskalation bis zum Dritten Weltkrieg.[18] In einem Gegenbrief waren es unter anderem die Autor*innen Daniel Kehlmann, Eva Menasse und Herta Müller, die sich für Waffenlieferungen und das Recht auf Selbstverteidigung der Ukraine aussprachen. Olaf Zimmermann, Geschäftsführer des Deutschen Kulturrates, hat versucht, den Horizont der kulturpolitischen Debatte zu erweitern, denn allein durch einen Diktator lässt sich die aktuelle angespannte Weltlage nicht erklären:

---

[16] Link zum Webtalk: https://kupoge.de/ukraine/ (Zugriff: 8.6.2023).

[17] Beim ARD-DeutschlandTrend vom 28.4.2022 sprachen sich 45 % der Befragten für die Lieferung schwerer Waffen an die Ukraine und 45 % dagegen (https://www.tagesschau.de/inland/deutschlandtrend/deutschlandtrend-2991.html, Zugriff: 14.3.2023).

[18] „Der offene Brief an Kanzler Olaf Scholz", in: emma.de 29.4.2022. https://www.emma.de/artikel/offener-brief-bundeskanzler-scholz-339463 (Zugriff: 26.3.2023).

„Weltpolitik ist seit vielen Jahrzehnten fast ausschließlich Wirtschaftspolitik und nur selten Sicherheitspolitik und schon gar keine Kulturpolitik. Mit wem ich gute Geschäfte mache, mit dem kann ich friedlich zusammenleben, so die Devise. Kulturelle und soziale Fragen rückten bei diesen Betrachtungen regelmäßig in den Hintergrund […]. Der Krieg mitten in Europa, die entstehenden Konflikte im Pazifik, das Rumoren in Afrika und anderswo zeigen, dass Handelspolitik allein zu kurz greift. Wir brauchen endlich eine ganzheitlichere Sicht auf die Dinge, die nicht nur die Ökonomie in den Mittelpunkt stellt" (Zimmermann 2022).

Doch wie ganzheitlich ist die Sicht der Kulturpolitik? Neben dem Blick von innen nach außen wäre gelegentlich ein Perspektivenwechsel wichtig. So halten Länder wie Brasilien, Indien und Südafrika an der Tradition der „Bewegung der Blockfreien Staaten" fest und „wollen uns nicht in den Kampf gegen den russischen Aggressor folgen". Den Grund dafür erklärt Ralph Thiele (2023), Oberst a. D. und Vorsitzender der Politisch-Militärischen Gesellschaft, wie folgt: „Man nimmt uns unsere wertegeleitete Politik nicht ab und hält sie aus schlechter Erfahrung für einen Vorwand zur Durchsetzung westlicher Wirtschaftsinteressen, die wir – wenn erforderlich – auch mit einer Blutspur verfolgen". Eine ganzheitliche Kulturpolitik setzt die Fähigkeit zur kritischen Selbstreflexion und zum vernetzten Denken voraus. An dieser Stelle liegt jedoch der blinde Fleck der Kultur, die im Westen dominiert. So fokussiert sich die Modernisierung auf die Defizite der anderen und wertet abweichende Perspektiven oft ab. Wie wirkt sich dieser blinde Fleck auf den Umgang mit dem Ukraine-Krieg aus?

Es gäbe vermutlich keine Kriege ohne Feindbilder. Dass autoritäre Regime Feindbilder brauchen, um sich als Beschützer der eigenen Bevölkerung darzustellen oder um imperiale Bestrebungen zu legitimieren, steht außer Frage. Doch auch im Westen sind Feindbilder und imperiale Bestrebungen ein Phänomen (Abschn. 3.4.4). Während autoritäre Länder wie Saudi-Arabien hier als Partner gelten, wird gegen andere die religiöse Erzählung des ewigen „Kampfes des Guten gegen das Böse" verbreitet. So bezeichnete Ronald Reagan 1983 die Sowjetunion als „Reich des Bösen", während George W. Bush 2002 bei Nordkorea, Iran und dem Irak von einer „Achse des Bösen" sprach (Watzal 2002).

Auch im Ukraine-Krieg ist es zu einer verbalen Eskalation gekommen. „Erlöse uns von dem Bösen", titelten die Bloomberg News (Hastings 2022). Gleichzeitig kursieren im Internet unzählige Motive, die Putin mit Hitler assoziieren. Im Angesicht eines solchen Feindes profiliert sich der Westen als *„die* Wertegemeinschaft". „Putins Krieg gegen die Ukraine ist ein Angriff auf Frieden, Demokratie und Freiheit in Europa", heißt es auf der Website von Bündnis 90/Die Grünen.[19] „Die Ukraine verteidigt beeindruckend unsere Werte", sagte die EU-Kommissionspräsidentin Ursula von der Leyen im Mai 2022.[20] In den deutschen Leitmedien wird die Ukraine als „Demokratie" dargestellt, obwohl das Land tatsächlich ein „Hybridregime" ist.[21] Das Narrativ des „Kampfes des Guten gegen das Böse" schafft auch im Westen einen polarisierten Dualismus, in dem Zwischentöne, Differenzierungen und Kritik schnell unterdrückt werden, nach dem Motto: „Entweder Sie sind mit uns oder mit den Terroristen" (George W. Bush 2001).[22] In einem solchen Klima verkommt die Diplomatie zum „Appeasement"[23] und der Pazifismus zum „fernen Traum" (Robert Habeck). Übrig bleibt nur der Weg zur Eskalation, die durch gegenseitige Provokation genährt wird.

Beim Entstehen und bei der Pflege von Feindbildern spielen die Massenmedien eine zentrale Rolle. Denn fast alles, was die Öffentlichkeit über fremde Länder und Kriege denkt, basiert auf Informationen aus zweiter Hand: Fernsehen, Zeitungen und Social Media. Während über

---

[19] „Angriff auf Freiheit und Demokratie. Krieg gegen die Ukraine" veröffentlicht am 6.3.2023 https://www.gruene-bundestag.de/themen/sicherheitspolitik/krieg-gegen-die-ukraine (Zugriff: 23.3.2023).

[20] Europäische Kommission: „EU-Kommissionspräsidentin von der Leyen: Ukraine verteidigt beeindruckend unsere Werte". https://germany.representation.ec.europa.eu/news/eu-kommissionsprasidentin-von-der-leyen-ukraine-verteidigt-beeindruckend-unsere-werte-2022–05-20_de (Zugriff: 11.6.2023).

[21] So ist es im „Democracy-Index" von The Economist und in der „Demokratie-Matrix" der Universität Würzburg.

[22] „Bush vor dem Kongress: ‚Entweder sind Sie mit uns oder mit den Terroristen'". In: Frankfurter Rundschau 22.9.2001. https://www.fr.de/politik/entweder-sind-oder-terroristen-11727344.html (Zugriff: 26.3.2023).

[23] Peter Sawicki: „Appeasement hilft nicht gegen Imperialisten". In: Deutschlandfunk 9.6.2022. https://www.deutschlandfunk.de/mit-appeasement-sind-imperialisten-noch-nie-eingehegt-worden-100.html (Zugriff: 21.6.2022).

den Ukraine-Krieg intensiv berichtet wird, bekam der Krieg im Jemen (über 370.000 Opfer) bisher fast keine Aufmerksamkeit. Verstöße gegen die Menschenrechte in Russland und China werden richtigerweise angeprangert, solche in Großbritannien (Fall Assange) und in Ägypten (Fall Regeni) jedoch deutlich seltener. Die Universität Mainz hat in einer Studie die Berichterstattung der Leitmedien zum Ukraine-Krieg untersucht und ist zu folgendem Ergebnis gekommen:

„Sieben der acht in der Studie untersuchten Leitmedien beurteilten die Lieferung schwerer Waffen eindeutig als sinnvolle Maßnahme zur Beendigung des Krieges und waren zugleich deutlich skeptischer, was den Sinn diplomatischer Verhandlungen angeht" (Maurer et al. 2023).

Wie wirkt sich eine solche einseitige mediale Darstellung und Verengung des Diskurses auf die öffentliche Meinung aus?

Kaum ein Krieg ist auf allen Kanälen so inszeniert worden wie der Ukraine-Krieg. Durch eine Videoschalte durften ihre Helden (durch den Präsidenten Wolodymyr Selenskyj verkörpert) eine Rede selbst bei der Eröffnungsgala des 75. Filmfestivals in Cannes halten.[24] Eine solche intensive Präsenz in der Öffentlichkeit kann berechtigt sein („die Kunst und die Medien zeigen Solidarität mit den Opfern"), gleichzeitig wirft sie Fragen auf. Selbst in der Tagesschau (ARD), nach wie vor die meistgesehene Nachrichtensendung in Deutschland, kommt es nicht selten zu einer schnellen Vorverurteilung des „Feindes". So ist es beispielsweise bei den ersten Berichten über die Sprengung der Nord-Stream-Pipeline (September 2022)[25] und des Kachowka-Staudamms im Süden der Ukraine (Juni 2023) gewesen. Einerseits wird in diesen Fällen kein substanzieller Beleg für die Vorverurteilung geliefert, andererseits wird jede Gegendarstellung entweder latent abgewertet oder ganz gemieden.

---

[24] Friederike Hofmann (2022): Auftakt der Filmfestspiele in Cannes: Selenskyj hält Rede bei Eröffnung. In: tagesschau.de 18.5.2022. https://www.tagesschau.de/multimedia/video/video-1033667.html (Zugriff: 26.3.2023).

[25] In diesem Fall haben die Medien ihre ersten Schuldzuweisungen revidieren müssen. Ein Beispiel: „Anschlag auf Nord-Stream-Pipeline. USA sollen ukrainische Pläne gekannt haben" (tagesschau.de, 7.6.2023).

Nach einer empirischen Untersuchung über die Tagesschau kommt der Medienwissenschaftler Hermann Rotermund zu folgendem Schluss:

„In den 78 gesichteten thematischen Elementen – 62 Beiträge und 16 Sprechernachrichten oder Nachrichten im Film – finden sich kaum Eigenrecherchen außerhalb von institutionellen Bezügen. Entsprechend taucht vor allem der Typus des Sprechers oder Akteurs einer Organisation im Beitrag auf. Bei Berichten über ein Kriegsgeschehen oder eine Katastrophe werden allerdings auch immer Opfer oder Betroffene ins Bild gerückt. In der Regel spricht dann eine Frau über das Unglück, das über ihre Familie und ihren Besitz gekommen ist. Diese Elemente wirken wie vorfabrizierte Videobausteine, auch wenn es sich um aktuelle Aufnahmen handelt. Ihre Herkunft bleibt jedoch häufig unklar, zumal ARD-Reporter oft nicht persönlich an den Schauplätzen präsent sind" (Rotermund 2023).

Die Tagesschau gilt als vertrauenswürdigste Nachrichtensendung in Deutschland. Gleichzeitig ist ihre Form der Nachrichtenpräsentation im internationalen Vergleich annähernd ein Alleinstellungsmerkmal, denn „der Tonfall ist sanft-autoritär und lässt keinen Zweifel darüber zu, dass es so und nicht anders in der Welt zugeht", so Rotermund (ebd.).

In den Medienwissenschaften lernt man, dass die USA den Vietnam-Krieg nicht auf dem Feld verloren haben, sondern bei sich zu Hause: im Fernsehen. Es waren unter anderem die Bilder des Massakers von Mỹ Lai, die zu einem Stimmungswechsel in der US-Bevölkerung führten, sodass das US-Militär zu Hause an Rückhalt verlor. Welche Lehren wurden daraus gezogen? In die folgenden Militärstrategien wurden die Massenmedien selbst mit einbezogen (Tettamanzi et al. 1999; Amalfitano 2022). Vor allem in Demokratien benötigen politische Entscheidungen eine Legitimation, sprich eine besondere Unterstützung durch die Öffentlichkeit – und Krieg ist eine sehr heikle Angelegenheit, denn ein großer Teil der Bevölkerung lehnt Kriege ab (Harari 2019, S. 271). So dokumentieren die Medien heute nicht nur: Sie sind selbst zum Kriegsinstrument geworden. Dies gilt nicht nur für autoritäre Staaten, sondern auch für westliche (Bentivegna 1993; Schiffer 2022). Während sich Journalisten im Vietnam-Krieg auf dem Feld relativ frei bewegen und berichten konnten, gab es in den folgenden Kriegen fast nur „Embedded Journalists" (Cooke 2007). Schon während des Zweiten Golfkrieges 1990–1991 stellten US-Forscher „eine äußerst starke positive Beziehung" zwischen der Höhe des Fernsehkonsums und der Unterstützung der Menschen für den Krieg fest (Hamm 2006, S. 272). Der Medienwissenschaftler Werner Faulstich wies schon 2002 darauf hin, dass die Gewalt der Bilder die „Problematik des Vielsehens" kaschiert: Die Menschen neigen nämlich dazu, „die reale Wirklichkeit nach der fiktionalen Wirklichkeit des Fernsehprogramms zu beurteilen statt umgekehrt" (Faulstich 2002, S. 317). Für Rainer Mausfeld (2019, S. 10), emeritierter Professor für Allgemeine Psychologie an der Universität Kiel, lässt sich eine Gesellschaft viel leichter steuern, wenn sie aufgeschreckt und unter Spannung gehalten wird.

> „Manifeste Angst in der Bevölkerung kann besonders wirksam durch die massenmediale Propagierung tatsächlicher oder vermeintlicher Gefahren gesteigert werden […]. Bereits 1927 erkannte der Politikwissenschaftler Harold Lasswell: ‚Die psychologischen Widerstände gegen Krieg sind in modernen Nationen so groß, dass jeder Krieg als ein Verteidigungskrieg gegen einen bedrohlichen, mörderischen Aggressor erscheinen muss. Es darf keinen Zweifel darüber geben, wen die Öffentlichkeit zu hassen hat' […]. Der sogenannte ‚Kampf gegen den Terror' ist ein konstitutiver Teil der Geschichte der USA und diente immer wieder dazu, das grundlegende Spannungsverhältnis zwischen Demokratie und Kapitalismus zu verdecken. Seit jeher richtet sich dieser ‚Kampf gegen den Terror' innenpolitisch gegen jede Art fundamentaler Opposition und außenpolitisch gegen praktizierte Alternativen zum US-Kapitalismus" (Mausfeld 2019, S. 42).

2018 sahen 80 % der Russen die NATO (damit waren vor allem die USA gemeint) „als Gefahr für ihr Leben" an.[26] Diese Mehrheit unter-

---

[26] „Umfrage: Mehrheit der Russen betrachtet die Nato als Gefahr für ihr Leben" (Süddeutsche Zeitung 21.8.2018). „81 % der Russen befürworten den Angriffskrieg auf die Ukraine" (Spiegel-Online 1.4.2022).

stützte 2022 die russischen Streitkräfte in der Ukraine. Wiederum hielten in den USA 64 % der Bevölkerung Russland für eine große Bedrohung, in der Bundesrepublik waren es sogar drei Viertel.[27] Nach Ansicht der Medienpädagogin Sabine Schiffer „sehen [wir] leider wieder, wie schnell es gehen kann, sich Feindbildern zu unterwerfen […]. Bei den verbreiteten Narrativen über die Kämpfe in der Ukraine kollidieren in Russland wie im Westen Parteilichkeit und Objektivität" (Schiffer und Fess 2022).[28] Weil die Massenmedien die öffentliche Wahrnehmung so stark beeinflussen, drohen immer wieder ihre Funktionalisierung und ihr Missbrauch. Umso wichtiger ist eine Kulturpolitik, die Darstellungen und Verflechtungen der Medien kritisch hinterfragt.[29]

4.3 Zum richtigen Leben im falschen?

Wie können Akteur*innen, die die bisherige Entwicklung mitgetragen haben, den Richtungswechsel herbeiführen? Auf dem Weg zum Wandel kann man sich selbst im Weg stehen. Auch die Kulturpolitik bewegt sich in Spannungsfeldern, dadurch ist sie selbst nicht immer widerspruchsfrei. Nehmen wir die Reaktion auf die Corona-Krise als Beispiel. Das allgemeine Verhalten der kulturpolitischen Verbände ließ Folgendes erkennen:

---

[27] „Umfrage in den USA zur Bedrohungslage durch Russland bis 2022" (Statista 12.04.2022, https://de.statista.com/statistik/daten/studie/1301318/umfrage/umfrage-in-den-usa-zur-bedrohungslage-durch-russland/). „Drei Viertel der Bürger befürchten Bedrohung aus Moskau" (Zeit Online 16.3.2022, https://www.zeit.de/news/2022-03/16/drei-viertel-in-deutschland-befuerchten-bedrohung-aus-moskau) (Zugriff: 16.4.2023).

[28] Diese Sicht wird auch von einigen Militärexperten bestätigt: „Wir befinden uns in einem Informationskrieg. Die Russen sagen nicht die Wahrheit, um ihre Bevölkerung und uns zu täuschen; die Ukraine auch nicht – um sich zu schützen und unsere fortgesetzte Unterstützung zu sichern. Ähnliches gilt für Deutschland, andere europäische Länder und die Amerikaner, die ihre Bevölkerung sehr zurückhaltend und zur Unterstützung motivierend über Kriegsverlauf, -kosten und -risiken informieren" (Thiele 2023).

[29] Dazu empfiehlt sich das Buch des Leipziger Medienwissenschaftlers Uwe Krüger: „Meinungsmacht. Der Einfluss von Eliten auf Leitmedien und Alpha-Journalisten – eine kritische Netzwerkanalyse" erschienen 2013 in Köln beim Herbert von Halem Verlag (Reihe des Instituts für Praktische Journalismus- und Kommunikationsforschung).

- Die Forderungen wurden an die politischen Institutionen adressiert. Vor allem die Bundesregierung (die Exekutive) wurde als zentrale Institution angesehen, die für die Lösung gesamtgesellschaftlicher Probleme zuständig ist – im Zweifel über die Köpfe der Bürger*innen hinweg. Wurde damit eine Machtkonzentration im Staat anerkannt und legitimiert?
- Die Verluste durch die Krise werden monetarisiert, genauso wie die Forderungen. Die Dominanz des ökonomischen Codes ist selbst in der Kulturpolitik inzwischen selbstverständlich, im Sinne von „Kunst gibt es nur gegen Geld". Eine solche Ökonomisierung ist aber auch eine Krisenursache. Die monetäre Unterstützung macht frei, weil sie in dieser Gesellschaft das Überleben ermöglicht. Gleichzeitig schafft sie selbst Abhängigkeiten.
- Während in der Finanzwirtschaft ein monetärer Überfluss herrscht, wird dem Rest der Gesellschaft eine künstliche finanzielle Knappheit aufgezwungen, die sich besonders in Krisen bemerkbar macht. Macht sich die Kulturpolitik auch für eine gerechte Umverteilung stark? Die künstliche Knappheit erhöht den Wettbewerb der gesellschaftlichen Bereiche um die Gunst der Bundesregierung. Jeder Bereich macht Lobbyarbeit für die eigene Klientel und fordert dabei einen Teil der Finanzmittel. Wenn Umwelt, Soziales und Kultur Opfer derselben Entwicklungslogik sind, dann wäre die logische Konsequenz, dass ihre Vertreter*innen miteinander kooperieren, um durch Druck eine Änderung der Rahmenbedingungen zu erzwingen. Doch genau das passiert nicht oder nicht ausreichend.
- Der Deutsche Kulturrat bezeichnete das Bundesprogramm „Neustart Kultur" als Erfolgsgeschichte. Aber „der starke Anstieg bei den Kulturausgaben auf der staatlichen Ebene ist [...] hauptsächlich ein Resultat von Hilfsmaßnahmen gegen die Folgen der Coronapandemie" (Statistische Ämter des Bundes und der Länder 2022, S. 19). Mit dem Ende der Coronapandemie hat sich gezeigt, dass die Erfolgsgeschichte nicht unbedingt eine dauerhafte ist. Mitte 2023 lief „Neustart Kultur" aus. Mit dem Förderprogramm wurden die Nöte abgefedert, jedoch keine Strukturen langfristig gestärkt. Dazu sind die Staatsschulden weiter gestiegen. An wen wird die Kulturpolitik ihre Forderungen richten, wenn die öffentlichen Kassen leer sind? Wofür

wird die Kulturpolitik plädieren, wenn das Geld knapp ist: mehr Kulturausgaben auf Kosten der Sozial- und Umweltausgaben – oder andersherum? Oder vielleicht doch für mehr Wirtschaftswachstum, um Verteilungskämpfe zu vermeiden?

Die konventionelle Kulturpolitik könnte selbst eine Normalität verinnerlicht haben, die nicht immer ausreichend hinterfragt wird. Gerade Krisen fordern uns jedoch dazu auf: „Wenn Kulturpolitik ihre Glaubwürdigkeit nicht verlieren will, muss sie neben dem ‚Weiter so' der praktischen Politik einen Diskurs über die Zukunft der Kultur anstoßen und dabei überkommene Muster, Konzepte und Lebensweisen in Frage stellen" (Scheytt 2017, S. 38).

Literatur

Ackermann, Saskia (2020): Wie künstlerisch tätig sein. In: Richter 2020, S. 40–44.

Adorno, Theodor W. (1973): Studien zum autoritären Charakter. Frankfurt/Main: Suhrkamp.

Amalfitano, Giacomo (2022): Guerra e mass media. In: F. Lever, P. C. Rivoltella, A. Zanacchi (Hrsg.), La comunicazione. Dizionario di scienze e tecniche. https://www.lacomunicazione.it/voce/guerra-e-mass-media/ (Zugriff: 27.5.2023).

Arendt, Hannah (1963): Eichmann in Jerusalem. A Report on the Banality of Evil. New York: The Viking Press.

Bentivegna, Sara (1993): La guerra in diretta. La copertura televisiva del conflitto nel Golfo. Torino: Nuova ERI.

Brocchi, Davide (2019): Wandel durch Kultur – Kultur im Wandel. Neue Entwicklungspfade für die Region Oberes Mittelrheintal. Eine Studie im Auftrag des Zweckverbandes Welterbe Oberes Mittelrheintal, Sankt Goarshausen. Köln: Eigenverlag. https://www.davidebrocchi.eu/wp-content/uploads/2019/08/2019_Studie_Kulturwandel_Region_Oberes_Mittelrheintal-Davide_Brocchi.pdf (Zugriff: 17.4.2023).

Brocchi, Davide; Eisele, Marion (2011): Die Ausstellung „2–3 Straßen". Bericht zur sozialwissenschaftlichen Begleitstudie. Im Auftrag des Instituts für Kunstgeschichte der Heinrich-Heine-Universität Düsseldorf. Düsseldorf:

nv. https://davidebrocchi.eu/wp-content/uploads/2020/02/2011_Ausstellung_2-3_Stra%C3%9Fen_Ruhr2010-Studie-Brocchi_Eisele.pdf (Zugriff: 27.4.2023).

Brocchi, Davide (2022): Nachhaltigkeit braucht mehr Soziokultur. In: davidebrocchi.eu 13.12.2022. https://www.davidebrocchi.eu/nachhaltigkeit-braucht-mehr-soziokultur/ (Zugriff: 17.4.2023).

Burckner, Clara (2007): Mit der Filmkultur ins 21. Jahrhundert. In: Schneider 2007, S. 26–35.

Cooke, John Byrne (2007): Reporting The War – Freedom of the Press from the American Revolution to the War on Terrorism. New York: Palgrave Macmillan.

Deutsche UNESCO-Kommission (2001): Verfassung der Organisation für Bildung, Wissenschaft und Kultur (UNESCO) verabschiedet in London am 16. November 1945. Bonn: Deutsche UNESCO-Kommission. https://www.unesco.de/mediathek/dokumente/verfassung-der-organisation-fuer-bildung-wissenschaft-und-kultur (Zugriff: 17.4.2023).

Deutscher Bundestag (Hrsg.) (2008): Kultur in Deutschland. Schlussbericht der Enquete-Kommission des Deutschen Bundestages. Regensburg: ConBrio.

Deutscher Kulturrat (2004): Kultur als Daseinsvorsorge! In: kulturrat.de 29.9.2004. https://www.kulturrat.de/positionen/kultur-als-daseinsvorsorge/ (Zugriff: 27.3.2023).

Deutscher Kulturrat (2019): Umsetzung der Agenda 2030 ist eine kulturelle Aufgabe. Positionspapier des Deutschen Kulturrates. https://www.kulturrat.de/positionen/umsetzung-der-agenda-2030-ist-eine-kulturelle-aufgabe/ (Zugriff: 27.3.2023).

Deutscher Kulturrat (2020): NEUSTART KULTUR: Eine Erfolgsgeschichte in Corona-Zeiten. Pressemeldung 4.12.2020. Berlin. https://www.kulturrat.de/presse/pressemitteilung/neustart-kultur-eine-erfolgsgeschichte-in-coronazeiten/ (Zugriff: 17.4.2023).

Elias, Norbert (1990): Über den Prozess der Zivilisation. Bd. 1. Frankfurt/Main: Suhrkamp.

Faulstich, Werner (2002): Einführung in die Medienwissenschaft. München: Fink.

Florida, Richard (2002): The Rise of the Creative Class. And How It's Transforming Work, Leisure and Everyday Life. New York: Basic Books.

Florida, Richard (2005): Cities and the Creative Class. London: Routledge.

Goehler, Adrienne (2021): Einmischen! In: Schneider et al. 2021, S. 115–121.

Goethe Institut (2022): Starter Kit – Wie können ukrainische Kunst- und Kulturschaffende unterstützt werden? München: Goethe Institut e. V. https://kupoge.de/wp-content/uploads/2022/04/Goethe-Starter-Kit_DE.pdf (Zugriff: 27.3.2023).

Grigoleit, Annette; Hahn, Julia; Brocchi, Davide (2013): „And in the end my street will not be the same". The art project 2–3 Streets and its link to (un)sustainability, creative urban development and modernization. In: City, Culture and Society Vol. 4/2014, S. 173–185.

Hamm, Bernd (2006): Die soziale Struktur der Globalisierung. Berlin: Kai Homilius.

Harari, Yuval Noah (2013): Eine kurze Geschichte der Menschheit. München: Pantheon.

Harari, Yuval Noah (2019): 21 Lektionen für das 21. Jahrhundert. München: C.H. Beck.

Hastings, Max (2022): Putin May Win in Ukraine, But the Real War Is Just Starting. In: Bloomberg Europe Edition 19.6.2022. https://www.bloomberg.com/opinion/articles/2022-06-19/russia-ukraine-war-putin-is-winning-but-the-us-and-europe-must-act (Zugriff: 27.3.2023).

Hoffmann, Hilmar (1981): Kultur für alle. Perspektiven und Modelle. Frankfurt/Main: S. Fischer.

Hofmann, Vera; Euler, Johannes; Zurmühlen, Linus; Helfrich, Silke (Hrsg.) (2022): Commoning Art – Die transformativen Potenziale von Commons in der Kunst. Bielefeld: transkript.

Inglehart, Ronald (1998): Modernisierung und Postmodernisierung. Frankfurt/Main: Campus.

Jerman, Tina (Hrsg.) (2001): ZukunftsFormen. Kultur und Agenda 21. Essen: Klartext.

Kagan, Sacha (2011): Art and Sustainability. Bielefeld: transcript.

Kämmerei der Stadt Köln (2019): Haushalt 2020/2021. https://www.stadt-koeln.de/mediaasset/content/pdf20/haushaltsplan_2020-2021_band_3.pdf (Zugriff: 27.3.2023).

Klein, Armin (2009): Kulturpolitik. Eine Einführung. Wiesbaden: VS Verlag.

Knöfel, Ulrike (2020): Kulturstaatsministerin Grütters: „Kreative müssen von ihrer Leistung leben können". In: Spiegel Online 10.4.2020. https://www.spiegel.de/kultur/corona-hilfen-kreative-muessen-von-ihrer-leistung-leben-koennen-a-dc5e793e-d285-4c7c-b943-2830f261f815 (Zugriff: 27.3.2023).

Kulturpolitische Gesellschaft (2006): Kulturpolitik ist Gesellschaftspolitik. In: Kulturpolitische Mitteilungen Heft 115 IV/2006.

Kulturstiftung des Bundes (2018): TRAFO 2. Broschüre. Berlin: TRAFO-Programmbüro.

Mandel, Birgit (2005): Kulturvermittlung. Zwischen kultureller Bildung und Kulturmarketing. In: Schneider 2007, S. 181–190.

Maurer, Marcus; Haßler, Jörg; Jost, Pablo (2023): Die Qualität der Medienberichterstattung über den Ukraine-Krieg. Forschungsbericht für die Otto Brenner Stiftung. Mainz: Johannes-Gutenberg-Universität. https://www.otto-brenner-stiftung.de/fileadmin/user_data/stiftung/02_Wissenschaftsportal/03_Publikationen/2023_Ukraine_Berichterstattung_Endbericht.pdf (Zugriff: 5.5.2023).

Mausfeld, Rainer (2019): Angst und Macht. Frankfurt/Main: Westend.

Molder, Harald (2010): 2 – 3 Straßen – Duisburger Philharmoniker zu Gast in Hochfeld. In: WochenAnzeiger 1.10.2010. https://www.lokalkompass.de/event/duisburg/c-kultur/2-3-strassen-duisburger-philharmoniker-zu-gast-in-hochfeld_e38316 (Zugriff: 27.3.2023).

Mühlberg, Dietrich (2001): Beobachtete Tendenzen zur Ausbildung einer ostdeutschen Teilkultur. In: Aus Politik und Zeitgeschichte 11/2001, 9.3.2001.

Müller-Espey, Christian (2019): Zukunftsfähigkeit gestalten. Frankfurt/Main: Peter Lang GmbH.

Nye, Joseph S. (2004): Soft Power. The means to success in world politics. New York: PublicAffairs.

Richter, Franziska (2020): Echoräume des Schocks. Wie uns die Corona-Zeit verändert. Berlin: Dietz.

Rosa, Harmut (2016): Resonanz. Eine Soziologie der Weltbeziehung. Berlin: Suhrkamp.

Rotermund, Hermann (2023): Kurzandacht in der Wohnzimmerkapelle. Die „Tagesschau" als beruhigende Welterzählung. In: epd-Medien 2.6.2023. https://www.epd.de/fachdienst/epd-medien/schwerpunkt/debatte/kurzandacht-der-wohnzimmerkapelle (Zugriff: 7.6.2023).

Roth, Claudia (2022): Gezielter Krieg gegen die Kultur. In: Deutschlandfunk 8.6.2022. https://www.deutschlandfunk.de/claudia-roth-odessa-ukraine-kultur-100.html (Zugriff: 27.3.2023).

Scheytt, Oliver (2017): Plädoyer für eine kulturelle Weltinnenpolitik. In: Kulturpolitische Mitteilungen II/2017, S. 37 f.

Schiffer, Sabine (2022): Blaupausen für die Ukraine. In: Telepolis 27.2.2022. https://www.heise.de/tp/features/Blaupausen-fuer-die-Ukraine-6527247.html?seite=all (Zugriff: 27.3.2023).

Schiffer, Sabine; Fess, Philipp (2022): Kriegsberichterstattung: „Der Diskurs ist derzeit total verengt". In: Der Freitag 23/2022. https://www.freitag.de/autoren/der-freitag/medienpaedagogin-sabine-fischer-ukraine-berichterstattung-ist-feindbildpflege (Zugriff: 17.4.2023).

Schneider, Wolfgang (Hrsg.) (2007): Grundlagetexte zur Kulturpolitik. Hildesheim: Glück & Schiller.

Schneider, Wolfgang; Gruber, Kristina; Brocchi, Davide (Hrsg.) (2021): Jetzt in Zukunft. Zur Nachhaltigkeit in der Soziokultur. München: oekom.

Schraepler, Hans-Albrecht (1994): Taschenbuch der Internationalen Organisationen. München: C.H. Beck/dtv.

Sievers, Norbert (2019): Leitartikel zur klimagerechten Kulturpolitik. In: Kulturpolitische Mitteilungen I/2019, S. 3.

Stadt Frankfurt am Main (2019): Mutig Frankfurts Zukunft anpacken. https://www.stadt-frankfurt.de/stadtkaemmerei/haushalt2020_2021broschuere/Haushalt%202020-2021%20auf%20einen%20Blick_Brosch%C3%BCre.pdf (Zugriff: 17.4.2023).

Statistische Ämter des Bundes und der Länder (2022): Kulturfinanzbericht 2022. Wiesbaden: Statistisches Bundesamt. https://www.destatis.de/DE/Themen/Gesellschaft-Umwelt/Bildung-Forschung-Kultur/Kultur/Publikationen/Downloads-Kultur/kulturfinanzbericht-1023002229004.pdf?__blob=publicationFile (Zugriff: 22.4.2023).

Tettamanzi, Laura; Grasso, Aldo; Conti, Paolo (1999): Il medium è il massacro. Milano: Ricerca e sviluppo Mediaset.

Thiele, Ralph (2023): „Ein Eröffnungsschachzug für Verhandlungen". Interview von Tobias Eßer. In: t-online 27.5.2023. https://www.t-online.de/nachrichten/ukraine/id_100182450/russland-medwedew-ueber-ende-des-ukraine-kriegs-das-sagt-ein-experte.html (Zugriff: 1.6.2023).

Watzal, Ludwig (2002): Editorial „Achse des Bösen"? In: APuZ – Aus Politik und Zeitgeschichte 8/2002. https://www.bpb.de/shop/zeitschriften/apuz/27088/editorial/ (Zugriff: 8.3.2023).

Weber, Max (1985): Wirtschaft und Gesellschaft – Grundriss der verstehenden Soziologie. Tübingen: J. C. B. Mohr.

Weibel, Peter (2001): Jenseits des weißen Würfels. In: Tina Jerman 2001, S. 103–109.

Zimmermann, Olaf (2022): Ganzheitlich: Kulturelles Wissen über unsere Freunde und unsere Feinde. In: kulturrat.de 1.5.2022. https://www.kulturrat.de/themen/texte-zur-kulturpolitik/ganzheitlich-kulturelles-wissen-ueber-unsere-freunde-und-unsere-feinde/ (Zugriff: 17.4.2023).

Teil II
Gegenwartsaufgabe: Wandel *by Design*

5

Transformation als Systemwechsel

Die vorigen Kapitel haben gezeigt, dass die Transformation kein Diskurs über die Zukunft ist: Wir sind bereits mittendrin. Die bislang dominante Transformation basiert auf einem Fortschritt, der progressiv zum Untergang führt. Aber die Polykrise ist auch eine Chance, denn zur kapitalistisch-industriellen Transformation gibt es Alternativen: Als Dachbegriff dafür steht eine große Transformation zur Nachhaltigkeit. Eben dieser Option wird dieses Kapitel gewidmet.

Zunächst stellt sich die Frage, ob Nachhaltigkeit der geeignete Dachbegriff für sozial-ökologische Alternativen ist. Einige Autor*innen beklagen, dass Nachhaltigkeit zu einem „Modewort" (Grober 2002) oder zu einem „Gummiwort" (Wullenweber 2000, S. 23) verkommen sei. Wenn inzwischen „nachhaltige Cremes oder Seifen zu Weihnachten" vermarktet werden,[1] die Credit Suisse (2019) für „Nachhaltigkeit bei Immobilien" wirbt und die Bundesregierung (2009) so etwas wie

---

Die Originalversion des Kapitels wurde revidiert. Ein Erratum ist verfügbar unter https://doi.org/10.1007/978-3-658-42317-9_9

---

[1] „Für Mama, beste Freundin & Co: Die schönsten Beauty Weihnachtsgeschenke 2022" unter https://www.myself.de/aktuelles/beauty/beauty-weihnachtsgeschenke-2022/ (Zugriff: 17.4.2023).

"nachhaltiges Wachstum" theorisiert, wofür soll Nachhaltigkeit dann noch gut sein? "Nachhaltigkeit" leidet eben am gleichen Problem wie alle Begriffe, die sich auf eine hohe Komplexität beziehen und deshalb nicht dingfest machen lassen. Dazu gehören auch "Natur", "Gesellschaft" oder "Wirtschaft". Je größer die Komplexität ist, auf die sich ein Begriff bezieht, desto vieldeutiger und unschärfer ist er. Das öffnet die Türen für Manipulation und Missbrauch. Wenn Nachhaltigkeit einen "Systemwechsel" erfordert, dann gibt es wahrscheinlich ein Interesse, diese Subversivität zu entschärfen – zum Beispiel durch die Einverleibung des Nachhaltigkeitsbegriffes in die "hegemonialen Diskurse" (Laclau und Mouffe 1991). In der Musikwelt ist das Phänomen bereits bekannt: Selbst die Gesellschaftskritik von Rap und Hip-Hop wird durch ihre Kommerzialisierung abgeschwächt. In der "Kulturindustrie" verkommt jedes Kunstwerk zur Ware (Horkheimer und Adorno 1988).

Sicher ist Nachhaltigkeit kein idealer Begriff, aber auf komplexe Begriffe können wir trotzdem nicht verzichten. Mögliche Alternativen zu "Nachhaltigkeit" wären "Zukunftsfähigkeit" und "Lebendigkeit". Für den ersten Begriff entschied sich 1996 das Wuppertal Institut in seiner Studie "Zukunftsfähiges Deutschland" (B.U.N.D. und Misereor 1996). Auch Christian Müller-Espey betitelt seine Dissertation mit "Zukunftsfähigkeit gestalten". Die Begründung:

> "Die Wortkombination ‚Zukunftsfähigkeit' beinhaltet […] die Option, zukunftsfähiger als bisher zu handeln, alternative Wege und Möglichkeiten zu erkennen, aufzuzeigen, Menschen zu befähigen, Zukunft aktiv mitgestalten zu können. Es spricht für den Begriff Zukunftsfähigkeit, dass er das gestaltende Element der ‚Befähigung' beinhaltet" (Müller-Espey 2019, S. 38).

Die Schwäche dieser Begriffswahl? Solange die Transformation die Fähigkeit oder die Befähigung zur Zukunft bleibt, wird die Gestaltung der Gegenwart den nicht-nachhaltigen Kräften überlassen. Es gibt auch bessere Gegenwarten und nicht nur mögliche Zukünfte. Zudem ist die Zukunft Teil des Problems, denn sie stand in der linearen Entwicklungskonzeption von Fortschritt und Modernisierung immer über allem. Als "Projekt der Vernunft" verfolgte die Zukunft die Entwurzelung, denn hier war die Vergangenheit immer nur das Archaische, das überwunden werden muss (Morra 1992, S. 14). Die Frage der Bewahrung kam so unter die Räder (Latour 2021a). Aus genau diesen Gründen kann die Transformation zur Nachhaltigkeit keine Zukunftsaufgabe sein: Sie ist eine *Gegenwartsaufgabe*.

Der Philosoph Andreas Weber zieht „Lebendigkeit" dem Begriff „Nachhaltigkeit" vor, denn im Nachhaltigkeitsdiskurs erkennt er die Reproduktion der eigentlichen Ursünde der Moderne: jene der Desubjektivierung der Natur bzw. der Verdinglichung der Welt.

> „Objekterkundung erfordert Logistik und Herrschaftswissen, Management und Archivstrukturen. Eine Welt als Objekt lässt sich besitzen und verbessern. In einer Welt als Ding gibt es notwendigerweise einen Wettkampf um Ressourcen: um den Anteil an diesem Ding. Einer Welt als Ding bleibt der Mensch letztendlich immer fremd, denn er selbst weiß von sich, dass er, obwohl auch ein Objekt, gleichwohl kein Ding ist" (Weber 2021, S. 102).

Tatsächlich hat die Sicht der mechanistischen Naturwissenschaften den Nachhaltigkeitsdiskurs schwer belastet und darin eine Denkweise verankert, die selbst zur Umweltkrise geführt hat. „Das Haus des Herren lässt sich [aber] nicht mit den Werkzeugen des Herren demontieren", so die Aktivistin Audre Lorde (ebd.). Anders als die separierende Rationalität von Bacon und Descartes verbindet „Lebendigkeit" Mensch und Natur. Während Nachhaltigkeit nach Verzicht klingt, ist Lebendigkeit etwas, das befreit werden will. Andreas Webers Beitrag ist mutig, er fordert einen Paradigmenwechsel in unserem Menschen- und Naturbild. Solche Positionen werden aber im Nachhaltigkeitsdiskurs nur am Rande rezipiert und führen meistens ein Eigenleben als Paralleldiskurs. Nicht nur Nachhaltigkeit, sondern auch Lebendigkeit kann zur „Expertenlyrik" (Schenkel 2002, S. 32 f.) verkommen. Wohlgemerkt: Der Fehler liegt nicht bei Weber.

Trotz der vielen Begriffsschwächen wird in dieser Publikation an „Nachhaltigkeit" festgehalten, solange kein besseres Wort gefunden wird, um die Komplexität auszudrücken, worum es hier geht (zum Beispiel um eine Multidimensionalität, die über das sozial-ökologische hinausgeht). Sicher lässt sich mit „Nachhaltigkeit" weder Leidenschaft erzeugen noch eine heterogene Bevölkerung aktivieren, aber muss jede

Begrifflichkeit diese Funktion haben? Um Leidenschaft zu erzeugen und um eine heterogene Bevölkerung zu aktivieren, reichen ein einziges Wort und eine einzige große Erzählung ohnehin nicht aus: Es braucht Vielfalt. Es kann unterschiedliche Begriffe und Sprachen geben, um die Auffassungen auszudrücken, die in dieser Publikation mit „Nachhaltigkeit" verbunden werden. Auch Sprache kann übrigens demokratisch gewählt und gestaltet werden.

Die Entscheidung am Nachhaltigkeitsbegriff festzuhalten, stützt sich unter anderem auf das Werk „Die Entdeckung der Nachhaltigkeit" von Ulrich Grober (2010). Damit hat der Historiker die geistigen Horizonte des Nachhaltigkeitsdiskurses erweitert und gezeigt, dass seine Wurzeln viel tiefer als bei den Naturwissenschaften und dem Forstwirt Hans Carl von Carlowitz liegen. Zu den „Urtexten" der Nachhaltigkeit gehört nämlich auch der „Sonnengesang" (Canticum Solis) von Franziskus von Assisi,[2] in dem Sonne, Mond, Wind, Wasser, Feuer… als „Bruder und Schwester" bezeichnet werden:

> „Mensch und Naturphänomene haben gleichen Ursprung und gleichen Rang […]. Die franziskanische Perspektive hebt die Trennung zwischen Mensch und übriger Schöpfung auf. Sie vollzieht einen radikalen Bruch mit machtvollen Traditionen des antiken und christlichen Denkens – und fordert ebenso radikal die westliche Moderne heraus" (ebd., S. 43).

Nachhaltigkeit ist ein Wort der deutschen Sprache und jede Sprache ist an sich ein Weltbild. „Die Grenzen meiner Sprache bedeuten die Grenzen meiner Welt", schrieb Ludwig Wittgenstein (2014, S. 134). Diskurse können nur anhand einer Sprache geführt werden, die nie vollkommen sein kann und mindestens so relativ wie die Kultur selbst ist. Welche Sprache braucht die Transformation, die für die Überwindung der Polykrise nötig ist? Während die Verwendung des Nachhaltigkeitsbegriffes gerechtfertigt werden muss, sind seine englische und italieni-

---

[2] An Franziskus von Assisi knüpft Jorge Mario Bergoglio an, der sich seit 2013 Papst Franziskus nennt. Mit seiner Enzyklika „Laudato si. Über die Sorge für das gemeinsame Haus" wollte er den tiefen Bruch zwischen Kirche und Ökologie überwinden (Papst Franziskus 2015).

sche Version („Sustainability" und „Sostenibilità") unbelasteter. Als allgemeinsprachliches Wort bedeutet Nachhaltigkeit „Dauerhaftigkeit",[3] die wörtliche Übersetzung von Sustainability und Sostenibilità wäre hingegen „Tragfähigkeit".[4] Vermutlich würde sich ein solches Wort für Kosmetikwerbung schwerer missbrauchen lassen. Volker Hauff, SPD-Politiker und Mitglied der Brundtland-Kommission, veröffentlichte 1987 die deutsche Fassung des Brundtland-Berichts „Unsere gemeinsame Zukunft". „Sustainable Development" übersetzte er dabei mit „dauerhafte Entwicklung" (Hauff 1987, S. 46) – und traf damit eine politische Entscheidung: Wenn man bedenkt, dass „Entwicklung" in den Modernisierungstheorien ein Synonym für „Wachstum" ist, dann klingt „dauerhafte Entwicklung" wie „dauerhaftes Wachstum". Erst mit der Agenda 21 von 1992 setzte sich die heute geltende Übersetzung von „Sustainable Development" durch: nachhaltige Entwicklung (Bundesumweltministerium 1997).

Komplexe Begriffe wie „Gesellschaft" oder „Natur" dienen uns lediglich als Markierung in der mentalen Landkarte eines sehr weiten „Gebiets". Sie geben Orientierung und helfen uns bei der gemeinsamen Erkundung. Gleiches gilt für „Nachhaltigkeit". Weil die Vieldeutigkeit jedem komplexen Begriff innewohnt, ist nicht immer nachhaltig, was Nachhaltigkeit genannt wird. Und was nachhaltig ist, wird nicht immer so genannt. Deshalb kommt es bei der Transformation nicht auf den Begriff selbst an, sondern vielmehr auf den Referenzrahmen und die Denkweise dahinter. Wenn Nachhaltigkeit der Gegenentwurf zu jeder Entwicklung ist, die soziale Systeme in eine Sackgasse führt, dann sollte sich ihr Kulturprogramm vom bisher dominanten klar abgrenzen.

---

[3] Nachhaltigkeit kommt vom Verb „nachhalten", das „anhaltend wirken, von längerer Dauer sein" bedeutet (vgl. Klappenbach und Steinitz 1974, S. 2587; Kluge 2002, S. 642 f.).

[4] Als 1972 Hans-Dieter Heck „The Limits to Growth" ins Deutsche übersetzte, wählte er „aufrechterhaltbar" als deutsches Äquivalent zu „sustainable". Für den Publizisten Ulrich Grober eine sehr präzise Übersetzung: „‚Aufrechterhaltbar' und ‚nachhaltig' sind semantisch beinahe deckungsgleich. In beiden Fällen ist ‚halten' das Wurzelwort. Das erste nimmt die räumliche Dimension (aufrecht), das zweite die zeitliche Dimension (nach) in den Fokus". Vor allem „tragfähig" (Grober 2010, S. 19) kommt aber dem etymologischen Ursprung von „sustainable" am nächsten. Das Lateinische sustinere (vgl. Onions 1964, S. 2095) besteht nämlich aus zwei Teilen: (a) sus- von unten (eng.: up) und (b) tenere halten, tragen, stützen (eng.: to hold). Sustainable bedeutet also die Fähigkeit, von unten getragen zu werden.

Während sich die institutionalisierte Nachhaltigkeitsdebatte im Rahmen der Vereinten Nationen durch den Versuch auszeichnet, dem Entwicklungsmodell der Modernisierung eine neue Legitimation zu verleihen (Eblinghaus und Stickler 1996), möchte das enge Nachhaltigkeitsverständnis Ökologie und Ökonomie in Einklang bringen. Erst ein erweitertes Nachhaltigkeitsverständnis schließt die soziale und kulturelle Dimension mit ein und grenzt sich vom Kulturprogramm der Modernisierung ab. Dafür plädiert diese Publikation.

Für den Nachhaltigkeitsdiskurs stellte der Import des politikwissenschaftlichen Transformationsbegriffes ab 2009 eine Art Paradigmenwechsel dar, das zeigt der zweite Abschnitt dieses Kapitels. Wenn die nachhaltige Transformation der Gegenentwurf zu einem Wandel *by Disaster* sein soll, stellt sich die Frage, wie das Design dieses Wandels überhaupt aussehen soll.

5.1 Nachhaltigkeit anders verstehen

In Bezug auf Nachhaltigkeit beziehen sich die Massenmedien, die Regierungen sowie die Kulturpolitik meistens auf die *institutionelle* Nachhaltigkeitsdebatte: jene im Rahmen der Vereinten Nationen. Während in den 1990ern der Brundtland-Bericht und die Agenda 21 zitiert wurden, sind heute die 17 Ziele für nachhaltige Entwicklung der Vereinten Nationen eine verbreitete Referenz (Weiß 2021). Wie kann aber sein, dass mehr als 50 Jahre nach der ersten Umweltkonferenz der UNO in Stockholm alle wesentlichen Entwicklungen in Bezug auf Nachhaltigkeit immer noch in die falsche Richtung gehen?

Das zweite Nachhaltigkeitsverständnis, das im Folgenden behandelt wird, ist das *enge*. Mal wird Nachhaltigkeit eindimensional begriffen und die ökologische Dimension in den Vordergrund gestellt (Grunwald und Kopfmüller 2006, S. 41 ff.). Mal wird der Terminus als Brücke zwischen Ökologie und Ökonomie gesehen (Costanza et al. 2001). Erst das *erweiterte* Nachhaltigkeitsverständnis umfasst auch die soziale und kulturelle Dimension und wird hier als Drittes vorgestellt. Zwar ist die ökologische Umwelt die Grundlage unseres Überlebens, doch unser

Umgang damit hängt von den sozialen und kulturellen Verhältnissen innerhalb der Gesellschaft ab.

5.1.1 Das institutionelle Nachhaltigkeitsverständnis

In den Vereinten Nationen war die zunehmende Kritik der Entwicklungspolitik als Modernisierungspolitik der Auslöser der Debatte über nachhaltige Entwicklung (Eblinghaus und Stickler 1996). Diese Kritik begann in der zweiten Hälfte der 1960er und kam aus zwei Richtungen:

- *Soziale Kritik.* Die Folgen der ersten Dekaden der Entwicklungspolitik zeigten schon damals, dass diese den „Helfenden" mehr als den „Geholfenen" diente. Mit dem Marshall-Plan hatten die USA den eigenen Absatzmarkt erweitert und ihren politischen und kulturellen Einfluss in Westeuropa gefestigt. Nach der Dekolonisierungswelle war die Entwicklungspolitik der Vorwand, der es den ehemaligen Kolonialmächten ermöglichte, eine gewisse Kontrolle über die ehemaligen Kolonien aufrechtzuerhalten. Nun basierte die Ausbeutung auf ökonomischen statt militärischen Druckmitteln (Abschn. 2.2.3). Gegen diese Entwicklungspolitik entstand in Lateinamerika eine kritische Denkschule, die neomarxistische Theorien mit der Befreiungstheologie von Leonardo Boff und Ernesto Cardenal (u. a.) vermischte. Für diese „Dependenztheorien" war die Armut in den Entwicklungsländern nicht selbstverursacht, sondern das Ergebnis der bestehenden Abhängigkeit (*dependencia*) des Südens gegenüber dem Norden. Der richtige Weg zur Entwicklung konnte daher nicht in der Entwicklungshilfe liegen, sondern nur in der Befreiung von Ausbeutungsverhältnissen (Dussel 1985).
- *Ökologische Kritik.* Das verschwenderische Entwicklungsmodell der Industrienationen konnte kein Vorbild für die ganze Welt sein. Dafür gab es auch ökologische Gründe, die unter anderem im ersten Bericht des Club of Rome 1972 erläutert wurden. In „Die Grenzen des Wachstums" zeigte das Team von Wissenschaftlern um Dennis Meadows, dass auf einem biophysisch begrenzten Planeten kein

unbegrenztes Wachstum möglich sein kann. Die erste große Ölkrise von 1973 brachte diesen Thesen die nötige Aufmerksamkeit, denn sie machte bewusst, wie vulnerabel ein Lebensstil ist, der von nichterneuerbaren Ressourcen abhängig ist. Die Umwelt durfte weder als unbegrenztes Rohstofflager noch als bodenlose Deponie betrachtet werden.

Die dramatischen Auswirkungen des sauren Regens in Skandinavien brachten Schweden 1972 dazu, den ersten „Umweltgipfel" der Vereinten Nationen in Stockholm zu veranstalten. Dabei wehrten sich vor allem Entwicklungsländer gegen strengere Umweltauflagen, die ihre Entwicklungsmöglichkeiten begrenzten: Sie forderten stattdessen eine stärkere Berücksichtigung ökonomischer und sozialer Belange. Um diesen Widerstand zu überwinden, prägte Maurice Strong, Direktor des in Stockholm gerade gegründeten Umweltprogramms der Vereinten Nationen (UNEP), im Jahr 1973 „Ecodevelopment" als Brückenbegriff zwischen umwelt- und entwicklungspolitischen Zielen.[5] Auf der internationalen Bühne der Politik stellte „Ecodevelopment" den Vorläufer von „Sustainable Development" dar (Lélé 1991, S. 615) und ging später in der entsprechenden Diskussion auf (Eblinghaus und Stickler 1996, S. 32). 1974 fand in Bukarest eine Konferenz mit dem Titel „Science and Technology for Human Development: The Ambiguous Future – The Christian Hope" statt. Sie wurde von einer Enquete-Kommission des Weltkirchenrats veranstaltet, um christliche Antworten auf jene wissenschaftliche und technologische Revolution zu suchen, die eine Weltkrise ausgelöst hatte (vgl. Grober 2010, S. 238). Darauf hatte vor allem die Ethnologin und Anthropologin Margaret Mead als Vertreterin

---

[5] „Ecodevelopment ist ein Ansatz zur Entwicklung eines bestimmten Ökosystems oder Ortes, der wirtschaftliche und ökologische Faktoren harmonisiert, um die bestmögliche Nutzung sowohl der menschlichen als auch der natürlichen Ressourcen der Region zu gewährleisten, um den Bedürfnissen und Bestrebungen der Menschen auf einer nachhaltigen Grundlage am besten gerecht zu werden. Es bezeichnet eine kreative und geplante gemeinschaftliche Bemühung, Lebensweisen, Institutionen und Techniken zu entwickeln, die ihren unverwechselbaren kulturellen und sozialen Werten und Zielen den größtmöglichen Ausdruck verleihen und die Lebensqualität der einzelnen Menschen und der Gemeinschaft als Ganzes verbessern" (Strong zit. in Egan 2012; eigene Übersetzung).

der Episcopal Church der USA bei der Vollversammlung des Weltkirchenrats von 1968 gedrängt.

Eine der Arbeitsgruppen im Rahmen der Bukarester Konferenz beschäftigte sich mit den „Grenzen des Wachstums". Dazu gehörten auch zwei Mitglieder des Club of Rome: der australische Biologe Charles Birch, der die Arbeitsgruppe leitete, und der Norweger Jørgen Randers, der beim Massachusetts Institute of Technology (MIT) in Boston am Bericht von Dennis Meadows mitgearbeitet hatte. Wie in Stockholm 1972 war auch die Diskussion innerhalb dieser Arbeitsgruppe vom Nord-Süd-Konflikt dominiert: Während die Industrienationen vor dem ökologischen Kollaps warnten und eine Begrenzung des demografischen sowie des wirtschaftlichen Wachstums forderten, meinten die Vertreter der Entwicklungsländer: „Ihr hattet euer Wachstum. Jetzt sind wir dran" (Randers zit. in Grober 2010, S. 239). Um diesen Konflikt zu überwinden, wurde nach einem gemeinsamen Leitbild gesucht. Vor allem der Vorschlag von Charles Birch stieß auf große Zustimmung: „ecologically sustainable society". Im Abschlussdokument der Bukarester Tagung hieß es: „The goal must be a robust, sustainable society, where every individual can feel secure that his/her quality of life will be maintained or improved" (World Council of Churches 1974). Die Vollversammlung des Weltkirchenrats von 1975 in Nairobi machte sich das Ergebnis zu eigen und erweiterte ihr bisheriges Leitbild entsprechend. Es hieß nun nicht mehr „just and participatory society", sondern „just, participatory and sustainable society" (Paton 1975).

In der Diskussion innerhalb des Weltkirchenrats war „Sustainability" zu einem Brückenbegriff zwischen verschiedenen Forderungen und Dimensionen geworden. Er verband die Frage der ökologischen Tragfähigkeit mit jener der sozialen Gerechtigkeit und Partizipation. Vor allem Margaret Mead forderte ein neues Wohlstandsmodell, bei dem „Lebensqualität vor einem in materiellen Gütern gemessenen Lebensstandard" steht (Grober 2010, S. 238). Innerhalb der Grenzen des Wachstums bedeutet Lebensqualität eine Umverteilung des Reichtums: „The rich should live more simply, so that the poor can simply live", sagte Charles Birch (1976, S. 69).

Die soziale und die ökologische Kritik der dominanten Entwicklungspolitik führte zu dem Versuch, ein umfassendes alternatives

Entwicklungsmodell zur Modernisierung auszuarbeiten. So präsentierte die schwedische Dag Hammarskjöld Foundation 1975 ihr Dokument „What now? Another Development" vor der Generalversammlung der Vereinten Nationen. Darin wurden drei Grundelemente der „anderen Entwicklung" beschrieben:

- *Basic Needs:* eine Entwicklung, die sich an der Befriedigung der Grundbedürfnisse orientiert und auf die Beseitigung der Armut zielt;
- *Self-Reliance:* eine endogene (von innen wirkende), selbstentfaltende und selbstbestimmte Entwicklung;
- *Ecodevelopment:* eine Entwicklung im Einklang mit der Umwelt. (Dag Hammarskjöld Foundation 1975)

Auf die zunehmende Forderung nach einem radikalen Wandel in der Entwicklungspolitik reagierte die Gemeinschaft der Staatsregierungen mit der Kompromissformel „Sustainable Development": Das wachstumsorientierte Entwicklungsmodell sollte korrigiert und optimiert werden, damit es fortgesetzt statt überwunden wird (Eblinghaus und Stickler 1996, S. 116). 1983 richteten die Vereinten Nationen die „World Commission for Environment and Development" (WCED) ein. Das Gremium wurde unter den Vorsitz der ehemaligen norwegischen Ministerpräsidentin Gro Harlem Brundtland gestellt. Die Brundtland-Kommission verabschiedete 1987 einen Bericht mit dem Titel „Our Common Future" (auch „Brundtland-Bericht" genannt), der die bekannteste Definition von „Sustainable Development" enthält:

> „Dauerhafte Entwicklung ist eine Entwicklung, die die Bedürfnisse der Gegenwart befriedigt, ohne zu riskieren, dass künftige Generationen ihre eigenen Bedürfnisse nicht befriedigen können" (Hauff 1987, S. 46).

Damit wurde Nachhaltigkeit mit zwei Formen von Gerechtigkeit verbunden:

- die *intragenerationale* (Die Grundbedürfnisse aller in der Gegenwart lebenden Menschen sollen befriedigt und die Armut soll überwunden werden.)

- eine *intergenerationale* (Die Bedürfnisse der Gegenwart sollen befriedigt werden, aber ohne die Bewohnbarkeit der Erde zu zerstören. Nur so können die künftigen Generationen ihre eigenen Bedürfnisse befriedigen.)

Die erste Form von Gerechtigkeit umschreibt die soziale Komponente der Nachhaltigkeit, die zweite die ökologische. 1992 trafen sich die Regierungsvertreter*innen aus aller Welt in Rio de Janeiro, um die guten Vorsätze des „Brundtland-Berichtes" in die Tat umzusetzen. Der Diskurs „Sustainable Development" sollte eine Lösung der sozialen und ökologischen Krise anstreben, hauptsächlich durch die Behebung der bisherigen „Fehler" von Entwicklung (Eblinghaus und Stickler 1996, S. 116). Von diesem Moment an wurde der Nachhaltigkeitsdiskurs endgültig institutionalisiert. Mit der Agenda 21 wurde das Ziel bekräftigt, die Städte, die Kommunen und die Zivilgesellschaft stärker einzubinden, zum Beispiel durch die Lokale Agenda 21.[6] Von den 14.000 Städten und Gemeinden in Deutschland hatten bis Ende 1996 ca. 100 eine Lokale Agenda 21 beschlossen, bis zum Jahr 2002 ca. 2.300 (Born und Kreuzer 2002, S. 7). Zu den Lokalen Agenda-21-Initiativen gehören unter anderem Akteure aus der Zivilgesellschaft, kirchlichen Gruppierungen und Volkshochschulen.

Nach der Agenda 21 verabschiedeten die Vereinten Nationen im Jahr 2000 die *Millenniumsziele*[7] und im Jahr 2015 die *Agenda 2030 für nachhaltige Entwicklung*.[8] Die Agenda 2030 fasst in 17 Zielen (Abb. 5.1) und 169 Zielvorgaben die transnationalen politischen Wegmarken der Weltgemeinschaft für einen Kurswechsel zusammen.

---

[6] „Da viele der in der Agenda 21 angesprochenen Probleme und Lösungen auf Aktivitäten auf der örtlichen Ebene zurückzuführen sind, ist die Beteiligung und Mitwirkung der Kommunen ein entscheidender Faktor bei der Verwirklichung der in der Agenda enthaltenen Ziele [...]. Bis 1996 soll sich die Mehrzahl der Kommunalverwaltungen der einzelnen Länder gemeinsam mit ihren Bürgern einem Konsultationsprozess unterzogen und einen Konsens hinsichtlich einer ‚lokalen Agenda 21' für die Gemeinschaft erzielt haben" (Bundesumweltministerium 1997, S. 231).
[7] UN-Millennium-Entwicklungsziele: http://www.un-kampagne.de/index-11305.php (Zugriff: 8.6.2023).
[8] Kampagne „17 Ziele für nachhaltige Entwicklung": https://17ziele.de/ (Zugriff: 11.6.2023).

Abb. 5.1 17 Ziele für nachhaltige Entwicklung der Vereinten Nationen (17 SDG). (Aus BMZ 2017)

5.1.1.1 Stationen in Deutschland

Als Brücke zwischen Politik und Wissenschaft richtete der Deutsche Bundestag 1992 die Enquete-Kommission „Schutz des Menschen und der Umwelt" ein. In ihrem Schlussbericht „Die Industriegesellschaft gestalten – Perspektiven für einen nachhaltigen Umgang mit Stoff- und Materialströmen" wird ein Drei-Säulen-Modell der Nachhaltigkeit formuliert: Eine Entwicklung ist nachhaltig, wenn dabei soziale, ökonomische und ökologische Belange in Einklang gebracht werden (Enquete-Kommission 1994, S. 33). Diese Belange lassen sich wie folgt darstellen:

- „*Die ökonomische Dimension*: Aus der Zielsetzung, alle heute lebenden und künftigen Generationen mit ausreichend Gütern und Dienstleistungen zu versorgen, ergibt sich die Aufgabe, angemessenes Wirtschaftswachstum zu erreichen. Das Konzept Sustainable Development ist so mit der allgemeinen Frage nach Sinn und Zweck des wirtschaftlichen Wachstums verknüpft.
- *Die soziale Dimension*: Die ungleiche Verteilung des Wohlstands und des Wirtschaftswachstums zwischen den heute lebenden Men-

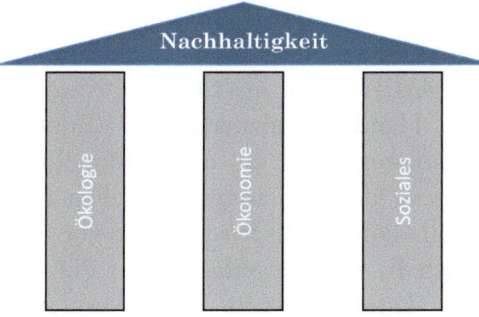

Abb. 5.2 Drei-Säulen-Modell der Nachhaltigkeit. (Eigene Darstellung)

schen und den zukünftigen Generationen stellt die Frage nach der gerechten Verteilung der Güter auf der Erde. Vor allem soll vermieden werden, dass künftige Generationen schlechter leben müssen, weil die heutigen Generationen die natürlichen Ressourcen übernutzt haben.

- *Die ökologische Dimension*: Das Nachhaltigkeitsprinzip setzt auf angemessenes und gerecht verteiltes Wirtschaftswachstum bei gleichzeitiger Sicherung der natürlichen Lebensgrundlagen" (Voss 1997, S. 24) (Abb. 5.2).

Die „Konsensstrategien" (ebd., S. 23) der Nachhaltigkeit verfolgen eine integrierte Berücksichtigung dieser Dimensionen bei der Formulierung der politischen Ziele. Jede Dimension wird durch Interessenvertreter*innen und Fachexpert*innen (Stakeholder) repräsentiert, die in gleicher Zahl in Gremien sitzen und die Ziele auf Augenhöhe miteinander aushandeln. An diesen Konsensstrategien orientiert sich die Konzeption des „Rats für Nachhaltige Entwicklung" (RNE), der 2001 von der Bundesregierung berufen wurde. Ihm gehören 15 Persönlichkeiten des öffentlichen Lebens aus der Zivilgesellschaft, der Wirtschaft, der Wissenschaft und der Politik an.[9]

---

[9] Rat für Nachhaltige Entwicklung (RNE): https://www.nachhaltigkeitsrat.de/ (Zugriff: 8.6.2023).

2002 beschloss der Deutsche Bundestag die nationale Nachhaltigkeitsstrategie „Perspektiven für Deutschland" und verkündete die Absicht, Nachhaltigkeit künftig als Querschnittsaufgabe und Grundprinzip politischen Handelns anzuerkennen (Bundesregierung 2002, S. 1). Für die Bundesregierung ist nachhaltige Entwicklung ein gesellschaftlicher Prozess, der gemeinsam mit allen relevanten Akteuren gestaltet werden soll. Potenzielle Partner sind die „Länder und Kommunen, die Wirtschaft, die Gewerkschaften, die Umwelt- und Entwicklungsverbände, Landwirtschafts- und Verbraucherverbände, die Wissenschaft, die einzelnen Bürger und Bürgerinnen" (ebd., S. 54). Im Strategiepapier wurden die 21 Indikatoren und Ziele einer nachhaltigen Entwicklung vier Kategorien untergeordnet: Generationengerechtigkeit, Lebensqualität, Sozialer Zusammenhalt und Internationale Verantwortung. Auch die Implementierung einer Erfolgskontrolle ist in dem Papier vorgesehen (ebd., S. 323–328). Das Dokument wurde 2017 den globalen 17 Zielen für nachhaltige Entwicklung der Vereinten Nationen angepasst und unter Einbindung der Länder und Kommunen als „Deutsche Nachhaltigkeitsstrategie" (DNS) verabschiedet. Darin wird Nachhaltigkeit durch ein System von 63 Indikatoren operationalisiert und messbar gemacht. Alle vier Jahre berichtet die Bundesregierung mit einem „Fortschrittsbericht" über die Umsetzung ihrer Nachhaltigkeitsstrategie und gibt damit der Öffentlichkeit die Möglichkeit, selbst darüber zu urteilen.[10] Ob die Versprechen der Bundesregierung tatsächlich wirken? Christian Müller-Espey hat den Fortschrittsbericht 2016 analysiert und kommt zu dem in Tab. 5.1 gezeigten Ergebnis.

In einigen Handlungsfeldern können positive Entwicklungen verzeichnet werden, in anderen gehen jedoch die politischen Versprechen und die tatsächliche Entwicklung auseinander. Besonders negativ ist der Trend in diesen Handlungsfeldern: Zustand der Wälder, Artenvielfalt, Treibhausemissionen, Mobilität sowie Belastung des Grundwassers (Müller-Espey 2019, S. 50).

---

[10] Bundesministerium für Umwelt, Naturschutz, nukleare Sicherheit und Verbraucherschutz (2013): Fortschrittsberichte zur Nationalen Nachhaltigkeitsstrategie. https://www.bmuv.de/download/fortschrittsberichte-zur-nationalen-nachhaltigkeitsstrategie (Zugriff: 8.6.2023).

Tab. 5.1 Fortschrittsbericht 2016 über die Umsetzung der Deutschen Nachhaltigkeitsstrategie (DNS)

Statistische Prognose: Erreichen der ausgewiesenen DNS-Ziele 2030		
Status der Indikatoren (Gesamt: 63)	Anzahl	%
Ziel wird (nahezu) erreicht	21	33,3
Entwicklung geht in die richtige Richtung, aber das Ziel wird um 5–20 % verfehlt	6	9,5
Entwicklung geht in die richtige Richtung, aber das Ziel wird um mehr als 20 % verfehlt	20	31,8
Entwicklung geht in die falsche Richtung	9	14,3
Keine Angabe möglich	7	11,1

(Aus Müller-Espey 2019, S. 49)

5.1.1.2 Kritische Betrachtung

Im Vergleich zu einer Entwicklungspolitik als Modernisierungspolitik bringt das institutionelle Verständnis von Nachhaltigkeit einige wichtige Neuigkeiten mit sich:

- Während sich die Modernisierung auf die „Unterentwicklung" des globalen Südens und der Peripherien fokussiert, lassen „Ecodevelopment" und „Sustainable Development" eine kritische Selbstreflexion des globalen Nordens und der Zentren zu.
- In der Modernisierung ist die „Entwicklungshilfe" der Königsweg zur Überwindung der „Unterentwicklung". Dadurch wird die paternalistische Rolle der vermeintlichen Entwicklungshelfer legitimiert. Das Dokument „What now? Another Development" von 1975 sieht hingegen in der Emanzipation und in der Selbstbestimmung eine wichtige Voraussetzung für die Überwindung der „Unterentwicklung".
- In der Modernisierung werden soziale Belange (z. B. Arbeitsstellen, Wohnraum) und ökologische Belange (Umwelt- und Naturschutz) gegeneinander ausgespielt, um die Notwendigkeit eines ungleichen Wirtschaftswachstums zu legitimieren. Die Debatten über „Ecodevelopment" und „Sustainable Development" stellen den Versuch dar, die verschiedenen Belange miteinander zu verbinden. Hier wird gesellschaftliche Entwicklung multidimensional statt mono-

dimensional behandelt. Mit seiner Definition stellt der Brundtland-Bericht Nachhaltigkeit als Frage der sozialen Gerechtigkeit.

Durch die Vereinten Nationen konnte das Leitbild der nachhaltigen Entwicklung ab den 1990ern eine steile Karriere antreten. Im Jahr 1996 stellten Helga Eblinghaus und Armin Stickler fest, dass „von der Weltbank bis zur Gesellschaft für technische Zusammenarbeit, von der UNO bis zur EU, von den Entwicklungsagenturen bis zu den führenden Unternehmen, von Parteien und Verbänden bis zur ‚Ökogruppe' vor Ort, von den Nichtregierungsorganisationen und den Grünen bis zur Internationalismus- und Umweltbewegung Sustainable Development der ‚große Renner' ist" (Eblinghaus und Stickler 1996, S. 11). Folgende Merkmale machen den Begriff besonders attraktiv (ebd., S. 40 f.):

- die angebliche Vermittlung zwischen den Gegensätzen Entwicklung und Umwelt, Ökologie und Ökonomie sowie Umweltschutz und Technik
- die Harmonisierung vormals konfliktiver Interessengruppen
- das Angebot „von oben" zum Mitgestalten
- die Evidenz der Problemebene
- die konzeptionelle Verknüpfung von „wissenschaftlichen Tatbeständen" und abstrakten ethischen Prinzipien
- langfristige Eigeninteressen

Auf dem institutionellen Weg zur Nachhaltigkeit können Teilerfolge verzeichnet werden. So wurde 2023 der Atomausstieg in Deutschland vollzogen und unter der Kanzlerschaft von Angela Merkel der Kohleausstieg beschlossen. 2021 hat die Bundesregierung das Ziel der Klimaneutralität bis 2045 verabschiedet. Gleichzeitig zeichnet sich die institutionelle Nachhaltigkeitsdebatte durch Ambivalenzen und Widersprüche aus, die im Folgenden dargestellt werden.

Konsens durch Vagheit

Der Konsens innerhalb der Vereinten Nationen, in den Regierungskoalitionen und in den Parlamenten ist oft erreicht worden, indem die

Ziele möglichst vage und unverbindlich formuliert wurden. Andersherum: Je konkreter und verbindlicher die Ziele sind, desto größer der Konflikt. Kompromisse könnten der Demokratie als allgemeine Schwäche angelastet werden, und doch sind Regierungen und Parlamente nicht unbedingt Ausdruck einer vollendeten Demokratie (Abschn. 3.2.3.4). Auch das Einstimmigkeitsprinzip der Europäischen Union ist nicht sonderlich demokratisch, wenn dadurch einzelne Staaten allein aus Eigennutz die Möglichkeit bekommen, gemeinwohlorientierte Entscheidungen zu blockieren.

Worte statt Taten
Bisher haben die Regierungen ambitionierte Nachhaltigkeitsziele beschlossen, die oft in einer relativ fernen Zukunft liegen. Der Weg dahin ist selten festgelegt worden. So herrscht in der Gegenwart weiterhin ein Business as usual oder die gewählten Maßnahmen werden den beschlossenen Zielen nicht gerecht. Wenn jede Regierung unangenehme Aufgaben auf die Nachfolgenden aufschiebt, dann müssen immer radikalere Maßnahmen in einer immer kürzeren Zeit umgesetzt werden: Welche Politiker*innen sind dazu bereit oder dazu fähig?

Die ambitionierten Nachhaltigkeitsziele, die die Institutionen beschließen, stellen *deklarierte* Ziele dar. Welche *realen* Ziele die Institutionen tatsächlich verfolgen, zeigt sich jedoch in ihrem Handeln. Im Idealfall sind deklarierte Nachhaltigkeitsziele und reale Entwicklungsziele kongruent, meistens herrschte aber bisher eine Inkongruenz. Diese ist bewusst bzw. absichtlich, wenn die Zielvereinbarungen vor allem den „Public Relations" dienen. Um eine Legitimationskrise der Institutionen zu vermeiden, kompensiert die verbale Ambitioniertheit von globalen Klimazielen die mangelnde Bereitschaft, im Hier und Jetzt Klimaschutz zu betreiben. Die Inkongruenz kann aber auch unbewusst bzw. unabsichtlich sein. So entspricht das deklarierte Ziel der Wunschvorstellung einer Regierung, doch in der Umsetzung stößt es gegen mentale und materielle Infrastrukturen.

So oder so, was Bruno Latour über „die Modernen" sagt, gilt genauso für die Vertreter*innen der institutionellen Nachhaltigkeitsdebatte: „Sie sind nicht authentisch [...]. Die Modernen sagen das Gegenteil von dem, was sie tun" (Latour 2021a; 2010, S. 244). Gerade die inflationäre Verwendung des Nachhaltigkeitsbegriffs kann proportional zur Zunahme der Nicht-Nachhaltigkeit in der tatsächlichen Entwicklung sein, denn „je mehr man über etwas redet, desto weniger ist es gegeben. Umgekehrt: Über das, was selbstverständlich ist, wird in Gesellschaften nicht gesprochen – insofern steht die ständige Betonung von etwas in umgekehrt proportionalem Verhältnis zu seinem faktischen Vorhandensein" (Sommer und Welzer 2014, S. 9).

Neuverpackung der Modernisierung

Zwar durfte die Dag Hammarskjöld Foundation 1975 die Grundzüge einer alternativen Entwicklung vor der Generalversammlung der Vereinten Nationen vorstellen, ein derartig visionäres Programm machten sich die Regierungen jedoch nicht zu eigen. Noch heute berücksichtigt die institutionelle Nachhaltigkeitsdebatte die „ideologischen Leitplanken" (z. B. Wachstum und Marktwirtschaft) deutlich stärker als die „planetarischen Leitplanken". Dokumente wie der Brundtland-Bericht oder die Agenda 21 verpacken die Dogmen und Mythen der Modernisierung neu (Eblinghaus und Stickler 1996, S. 116). So sieht die Brundtland-Kommission die Ursachen für die negativen ökologischen Folgen des industriellen Wachstumsmodells in der bisherigen „Technologie und sozialen Organisation" (Hauff 1987, S. 8), nicht aber im Wachstum an sich. Auch die Agenda 21 betrachtet die „Liberalisierung des Handels" und die Öffnung der Märkte als eine wichtige Strategie, „um die gesetzten Umwelt- und Entwicklungsziele auch tatsächlich verwirklichen zu können" (Bundesumweltministerium 1997, S. 10). Im Aktionsprogramm von 1992 ist Umweltschutz die Voraussetzung für ein dauerhaftes Wirtschaftswachstum, denn „eine intakte Umwelt liefert die erforderlichen ökologischen und sonstigen Ressourcen zur Aufrechterhaltung des Wachstumsprozesses und zur kontinuierlichen Expansion des Handels" (ebd., S. 13). In der Agenda 2030 der Vereinten Nationen ist „Wirtschaftswachstum" das achte Ziel für nachhaltige Entwicklung.

Die These der Unverzichtbarkeit von Wirtschaftswachstum hat viel zur breiten Akzeptanz der Nachhaltigkeit in Wirtschaftskreisen beigetragen (Eblinghaus und Stickler 1996, S. 74). Bereits 1994 hatten

1.840 Unternehmen (u. a. BASF, Bayer, BMW, Daimler-Benz, Degussa, RWE, Siemens, Nestlé, Sandoz, Shell) die Charta für eine langfristig tragfähige Entwicklung der Internationalen Handelskammer ICC unterschrieben. Darin stand: „Wirtschaftliches Wachstum schafft die Voraussetzungen für die bestmögliche Verwirklichung von Umweltschutz" (ICC–Deutschland 1990). Auch im Bundestag stellt keine Partei das Wachstumsdogma ernsthaft infrage (Rivera et al. 2016). Die Ampel-Koalition, die Deutschland seit 2021 regiert, will die Nachhaltigkeitsziele vor allem durch „grünes Wachstum",[11] technologische Innovation und Marktinstrumente erreichen (SPD et al. 2021). Aber wenn erneuerbare Energien ausgebaut und keine Kohlekraftwerke ausgeschaltet werden, dann bedeutet dies eine zusätzliche Wirtschaftsleistung und keine Reduktion der Umweltbelastung. Gleiches gilt, wenn die Bahn gestärkt wird, aber der motorisierte Straßenverkehr und der Flugverkehr unangetastet bleiben. Wenn Nachhaltigkeit nur ein Mehr sein darf, dann werden Umweltprobleme verschärft oder verlagert. Ihre echte Lösung benötigt hingegen *Exnovation* neben Innovation (Heyen 2016). In einem Kontext der sozialen Ungleichheit belasten die Ökosteuern vor allem die unteren Schichten, während sie ausgerechnet die Schichten mit dem stärkeren Naturverbrauch gleichgültig lassen.

Top-down-Nachhaltigkeit
Auch wenn der Brundtland-Bericht die Gerechtigkeit im Nachhaltigkeitsverständnis tief verankert hat, reproduzieren sich alte Asymmetrien in der Verfahrensweise. *Erstens* ist der institutionelle Nachhaltigkeitsprozess bisher exakt wie jener der Globalisierung vorangetrieben worden: top-down, von oben nach unten. Die Agenda 21 und die Agenda 2030 sind von Regierungen verabschiedet worden, die gleichzeitig eine nicht-nachhaltige Entwicklung vorantreiben. In den Dokumenten der Vereinten Nationen wird die Verantwortung für Nachhaltigkeit an

---

[11] Die Koalition will Investitionen in Erneuerbare Energien erhöhen, die ökologische Sanierung des Wohnparks (Wärmedämmung) bezuschussen, den Schienenverkehr und den ÖPNV stärken. Natürlich ohne die Radwege zu vergessen. Auch der digitalen Revolution wird große Bedeutung beigemessen („digital" erscheint 226-mal im Programm). Stark subventioniert wird auch das Elektroauto.

verschiedenen Stellen auf die Zivilgesellschaft übertragen. So entsteht der Eindruck, dass unten angepackt werden soll, was man oben nicht tun will. Wie soll sich aber die breite Bevölkerung für eine Nachhaltigkeit begeistern lassen, die nicht einmal von den unterzeichnenden Regierungen umgesetzt wird?

Zweitens war der Westen immer ein Vorreiter: der Zivilisation, der Modernisierung und nun der Nachhaltigkeit. „Unterentwickelt" bleiben die anderen. So bringt zum Beispiel das Bundeslandwirtschaftsministerium (2019) „Expertise in 32 afrikanischen Ländern ein – das ist nachhaltige Investition in die Entwicklung Afrikas". Dabei wird übersehen, dass der Fußabdruck der Industrieländer um ein Vielfaches größer ist und sich die Polykrise aus einer Verwestlichung der Welt ergeben hat. Europa selbst hat seine Widersprüche und Konflikte nicht gelöst, sondern externalisiert.

Drittens reproduziert sich die Ungleichheit zwischen Hochkultur und Tradition innerhalb der Gesellschaft selbst, sodass Nachhaltigkeit als Kompetenz von Expert*innen begriffen wird, die Laien belehren dürfen. Wenn die Zielgruppen nur als „Mängelwesen" behandelt werden, kann der Erfolg der Kommunikation nur begrenzt sein, sodass die Expert*innen meistens unter sich bleiben.

Nachhaltigkeit als Ressortaufgabe

Für Nachhaltigkeit zuständig waren in der öffentlichen Verwaltung bisher schwache Ressorts wie das Bundesministerium für Umwelt bzw. das kommunale Umweltamt. In der Wirtschaft unterhalten Unternehmen wie Bayer einen „Nachhaltigkeitsrat", sogar Nestlé veröffentlicht jedes Jahr einen „Nachhaltigkeitsbericht". Schulen widmen dem Klima gelegentlich eine Stunde Unterricht, das Fernsehen immer wieder eine Sendung. Das heißt: Im Allgemeinen findet Nachhaltigkeit *neben* dem nicht-nachhaltigen Business as usual statt. Sie wird meistens auf ihre ökologische Dimension reduziert: auf Klima, Bio und Grün. Dass der Begriff ein systemisches Denken mit sich bringt und dass neben der ökologischen auch eine ökonomische, eine soziale und eine kulturelle Nachhaltigkeit benötigt werden, wird selten zur Kenntnis genommen.

Diese Ambivalenzen und Widersprüche erklären, warum das institutionelle Nachhaltigkeitsverständnis ein „Fortschritt" ist und gleichzeitig selbst zum Problem beiträgt. Eine echte sozial-ökologische Transformation braucht deshalb eine andere Auffassung von Nachhaltigkeit.

5.1.2 Das enge Nachhaltigkeitsverständnis

Lange Zeit war Holz in Europa die Hauptenergiequelle und der wichtigste Rohstoff. Die Abholzung der Wälder führte jedoch irgendwann zu Holzknappheit und dadurch vielerorts zur Wirtschaftskrise. Deshalb beförderte August der Starke Hans Carl von Carlowitz 1711 zum Oberberghauptmann des Erzgebirges, „einzig und allein [...] um eine Schlüsselfrage für die Existenz des Bergbaus dauerhaft zu lösen: die Versorgung mit Holz" (Grober 2010, S. 111). Diesen Auftrag erfüllte Carlowitz 1713 mit seinem Werk „Sylvicultura oeconomica – Anweisung zur wilden Baum-Zucht". Fast beiläufig empfahl er darin eine „nachhaltende Nutzung" von Holz und Wald (Carlowitz 2013, S. 105 f.). „Conservation und Anbau des Holtzes" waren für Carlowitz „unentbehrlich". „Gegen den Raubbau am Wald [setzte er] die eiserne Regel: *‚Daß man mit dem Holtz pfleglich umgehe'*" (Grober 2010, S. 114). Bezogen auf den Umgang mit den Ressourcen kann der Begriff „pfleglich" deshalb als unmittelbarer Vorläufer von „nachhaltig" bezeichnet werden (ebd.).

In der ersten Hälfte des 18. Jahrhunderts war Carlowitz' Werk „Pflichtlektüre der Kameralisten in den deutschen Kleinstaaten und darüber hinaus" (ebd., S. 121). Seit 1815 wird in der Forstwirtschaft unter Nachhaltigkeit „der Gleichklang zwischen Aufzucht und Einschlag von Holz im Wald verstanden. Der zugrunde liegende Gedanke war, das Naturkapital zu schonen und von den Zinsen zu leben" (Schenkel 2002, S. 35). Im Jahr 1952 wurde das Prinzip der Nachhaltigkeit zum ersten Mal auf die Gesamtwirtschaft übertragen. In den Grundsätzen der Interparlamentarischen Arbeitsgemeinschaft für naturgemäße Wirtschaftsweise hieß es:

„Mit den sich erneuernden Hilfsquellen muss eine naturgemäße Wirtschaft betrieben werden, so dass sie nach dem Grundsatz der Nachhaltigkeit auch noch von den kommenden Generationen für die Deckung des Bedarfs der zahlenmäßig zunehmenden Menschheit herangezogen werden können" (zit. in Wey 1982, S. 157).

20 Jahre später veröffentlichte der schweizerische Bauingenieur und Unternehmer Ernst Basler einen Artikel in der Neuen Zürcher Zeitung. Der Titel „Merkmale einer umweltgerechten Raumschiffökonomie" bezog sich auf die Metapher „Raumschiff Erde" von Richard Buckminster Fuller (1969), die damals in amerikanischen Think Tanks kursierte (vgl. Grober 2010, S. 227). Als erstes Merkmal einer solchen Ökonomie, die den „Verträglichkeitsbedingungen" einer „endlichen" und „unvermehrbaren" Biosphäre gerecht wird, nennt Basler in diesem Artikel „Nachhaltigkeit". Damit meint er den forstwirtschaftlichen Begriff:

> „Ein Großteil unseres gegenwärtigen Wohlstandes basiert auf dem *einmaligen Abbau von Kapitalgütern*. Das ist ein Zustand, der nicht ewig andauern kann. Vom Raubbau einer Wirtschaftsführung, die einen möglichst hohen Ertrag anstrebt, ohne auf die Erzeugnisgrundlagen Rücksicht zu nehmen, müssen wir uns abwenden und wieder lernen von den *Zinsen* zu leben. Die Forstwirtschaft in Europa hat im Laufe der letzten Jahrhunderte diesen Gesinnungswandel bereits vollzogen und das sogenannte Prinzip der Nachhaltigkeit zum obersten Grundsatz forstwirtschaftlichen Denkens und Handels gemacht. Nachhaltigkeit bedeutet das Streben nach einem dauernden, steten und möglichst gleichmäßigen Holzertrag. Die Analogien des einmaligen Verbrauchs von nicht erneuerbaren Ressourcen der Weltwirtschaft zu denjenigen der Waldwirtschaft sind so frappant, daß sich die Anlehnung an diesen Begriff geradezu aufdrängt" (Basler 1972).

Die Endlichkeit der Ressourcen stand zunächst im Mittelpunkt der Nachhaltigkeitsdebatte, „sowohl in Bezug auf erneuerbare Ressourcen wie Wald- und Fischbestände als auch in Bezug auf nicht erneuerbare Ressourcen wie Erdöl und Kohle" (Grunwald und Kopfmüller 2006, S. 18). Die Weltbevölkerung begann im 20. Jahrhundert exponentiell zu wachsen: die zwei Milliarden wurden 1927 erreicht, 1974 waren es vier Milliarden, 1999 sechs, 2022 acht.[12] Das Verhältnis zwischen verfügbaren Ressourcen und Weltbevölkerung spielte 1972 im ersten Bericht des Club of Rome („Die Grenzen des Wachstums") eine zentrale Rolle. Darin stellte das Wissenschaftsteam um Dennis Meadows auf Basis von Computermodellen und Simulationen eine düstere Prognose auf:

> „Wenn die gegenwärtige Zunahme der Weltbevölkerung, der Industrialisierung, der Umweltverschmutzung, der Nahrungsmittelproduktion und der Ausbeutung von natürlichen Rohstoffen unverändert anhält, werden die absoluten Wachstumsgrenzen auf der Erde im Laufe der nächsten hundert Jahre erreicht. Mit großer Wahrscheinlichkeit führt dies zu einem ziemlich raschen und nicht aufhaltbaren Absinken der Bevölkerungszahl und der industriellen Kapazität" (Meadows 1972, S. 17).

In den 1980ern geriet „die Senkenproblematik stärker in den Blick: Die natürliche Umwelt spielt für den Menschen nicht nur als Rohstofflager […] eine wesentliche Rolle, sondern auch als ‚Deponie' (Senke) für Abfälle und Emissionen" (Grunwald und Kopfmüller 2006, S. 18). Die Umweltverschmutzung und der Klimawandel sind das Ergebnis einer Überschreitung der Grenzen der Aufnahme- und Verarbeitungskapazitäten der Ökosysteme (ebd.).

Vor diesem Hintergrund ist eine *Selbstbegrenzung* für die Nachhaltigkeit grundlegend. Die erste Maxime der Nachhaltigkeit formulierte Hans Carl von Carlowitz (2013) in seiner „Sylvicultura oeconomica": „Nicht mehr Holz fällen, als nachwächst" (Grober 2010, S. 21). Nicht mehr Ressourcen verbrauchen, als zur Verfügung stehen. Nicht mehr Treibhausgase emittieren als von der Biosphäre absorbiert werden können. Die Weltbevölkerung auf ein Maß reduzieren, das für die Biosphäre verträglich ist. Nur durch Selbstbegrenzung kann gesellschaftliche Entwicklung ökologisch *tragfähig* werden (Abschn. 3.2.1.1). „Sie kann sich durch allmählichen Abbau des Wachstums in einen Gleich-

---

[12] Deutsche Stiftung Weltbevölkerung (DSW): https://www.dsw.org/infografiken/ (Zugriff: 16.4.2023).

gewichtszustand bringen, der unter den durch die Umwelt gesetzten Grenzwerten liegt" (Meadows 1972, S. 77).

Für eine tragfähige gesellschaftliche Entwicklung sind einige „planetarische Leitplanken" von den wissenschaftlichen Institutionen festgelegt worden, die den Handlungskorridor der Politik definieren, um die Zukunft der Gesellschaft zu sichern und irreversible Entwicklungen zu vermeiden. Drei davon sind:

- Die Bodendegradation und -versiegelung sollte bis 2030 und in allen Ländern beendet werden (WBGU 2016, S. 145 f.).
- Wenn derzeit der Naturverbrauch der Menschheit die globalen Tragfähigkeitsgrenzen um 75 % überschreitet (Global Footprint Network 2019), dann muss er um einen entsprechenden Anteil reduziert werden. Weil Industrieländer deutlich mehr Ressourcen verbrauchen, müssten sie eine Reduktion von 90 % bis 2050 hinnehmen (vgl. Schmidt-Bleek 1994; UBA 2017).
- Die Begrenzung der Klimaerwärmung auf maximal 1,5 Grad ist nur noch zu erreichen, wenn der Ausstoß von Treibhausgasen sofort und drastisch verringert wird (IPCC 2022, S. 3). Nach 2025 wird dieses Ziel vermutlich nicht mehr erreichbar sein. Die globalen CO_2-Emissionen sollten bis 2030 um ca. 45 % reduziert werden. Bis 2050 sollte der globale Kohleausstieg vollzogen worden sein, die Energieversorgung sollte dann zu 70 bis 85 % aus erneuerbaren Energien kommen (UBA 2019, S. 36).

Entweder üben wir Selbstbegrenzung *by Design* oder die Natur begrenzt uns *by Disaster*. Während Drei-Säulen-Modelle der Nachhaltigkeit Ökologie, Ökonomie und Soziales in Einklang bringen wollen, sehen Ein-Säulen-Modelle der Nachhaltigkeit die Ökologie als Grundlage der menschlichen Existenz (Grunwald und Kopfmüller 2006, S. 41). Im Konfliktfall müssen die Gesetze der Ökologie Vorrang vor ökonomischen Interessen haben.

5.1.2.1 Die Gesetze der Ökologie

In seinem Buch „The Closing Circle" hat der US-Biologe Barry Commoner (1973) die vier Gesetze der Ökologie so formuliert.

1. *Jedes Ding steht mit jedem anderen in Beziehung (Everything is connected to everything else)*

Die Ökologie erforscht – so der Erfinder des Begriffs Ernst Haeckel (1834–1919) – die Wechselwirkungen „des Organismus zur umgebenden Außenwelt, wohin wir im weiteren Sinne alle ‚Existenz-Bedingungen' rechnen können. Diese sind teils organischer, teils anorganischer Natur; sowohl diese als jene sind […] von der größten Bedeutung für die Form der Organismen, weil sie dieselbe zwingen, sich ihnen anzupassen" (Haeckel 1866, S. 286). Das Verhältnis zur Umwelt ist im Fall des Menschen nicht nur ein physisches, chemisches und biologisches, sondern auch ein kulturelles. Jede Kultur hat sich ursprünglich als Überlebensstrategie in einem bestimmten regionalen Ökosystem entwickelt.

Das Korollar des ersten Gesetzes der Ökologie ist: Nichts ist isoliert. Die Ökologie geht nicht von linearen Ursache-Effekt-Prozessen zwischen Subjekt und Objekt, sondern von zirkulären Rückkoppelungseffekten aus (Vester 2005): Wenn jedes Ding mit jedem anderen in Beziehung steht, dann schlagen irgendwann die Effekte einer Handlung auf das Subjekt zurück.

2. *Alles muss irgendwo bleiben (Everything must go somewhere)*

Dieses Gesetz der Ökologie stützt sich auf das erste Gesetz der Thermodynamik (Abschn. 3.2.1.2). Die Umwelt ist keine bodenlose Deponie. Deshalb plädieren Autoren wie Paul Hawken (1993) für eine Kreislaufwirtschaft, in der einerseits keine Abfälle und schädliche Emissionen entstehen und andererseits keine Ressourcen „verbraucht" werden. Das „Cradle-to-Cradle-Konzept" (Von der Wiege zur Wiege) von Michael

Braungart und William McDonough (2014) entspricht genau diesem Prinzip.

3. *Die Natur weiß es am besten (Nature knows best)*

Während in jedem Gen 3,8 Mrd. Jahre „Forschung & Entwicklung" stecken, ist die industrielle Revolution erst 250 Jahre alt. Diese Verhältnisse zeigen, wie groß die Weisheit der Natur im Vergleich zu jener des modernen Menschen ist. Ökologie erfordert deshalb Demut statt Überheblichkeit. Bewahrung kann deutlich nachhaltiger als Gestaltung sein. Dieses Prinzip widerspricht der Tendenz der Moderne, a priori die Künstlichkeit der Natürlichkeit bzw. das Neue dem Alten vorzuziehen.

4. *So etwas wie „Freibier" gibt es nicht (There is no such thing as a free lunch)*

Die dominanten Wirtschaftsmodelle basieren auf dem Glauben, dass es so etwas wie Gratismahlzeiten gäbe und dass die natürlichen Ressourcen unbegrenzt verfügbar seien. Aber „in der Ökologie – genau wie in der Ökonomie – soll das [vierte] Gesetz darauf aufmerksam machen, dass jeder Gewinn seinen Preis hat" (Commoner 1973, S. 50). Anders ausgedrückt: Von einem Wirtschaftswachstum kann man nur dann sprechen, wenn man dessen Kosten ausblendet (Abschn. 3.2.2.3).

5.1.2.2 Strategien der Nachhaltigkeit

Zwei-Säulen-Modelle der Nachhaltigkeit zielen auf die Vereinbarung von Ökologie und Ökonomie. Drei strategische Ansätze werden dabei verfolgt:

a) Effizienz und Dematerialisierung
b) Konsistenz und Naturverträglichkeit
c) Suffizienz und Subsistenz (Postwachstumsökonomie)

Diese Strategien schließen sich nicht gegenseitig aus, sondern lassen sich auch miteinander verbinden.

Effizienz und Dematerialisierung
Der Fokus liegt hier auf der Menge an Ressourcen, die in einer Gesellschaft verbraucht werden. Das Ziel ist eine Überwindung des Übergewichts der Lebensstile durch eine Minimierung des „ökologischen Rucksacks" hinter Produkten und Dienstleistungen (B.U.N.D. et al. 2008, S. 217 und 220). Die Verfechter der Effizienzstrategien gehen davon aus, dass es möglich ist, die Wirtschaftsleistung vom Umweltverbrauch zu entkoppeln, wenn man die richtige Technologie einsetzt. Ein Beispiel: „Aus 100 % Energieeinsatz kommt nach der Umwandlung der Primärenergien Öl, Kohle, Gas nur etwa ein Drittel Nutzenergie beim Konsumenten an, während der Rest in Kraftwerken, Leitungsnetzen und Elektromotoren verloren geht" (B.U.N.D. et al. 2008, S. 221). Durch die passenden Technologien lässt sich ein höherer Anteil an Energie verfügbar machen. So kann der Sprit-Verbrauch von Autos von 10 auf 3 Liter pro 100 km reduziert werden. Viele Geräte haben in den letzten Jahrzehnten eine Miniaturisierung erfahren. Heute können Computer mit weniger Materialeinsatz gebaut werden und bringen trotzdem deutlich mehr Leistung. Mit den neuen Technologien ist sogar der Bau von „Nullemissionshäusern" möglich. Durch eine „Effizienzrevolution" kann der „doppelte Wohlstand mit halbiertem Naturverbrauch" erreicht werden, so lautet die Formel „Faktor 4" von Ernst Ulrich von Weizsäcker (1997).

Bei den Effizienzstrategien gelten alle Bedürfnisse des Menschen als berechtigt. Man darf weiterhin Auto fahren, aber bitte mit dem Elektroauto. Man darf weiterhin fliegen, aber bitte mit spritsparenden Flugzeugen. Das Wirtschaftswachstum wird nicht infrage gestellt, im Gegenteil steckt in „grünen Technologien" ein weiterer potenzieller Antrieb dafür.

Im Sinne der Nachhaltigkeit haben die Effizienzstrategien eine große Schwachstelle, denn das ständige Wachstum macht den relativen Effizienzgewinn zunichte. Wer ein 3-Liter-Auto besitzt, ist motiviert mehr Kilometer zu fahren (Reboundeffekt). Die heutigen Autos sind zwar effizienter, aber der weltweite PKW-Bestand hat sich zwischen 1978 und 2022 mehr als vervierfacht: von 275,6 Mio. auf fast 1,3 Mrd.[13] Kann eine solche Masse an Autos durch Elektroautos überhaupt ersetzt werden? Auch neue Technologien haben Auswirkungen auf die Umwelt, zum Beispiel benötigen sie Rohstoffe. Was heute nachhaltig erscheint, kann sich morgen als verheerend erweisen. So hat die Miniaturisierung in der Elektronik dazu geführt, dass Geräte immer seltener repariert werden und die Menge an Elektromüll stetig wächst.

Konsistenz und Naturverträglichkeit
Eigentlich ist die Natur das einzig wirklich nachhaltige Unternehmen: Sie produziert 170 Mrd. Tonnen Biomasse jährlich (Bramm et al. 1996, S. 846), ohne dass dabei ein einziges Kilogramm Abfall entsteht. Warum nicht einfach von ihr lernen? Die Wirtschaft nach dem Vorbild der Natur umbauen? Während die Effizienzstrategien auf eine quantitative Minimierung der Inputs (Material- und Energieeinsatz) zielen, fokussieren sich die Konsistenzstrategien auf die Qualität der verwendeten Materialien und eine Minimierung der schädlichen Outputs. Wenn Produkte mit natürlichen Materialien (Holz, Papier…) erstellt werden, dann werden diese bei ihrer Entsorgung biologisch abgebaut bzw. in den natürlichen Stoffkreislauf zurückgeführt. Endliche Rohstoffe wie Metalle können recycelt werden, um den Verlust zu minimieren bzw. um Abfall zu vermeiden. Dasselbe gilt für künstliche Stoffe (Plastik, Chemikalien…): Sie müssen durch Recycling im „technischen Kreislauf" gehalten werden, um zu vermeiden, dass sie sich im „biologischen Kreislauf" als Schadstoff auswirken. Um Stoff- und Energiekreisläufe zu schließen, müssen die Unternehmen zusammenarbeiten, sodass die Abfälle eines Unternehmens Rohstoff für andere bilden (Braungart und McDonough 2014). Die Firma Xerox hat ein besonderes Geschäftsmodell: Sie vermietet Kopiergeräte statt diese zu verkaufen.

---

[13] Entwicklung des weltweiten Autobestands im Zeitraum 1978–2022 unter https://www.umweltbundesamt.de/bild/weltweiter-autobestand (Zugriff: 28.5.2023).

"Unternehmen […] könnten sich künftig als Rohstoffbank (oder Materialbank) aufstellen, die Rohstoffkredite in Form einer Produktausleihe vergeben. Die Kunden dürfen den Gebrauchsgegenstand gegen Gebühr verwenden, müssen ihn aber irgendwann an das Unternehmen zurückgeben. Weil das Unternehmen Eigentümer des Produkts ist, bleibt es auch Eigentümer des darin enthaltenen Rohstoffs, vermeidet seinen Verlust und kann ihn wieder verwenden. Wenn das Produkt verschleißt, kann der Kunde es beim Unternehmen austauschen. Für ein altes Handy kann der Kunde dann ein Update bzw. ein aktuelleres Modell bekommen. Der Kunde wird damit ans Unternehmen gebunden" (Brocchi et al. 2015, S. 38).

Abfälle können reduziert werden, indem Einwegprodukte durch langlebige Produkte ersetzt werden. Diese sind jedoch nur dann sinnvoll, wenn sie auch länger genutzt werden. Die Nutzungsdauer von Produkten kann von den Verbrauchern durch Instandhaltung, Reparatur, Upcycling, Second-Hand-Handel etc. ermöglicht werden.

Die Natur hat die Sonne als Hauptenergielieferanten. Dem Vorbild folgend hat Herrmann Scheer (1999) eine „Solare Weltwirtschaft" gefordert. Anders als Öl und Kohle sind Wind und Sonne regenerativ, emissionsfrei und überall verfügbar. In den Regionen sollte man von einer konventionell-industriellen Landwirtschaft zu einer naturnahen Landwirtschaft übergehen (ebd., S. 229). Qualität sollte vor Quantität kommen.

Die Schwachstellen der Konsistenzstrategien? Wie die Effizienzstrategien stellen auch diese das Wirtschaftswachstum nicht infrage. Anstatt den Energieverbrauch zu reduzieren, könnten dadurch ganze Landschaften mit Windrädern und Solarparks bedeckt werden. Auch die breite Verwendung von Biostoffen (z. B. Holz, Mais) anstelle von Kunststoffen ist nicht per se nachhaltig, denn sie kann landwirtschaftliche Monokulturen auf Kosten der Biodiversität fördern.

Suffizienz und Subsistenz (Postwachstumsökonomie)
Sowohl die Strategien der Effizienz als auch der Konsistenz haben einen wesentlich technisch-instrumentellen Charakter. Sie integrieren zudem die Grundidee eines ökologisch modifizierten, aber stetigen Wachstums.

Eben an dieser Stelle unterscheiden sich die Strategien der Suffizienz und der Subsistenz: Sie sehen gerade im Wirtschaftswachstum eine wesentliche Ursache der globalen Umweltprobleme und plädieren für dessen Überwindung. Als Dachbegriff für diese Strategien gilt deshalb „Postwachstumsökonomie" (Georgescu-Roegen 1979; Paech 2009). Während Effizienz- und Konsistenzstrategien nicht die menschlichen Bedürfnisse an sich, sondern nur das Wie ihrer Befriedigung hinterfragen, gehen die Vertreter der Postwachstumsökonomie von *überflüssigen* Bedürfnissen aus (Paech 2012). Sind Flüge innerhalb Deutschlands nötig? Gibt es ein Recht auf das eigene Privatauto in der Stadt, wenn gerade hier Alternativen wie ÖPNV und Fahrrad vorhanden sind?

Nach dem Motto „Weniger ist mehr" bildet die *Suffizienz* die erste Säule der Postwachstumsökonomie. Ein Beispiel ist die Reduktion von Fleischproduktion und Fleischkonsum. Sie würde den Flächenverbrauch begrenzen, denn die industrielle Tierhaltung nimmt ein Drittel der gesamten globalen Landfläche in Anspruch, unter anderem für die Produktion von Tierfutter (Heinrich-Böll-Stiftung et al. 2021).[14] Eine Reduktion des Fleischkonsums würde zugleich dem Klima zugutekommen: 14,5 % der weltweiten Treibhausgasemissionen kommen nämlich aus der Haltung und Verarbeitung von Tieren (FAO 2017). Die Suffizienz kann auch in der Verkehrspolitik praktiziert werden, denn „bekanntlich ist ein Auto kein Fahrzeug, sondern in Wahrheit eher ein Stehzeug, das 23 Stunden am Tag darauf wartet, genutzt zu werden" (B.U.N.D. et al. 2008, S. 223). Durch Carsharing kann das Auto genutzt statt geparkt, geteilt statt besessen werden. Die Dematerialisierung der Lebensstile erfolgt hier nicht durch technologische Innovation, sondern durch eine Veränderung der sozialen Beziehungen. Was geteilt wird, muss nicht mehrmals produziert, verbraucht und entsorgt werden.

Die zweite Säule der Postwachstumsökonomie bildet die *Subsistenz*. Sie setzt auf mehr Selbstversorgung statt auf Fremdversorgung. Da Sonne und Wind überall vorhanden sind, kann eine „solare Wirtschaft"

---

[14] Inzwischen leben nur 4 % aller Säugetiere in freier Wildbahn, während 60 % vor allem aus industrieller Viehzucht stammen. Die restlichen 36 % bildet das Säugetier Mensch (Bar-On et al. 2018).

ländliche Regionen energieautark machen. Mit Sonnenkollektoren auf dem Dach kann jeder selbst Strom produzieren. Durch Urban Farming können sich auch Menschen in der Stadt mit Nahrungsmitteln versorgen. Aus Produzenten und Konsumenten werden so „Prosumenten" (Toffler 1983). Subsistenz meint auch mehr Regionalisierung statt Globalisierung, denn:

> „Ökologischer Wohlstand wird auf eine neue Balance zwischen Ferne und Nähe angewiesen sein. Und das aus zwei Gründen: Einerseits bedeutet Fernverflechtung im Übermaß nichts anderes als Ressourcenverschwendung, andererseits ist mehr Nahverflechtung die Voraussetzung für eine naturverträgliche Wirtschaft. Es liegt auf der Hand, dass Versorgungssysteme mit geringer Transportintensität unabweisbar werden, will man sich auf das Ende der Öl- und Energiebonanza vorbereiten. Lange Versorgungsketten werden der Vergangenheit angehören – ebenso wie die Vorstellung, Wohlstand hieße, an jedem Ort jederzeit alles von überallher verfügbar zu haben" (B.U.N.D. et al. 2008, S. 242).

Während in einer globalisierten Wirtschaft die Monokultur und die zentralisierte Massenproduktion dominieren, findet in der regionalisierten Wirtschaft eine Diversifizierung der Produktion statt. Import und Export ergänzen die regionale Selbstversorgung, ersetzen diese jedoch nicht. Die „Ökonomie der Nähe" ermöglicht die Pflege von persönlichen Beziehungen zwischen Produzierenden, Handeltreibenden und Konsumierenden – und dies bietet einen wichtigen Anreiz für Fairness und Qualität. Weil die persönliche Interaktion Vertrauen fördert, wird ein Teil der Marketing- und Werbemaschinerie überflüssig.

Die Suffizienz und die Subsistenz „bewirken, dass eine Halbierung der Industrieproduktion und folglich der monetär entlohnten Erwerbsarbeit per se nicht den materiellen Wohlstand halbiert: Wenn Konsumobjekte doppelt so lange und/oder doppelt so intensiv genutzt werden, reicht die Hälfte an industrieller Produktion, um dasselbe Quantum an Konsumfunktionen oder Services, die diesen Gütern innewohnen, zu extrahieren" (Paech 2013, S. 209). Weil die Menschen in einer Postwachstumsökonomie mehr selbst produzieren und teilen, benötigen sie weniger Geld und Erwerbsarbeit und haben mehr Zeit für Pflege und

Reparatur von Produkten sowie für soziale Beziehungen. Eine gerechte Umverteilung von Wohlstand und Arbeit würde Wirtschaftswachstum überflüssig machen, ohne dass Menschen arbeitslos werden.

Die Postwachstumsökonomie zielt auf eine Umgestaltung der Wirtschaft und der Lebensstile, nicht nur der Produkte. Weil eine Postwachstumsökonomie die Grundpfeiler der kapitalistisch-industriellen Ökonomie infrage stellt, stößt sie auf entsprechenden Widerstand. Das könnte diesen Strategien als besondere Schwäche zugeschrieben werden. Menschen, die durch unzählige Werbespots sozialisiert wurden, können nicht plötzlich auf Überfluss verzichten. Auch in einer Politik, die Wachstum als höchste Priorität behandelt, kann Suffizienz nicht auf Sympathie stoßen (Brocchi et al. 2015, S. 41).

5.1.2.3 Zwischen Technozentrismus und Ökozentrismus

Beim engen Verständnis von Nachhaltigkeit deuten die Positionen auf verschiedene Weltbilder hin, die entgegengesetzt sind, und sich doch hier und da vermischen – zum Beispiel in der „Sylvicultura oeconomica" von Carlowitz. Darin sind drei parallele Auffassungen von Nachhaltigkeit erkennbar:

1. Eine nachhaltige Fortwirtschaft zielt auf die *dauerhafte Maximierung des ökonomischen Ertrags*. Gemäß dem Baconschen Prinzip „wisdom is power" bietet ein Wissen über Nachhaltigkeit hier die Möglichkeit, den Wald als System noch besser zu beherrschen, um den Waldertrag möglichst zu maximieren (Mantau 1996, S. 1274). Die Folge: Zwar bedeckt der Waldbestand heute in Deutschland circa ein Drittel der Landesfläche (Grober 2010, S. 161), doch die Biodiversität des ursprünglichen Naturwaldes wurde dabei zum großen Teil durch rentable Waldmonokulturen ersetzt.
2. Nachhaltigkeit bedeutet *Selbstbegrenzung*, um Krisen zu verhindern. Die Zerstörung des Waldes schadet den Menschen selbst. Carlowitz kritisiert deshalb das auf kurzfristigen monetären Gewinn ausgerichtete Denken seiner Zeit und fordert ein ausdrückliches

Bekenntnis zum Gemeinwohl der Menschheit (Carlowitz 2013, S. 1 und 87).
3. Nachhaltigkeit wird als *Bewahrung der Schöpfung* begriffen. Hier wird die Natur nicht auf ein Rohstofflager reduziert, sondern als „gütige Natur – mater natura – Mutter Natur" verstanden. Der Wald wird nicht nur wegen seines „unmittelbaren Nutzens für den Menschen" geschätzt, sondern auch für seine „Schlüsselrolle in der Ökonomie der Natur" (Grober 2010, S. 200). Hier stellt sich Carlowitz in die Tradition der alten Sachsen, die Bäume und Wälder verehrten und sie deshalb unter strengen Schutz stellten. Das Göttliche „in enge Mauern eines Tempels einzuschließen" widerstrebte ihnen. Sie glaubten hingegen, dass die Götter in Bäumen wohnten, weshalb sie diese nicht fällten (Carlowitz 2013, S. 9 ff.). Auch antike Autoren wie Virgil und Cato hatten sich um den Erhalt von Wäldern und Bäumen in ihren Schriften bemüht (ebd., S. 19).

Diese drei Auffassungen korrespondieren mit drei Weltbildern, die noch heute in der enggefassten Nachhaltigkeitsdebatte miteinander konkurrieren:

1. *Technozentrisches Weltbild.* Dabei orientiert sich das Handeln an einem rationalistischen Denkmodell. Nachhaltigkeit wird „auf eine positivistische Rechenaufgabe im Kontext der Vorstellung eines labilen Gleichgewichts reduziert […]. Zukunft wird dabei ausschließlich als Ingenieuraufgabe verstanden" (Selke 2022, S. 30). Durch die Nachhaltigkeit sollen die „Megamaschine" optimiert und das Wirtschaftswachstum gesichert werden. Ihnen wird selbst das Menschliche untergeordnet.
2. *Anthropozentrisches Weltbild.* Im Mittelpunkt steht nicht „die Sorge um die Natur als solche, sondern die Sorge um den Menschen" (Radkau 2011, S. 193). Weil die Natur einen Nutzen für den Menschen hat, braucht es Naturschutz.
3. *Ökozentrisches Weltbild.* Hier wird die Natur re/subjektiviert und bildet das übergeordnete System. Der Natur wird ein Eigenwert zugesprochen, der unabhängig vom Nutzen für den Menschen ist.

Neben Menschenrechten werden hier auch Naturrechte gefordert.[15] Dieses Weltbild drückt sich nicht nur in der animistischen Kultur indigener Völker, sondern auch in der Gaia-Hypothese aus. Für Bruno Latour bildet Gaia eine „neue Kosmologie", in der sich Mythologie, Politik und Wissenschaft vermischen. Dabei wird die Erde als Lebewesen begriffen, das sich selbst regulieren kann. „Gaia wurde möglich, weil sich die Organismen in ihre Umgebung nicht nur einfügen, sondern fähig sind, die eigene Umgebung zu transformieren. Die Umwelt wird von den Lebewesen geschaffen. Und nicht: Die Lebewesen passen sich der Umwelt an, wie man früher glaubte. In Milliarden von Jahren haben unendlich viele Organismen an einem Metabolismus gearbeitet. Gemeinsam haben sie die Erde bewohnbar gemacht" (Latour 2021b). Nun ist Gaia jedoch an einer schweren „Menschenplage" erkrankt (Lovelock 1996, S. 10 f. und 153).[16] Die zentrale Frage der neuen Kosmologie ist also „die Bewohnbarkeit unseres Planeten […]. Wie erhalten wir das? Was tun wir gegen jene, die den Planeten unbewohnbar machen?" (Latour 2021b).

Der italienische Wirtschaftsökonom Alessandro Lanza hat diese drei Grundpositionen in der Nachhaltigkeitsdebatte untersucht. In Tab. 5.2 werden sie in modifizierter Form dargestellt und verglichen.

---

[15] So wie es einen Europäischen Gerichtshof für Menschenrechte gibt, sollte es auch ein „Europäisches Tribunal für die Rechte der Natur" geben, das die Natur als Rechtssubjekt behandelt und Umweltverbrechen juristisch belangt. Ein solches Tribunal wird von der „Global Alliance for the Rights of Nature" (GARN) einberufen und veranstaltet: https://www.rightsofnaturetribunal.org/ (Zugriff: 14.4.2023).

[16] Lovelock schreibt: „Manchmal fragen besorgte und bekümmerte Umweltschützer, ob die Menschheit die Leukämie der Erde geworden ist. Sind wir ein Organismus, der mit der großen Lebensgemeinschaft von Eden oder Gaia gebrochen hat? Vermehren uns jetzt ungehemmt, bis wir durch unsere schiere Zahl und unsere Stoffwechselgifte den gesamten Körper der Erde gefährden? Es mag so aussehen, aber leukämische Zellen haben kein schlechtes Gewissen und denken gar nicht daran, ihre Vermehrung irgendwie zu steuern. Es stimmt, daß unsere Gegenwart die Landoberfläche und die Atmosphäre bereits nachteilig verändert hat. Wenn wir glauben, daß dies eine weltweite Krankheit ist, dann brauchen wir jetzt medizinischen Rat für die ganze Erde, praktische Ratschläge für die Wiederherstellung des Gesundheitszustands. Wir können nicht abwarten, bis irgendein großangelegtes Forschungsprogramm das Heilmittel findet, dazu bleibt keine Zeit" (Lovelock 1996, S. 12).

Tab. 5.2 Grundpositionen der Nachhaltigkeitsdebatte

	Technozentrismus		Anthropozentrismus		Ökozentrismus	
	des Überflusses		reparierend	gemeinschaftlich		Radikal
Merkmale	Ausbeutung, Extraktivismus, entwicklungsorientierte Position		Management und Erhaltung von Ressourcen	Schutz der Ressourcen		Extreme Bewahrung
Art von Wirtschaft	Anti-grün, mit komplett freien Märkten und ohne Regulierung		Grün, bestehend aus ökonomischen Instrumenten (z. B. CO_2-Besteuerung)	Tiefgrün, auf eine stationäre Wirtschaft zielend, stark reguliert		Streng grün, stark reguliert, um die Auswirkungen auf die Ressourcen zu minimieren
Managementstrategie	Primäres Ziel: Maximierung des Bruttoinlandsprodukts. Die freien Märkte garantieren die unendliche Substitution zwischen natürlichem und künstlichem Kapital. Damit werden mögliche Einschränkungen in Bezug auf Ressourcenknappheit gelockert		Modifiziertes Wirtschaftswachstum, um auf die Umweltbelastung von Produktion und Konsum zu achten. Zurückweisung der Hypothese der unendlichen Nachhaltigkeit. Handlungsmaxime: Gesamtkapital konstant über die Zeit	Null-Wirtschaftswachstum, kein Bevölkerungswachstum, Trennung der Produktionsfaktoren, systemische Sichtweise, auf den Planeten bezogen		Minuswachstum der Wirtschaft und der Bevölkerung, Reduktionsimperativ in Produktion und Konsum

(Fortsetzung)

Tab. 5.2 (Fortsetzung)

	Technozentrismus des Überflusses	Anthropozentrismus reparierend	gemeinschaftlich	Ökozentrismus Radikal
Ethik	Die Rechte und Interessen der gegenwärtig lebenden Menschen werden priorisiert. Die Natur hat einen instrumentellen Wert (den Wert, der von Menschen anerkannt wird)	Die Sorge um andere wird aufgegriffen (Frage der inter- und intragenerationalen Gerechtigkeit). Die Natur hat jedoch nur einen instrumentellen Wert	Kollektive Interessen überwiegen gegenüber privaten und individuellen Interessen. Der Wert von Waren und Dienstleistungen wird jenem der Ökosysteme untergeordnet	Akzeptanz der Bioethik, das heißt der Interessen nichtmenschlicher Wesen und der abiotischen Teile der Umwelt. Die Natur hat einen Eigenwert, der unabhängig von der menschlichen Erfahrung ist
Nachhaltigkeitskriterium	Sehr schwach	Schwach	Stark	Sehr stark

(Aus Lanza 1997, S. 20 f.; eigene Übersetzung, modifiziert vom Verfasser)

In unserer Gesellschaft befinden sich Ökologie und Ökonomie im Konflikt. In der Modernisierung wird die Ökonomie systematisch bevorzugt. Das Wirtschaftswachstum vermehrt das künstliche Kapital (Maschinen, Gebäude, soziale Strukturen, Viehherden etc.) auf Kosten des Naturkapitals (Luft, Boden, Gewässer, Biodiversität etc.). Diese Vorgehensweise entspricht einer Position der „Schwachen Nachhaltigkeit" (Döring 2004). Darin werden natürliches und künstliches Kapital als austauschbar angesehen:

> „Einbußen durch Verminderung des Naturbestandes (etwa durch eine Nutzung nicht erneuerbarer mineralischer Rohstoffe oder fossiler Energieträger) können danach durch eine Vermehrung von Kapitalgütern menschlichen Ursprungs (wie Produktionsanlagen oder Technologien) ausgeglichen werden" (Grunwald und Kopfmüller 2006, S. 37).

Die biophysischen „Grenzen des Wachstums" werden in diesem Ansatz relativiert, weil es dem wissenschaftlichen und technologischen Fortschritt zugetraut wird, beinah jedes Problem lösen zu können. In Positionen der „Starken Nachhaltigkeit" (Döring 2004) werden der Wald und die Wiesen hingegen geschützt, selbst wenn die Wohnungsnot groß ist und überall gebaut werden könnte. Das künstliche Kapital und das Naturkapital gelten hier als *nicht* austauschbar. Beide Anteile müssen so für sich erhalten bzw. weiterentwickelt werden (Daly 1999, S. 110 ff.).

Die Wissenschaftler Armin Grunwald und Jürgen Kopfmüller vertreten die Meinung, dass Schwache und Starke Nachhaltigkeit als Extrempositionen nicht haltbar sind:

> „Die Vorstellung einer nahezu vollständigen Ersetzbarkeit des natürlichen Kapitals verkennt, dass jede wirtschaftliche Tätigkeit auf Vor- und Nachleistungen der Natur angewiesen bleibt [...]. Die praktische Umsetzung der anderen Extremposition, also der komplette Verzicht auf die Nutzung nicht erneuerbarer natürlicher Ressourcen (dies entspricht der Forderung, nur von den Zinsen des natürlichen Kapitals zu leben), würde zu dem Paradox führen, dass das vorhandene Potenzial an nicht erneuerbaren Ressourcen (wie Erdöl) gar nicht genutzt werden dürfte, da es nach der Nutzung unwiederbringlich verloren wäre. Es würde weder heutigen

noch künftigen Generationen zur Verfügung stehen" (Grunwald und Kopfmüller 2006, S. 38f.).

In den „mittleren" Positionen wird eine begrenzte Substitution von Naturkapital durch künstliches Kapital zugelassen, „sofern die grundlegenden Funktionen der Natur erhalten bleiben" (ebd.).

5.1.3 Das weite Nachhaltigkeitsverständnis

Die Erde lässt sich nicht modernisieren. „Wenn wir es tun, wird sie verschwinden. Sie wird unbewohnbar, zumindest für uns Menschen" (Latour 2021a). Deshalb ist Nachhaltigkeit in seinem weiten Verständnis ein Dachbegriff für „Visionen einer anderen Entwicklung" (Tarozzi 1990; Sachs 1998). Darin sind auch Impulse aus der institutionalisierten Nachhaltigkeitsdebatte sowie aus der engen Auffassung von Nachhaltigkeit eingeflossen, allen voran aus „What now? Another Development" (Dag Hammarskjöld Foundation 1975), aus der Ökologie und aus der Postwachstumsökonomie. Im Vergleich zu den anderen zwei Nachhaltigkeitsverständnissen unterscheidet sich das weite jedoch stark. Denn das institutionelle und teilweise auch das enge Nachhaltigkeitsverständnis bleiben im klassischen Fortschrittsglauben gefangen. In seinem erweiterten Verständnis will sich Nachhaltigkeit hingegen davon emanzipieren. Während die Modernisierung von einer monodimensionalen, wirtschaftszentrierten Entwicklung der Gesellschaft ausgeht, steht Nachhaltigkeit für eine multidimensionale Entwicklung, die neben der ökologischen und ökonomischen auch die soziale und die kulturelle Dimension miteinschließt. Die Modernisierung zielt auf eine „US-Amerikanisierung" bzw. auf eine „Verwestlichung" der gesellschaftlichen Verhältnisse, sprich auf freien Wettbewerb, Privatisierung und Massenkonsum. Nachhaltigkeit zeichnet sich hingegen durch mehr Gemeinwesen statt Privatwesen aus: Warum und wozu müssen wir immer weiterwachsen, wenn wir auch miteinander teilen und gerecht umverteilen können? Die Modernisierung objektiviert die Natur und die Menschen, wirklich nachhaltig ist aber ihre Resubjektivierung. In der

Modernisierung geben die Industrieländer den armen Ländern, die Zentren den Peripherien, die Eliten den Massen und die Experten den Laien die Entwicklung vor. Nachhaltigkeit meint hingegen „vernetztes Denken" (Vester 2005). Sie hinterfragt Verhältnisse und Beziehungen und hat deshalb auch einen *reflexiven* Charakter: „Wir müssen den ökologischen Blick auf die Binnenverhältnisse der Gesellschaft lenken" (Baecker 2007).

Während im engen Verständnis Nachhaltigkeit vor allem ein Ziel ist (z. B. die CO_2-Emissionen bis 2045 auf Null senken), legt das erweiterte Nachhaltigkeitsverständnis den Fokus auf die Prozesse: Nachhaltigkeit ist „kein Zustand, der einmal erreicht und dann zur Seite gelegt werden kann" (Hernandez 2021, S. 63). Demzufolge kann man in einer vergleichenden Beschreibung von Gesellschaften, Städten oder Unternehmen „von höherer oder geringerer Nachhaltigkeit sprechen, allerdings nicht über einen diesbezüglich absoluten Wert" (ebd.). Eine Fokussierung auf den Prozess bedeutet das Bewusstsein, dass Probleme nicht mit den gleichen Rezepten gelöst werden können, die zu den Problemen geführt haben. Es ist nicht egal, ob Klimaschutzziele autoritär oder demokratisch erreicht werden: Der Weg ist das eigentliche Ziel (Abschn. 5.2).

Im Folgenden werden die drei wichtigsten Stränge eines weiten Verständnisses von Nachhaltigkeit behandelt. Zunächst ist Nachhaltigkeit Ausdruck von alternativen Visionen, die bei radikalen Bewegungen als Reaktion auf die sozialen und ökologischen Missstände der bisherigen Entwicklung entstanden sind. Während in der Modernisierung ökologische und soziale Ziele (Umweltschutz vs. Arbeitsstellen) gegeneinander ausgespielt werden, um am Wirtschaftssystem festzuhalten, bildet Nachhaltigkeit das potenzielle Fundament einer *systemischen Bewegung* (das „Dritte System" in Nerfin 1986), die Ökologie und Soziales verbindet, um die ökonomischen Rahmenbedingungen zu ändern. Nachhaltigkeit ist einerseits eine Notwendigkeit und andererseits eine Chance. Im ersten Fall ist sie der *Gegen*entwurf zu jeder Entwicklung, die soziale Systeme in eine Sackgasse führt. Im zweiten Fall steht Nachhaltigkeit *für* ein gutes Leben, das nicht auf Kosten anderer geht.

5.1.3.1 Nachhaltigkeit als Vision einer anderen Entwicklung

„Visionen sind ein wesentlicher Treiber von Transformationen" (Grießhammer und Brohmann 2015, S. 15). Und am Beginn einer neuen Transformation gibt es meistens „Kritik am vorherrschenden System und zunehmend Ideen und Vorstellungen von attraktiveren Alternativen oder Visionen" (ebd.). Aber wie und wo entstehen sie? David Martin und Claus Leggewie (2015) haben auf die Bedeutung von partizipativer Visionsentwicklung hingewiesen. Wenn Nachhaltigkeit ein „Dachbegriff für Visionen einer anderen Entwicklung" ist, dann sind diese dort entstanden, wo die soziale und ökologische Kritik der Modernisierung formuliert wurde (Abschn. 5.1.1), nämlich im Rahmen radikaler Bewegungen. Diese haben im 19. und 20. Jahrhundert die Frage nach den Herrschaftsverhältnissen gestellt: Wer bestimmt die Entwicklung der Gesellschaft für wen? Auf eine solche Frage fokussierte sich Marc Nerfin, bis 1975 Leiter des Projektes „What now? Another Development" bei der Dag Hammarskjöld Foundation, dann Gründer der International Foundation for Development Alternatives.[17] In seinem Aufsatz „Neither Prince nor Merchant: Citizen" behauptete Nerfin 1986, dass bisher zwei Subjekte die Entwicklung der Gesellschaft vorgegeben haben: der „Fürst" (stellvertretend für den Staat und die politische Macht) und der „Händler" (stellvertretend für den Markt und die ökonomische Macht). In sozialistischen Gesellschaften ist der Staat dominant, in kapitalistischen der Markt (ebd., S. 136 f.). Beide Subjekte haben die Gesellschaft zu einer Polykrise geführt und keine echte Lösung für die Weltprobleme bieten können. Eine „andere Entwicklung" kann deshalb nur von einem anderen Subjekt angestoßen und vorangetrieben werden: das Dritte System (Third System).

„Im Gegensatz zur Macht des Staates und des Marktes (des Fürsten und des Händlers) gibt es eine unmittelbare und autonome Macht, manchmal

---

[17] „Tribute to Marc Nerfin" der Dag Hammarskjöld Foundation, 24.8.2015. https://www.dag-hammarskjold.se/news/tribute-to-marc-nerfin/ (Zugriff: 8.6.2023).

offensichtlich, manchmal latent: die Macht der Menschen. Manche Menschen entwickeln ein Bewusstsein dafür, kooperieren und handeln mit anderen zusammen und werden so zu Bürger*innen. Die Bürger*innen und ihre Vereinigungen bilden das Dritte System (wenn sie weder eine staatliche noch eine ökonomische Macht anstreben). Das Dritte System macht das Verborgene sichtbar und ist Ausdruck der autonomen Macht der Menschen" (ebd.; eigene Übersetzung).

Die Macht des Staates und des Marktes sind so stark und so tief verwurzelt, dass sie den meisten fast wie eine Notwendigkeit erscheinen. Es herrscht die Sorge, dass ohne sie die Gesellschaft nicht mehr funktionieren könne. Für Nerfin haben der Fürst und der Händler aber nur einen Teil der Macht inne: Diese Macht hängt nicht von ihnen ab, sondern von der Unfähigkeit der Bevölkerung, sich der eigenen Macht bewusst zu werden. Sowohl der Fürst als auch der Händler sind Geschöpfe des Volkes und abhängig von seiner Akzeptanz, sei diese aktiv oder passiv. Wenn die Macht des Fürsten und des Händlers bedingt ist, ist die Macht des Volkes die einzige, die als autonom gelten kann (ebd., S. 146). Das Dritte System ist nicht das Volk an sich: Es besteht aus den Bürger*innen, die ein kritisches Bewusstsein entwickelt haben und Verantwortung übernehmen, im „endlosen Emanzipationsversuch, unser Schicksal selbst in die Hand zu nehmen" (ebd., S. 147). Das Dritte System besteht aus den Bewegungen, die das Ziel verfolgen, „den Menschen zu helfen, ihre autonome Macht gegenüber dem Fürsten und dem Händler geltend zu machen [...]; der riesigen Masse der Stimmlosen wenigstens eine Bühne zu bieten" (ebd.). Zum Dritten System gehören also die Nichtregierungsorganisationen (NGO), die Verbände, die Bürgerinitiativen; alle Gruppen, die sich für den Frieden, den Umweltschutz, die Menschen- und die Arbeitsrechte, die Minderheiten sowie für die Emanzipation der Frauen einsetzen. Alle diese Kräfte sollten sich stärker vernetzen, statt ihre jeweiligen Kämpfe nebeneinander zu führen.

Das Netzwerk ist für Nerfin die ideale Organisationsform, um eine Einheit in der Vielfalt zu erzeugen und um eine ernstzunehmende Alternative zu den traditionellen Institutionen zu bilden. Ein Netzwerk kann sich über den gesamten Globus ausdehnen, sowohl durch eine neue Auffassung von Menschheit als auch durch den Einsatz der neuen Kommunikationstechnologien. Die Organisationsform des Netzwerks ermöglicht die Überwindung der Nation, der Dichotomie Zentrum-Peripherie sowie der Hierarchie zwischen Lenkenden und Gelenkten (ebd., S. 147 ff.).

In der Geschichte der kapitalistisch-industriellen Transformation haben sich zwei große radikale Bewegungen gebildet, die jeweils soziale und ökologische Visionen einer anderen Entwicklung erzeugt und sich daran orientiert haben. Nachhaltigkeit steht für ihre Einheit. Zu diesen Visionen haben auch Intellektuelle und Kunstschaffende beigetragen.

Soziale Visionen

Die technoindustrielle Zivilisation hat den Menschen so viel Verdinglichung zugemutet, dass diese nicht anders konnten als sich in ihrer wahren Natur zu zeigen (vgl. Weber 2021, S. 103). Dass die Gesellschaft nicht bloß ein Behälter für Egoisten ist, diese Erkenntnis kam nicht aus dem wissenschaftlichen Diskurs, sondern aus der Widerständigkeit der Menschen selbst. Ausdruck war zum Beispiel die Arbeiterbewegung, deren wichtigste Parolen Gerechtigkeit und Solidarität waren.

Die Allianz der Arbeiter*innen war im 19. Jahrhundert die Voraussetzung dafür, die Ausbeutung und die Benachteiligung zu politisieren statt als Schicksal hinzunehmen. Durch die Kooperation wandelten die Schwächeren ihr Gefühl der Ohnmacht in kollektive Macht um. Schon Jean-Jacques Rousseau hatte vorher behauptet, dass die soziale Ungleichheit weder naturgegeben noch gottgewollt, sondern historisch begründet sei. Und wenn es so ist, dann kann dieser Zustand verändert werden (Rousseau 2019). Laut Marx und Engels (zit. in Butterwegge 2020, S. 35) war die soziale Ungleichheit für die bürgerlich-kapitalistische Gesellschaft „notwendig und konstitutiv", sprich: Im Kapitalismus ist keine Gerechtigkeit möglich. Deshalb kann die Armut nicht überwunden werden, ohne den Reichtum infrage zu stellen (Horkheimer zit. in Butterwegge 2020, S. 23).

Eine Bewegung für die soziale Reform der Industriemoderne bildete sich auch unter Designer*innen und Künstler*innen. Dazu gehörte der britische Maler, Architekt, Dichter und Kunstgewerbler William Morris (1834–1896). Er sah „die Folgen der Industrialisierung – Umweltverschmutzung, entfremdete Arbeit, schlechte Massenware – als ‚teuflisches kapitalistisches Machwerk und Feind des Menschen' an [...]. Ästhetische und soziale Missstände hingen für ihn zusammen" (Hauffe 2008, S. 38). Für Morris war „die gegenwärtige Entwicklung der Zivilisation [im Begriff] jegliche Schönheit des Lebens zu zerstören" (Morris 1983, S. 58). Um diese Gefahr abzuwenden, forderte er eine Reform der Kunstgewerbe: Nur eine Wiederzusammenführung von Kunst und Handwerk hätte die Herstellung von schönen Gebrauchsgegenständen wieder ermöglicht. Mit dem Kunstkritiker John Ruskin wurde Morris zum Vater des „Arts and Crafts Movement", das seinerseits zum Vorbild des Deutschen Werkbunds und des Bauhauses wurde. Die deutsche Reformbewegung kritisierte zwar die Auswüchse der Industrialisierung, lehnte diese aber nicht grundsätzlich ab. So setzte sich das Bauhaus für eine Einheit von Kunst, Handwerk und Industrie ein und forderte vom Design „Standardprodukte, die als Typen in Serie hergestellt werden und die Grundbedürfnisse der Menschen befriedigen sollen" (Hauffe 2008, S. 78). Während sich in den 1920er-Jahren ein Einrichtungs- und Dekorationsstil im Rahmen des französischen Art Déco entwickelte, der wirtschaftliche Macht und einen gehobenen Lebensstil demonstrierte, predigten die Bauhaus-Vertreter in Weimar und Dessau „Volksbedarf statt Luxusbedarf" (ebd.). Für Walter Gropius sollte ein Gebrauchsgegenstand vor allem „seinem Zweck vollendet dienen" und „praktisch, haltbar, billig und ‚schön' sein" (zit. in Gronert 2013, S. 110).

Der Kampf um Emanzipation und Solidarität führte in den USA zur Abschaffung der Sklaverei. In westlichen Ländern kam es später zu einer gewissen Emanzipation der Frauen (Sommer und Welzer 2014, S. 61–66). Soziale Bewegungen haben sich auch für die Demokratie und die Mitbestimmung eingesetzt. Die „Allgemeine Erklärung der Menschenrechte" der Vereinten Nationen erkennt heute die individuellen Menschenrechte an, nicht unbedingt die kollektiven, zum Beispiel jene der indigenen Völker. Um diese Lücke zu schließen, gründete der italienische Jurist Lelio Basso (1980) ein „Permanentes Völkertribunal".[18]

Ökologische Visionen[19]

Für den Umwelthistoriker Joachim Radkau beginnt die „Ära der Ökologie" mit den Ideen, Visionen und spirituellen Motiven, die in der Zeit von Jean-Jacques Rousseau bis zur Romantik entstanden. „‚Natur' wurde zur Parole der Freiheit ‚von den Zwängen der alten Gesellschaft'" (Radkau 2011, S. 38). Am Mittelrhein, wo die Romantik zu Hause war, versuchten Künstler wie Caspar David Friedrich die Schönheit der Natur festzuhalten und zu verewigen, in dem Bewusstsein, dass diese für immer verloren gehen könnte: Sie war nämlich durch die beginnende Industrialisierung bedroht.

Während sich die Naturschutzbewegung schon im 19. Jahrhundert entwickelte, liegen die Wurzeln der Umweltbewegung vor allem in der Fortschrittskritik, die sich aus der Wissenschaft selbst entfaltete. Es war ausgerechnet ein Produkt des Fortschritts, die Atombombe, die die Selbstauslöschung der Menschheit zum ersten Mal möglich machte. Nach 1945 formierte sich neben der Friedensbewegung auch eine Bewegung der kritischen Wissenschaftler*innen. In den USA zählten unter anderem Robert Oppenheimer, Albert Einstein und Barry Commoner dazu, in Deutschland Carl Friedrich von Weizsäcker sowie die Nobelpreisträger Max Born, Otto Hahn und Werner Heisenberg.[20] Sie warnten vor der militärischen und der zivilen Nutzung der Atomkraft. Als offizielle Geburtsstunde der weltweiten Umweltbewegung gilt jedoch das Buch „Silent Spring" der amerikanischen Biologin Rachel Carson aus dem Jahr 1962. Einen großen Schub bekam diese Bewegung durch die Studentenrevolten der 1968er. So wurde 1969 die Organi-

---

[18] Permanentes Völkertribunal: http://permanentpeoplestribunal.org/ (Zugriff: 19.4.2023).

[19] Ein Teil des Beitrags basiert auf dem Beitrag „Ökologiebewegung", den der Verfasser im „Handbuch Joseph Beuys" (Skrandies und Paus 2021) veröffentlicht hat. Die Herausgeber*innen sind Timo Skrandies und Bettina Paust.

[20] 1959 gründeten sie die Vereinigung Deutscher Wissenschaftler (VDW, dies steht auch für „Verantwortung der Wissenschaft"): https://vdw-ev.de/ueber-uns/geschichte-und-ziele/ (Zugriff: 19.4.2023).

sation „Friends of the Earth" gegründet, zwei Jahre später Greenpeace. 1972 wurde der erste Bericht des Club of Rome veröffentlicht, der der Umweltdebatte großen Antrieb gab.

Die ökologische Bewegung ist schon immer eine kulturkritische Bewegung gewesen, die die dominanten Dogmen und Mythen hinterfragt hat. Sie hat die Relativität und die Schattenseiten der Modernisierung bewusst gemacht, gerade dort, wo sie als universelles Entwicklungsmodell angepriesen wurde. Genauso kulturkritisch ist ein deutscher Künstler gewesen: Joseph Beuys (1921–1986). Er wurde früh mit der Kraft und der Ambivalenz von Religion und Ideologie konfrontiert. Als Soldat lernte er, Maschinen zu bedienen, um Gewalt gegen Menschen und Dinge auszuüben – und wurde selbst zu deren Opfer. Deutschland hatte den Fortschritt in seiner radikalsten Form praktiziert und endete 1945 in Schutt und Asche. Wenn alles mit allem zusammenhängt, dann schlägt die Gewalt irgendwann auf das Subjekt selbst zurück.

Beuys war so sehr Künstler wie Aktivist: Er wollte die Skulptur als Aktion verstanden wissen (Ermen 2007, S. 8) und formte jede Aktion zur Skulptur. So am 14. Dezember 1971, als er eine Demonstration gegen die geplante Erweiterung der Tennisanlage des Rochusclubs in Düsseldorf anführte. Sie hätte die Vernichtung eines großen Teils des Grafenberger Waldes bedeutet. „Die Umwelt gehört uns allen, nicht nur der High Society", war Beuys' Parole (zit. in Adriani et al. 1994, S. 124). Mit Reisigbesen fegten der Künstler und 50 Student*innen damals den Wald aus, freilich ging es Beuys dabei auch um das Ausfegen der Köpfe von alten Vorstellungen und ideologischen Fixierungen (Heuser 1996, S. 226).

Beuys plädierte für einen erweiterten Ökologiebegriff, also für eine erweiterte ökologische Bewegung. In keinem anderen Dokument wird das so deutlich wie in seinem „Aufruf zur Alternative", der in der Frankfurter Rundschau vom 23. Dezember 1978 veröffentlicht wurde. Darin beschrieb Beuys (1979) zuerst vier Symptome der Krise der Gegenwart: die Möglichkeit eines „Nuclear Overkill", die ökologische Krise und die Wirtschaftskrise. Da die Marktgesetze den Status einer „heiligen Kuh" genössen, würden ihnen auch manche Grundbedürfnisse geopfert. Als viertes Symptom erkannte der Künstler eine „Bewußtseins- und Sinnkrise": Nicht nur die äußere Natur des Menschen würde vernichtet, sondern auch die innere. Die Ursachen der ganzen Misere waren für Beuys „das Geld und der Staat". Wie lautete seine Therapie? „Vor der Frage ‚was können wir tun?' muß der Frage nachgegangen werden: Wie müssen wir denken?" Die Überwindung der Krisen erfordert einen geistigen Wandel, vor allem eine Erweiterung der Wahrnehmungshorizonte. Das ganze Werk von Beuys zielt im Grunde darauf.

Die ökologische Bewegung wird nur dann ihre Ziele erreichen, wenn sie sich als geistige Bewegung begreift. Auch Beuys setzte sich für eine Überwindung des westlichen Separationsdenkens ein. Wie Franz von Assisi sah er in „Pflanzen und Tieren seine Verwandten" (Beuys 1994, S. 19). Während künstliche Stoffe Gift sind, bediente sich Beuys an natürlichen Materialien wie Kupfer, Fett, Filz und Honig. Für den Künstler waren diese keine bloßen „Rohstoffe": Er verlieh ihnen eine spirituelle Bedeutung (Ermen 2007, S. 24 und 48). Die Regierungen haben in den letzten Jahrzehnten vor allem auf technologische Innovation gesetzt. Beuys setzte hingegen auf die Kräfte der Natur. Am Landschaftskunstwerk „7000 Eichen" von 1982 bei der Documenta 7 in Kassel hieß es „Stadtverwaldung statt Stadtverwaltung". Eine solche Renaturierung der Städte wäre in Zeiten des Klimawandels sinnvoller als der zunehmende Einsatz von Klimaanlagen (McPhearson et al. 2023).

Beuys zählte sogar die Gesellschaft zum Kunstmaterial:

> „Ich behaupte, daß dieser Begriff *Soziale Plastik* eine völlig neue Kategorie der Kunst ist […]. Ich schreie sogar: es wird keine brauchbare Plastik mehr hienieden geben, wenn dieser *Soziale Organismus als Lebewesen* nicht da ist. Das ist die Idee des Gesamtkunstwerkes, in dem *jeder Mensch ein Künstler* ist […]. Das heißt: eine Kunst, die nicht die Gesellschaft gestalten kann und dadurch natürlich auch in die Herzfragen dieser Gesellschaft, letztendlich in die Kapitalfrage hineinwirken kann, ist keine Kunst – das ist die Formel!" (Beuys zit. in Thönges-Stringaris 1988, S. 152).

Eine Entwicklung kann nur dann nachhaltig sein, wenn sie eine demokratische ist. Demokratie war für Beuys die Möglichkeit der Mitgestaltung der Gesellschaft durch den Bürger als Künstler. Die Idee der „Sozialen Plastik" überschneidet sich stark mit dem Commons-Ansatz von Elinor Ostrom (1999): ökologische Güter (Wasser, Wald, Fischbestände…) müssen nicht unbedingt entweder in privater oder in öffentlicher Hand liegen. Am nachhaltigsten werden sie bewirtschaftet, wenn sie als Gemeingüter (Commons) begriffen und durch die Genossenschaft der Nutzer*innen verwaltet werden. Für Beuys (1979) war das der „Dritte Weg" zwischen Kapitalismus (Macht des Geldes) und Kommunismus (Macht des Staates).

In den großen Umweltverbänden spielt Beuys heute eine geringe bis keine Rolle. Bei Greenpeace, B.U.N.D. oder Fridays for Future werden Kunst und Kultur meistens instrumentell verstanden. Anders ist es in der „Tiefenökologie" (Deep Ecology). Diese spirituelle, ganzheitliche Naturphilosophie geht wie Beuys von der Annahme aus, dass der Zugang zur inneren Natur die Voraussetzung für ein anderes Verhältnis zur äußeren ist (Drengson und Inoue 1995).

5.1.3.2 Nachhaltigkeit als Krisen-Resilienz

Für jede Diagnose gibt es in der Medizin zwar eine Prognose, jedoch selten eine sichere und eindeutige. Wenn die Diagnose „Corona" lautet, dann ist der Tod vorerst nur eine Wahrscheinlichkeit. Im günstigsten Fall verfügt der Organismus über starke Abwehrmechanismen, sodass sich nicht einmal eine Symptomatik entwickelt. Im ungünstigsten Fall ist der Körper durch Vorerkrankungen bereits geschwächt, sodass er sich gegen die weitere Krankheit mit eigener Kraft kaum wehren kann. Für den Krankheitsverlauf spielt es eine wichtige Rolle, ob die betroffene Person auf weitere Ressourcen zugreifen kann: das soziale Umfeld, das Gesundheitswesen, die Medikamente usw. Tatsache ist, die gleiche Krankheit kann sich unterschiedlich auswirken, weil sich die betroffenen Individuen und ihre Lagen unterscheiden. Bestimmte Individuen sind gegenüber Krankheiten *resilienter* (sprich widerstandsfähiger), andere weniger.

Dieser Gedanke aus der Medizin und der Psychologie ist auf ökologische und soziale Systeme übertragen worden (Holling 1973; Kotschy et al. 2015). Bei Ökosystemen bezeichnet Resilienz die Fähigkeit, „Veränderungen und Schocks zu absorbieren und im Ursprungszustand weiter fortzubestehen" (Hernandez 2021, S. 34). Wälder reagieren nicht gleich auf die Klimaerwärmung: Besonders betroffen sind in Deutschland Waldmonokulturen aus Fichten, während Mischwälder anpassungsfähiger und besser gewappnet sind (Landgraf 2020). Die Biodiversität ist ein Fundament ökologischer Resilienz. In Bezug auf soziale Systeme ist Resilienz die Fähigkeit „sich angesichts externer Störereignisse und -prozesse zu verändern und anzupassen und dabei Pfadabhängigkeiten von innen heraus durch Selbstorganisation zu verlassen bzw. einen Kurswechsel möglichst proaktiv ansteuern zu können" (Hernandez 2021, S. 32).

Fallbeispiel: Finanzkrise in Griechenland und Island

Die Finanzkrise von 2008 ist ein gutes Beispiel, um zu zeigen, was die Resilienz sozialer Systeme ausmacht. Einerseits traf diese Krise die Länder unterschiedlich hart, andererseits reagierten sie nicht auf die gleiche Weise darauf. Manche Länder erholten sich besser, andere schlechter. Griechenland galt damals als Härtefall: Hier stiegen die Staatsschulden durch die Finanzkrise auf 175 % des jährlichen Bruttoinlandsprodukts (BIP) (Wolff 2015). In Wahrheit stand ein anderes Land in Europa deutlich schlechter da, nämlich Island. Der Schuldenberg des skandinavischen Landes entsprach 2008 dem Zehnfachen seines BIPs, sodass eine Staatspleite drohte. Und doch überwand Island die Finanzkrise schneller und besser als Griechenland. Wie? Während die meisten europäischen Staaten die Schulden der Banken übernommen hatten und damit die Finanzkrise in eine Staatsverschuldungskrise umwandelten, verweigerte Island die Verstaatlichung der Bankenschulden. Da diese Schulden das Ergebnis von Misswirtschaft und Spekulation gewesen waren, wurde den verantwortlichen Bankmanagern der Prozess gemacht. Wegen betrügerischer Marktmanipulationen und Untreue wurden vier von ihnen 2015 zu vier bis fünfeinhalb Jahren Haft verurteilt: „Die härtesten Strafen im Bereich der Wirtschaftskriminalität, die in Islands Justizgeschichte bislang verhängt worden sind" (ebd.).

Die betroffenen Banken hatten jedoch auf dem internationalen Finanzmarkt spekuliert, sodass andere Staaten starken Druck auf die isländische Regierung ausübten, um die staatliche Übernahme der Schulden der Privatbanken zu erzwingen. Doch der neue Finanzminister

Steingrímur J. Sigfússon gab nicht nach, aus purer Verzweiflung: „Beim Zweifachen des BIPs hätte man darüber vielleicht reden können. Aber zehnfach? Da hatten wir keine andere Wahl als Nein zu sagen" (Sigfússon zit. in Wolff 2015). Dazu kam der Druck der isländischen Bevölkerung auf die eigenen politischen Vertreter*innen. Nach dem Crash gingen die Bürger*innen auf die Straße und vertrieben durch eine „Kochtopfrevolution" den Chef der Zentralbank, die Finanzaufsicht sowie die mitverantwortliche Regierung.[21] Island überstand die Erpressungsversuche der vereinten Front der EU-Staaten, doch im Gefolge der Finanzkrise fiel der Wert der isländischen Krone stark. „Die Inflationsrate schnellte in die Höhe, die Reallöhne sanken und der Immobilienmarkt kollabierte" (Wolff 2015). Die neue rot-rot-grüne Regierung reagierte durch eine gerechtere Umverteilung der Lasten, führte eine Reichensteuer ein und verschärfte die Progression bei der Einkommensteuer. Ein weiterer entscheidender Schritt war aber der Schuldenerlass: „Firmen bekamen spezielle Umschuldungsprogramme, und später gab es noch einen Schuldenschnitt bei Immobilienkrediten. Die Banken wurden verpflichtet, alle Kredite abzuschreiben, die über 110 % des Immobilienverkehrswerts lagen" (ebd.).

Um das erste chaotische Jahr zu überstehen, hatte auch Island einen IWF-Kredit von zehn Milliarden Dollar beantragt. Wie immer lautete die Bedingung dafür, dass das Sozialsystem abgehobelt werden müsse, doch einen allzu radikalen Kahlschlag lehnte die neue isländische Regierung ab. Die IWF-Auflagen wurden trotzdem schon 2012 erfüllt.

„Island wandelte sich in Rekordzeit vom vermeintlichen Paria und abschreckenden Beispiel dafür, wie man Märkte und Finanzinstitutionen

---

[21] „Mit Hilfe von Dauerdemonstrationen und über Volksabstimmungen stoppten sie anschließend auch noch jeden Versuch, dem Staat auch nur einen Teil der Bankschulden aufzuhalsen. ‚Kompromisse', die von Reykjavík mit den Hauptgläubigerländern Großbritannien und den Niederlanden ausgehandelt wurden und vom Parlament auch abgesegnet worden waren, wurden kurzerhand mit einem Referendumsnein von bis zu 94 % wieder gekippt. Es half nichts, dass Großbritannien sogar seine Antiterrorgesetzgebung bemühte, Island auf eine Stufe mit Al-Qaida stellte und sämtliche Guthaben des Landes einfrieren ließ. Das heizte den Widerstandswillen auf Island eher noch an. Von Prophezeiungen, man mache sich zum Kuba oder zum Nordkorea des Nordens, ließ man sich nicht einschüchtern" (Wolff 2015).

nicht provozieren sollte, zum weithin gelobten Vorbild. Als die Ratingagentur Fitch die Bonität Islands 2012 heraufstufte, begründete das die Ratingagentur explizit mit ‚dem Erfolg unorthodoxer Antworten auf die Krise'. Aus einem Negativwachstum von 7 Prozent 2009 war drei Jahre später ein Plus von knapp 3 Prozent geworden, womit man deutlich über dem der Eurozone lag. Die Isländische Krone hat sich nun mit einem Minus gegenüber Euro und Dollar von 25 bis 30 Prozent gegenüber Vorkrisenzeiten stabilisiert. Die Arbeitslosenrate liegt bei 4 Prozent, und Inflation ist kein Thema mehr" (ebd.).

Der isländische Staatspräsident Olaf Ragnar Grimsson fasste 2012 die wichtigste Lehre aus dieser Erfahrung so zusammen: „Nicht auf die Finanzmärkte hören, sondern auf das Volk" (zit. in Wolff 2015). Was andernorts als der Druck der Straße geschmäht wird, wurde von der Politik in Island „als legitime[r] Ausdruck des demokratischen Souveräns" behandelt (Krauss 2012).

Wie kann eine Gesellschaft Krisen handhaben, die ihre Existenz gefährden? Zu dieser Frage liefert der Vergleich zwischen Island und Griechenland – auf die Finanzkrise bezogen – wichtige Erkenntnisse:

- Abhängigkeiten und Fremdbestimmung hemmen die Reaktionsfähigkeit und die Beweglichkeit von sozialen Systemen. Island kann die eigene Geldpolitik autonomer bestimmen, weil der Staat hier immer noch eine eigene Währung (Isländische Krone) unterhält. Auch in der Krise bestand das Land auf Selbstbestimmung und behielt einen eigenen Handlungsspielraum. Griechenland gehört hingegen zur Euro-Zone und hat während der Finanzkrise die Aufhebung der eigenen Souveränität durch die Troika aus Europäischer Zentralbank (EZB), EU und Internationalem Währungsfonds (IWF) akzeptiert.
- Während Griechenland fast elf Millionen Menschen zählt, erreicht die Bevölkerung in Island nicht einmal die Marke von 400.000 Einwohnern. Je größer die sozialräumliche Einheit ist, die durch die Krise gesteuert werden muss, desto komplexer die Aufgabe und desto größer die Herausforderung. Anders ausgedrückt: Kleinere sozialräumliche Einheiten sind flexibler und beweglicher als größere. Im

Umgang mit globalen Krisen kann eine *polyzentrische Governance* effektiver sein als eine zentralistische (Ostrom 2009; Carlisle und Gruby 2019).
- In einem kleinen Land mit einer kleinen Bevölkerung ist ein anderes Verhältnis zwischen Bürger*innen und Institutionen möglich. In überschaubaren, demokratischen Räumen fühlen sich die Institutionen viel stärker aufgefordert, eine Rechenschaft für das eigene Handeln abzuliefern. Eine Manipulation der Wahrnehmung fällt dort, wo sich die Akteure persönlich kennen und Politik unmittelbar stattfindet, schwerer. In einem großen Land ist das Verhältnis hingegen anonymer und abstrakter, zudem durch die Massenmedien vermittelt. Während die politischen Verantwortlichen der Krise in Island schnell abgesetzt wurden, bildete die neu gewählte Regierung mit der eigenen Bevölkerung eine starke Allianz. So wie „Public-Private-Partnerships" (zwischen staatlichen Institutionen und Finanzmärkten) zur Finanzkrise geführt hatten, so führte eine „Citizen-Public-Partnership" (Helfrich 2007) das Land aus der Krise.
- Eine solche Partnerschaft erfordert ein Verhältnis auf Augenhöhe zwischen Bürger*innen (Citizen) und öffentlichen Institutionen (Public). Diese Augenhöhe erreichten die Bürger*innen in Island, indem sie miteinander kooperierten und eine starke Bewegung bildeten, die von der Regierung ernstgenommen werden musste. Widerstandsfähigkeit impliziert eben die Ausübung von Widerstand. Der Schritt in die kollektive Selbstermächtigung fällt in kleineren Sozialräumen leichter. Soziale Ungleichheit erschwert die Kooperation, soziale Gleichheit vereinfacht sie.
- Bei der Frage, wie Gesellschaften auf ihre Krisen reagieren, spielen kulturelle Faktoren eine wichtige Rolle. So herrscht in Griechenland eine stärkere „Machtdistanz" (emotionale Distanz zwischen Mitarbeiter*innen und Vorgesetzten, zwischen Regierten und Regierenden) als in skandinavischen Ländern (Hofstede und Hofstede 2009, S. 56). In einer Kultur des Misstrauens, in der ein pessimistisches Menschenbild herrscht, hat es die Kooperation viel schwerer als in einer Kultur des Vertrauens. Vertrauen bedeutet Großzügigkeit sowie gegenseitigen Respekt, sodass sich Individualität auch innerhalb von Beziehungen und Gemeinschaften entfalten kann. Skandinavische

Länder haben eine Tradition des Gemeinwesens, und doch ist ihre Kultur eher eine individualistische als eine kollektivistische (ebd., S. 105). Die liberale Atmosphäre drückt sich in der Tatsache aus, dass Menschen Alternativen gegenüber aufgeschlossener sind. Ganz anders als die Menschen in Griechenland, die eine ausgeprägte Intoleranz gegenüber Unsicherheit und Uneindeutigkeit pflegen, also gegenüber Kreativität und Veränderung. Im Vergleich zu anderen Kulturen fällt es den Griechen tendenziell schwerer, eine gegebene Ordnung loszulassen (ebd., S. 234).

In diesen Ausführungen beziehen sich die Thesen über länderspezifische Werteinstellungen auf eine Studie von Geert Hofstede. Sie basiert auf der Befragung der Mitarbeiter*innen von IBM in 74 Ländern.[22] Eine wichtige Erkenntnis dabei: Wenn Gesellschaften unterschiedlich auf ihre Probleme reagieren, dann hat dies auch mit ihrer Kultur zu tun.

Werteinstellungen und Krisen-Resilienz

In der Sozialanthropologie hat sich die These entwickelt, „dass alle Gesellschaften, gleich ob modern oder traditionell, mit den gleichen Grundproblemen konfrontiert sind; lediglich die Antworten sind unterschiedlich" (ebd., S. 28). Durch einen Vergleich ihrer Forschungen sind die Sozialanthropologen zu einer Definition von Grundproblemen gekommen, die in allen Kulturen vorkommen:

1. „Verhältnis zur Autorität;
2. Selbstverständnis, insbesondere: (i) die Beziehung zwischen Individuum und Gesellschaft, und (ii) die Vorstellung des Individuums von Maskulinität und Feminität;

---

[22] Die Daten wurden nach Land ausgewertet – und dadurch ergab sich die Möglichkeit, die landesbezogenen Werteinstellungen zu vergleichen. Diese methodologische Klärung ist wichtig, um die Repräsentativität der Datenbasis einzugrenzen. Welchen Bestand nationale Kulturen haben, gerade in einer globalisierten Welt, sei dahingestellt. Gleichzeitig bietet die Studie von Hofstede eine gute Vorlage, um die Bedeutung von Werteinstellungen für die gesellschaftliche Entwicklung und ihre Resilienz bewusst zu machen.

3. Die Art und Weise, mit Konflikten umzugehen, einschließlich der Kontrolle von Aggression und des Ausdrückens von Gefühlen" (ebd.).

Aus diesen Kategorien leitet Geert Hofstede Kulturdimensionen ab, die er für die vergleichende Untersuchung der nationalen Kulturen verwendet. Dazu gehören Machtdistanz, Individualismus/Kollektivismus, Maskulinität/Feminität, Unsicherheitstoleranz/Unsicherheitsvermeidung sowie Kurz-/Langzeitorientierung. Diese Dimensionen spielen eine wichtige Rolle in Bezug auf die Krisen-Resilienz und die gesellschaftliche Reaktionsfähigkeit.

Hofstede hat auch die IBM-Mitarbeiter*innen in Deutschland befragt. Im Vergleich zu anderen Ländern ist die „Machtdistanz" in der Bundesrepublik gering, nah an den Werten der skandinavischen Länder. Besonders stark ist die empfundene emotionale Distanz zwischen Hierarchieebenen in arabischen Ländern, in Russland, China und Frankreich. Hierarchien können den Wandel von sozialen Systemen beschleunigen oder hemmen. Der Individualismus ist in Deutschland relativ ausgeprägt, ähnlich wie in den skandinavischen Ländern, jedoch nicht so stark wie in den angelsächsischen Ländern (USA, Australien, Großbritannien), die dieses Ranking mit Abstand anführen (ebd., S. 105). Was Deutschland von skandinavischen Ländern stark unterscheidet, ist die mangelnde Gleichberechtigung der Frauen und die starke Orientierung zur Maskulinität. Hierzulande ist sie noch stärker ausgeprägt als in Griechenland (ebd., S. 166).

Am Beispiel der Kulturdimension Maskulinität/Feminität lässt sich beispielhaft zeigen, wie kulturelle Faktoren die Resilienz einer Gesellschaft beeinflussen. Was zeichnet also eine maskuline Gesellschaft nach Hofstede aus?

„Eine Gesellschaft bezeichnet man als *maskulin*, wenn die Rollen der Geschlechter emotional klar gegeneinander abgegrenzt sind: Männer haben bestimmt, hart und materiell orientiert zu sein, Frauen dagegen müssen bescheidener, sensibler sein und Wert auf Lebensqualität legen" (ebd., S. 65).

In Deutschland hat sich die Maskulinität in den Strukturen der Gesellschaft so verkrustet, dass die sozialen Rollen unter den Geschlechtern immer noch sehr ungleich verteilt sind. Beispielsweise sind 88 % der Alleinerziehenden Frauen (Lenze et al. 2021). Auch im Bereich der Kinderbetreuung und -bildung arbeiten zwölfmal mehr Frauen als Männer (Siebernik 2022). Gleichzeitig verdienen Männer 18 % mehr als Frauen (BMFSFJ 2022), stellen 65 % der Abgeordneten im Bundestag[23] und 77 % der Vorstandsmitglieder von Börsenkonzernen.[24] Solche ausgeprägten Ungleichheiten sind *femininen* Gesellschaften fremd. Der Frauenanteil im isländischen Parlament liegt beispielsweise bei 47,6 %.[25] Feminine Gesellschaften zeichnen sich durch eine emotionale Überschneidung der Rollen der Geschlechter aus: „Sowohl Frauen als auch Männer sollen bescheiden und feinfühlig sein und Wert auf Lebensqualität legen" (Hofstede und Hofstede 2009, S. 165). In den letzten Jahrzehnten haben sich Teile der deutschen Gesellschaft feminisiert, indem sich die Geschlechterbilder differenzieren und sich der Dualismus von „Mann" und „Frau" auflöst. Für diese Entwicklung steht unter anderem die LGBTQIA+-Bewegung.

Maskulinität und Feminität stellen unterschiedliche Werteorientierungen dar. Wichtig für maskuline Menschen sind Einkommen (die Möglichkeit, viel zu verdienen), Anerkennung, Beförderung (die Möglichkeit zu haben, in höhere Positionen aufzusteigen) und Herausforderung (bei der Arbeit gefordert zu werden – eine Arbeit zu haben, die einen zufrieden stellt). Feminine Menschen ziehen hingegen die Fürsorge und das Wohl der Mitmenschen vor, die Kooperation und die soziale Sicherheit. Feminin ist der Wunsch, in einer freundlichen und angenehmen Umgebung zu leben (ebd., S. 164 f.).

Eine ausgeprägte Maskulinität beeinträchtigt die Nachhaltigkeit und die Resilienz sozialer Systeme, weil sie für Statusorientierung steht.

---

[23] „Frauen Macht Politik", Helene Weber Kolleg. https://www.frauen-macht-politik.de/monitoring-btw21-gewaehlte-frauen/ (Zugriff: 2.6.2023).

[24] „Frauenanteil im Vorstand großer Börsenkonzerne steigt auf 23 %". In: Zeit Online 21.1.2023. https://www.zeit.de/wirtschaft/unternehmen/2023–01/dax-konzerne-vorstand-weiblich-frauen (Zugriff: 2.6.2023).

[25] Frauenanteil in ausgewählten nationalen Parlamenten (1. Kammer) 2023: https://de.statista.com/statistik/daten/studie/151106/umfrage/frauenanteil-in-ausgewaehlten-nationalen-parlamenten/ (Zugriff: 2.6.2023).

Die Tatsache, dass sich der Westen für Jahrhunderte als die „erhabene Rasse" betrachtet hat (Dangarembga 2023), weist auf seine maskuline Tradition hin. Die Modernisierung selbst ist ein maskulines Kulturprogramm, wofür auch ihre Reflexions*un*fähigkeit spricht. Wer einen Status erreichen oder aufrechterhalten will, muss die eigenen „Schwächen" unterdrücken (oder wenigstens verbergen) und gleichzeitig die Anderen defizitär betrachten, um den eigenen Status aufzuwerten. Wer sich die Welt nur von oben herab anschauen kann, verspielt jedoch die Möglichkeit, von anderen zu lernen. Dies birgt die Gefahr von Derealisierungsprozessen, Fehleinschätzungen und Konflikten.

Da sich Status über Eigenschaften wie Titel, Position, Einkommen, Wohnungsgröße, Automarke usw. ausdrückt, wird darauf in einer maskulinen Gesellschaft besonders geachtet. Weil Status nur so viel wert sein kann wie die dadurch erzeugte Exklusivität, ist er immer mit Konkurrenz verbunden, sprich mit dem Druck, sozial aufzusteigen und sich nach unten abzugrenzen. In einer wettbewerbs- und statusorientierten Gesellschaft ist Besitzen wichtiger als Teilen. Die Kooperationsfähigkeit bleibt also auf der Strecke, während der Naturverbrauch höher ist. Auch Frauen können sich Maskulinität aneignen, um Karriereziele zu erreichen – oder sich einen Partner mit Status aussuchen. Statusorientierte Menschen wehren sich gegen Veränderungen, wenn diese mit Statusverlust assoziiert werden. Entsprechend stark ist der Widerstand gegen eine gerechte Umverteilung von Reichtum und Macht in maskulinen Gesellschaften.

An bestimmten Stellen erhöht die Feminität die gesellschaftliche Resilienz, vor allem weil damit die Kooperationsfähigkeit gefördert wird. Wenn Feminität für Fürsorge steht, dann kann es kein Zufall sein, dass die Fridays-for-Future-Proteste in Deutschland „überraschend stark von jungen Frauen getragen" werden (Sommer et al. 2019). Womöglich liegt es auch an Femininität, wenn Island die Finanzkrise 2008 besser als Griechenland überwunden hat.

Kollektive können auf ihre Krisen besser reagieren, je leichter es ihnen fällt, eine gegebene Ordnung loszulassen. Dies setzt eine „Unsicherheitstoleranz" voraus. Bei diesem Index liegt Deutschland im Mittelfeld zwischen skandinavischen Ländern (Unsicherheitstoleranz sehr hoch) und Griechenland (besonders niedrig) (Hofstede und Hofstede 2009, S. 234). Hofstede hat eine weitere Dimension untersucht, nämlich „Kurzzeitorientierung vs. Langzeitorientierung" im sozialen Handeln. In Ländern wie Spanien, Großbritannien, USA und Deutschland dominiert eine „Kurzzeitorientierung", die sich durch folgende Glaubenssätze auszeichnet: „Wenn man sich anstrengt, sollte man schnell zu einem Ergebnis kommen", „sozialer Druck beim Geldausgeben", „die Wahrung des Gesichts ist wichtig". Im Vergleich pflegen skandinavische Länder eine stärkere „Langzeitorientierung", sprich: „Ausdauer, nicht nachlassende Anstrengungen beim langsamen Erreichen von Ergebnissen", „Sparsamkeit im Umgang mit Ressourcen", „Respekt vor den Gegebenheiten", „die persönliche Anpassungsfähigkeit" und „Bereitschaft, einem Zweck zu dienen". Am ausgeprägtesten ist die „Langzeitorientierung" in fernöstlichen Ländern (China, Japan, Vietnam…) (ebd., S. 290–295).

Faktoren der Krisen-Resilienz
Als Zusammenfassung der Analyse werden im Folgenden die wichtigsten Faktoren der Krisen-Resilienz so bestimmt und dargestellt, dass sie auf alle sozialen Systeme (Regionen, Städte, Kultureinrichtungen usw.) bezogen werden können.

A) Beweglichkeit und Autonomie (Self-Reliance)
Überschaubare soziale Einheiten sind beweglicher als große, komplexe Einheiten. Die Voraussetzung dafür ist jedoch eine gewisse Autonomie, sprich die Möglichkeit der Selbstorganisation. Nur dort, wo eine Autonomie vorhanden ist, können die betroffenen Akteure ihre Probleme direkt angehen, Verantwortung übernehmen und sich aktivieren. Autonomie ermöglicht ein soziales Handeln, das den ortsspezifischen Bedingungen gerecht wird und ein situationsspezifisches Wissen geltend macht.

Autonomie ist hier nicht mit der neoliberalen Freiheit zu verwechseln, denn dann wäre sie lediglich eine ökonomische und würde auf Kosten anderer gehen. Autonomie kann es nur innerhalb von ökologischen und sozialen Beziehungen geben – nicht als Negation davon. Kein soziales System kann die Abhängigkeit von ökologischen Bedingungen aufheben; vor diesem Hintergrund erhöht die vorbeugende Minimierung von Umweltrisiken die Souveränität. Das friedliche Zusammenleben in der Vielfalt braucht die Abstimmung und die Vereinbarung von Spielregeln zwischen den Subjekten, entscheidend dabei ist die Augenhöhe. Souveränität wird meistens auf künstliche, übergeordnete Gebilde wie Nationen bezogen. Nationen sind jedoch Ausdruck eines zentralistischen Gewaltmonopols, dass sich hemmend auf Selbstorganisation auswirkt. In Brasilien sollte die Autonomie indigener Völker Vorrang gegenüber jener des Staates haben. Bei internationalen Finanzkrisen sind Regionen resilienter, die über eine eigene Parallelwährung verfügen (Kennedy et al. 2004). Je abhängiger ein soziales System von der Fremdversorgung ist, desto höher ist seine Vulnerabilität: Ein Krieg in der Ukraine kann zur Nahrungsmittelknappheit in Afrika führen. Andersherum: je stärker die Selbstversorgung, desto stärker die Resilienz. Einerseits wird die Selbstversorgung erleichtert, wenn die Größe der Population die Tragfähigkeitsgrenzen des „Umweltraums"[26] nicht übersteigt. Andererseits ist es der Massenkonsum, der die Resilienz reduziert, während ressourcensparende Lebensstile zur Resilienz beitragen. Wenn Ölpreise steigen, stehen Städte besser da, in denen wenig Auto gefahren wird. Außerdem sind unter den sozialen Systemen die Generalisten wandelbarer als die Spezialisten: Wer alles auf eine Karte setzt, lebt gefährlicher. Wer in mehrere Richtungen Beziehungen pflegt, ist im Fall der Krise beweglicher.

B) Sozialkapital und Kooperationsfähigkeit
Für ein resilientes System sind die Dichte und die Funktionsfähigkeit sozialer Bindungen von entscheidender Bedeutung. „Sozialkapital" ist die Fähigkeit der Individuen, unentgeltlich miteinander zu kooperieren und die eigenen Handlungen zu koordinieren – und zwar zum gegen-

---

[26] Umweltraum ist ein Konzept des niederländischen Umweltökonomen Johannes B. Opschoor. Er definiert Umweltraum als „Ort der verschiedensten Möglichkeiten von Umweltnutzungen, die ein stabiles Niveau an relevanter Umweltqualität und erneuerbaren Ressourcen sicherstellen" (Opschoor in Voss 1997, S. 15). Die Grenzen des Umweltraums ergeben sich aus der dauerhaft möglichen Umweltraum-Nutzung, das heißt einer Nutzung, die die Umwelt-Infrastruktur intakt lässt.

seitigen Nutzen (Putnam 2000, S. 66). Je mehr Sozialkapital in einem sozialen System vorhanden ist, desto resilienter ist es.

Die Kooperation ist der erste Schritt aus der individuellen Ohnmacht heraus. Wenn Menschen miteinander teilen, ist die Abhängigkeit von der Fremdversorgung niedriger, wodurch Freiräume und Beweglichkeit entstehen. Weil Menschen meistens „unter sich" bleiben und die Diversity eine Herausforderung für die Kooperation ist, braucht es das Zusammenspiel dreier Formen von Sozialkapital (ebd., S. 64) für die Resilienz:

- *Bonding Capital*: „Bindungen zwischen Personen innerhalb derselben sozialen Gruppe oder mit anderen, die in erster Linie ihnen ähnlich sind" (ebd.). Stärkere Bindungen existieren üblicherweise in engen Familien- oder in Freundeskreisen, wenn Menschen eine Religion, ein politisches Interesse, ein Hobby miteinander teilen oder ein gemeinsames Anliegen haben.
- *Bridging Capital*: „Bindungen zwischen Personen außerhalb derselben sozialen Gruppe bzw. mit anderen, die sich von ihnen anhand Gesellschaft aufteilender Merkmale (Alter, Rasse, Religion, Herkunft, [Anliegen]…) unterscheiden" (ebd.). Manche Menschen gehören verschiedenen sozialen Systemen gleichzeitig an oder haben eine Migrationsgeschichte. Grenzgänger*innen sind ideale Brückenbauer*innen in der Vielfalt.
- *Linking Capital*: „Soziale Bindung mit denjenigen außerhalb des Referenzsystems (Politik, Wirtschaft, Gesellschaft) mit Macht, Ressourcen, Ideen oder Informationen aus formalen Institutionen" (ebd.). Während sich Bonding und Bridging Capital horizontal in der Gesellschaft bilden, geht es hier um eine vertikale Form von Sozialkapital. Ein solches Sozialkapital kann „Citizen-Public-Partnerships" möglich machen.

Auch Mafia und Sekten stellen eine starke Form von Sozialkapital dar und praktizieren auf ihre Art Solidarität. Sind sie deshalb nachhaltig? Nein, weil sie sich nicht am Gemeinwohl orientieren, sich über Konformitätszwang und Normbildung auszeichnen und dadurch Wahrnehmung und Andersartigkeit unterdrücken (Abschn. 3.3.2.1). Die

Krisen-Resilienz benötigt *weltoffene Gemeinschaftsformen,* in denen sich Individualität und Gemeinschaft so verbinden lassen, dass sich diese Kräfte gegenseitig befruchten statt sich zu negieren. Da, wo Diversität die soziale Komplexität erhöht, reduziert Vertrauen diese „(sachlich), schafft stabile Rahmenbedingungen für Handlungs- und Interaktionsprozesse (sozial) und dient als zentraler Mechanismus der Kontinuierung sozialer Ordnung und des Aufbaus sowie der Aufrechterhaltung stabiler sozialer Beziehungen (zeitlich)" (Endress 2002, S. 11). Sozialkapital kann sich am besten im Lokalen bilden, dort, wo sich Menschen persönlich begegnen können. Doch räumliche Nähe ist nicht automatisch soziale Nähe. Vertrauen lässt sich weder voraussetzen noch erzwingen, sondern nur aufbauen und pflegen. Weil Menschen als „Kooperationswesen verletzbar" sind und Vertrauen enttäuscht werden kann, bilden Wertschätzung und Respekt unerlässliche Fundamente sozialer Vertrauensverhältnisse (Hartmann 2011). Trittbrettfahrer*innen können das Vertrauen zerstören, wovor sich Netzwerke jedoch schützen können, indem Mitglieder auf Basis ihrer Reputation ausgewählt werden (Putnam 1993, S. 172–180).

C) Infrastruktur und Daseinsvorsorge
Sozialkapital benötigt eine Infrastruktur an der Basis der Gesellschaft. Die Metapher der Wohngemeinschaft macht diesen Zusammenhang am besten verständlich. Sie liefert gleichzeitig das ideale Organisationsmodell für weltoffene Gemeinschaften und Sozialräume als Gemeingut (Brocchi 2019, S. 156 f.). Warum also die urbanen Quartiere und die ländlichen Gemeinden nicht als *erweiterte Wohngemeinschaften* denken und gestalten? Zum einen beinhaltet eine Wohngemeinschaft „Einzelzimmer", in denen sich Individualität und Andersartigkeit entfalten können. Zum anderen gibt es in jeder Wohngemeinschaft gemeinsame Begegnungsräume (Wohnzimmer, Küche), in denen der Zusammenhalt gepflegt wird. Für die Individualität der einzelnen „Wohngruppen" stellt unsere Gesellschaft ausreichend Privatraum zur Verfügung. Jede Community hat im Quartier eigene Treffpunkte: das Haus, den Betrieb, die Kirche, das Jugendzentrum oder die Sportstätte. Es gibt jedoch kaum Räume, in denen die verschiedenen Communities miteinander interagieren. Zur Förderung von „Bridging Capital" fehlen in den

Quartieren *integrative Begegnungsräume*, zum Beispiel Gemeinschaftsgärten und „nachbarschaftliche Wohnzimmer". Sie sind für die lokale Resilienz jedoch besonders wichtig (Brocchi 2017, S. 71).

Die Bewohner*innen einer Wohngemeinschaft könnten noch mehr als Räume miteinander teilen, zum Beispiel Werkzeuge, Lebensmittel und das Auto. Dadurch würde jeder Bewohner und jede Bewohnerin Geld und Zeit sparen. Auf die Gesellschaft übertragen nennt man dieses Prinzip *öffentliche Daseinsvorsorge:* Davon kann jeder profitieren. Die gemeinsamen Infrastrukturen werden finanziert, indem die Bürger*innen einen Teil ihres Einkommens (in Form von Steuern) in eine gemeinsame Kasse einzahlen, die demokratisch verwaltet wird. Je mehr die Bürger*innen miteinander teilen, desto stärker ist die Infrastruktur, von denen sie gemeinsam profitieren können, und desto weniger müssen sie für sich privat sorgen. In manchen skandinavischen Ländern zahlen die Bürger*innen mehr Steuern[27] und bekommen dafür mehr vom Staat – zum Beispiel ein soziales Sicherungssystem und eine kostenlose Bildung. Die öffentliche Daseinsvorsorge ist eine Strategie, um in einer Gesellschaft Energien und Ressourcen effizienter und sinnvoller einzusetzen. Sie setzt jedoch Grundvertrauen und Großzügigkeit voraus.

Öffentliche Daseinsvorsorge heißt zum Beispiel geteilte Mobilität statt privatem Autobesitz. In Estlands Hauptstadt Tallinn ist der öffentliche Nahverkehr für alle Bürger*innen kostenlos (Schulz 2018). Heute müssen die Infrastrukturen aber nicht nur wachsen, sondern an einigen Stellen schrumpfen. Wofür eine Transportinfrastruktur für die globale Fremdversorgung, wenn sich Regionen viel stärker selbstversorgen könnten?

Dem Auseinanderklaffen der Gesellschaft kann mit mehr Gemeinwesen entgegengewirkt werden. Gemeinwesen bedeutet, dass in die Prävention sozialer Konflikte mehr investiert wird als in ihre Repression. Gemeinwesen bedeutet mehr Gemeingüter (Helfrich 2009): freie

---

[27] In Norwegen, Schweden, Finnland und Dänemark liegt die Steuerquote zwischen 27,4 % und 46,5 % (Anteil vom BIP), in Deutschland bei 23,1 % (Bundesministerium für Finanzen 2022, S. 8).

Natur, Trinkwasser, Nachbarschaftshäuser, Genossenschaftswohnungen, Gemeinschaftsgärten, aber auch Wissen (Bibliotheken, Schulen etc.).

D) Governance und Demokratie
Kollektive Handlungs- und Entscheidungsprozesse lassen sich in überschaubaren Sozialräumen leichter gestalten als in größeren. Auch der Gemeingut-Ansatz geht Hand in Hand mit einer Dezentralisierung des sozialen Handelns und der gesellschaftlichen Organisation (Ostrom 2005). Regionale und lokale Einheiten entsprechen dem Prinzip einer polyzentrischen Governance im Umgang mit globalen Problemen – und dienen an sich der Resilienz (Hernandez 2021, S. 66). Wenn die Polykrise das Ergebnis einer Krise der Demokratie ist (Abschn. 3.2.3.4), dann sollte die Frage der Nachhaltigkeit als Frage der Demokratie gestellt werden. Das Beispiel Islands in der Finanzkrise hat unterstrichen, wie wichtig eine „starke Demokratie" (Barber 1994) für die resiliente Gesellschaft ist.

E) Kulturkapital und kulturelle Vielfalt
Je größer und objektiver ein Risiko oder eine Krise ist, desto mehr hängt die Prävention oder die Reaktion darauf von der kulturellen Bewertung ab (Beck 2008, S. 36). So können Werteinstellungen die Resilienz sozialer Systeme stärken oder schwächen. Aus der bisherigen Analyse lassen sich folgende Faktoren ableiten:

- Eine Kultur des Vertrauens und der Großzügigkeit erleichtert sowohl die Kooperation unter Individuen als auch die Kooperation zwischen Bürgerschaft und Institutionen. Dadurch fällt die Lösung gemeinsamer Probleme leichter. Dort, wo Menschen mehr miteinander teilen, ist die Abhängigkeit von Ressourcen und von Finanzmitteln niedriger, dadurch die Beweglichkeit stärker.
- Soziale Systeme sind beweglicher, wenn die empfundene „Machtdistanz" niedriger ist. Auch eine Gleichberechtigung der Geschlechter bzw. ein kultureller Mix von Feminität und Maskulinität kann zur Resilienz von Organisationen beitragen.

- Eine Gesellschaft kann auf ihre Krisen besser reagieren, wenn sie nicht an der gegebenen Ordnung festhält bzw. wenn sie Alternativen offener gegenübersteht (Unsicherheitstoleranz).
- In Ländern wie Spanien, Großbritannien, USA und Deutschland dominiert eine „Kurzzeitorientierung", während Nachhaltigkeit ein Denken in breiteren Zeithorizonten erfordert.

Neben Werteinstellungen gibt es weitere kulturelle Faktoren, die die Resilienz sozialer Systeme stärken. Dazu gehören unter anderem Wissen, Kreativität und Lernfähigkeit. Die UNESCO hat einen weiteren fundamentalen Faktor anerkannt: „Als Quelle des Austauschs, der Erneuerung und der Kreativität ist *kulturelle Vielfalt* für die Menschheit ebenso wichtig wie die biologische Vielfalt für die Natur" (UNESCO 2001; kursiv vom Autor). „Der Schutz, die Förderung und der Erhalt der kulturellen Vielfalt sind eine entscheidende Voraussetzung für nachhaltige Entwicklung zu Gunsten gegenwärtiger und künftiger Generationen" (UNESCO 2005). Anders ausgedrückt: „Monokulturen sind spröde und anfällig, vulnerabel für Veränderungen der Umwelt; erst Vielfalt macht robust, resilient" (Ernst 2010, S. 142). So ist eine plurale Ökonomik nachhaltiger als eine ökonomische Monokultur. Die Toleranz gegenüber Alternativen ist entscheidend für die Krisen-Resilienz. Die innere Vielfalt macht Städte, Unternehmen oder Kultureinrichtungen beweglicher vor ihren Problemen, weil dadurch ein breiteres Spektrum an Lösungsoptionen zur Verfügung steht. Die innere Vielfalt wirkt sich gegen die Bildung von „Wahrnehmungsblasen" aus und ermöglicht eine höhere Sensibilität gegenüber der Umwelt. Vielfalt wird oft auf den Migrationshintergrund reduziert, doch ein Stück Andersartigkeit steckt in jedem von uns.

5.1.3.3 Nachhaltigkeit als gutes Leben

Für Julian Nida-Rümelin hat die Debatte über Nachhaltigkeit die Frage nach dem guten Leben wieder ins öffentliche Bewusstsein gerückt:

„In der Antike gehörte diese Frage zum selbstverständlichen Kernbereich politischer und philosophischer Diskussionen coram publico. Die Moderne hingegen zielte – grob gesprochen – auf gesellschaftliche Ausdifferenzierung und Erweiterung des Spektrums individueller Orientierungen. Dabei wurde die Frage nach dem guten Leben zunehmend ins Private verlagert. Die inhaltliche Ausgestaltung der vielfältig erweiterten Optionen blieb immer mehr dem Einzelnen überlassen [...]. Fragwürdig erscheint aus heutiger Sicht [...] ein mit der Moderne verbundener linearer Fortschrittsoptimismus. Das reale und potenzielle Ausmaß ökologischer Katastrophen in Verbindung mit den Nebenfolgen hat uns diesen Optimismus suspekt gemacht. Dieses Bewusstsein für die Gefährdung unserer Existenzgrundlagen führte in den letzten Jahren zu einer erneuten öffentlichen Thematisierung der Grundlagen von Lebensformen, philosophisch wie politisch. Der gegenwärtige ‚Erfolg der Tugenden' im Gefolge des Kommunitarismus ist nur ein Beleg für die Re-Philosophierung der Frage des guten Lebens" (Nida-Rümelin 2001, S. 7).

Gutes Leben ist heute ein Dachbegriff für multidimensionale Wohlstandsmodelle jenseits von Wirtschaftswachstum und Massenkonsum. Es kann kein gutes Leben auf Kosten anderer geben, künftige Generationen und Natur inbegriffen. Genauso kann kein Leben gut sein, das fremdbestimmt ist.

Schon der Wirtschaftswissenschaftler Richard Easterlin hatte in den 1970ern erkannt, das Wirtschaftswachstum nicht unbedingt zu mehr Wohlstand führt. Ein höheres Einkommen fördert nur bis zu einem bestimmten Grad das Wohlbefinden der Menschen, danach können Besitz und Vermögen sogar zur Belastung werden (Easterlin 1974). Der wichtigste Beitrag der Wirtschaft für das Wohlbefinden besteht in der Befriedigung der Grundbedürfnisse. Oberhalb dieser Schwelle sind es Faktoren wie sozialer Zusammenhalt, die Menschen glücklicher und gesunder leben lassen (Pickett und Wilkinson 2009).[28] In welchen Ländern ist das Wohlbefinden der Menschen also am höchsten? Für den Zeit-

---

[28] Eine ausgeprägte soziale Ungleichheit verbunden mit dem freien Wettbewerb erhöht den Druck auf die Individuen, die sich ständig miteinander vergleichen und ihre Leistung ständig optimieren müssen, um nicht zu riskieren, abgehängt zu werden.

Tab. 5.3 Die Top Ten im World Happiness Ranking (2023)

(1) Finnland
(2) Dänemark
(3) Island
(4) Israel
(5) Niederlande
(6) Schweden
(7) Norwegen
(8) Schweiz
(9) Luxemburg
(10) Neuseeland

(Aus Helliwell et al. 2023, S. 34)

raum 2020–2022 wurde das „World Happiness Ranking" der Vereinten Nationen von den zehn Ländern in Tab. 5.3 angeführt.

Deutschland belegt Platz 16 zwischen den USA und Belgien. Am Ende der Rangliste befinden sich Sierra Leone (135), Libanon (136) und Afghanistan (137). Laut Studie bildet für die subjektive Bewertung von Glück die soziale Grundsicherung den wichtigsten Faktor (Gewichtung: 33 %). Quer durch die Gesellschaft wirkt sich diese gegen die Angst vor dem sozialen Abstieg aus. Die Grundsicherung ist wichtiger als die individuelle Freiheit, unbegrenzt Privatkapital und Privatvermögen anhäufen zu dürfen. Der zweitwichtigste Faktor ist das Bruttoinlandsprodukt pro Kopf (25 %), gefolgt von der Erwartung nach einem gesunden Leben (20 %), dann Freiheit (13 %), Großzügigkeit (5 %) und Vertrauen in die Institutionen bzw. keine Korruption (4 %). In die Bewertung des Glückindex wird ein weiterer Faktor einbezogen, nämlich der Vergleich mit einem hypothetischen Land, das „Dystopia" genannt wird und als Inbegriff der Polykrise gelten könnte (Helliwell et al. 2020, S. 19). Dem entgegengesetzt sind die Sorglosigkeit und eine intakte Umwelt ein wichtiger Faktor für Wohlbefinden.

Mit Ausnahme der Niederlande haben die ersten zehn glücklisten Länder im Ranking maximal 11 Mio. Einwohner. In solchen Staaten stehen sich Bürger*innen und Institutionen näher. Auch die Gleichberechtigung der Geschlechter scheint mit dem Wohlbefinden der Menschen zu korrelieren, denn mit Ausnahme von Israel belegen dieselben

Länder die ersten Plätze im Gender-Index (EM2030 2022, S. 18). Zudem zeigen mehrere wissenschaftliche Studien, dass Naturerleben auf allen drei wesentlichen Ebenen – Körper, Psyche und Gesellschaft – zum Wohlbefinden beiträgt. In der Nähe von Bäumen sind Menschen glücklicher und gesünder (Naturfreunde Internationale 2015).

Für den Wissenschaftlichen Beirat Globale Umweltveränderungen (WBGU) ist ein Wohlstand nachhaltig, der sich einerseits von Naturverbrauch und Umweltzerstörung entkoppelt („Entkopplung erster Ordnung") und andererseits zumindest partiell von wirtschaftlichem Wachstum und monetärem Wohlstand („Entkopplung zweiter Ordnung"). Der WBGU fordert eine erweiterte Definition von Lebensqualität, die …

> „über materiell-ökonomische ‚objektive' Faktoren hinaus auch ‚subjektive' Faktoren wie z. B. Selbstwirksamkeit, Identität, Solidarität, Zugehörigkeitsgefühle, Vertrauen und soziale Netzwerke einbezieht, die zugleich das soziale Kapital einer Gesellschaft ausmachen: den Kitt, der Gesellschaften zusammenhält. Die Forschung zeigt: Je ausgeprägter das soziale Kapital und die soziale Kohäsion […] sind und je geringer soziale Ungleichheiten ausfallen, desto höher ist die durchschnittliche Lebenszufriedenheit und desto weniger Gewalt und Kriminalität, Krankheiten, Angst und soziales Misstrauen und demzufolge Risiken für die gesellschaftliche Stabilität finden sich" (WBGU 2016, S. 17 f.).

So wie wachsender Besitz zu einer Übersättigung der Lebensweise führen kann, so kann die materielle Selbstbegrenzung Erleichterung und Beweglichkeit ermöglichen – jedoch nur, wenn mehr geteilt bzw. gerecht verteilt wird. Während sich der Lebensstil der Industriemoderne durch Attribute wie „schneller", „globaler", „mehr" und „kommerzieller" kennzeichnet, stehen nachhaltige Lebensstile für ein „langsamer", „näher", „weniger" und „persönlicher" (Schneidewind 2021, S. 145).

Die vier E des guten Lebens
Laut Wolfgang Sachs (1993) kann nur ein suffizientes, genügsames Leben gut sein. Ein solcher Lebensstil lässt sich am besten durch „vier E" darstellen:

- *Entschleunigung.* Dazu schreibt Uwe Schneidewind: „Wir leben in Europa längst nicht mehr in einer Epoche des materiellen Mangels, sondern vielmehr in einer des Zeitmangels. Das Wirtschaftsleben ist auf Geschwindigkeit ausgerichtet. Im Privatleben setzt sich der Stress des Berufslebens nahtlos fort. Gegen die Beschleunigung im Alltag treten neue Bewegungen wie ‚Slow Travel', ‚Slow Food' oder ‚Slow City' auf. Sie setzen sich für eine andere Zeitpolitik ein, die Entschleunigung fördert" (Schneidewind 2021, S. 146). Durch Entschleunigung werden „Resonanzerfahrungen" möglich, in denen man sich in Beziehung zur Welt, zur Natur und insbesondere zu anderen Menschen erleben kann, jenseits beruflicher Verwertungszwänge (Rosa 2012). In der Mobilität bedeutet Entschleunigung eine generelle Tempobegrenzung auf den Autobahnen, Tempo 30 in den Innenstädten sowie eine körperliche statt motorisierte Mobilität (z. B. Fahrrad statt Auto). „Eine solche Zeitpolitik schont nicht nur das Klima, sondern auch die Gesundheit der Menschen" (Schneidewind 2021, S. 146). Möglichkeiten zur Teilzeitarbeit, Lebensarbeitskonten und Sabbaticals sind Wege zum Zeitwohlstand. So wie die kapitalistisch-industrielle Beschleunigung die ökologische Entropie erhöht und die ganze Gesellschaft in einen künstlichen, andauernden Notstand versetzt, so senkt die Entschleunigung den Energieverbrauch und gibt der Demokratie mehr Raum.
- *Entflechtung.* Neben dem neuen Zeitregime benötigt das gute Leben ein neues Raumregime. So wächst das Interesse für regionale Identität:

„Die Qualität von Erzeugnissen wird an ihrer geografischen Herkunft gemessen, und Regionalität wird zum Markenzeichen für Tourismus und Marketing […]. Nahverflechtung, so stellt sich heraus, bietet zahlreiche Qualitäten für den Alltag, regionale Räume werden wieder geschätzt als Gewächshäuser für soziale und kulturelle Vielfalt, und ein Schuss Heimatbewusstsein bewährt sich als Gegenmittel gegen die Ortslosigkeit weltweiter Märkte. Es ist nach dem Triumph der Globalisierung mit einer Renaissance der Regionen zu rechnen" (B.U.N.D. et al. 2008, S. 242).

Raumwohlstand bedeutet „Städte für Menschen" (Gehl 2015) statt für Autos. Die Bedürfnisse der Bewohnerschaft sollten im Mittelpunkt der Stadtentwicklung stehen, nicht die Rentabilität für Investoren. Die ökologische und kulturelle Vielfalt macht Städte lebenswerter – und diese Vielfalt benötigt Freiräume.

- *Entrümpelung.* Unser Leben füllt sich immer mehr mit Materialität. So heißt „Entrümpelung [...], ‚Gerümpel' loszuwerden [...]. Wichtigster Ansatzpunkt zur Entrümpelung ist es, Gerümpel erst gar nicht entstehen zu lassen. Warum müssen Bücher im Regal verstauben, wenn sie mit Freund*innen und Nachbar*innen geteilt werden können? Um die Lebensstile zu entrümpeln, bedarf es Lebensumgebungen ohne permanenten Konsumdruck, Lebensumgebung, von denen nicht ständig das Signal ‚Kauf etwas' ausgeht. Dazu gehört die Eingrenzung von Werbung im öffentlichen Raum und im Fernsehen sowie eine Stadtplanung, die ‚Konsumtempel' nicht zum Mittelpunkt unserer Innenstädte macht" (Schneidewind 2021, S. 148). Die Entrümpelung kann durch einen Ausbau des Gemeinwesens erreicht werden. So sind städtische Bibliotheken Orte des Teilens. Ihr Angebot kann erweitert werden, indem sie zu „Bibliotheken der Dinge" werden.[29] Entrümpelung kann durch Einrichtungen ermöglicht werden, in denen Dinge repariert werden. Wie wäre es, wenn Repair-Cafés zum Bestandteil der kommunalen Infrastruktur werden?
- *Entkommerzialisierung.* „Bei der Entkommerzialisierung geht es darum, die Ausbreitung des Marktes und einer ökonomischen Handlungslogik in immer mehr gesellschaftlichen Bereichen zu begrenzen, um mehr Platz für nicht-marktliche Güter, Dienstleistungen, Infrastrukturen und Aktivitäten zu schaffen" (ebd., S. 149). Eigentlich sind unentgeltliche Formen von Ökonomie nichts Ungewöhnliches, denn sie sind bereits in der Familie oder im Freundeskreis üblich. Für

---

[29] „Spielekonsole, Fernrohr, Sonnenschirm, Wikingerschach – all diese Dinge können sich Bürger*innen mit ihren Bibliotheksausweisen in der Bezirkszentralbibliothek ausleihen", so wirbt die Bibliothek von Friedrichshain-Kreuzberg für ihr Angebot (https://www.berlin.de/ba-friedrichshain-kreuzberg/aktuelles/bezirksticker/2020/bibliothek-der-dinge-965564.php, Zugriff: 16.4.2023).

die Nachhaltigkeit geht es darum, „Schenkökonomie" (Mauss 2009) und Solidarität in weiteren Kreisen zu praktizieren, zum Beispiel in den Nachbarschaften.

Ökologische Lebenskunst

Mit seiner „ökologischen Lebenskunst" bietet der Philosoph Wilhelm Schmid die Möglichkeit, das enge und das weite Nachhaltigkeitsverständnis in einem umfassenden Konzept von Lebensführung zu integrieren. „Lebenskunst ist der Versuch […] mit eigenem Nachdenken das Leben so zu orientieren, wie es richtig erscheint, selbst wenn das gesellschaftliche Umfeld auf dem falschen Weg sein sollte" (Schmid 2008, S. 7).[30] Es ist eine „astronautische Perspektive", die zu einer ökologischen Auffassung der Lebenskunst führt, sprich:

> „Die *Wahrnehmung des Planeten als Ganzes* […], die *Wahrnehmung der Schönheit des Planeten* […], die *Erfahrung des Planeten als Heimat* […]. Die Wahrnehmung der Winzigkeit und Zerbrechlichkeit des Planeten begründen […] eine erneuerte *Sensibilität für die Bedingungen der menschlichen Existenz*, ein Gespür für die Besonderheiten und Eigentümlichkeiten des gesamten Planeten, der die menschliche Existenz ermöglicht" (Schmid 2008, S. 14 ff.).

Die astronautische Perspektive schließt ein „Wissen von der Erde und ihren Zusammenhängen" mit ein (ebd.). Diese Wahrnehmung bringt das Subjekt dazu, das eigene Leben als „planetarische Lebensform" zu führen und das eigene Verhalten in Bezug auf die biophysischen Rahmenbedingungen zu prüfen. „Dem ‚Gefühl als Erdbürger' entspricht ein ‚Gefühl persönlicher Verantwortung für die Erhaltung des einzigen, uns allen gemeinsamen Planeten'" (ebd., S. 19). Während die Modernisierung zu einer „Erd-Entfremdung" und Entwurzelung des

---

[30] Schmid zitiert dabei Theodor W. Adorno: „Man müsse stets so zu leben bemüht sein, wie man in einer befreiten Welt glaubt leben zu sollen, gleichsam durch die Form der eigenen Existenz, mit all den unvermeidbaren Widersprüchen und Konflikten, die das nach sich zieht, versuchen, die Existenzform vorwegzunehmen, die die eigentlich richtige wäre" (Schmid 2008, S. 7).

Menschen führt, zielt die ökologische Lebenskunst auf „Erdverbundenheit" (Latour 2017) und Wiederverwurzelung.

Die Verbrennung von fossilen Energieträgern hat das Gleichgewicht der Biosphäre empfindlich gestört, entsprechend bedeutet ökologische Lebenskunst einen bewussten Umgang mit Energie (Schmid 2008, S. 28–32) sowie eine *„kritische Reflexion der Technik"* (ebd., S. 46). Während der Umweltschutz im „existenziellen Eigeninteresse" des Menschen sein sollte, bezieht sich sein „aufgeklärtes Eigeninteresse" auf seine Position in der Gesellschaft. Die ökologische Lebenskunst zeichnet sich durch Demut und *„Vorsicht als zurückhaltendes Vorgehen"* aus (ebd., S. 58). Benötigt wird eine *„Voraussicht für die künftigen Verhältnisse"*: Welche Konsequenzen wird das gegenwärtige Verhalten auf die künftigen Generationen haben?[31]

Diese Überlegungen führen zu der Formulierung von Imperativen der „ökologischen Klugheit":

- *Selbsterhaltungsprinzip:* „Handle so, dass du die Grundlagen deiner eigenen Existenz nicht ruinierst".
- *Umkehrgebot:* „Handle so, dass du die Konsequenzen deines Handelns für Andere in einer Weise berücksichtigst, wie du selbst dies von den Anderen erwarten würdest". Zu diesen Anderen werden die gegenwärtigen und die künftigen Generationen, die menschliche wie die nicht-menschlichen Lebewesen gezählt.
- *Überheblichkeitsverbot:* „Handle so, dass du vorgefundene Zusammenhänge nie nur als Mittel für eigene Zwecke, sondern immer auch als Selbstzweck betrachtest". Es kommt bei der ökologischen Klugheit darauf an, *„das richtige Maß* zu finden" (Schmid 2008, S. 59–63).

Für Schmid beginnt die Realisierung der ökologischen Klugheit beim individuellen Selbst und dessen Lebensstil, deshalb entspricht sie einer

---

[31] Bei den Irokesen in Nordamerika werden Entscheidungen nach dem „7-Generationen-Prinzip" getroffen, das heißt durch die Reflexion der Konsequenzen auf die siebte Generation in der Zukunft (Köhn 2018).

„reflektierten Lebenskunst" (ebd., S. 65). Von diesem Punkt aus geht es dann darum „in *konzentrischen Kreisen* weiter auszugreifen und eine ‚immer umfassender werdende Integration' zu versuchen" (ebd., S. 66). Beim „Lebensstil des ökologischen Selbst" (dem Mittelpunkt der konzentrischen Kreise) ist die Führung eines *„besonnenen Lebens"* sowie die Reflexion der eigenen Gewohnheiten besonders wichtig. Vom bloßen Konsumverhalten sollte man zum bewusst gewählten Lebensstil kommen, *„vom Verbrauch zum Gebrauch"*. Es braucht eine „Ökologie des Körpers" sowie einen „Genuss des Lebens" (ebd., S. 68–73).

Der weitere Kreis um das Selbst herum betrifft „das Haus, in dem wir wohnen". Hier geht es um die Berücksichtigung von Aspekten wie der Energieversorgung, der Energiemenge, der Wasserversorgung, der Ausstattung, der Haushaltsführung, der Kleidung, der Abfallvermeidung und der Abfallverwertung (ebd., S. 77–85). Einen noch größeren Kreis bilden „die Stadt und die Region, in der wir leben". Schmid schlägt multifunktionale Quartiere vor, in denen nicht nur gewohnt oder nicht nur gearbeitet wird. Besondere Aufmerksamkeit bekommt das Verkehrsproblem. Angesichts des Klimawandels braucht es mehr Grün in den Städten, genauso wie eine ökologische Landwirtschaft in den Regionen (ebd., S. 87–97).

Den Kreis um Städte und Regionen bildet „die Gesellschaft, deren Bürger wir sind". Nicht nur die Bürger*innen, die gegenwärtig leben, sollten das Bürgerrecht anerkannt bekommen, sondern auch die künftigen Generationen. Tiere und Pflanzen sowie Flüsse und Berge verdienen selbst den Status als Rechtssubjekt (ebd., S. 103; Latour 2010; Gutmann et al. 2023). „Ein erheblicher Teil der Machtfragen hat mit den Auseinandersetzungen zwischen ökologischen und *ökonomischen Interessen* zu tun" (Schmid 2008, S. 101). Eine entscheidende Rolle kommt deshalb der *kritischen Öffentlichkeit* zu (ebd., S. 102). Für eine ökologische Ökonomie setzt Schmid auf das Modell der Kreislaufwirtschaft sowie einer Niedrigenergiewirtschaft (ebd., S. 106–111). Der größte Kreis um das individuelle Selbst herum ist schließlich jener der „Weltgesellschaft, der wir zugehören". Neben der Energie- und Klimafrage ist die „Erhaltung des Artenreichtums" ein zentrales Ziel der ökologischen Klugheit.

Wilhelm Schmid liefert eine umfassende Vorstellung der „ökologischen Lebenskunst", so bedeutet Nachhaltigkeit eher Gewinn als Verzicht. Der Philosoph macht die planetarischen Grenzen zum Fundament der Lebenskunst, verkennt jedoch gleichzeitig die Bedeutung der menschlichen Grenzen. Auch das Subjekt ist ein absolut begrenztes Wesen, sowohl kognitiv als auch physisch. Wenn die ökologische Lebenskunst keine moralische Vorstellung bleiben soll, dann muss auch die Nachhaltigkeit dem menschlichen Maß entsprechen. Schmid setzt das „individuelle Selbst" in den Mittelpunkt seiner Thesen, und doch ist der Mensch ein Beziehungswesen, das von der Gesellschaft auch geformt wird. In einem Kontext der sozialen Ungleichheit verfügen nicht alle Menschen über die gleiche Freiheit, eine Lebenskunst zu praktizieren. Wenn Nachhaltigkeit nicht als weitere Aufforderung zur „Selbstoptimierung" des Individuums enden will, muss sie politisiert werden.

Kulturen des guten Lebens

Lebensformen werden kulturell verfasst. „Eine Lebensform repräsentiert das, was der Person wertvoll erscheint" (Nida-Rümelin 2001, S. 7). Schon durch unsere Lebensweise vermitteln wir Werte. In einer Gesellschaft gibt es unterschiedliche Vorstellungen von gutem Leben, deshalb stellt sich die Frage des guten Lebens meistens als Frage des friedlichen Zusammenlebens in der Vielfalt auf einem begrenzten Planeten. Einerseits will das gute Leben demokratisch ausgehandelt werden, denn schon in einer kleinen Nachbarschaft herrschen unterschiedliche Interessen und Perspektiven (Brocchi 2020b, S. 9). Andererseits kann es keine Freiheit in einer Monokultur geben, denn echte Freiheit beweist sich immer im Umgang mit Andersartigkeit und Alternativen.

Nur die Vielfalt bietet die Möglichkeit voneinander zu lernen, auch in Bezug auf das gute Leben. So könnten die staugeplagten deutschen Metropolen von Kopenhagen und Amsterdam lernen, wie eine Stadt menschengerecht statt autogerecht gestaltet werden kann. In Lateinamerika ist das gute Leben („Sumak kawsay", span. „buen vivir") die Art und Weise, wie indigene Völker seit Jahrhunderten leben. Für sie hat das „buen vivir" drei essenzielle Komponenten: eine harmonische Mensch-Natur-Beziehung, die Spiritualität sowie die Zentralität des gemeinschaftlichen Lebens, sprich solidarische, vertrauensvolle und empathische zwischenmenschliche Beziehungen (Acosta 2015). Während der Tropenwald aus ökonomischer Sicht vor allem ein Rohstofflager ist, bietet er den Ureinwohnern ein Zuhause. Warum nicht von solchen Kulturen lernen statt sie zu zerstören?

Für den Ethnologen Dieter Kramer besitzen „auch scheinbar arme Gesellschaften [...] ihre spezifischen Formen von Reichtum" (Kramer 2001, S. 96). In anderen Kulturen (vergangene inbegriffen) ist nicht das heutige Prinzip der ökologischen Nachhaltigkeit Anlass von Überlegungen über Selbstbegrenzung und Genügsamkeit, „sondern das Wissen um die Grenzen der materiellen Möglichkeiten und um die Notwendigkeit, für das eigene Glück und das innere Gleichgewicht das rechte Maß zu finden. Die entsprechenden Wertesysteme gehen dabei wie die aktuelle kommunitaristische Philosophie davon aus, dass die Menschen nicht nur habgierige Mängelwesen sind. Dem ungehemmten Streben nach Reichtum und Genuss stehen in allen Kulturen in Sprache, Kunst und Literatur (populäre Formen eingeschlossen) die Bilder und Vorstellungen des Genug gegenüber; immer auch sind sie der Mahnung eingedenk: Das letzte Hemd hat keine Taschen" (ebd., S. 94 f.). Kramer nennt dabei einige Beispiele von Sprichwörtern und Mythen, die in verschiedenen Kulturen die Selbstbegrenzung in Erinnerung halten und fördern:

> „Wer nie genug hat, ist immer arm' [...]. Ebenso weiß das die Relativität von Reichtum: ‚Genug haben ist mehr als viel haben.' ‚Nous sommes riches en peu de besoins' ist die stolze Devise freier Subsistenzbauern in den Schweizer Alpen [...]. Für die vorindustriellen Bauern war Selbstbegrenzung eine Selbstverständlichkeit [...]. Beliebig viele Beispiele für Bilder der freiwilligen Selbstbegrenzung liefert die europäische ebenso wie die internationale Geistesgeschichte, von Diogenes über Franz von Assisi bis zu Mahatma Gandhi" (ebd., S. 95).

Diese Beispiele zeigen, dass Nachhaltigkeit nicht nur eine Frage der Innovation ist: Sie kann auch in manchen Traditionen stecken. Dann lohnt es sich, diese zu bewahren oder neu zu entdecken.

5.2 Der Weg ist das Ziel

Nach dem Fall der Berliner Mauer 1989 hätte die Ära der Ökologisierung jene der Modernisierung ablösen können. Man hätte damals – so Bruno Latour – eine neue Klimaordnung und eine gerechte Weltordnung schaffen können. „Doch der Neoliberalismus sah sich als Sieger. Es kam zur totalen Verweigerung der ökologischen Frage. Stattdessen zu einem Maximum an Verleugnung, Extraktivismus und Beschleunigung" (Latour 2021a). Die Modernisierung wurde so globalisiert. Wie sehr diese Entwicklung mit Nachhaltigkeit unvereinbar ist, zeigt die gegenwärtige Polykrise. Dabei haben drei Ereignisse zwischen 2008 und 2010 bewusst gemacht, wohin eine zentralistische Steuerung der Gesellschaft von oben nach unten führen kann:

- *Die internationale Finanzkrise* (Abschn. 3.1.3). Seitdem „haben die Menschen überall auf der Welt zunehmend den Glauben an die liberale Erzählung verloren" (Harari 2019, S. 27).
- *Das Scheitern der 15. Klimakonferenz der Vereinten Nationen 2009 in Kopenhagen.* Dadurch wurde die letzte Chance vertan, die globale Wende zum Klimaschutz langsamer und sanfter zu gestalten. An der UN-Klimakonferenz hatten über 40.000 Vertreter*innen von Regierungen, UN-Gremien, NGOs und Medien teilgenommen (United Nations Climate Change 2021). Vor allem durch Flüge waren 46.200 t CO_2-Emissionen dabei entstanden, die Kosten für die Organisation der Konferenz beliefen sich auf 150 Mio. Euro (Creagh 2009). Verabschiedet wurde lediglich eine allgemeine, unverbindliche Erklärung. Der Konflikt zwischen Regierungen und Zivilgesellschaft, der bislang die Gipfeltreffen der G7/G8 geprägt hatte, zeigte sich erstmals auch während einer UN-Klimakonferenz.[32]
- *Die Skandale um Großprojekte.* In Deutschland protestierten die Bürger*innen gegen die Pläne für Stuttgart 21. In Köln führte der Bau

---

[32] Die dänische Regierung hatte im Voraus Sondergesetze verabschiedet, die die vorbeugende Festnahme aller Personen erlaubten, die die öffentliche Ordnung und Sicherheit hätten gefährden können. 2.000 Menschen wurden dadurch vorübergehend festgenommen.

der neuen U-Bahn-Linie zum Einsturz des historischen Stadtarchivs, während in Berlin die Kosten für den Flughafen Berlin-Brandenburg (BER) explodierten. Solche Missstände wurden auch in anderen Ländern sichtbar, zum Beispiel beim Eisenbahnprojekt Turin–Lyon (Seisselberg 2019). Sie waren das Ergebnis von intransparenten Public-Private-Partnerships und von Entscheidungen, die über die Köpfe der Bürger*innen hinweg getroffen worden waren.

Diese Ereignisse stellten eine Zäsur für die Nachhaltigkeitsdebatte dar und führten zu einem radikalen Umdenken. Denn eine Form von Governance, die Teil des Problems ist, kann nicht *die* Lösung sein. Der Weg zur Nachhaltigkeit musste sich also von dem zur neoliberalen Globalisierung unterscheiden (vgl. Leggewie und Messner 2010). Durch dieses Umdenken avancierte „Transformation" zum zentralen Begriff der Nachhaltigkeitsdebatte. Eben von diesem *Transformative Turn* handeln die nächsten Abschnitte.

5.2.1 Die Formen der Transformation

In Bezug auf Umfang, Intensität und Tiefe unterscheiden die Politikwissenschaften verschiedene Formen von gesellschaftlichem Wandel:

- *Regierungswechsel* bedeutet nicht unbedingt einen richtungspolitischen Wechsel. Wahlen finden selbst in Russland und dem Iran statt: Dort wechselt die Regierung, aber das Regime bleibt autoritär. Auch in westlichen Ländern ändert sich zwar die Regierungskoalition regelmäßig, aber in wesentlichen Fragen hält man an „Kontinuität" und „Stabilität" fest.
- *Regimewechsel*:[33] Er findet statt, wenn sich „Herrschaftszugang, Herrschaftsstruktur, Herrschaftsanspruch und Herrschaftsweise grund-

---

[33] „Regime bezeichnen die formelle und informelle Organisation des politischen Herrschaftszentrums einerseits und dessen jeweils besonders ausgeformte Beziehungen zur Gesamtgesellschaft andererseits. Ein Regime definiert die Zugänge zur politischen Herrschaft ebenso wie die Machtbeziehungen zwischen Herrschaftseliten und das Verhältnis der Herrschaftsträger zu den

legend geändert haben [...]. Was sich bei einem Regimewechsel ändert, ist weniger die Organisationsform des Staates selbst als die Definition dessen, was legitime oder illegitime Anwendung der staatlichen Zwangsmittel sind" (Merkel 1999, S. 71 f.).
- *Systemwandel:* Das politische System umfasst Regierung, Regime und Staat (ebd., S. 73). „Von einem Systemwandel kann dann gesprochen werden, wenn sich grundlegende Funktionsweisen und Strukturen eines Systems zu verändern beginnen. Ein solcher Veränderungsprozess verläuft evolutionär, d. h. allmählich und nicht abrupt" (ebd., S. 74). Bei einem Systemwandel ist der Ausgang prinzipiell offen, da der Prozess nicht unbedingt zu einem neuen Systemtypus führt, zum Beispiel zu einem demokratischen statt autoritärem System.
- *Transition:* Dieser Begriff meint den „Übergang zur Demokratie", das heißt von einem autokratischen zu einem demokratischen System (ebd., S. 75).
- *Systemwechsel*: In diesem Fall führt der Transformationsprozess definitiv zu einem anderen Systemtypus. Es verändert sich der Herrschaftszugang, die Herrschaftsstruktur, der Herrschaftsanspruch und die Herrschaftsweise eines Systems grundsätzlich (ebd.).

Der politikwissenschaftliche Transformationsbegriff ist mit Transition und Systemwechsel gleichzusetzen. Er meint eine umfassende Umwälzung der gesellschaftlichen Grundordnung (ebd., S. 15). Die Transformationsforschung hat sich in den letzten 50 Jahren in drei Wellen entwickelt. Die erste begann 1974 und befasste sich mit der politischen Systemänderung in den Ländern Südeuropas (Portugal, Spanien, Griechenland), die nach Jahren der Rechtsdiktatur einen Demokratisierungsprozess begannen. In dieser Phase interessierte sich die Transformationsforschung nur für die Veränderung des politischen Systems und die Einführung von Demokratie, während die Ökonomie oder die Lebensstile keine Berücksichtigung fanden. Der Zusammenbruch der Sowjetunion und der

---

Herrschaftsunterworfenen [...]. Demokratien, autoritäre und totalitäre politische Systeme lassen sich durch ihren besonderen Regimecharakter [...] voneinander unterscheiden" (Merkel 1999, S. 71 f.).

Systemwechsel in den Ländern Osteuropas ab 1989 leiteten die zweite Welle der Transformationsforschung ein (ebd., S. 18). Damals sahen sich die postsozialistischen Gesellschaften mit der Notwendigkeit konfrontiert, das politische und das ökonomische System gleichzeitig zu verändern. Zum einen sollte der Kapitalismus etabliert werden, zum anderen die Demokratie (Neckel 2023). Erst mit der dritten Welle ab den Jahren 2008-2010 (siehe oben) wurde das Transformationsverständnis erweitert und multidimensional. In Bezug auf Nachhaltigkeit umfasste der Systemwechsel nun alle gesellschaftlichen Ebenen (Makro, Meso und Mikro) und alle gesellschaftlichen Bereiche.

Auch in der Nachhaltigkeitsforschung wird zwischen verschiedenen Formen von Transformation differenziert (Grießhammer und Brohmann 2015, S. 6 f.):

- *Erwünschte vs. unerwünschte Transformation:* Während die Energiewende eine erwünschte Transformation ist, gehören Vulkanausbrüche, Klimawandel und Finanzkrisen zu den unerwünschten.
- *Intentionale vs. ungeplante Transformation*: Während die Liberalisierung der Weltmärkte und die neoliberale Globalisierung forciert wurden, war die industrielle Revolution eher ein ungeplanter Prozess.
- *Globale vs. lokale Transformation:* Eine Transformation kann nur einen Bereich der Gesellschaft betreffen (z. B. Mobilitätswende) oder alle Bereiche interessieren (z. B. Ökonomisierung und Digitalisierung). Eine Transformation kann lokal (Untergang der Rapa Nui auf der Osterinsel) oder global sein (Klimawandel).
- *Lange vs. kurze Transformation*: Auch wenn von neolithischer oder industrieller „Revolution" die Rede ist, erstreckten sich diese Prozesse über lange Zeiträume. Hingegen war der Fall der Berliner Mauer von kurzer Dauer, hatte jedoch große Auswirkungen.
- *Große vs. kleine Transformation:* In seinem Hauptwerk „Über den Prozess der Zivilisation" beschreibt Norbert Elias (1990, S. VIII) kleine Transformationen als „zahllose Wandlungen in Gesellschaften ohne Veränderung ihrer Struktur." Dazu gehören zum Beispiel das „digitale Publizieren und Lesen" sowie „Systeminnovationen ohne grundlegende Strukturveränderungen im System (wie etwa die Entwicklung des Fahrradverkehrs in den letzten Jahrzehnten)" (Grieß-

hammer und Brohmann 2015, S. 6). Groß sind hingegen „langfristige Transformationen der Gesellschaftsstrukturen und damit auch der Persönlichkeitsstrukturen" (Elias 1990, S. VIII). Laut Öko-Institut Freiburg führen große Transformationen „zu strukturellen paradigmatischen Änderungen in der Gesellschaft – bei Kultur, Werteinstellungen, Technologien, Produktion, Konsum, Infrastrukturen und Politik. Die Prozesse laufen koevolutionär, gleichzeitig oder zeitlich versetzt in verschiedenen Bereichen oder Sektoren ab und können sich gegenseitig erheblich beeinflussen, verstärken oder schwächen. Entscheidend für eine Transformation ist, dass sich die Prozesse im Lauf der Zeit verdichten und zu *grundlegenden unumkehrbaren Änderungen im vorherrschenden System* führen (Paradigmenwechsel)" (Grießehammer und Brohmann 2015, S. 6; kursiv vom Autor).

Die Transformation zur Nachhaltigkeit ist eine „Große Transformation". Damit meint der WBGU „den nachhaltigen weltweiten Umbau von Wirtschaft und Gesellschaft" (WBGU 2011, S. 5). Diese ist eine erwünschte Transformation, um eine unerwünschte zu verhindern. Anders als die industrielle Revolution ist die Transformation zur Nachhaltigkeit eine intentionale und entspricht einem Wandel *by Design,* „also als mehrdimensionale politische, öffentliche und zivilgesellschaftliche Gestaltungsaufgabe" (Selke 2022, S. 29). Während die politikwissenschaftliche Forschung umfassende Prozesse des gesellschaftlichen Wandels meistens retrospektivisch oder begleitend untersucht, wird die Transformation im Nachhaltigkeitsdiskurs meistens als „Zukunftsaufgabe" begriffen (Sachs 2013, S. 19; Sommer und Welzer 2014, S. 14).

5.2.2 Die Genese der Transformationsdebatte

Im interdisziplinären Transfer zwischen Umwelt- und Sozialwissenschaften leistete in Deutschland das Institut für sozialökologische Forschung (ISOE) in Frankfurt am Main Pionierarbeit. „Den Transformationsbegriff haben wir in den 1990er-Jahren eingeführt, um den verschlissenen und normativ überfrachteten Begriff der Entwicklung zu vermeiden. Dabei haben wir uns nicht nur auf die Demokratieforschung bezogen, sondern auch auf ein kybernetisches Verständnis[34]," so Egon Becker, Physiker, Sozialwissenschaftler und Mitgründer des ISOE. Als Brückenbauer zwischen den Diskursen profilierte sich auch die UNESCO. Sie startete 1994 das Programm „Management of Social Transformations" (MOST), um „die internationale, vergleichende und politikrelevante Forschung über gesellschaftliche Transformationen von globaler Bedeutung zu fördern" (Becker et al. 1997, S. 57). Der Fokus wurde dabei „auf das Management des Wandels in multikulturellen Gesellschaften, die Untersuchung von Städten als Arenen eines beschleunigten sozialen Wandels sowie die Bewältigung von lokal-globalen Wechselwirkungen in ökonomischen, technologischen und umweltbedingten Transformationen" gelegt (ebd.).

1995 kam es im Rahmen des Programms zu einer Zusammenarbeit zwischen UNESCO und ISOE, die zwei Jahre später in die Veröffentlichung des Policy Papers „Sustainability: A cross-disciplinary Concept for Social Transformations" mündete. Im Jahr 2002 war es die Global Scenario Group um das Stockholm Environment Institut (SEI), die eine Studie unter dem Titel „Great Transition" veröffentlichte, in der deutschen Fassung mit dem Untertitel „Umbrüche und Übergänge auf dem Weg zu einer planetarischen Gesellschaft" (Raskin et al. 2003). Dort heißt es:

> „Das Konzept des Übergangs (Transition) beinhaltet eine neue Entwicklungsvorstellung: Wir befinden uns inmitten eines großen historischen Übergangs, dessen Zukunft noch offen ist, begrenzt und geformt von Entwicklungsprozessen. In solchen Übergangsphasen, die von Strukturbrüchen, Krisen und Turbulenzen geprägt sind, kann die gesellschaftliche Entwicklung sich in unterschiedliche Pfade gabeln, ab-

---

[34] Die Kybernetik ist eine wissenschaftliche Forschungsrichtung, die dynamische Systeme verschiedenster Art (z. B. biologische, technische, soziale Systeme) auf selbsttätige Regelungs- und Steuerungsmechanismen hin untersucht. Dabei stellen sich Fragen wie: „Ist das System stabil? Strebt es einem Gleichgewichtszustand (trotz Störungen) zu? Bei welcher Größenordnung einer Störung ist das weitere Bestehen des Systems gefährdet? Welche Zeit benötigt ein System, um eine Störung zu bewältigen?" (Eberhard Feess in Gabler Wirtschaftslexikon, https://wirtschaftslexikon.gabler.de/definition/kybernetik-41182, Zugriff: 21.5.2023).

hängig davon, wie soziale und ökologische Konflikte gelöst und welche grundlegenden Strukturentscheidungen getroffen werden. Die antizipierte Zukunft wird so zu einem Moment der gegenwärtigen politischen und sozialen Debatten und Konflikte. Das Spektrum der Szenarien reicht vom düsteren Bild einer Zukunft mit wachsendem Elend, Naturzerstörung und Repression bis hin zu einer Zukunft eines bereicherten Lebens, Solidarität und intakter Umwelt" (ebd., S. 7).

Bei der Transformation zur Nachhaltigkeit geht es einerseits um das Vermeiden einer „Welt des Verfalls und der Barbarei" und andererseits um das Ermöglichen einer „Welt der großen Übergänge" (ebd., S. 8).

In Deutschland wurde die Brücke zwischen Demokratieforschung und Nachhaltigkeitsforschung im Wesentlichen von dem Politikwissenschaftler Claus Leggewie geschlagen. Von 2007 bis 2017 leitete er das Kulturwissenschaftliche Institut (KWI) in Essen. Mit dem Sozialpsychologen Harald Welzer, der das Projekt „Klimakulturen" im KWI leitete, veröffentlichte er 2009 das Buch „Das Ende der Welt, wie wir sie kannten". Darin wurden Finanz- und Wirtschaftskrise, Klimawandel und der Raubbau an der Zukunft der kommenden Generationen als Teil einer einzigen „Metakrise" gesehen. Auch wenn diese die Demokratien unter Druck setzt, könne eine Öko-Diktatur keine Alternative sein. Es bedürfe hingegen einer „Großen Transformation" als Demokratisierungsprozess. Jedoch kann selbst Demokratie kein richtiges Leben im falschen bewirken, wenn die Mehrheit der Bürger*innen in einer nicht-nachhaltigen Denkweise gefangen bleibt. Deshalb kann eine nachhaltige Transformation nur dann gelingen, wenn sie gleichzeitig ein Kulturwandel ist (Leggewie und Welzer 2009, S. 197). Die Inspirationsquelle für die „Große Transformation" fanden Leggewie und Welzer im Werk Karl Polanyis (ebd., S. 107 f.). Auch sie vertraten die These, dass es neben der Stärkung der Demokratie eine Wiedereinbettung der Wirtschaft in die Gesellschaft geben müsse.

Von 2008 bis 2016 war Claus Leggewie Mitglied des WBGU und wirkte am Hauptgutachten 2011 „Welt im Wandel. Gesellschaftsvertrag für eine Große Transformation" maßgeblich mit. Wie sollte die Gesellschaft die Wende in ein neues Energieregime schaffen? Um eine Reduktion der Treibhausemissionen in den Industrieländern um 80–90 % bis

2050 zu erreichen (IPCC 2007), sind kleine Systemkorrekturen und technische Einzel-Lösungen (Energieeffizienz, Elektroautos, Abfallgesetz…) weiterhin erforderlich, werden aber nicht ausreichen (Grießehammer und Brohmann 2015, S. 4). Mit der Forderung nach einer Großen Transformation antizipierte der WBGU damals, was der Weltklimarat sieben Jahre später schrieb: Die globale Erwärmung kann nur dann auf maximal 1,5° C begrenzt werden, wenn „schnelle und weitreichende Systemübergänge in Energie-, Land-, Stadt- und Infrastruktur- (einschließlich Verkehr und Gebäude) sowie in Industriesystemen" stattfinden (IPCC 2018, S. 19). Wie kann ein solcher radikaler Wandel friedlich gelingen? Nur wenn die verschiedenen gesellschaftlichen Akteure (allen voran die staatlichen Institutionen und die Bürger*innen) einen neuen Gesellschaftsvertrag schließen, so der WBGU. Die Große Transformation kann „nicht nur zur Überwindung der Legitimationskrise in Demokratien, sondern sogar zur Festigung und Belebung der Demokratie beitragen" (WBGU 2011, S. 31):

> „Der WBGU vertritt die Überzeugung […], dass es bei der großen Transformation um die Herstellung legitimer, gerechter, kreativer und dauerhafter Problemlösungen für ein nachhaltiges Leben geht. Dabei darf der Anspruch nicht aufgegeben werden, dass Bürgerinnen und Bürger aktiv an der Gestaltung und Ausrichtung einer klimaverträglichen Gesellschaftsvision mitwirken […]. Für den WBGU erlaubt nur eine demokratische Öffentlichkeit diese Debatten, welche die erforderlichen Selbstbeschränkungen und Chancen auf ein besseres Leben für alle Menschen plausibel machen und auf deren Grundlage notwendige politische Entscheidungen getroffen werden können. Transformation ist ein gesellschaftlicher Suchprozess und erfordert daher mehr und nicht weniger Demokratie" (ebd., S. 55).

Schon in den ersten Zeilen des Hauptgutachtens von 2011 werden die zeitgenössischen Demokratiebewegungen in der arabischen Welt und der Fall der Berliner Mauer als Belege „für die Kraft und Dynamik transformativer Prozesse" genannt (ebd., S. 1). Das Ausmaß einer großen Transformation ist jedoch noch umfassender, so zeichnete sich die industrielle Revolution im 19. Jahrhundert durch Übergänge und Umbrüche in vier Handlungsfeldern aus:

- *Neue Energiebasis*: Die menschliche und tierische Muskelkraft sowie Holz und Torf wurden durch fossil gespeicherte Energie (Kohle, Öl, Gas) substituiert.
- *Veränderung des Zeitregimes*: „Durch die technische Möglichkeit der Gleichstellung der Uhren entstand das Zeitalter der Fahrpläne, Zeittaktungen und der Beschleunigung von Arbeitsabläufen".
- *Entstehung vernetzter Infrastrukturen*, zum Beispiel durch das Eisenbahnschienennetz und die „Verkabelung der Welt", um eine Telekommunikation zu ermöglichen.
- *Machttransformation und gesellschaftlicher Wandel*: Die jahrhundertealte Institution des Adels ging unter, eine neue Elite übernahm die Macht. (ebd., S. 95)

Nun soll die Transformation zur Nachhaltigkeit einen radikalen Wandel in genau diesen vier Handlungsfeldern bringen, jedoch in eine ganz andere Richtung als bei der industriellen Revolution. So meint Nachhaltigkeit einen Abschied vom „fossilen Energiezeitalter". Menschen, Unternehmen und politische Organisationen müssen „lernen, in sehr langfristiger Perspektive zu handeln" (ebd., S. 96 f.). Eine klimaverträgliche Gesellschaft braucht eine neue Basisinfrastruktur. Anders als im industriellen Zeitalter basiert das Verhältnis zur Natur nicht mehr auf Herrschaft, Kontrolle und Manipulation (ebd., S. 98), sondern auf „Gemeinsinn"[35], auf einem „Kollektiv" zwischen Ökologie und Politik[36] und auf „Erdverbundenheit" (Latour 2010; 2017). Die Große Transformation setzt neue Herrschaftsverhältnisse voraus.

Wie ein zukünftiger gesellschaftlicher Wandel genau aussieht, kann noch niemand genau sagen. Trotzdem werden die Menschen dabei ent-

---

[35] „Der Gemeinsinn ist der Sinn des Gemeinsamen, der Sinn des gemeinsamen Forschens nach der Welt", so Bruno Latour (2010, S. 231).

[36] Bruno Latour spricht sich für eine neue „politische Ökologie" aus, in der Angelegenheiten der Natur und politische Angelegenheiten nicht getrennt, sondern als „eine einzige Frage" behandelt werden, „die sich allen Kollektiven stellt" (Latour 2010, S. 9). „Anstatt von zwei verschiedenen Arenen auszugehen [...], schlägt die politische Ökologie vor, ein einziges Kollektiv zusammenzurufen [...], aus der Doppelarena Natur und Politik in die alleinige Arena des Kollektivs" (ebd., S. 46).

scheiden müssen, ob sie diese Transformation über sich ergehen lassen oder lieber mitgestalten.

5.2.3 Die Elemente der Transformation

Bisher klafften das politische Versprechen der Nachhaltigkeit und die realen Entwicklungen auseinander. Auch die Auseinandersetzung mit diesem Widerspruch hat zur transformativen Wende in der Nachhaltigkeitsdebatte beigetragen, dabei verschiebt sich ihr Fokus auf die innergesellschaftlichen Verhältnisse. Die Transformation zur Nachhaltigkeit baut auf einem Mix aus fünf Elementen auf, die in der fachrelevanten Literatur mal einzeln, mal in verschiedenen Kombinationen dargestellt werden. Diese Elemente sind:

a) Ende der Alternativlosigkeit und Systemänderungen
b) Demokratisierung und neue Governance-Formen
c) Wiedereinbettung der Wirtschaft und Gemeinwohlökonomie
d) Menschliches Maß und Local Turn
e) Kulturwandel und kulturelle Vielfalt

Die ersten vier Elemente werden hier vorgestellt, das fünfte in Kap. 6.

5.2.3.1 Ende der Alternativlosigkeit und Systemänderungen

In der Modernisierung wird sozialer Wandel als Fortschritt und technologische Innovation gestaltet, sprich als „Moving Equilibrium" und „geordneter Prozess […] hin zu einem statischen Gleichgewicht" (Parsons 1951, S. 23). Dieser Wandel zielt nicht auf eine Änderung des Systems, sondern auf seine Stabilisierung durch Anpassung, Reparatur, Korrektur, Optimierung, Kompensation und Kostenexternalisierung. Ausdruck davon sind Ansätze wie „grünes Wachstum" oder „ökologische Modernisierung".

Die Transformation zur Nachhaltigkeit hingegen bedeutet das Ende der künstlichen Alternativlosigkeit. Wenn Probleme niemals mit ihren Ursachen gelöst werden können, dann kann es Nachhaltigkeit gegenwärtig nur durch „Systemänderungen" (Hirschfeld et al. 2017) geben, die auf einen Wechsel des Energieregimes und des Gesellschaftsregimes zielen. Dabei werden Herrschafts- und Organisationsstrukturen, Rahmenbedingungen sowie Spielregeln neu definiert. Der Wechsel von Energie- und Gesellschaftsregimen wird von einem Wechsel des Kulturregimes antizipiert und begleitet, der sich auf allen Tiefenebenen auswirkt: von der Makroebene bis tief ins Private.

Während in der Modernisierung die Komplexität durch ihre Reduktion und Standardisierung gemanagt wird, liegt die stärkste Kraft der Großen Transformation in der Vielfalt, denn Komplexität lässt sich am besten durch Komplexität regieren. Nachhaltigkeit orientiert sich am Bewusstsein, dass der Teil vom Ganzen abhängiger ist als umgekehrt. So sind die Gesetze der Thermodynamik und der Ökologie für unser Überleben viel entscheidender als jene der Ökonomie.

Wie aber ist ein friedliches Zusammenleben auf einem physisch begrenzten Planeten möglich? Wenn das die zentrale Frage einer Transformation zur Nachhaltigkeit ist, dann betrifft sie alle politischen Ressorts und nicht nur das Umweltressort. Eine große Transformation findet *nicht neben* dem Business as usual statt, sondern *anstelle* dessen. Dabei geht es nicht um zusätzliche Aufgaben und Maßnahmen, sondern perspektivisch um eine Reduktion des Energieaufwandes und der Überlastung.

5.2.3.2 Demokratisierung und neue Governance-Formen

Die westlichen Gesellschaften betrachten sich als liberale Demokratien und legitimieren immer wieder das eigene Modell durch den Vergleich mit autoritären Staaten wie Russland, China und Nordkorea (Harari 2019, S. 38 ff.). Dadurch erübrigt sich jede kritische Innenschau. Tatsächlich stellen sich die Fragen der Hegemonie und der Herrschaftsverhältnisse auch in Bezug auf unsere eigene Gesellschaft. Erstens, weil unsere zivilisatorischen Errungenschaften immer noch auf Ausbeutung und einer Externalisierung der Kosten basieren. Zweitens, weil der Westen selbst Expansion betreibt und sein Gesellschaftsmodell darauf angewiesen ist (das Grundgesetz garantiert bestimmte Verhältnisse innerhalb der nationalen Grenzen, auf das Verhältnis zu anderen Gesellschaften ist es jedoch nicht anwendbar). Drittens steuert der Markt die westlichen Demokratien mehr als umgekehrt. Viertens zeigt die wachsende soziale Ungleichheit, wie schwach diese Form von Demokratie noch ist. Fünftens kann weder eine Top-down-Politik noch eine zentralistische Regierungsform wirklich demokratisch sein.

Aus diesen Gründen erfordert eine nachhaltige Transformation im Westen eine *Demokratisierung der Demokratie*. Mehr Nachhaltigkeit braucht mehr Demokratie – und umgekehrt. Dabei lauten die zentralen Fragen: Wer bestimmt die gesellschaftliche Entwicklung für wen? Wer macht die Wirtschaft für wen? Wer baut die Städte für wen?

Neue Governance-Formen für eine Gesellschaftstransformation (Rückert-John und Schäfer 2017) setzen auf die Kombination von erweiterter Partizipation, zivilgesellschaftlichen Bewegungen und gestaltendem Staat.

Erweiterte Partizipation
Mit Begriffen wie Partizipation, Teilhabe und Beteiligung wird nicht immer das Gleiche gemeint (Abb. 5.3).

So ist Partizipation zunächst Ausdruck von ehrenamtlichem Engagement. Zwei Drittel der deutschen Bevölkerung sind irgendwo jenseits ihrer beruflichen und privaten Verpflichtungen freiwillig en-

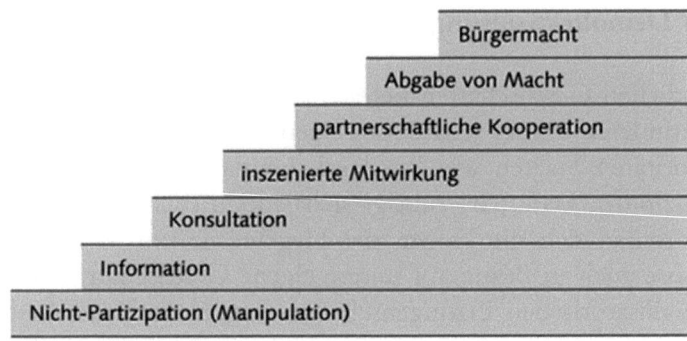

Abb. 5.3 Formen von Partizipation auf der Beteiligungsleiter. (Aus Arnstein 1969, S. 217, modifiziert durch Nanz und Fritsche 2012, S. 23; mit freundlicher Genehmigung von © Bundeszentrale für politische Bildung, Bonn)

gagiert: beim Roten Kreuz, in verschiedenartigen Jugend- oder Wohlfahrtsorganisationen, bei Sportvereinen oder bei Umweltinitiativen (Leggewie und Welzer 2009, S. 195). Partizipation meint hier das unentgeltlich miteinander Teilen – und zwar nicht nur von Werkzeugen im Rahmen einer „Sharing Economy", sondern auch von Solidarität und Verantwortung. Nicht selten fungiert diese Form von Partizipation als Kompensation für Mängel in den Institutionen: Weil der Staat die gerechte Umverteilung verweigert, muss heute in fast jeder deutschen Stadt eine „Tafel" für arme Menschen betrieben werden. Ein solches Engagement riskiert jedoch, ein nicht-nachhaltiges System zu stützen, wenn die kompensatorische Wirkung nicht mit einer transformatorischen verknüpft wird.

In einer liberal-repräsentativen Demokratie wird die Macht delegiert und die Entscheidung vorgegeben: Diese kann von den Bürger*innen lediglich legitimiert und unterstützt werden. Für die Entscheidungen der Institutionen ist der Wille der betroffenen Bürger*innen selten bindend (siehe Berliner Volksentscheid „Deutsche Wohnen & Co. enteignen" im Jahr 2021). Wenn kommunale Institutionen Bürgerbeteiligungsverfahren initiieren, leiten oder in Auftrag geben, dann wird Partizipation oft auf Information, Konsultation oder „inszenierte Mitwirkung" reduziert. So bleiben die Bürger*innen Objekte der Politik.

In einer „Starken Demokratie" (Barber 1994) sind die Bürger*innen hingegen Subjekte. Hier wird Demokratie nicht auf das Abhalten einer Wahl reduziert, sondern bedeutet „partnerschaftliche Kooperation" zwischen Institutionen und Zivilgesellschaft – oder gar „Bürgermacht", das heißt Mitbestimmung und Mitgestaltung durch die Bürger*innen. Was das Gemeinwohl ist und was zum Gemeinwohl dient, kann am besten durch die Betroffenen selbst ausgehandelt werden. Einerseits wird Bürgermacht erlangt, indem die Bürger*innen gemeinsam zivilen Ungehorsam üben und sich selbstermächtigen (Self-Empowerment), das heißt, ihren Interessen selbstbestimmt, auf eigene Initiative und Verantwortung hin folgen (Leggewie und Welzer 2009, S. 196). Andererseits kann es Bürgermacht nur dann geben, wenn woanders Macht abgegeben wird. Um dies zu erreichen, sind in der Regel Bündnisse erforderlich (Abschn. 5.3.3).

Weil es kein gutes Leben auf Kosten anderer geben kann, wird eine *erweiterte Partizipation* benötigt, die auch diese anderen mitbestimmen lässt: den globalen Süden, die benachteiligten Gruppen, die künftigen Generationen und die Natur. Sie zahlen nämlich einen sehr hohen Preis für das, was mancherorts „Wachstum", „Fortschritt" oder „Wohlstand" genannt wird. Als Brücke zu den anderen fungieren zivilgesellschaftliche Bewegungen, wie die soziale und die ökologische Bewegung (Abschn. 5.1.3.1).

Zivilgesellschaftliche Bewegungen
In den 2010ern argumentierten populistische Parteien und fremdenfeindliche Bewegungen mit den Schwächen der Demokratie, um diese zu überwinden. Doch ihr Erstarken war nur die eine Reaktion auf die Zäsur der Jahre 2008–2010. Die andere war eine breite Bewegung für die Demokratisierung der Demokratie. Nach der Finanzkrise bildete sich die „Occupy-Wall-Street-Bewegung" unter dem Motto „Wir sind die 99 %" (Thompson 2011). Sie forderte eine demokratische Kontrolle der Finanzmärkte. Das Scheitern der internationalen Klimaverhandlungen in Kopenhagen führte hingegen zu einer Internationalisierung der „Transition-Town-Bewegung":[37] Damit wollten die Bürger*innen selbst den Klimaschutz anpacken und Schritte in die postfossile Stadt einleiten, denn „Städte sind ökologische und soziale Krisenherde – aber zugleich gelten sie als Pioniere des Wandels" (Fücks 2011, S. 16). Seit 2018 haben Millionen Menschen an den Fridays-for-Future-Protesten teilgenommen, um die Regierungen dazu zu bewegen, radikale Klimaschutzmaßnahmen umzusetzen und sich an das internationale Klimaabkommen von 2015 in Paris zu halten. Auch gegen Großprojekte wie „Stuttgart 21" haben sich Bürgerinitiativen gebildet. Nach dem Einsturz des historischen Stadtarchivs in Köln setzte sich die Initiative „Köln kann auch anders"

---

[37] 2007 wurde im englischen Totnes die erste Transition-Town-Initiative von Permakultur-Dozent Robert Hopkins gegründet. Sie gilt als Vorbild für eine weltweite Bewegung: Mittlerweile gibt es etwa 4.000 Transition-Initiativen in circa 50 Ländern. Im Vordergrund steht hier der Übergang der Städte zu einem postfossilen Energieregime ohne Öl und Kohle (vgl. Hopkins 2008). Treiber dieser Transformation sind die Bürger*innen, die sich im Lokalen zusammenschließen und zu einer progressiven Transformation der eigenen Stadt selbstermächtigen.

für eine andere Stadtentwicklung und ein anderes Verhältnis zwischen Bürger*innen und Kommunalinstitutionen ein.[38] Weitere Gruppen kämpfen gegen den Bau von Einkaufszentren mitten im Quartier oder für das „Recht auf Stadt"[39] (Brocchi 2019).

Die Große Transformation zur Nachhaltigkeit braucht breite Bündnisse: Der Klimaforscher Mojib Latif fordert eine „Koalition der Willigen",[40] Claus Leggewie und Harald Welzer plädieren hingegen für eine neue Außerparlamentarische Opposition (APO 2.0.), wozu auch die kritischen Teile der Eliten (in den Redaktionen, in den Kanzleien, in den Universitäten und Vorständen) gehören können.

> „Die APO 2.0 ist nicht nur in der Lage, Volksvertreter unter Rechtfertigungs- und Innovationsdruck zu setzen, sie kann mit kollektiven Lernerfahrungen ‚von unten' auch jenes Identitätsgefühl entstehen lassen, das erst zu definieren ermöglicht, welche Art von Gesellschaft man in Zukunft sein möchte […]. Die APO 2.0 zielt auf die Renaissance des Gemeinwesens. Sie ist keine Organisation, sondern eine Haltung. Eine solche Revolution ist weniger von Karl Marx inspiriert als von Joseph Beuys und seinem Leitspruch *La rivoluzione siamo Noi* – Die Revolution sind wir" (Leggewie und Welzer 2009, S. 229 f.).

So ambitioniert die Nachhaltigkeitsziele auch sind, die von Regierungen und Parlamenten beschlossen werden, die Erfahrung zeigt, dass ökologische und soziale Errungenschaften selten ohne einen starken zivilgesellschaftlichen Druck erreicht werden. In seinem Hauptgutachten 2011 setzte sich auch der WBGU für ein neues Verhältnis zwischen Institutionen und Bürger*innen ein. So wie Public–Private-Partnerships

---

[38] Initiative „Köln kann auch anders": https://www.koelnkannauchanders.de/ (Zugriff: 12.4.2023).
[39] So heißt ein Buch des französischen Soziologen Henri Lefebvre (Lefebvre 2016). Dabei wird das Recht auf Stadt nicht nur im Sinn einer physischen Nutzung des urbanen Raums (Recht auf Zentralität) verstanden, sondern auch als Ort der kreativen Schöpfung, der Kommunikation und des kulturellen Austauschs (Recht auf Differenz).
[40] „Klimaforscher fordert ‚Koalition der Willigen' beim Klimaschutz". In: Welt.de 16.12.2019. https://www.welt.de/newsticker/news2/article204354096/Klima-Klimaforscher-fordert-Koalition-der-Willigen-beim-Klimaschutz.html (Zugriff: 24.3.2023).

die neoliberale Globalisierung durchgesetzt haben, so könnten Citizen-Public-Partnerships die Transformation zur Nachhaltigkeit vorantreiben.

Gestaltender Staat

Das zivilgesellschaftliche Engagement muss heute immer wieder den Rückzug des Staates aus dem Markt bzw. den Abbau des Sozialstaates kompensieren. Deshalb fordert der WBGU die Abkehr von der neoliberalen Politik, denn die Weltfinanzkrise 2008 „hat das Scheitern deregulierter Marktmechanismen nachdrücklich demonstriert" (WBGU 2011, S. 215). Benötigt wird also ein „gestaltender Staat mit erweiterter Partizipation":

> „Er vermittelt zwei Aspekte, die häufig getrennt oder konträr gedacht werden: einerseits die Stärkung des Staates, der aktiv Prioritäten setzt und diese (etwa mit Bonus-Malus-Lösungen) deutlich macht, und andererseits verbesserte Mitsprache-, Mitbestimmungs- und Mitwirkungsmöglichkeiten der Bürgerinnen und Bürger" (ebd., S. 10).

Dem gestaltenden Staat kommt eine bedeutende Rolle im Transformationsprozess zu:

> „Damit Wirtschaft, Wissenschaft und Zivilgesellschaft ihre Ressourcen und Potenziale einsetzen und Maßnahmen wie den Auf- und Umbau der Energieversorgung, die Neugestaltung städtischer Räume und die Veränderung der Landnutzung entwickeln, umsetzen und anwenden können, müssen Legislative, Exekutive und Judikative den hierfür erforderlichen Ordnungsrahmen schaffen bzw. ausfüllen und nicht nur rhetorisch-symbolisch die Entwicklung von Innovationen ins Zentrum rücken" (ebd., S. 215).

Neue Problemlagen erfordern neue Staatlichkeit – und dies auf mehreren Ebenen (ebd., S. 185). Eine Demokratisierung der Demokratie muss es von der lokalen Ebene bis zur globalen Ebene geben. Sie erfordert aus Sicht des Verfassers folgende Reformen:

- *Subsidiaritätsprinzip und Föderalismus.* Eine höhere institutionelle Einheit (z. B. Bund oder Land) soll keine Aufgabe übernehmen, die von einer niedrigeren Einheit (z. B. Kommune oder Quartier) genauso gut oder besser erfüllt werden kann: Das ist das Prinzip der Subsidiarität, das unter anderem in der Schweiz deutlich konsequenter als im deutschen Bund umgesetzt wird (Vatter 2016, S. 436 ff.; Tiddens 2014). Subsidiarität bedeutet, dass die Macht einer institutionellen Ebene proportional zur Nähe zu den Bürger*innen ist. Das stärkste Glied in der Hierarchie der Institutionen sollten deshalb die Ortsteile, die Quartiere, die Kommunen und die Regionen sein. Auf den übergeordneten Ebenen ermöglicht der Föderalismus die Koordination und die Lösung gemeinsamer Probleme. Mechanismen des finanziellen Ausgleichs verringern starke Ungleichheiten. Demokratischer und nachhaltiger als eine Europäische Union der nationalen Regierungen wäre ein „Europa der Regionen" (Guérot 2016), das den Nationalstaaten übergeordnet sein sollte. Denn „regionale Verbünde können das gute alte Prinzip des europäischen Föderalismus erneuern – sie übersteigen die Nationen, die heute oft als Blockademächte wirken, aber sie sind auch noch nahe genug bei den kulturellen Eigenheiten und Netzwerken der Völker Europas" (Leggewie 2012).
- *Mehr direkte Demokratie.* In Italien gab es 1987 nach dem atomaren Supergau von Tschernobyl eine Volksabstimmung, bei der 80 % für den Atomausstieg stimmten. So verließ das Land schon damals die Atomkraft. Während die Schweiz zeigt, wie ein ganzes Land direktdemokratisch regiert werden kann, gibt es in Deutschland nicht einmal Volksentscheide auf Bundesebene. Bürgerbeteiligungsprozesse sollten in den demokratischen Strukturen stärker eingebettet werden – und zwar so, dass diese nicht nur eine konsultative oder kompensatorische Funktion haben, sondern bindend in ihren Beschlüssen sind.
- *Parlamente neu denken.* Eine Transformation zur Nachhaltigkeit braucht die Langzeitperspektive, während der Zeithorizont politischer Vertreter*innen meist nur bis zur nächsten Wahl reicht. Bisher orientierte sich der politische Betrieb stark am Code der Macht, vor allem darum geht es beim Parteienwettbewerb. Weil Parteien immer weniger Abbild der Gesellschaft sind, benötigt die Demo-

kratie eine Neuordnung der Zusammensetzung der Parlamente. Nur ein Teil der Parlamentssitze sollte durch gewählte Parteiabgeordnete besetzt werden, der Rest würde dann einerseits unter Bürger*innen verteilt, die per Zufallsverfahren ausgewählt werden, und andererseits Fachvertreter*innen zustehen, die jeweils von den Akteuren aus den Bereichen Umwelt, Ökonomie, Soziales und Kultur gewählt werden. Damit wären Interessengruppen im Parlament transparent und gleichberechtigt vertreten, die Lobbyarbeit wäre überflüssig und könnte parallel untersagt werden. Gerade im Lokalen ist eine Demokratie als Parteienwettbewerb wenig sinnvoll: In Quartieren und Gemeinden können die Bürger*innen als Nachbarschaft oder als Bürger*innenrat das Gemeinwohl viel besser definieren (Brocchi 2019, S. 190–197).

- *Gewaltenteilung und Transparenz.* Das Parlament darf keine Nebenveranstaltung der Regierung sein. Eine klare Trennung der Gewalten braucht es auch zwischen Politik und Wirtschaft. Staatsanwälte sollten unabhängig statt weisungsgebunden sein, sodass auch Missstände in den öffentlichen Institutionen konsequent untersucht werden (Lübbe 2020). Apparate der Inneren Sicherheit dürfen sich nicht selbst kontrollieren: Es braucht unabhängige Kontrollinstanzen. Geheimdienste, Staatsgeheimnisse, Geheimverträge und Geheimorganisationen sind mit dem demokratischen Prinzip der Transparenz unvereinbar. Eine gesunde Demokratie benötigt die Anerkennung und den Schutz von Whistleblowern.
- *Reform der Verwaltung.* In einer Demokratie dienen die Institutionen ihren Bürger*innen statt umgekehrt. So sollte die öffentliche Verwaltung Ermöglicherin und nicht nur Ordnungshüterin sein. Eine lernfähige Verwaltung zeichnet sich durch flache Hierarchien sowie durch vernetzte statt versäulte Strukturen aus. Nur eine dezentralisierte Verwaltung kann bürgernah sein.
- *Neue multilaterale Weltordnung.* Ökonomischer Wettbewerb, imperialistische Bestrebungen, steigende Rüstungsausgaben und militärische Konflikte: Damit wird die Weltgesellschaft keine Transformation in Richtung Nachhaltigkeit schaffen. Um die Bewohnbarkeit unseres Planeten zu erhalten und die Biosphäre als Gemeingut zu behandeln, braucht es „die Kooperation der internationalen Staatengemein-

schaft sowie [...] den Aufbau von Strukturen für globale Politikgestaltung (Global Governance)" (WBGU 2011, S. 7). Wenn die unilaterale „Neue Weltordnung" zu einer neuen „Weltunordnung" geführt hat (Abschn. 3.4.2), dann wird eine neue multilaterale Weltordnung benötigt. Die internationale Entwicklungspolitik sollte das Ende der Ausbeutung als Ziel verfolgen und nicht selbst dazu beitragen. Um eine Reform und Stärkung der UNO zu erreichen, sollten Militärblöcke aufgelöst werden (NATO inbegriffen). Durch eine gemeinsame Sicherheitsarchitektur könnte das Militär unter die Führung der Vereinten Nationen gestellt werden, dafür in den einzelnen Staaten geschrumpft werden. Damit könnten Ressourcen deutlich sinnvoller verwendet werden als für einen Rüstungswettlauf. Der Internationale Gerichtshof in den Haag sollte gestärkt werden, um das Völkerrecht auch gegen Großmächte durchsetzen zu können. Staaten wie die USA, Russland und Israel sollten diese Institution endlich anerkennen, ohne ihre Unabhängigkeit schwächen zu wollen.

5.2.3.3 Wiedereinbettung der Wirtschaft und Gemeinwohlökonomie

Nicht die ökologischen und die sozialen Beziehungen sollten in das kapitalistisch-industrielle Wirtschaftssystem eingebettet sein, sondern umgekehrt die Wirtschaft in das Ökosystem und in die Gesellschaft (Polanyi 1978, S. 88). Während heute die Märkte die Demokratien kontrollieren, braucht Nachhaltigkeit eine demokratische Kontrolle der Märkte. Es darf keine Unternehmen mehr geben, die aufgrund ihrer Größe die Stabilität der Wirtschaft gefährden und ganze Staaten erpressen können. Während die Europäische Zentralbank (EZB) bisher vor allem die Finanzmärkte gestützt und die Großinvestoren bereichert hat, sollte sie künftig vor allem die öffentliche Daseinsvorsorge und die regionale Realwirtschaft stärken. Eine nachhaltige Wirtschaft orientiert sich am Gemeinwohl.

„Polanyi ruft in Erinnerung, dass Wirtschaften nicht nur ein über Marktpreise integriertes Tauschsystem rational kalkulierender Individuen ist, sondern über soziale Netzwerke, Haushalte und Genossenschaften stets auch Muster von Wechselseitigkeit (Reprozität) und über politische Organisationen wie den Staat Muster der Umverteilung (Redistribution) aufweist" (Leggewie und Welzer 2009, S. 108).

Da eine Demokratie die Gleichberechtigung der Bürger*innen voraussetzt, sollte der „gestaltende Staat" für den sozialen Ausgleich in der Gesellschaft sorgen, indem eine strukturelle Umverteilung stattfindet: nicht nur von oben nach unten, sondern auch vom Privatwesen zum Gemeinwesen. Warum privatisieren, wenn alle von einer starken öffentlichen Daseinsvorsorge profitieren können? So wie eine neoliberale Politik zu einer progressiven Desintegration der Gesellschaft führt (dafür bieten die USA ein gutes Beispiel), so setzt Zusammenhalt eine „Gemeinwohl-Ökonomie" (Felber 2018) voraus. Arbeit, Boden und Geld dürfen nicht zu „fiktiven Waren" werden (Polanyi 1978, S. 102). Ein Teil der Infrastruktur gehört in die öffentliche und in die bürgerschaftliche Hand, darunter Energieproduktion und -versorgung, Wasserversorgung, Bankenwesen, Transportwesen und Gesundheitswesen. Auch Rüstungs- und Pharmaindustrie dürfen kein „Business" sein. Eine nachhaltige Wirtschaft benötigt eine Neuordnung des Patent-, des Eigentums- und des Erbschaftsrechts.

Der Dualismus Markt und Staat sollte überwunden werden, indem Gemeingüter anerkannt werden und die Subsistenzwirtschaft ausgebaut wird. Es braucht eine Neujustierung des Verhältnisses zwischen Selbstversorgung und Fremdversorgung: Der globale Handel sollte den regionalen ergänzen, nicht ersetzen. Anstelle der Monokulturen braucht es eine Diversifizierung der Produktion in den Regionen. Durch die Bildung von Wirtschaftskreisläufen sollten Naturverbrauch und Naturbelastung minimiert werden. Unternehmen sollten für verursachte Schäden selbst haften, statt diese externalisieren bzw. sozialisieren zu dürfen.

5.2.3.4 Menschliches Maß und Local Turn

Während die Modernisierung die Gesellschaft als Megamaschine gestaltet und die Menschen darin zur erwünschten Leistung ausbildet, zielt eine nachhaltige Transformation auf eine menschengerechte Entwicklung – und findet als solche statt. So sollten Technologien, für deren mögliche Auswirkungen Menschen nicht haften können (z. B. Atombomben, Chemikalien, Gentechnik), tabu sein. Weil die vorherrschenden Wirtschafts- und Staatstheorien nicht menschengerecht sind, braucht es andere Theorien, die auf einem „realistischen Menschenbild" (Bregman 2022) basieren. Was, wenn wir die gesamte Gesellschaft auf Vertrauen statt auf Misstrauen gründen würden? (ebd., S. 308) Denn Menschen können zwar zum egoistischen Homo oeconomicus erzogen werden, doch normalerweise verfügen sie über Empathie und Mitgefühl. Sie können über Sprache kommunizieren und sich verständigen.

Wenn allzu hohe Komplexitäten Menschen überfordern, dann ist eine zentralisierte Komplexitätsreduktion nicht die einzige mögliche Antwort darauf: Man kann die gesellschaftlichen Strukturen auch dezentralisieren. Eine Dezentralisierung würde auch die Demokratie stärken und die Selbstermächtigung zur Transformation fördern, denn Menschen identifizieren sich mit selbstbestimmten Prozessen mehr als mit fremdbestimmten. Was erlebt und mitgestaltet wird, entfaltet eine stärkere Überzeugungskraft als das Darüber-Reden. Während die Globalität den Menschen überfordert und lähmt, entspricht das Lokale dem menschlichen Maß. So zeichnet sich die Transformationsdebatte durch einen *Local Turn* aus, die den Fokus auf kleine Gemeinschaften, Quartiere, Gemeinden und Regionen legt (WBGU 2016; Schneidewind 2017, S. 18). Das Wuppertal Institut sieht in der räumlichen Nähe einen Erfolgsfaktor der Transformation:

„Kurze Entfernungen zwischen Erzeugern und Verbrauchern, zwischen Rohstoffproduktion und Verarbeitung, zwischen Entscheidungsträgern und Bürgern haben besondere Stärken, gerade in Zeiten der Globalisierung. Wirtschaftlich machen sie eine Region weniger abhängig von weit entfernten Versorgern, politisch fördern sie den direkten Einfluss der Bürger auf die Regierenden, sozial führen sie zu einer Verdichtung der Beziehungen zwischen unterschiedlichen Gruppen und Akteuren, kulturell kräftigen sie Selbstbewusstsein und Identität eines Ortes und ökologisch unterstützen sie die Kreislaufführung von Ressourcen von der Gewinnung über die Nutzung zur Wiederverwertung. Und es versteht sich von selbst, dass kurze Entfernungen den Garant einer transportsparenden Wirtschafts- und Lebensweise darstellen" (B.U.N.D. et al. 2008, S. 395 f.).

So wie die Polykrise Ausdruck einer Vertrauenskrise ist, so muss sich eine Transformation zur Nachhaltigkeit mit den Bedingungen des Vertrauens auseinandersetzen. Der US-Psychologe Gordon Allport (1971) hat gezeigt, dass „Kontakt" und soziale Interaktion die beste Medizin gegen Misstrauen und Vorurteile sind, also die beste Strategie, um Vertrauen zu fördern. Dies ist ein weiterer Grund dafür, die Transformation aus dem Lokalen heraus zu gestalten. Die räumliche Nähe erleichtert die soziale Interaktion und die Face-to-Face-Kommunikation. Vertrauen ist die Voraussetzung für Kooperation und das miteinander Teilen, das heißt für eine faire Ökonomie und eine starke Demokratie.

Die transformative Kraft der Städte

Unter den 17 Zielen für nachhaltige Entwicklung der Vereinten Nationen lautet das 11. Ziel (SDG 11): „Städte und Siedlungen inklusiv, sicher, widerstandsfähig und nachhaltig machen" (BMZ 2017). 2016 veröffentlichte der WBGU sein Hauptgutachten „Der Umzug der Menschheit: Die transformative Kraft der Städte" (WBGU 2016). Städte und ihre Bevölkerung sind zentrale *Treiber* der Polykrise.[41] In den Städten lebt heute mehr als die Hälfte der Menschheit, bis 2050 könnten es zwei Drittel werden. Gleichzeitig sind die Städte *Betroffene* der Polykrise, denn Klimawandel und soziale Polarisierungen machen sich gerade hier immer deutlicher bemerkbar. Außerdem sind Städte *Pioniere des Wandels* zur Nachhaltigkeit (ebd., S. 1 f.). Sie bilden ein räumliches Konzentrat an humaner Vielfalt, Kreativität und Wissen. Die zentrale Botschaft des Gutachtens des WBGU ist, dass die urbane Transformation durch ein Zusammenwirken von drei Dimensionen erreicht werden kann:

---

[41] In Städten sind der Ressourcen- und Energieverbrauch, der CO_2-Ausstoß und die produzierten Abfallmengen besonders hoch. An der Frage, wie sich Städte entwickeln, ob dabei die natürlichen Lebensgrundlagen erhalten und die planetarischen Tragfähigkeitsgrenzen eingehalten werden, könnte sich deshalb die Zukunft der ganzen Weltgesellschaft entscheiden.

- *Natürliche Lebensgrundlagen erhalten:* Alle Städte sollten Entwicklungspfade einschlagen, die den planetarischen Leitplanken in Bezug auf globale Umweltveränderungen Rechnung tragen sowie lokale Umweltprobleme lösen, damit nachhaltige Stadtentwicklung und Erhaltung der natürlichen Lebensgrundlagen auf Dauer gelingen können [...].
- *Teilhabe sicherstellen:* Universelle Mindeststandards für substanzielle, politische und ökonomische Teilhabe sollten in allen Städten und durch alle Städte eingehalten werden. Damit soll allen Menschen der Zugang zu den Grundlagen menschlicher Sicherheit und Entwicklung eröffnet werden, und sie sollen dazu befähigt werden, ihre individuellen und gemeinschaftlichen Lebensentwürfe zu entfalten und umzusetzen. In diesem Sinne ist Teilhabe Ziel und Mittel zugleich [...].
- *Eigenart fördern:* Jede Stadtgesellschaft kann und muss [...] auf ihre ‚eigene Art' ihren Weg in eine nachhaltige Zukunft suchen. ‚Eigenart' umfasst auf der einen Seite das Typische einer jeden Stadt, das anhand ihrer sozialräumlichen und gebauten Strukturen, ihrer soziokulturellen Charakteristiken und der lokalen urbanen Praktiken beschrieben werden kann (deskriptive Eigenart). Auf der anderen Seite ist Eigenart eine Ziel- oder Orientierungsdimension urbaner Transformationen, die betont, dass soziokulturelle Diversität in und von Städten, deren urbane Gestalt sowie die Eigenständigkeit von Stadtbewohnerinnen bei der Herstellung urbaner Lebensqualität und Identität zentrale Komponenten menschenorientierter urbaner Transformation sind (normative Eigenart)" (ebd., S. 9 f.).

„Städte für Menschen" können vor allem dann entstehen, „wenn Bürger an ihrer Gestaltung mitwirken können" (ebd., S. 8). Damit die Stadtgesellschaften ihre Eigenart entfalten können, um eine Transformation zur Nachhaltigkeit voranzutreiben, sind aus Sicht des WBGU zwei essenzielle Prinzipien zu garantieren:

„(1) die Anerkennung von Gestaltungsautonomie und damit der Mitformung und Aneignung urbaner Räume durch die Bewohner*innen und (2) die Anerkennung von Differenz, das heißt die Anerkennung der Vielfalt der kulturellen Ausdrucksformen [...] und der individuellen

Möglichkeit der Aneignung kultureller Identitäten […]. Der WBGU hält Diversität in und von Städten zudem für eine wichtige Ressource der urbanen Transformation zur Nachhaltigkeit" (ebd., S. 10).

Durch die Dimension „Eigenart" führt der WBGU eine neue Kategorie in den Nachhaltigkeitsdiskurs ein. Sie grenzt dieses Transformationsprogramm von einer Modernisierung ab, die lokale Spezifitäten missachtet und wegrationalisiert.

Quartiere und Dörfer als Reallabore der Transformation

Öffentliche Verwaltungen behandeln die Stadt meist wie eine Maschine, deren Funktionsweise garantiert werden soll. Für sie sind Quartiere eine administrative Planungseinheit und die Quartiersentwicklung vor allem eine technische Aufgabe. Die Immobilienwirtschaft betrachtet hingegen die Stadt als Markt. Für sie sind Grund und Boden eine Ware oder gar ein Spekulationsobjekt. Entsprechend gestalten Investor*innen die Quartiersentwicklung nach dem Prinzip der Rentabilität. In beiden Perspektiven werden die Menschen in den Quartieren objektiviert: Einwohner*innen benötigen Wohnungen, Verbraucher*innen Geschäfte, Angestellte Büros und Autofahrer*innen ausreichend Parkplätze. Ausgeblendet werden die Menschen als mündige Subjekte und soziale Wesen, die in den Orten leben und zu ihnen eine Beziehung aufbauen. Hat die Jugend in alten, verstaubten Fabriken eigene Klubs eingerichtet? Für die Modernisierung des Quartiers ist dies lediglich ein Hindernis. So werden gelebte Begegnungsorte und historische Bausubstanz geopfert, um neue Einkaufszentren, Luxuswohnungen und Bürogebäude zu bauen. Während Funktionen industriell reproduziert werden können, geht eine zerstörte Mensch-Raum-Beziehung unwiderruflich verloren. So ist das Ergebnis der Modernisierung meistens ein steriles Quartier, das keine emotionale Identifikation entfaltet und nur konsumiert werden kann. Nachhaltig ist hingegen eine Stadtentwicklung nach menschlichem Maß. Dabei ist Bewahrung mindestens genauso wichtig wie Innovation. In dieser Perspektive ist das Quartier weder eine Maschine noch ein Markt, sondern ein lebendiges, einzigartiges Ökosystem aus Menschen, Räumen und Infrastrukturen, sprich aus biotischen und abiotischen Faktoren. „Das Quartier ist die unmittelbare Alltags- und Lebenswelt der Menschen, in der verschiedene Faktoren zusammentreffen" (Borman et al. 2016, S. 4 f.). Die Formen des gelebten Quartiers entsprechen nicht unbedingt jenen einer geometrischen kompakten Planungseinheit. Während die Modernisierung die Orte sterilisiert und funktionalisiert, zielt die Nachhaltigkeit auf ihre *Wiederbelebung*. Da sich gerade Großstädte nicht direkt als Ganzes transformieren lassen, können ihre Quartiere transformative Vorreiter sein und ein ideales Reallabor bilden. Dort können Alternativen erprobt, gelebt, weiterentwickelt und später auf die ganze Stadt übertragen werden (Bachmann et al. 2017, S. 1; Schneidewind 2014).

Wer Städte entwirft, entscheidet zugleich, wie darin gelebt wird. So fordern Urbanisten wie Jan Gehl (2015) eine Stadtplanung, die den Menschen anstelle des Autos als Maßstab begreift und Quartiere als Orte des Zusammenlebens gestaltet. Multifunktionale Quartiere entfalten eine größere Identifikation in der eigenen Bevölkerung als monofunktionale. Dem entspricht das stadtplanerische Leitbild der „Viertelstunden-Stadt", in der sechs zentrale Funktionen (Wohnen, Arbeiten, Handel, Gesundheitswesen, Bildung und Kultur) innerhalb von 15 Minuten zu Fuß erreicht werden können (Moreno 2020). In Zeiten des Klimawandels sollten Flächen, die verschwenderisch als Abstellplatz für kaum genutzte Fahrzeuge dienen, für die Begrünung der Quartiere umfunktioniert werden. Auch das Wassermanagement (Stichwort: Schwammstadt) wird für das Überleben in der Stadt immer wichtiger, genauso wie eine stärkere regionale Selbstversorgung. Eine Ökologisierung des Städtebaus würde sich auf die Gesundheit und das Wohlbefinden der Menschen positiv auswirken.

Lebendige Quartiere zeichnen sich durch Dichte, Nähe und Diversität aus. Um Quartiere vor der rein ökonomischen Verwertungslogik und der sozialen Segregation zu schützen, braucht es eine (Re-)Sozialisierung der Immobilienwirtschaft. Für den Zusammenhalt spielen die öffentlichen Räume eine zentrale Rolle, denn auf Straßen und Plätzen findet das „Leben zwischen Häusern" (Gehl 2012) statt. Vitale Stadträume benötigen lebendige Erdgeschossflächen, die sich zum öffentlichen Raum hin öffnen und die Öffentlichkeit in die Gebäude bzw. in die Innenhöfe hineinlassen. Ein Gemeinschaftsgefühl kann sich besser in solchen Quartieren bilden, die über ein „Herz" – ein soziokulturelles

Gravitationszentrum – verfügen. Eine starke Beziehung zwischen Menschen und Ort erfordert jedoch nicht nur eine gute, sondern auch eine partizipierte Stadtplanung und Stadtverwaltung – zum Beispiel im Rahmen von starken Quartiersräten. Im „Veedel" und im „Kiez"[42] sind die Bewohner*innen selbst die Expert*innen, denn auf dieser Ebene können sie am besten einschätzen, was dem Gemeinwohl dient und was nicht. Im Lokalen lässt sich kollektive Selbstwirksamkeit erfahren. Was in den Städten die urbanen Quartiere sind, sind in ländlichen Regionen die Gemeinden und die Ortsteile. Auch dort kann die „Transformation vor der eigenen Haustür" beginnen (Brocchi 2017).

Wie kann aber Nachbarschaft in der Globalisierung entstehen? Denn beim „flexiblen Menschen" (Sennett 1999) stellt jedes Quartier nur eine kurze Zwischenstation in der Biografie dar. Diese Mobilität ist jedoch auch eine Chance für die Transformation. So vermeidet jede Form von Migration, dass das Lokale zum Lokalismus verkommt, indem eine „weltoffene Gemeinschaft" ermöglicht wird und Brücken zum Globalen geschlagen werden.

5.3 Zum Design der Transformation

In der Wissens- und Informationsgesellschaft gibt es keinen Mangel an Studien über Probleme und ihre mögliche Lösung. Aber wie kommen wir von den Problemen zu den Lösungen? Wie kann die Transformation zur Nachhaltigkeit in der Praxis gelingen? Dazu haben Bernd Sommer und Harald Welzer 2014 ein Buch mit dem Titel „Transformationsdesign" veröffentlicht. Mit dem Begriff meinen sie die „Gestaltung gesellschaftlicher Veränderungsprozesse […], die von der politischen Steuerung (Governance) über Stadtplanung und Architektur bis hin zur Produktgestaltung reichen" (Sommer und Welzer 2014, S. 14). Wenn die Transformation von einer „expansiven Moderne" in eine „reduktive Moderne" verlaufen soll, dann müssen die „wohlhabenden früh-

---

[42] Sowohl der in Köln verbreitete Begriff „Veedel" als auch das vor allem in Berlin und Hamburg verwendete Wort „Kiez" bezeichnen vertraute Wohnumgebungen.

industrialisierten Gesellschaften" des Westens im Fokus stehen, da sie historisch für die größte Umweltbelastung verantwortlich sind (ebd., S. 15).

Zunächst zeigen Sommer und Welzer wie die Große Transformation *nicht* gelingen wird, nämlich durch die „vorherrschenden Transformationsvisionen". Allen voran „Green Business", denn „das Festhalten am Wachstum ist längst selbst zum destabilisierenden Faktor geworden" (ebd., S. 96). Gleiches gilt für das „technoide Transformationsverständnis". Während einst die friedliche Nutzung der Atomenergie mit der Hoffnung eingeführt wurde, die Umwelt zu schonen (ebd., S. 72), verspricht heute die Künstliche Intelligenz die Erlösung von den großen Kränkungen der Menschheit. Technisch orientierte Transformationsstrategien sind außerordentlich attraktiv, weil sie „das Wolkenkuckucksheim einer Gesellschaft [entwerfen], die ihre zerstörerischen Praktiken beibehält, deren Folgen aber technisch neutralisiert. Die Zukunft wird sein wie jetzt, nur nachhaltiger" (ebd., S. 75). So wirkt der technologische Fortschritt gelegentlich als eine Art Beruhigungspille: Wenn die Umweltkrise allein schon mit dem Elektroauto überwunden werden kann, dann muss nichts Wesentliches an System und Lebensweise geändert werden. Diese Kritik wird vom Soziologen Stefan Selke wie folgt auf den Punkt gebracht:

> „Techno-Utopien kranken […] daran, komplexe gesellschaftliche Herausforderungen auf quantifizierbare Fragen zu reduzieren. Mehr noch: Paradoxerweise verhindert gerade die Flucht ins Technische diejenigen kulturellen und sozialen Innovationen, die unsere Welt spürbar verbessern könnten. Auf diese Weise erzeugen Techno-Utopien erneut Entfremdung, wenngleich diese hübscher verpackt werden als zu Zeiten der Frühindustrialisierung" (Selke 2022, S. 31).

Technologien verändern den Menschen selbst, so sind die Möglichkeiten eines (Flugzeug-)Touristen, die Umwelt zu belasten, ungleich größer als die eines (Pferdekutschen-)Touristen im 19. Jahrhundert (Sommer und Welzer 2014, S. 73 f.). Egal, wie grün Wachstum und Fortschritt sind: Sie können das Problem verschärfen statt lösen. Deshalb ist die Prämisse einer Transformation zur Nachhaltigkeit ihre

Abgrenzung gegenüber der Transformation zur Nicht-Nachhaltigkeit. In der Theorie fällt dies leichter als in der Praxis. Der nächste Abschnitt setzt sich mit den Bremsern und den Treibern der Transformation auseinander. Der Konflikt zwischen alter und neuer Transformation findet auf dem Territorium statt: Soll ein urbanes Quartier modernisiert oder nachhaltig gestaltet werden? Wie wäre es mit Freiräumen und Gemeingütern anstelle von Einkaufszentren und Luxuswohnungen? Im letzten Abschnitt wird gezeigt, was ein nachhaltiges von einem modernisierenden Transformationsdesign unterscheidet.

5.3.1 Treiber und Bremser

In den Modernisierungstheorien existieren weder Macht noch soziale Ungleichheit, deshalb auch keine Konflikte. „Aber man schafft gesellschaftliche Spannungen und Konflikte nicht dadurch aus der Welt, dass man sie in der Theorie unterschlägt" (Norbert Elias in ebd., S. 107). Solange sich die Nachhaltigkeitsdebatte von der Modernisierung nicht emanzipiert, wird sie gegenüber Machtverhältnissen und sozialen Konflikten genauso blind sein. Wie sollten denn dieselben Machtzentren, die die Gesellschaft in die Polykrise geführt haben, nun für deren Überwindung sorgen? In der Nachhaltigkeitsdebatte ist immer noch „fast ausschließlich von sogenannten Win–win-Strategien die Rede […], als ob es bei einer Nachhaltigkeitstransformation nur Gewinner gäbe" (Sommer und Welzer 2014, S. 101).

Aus der Perspektive der Umweltaktivist*innen stellt die Energiewende eine gewünschte Transformation dar. Doch was halten die Betreiber von Kohlekraftwerken und die Vertreter der Ölindustrie davon? Ob eine Transformation erwünscht oder unerwünscht ist, hängt vom Standpunkt und von der Einstellung ab – und diese sind zunächst relativ. So ist die Energiewende eine intentionale Transformation zum Rückbau einer früheren Transformation. Weil die fossile Infrastruktur die Gesellschaft immer noch versorgt, stößt die Energiewende auf Widerstand.

„Wie beim Übergang zur Industriegesellschaft gibt es auch beim Umbruch zur klimaverträglichen Gesellschaft blockierende, ihre tradierten Privilegien und Rollen verteidigende Akteure, Transformationsverlierer und Transformationsgewinner. Auf der Nutzung fossiler Energieträger basierende Industrien verlieren ihre Wettbewerbsvorteile, klimaverträgliche und ressourcenschonende Innovationen schaffen neue Geschäftsfelder, die Hierarchien zwischen Universitäten und Forschungseinrichtungen verändern sich, neue gesellschaftliche Leitbilder und Narrative setzen sich durch. Die Transformation geht einher mit einem umfassenden gesellschaftlichen Wandel, der durch Auseinandersetzungen zwischen dem alten und dem neuen Entwicklungsparadigma und damit korrespondierenden Interessendivergenzen gekennzeichnet ist" (WBGU 2011, S. 97).

Für Sommer und Welzer sind Widerstände „u. a. geprägt von infrastrukturell-technischen Pfadabhängigkeiten, Ängsten vor Veränderungen, besitzstandswahrenden Interessen, der vorherrschenden Produktions- und Konsumkultur, einseitiger Wachstums-Orientierung oder kurzfristigem Denken" (Sommer und Welzer 2014, S. 101). Bei Transformationen ziehen gesellschaftliche Akteure selten an einem Strang. Die Konflikte bestehen nicht zwingend zwischen Wirtschaft und Zivilgesellschaft, denn Treiber und Bremser gibt es auf allen Ebenen der Gesellschaft: Staat, Kommunen, Wissenschaft, Medien usw. (Abb. 5.4). So wie Unternehmen erneuerbare Energien vorantreiben können, so protestieren manche Bürgerinitiativen gegen Windparks.

Wenn die innergesellschaftlichen Verhältnisse zur Umweltkrise führen können, dann kann auch die Umweltkrise die Kräfteverhältnisse innerhalb der Gesellschaft verändern. Die Konflikte zwischen sozialem System und Umwelt werden dabei internalisiert und als innergesellschaftlicher Konflikt ausgeführt. So wurde die Fridays-for-Future-Bewegung in Deutschland durch eine anhaltende Dürre (2018–2020) gefördert. Der innergesellschaftliche Konflikt kann dann eskalieren (Proteste, Gewalt, Repression), oder nach geltenden Regeln der institutionellen Demokratie gelöst werden (Mehrheitsprinzip, Volksentscheid etc.). Bei einem Wandel durch Konsens werden die Konfliktparteien an einen Tisch eingeladen, um einen Kompromiss zu finden.

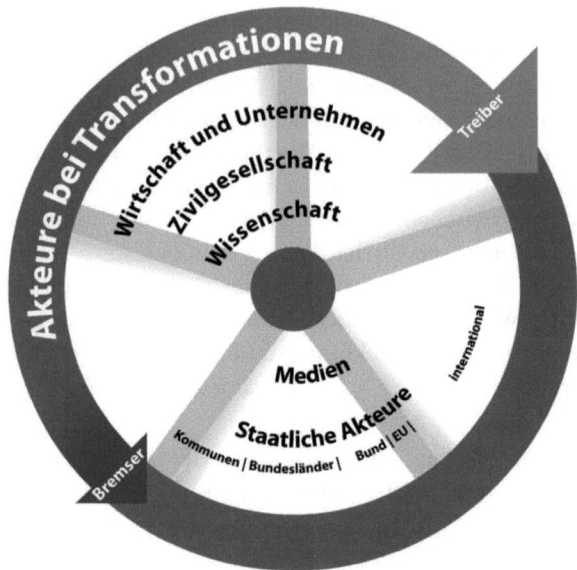

Abb. 5.4 Treiber und Bremser der Transformation. (Aus Öko-Institut in Grießhammer und Brohmann 2015, S. 15; mit freundlicher Genehmigung von © Prof. Dr. Rainer Grießhammer, Öko-Institut e. V., Freiburg)

So war es auch bei der „Kommission für Wachstum, Strukturwandel und Beschäftigung" (Kohlekommission), die 2018 von der Bundesregierung eingesetzt wurde, um die Rahmenbedingungen für den Kohleausstieg zu erarbeiten. Damals einigten sich Vertreter*innen von Energiekonzernen, Gewerkschaften und Umweltorganisationen (u. a.) auf ein Ende der Kohleverstromung bis 2038. Solche Kompromisse beruhigen zwar den sozialen Konflikt, werden jedoch nicht unbedingt der Umweltlogik gerecht, denn sie werden nur unter einigen Mitgliedern einer bestimmten Gesellschaft erzielt. Wenn die „Anderen" (künftige Generationen, globaler Süden, nicht-menschliche Wesen etc.) ausgeschlossen bleiben, kann sich die Umweltkrise trotz Kompromiss weiter verschärfen. Egal, wie der Konflikt zwischen Treibern und Bremsern jeweils ausgeht: Langfristig setzt sich immer die Umweltlogik durch – entweder *by Disaster* oder *by Design*.

5.3.2 Freiräume und Gemeingüter

In einer modernisierenden Stadtplanung materialisiert sich nicht nur eine ökologische Beziehungslosigkeit, sondern auch eine soziale. Denn darin dominieren zwei Kategorien von Raum (Brocchi 2021):

- *Privaträume und kommerzielle Räume.* Als Privateigentum dienen sie dem Privatinteresse. Besitz und Geld ersetzen Vertrauen dort, wo Menschen unfähig sind, miteinander zu teilen. Weil das Kulturprogramm der Modernisierung den Massenkonsum zum höchsten Stadium menschlicher Entwicklung erhoben hat, verkommen selbst die Innenstädte zum Einkaufszentrum.
- *Öffentliche und funktionale Räume.* Hier bestimmen die öffentlichen Verwaltungen, was gemacht werden darf und was nicht. Das Misstrauen gegenüber den Bürgerinnen und Bürgern drückt sich über die Menge an Vorschriften und Auflagen aus, die berücksichtigt werden müssen, wenn man Straßen und Plätze demokratisch nutzbar machen möchte. Zum großen Teil dient der öffentliche Raum als Verkehrsraum: Er steht Autos und nicht Menschen zur Verfügung.

Eine Stadt, in der sich das Misstrauen des „Leviathans" institutionalisiert und jenes des „Homo oeconomicus" materialisiert, schafft an sich Vereinzelung und schwächt die Demokratie. Sie erzieht ihre Bewohner*innen zu Konsument*innen statt zu Mitgestalter*innen, zu Autofahrer*innen statt zu Bürger*innen. Eine Transformation in Richtung Nachhaltigkeit benötigt deshalb mindestens zwei weitere Kategorien von Räumen:

- *Zwischenräume.* Im italienischen Bologna sind die breiten Bürgersteige ein Raum zwischen Privatem und Öffentlichem. Über eine Länge von 62 km sind sie seit dem Mittelalter durch Arkaden (Portici) überdeckt.[43] Eine solche Architektur fördert ein anderes Zusammenleben und eine gelebte Demokratie (Bocchi 1995).

---

[43] UNESCO: „The Porticoes of Bologna" (http://whc.unesco.org/en/list/1650, Zugriff: 21.4.2023).

- *Räume als Gemeingut.* Privaträume und öffentliche Räume können in Gemeingüter umgewandelt werden, indem sie von Kollektiven zurückerobert oder von Institutionen sozialisiert werden. Räume als Gemeingut sind Ausdruck einer Kultur des Gemeinwesens und erziehen die Menschen entsprechend. Solche Räume sollten zur Infrastruktur gehören und nicht nur als Zwischennutzung zur Verfügung stehen (bis der nächste Investor kommt).

5.3.2.1 Räume als Gemeingut

Beispiele von Räumen als Gemeingut sind Nachbarschaftshäuser, Wohnungsgenossenschaften und Gemeinschaftsgärten, die gemeinwohlorientiert verwaltet werden. Alte Fabriken werden als Klubs in Kollektivgüter umgewandelt. Selbst wenn die Innenräume verstaubt sind, bilden sie beliebte Treffpunkte für die Jugend, weil sie selbst eingerichtet und selbst verwaltet werden. Auch Naturräume können als Gemeingut betrachtet und behandelt werden.[44]

Gemeingüter sind Gravitationszentren des Sozialen. Als *Totem* wirken sie sich als Identifikationselement in der Vielfalt aus, fördern die soziale Teilhabe und erschweren die Segregation. Zudem stellen Gemeingüter eine besonders nachhaltige, historisch bewährte Form der Verwaltung von Gütern dar (Ostrom 1999), und zwar unter drei Voraussetzungen:

- *Die Kooperation der Nutzenden.* Ein Gemeingut kann nur nachhaltig bewirtschaftet werden, wenn seine Nutzer*innen die Verantwortung dafür übernehmen und miteinander teilen. Zuerst muss definiert werden, wer Zugang zum Gemeingut hat und wer nicht, wer also zur Gemeinschaft gehört und wer nicht. Die Gemeinschaft gibt sich Regeln für die Nutzung des Gemeinguts sowie für die Kommunikation und die Organisation. „Alle Mitglieder haben das Recht, an der

---

[44] Ein Beispiel dafür ist der „Marais Wiels" in Forest (Region Brüssel-Stadt). Eine infolge der Finanzkrise und der Pleite der Bauträger vollgelaufene Tiefgaragengrube wandelte sich innerhalb weniger Jahre zu einem artenreichen und vor allem im Sommer kühlenden Biotop, das die Anlieger und verschiedene Initiativen bis heute als solches verteidigt haben und das nach vielen Jahren überhaupt erst von der Verwaltung als Wasserfläche anerkannt wurde.

Veränderung der sie betreffenden Regeln mitzuwirken" (Diekmann und Preisendörfer 2001, S. 93). Es existiert „Monitoring", das heißt, das Verhalten der Mitglieder bezüglich der Nutzung des Gemeinguts wird kontrolliert. „Personen, die die Regeln verletzen, werden sanktioniert" (ebd.). Es gibt zusätzlich Instanzen zur Regelung von Konflikten zwischen den Mitgliedern.
- *Die Möglichkeit der Selbstverwaltung und der Selbstorganisation.* Dafür muss die Gemeinschaft der Nutzer*innen über eine gewisse Autonomie verfügen. „Externe Regierungsbehörden respektieren das Recht der Mitglieder einer Genossenschaft, autonom Regeln zur Bewirtschaftung der Allmende [Gemeingut] festzulegen" (ebd.).
- *Die Überschaubarkeit von Gemeingut und Gemeinschaft.* Die Identifikation mit überschaubaren Räumen ist stärker und die Selbstorganisation der Gemeinschaft fällt leichter, wenn sich alle Nutzer*innen persönlich kennen, eine Reziprozität pflegen und für die gegenseitige Reputation garantieren (vgl. Putnam 1993, S. 172–180). Diese Voraussetzung erklärt die Notwendigkeit der Dezentralisierung bzw. einer polyzentrischen Governance.

Auch eine Straße kann von der Nachbarschaft als Gemeingut verwaltet und in eine Agora umgewandelt werden, wenn die Kommunalinstitutionen – in einem vereinbarten Rahmen – ein Stück Selbstorganisation und Selbstverwaltung zulassen.

5.3.2.2 Erweiterte Agora

Auf der Agora, dem Platz inmitten der altgriechischen Polis, kamen die Bürger regelmäßig zusammen, um die Stadtentwicklung gemeinsam zu bestimmen. Deshalb gilt sie als Ursprung der Demokratie. Die Agora diente auch als Marktplatz, auf dem Produzenten und Händler aus der Region auf ihre Konsumenten trafen. Hier wurden soziale Beziehungen gepflegt, es fand Kunst und Kultur im öffentlichen Raum statt. In diesem Raum konnte sich die Gesellschaft reflektieren, Alternativen wurden erprobt und weiterentwickelt. Doch wo ist die Agora geblieben? Aus der modernen Stadtplanung ist sie verschwunden (Magnaghi 2000, S. 23 f.). Es würde jedoch an der Basis der Gesellschaft eine enorme

Dynamik auslösen, wenn es eine Agora in jeder Nachbarschaft gäbe. Die Agora muss nicht unbedingt ein Platz unter freiem Himmel sein: Auch eine Kirche, eine Stadtbibliothek oder ein Museum können in eine Agora umfunktioniert werden. Auf der Agora findet Partizipation vor allem dann statt, wenn der Raum von den Bürger*innen selbst mitgestaltet und mitverwaltet wird. Beim Fehlen von Räumen als Gemeingut kann die Agora auch rotieren oder mobil sein.

Anders als bei den alten Griechen sollte die heutige Agora eine erweiterte sein. Dort sollten alle Individuen Bürgerrechte genießen, Kinder inbegriffen. Weil es kein gutes Leben auf Kosten anderer geben kann, sollten diese Anderen in demokratische Prozesse einbezogen werden – nicht-menschliche Wesen inbegriffen (Latour 2010, S. 101).

5.3.2.3 Nischen der Alternativen

Die modernisierende Stadtplanung zielt auf eine vollständige Rationalisierung des Raums. Doch was die öffentlichen Verwaltungen und die Privatinvestoren als „Brachfläche" behandeln, kann aus einer anderen Perspektive fruchtbarer Boden für jene ökologische, ökonomische, soziale und kulturelle „Wildnis" sein, die soziale Systeme resilienter macht. Nur dort, wo es Freiräume gibt, können jene geschützten Nischen entstehen, in denen technische, marktliche, soziale oder regulatorische Innovationen erprobt und gelebt werden, die ein hohes Potenzial zur Veränderung des vorherrschenden Systems haben (Grießhammer und Brohmann 2015, S. 9). Beispiele dafür sind Urban-Gardening-Projekte, Repair-Cafés, Unverpacktläden, Ökodörfer und alternative Gemeinschaften. Wer keine Transformation von oben, von außen oder *by Disaster* will (Globale Lage), sollte Freiräume für die Nischen innerhalb des Systems schaffen oder zulassen. Das zeigt die Mehrebenen-Perspektive der Transformation (Abb. 5.5).

Nischen machen soziale Systeme beweglicher. In Krisenzeiten bieten sie den Massen Überlebensstrategien an, zum Beispiel, weil dort das unentgeltliche miteinander Teilen bereits vorgelebt wird. Freiräume für Nischen sind oft gerade dort vorhanden, wo die Kommerzialisierung und die Ökonomisierung weniger vorangeschritten sind oder einen

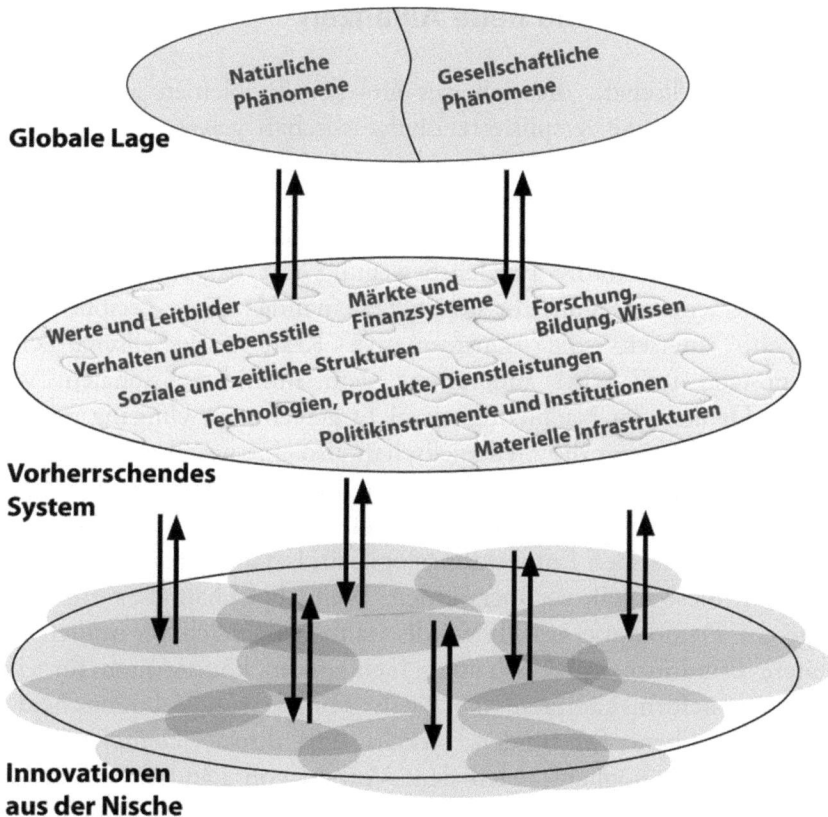

Abb. 5.5 Mehrebenen-Perspektive der Transformation. (Aus Öko-Institut, modifiziert nach Geels 2002, in Grießhammer und Brohmann 2015, S. 8; mit freundlicher Genehmigung von © Prof. Dr. Rainer Grießhammer, Öko-Institut e. V., Freiburg)

Rückgang erfahren haben, sprich in den Peripherien und in verödeten Innenstädten[45]. Während die Triebkräfte der Modernisierung und der Globalisierung in den Zentren zu finden sind, liegen jene für die Transformation zur Nachhaltigkeit vor allem in der „kreativen Marginalität" der Peripherie (vgl. Guidicini 1996, S. 12).

---

[45] Deutscher Städte- und Gemeindebund (2021): Verödung der Innenstädte stoppen. https://www.dstgb.de/themen/stadtentwicklung-und-wohnen/aktuelles/veroedung-der-innenstaedte-stoppen/ (Zugriff: 23.4.2023).

5.3.3 Bündnisse und neue Allianzen

Eine Zivilgesellschaft, die sich mit globalen Problemen auseinandersetzt, ist bisher eine zersplitterte Zivilgesellschaft gewesen. Darin wird die Komplexität der Globalität durch inhaltliche Spezialisierung auf ein menschliches Maß reduziert. Während sich die Umweltbewegung mit dem Klima beschäftigt, setzt sich die Occupy-Bewegung mit den Finanzmärkten und die Friedensbewegung mit der Aufrüstung auseinander – jede Bewegung für sich, nebeneinander. Diese Zersplitterung schwächt einerseits die transformative Kraft zivilgesellschaftlicher Bewegungen und wird andererseits dem multidimensionalen, vernetzten Denken der Nachhaltigkeit nicht gerecht. Im Umgang mit der Komplexität benötigt die Zivilgesellschaft also eine weitere Strategie.

Erstens können die gesellschaftlichen Rahmenbedingungen nur durch breite Bündnisse geändert werden. Wenn soziale und ökologische Belange Opfer derselben Entwicklungslogik sind, dann braucht es ihre Allianz, um diese Logik zu überwinden. Wenn Nachhaltigkeit zuerst als Frage der Demokratie gestellt würde, dann ließen sich vermutlich viel breitere Bündnisse damit schaffen. Gemeinsam könnte man für eine Verfassungsreform kämpfen, die die Ergebnisse von Volksentscheiden auf lokaler Ebene für bindend erklärt und direkte Demokratie auf Bundesebene ermöglicht (nach dem Vorbild von Ländern wie Italien und der Schweiz). Wie wäre es, wenn die Bürger*innen die Möglichkeit bekämen, selbst über Waffenlieferungen, Klimaschutzmaßnahmen und die Regulierung des Immobilienmarktes zu entscheiden?

Zweitens kann die Komplexität durch eine räumliche Fokussierung auf Quartiere, Gemeinden und Regionen reduziert werden, denn Menschen benötigen die sozialräumliche Überschaubarkeit, um sich handlungsfähig zu fühlen. Im Lokalen können alle Themen verknüpft und gleichzeitig behandelt werden, zum Beispiel unter übergeordneten Fragen wie: „In was für einer Stadt wollen wir leben?" Die sozialräumliche Fokussierung erleichtert neue Allianzen, weil die Stadt oder die Region kollektive Identifikation erzeugen, wenn sie als Gemeingut betrachtet und behandelt werden („unsere Stadt", „unsere Region"). Während für die globale Transformation auf den Straßen demonstriert wird, kann man sich im Lokalen zur Transformation selbstermächtigen. In Wuppertal-Arrenberg will eine Quartierinitiative den eigenen Stadtteil bis 2030 klimaneutral machen und alle dafür notwendigen Veränderungen in Gang setzen. In Berlin-Kreuzberg haben Bürger*innen 2009 ein großes Investoren-Projekt verhindert und „die Möckernkiez eG – Genossenschaft für selbstverwaltetes, soziales und ökologisches Wohnen" gegründet. Auf dem 30.000 Quadratmeter großen Gelände haben sie dann das eigene Quartier konzipiert und realisiert. In den Gemeinden kann die Bewohnerschaft große Handelskonzerne boykottieren und den lokalen Einzelhandel unterstützen. In Mals (Südtirol) hat 2014 ein Referendum stattgefunden, bei dem sich 76 % der Bewohner*innen für eine Landwirtschaft ohne Pestizide auf dem eigenen Territorium ausgesprochen haben (Rossi 2014).

Diese Beispiele zeigen, dass die Transformation zur Nachhaltigkeit in jeder Nachbarschaft beginnen kann. Die Bewohner*innen können Räume zurückerobern, eine eigene Agora einrichten und sich für eine menschen- statt autogerechte Stadt einsetzen. Um eine ganze Gesellschaft in Richtung Nachhaltigkeit zu transformieren, reichen aber die sozialen Bewegungen oder die Nachbarschaften allein nicht aus: Es braucht eine Allianz aus beiden. Der Humangeograph und Sozialtheoretiker David Harvey hat in seinem Buch „Rebellische Städte" gezeigt, wie erfolgreich solche Allianzen in Lateinamerika gewesen sind:

> „Eine der Stärken der Fabrikbesetzungen in Argentinien, die auf den Kollaps von 2001 folgten, bestand darin, dass die gemeinschaftlich verwalteten Fabriken auch in nachbarschaftliche Kultur- und Bildungszentren verwandelt wurden: Sie schlugen Brücken zwischen der Gemeinde und dem Arbeitsplatz. Wenn frühere Besitzer versuchten, die Arbeiter zu vertreiben oder die Maschinen zurückerobern zu lassen, solidarisierte sich oftmals die gesamte Bevölkerung mit den Arbeitern, um dies zu unterbinden" (Harvey 2013, S. 230 f.).

Warum brauchen Nachbarschafts- und Quartiersinitiativen breite Allianzen? Weil sie oft gegen die gleichen Hindernisse kämpfen und dabei sehr viel Energie verschwenden. Lokale Nachbarschaftsinitiativen haben meistens nicht die Verhandlungsmacht, die ihnen eine Position auf Augenhöhe mit Kommunalverwaltungen oder mit Investoren verleiht. Anders wäre es als Teil von breiten Bündnissen mit sozialen Bewegungen, Umweltverbänden, Gewerkschaften, Kirchen, Kultureinrichtungen, Schulen, anderen Nachbarschaften etc. Gemeinsam könnte zum Beispiel für eine Reform der öffentlichen Verwaltung gekämpft werden, damit diese den Bürger*innen dient statt umgekehrt.

Außerdem sind Nachbarschaften nicht immer fähig, über den eigenen Tellerrand zu schauen und eine Verbindung zur globalen Verantwortung herzustellen („es gibt kein gutes Leben auf Kosten anderer"). Eine Allianz mit der sozialen und der ökologischen Bewegung kann helfen, die Horizonte zu erweitern, in denen das gute Leben im Lokalen gedacht und gestaltet wird. Bündnisse können dafür sorgen, dass das Wissen der Vorreiter der lokalen Transformation vermittelt wird und jeder Nachbarschaft zur Verfügung steht. Zivilgesellschaftliche Akteure können die Nachbarschaften mit Energie, Ressourcen (z. B. Räume) und Kompetenzen unterstützen.

Warum brauchen hingegen die sozialen Bewegungen (Klimabewegung inbegriffen) den Schulterschluss mit den Nachbarschaften? Weil sich die Transformation allein durch Proteste und Workshops weder lernen noch vorantreiben lässt. Es ist Zeit für eine Selbstermächtigung zur praktischen Transformation aus dem Lokalen heraus. Dafür sind die sozialen Bewegungen aber auf die Zusammenarbeit mit den Bewohner*innen und auf ihr Alltagswissen angewiesen. Durch die Interaktion mit den Bürger*innen könnte Vertrauen aufgebaut werden und der nicht-nachhaltigen Politik nach und nach die Legitimation entzogen werden.

Wie Bündnisse für eine Globalisierung von unten aussehen können, zeigt Abb. 5.6. Darin sollten neben Nachbarschaften und sozialen Bewegungen auch lokale Einrichtungen, Organisationen und Initiativen aus den Bereichen Umwelt, Gewerbe, Soziales und Kultur vertreten sein, die mit eigenen Kompetenzen die Transformation mitgestalten oder auch nur ideell unterstützen wollen (zum Beispiel Schulen, Theater, Clubs, Bäckereien, Kirchen, Vereine, Bürgerhäuser).

Die Breite der Bündnisse ist wichtig, um eine Augenhöhe gegenüber öffentlichen und ökonomischen Institutionen zu erzeugen. Die Buntheit ist wiederum wichtig, um eine heterogene Bevölkerung an-

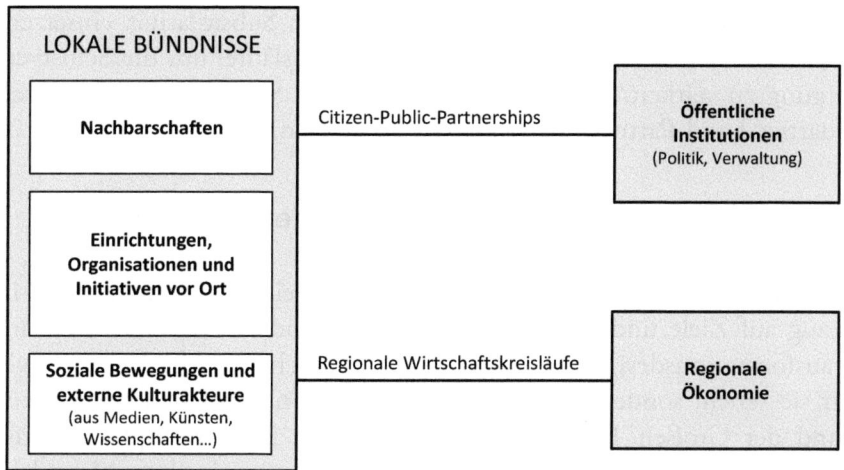

Abb. 5.6 Lokale Allianzen für die Transformation. (Eigene Darstellung)

zusprechen und zu aktivieren, denn sonst kommunizieren die einzelnen Bereiche vor allem mit sich selbst: die Umweltbewegung mit umweltinteressierten Menschen, die Kultureinrichtungen mit kulturinteressierten Menschen usw.

In der Stadt, Gemeinde und Region als Gemeingut können Bündnisse gemeinsame Visionen verwirklichen. Sie können sich auch als „Runde Tische" organisieren – nach dem Vorbild der Demokratisierungsbewegung in der DDR während der Wende 1989/90 (Weil 2011). Bündnisse sind auch ein idealer Raum für individuelle und kollektive Lernprozesse, die mit der Durchführung von Realexperimenten und durch die Einrichtung gemeinsamer Akademien gefördert werden können. Bündnisse dienen als Übersetzende und Vermittelnde zwischen Bürgerschaft und öffentlichen Institutionen. Sie ermöglichen eine Einheit der Kräfte und eine gemeinsame Wirkung auf den übergeordneten institutionellen Ebenen (Land, Bund, EU…). Politische Forderungen müssen jedoch nicht unbedingt gegen öffentliche Institutionen durchgesetzt werden, denn im Rahmen von Citizen-Public-Partnerships können Bürger*innen und Institutionen zusammenarbeiten (Abb. 5.6). So können auch Kommunen und Regionen Teil einer breiten Bewegung sein und sich dabei für Reformen und mehr Subsidiarität einsetzen. Außerdem braucht es regionale Wirtschaftskreisläufe, um die Selbstversorgung zu stärken. Diese können auch durch Stadt-Land- bzw. durch Quartier-Land-Partnerschaften gefördert werden.

5.3.4 Nachhaltiges Transformationsdesign

Nachhaltigkeit und Modernisierung unterscheiden sich nicht nur in Bezug auf Ziele und Akteure: Der entscheidende Unterschied liegt im Transformationsdesign. Denn wir gestalten nicht nur die Welt, so wie wir sie sehen, sondern auch die Transformation. Weil sich der Gegenstand der Großen Transformation durch eine hohe Komplexität auszeichnet, kann sie von einem begrenzten Wesen wie dem Menschen nicht als Ganzes begriffen und kontrolliert werden. So sind große Transformationen weder ganz berechenbar noch steuerbar:

> „Gesellschaftliche Entwicklung hat immer eine Eigendynamik – und dies umso mehr, je größer die Anzahl der Menschen ist, die in den hocharbeits- und funktionsteiligen Entwicklungsprozess eingebunden sind. Versuche, auf gesellschaftliche Entwicklung Einfluss zu nehmen, führen daher regelmäßig zu unerwarteten und nicht beabsichtigten Folgen" (Sommer und Welzer 2014, S. 98).

In der Modernisierung wird die Transformation als geordneter Prozess („Moving Equilibrium") gestaltet, der auf die Wiederherstellung der Stabilität im System zielt. Dabei wird die Steuerbarkeit von Transformationsprozessen künstlich erzeugt, indem die Komplexität reduziert wird und Machtverhältnisse geltend gemacht werden. Die Transformation wird als Managementaufgabe begriffen, die sich auf die Expertise der Wissenschaften stützt. Die Vielfalt und die Lebendigkeit werden diszipliniert, indem der Prozess geplant und „professionalisiert" wird.

In seiner extremen Form ist das Design der Modernisierung ein „totalitäres" (Kries 2010) und zielt auf eine vollständige Rationalisierung der ökologischen und sozialen Verhältnisse. Weil jede Komplexitätsreduktion eine Form von Gewalt impliziert, kann sie Widerstand erzeugen. So können die „Dinge" gegen die Herrschaftsstrukturen rebellieren, dafür ist die Klimakrise ein Beispiel. Oder es sind Menschen und Bewegungen, die sich gegen Ungerechtigkeit wehren. Es gibt jedoch auch einen inneren Widerstand gegen die Rationalisierung der Lebensweisen, dies zeigt sich in der Häufung von Depressionen und Burnouts (Ehrenberg 2008).

Während das Transformationsdesign der Modernisierung auf eine System-Anpassung abzielt, um Stabilität zu garantieren, wirkt sich das nachhaltige Transformationsdesign emanzipatorisch aus und orientiert sich an „Aufbruchs-Narrativen".

> „Aufbruchs-Narrative zelebrieren […] eine kollektive Reise ins Unbekannte, der Weg ist das Ziel […]. Anders als die Vorstellung eines *stabilen* Gleichgewichts, das durch Anpassung erhalten werden soll, ist damit ein echter Gestaltungskorridor verbunden. Es geht nicht länger um die Rückkehr zum Bekannten, sondern um die Verschiebung altbekannter Grenzen" (Selke 2022, S. 31 f.).

Für Bruno Latour braucht die Transformation „keine moderne Politik, die uns sagt, wo es langgeht und in welcher Ordnung wir leben sollen […]. Ohne Modernisierung befinden wir uns in einer Welt der Kontroversen, zum Beispiel über die Frage, wie wir leben wollen. Und das ist gut, denn das Schlimme am Aufruf der Modernisierung ist: Es macht uns blind für Anderes. Es hindert uns daran, zu überlegen, was wir beibehalten möchten" (Latour 2021a). Einem Transformationsdesign durch Konflikt und Widerstand zieht Latour eine andere Methode vor: die der „Komposition".

> „Komponieren bedeutet Arbeit. Wir waren nie modern, das haben wir jetzt verstanden. Alles ist offen. Die neue Welt ist eine Welt der ‚Komposition'. Komposition ist schön, man denkt dabei an die Musik. Dahinter stecken Arrangements, Verhandlungen, Lebensweisen […]. Für diese Arrangements braucht es eine bescheidene Politik und eine bescheidene Wissenschaft. Sie müssen sich in den Kontroversen vorantasten, um uns Lösungen anbieten zu können. Wir brauchen auch eine bescheidene

Technologie. Die ganze Gesellschaft muss wieder kritikfähig werden, was ihr das Prinzip der Modernität genommen hatte. Sie muss verstehen lernen, dass wir eine ökologische Zivilisation ‚komponieren' müssen" (ebd.).

Während die Modernisierung die Realität nach fixen, unveränderlichen Ideen modelliert, sind Ideen in der Nachhaltigkeit Ausdruck der freien Sinnlichkeit, Wahrnehmung und Imagination, denn hier wird keine künstliche „Alternativlosigkeit" akzeptiert. Da jede soziale Realität nur kulturrelativ sein kann, ist sie auch veränderbar. Während die Modernisierung Andersartigkeit aus der Perspektive ihrer Defizite betrachtet, öffnet ein nachhaltiges Transformationsdesign Räume, in denen sich die Vielfalt entfalten kann. Im nachhaltigen Transformationsdesign bieten Ideen Orientierung und Anregung, aber sie sind evolutionsfähig, indem sie sich zum Beispiel mit der Eigenart der Orte in neuen Kompositionen und Arrangements vereinen. Der Transformationsdesigner ist kein „irdischer Demiurg", der Objekte nach eigenen Vorstellungen beliebig formt (Brocchi 2013), sondern Katalysator, der die vorhandenen Kräfte vor Ort neu mischt, sowie „Co-Designer" (Singer-Brodowski und Schneidewind 2019): Unter Partizipation versteht er nicht Publikum und Unterstützung, sondern Ko-Kreation. Dabei werden Bürger*innen als Künstler*innen ermutigt, den eigenen Lebensraum als „Soziale Plastik" mitzugestalten (Beuys in Lange 2021; Nichols 2021). So entwickelt sich die Transformation in einem kooperativen Prozess Schritt für Schritt über einen längeren Zeitraum. „Dieser Prozess läuft nicht linear ab, sondern beruht auf steter Reflexion, Erprobung und gelegentlich dem Mut zu einem Neuanfang" (Darian et al. 2022, S. 6).

Das Design der Modernisierung ist expansiv. Die Modernisierung liefert ständig neue Antworten: autonomes Fahren, Kryptowährungen, Nanotechnologie, Hologramme, ein weiteres Handy-Modell und weitere Luxuswohnungen auf einer brachliegenden Fläche. Aber wenn das die Antworten sind, was war dann die Frage? Denn gerade die Frage ist das Entscheidende im nachhaltigen Transformationsdesign:

> „Welches Ziel möchte ich erreichen, was sind die dafür erforderlichen Mittel? Mögliche Antworten darauf schließen ein, dass man sogar das Ziel selbst infrage stellt [...] Transformationsdesign setzt nicht bei Pro-

dukten an, sondern bei der kulturellen Produktion und Reproduktion […]. Es betrifft die Veränderung kultureller Praktiken des Gebrauchs von Energie, Stoffen und Produkten und damit auch soziale Kategorien wie Kommunikation, Handel, Konsum, Versorgung" (Sommer und Welzer 2014, S. 114 f.).

Das Design der Nachhaltigkeit ist reduktiv statt expansiv: Es zeichnet sich auch durch die Einübung des Los- und Weglassens aus und „strebt nach dem kleinstmöglichen Aufwand. Dieser kann auch bei null liegen" (Sommer und Welzer 2014, S. 114). Manchmal ist keine Gestaltung die nachhaltigste Gestaltung.[46] Mittels Design kann die Materialität der Lebensstile durch Immaterialität ersetzt werden, indem viel mehr geteilt und genutzt statt besessen und geparkt wird. Deshalb ist die Formung sozialer Beziehungen und Netzwerke fester Bestandteil eines nachhaltigen Transformationsdesigns.

Die Transformation zur Nachhaltigkeit findet jedoch nicht im luftleeren Raum statt, sondern in einem Kontext, in dem materielle und mentale Infrastrukturen herrschen, die das Verhalten der Individuen im Alltag lenken. In diesem Kontext haben es alternative Verhaltensweisen immer schwerer als konventionelle, die den gegebenen Infrastrukturen und Normalitäten angepasst sind. Genau deshalb ist der nachhaltigste Weg in die Transformation nicht unbedingt der effizienteste und geradlinigste. In nicht-nachhaltigen Infrastrukturen sind oft die Transformationsdesigner*innen selbst (mal bewusst, mal unbewusst) gefangen. Deshalb erfordert die Transformation auch eine kritische Selbstreflexion, sprich eine *innere Transformation* (Hunecke 2022). Dieser Gedanke wird auch von Norbert Elias in seiner Zivilisationstheorie aufgegriffen, denn er geht von einer Interdependenz zwischen „Soziogenese" und „Psychogenese" aus: Gesellschaftliche Strukturen verändern sich in Wechselwirkung mit den Persönlichkeitsstrukturen. „In diesem Sinne prägen die Praktiken und Normen einer jeweiligen Gesellschaftsformation auch die Innenwelten ihrer Mitglieder – zum Kapitalismus gehör[t] der ‚ökonomische Mensch'" (Sommer und Welzer 2014,

---

[46] Deshalb plädiert der Kanadier John Thackara (2006) für „designfreie" Zonen.

S. 105). Deshalb: „Sozial-ökologische Transformationen bedeuten [...] nie nur eine Formierung der äußeren Bedingungen menschlicher Existenz, sondern auch immer die der psychischen Struktur des Menschen – also ihrer Wahrnehmungs- und Deutungsweisen, ihrer Selbstbilder, ihrer Emotionen, ihres Habitus" (ebd., S. 106).

In Tab. 5.4 werden die Thesen und die Erkenntnisse aus diesem Kapitel zusammenfassend dargestellt, indem die Merkmale eines modernisierenden Designs mit jenen eines nachhaltigen Designs verglichen werden.

Tab. 5.4 Transformationsdesign – ein Vergleich zwischen Modernisierung und systemischer Nachhaltigkeit

	Modernisierung	Systemische Nachhaltigkeit
Hauptakteure der Entwicklung	Staat und Markt	Drittes System, Bündnisse und neue Allianzen, lokale Instanzen (Regionen, Städte und Nachbarschaften)
Entwicklungsziele	Aufwertung, Wachstum und Fortschritt	Wiederbelebung, Krisen-Resilienz und Gutes Leben
Entwicklungspolitik	Defizitorientierung, Abhängigkeitsverhältnis durch Entwicklungshilfe	Potenzialorientierung, Emanzipation und Self-Reliance
Dimensionen der Entwicklung	Monodimensional und wirtschaftszentriert	Multidimensional und systemisch
Ökonomie	Freie Marktwirtschaft, Vorrang für die Fremdversorgung	Gemeinwohlorientierte Wirtschaft, Vorrang für die regionale Selbstversorgung
Handlungsmotiv	Profitmaximierung, Macht und Status	Vertrauen, Reziprozität und Redistribution
Soziale Organisation	Vorrang für Privatwesen und Wettbewerb	Vorrang für Gemeinwesen und Kooperation
Umgang mit Komplexität (Umwelt)	Komplexitätsreduktion (Monokultur), strukturelle Gewalt	Entfaltung (Diversität), Selbstorganisation, Kreativität, Lernorientierung

(Fortsetzung)

Tab. 5.4 (Fortsetzung)

	Modernisierung	Systemische Nachhaltigkeit
Umgang mit Nicht-Nachhaltigkeit	Systemstabilisierung (durch Reparatur, Optimierung usw.), Externalisierung von Kosten und Abschottung	Systemänderung (durch Widerstand, Reduktion usw.), Auseinandersetzung mit dem Fremden und innere Transformation (Loslassen)
Verständnis von Nachhaltigkeit	Institutionelles, technozentrisches und anthropozentrisches Verständnis	Weites Verständnis
Governance und Steuerung	Top-down, zentralistisch, exklusiv	Bottom-up, polyzentrisch, vernetzt, inklusiv
Bürger*innen als …	Objekte, Supporter, Kund*innen, Verbraucher*innen…	Subjekte, Mitgestaltende, Miteigentümer*innen…
Form der Partizipation	Konsum, Information, Konsultation, inszenierte Mitwirkung	Partnerschaftliche Kooperation, Mitbestimmung, Bürgermacht
Institutionelle Orientierung	Public–Private-Partnerships	Citizen-Public-Partnerships
Stadtplanung	Ingenieursaufgabe und Managementaufgabe (Stadt als Maschine und Markt)	Menschengerecht
Verhältnis Zentrum/Peripherie	Zentrum als Vorbild	Peripherie („kreative Marginalität") als Impulsgeber und Reallabor
Verständnis von Kultur	„Software of the Mind" (mentale Programmierung), Funktion im System	„DNA der Gesellschaft" (geistige Entfaltung), Quelle von Mutationen
Hauptmedien der Kommunikation	Massenmedien, digitale Kommunikation, Geld	Empathie, Face-to-Face-Kommunikation, gesellschaftliche Sinnesorgane
Zweck der Wissenschaft	Wisdom is power	Gesellschaftliches Sinnesorgan, Dialog mit dem Unbekannten, Erweiterung der Wahrnehmungshorizonte

(Eigene Darstellung)

Literatur

Acosta, Alberto (2015): Buen vivir. Vom Recht auf ein gutes Leben. München: oekom.
Adriani, Götz; Konnertz, Winfried; Thomas, Karin (1994): Joseph Beuys. Köln: Dumont.
Allport, Gordon (1971): Die Natur des Vorurteils. Köln: Kiepenheuer & Witsch.
Arnstein, Sherry R. (1969): A Ladder of Citizen Participation. In: Journal of the American Institute of Planners 35 (4), 1969. S. 216–224.
B.U.N.D.; Misereor (Hrsg.) (1996): Zukunftsfähiges Deutschland. Studie des Wuppertal-Instituts für Klima, Umwelt, Energie GmbH. Basel/Boston/Berlin: Birkhäuser.
B.U.N.D.; Brot für die Welt; Evangelischer Entwicklungsdienst (Hrsg.) (2008): Zukunftsfähiges Deutschland in einer globalisierten Welt. Eine Studie des Wuppertal Instituts. Bonn: Bundeszentrale für politische Bildung.
Bachmann, Boris; Behrens, Maria; Brocchi, Davide; Heynkes, Jörg; Sinn, Matthias; Thiesen, Andreas (2017): Subsidiarität als Motor urbaner Transformation. Impulspapier der Themengruppe Partizipation, Demokratie und Gerechtigkeit im Rahmen der Bergischen Klimagespräche 2017. Wuppertal: Wuppertal Institut. https://www.davidebrocchi.eu/wp-content/uploads/2022/07/Bergischer_Impuls_01_2017.pdf (Zugriff: 11.4.2023).
Baecker, Dirk (2007): Lange hat die Menschheit nicht gelebt. In: Zeit Online 1.3.2007. https://www.zeit.de/2007/10/Finis (Zugriff: 14.4.2023).
Barber, Benjamin (1994): Starke Demokratie. Hamburg: Rotbuch.
Bar-On, Yinon M.; Phillips, Rob; Milo, Ron (2018): The biomass distribution on Earth. In: PNAS Nr. 115, 19.6.2018. https://www.pnas.org/content/115/25/6506 (Zugriff: 27.3.2023).
Basler, Ernst (1972): Merkmale einer umweltgerechten Raumschiffökonomie. In: Neue Zürcher Zeitung 19. 11. 1972. S. 37.
Basso, Lelio (1980): Il risveglio dei popoli. Forlí: Lega internazionale per i diritti e la liberazione dei popoli.
Becker, Egon; Jahn, Thomas; Stiess, Immanuel; Wehling, Peter (1997): Sustainability: A Cross-Disciplinary Concept for Social Transformation. MOST-Policy Paper 6/1997. Paris: UNESCO.

Beuys, Joseph (1979): Aufruf zur Alternative. Erstveröffentlichung in der Frankfurter Rundschau, 23.12.1978. Nachdruck aus Anlass der 1. Wahl zum Europäischen Parlament im Juni 1979. https://fiu-verlag.com/aufruf-zur-alternative/ (Zugriff: 11.4.2023).

Beuys, Joseph (1994): Belvedereblatt. Bleistift und Wasserfarbe auf Papier. Stiftung und Museum Schloss Moyland. Sammlung van der Grinten. Abb. 2 im Katalog für F. N. Nietzsche Kunstausstellung.

Birch, Charles (1976): Creation, Technology and Human Survival. Ecumenical Review, Vol. 28. Edinburgh: Church of Scotland.

BMFSFJ (2022): Lohngerechtigkeit. In: Website des Bundesministeriums für Familie, Senioren, Frauen und Jugend (BMFSFJ) 31.1.2022. https://www.bmfsfj.de/bmfsfj/themen/gleichstellung/frauen-und-arbeitswelt/lohngerechtigkeit (Zugriff: 2.6.2023).

BMZ (2017): Die Agenda 2030 für nachhaltige Entwicklung. Berlin/Bonn: Bundesministerium für wirtschaftliche Zusammenarbeit und Entwicklung (BMZ). https://www.bmz.de/de/agenda-2030 (Zugriff: 29.3.2023).

Bocchi, Francesca (1995): Bologna e i suoi portici. Bologna: Grafis.

Borman, René; Carlow, Vanessa Miriam; Christmann, Antje (2016): Das soziale Quartier. Bonn: Friedrich-Ebert-Stiftung. https://library.fes.de/pdf-files/wiso/12366.pdf (Zugriff: 21.5.2023).

Born, Manfred; Kreuzer, Klaus (2002): Nachhaltigkeit Lokal. Lokale Agenda 21 in Deutschland. Eine Zwischenbilanz 10 Jahre nach Rio. Bonn: Forum Umwelt und Entwicklung/InWEnt – Internationale Weiterbildung und Entwicklung gGmbH.

Bramm, Andreas; Eggersdorfer, Manfred; Frese, Lothar; Höppner, Frank (1996): Nachwachsende Rohstoffe für die industrielle Verwendung. In: Linckh, G.D., Sprich, H., Flaig, H., Mohr, H. (Hrsg.), Nachhaltige Land- und Forstwirtschaft. Berlin: Springer, 1996. S. 821–847.

Braungart, Michael; McDonough, William (2014): Cradle to Cradle. München: Piper.

Bregman, Rutger (2022): Im Grunde gut. Hamburg: Rowohlt.

Brocchi, Davide (2013): Das (nicht) nachhaltige Design. In: Simone Fuhs, Davide Brocchi, Bernd Draser, Michael Maxein (Hrsg.), Die Geschichte des nachhaltigen Designs. Bad Homburg: VAS, 2013. S. 54–80.

Brocchi, Davide; Draser, Bernd; Fuhs, Simone (2015): Verantwortungsbewusstes Produktmanagement aus der Perspektive des Nachhaltigen Designs. In: Thomas Weber (Hrsg.), CSR und Produktmanagement. Berlin: Springer, 2015. S. 27–47.

Brocchi, Davide (2017): Urbane Transformation. Zum guten Leben in der eigenen Stadt. Bad Homburg: VAS. https://davidebrocchi.eu/wp-content/uploads/2019/09/2017_Brocchi_Urbane_Transformation_vollstaendig_web.pdf (Zugriff: 13.4.2023).

Brocchi, Davide (2019): Große Transformation im Quartier. München: oekom.

Brocchi, Davide (2020a): Der Berliner Tag des guten Lebens als Prozess (2017–2020a). Berlin: Berlin 21 e. V. https://www.davidebrocchi.eu/wp-content/uploads/2021/01/Studie-Berliner_Tag_des_guten_Lebens-2017-2020.pdf (Zugriff: 21.3.2023).

Brocchi, Davide (2020b): Welche Bildung braucht es? Über die Transformation zur Nachhaltigkeit. In: TRANSFERjournal 2/2020b. https://www.bildung-rheinisches-revier.de/fileadmin/user_upload/Dokumente/20201206-SB-Web-Transferjournal-02.pdf (Zugriff: 16.4.2023).

Brocchi, Davide (2021): Mehr urbane Wildnis wagen. In: davidebrocchi.eu 27.2.2021. https://www.davidebrocchi.eu/urbane-wildnis/ (Zugriff: 10.5.2023).

Buckminster Fuller, Richard (1969): Operating Manual for Spaceship Earth. Carbondale und Edwardsville: Southern Illinois University Press.

Bundesministerium für Finanzen (2022): Die wichtigsten Steuern im internationalen Vergleich 2021. Berlin: Bundesministerium für Finanzen. https://www.bundesfinanzministerium.de/Content/DE/Downloads/Broschueren_Bestellservice/die-wichtigsten-steuern-im-internationalen-vergleich-2021.html (Zugriff: 11.4.2023).

Bundesregierung (2002): Perspektiven für Deutschland. Unsere Strategie für eine nachhaltige Entwicklung. Berlin: Bundesregierung.

Bundesregierung (2009): Regierungserklärung von Bundeskanzlerin Dr. Angela Merkel vor dem Deutschen Bundestag am 10. November 2009 in Berlin. Bulletin 112-1.

Bundesumweltministerium (Hrsg.) (1997): Umweltpolitik – Agenda 21: Konferenz der Vereinten Nationen für Umwelt und Entwicklung im Juni 1992 in Rio de Janeiro. Bonn: Bundesumweltministerium.

Butterwegge, Christoph (2020): Die zerrissene Republik. Weinheim: Beltz Juventa.

Carlisle, Keith; Gruby, Rebecca L. (2019): Polycentric Systems of Governance: A Theoretical Model for the Commons. In: Policy Studies Journal Nr. 4/2019. S. 927–952.

Carlowitz, Hans Carl von (2013): Sylvicultura oeconomica oder Anweisung zur wilden Baum-Zucht. Leipzig: Johann Friedrich Braun. Reprint von Joachim Hamberger (Hrsg.). München: oekom. S. 89–590.

Commoner, Barry (1973): Wachstumswahn und Umweltkrise. München: Bertelsmann.

Costanza, Robert; Cumberland, John H.; Daly, Herman E.; Goodland, Robert James; Norgaard, Richard B.; Eser, Thiemo W. (2001): Einführung in die ökologische Ökonomik. Stuttgart: Lucius & Lucius.

Creagh, Sunanda (2009): Copenhagen summit carbon footprint biggest ever report. In: Reuters 14.12.2009. https://www.reuters.com/article/idUSTRE5BD4D020091214 (Zugriff: 23.3.2023).

Credit Suisse (2019): Nachhaltigkeit bei Immobilien. Mehrwert für alle. https://am.credit-suisse.com/content/dam/csam/docs/publications/novum/credit-suisse-asset-management-novum-2-2019-de.pdf (Zugriff: 17.4.2023).

Dag Hammarskjöld Foundation (1975): What Now? Another Development. Uppsala: Dag Hammarskjöld Foundation.

Daly, Herman (1999): Wirtschaft jenseits von Wachstum. Salzburg: Anton Pustet.

Dangarembga, Tsitsi (2023): Schwarz und Frau. Gedanken zur postkolonialen Gesellschaft. Köln: Quadriga.

Darian, Samo; Völker, Harriet; Diringer, Julia; Kirchhoff, Gudrun (2022): Neue Ideen und Ansätze für die Regionale Kulturarbeit. Berlin: TRAFO – Modelle für Kultur im Wandel; Deutsches Institut für Urbanistik (Difu).

David, Martin; Leggewie, Claus (2015): Kultureller Wandel in Richtung gesellschaftliche Nachhaltigkeit. Arbeitspapier. Essen: Kulturwissenschaftliches Institut.

Diekmann, Andreas; Preisendörfer, Peter (2001): Umweltsoziologie. Eine Einführung. Reinbek bei Hamburg: Rowohlt.

Drengson, Alan; Inoue, Yuichi (1995): The Deep Ecology Movement: An Introductory Anthology. Berkeley (CA): North Atlantic.

Döring, Ralf (2004): Wie stark ist schwache, wie schwach starke Nachhaltigkeit? In: Wirtschaftswissenschaftliche Diskussionspapiere, Nr. 08/2004. Greifswald: Universität Greifswald.

Dussel, Enrique (1985): Herrschaft und Befreiung. Ansatz, Stationen und Themen einer lateinamerikanischen Theologie der Befreiung. Freiburg: Ed. Exodus.

Easterlin, Richard (1974): Does Economic Growth Improve the Human Lot? Some Empirical Evidence. Cambridge: Academic Press.

Eblinghaus, Helga; Stickler, Armin (1996): Nachhaltigkeit und Macht – Zur Kritik von Sustainable Development. Frankfurt/Main: IKO – Verlag für interkulturelle Kommunikation.
Egan, Michael (2012): Before Sustainable Development. 22.5.2012. https://eganhistory.wordpress.com/2012/05/22/before-sustainable-development/ (Zugriff: 24.3.2023).
Ehrenberg, Alain (2008): Das erschöpfte Selbst: Depression und Gesellschaft in der Gegenwart. Frankfurt/Main: Suhrkamp.
Elias, Norbert (1990): Über den Prozess der Zivilisation. Bd. 1. Frankfurt/Main: Suhrkamp.
EM2030 (2022): „Back to Normal" is Not Enough: the 2022 SDG Gender Index. Equal Measures 2030. https://www.equalmeasures2030.org/wp-content/uploads/2022/03/SDG-index_report_FINAL_EN.pdf (Zugriff: 31.3.2023).
Endress, Martin (2002): Vertrauen. Bielefeld: Transkript.
Enquete-Kommission (1994): Die Industriegesellschaft gestalten – Perspektiven für einen nachhaltigen Umgang mit Stoff- und Materialströmen. Bonn: Deutscher Bundestag, Drucksache 12/8260.
Ermen, Reinhard (2007): Joseph Beuys. Reinbek bei Hamburg: Rowohlt.
Ernst, Andreas (2010): Individuelles Umweltverhalten – Probleme, Chancen, Vielfalt. In: Harald Welzer, Hans-Georg Soeffner, Dana Giesecke (Hrsg.), KlimaKulturen. Soziale Wirklichkeiten im Klimawandel. Frankfurt/Main: Campus 2010. S. 128–143.
FAO (2017): Livestock solutions for climate change. Rome: Food and Agriculture Organization of the United Nations (FAO).
Felber, Christian (2018): Die Gemeinwohl-Ökonomie. München: Pieper.
Fücks, Ralph (2011): Der Moloch erfindet sich neu. In: oekom e. V. (Hrsg.), Post-Oil City. Die Stadt von morgen. München: oekom, 2011. S. 16–22.
Gehl, Jan (2012): Leben zwischen Häusern. Berlin: Jovis.
Gehl, Jan (2015): Städte für Menschen. Berlin: Jovis.
Georgescu-Roegen, Nicholas (1979): La décroissance. Entropie – Écologie – Économie. Lausanne: 1re édition.
Global Footprint Network (2019): Der diesjährige Earth Overshoot Day fällt auf den 29. Juli, das früheste Datum in der Geschichte der Menschheit. Pressemitteilung vom 26. Juni 2019.
Gray, Peter (2011): The Decline of Play and the Rise of Psychopathology in Children and Adolescents. In: American Journal of Play Vol. 23, Issue 4.

Grießhammer, Rainer; Brohmann, Bettina (2015): Wie Transformationen und gesellschaftliche Innovationen gelingen können. Dessau-Roßlau: Umweltbundesamt.
Grober, Ulrich (2002): Modewort mit tiefen Wurzeln. In: Günter Altner, Heike Leitschuh-Fecht, Udo E. Simonis (Hrsg.), Jahrbuch Ökologie 2003. München: C.H. Beck, 2002. S. 167–175.
Grober, Ulrich (2010): Die Entdeckung der Nachhaltigkeit. Kulturgeschichte eines Begriffs. München: Kunstmann.
Gronert, Siegfried (2013): Bauhaus, Nachhaltigkeit und Biotechnik. In: Simone Fuhs, Davide Brocchi, Michael Maxein, Bernd Draser (Hrsg.), Die Geschichte des Nachhaltigen Designs. Bad Homburg: VAS, 2013. S. 108– 114.
Grunwald, Armin; Kopfmüller, Jürgen (2006): Nachhaltigkeit. Frankfurt/Main: Campus.
Guidicini, Paolo (1996): Manuale per le ricerche sociali sul territorio. Milano: Franco Angeli.
Gutmann, Andreas; Raddatz, Frank; Bader, Hans Leo; García Ruales, Jenny; Zanetti, Jula; Flmmer, Riccarda; Putzer, Alex; Kramm, Matthias (Hrsg.) (2023): Rechte für Flüsse, Berge und Wälder. München: oekom.
Haeckel, Ernst (1866): Generelle Morphologie der Organismen. Bd. 2: Allgemeine Entwickelungsgeschichte der Organismen. Berlin: Georg Reimer.
Harari, Yuval Noah (2019): 21 Lektionen für das 21. Jahrhundert. München: C.H. Beck.
Hartmann, Martin (2011): Die Praxis des Vertrauens. Frankfurt/Main: Suhrkamp.
Harvey, David (2013): Rebellische Städte. Frankfurt/Main: Suhrkamp.
Harsvik, Wegard; Skjerve, Ingvar (2021): Homo Solidaricus. Berlin: Ch. Links.
Hauff, Volker (Hrsg.) (1987): Unsere gemeinsame Zukunft. Der Brundtland-Bericht der Weltkommission für Umwelt und Entwicklung. Greven: Eggenkamp.
Hauffe, Thomas (2008): Design. Köln: DuMont.
Hawken, Paul (1993): Kollaps oder Kreislaufwirtschaft. Berlin: Siedler. Heinrich-Böll-Stiftung, Bund für Umwelt und Naturschutz Deutschland und
Heinrich-Böll-Stiftung; B.U.N.D.; Le Monde diplomatique (2021): Fleischatlas 2021. Berlin. https://www.boell.de/sites/default/files/2022-01/Boell_Fleischatlas2021_V01_kommentierbar.pdf (Zugriff: 6.4.2023).

Helfrich, Silke (2007): Citizen Public Partnership. In: CommonsBlog 18.11.2007. https://commons.blog/2007/11/18/public-citizen-partnership/ (Zugriff: 20.4.2023).

Helfrich, Silke (2009): Gemeingüter – Wohlstand durch Teilen. Berlin: Heinrich-Böll-Stiftung.

Helliwell, John F.; Layard, Richard; Sachs, Jeffrey; De Neve, Jan-Emmanuel (2020): World Happiness Report 2020. New York: Sustainable Development Solutions Network. https://happiness-report.s3.amazonaws.com/2020/WHR20.pdf (Zugriff: 18.4.2024).

Helliwell, John F.; Layard, Richard; Sachs, Jeffrey; De Neve, Jan-Emmanuel; Aknin, Lara B.; Wang, Shun (2023): World Happiness Report 2023. New York: Sustainable Development Solutions Network. https://happiness-report.s3.amazonaws.com/2023/WHR+23.pdf (Zugriff: 20.3.2023).

Hernandez, Alistair Adam (2021): Das resiliente Dorf. München: oekom.

Heuser, Alessa (1996): Natur als Gleichnis im Leben und Werk von Joseph Beuys. In: Walter Lesch (Hrsg.), Naturbilder. Ökologische Kommunikation zwischen Ästhetik und Moral. Basel: Birkhäuser, 1996. S. 223–235.

Heyen, Dirk Arne (2016): Exnovation. Herausforderungen und politische Gestaltungsansätze für den Ausstieg aus nicht-nachhaltigen Strukturen. Öko-Institut Working Paper Nr. 3/2016. Freiburg.

Hirschfeld, Jesko; Hansen, Gerrit; Messner, Dirk (2017): Die klimaresiliente Gesellschaft –Transformationund Systemänderungen. In: Guy Brasseur-Daniela JacobSusanne Schuck-Zöller(Hrsg.), Klimawandelin Deutschland. Berlin/Heidelberg: Springer Spektrum. S. 315-324.

Hofstede, Geert; Hofstede, Jan (2009): Lokales Denken, globales Handeln. München: dtv.

Holling, C. S. (1973): Resilience and stability of ecological systems. In: Annual Review of Ecology and Systematics 4/1973. S. 1–23.

Hopkins, Robert (2008): The Transition Handbook: From Oil Dependency to Local Resilience. Prague: Green Books.

Horkheimer, Max; Adorno, Theodor W. (1988): Dialektik der Aufklärung. Frankfurt/Main: Suhrkamp.

Huizinga, Johan (1981): Homo ludens. Vom Ursprung der Kultur im Spiel. Reinbeck bei Hamburg: Rowohlt.

Hunecke, Marcel (2022): Psychologie der Nachhaltigkeit. München: oekom.

ICC–Deutschland (1990): Charta für eine langfristig tragfähige Entwicklung – Grundsätze des Umweltmanagements. Berlin: ICC Germany e. V. https://www.iccgermany.de/wp-content/uploads/2021/02/ICC_Charta_1990.pdf (Zugriff: 29.11.2023).

IPCC (2007): Fourth Assessment Report – Climate Change. Genf: Intergovernmental Panel on Climate Change (IPCC).
IPCC (2018): 1,5° C globale Erwärmung. IPCC-Sonderbericht, Zusammenfassung für politische Entscheidungsträger. Genf: Intergovernmental Panel on Climate Change (IPCC). https://www.ipcc.ch/site/assets/uploads/2019/03/SR1.5-SPM_de_barrierefrei-2.pdf (Zugriff: 11.4.2023).
IPCC (2022): Sechster IPCC-Sachstandsbericht (AR6). Beitrag von Arbeitsgruppe III: Minderung des Klimawandels. Hauptaussagen aus der Zusammenfassung für die politische Entscheidungsfindung (SPM). https://www.de-ipcc.de/media/content/Hauptaussagen_AR6-WGIII.pdf (Zugriff: 6.4.2023).
Kennedy, Margrit; Lietaer, Bernard; Liebl, Elisabeth (2004): Regionalwährungen. Neue Wege zu nachhaltigem Wohlstand. München: Riemann.
Klappenbach, Ruth; Steinitz, Wolfgang (Hrsg.) (1974): Wörterbuch der Deutschen Gegenwartssprache. Berlin: Akademie Verlag.
Kluge, Friedrich (2002): Etymologisches Wörterbuch der deutschen Sprache. Berlin: Walter de Gruyter.
Köhn, Elena (2018): Das 7-Generationen-Prinzip der Irokesen. In: Umwelt-Dialog 13.7.2018. https://www.umweltdialog.de/de/management/wirtschaftsethik/2018/Das-Siebte-Generation-Prinzip-der-Irokesen.php (Zugriff: 7.4.2023).
Kotschy, K.; Biggs, R.; Daw, T.; Folke, C.; West, P. (2015): Principles for Building Resilience. Cambridge: Cambridge University Press.
Kramer, Dieter (2001): Ein anständiges Leben mit Zukunft: Nachhaltigkeit ist ein kulturelles Programm. In: Tina Jerman (Hrsg.), ZukunftsFormen. Kultur und Agenda 21. Essen: Klartext, 2001. S. 94–102.
Krauss, Dietrich (2012): Wikinger-Wunder. In: Kontext-Wochenzeitung 29.8.2012. https://www.kontextwochenzeitung.de/ueberm-kesselrand/74/wikinger-wunder-1007.html (Zugriff: 11.4.2023).
Kries, Mateo (2010): Total Design. Berlin: Nicolai.
Laclau, Ernesto; Mouffe, Chantal (1991): Hegemonie und radikale Demokratie. Zur Dekonstruktion des Marxismus. Wien: Passagen.
Landgraf, Monika (2020): Klimawandel: Mischwälder sind anpassungsfähiger als Monokulturen. Presseinformation Nr. 69, 13.8.2020. Karlsruhe: Karlsruhe Institut für Technologie. https://idw-online.de/de/attachmentdata80536 (Zugriff: 11.4.2023).
Lange, Barbara (2021): Soziale Plastik und Sozialer Organismus. In: Timo Skrandies; Bettina Paust (Hrsg.), Joseph Beuys-Handbuch. Leben – Werk – Wirkung. Stuttgart: J. B. Metzler 2021. S. 431–436.

Lanza, Alessandro (1997): Lo sviluppo sostenibile. Bologna: Il Mulino.
Latour, Bruno (2015): Das Parlament der Dinge. Frankfurt/Main: Suhrkamp.
Latour, Bruno (2018): Das terrestrische Manifest. Berlin: Suhrkamp.
Latour, Bruno (2021a): Das Ende der Moderne. Aus der Reihe „Gespräche mit Bruno Latour", Teil 2. Eine Arte-Produktion 2021. https://www.arte.tv/de/videos/106738-002-A/gespraeche-mit-bruno-latour-2/ (Zugriff: 12.4.2023).
Latour, Bruno (2021b): Gaia: Die neue Erde. Aus der Reihe „Gespräche mit Bruno Latour", Teil 3. Eine Arte-Produktion 2021. https://www.arte.tv/de/videos/106738-003-A/gespraeche-mit-bruno-latour-3/ (Zugriff: 12.4.2023).
Lefebvre, Henry (2016): Das Recht auf Stadt. Hamburg: Edition Nautilus.
Leggewie, Claus; Messner, Dirk (2010): Klimapolitik von unten. In: Zeit Online 2.12.2010. https://www.zeit.de/2010/49/Klimapolitik-Europa (Zugriff: 19.5.2023).
Leggewie, Claus; Welzer, Harald (2009): Das Ende der Welt, wie wir sie kannten. Frankfurt/Main: S. Fischer.
Leggewie, Claus (2012): Für ein anderes Europa der Regionen. In: Die aktuelle Kolumne, Deutsches Institut für Entwicklungspolitik (DIE), 17.9.2012. https://www.idos-research.de/uploads/media/Kolumne_Leggewie.17.09.2012.pdf (Zugriff: 19.4.2023).
Lélé, Sharachchandra M. (1991): Sustainable Development: A critical Review. In World Development, Vol. 19, Nr. 6. Oxford: Pergamon Press.
Lenze, Anne; Funcke, Antje; Menne, Sarah (2021): Alleinerziehende in Deutschland. Factsheet. Gütersloh: Bertelsmann Stiftung.
Lovelock, James (1996): Gaia: Die Erde ist ein Lebewesen. München: Wilhelm Heyne.
Lübbe, Sascha (2020): Polizeigewalt. Am Boden. In: Zeit Online 6.7.2020. https://www.zeit.de/politik/deutschland/2020-06/polizeigewalt-brandenburg-fluechtlingsheim-rassismus-koerperverletzung/komplettansicht (Zugriff: 24.11.2023).
Magnaghi, Alberto (2000): Il progetto locale. Torino: Bollati Boringhieri.
Mantau, Udo (1996): Konstruktionsfehler im Nachhaltigkeitsdenken. In: AFZ/Der Wald, Heft 23, S. 1274–1278.
Mauss, Marcel (2009): Die Gabe. Frankfurt/Main: Suhrkamp.
Meadows, Dennis (1972): Die Grenzen des Wachstums. Stuttgart: dva.
Merkel, Wolfgang (1999): Systemtransformation. Opladen: Leske + Budrich.
Moreno, Carlos (2020): Droit de cité. Paris: L'Observatoire.
Morra, Gianfranco (1992): Il quarto uomo. Roma: Armando Editore.

Morris, William (1983): Die Schönheit des Lebens (1880). In: Ders.: Wie Wir Leben Und Wie Wir Leben Könnten. Düsseldorf: Eugen Diederichs Verlag, 1983. S. 57–102.

Müller-Espey, Christian (2019): Zukunftsfähigkeit gestalten. Frankfurt/Main: Peter Lang GmbH.

Nanz, Patrizia; Fritsche, Miriam (2012): Handbuch Bürgerbeteiligung. Bonn: Bundeszentrale für politische Bildung.

Naturfreunde Internationale (2015): Naturerleben und Gesundheit. Wien: Naturfreunde Internationale. https://www.bundesforste.at/fileadmin/naturraummanagement/naturraummanagement/Downloads_pdf/151417_Wasser_Wege_Gesundheitsbrosch.pdf (Zugriff: 19.4.2023).

Neckel, Sighard (2023): Die Blockierte Transformation. Zum sozial-ökologischenDilemma der Gleichzeitigkeit. Vortrag am 30.11.2023 im Rahmen der Tagung der Transformationssoziologie der Sektion Umwelt und Nachhaltigkeitssoziologie der Deutschen Gesellschaft für Soziologie (DGS), RWTH Aachen.

Nerfin, Marc (1986): Né principe né mercante: cittadino – Una introduzione al terzo sistema. In: Tarozzi 1990, S. 135–155.

Nichols, Catherine (2021): Erweiterter Kunstbegriff. In: Timo Skrandies, Bettina Paust (Hrsg.), Joseph Beuys-Handbuch. Leben – Werk – Wirkung. Stuttgart: J. B. Metzler 2021. S. 361–368.

Nida-Rümelin, Julian (2001): Partizipation im Kulturbetrieb. In: Tina Jerman (Hrsg.), ZukunftsFormen. Kultur und Agenda 21. Essen: Klartext, 2001. S. 7–9.

Onions, Charles, T. (Hrsg.) (1964): The Shorter Oxford English Dictionary. Oxford: Clarendon Press.

Ostrom, Elinor (1999): Die Verfassung der Allmende. Tübingen: Mohr Siebeck.

Ostrom, Elinor (2005): Understanding Institutional Diversity. Princeton (NJ): Princeton University Press.

Ostrom, Elinor (2009): Beyond Markets und States: Polycentric Governance of complex economic Systems. Nobel-Prize-Lecture, 8.12.2009. Stockholm. https://www.nobelprize.org/uploads/2018/06/ostrom_lecture.pdf (Zugriff: 19.4.2023).

Paech, Niko (2009): Grundzüge einer Postwachstumsökonomie. http://www.postwachstumsoekonomie.de/material/grundzuege/ (Zugriff: 21.4.2023).

Paech, Niko (2012): Befreiung vom Überfluss. München: oekom.

Paech, Niko (2013): Das Postwachstumsdesign. In: Simone Fuhs, Davide Brocchi, Michael Maxein, Bernd Draser (Hrsg.), Die Geschichte des Nachhaltigen Designs. Bad Homburg: VAS 2013. S. 204–212.

Papst Franziskus (2015): Enzyklika Laudato Sì. Über die Sorge für das gemeinsame Haus. Vatikanstadt: Libreria Editrice Vaticana. https:// www.vatican.va/content/francesco/de/encyclicals/documents/papa-francesco_20150524_enciclica-laudato-si.html (Zugriff: 17.3.2023).

Parsons, Talcott (1951): The Social System. Chicago: Free Press.

Paton, David M. (Hrsg.) (1975): Breaking Bariers. Nairobi 1975. The Official report of the Fifth assembly of the World Council of Churches. Nairobi, 23 November–10 December, 1975. London: Wm. B. Eerdmans Pub. Co.; SPCK edition.

Pickett, Kate; Wilkinson, Richard (2009): Gleichheit ist Glück: Warum gerechte Gesellschaften für alle besser sind. Berlin: Tolkemitt.

Polanyi, Karl (1978): The Great Transformation. Frankfurt/Main: Suhrkamp.

Putnam, Robert D. (1993): Making Democracy Work. Princeton: Princeton University Press.

Putnam, Robert D. (2000): Bowling alone. New York: Simon and Schuster.

Radkau, Joachim (2011): Die Ära der Ökologie. Eine Weltgeschichte. Bonn: Bundeszentrale für politische Bildung.

Raskin, Paul; Banuri, Tariq; Gallopin, Gilberto; Gutman, Pablo; Hammond, Al; Kates, Robert; Swart, Rob (2003): Great Transition. Umbrüche und Übergänge auf dem Weg zu einer planetarischen Gesellschaft. Frankfurt/Main: Institut für sozial-ökologische Forschung (ISOE), Hessische Landesstiftung der Heinrich-Böll-Stiftung e. V.

Rivera, Manuel; Saalbach, Claudia; Zucher, Franziska; Mues, Moritz (2016): Das Wachstumsparadigma im Deutschen Bundestag. Ergebnisse und Fragen aus dem Projekt „Growth in Politics". Potsdam: Institute for Advanced Sustainability Studies (IASS).

Rosa, Harmut (2012): Weltbeziehungen im Zeitalter der Beschleunigung: Umrisse einer neuen Gesellschaftskritik. Frankfurt/Main: Suhrkamp.

Rosa, Harmut (2016): Resonanz. Eine Soziologie der Weltbeziehung. Berlin: Suhrkamp.

Rossi, Giuseppe (2014): Referendum, vincono i no ai pesticidi. In: altoadige.it 6.9.2014. https://www.altoadige.it/cronaca/bolzano/referendum-vincono-i-no-ai-pesticidi-1.493032 (Zugriff: 10.3.2023).

Rousseau, Jean-Jacques (2019): Diskurs über die Ungleichheit. Paderborn: Schöningh.

Rückert-John, Jana; Schäfer, Martina (2017): Governance für eine Gesellschaftstransformation. Wiesbaden: Springer VS.
Ruhr2010 GmbH (2010): Ein Tag wie noch nie! Essen: Klartext.
Sachs, Wolfgang (1993): Die vier E. Merkposten für einen maßvollen Wirtschaftsstil. In: Politische Ökologie 11 (33) 1993, S. 69–72.
Sachs, Wolfgang (1998): Dizionario dello sviluppo. Torino: Gruppo Abele.
Sachs, Wolfgang (2013): Missdeuteter Vordenker: Karl Polanyi und seine Great Transformation. In: Politische Ökologie Nr. 133/2013, S. 18–23.
Scheer, Hermann (1999): Solare Weltwirtschaft. München: Kunstmann.
Schenkel, Werner (2002): Kultur, Kunst und Nachhaltigkeit? In: Hildegard Kurt, Bernd Wagner (Hrsg.), Kultur – Kunst – Nachhaltigkeit. Essen: Klartext Verlag, 2002. S. 31–42.
Scherhorn, Gerhard (2001): Neue Wohlstandsmodelle – Was ist ein zukunftsfähiger Lebensstil? In: Costanza et al. 2001, S. 211–213.
Schmid, Wilhelm (2008): Ökologische Lebenskunst. Frankfurt/Main: Suhrkamp.
Schmidt-Bleek, Friedrich (1994): Wieviel Umwelt braucht der Mensch? Basel: Birkhäuser.
Schneidewind, Uwe (2014): Urbane Reallabore – ein Blick in die aktuelle Forschungswerkstatt. In: Planung neu denken III/2014. https://epub.wupperinst.org/frontdoor/deliver/index/docId/5706/file/5706_Schneidewind.pdf (Zugriff: 22.4.2023).
Schneidewind, Uwe (2017): Vorwort. In: Davide Brocchi, Urbane Transformation. Bad Homburg: VAS, 2017. S. 7–22.
Schneidewind, Uwe (2021): Zukunftsbilder der Nachhaltigkeit. Vorstellungen eines guten Lebens. In: Wolfgang Schneider, Kristina Gruber, Davide Brocchi (Hrsg.), Jetzt in Zukunft: Zur Nachhaltigkeit in der Soziokultur. München: oekom, 2021. S. 145–150.
Schulz, Benedikt (2018): Kostenloser ÖPNV – und die Stadt verdient daran. In: Zeit Online 2.3.2018. https://www.zeit.de/mobilitaet/2018-02/kostenloser-nahverkehr-oepnv-tallinn-estland/komplettansicht (Zugriff: 22.4.2023).
Seisselberg, Jörg (2019): Streit um die Bahntrasse Turin-Lyon. Das teuerste Großprojekt Europas. In: Deutschlandfunk 19.4.2019. https://www.deutschlandfunk.de/streit-um-die-bahntrasse-turin-lyon-das-teuerste-100.html (Zugriff: 25.4.2023).
Selke, Stefan (2022): Gerecht werden. Zukunftsdesign zwischen Panikattacke und Poesie der Hoffnung. In: Schrader Stiftung (Hrsg.), Balancen. Dokumentation zur Jahrestagung am 4.11.2022. Darmstadt: Schrader Stiftung, 2022. S. 28–33.

Sennett, Richard (1999): Der flexible Mensch. Berlin: Berlin Verlag.
Siebernik, Doreen (2022): Männer in pädagogischen Berufen. In: gew.de 5.5.2022. https://www.gew.de/aktuelles/detailseite/jungen-brauchen-maenner-maedchen-auch (Zugriff: 31.5.2023).
Singer-Brodowski, Mandy; Schneidewind, Uwe (2019): Transformative Wissenschaft: zurück ins Labor. In: GAIA 28/1 (2019), S. 26–28.
Skrandies, Timo; Paust, Bettina (Hrsg.) (2021): Joseph Beuys-Handbuch. Leben – Werk – Wirkung. Stuttgart: J. B. Metzler.
Sommer, Bernd; Welzer, Harald (2014): Transformationsdesign. Wege in eine zukunftsfähige Moderne. München: oekom.
Sommer, Moritz; Rucht, Dieter; Haunss, Sebastian; Zajak, Sabrina (2019): Fridays for Future. Profil, Entstehung und Perspektiven der Protestbewegung in Deutschland. Berlin: Institut für Protest- und Bewegungsforschung. https://protestinstitut.eu/wp-content/uploads/2021/03/ipb-working-paper_FFF_final_online.pdf (Zugriff: 2.6.2023).
SPD; Die Grünen; FDP (2021): Mehr Fortschritt wagen. Bündnis für Freiheit, Gerechtigkeit und Nachhaltigkeit. Koalitionsvertrag 2021–2025. Berlin. https://www.spd.de/fileadmin/Dokumente/Koalitionsvertrag/Koalitionsvertrag_2021-2025.pdf (Zugriff: 5.4.2023).
Tarozzi, Alberto (1990): Visioni di uno sviluppo diverso. Torino: Gruppo Abele.
Thackara, John (2006): In the Bubble: Designing in a Complex World. Cambridge (Massachusetts): MIT Press.
Thompson, Derek (2011): Occupy the World: The '99 Percent' Movement Goes Global. In: The Atlantic 15.10.2011. https://www.theatlantic.com/business/archive/2011/10/occupy-the-world-the-99-percent-movement-goes-global/246757/ (Zugriff: 19.4.2023).
Thönges-Stringaris, Rhea (1988): Eine andere Lage von Kraft und Energie. Zum Kunst- und Kulturbegriff von Joseph Beuys. In: Kunstforum Bd. 93, Feb./März 1988, S. 150–158.
Tiddens, Harris C. M. (2014): Wurzeln für die lebende Stadt. München: oekom.
Toffler, Alvin (1983): Die dritte Welle, Zukunftschance. Perspektiven für die Gesellschaft des 21. Jahrhunderts. München: Goldmann.
UBA (2017): Ressourcenschonung in der Umweltpolitik. Dessau: Umweltbundesamt (UBA). https://www.umweltbundesamt.de/themen/abfall-ressourcen/ressourcenschonung-in-der-umweltpolitik (Zugriff: 31.3.2023).

5 Transformation als Systemwechsel 469

UBA (2019): Kernbotschaften des IPCC-Sonderberichts über 1,5° C globale Erwärmung zur Verbreitung in der Öffentlichkeit. Dessau: Umweltbundesamt. https://www.umweltbundesamt.de/sites/default/files/medien/1410/publikationen/2019-10-02_climate-change_34-2019_kernbotschaften-ipcc.pdf (Zugriff: 10. 4. 2023).

UNESCO (2001): Allgemeine Erklärung der Unesco zur kulturellen Vielfalt. Generalkonferenz der Unesco, November 2001, Paris. https://www.unesco.de/sites/default/files/2018-03/2001_Allgemeine_Erkl%C3%A4rung_zur_kulturellen_Vielfalt.pdf (Zugriff: 18.4.2023).

UNESCO (2005): Übereinkommen zum Schutz und zur Förderung der Vielfalt kultureller Ausdrucksformen. Bonn: Deutsche UNESCO-Kommission. https://www.unesco.de/sites/default/files/2018-03/2005_Schutz_und_die_F%C3%B6rderung_der_Vielfalt_kultureller_Ausdrucksformen_0.pdf (Zugriff: 30.4.2023).

United Nations Climate Change (2021): Copenhagen Climate Change Conference – December 2009. Bonn: UNFCCC secretariat. https://unfccc.int/conference/copenhagen-climate-change-conference-december-2009 (Zugriff: 2.4.2023).

Vatter, Adrian (2016): Das politische System der Schweiz. Baden-Baden: Nomos.

Vester, Frederic (2005): Die Kunst vernetzt zu denken. München: dtv.

Voss, Gerhard (1997): Das Leitbild der Nachhaltigen Entwicklung – Darstellung und Kritik. Beiträge zur Wirtschafts- und Sozialpolitik des Instituts der Deutschen Wirtschaft Köln 4/1997. Köln: Deutscher Instituts-Verlag.

WBGU (2011): Welt im Wandel. Gesellschaftsvertrag für eine Große Transformation. Berlin: Beirats der Bundesregierung Globale Umweltveränderungen (WBGU).

WBGU (2016): Der Umzug der Menschheit. Die transformative Kraft der Städte. Berlin: Wissenschaftlicher Beirat der Bundesregierung Globale Umweltveränderungen (WBGU).

Weber, Andreas (2014): Lebendigkeit. Eine erotische Ökologie. München: Kösel.

Weber, Andreas (2021): Lebendig machen. In: Wolfgang Schneider, Kristina Gruber, Davide Brocchi (Hrsg.), Jetzt in Zukunft: Zur Nachhaltigkeit in der Soziokultur. München: oekom, 2021. S. 101–107.

Weil, Francesca (2011): Verhandelte Demokratisierung. Die Runden Tische der Bezirke 1989/90 in der DDR. Göttingen: V&R unipress.

Weiß, Ralf (2021): Vom globalen Leitbild zur nachhaltigen Kulturpolitik. In: Wolfgang Schneider, Kristina Gruber, Davide Brocchi (Hrsg.), Jetzt in Zukunft: Zur Nachhaltigkeit in der Soziokultur. München: oekom, 2021. S. 139–144.

Weizsäcker, Ernst Ulrich von (1997): Faktor vier. Doppelter Wohlstand – halbierter Naturverbrauch. München: Droemer Knaur.

Welzer, Harald; Wiegand, Klaus (2011): Perspektiven einer nachhaltigen Entwicklung. Frankfurt/Main: S. Fischer.

Wey, Klaus-Georg (1982): Umweltpolitik in Deutschland: kurze Geschichte des Umweltschutzes in Deutschland seit 1900. Opladen: Westdeutscher Verlag.

Wittgenstein, Ludwig (2014): Tractatus logico-philosophicus. Frankfurt/Main: Suhrkamp.

Wolff, Reinhard (2015): Fünfmal schlimmer als die Griechen. In: taz-die Tageszeitung 21.2.2015. https://taz.de/Wie-Island-die-Krise-ueberwand/!5019449/ (Zugriff: 11.4.2023).

World Council of Churches (1974): Science and technology for human development. The ambiguous future and the Christian hope. Report, 1974 World Conference in Bucharest, Romania. Geneva: Church and Society, World Council of Churches.

Wullenweber, Karin (2000): Wortfang. Was die Sprache über Nachhaltigkeit verrät. In: Politische Ökologie 63-64/2000.

6

Transformation als Kulturwandel

Eine kulturelle Perspektive erweitert das Verständnis von Nachhaltigkeit. In Kap. 5 wurde gezeigt, dass Nachhaltigkeit deutlich mehr ist als „Klima, Bio und Grün". Nicht der Nachhaltigkeitsbegriff an sich ist für die Transformation entscheidend, sondern der geistige Referenzrahmen, in dem er verwendet wird. Es werden also eine andere Sprache und ein anderes „Framing"[1] benötigt, um die geistigen Räume zu öffnen, die einen Systemwechsel ermöglichen (Wehling 2019).

Gleichzeitig erweitert die Perspektive der Nachhaltigkeit das Verständnis von Kultur. Als „Bauplan der Gesellschaft" ist Kultur Teil des Problems, sie kann aber auch Teil der Lösung sein. Wenn die Transformation zur Nachhaltigkeit einen Kulturwandel erfordert, dann meint dies nicht nur ein anderes Kulturprogramm, sondern auch eine andere „kollektive mentale Programmierung" (Hofstede und Hofstede

---

[1] Framing bedeutet Deutungsraster sowie Narrativ und Erzählmuster. Ein Beispiel: Begriffe wie „Klimaerwärmung" und „Klimawandel" stellen eine Verharmlosung des gegenwärtigen Phänomens dar und wirken sich beruhigend aus. So wären alternative Begriffe wie „Klimaerhitzung" und „Klimaverschlechterung" nicht nur treffender, sondern auch effektiver im Sinne der Umweltkommunikation. Das Framing „Klimakrise" vermittelt außerdem den Eindruck, es handele sich dabei um ein Problem des Klimas und nicht der Menschen. Für die Umweltkommunikation wäre deshalb „Menschenschutz" wirksamer als „Klimaschutz" (Wehling 2019, S. 181-184).

2009, S. 3). Mehr Klimaunterricht im Schul- und Theaterprogramm? Das reicht für Nachhaltigkeit nicht aus. Wichtiger sind eine andere Bildung und eine andere Kunst. Wenn das Medium selbst die Botschaft ist, dann braucht die Große Transformation eine andere mediale Aufstellung als die bisherige Entwicklung.

In diesem Kapitel wird zunächst die Debatte über Kultur und Nachhaltigkeit behandelt. In Deutschland ist sie entlang von zwei Strängen geführt worden, die jeweils einem engen und einem weiten Kulturverständnis zugeordnet werden können. Die Kulturökologie hat das Potenzial, diese Stränge zu integrieren. Dabei wird der Kulturwandel als kulturelle (R)Evolution begriffen. Im Anschluss bietet das Kapitel eine Orientierung in die Kulturpraxis der Transformation.

6.1 Zwischen Kultur und Nachhaltigkeit

Die starke Dominanz von naturwissenschaftlichen, technischen und ökonomischen Perspektiven in der Nachhaltigkeitsdebatte sowie ein Kulturterminus, der sich als Gegenbegriff zu „Natur" versteht (Nünning und Nünning 2003, S. 19 f.), haben dazu geführt, dass sich ein Bewusstsein für die Verbindung von Kultur und Nachhaltigkeit nur langsam entwickelt hat und auch heute nicht selbstverständlich ist (Brocchi 2015, S. 49). In Deutschland hat der Rat von Sachverständigen für Umweltfragen der Bundesregierung (SRU) schon in seinem Umweltgutachten von 1996 das Leitbild nachhaltige Entwicklung als „Impulsgeber für eine neue Grundlagenreflexion über die Zukunft der Gesellschaft" beschrieben (SRU 1996, S. 15). Für den Volkswirt Gerhard Voss vertrat damals der Rat die Position, dass „nachhaltige Entwicklung nicht allein ein Prozess technologischer Innovation [ist], sondern eine kulturelle Umorientierung [darstellt], bei der auch Konsumverzicht eine Rolle spielen muss. In gewisser Weise bewegt sich der Rat in einem Vier-Säulen-Modell, das Nachhaltigkeit als einen diskursiven Prozess in dem Viereck Ökologie, Ökonomie, Soziales und Kulturelles versteht" (Voss 1997, S. 32). Ein Vier-Säulen-Modell der Nachhaltigkeit kann wie in Abb. 6.1 dargestellt werden.

6 Transformation als Kulturwandel

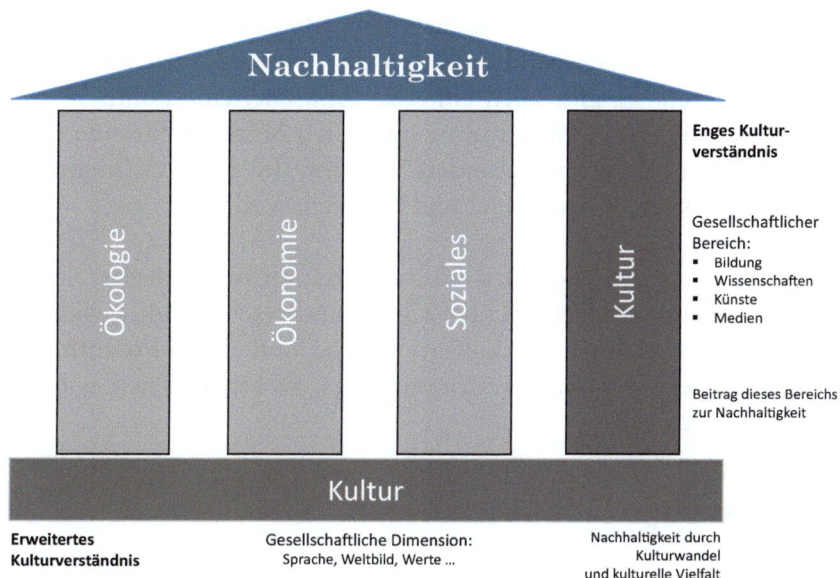

Abb. 6.1 Vier-Säulen-Modell der Nachhaltigkeit. (Eigene Darstellung)

In diesem Modell kommt Kultur an zwei verschiedenen Stellen vor:

- *Enges Kulturverständnis:* Kultur ist hier ein gesellschaftlicher Bereich neben anderen. Kultur ist die Rubrik „Feuilleton" in der Tageszeitung, die nach „Politik" und „Wirtschaft" kommt. In Deutschland wird Kultur meistens als Dachbegriff für die Künste verwendet. Die UNESCO zählt auch die Bildung, die Wissenschaften und die Medien zum Kulturbereich. Wenn wir Kultur so begreifen, dann geht es um die Frage, wie dieser gesellschaftliche Bereich zu einer Transformation in Richtung Nachhaltigkeit beitragen kann.
- *Erweitertes Kulturverständnis:* Hier umfasst die Kultur Aspekte wie Sprache, Werteinstellungen, Weltbild, Mode, Tradition, Rituale und Praktiken. Gemeint ist der Kulturbegriff der Kulturanthropologie, der Ethnologie, der Soziologie und der Semiotik. Kulturen unterscheiden sich voneinander durch die Art und Weise, wie Menschen in einer bestimmten Gesellschaft, Region oder Gruppe gebildet werden, denken und handeln (Hofstede und Hofstede 2009).

So verstanden findet Kultur nicht nur in Museen und Theatern statt, sondern auch in den Ministerien, in den Unternehmen und in den Supermärkten. Es gibt auch eine ökonomische, eine politische und eine Alltagskultur. Genau Kultur im weiten Sinne ist für eine nachhaltige Transformation besonders relevant. In diesem Zusammenhang geht es um Wertewandel und kulturelle Vielfalt.

Die Distinktion zwischen den Kulturverständnissen spiegelt sich in einer Entzweiung der Debatte über Kultur und Nachhaltigkeit wider. In Deutschland bezeichnen die kulturpolitische und die kulturanthropologische Perspektive getrennte Communities, zwischen denen es bisher kaum Austausch gab.

6.1.1 Das enge Kulturverständnis

Formell ist die Debatte über Kultur und Nachhaltigkeit relativ neu. Im institutionalisierten Nachhaltigkeitsdiskurs ist diese Verbindung noch nicht selbstverständlich. Kulturelle Ansätze sind in der Agenda 21 zu finden, die den Impuls für die UN-Dekade „Bildung für nachhaltige Entwicklung" 2005–2014 lieferte. In Deutschland kam es im Vorfeld des Erdgipfels 2002 in Johannesburg zu einer ersten Reihe von kulturpolitischen Veranstaltungen und Initiativen zur Nachhaltigkeit. Einer der wichtigsten Treiber war dabei die Kulturpolitische Gesellschaft in Bonn.

6.1.1.1 Kultur in der Agenda 21

Wenn der Kulturbereich das Kompetenzspektrum der UNESCO umfasst, dann gelten ihr drei von 40 Kapiteln der Agenda 21 (Bundesumweltministerium 1997):

- Kapitel 31: Wissenschaft und Technik
- Kapitel 35: Wissenschaft im Dienst einer nachhaltigen Entwicklung
- Kapitel 36: Förderung der Schulbildung, des öffentlichen Bewusstseins und der beruflichen Aus- und Fortbildung

Definiert man den Kulturbereich etwas enger, dann sind institutionelle Anregungen für eine Verbindung von Kultur und Nachhaltigkeit im Kapitel 36 zu finden:

> „Bildung ist eine unerläßliche Voraussetzung für die Förderung einer nachhaltigen Entwicklung und die Fähigkeit der Menschen, sich mit Umwelt- und Entwicklungsfragen auseinanderzusetzen [...]. Sowohl die formale als auch die nichtformale Bildung sind unabdingbare Voraussetzungen für die Herbeiführung eines Bewußtseinswandels bei den Menschen [...]. [Ziel ist] zum frühestmöglichen Zeitpunkt überall in der Welt und in allen gesellschaftlichen Bereichen ein Umwelt- und Entwicklungsbewußtsein zu entwickeln; [...] die Förderung einer breitangelegten öffentlichen Bewußtseinsbildung als wesentlicher Bestandteil einer weltweiten Bildungsinitiative zur Stärkung von Einstellungen, Wertvorstellungen und Handlungsweisen, die mit einer nachhaltigen Entwicklung vereinbar sind" (ebd., S. 261–264).

Die Agenda 21 ist ein Dokument der Vereinten Nationen, in denen die Staatsregierungen der Welt (und nicht die Völker) vertreten sind. Entsprechend ist auch das Kapitel 36 von öffentlichen Behörden für öffentliche Behörden in der Behördensprache verfasst worden. Die Ziele, die Strategien und teilweise die Maßnahmen werden oben in der institutionellen Hierarchie definiert und als Vorgabe an die unteren Hierarchieebenen weitergegeben. Im Fall der Nachhaltigkeit wird der Mangel an Bewusstsein nicht an der Spitze der Hierarchie gesehen, sondern ganz unten: in der Bevölkerung (ebd., S. 264), dem Objekt der Politik. Die Bildung ist das Instrument, um diesen Mangel an der Basis der Gesellschaft zu überwinden:

> „Daher besteht die Notwendigkeit, die Aufgeschlossenheit der Bevölkerung gegenüber Umwelt- und Entwicklungsfragen und ihre Beteiligung an der Lösungsfindung zu steigern und ein Bewußtsein für die eigene Verantwortung für die Umwelt sowie für eine bessere Motivation und ein starkes Engagement für eine nachhaltige Entwicklung zu fördern" (ebd.).

Diese Sichtweise führt zu einer paradoxen Situation: Obwohl die Bevölkerung in der neoliberalen Globalisierung von einer Mitbestimmung der Wirtschaftspolitik weitgehend ausgeschlossen wurde, soll sie die Verantwortung für die Umweltpolitik übernehmen. Während die Regierungen eine Politik der Nicht-Nachhaltigkeit vorantreiben dürfen, soll sich die Bevölkerung um die Nachhaltigkeit kümmern und entsprechend gebildet werden (Abschn. 5.1.1.2).

Im Kapitel 36 reproduziert die Agenda 21 nicht nur die Asymmetrie zwischen Regierenden und Regierten, sondern auch jene zwischen Industrie- und Entwicklungsländern. Obwohl der ökologische Fußabdruck in den Industrieländern besonders groß ist, wird ein ausgeprägter Mangel an Umweltbewusstsein vor allem dem globalen Süden zugeschrieben: „Insbesondere in Entwicklungsländern fehlt es an entsprechenden Technologien und entsprechendem Sachverstand" (Bundesumweltministerium 1997, S. 264). Da der Fortschritt als Königsweg zur Nachhaltigkeit gilt und die westlich geprägte Bildung der Königsweg zum Fortschritt ist, setzt die Aufholung des ökologischen „Entwicklungsrückstandes" eine westlich geprägte Bildung voraus. Diese Auffassung von Bildung birgt das Risiko einer kulturellen Entwurzelung und Assimilierung der Betroffenen. Sie missachtet die Potenziale für Nachhaltigkeit, die in lokalen Kulturen stecken können.

Während die Beschlüsse der Welthandelsorganisation (WTO) für ihre Mitglieder bindend sind, muss sich die Agenda 21 mit „Vorschlägen" begnügen. So schlagen die Regierungen mit ihrer Agenda 21 den „Bildungsbehörden" (ebd., S. 262) der verschiedenen Länder Ziele und Maßnahmen vor. Vor allem bei den Maßnahmen wird eine instrumentelle Sicht auf Bildung und Medien deutlich. Hier einige Beispiele:

- „Die Länder und das System der Vereinten Nationen sollen eine kooperative Beziehung zu den Medien, populären Theatergruppen sowie der Unterhaltungs- und der Werbebranche pflegen, indem sie im Rahmen von Gesprächen deren Erfahrungen mit der Beeinflussung von öffentlichen Verhaltens- und Verbrauchsmustern zu ergründen versuchen und von deren Methoden umfassend Gebrauch machen. Diese Zusammenarbeit würde auch der aktiven Beteiligung der Öffentlichkeit an der Umweltdiskussion Auftrieb geben […].

- Die Länder sollen in Zusammenarbeit mit der Wissenschaft Möglichkeiten für den Einsatz moderner Kommunikationstechnologien mit hoher Breitenwirkung schaffen. Die staatlichen und kommunalen Bildungsbehörden und die einschlägigen Organisationen der Vereinten Nationen sollen gegebenenfalls den Einsatz mobiler Anlagen im ländlichen Raum verstärken, indem sie Fernseh- und Rundfunkprogramme für Entwicklungsländer produzieren, die örtliche Bevölkerung mit einbeziehen, interaktive multimediale Methoden zum Einsatz bringen und moderne Methoden mit traditionellen Formen der Kommunikation verknüpfen […].
- Die Länder sollen nichtstaatliche Organisationen dazu ermutigen, ihr Engagement für Umwelt- und Entwicklungsfragen durch gemeinsame Motivationskampagnen und einen verbesserten Austausch mit anderen gesellschaftlichen Gruppierungen zu verstärken" (ebd., S. 265).

Die Bildung, die Künste und die Medien werden hier als Instrumente einer Art geistiger (Um-)Programmierung der Bevölkerung gesehen. Die Förderung des öffentlichen Bewusstseins für nachhaltige Entwicklung wird als Möglichkeit gesehen, die Bevölkerung im ländlichen Raum und in den Entwicklungsländern mit „modernen Kommunikationstechnologien" vertraut zu machen. Gleichzeitig werden Nachhaltigkeit oder Umwelt als „Themen" behandelt, die man Journalist*innen durch Fortbildung näherbringen kann. Es geht hier *nicht* um eine andere Bildung, um eine andere Kunst oder um andere Medien, sondern um zusätzliche spezielle „Fernseh- und Rundfunkprogramme" für Nachhaltigkeit innerhalb der bestehenden Medienlandschaft. Immerhin wird erkannt, dass die Förderung eines Umweltbewusstseins nicht mit der Agenda 21 beginnt, sondern dass es bereits zivilgesellschaftliche Akteure gibt („nichtstaatliche Organisationen" und „andere gesellschaftliche Gruppierungen"), die schon längst einen Kulturwandel in der Gesellschaft fördern. Doch auch hier klingt die formulierte Maßnahme („gemeinsame Motivationskampagnen") nach einer kulturellen Top-down-Strategie.

6.1.1.2 Bildung für nachhaltige Entwicklung

Zu den Zielen der Agenda 21 gehört eine „weltweite Bildungsinitiative zur Stärkung von Einstellungen, Wertvorstellungen und Handlungsweisen, die mit einer nachhaltigen Entwicklung vereinbar sind" (Bundesumweltministerium 1997, S. 264). So beschloss die Vollversammlung der Vereinten Nationen (UN) im Dezember 2002 eine Dekade der „Bildung für nachhaltige Entwicklung" (BNE) von 2005 bis 2014, um die Prinzipien der Nachhaltigkeit in den Bildungssystemen aller Staaten zu verankern. Das Programm wurde in der Bundesrepublik von der Deutschen UNESCO-Kommission umgesetzt. Ab 2015 führte auf internationaler Ebene die UNESCO die Maßnahmen der UN-Dekade als Weltaktionsprogramm „Bildung für nachhaltige Entwicklung" fort:

> „Das Weltaktionsprogramm verfolgt eine doppelte Strategie: Einerseits soll nachhaltige Entwicklung in die Bildung integriert werden und andererseits Bildung in die nachhaltige Entwicklung. Es soll eine Neuorientierung von Bildung und Lernen stattfinden und zugleich eine Stärkung der Rolle von Bildung erfolgen. Umgesetzt werden soll das Programm auf internationaler, regionaler, subregionaler, nationaler, subnationaler und lokaler Ebene. Dabei liegt der Fokus vor allem auf den Gruppen, die besonders von den negativen Auswirkungen nicht-nachhaltiger Entwicklung betroffen und dadurch entsprechend verwundbar sind. Dazu gehören vor allem Mädchen und Frauen, die Small Island Developing States sowie der Kontinent Afrika" (Deutsche UNESCO-Kommission o. J.).

Aber warum sollen die Opfer der nicht-nachhaltigen Entwicklung eine Nachhaltigkeitsbildung bekommen und nicht die Verursacher? An dieser Stelle ist wieder eine Entwicklungspolitik erkennbar, die in der Tradition der Modernisierung konzipiert wird und sich auf die „Unterentwicklung der anderen" fokussiert.

In internationalen Entwicklungsprogrammen dominiert oft die westliche Sicht, auch weil die Finanzierung zum großen Teil aus den reichen Ländern kommt. Es sind die alten Kolonialmächte, die die alten Kolonien von oben herab betrachten und ihnen „Bildung" vorschreiben.

Wenn Mädchen und Frauen in Entwicklungsländern die Fokuszielgruppe von UNESCO-Programmen darstellen, dann bleibt eines dabei oft verborgen: Dass ihre Benachteiligung nicht unbedingt selbstverursacht ist, sondern sich auch aus dem Kolonialerbe ergibt. Dazu sagt die ugandische Sozial- und Literaturwissenschaftlerin Florence Ebila (2023):

> „Die Kolonialherren haben es geschafft, die Frauen aus der Politik und damit auch aus den Geschichtsbüchern auszuradieren. In ihrer Wahrnehmung hat es in Afrikas Politik anscheinend keine Frauen gegeben. Neben der Staatsebene hatten Frauen auch in kleineren Institutionen wie der Familie oder einem ganzen Clan die Führung inne. Auch ihre Geschichten gingen verloren, weil sie nur mündlich überliefert wurden."

Wurde nach der Kolonialherrschaft das Ausblenden der Frauen vielleicht beendet?

> „Nein, im Gegenteil. Es wurde zunächst eher schlimmer. Vor der Kolonisierung brauchten Frauen keine Bildung, keine Englischkenntnisse, um sich einen Platz in der Gesellschaft zu sichern. In den Familien, den Clans und den Königtümern wurde jeweils in der eigenen Sprache kommuniziert. Doch nach dem Ende der Kolonialzeit mussten Frauen gut Englisch sprechen, um auf lokaler Ebene gewählt zu werden und politisch zu regieren. Weil aber Frauen nur selten zur Schule gingen, waren sie aus dem politischen Leben fast völlig ausgeschlossen."

Mit anderen Worten: Ugandische Frauen müssen sich noch heute geistig verwestlichen lassen, um einen Platz in ihrer eigenen Gesellschaft zu bekommen. Soll auch die Bildung für nachhaltige Entwicklung dazu beitragen? Gerechter wäre vermutlich die Neuschreibung der Geschichtsbücher, denn „die kolonialen Erzählungen müssen getilgt werden, damit die Wahrheit ans Licht kommt", sagt Florence Ebila. Für Uganda wünscht sie sich eine kulturelle Wiederverwurzelung statt einer zusätzlichen Assimilation: „Wir müssen das Wissen ausgraben, das in unseren Gemeinschaften noch verfügbar ist" (ebd.).

In Deutschland hat die „Nationale Plattform Bildung für nachhaltige Entwicklung" unter Federführung des Bundesministeriums für Bildung und Forschung 2017 einen Nationalen Aktionsplan beschlossen. Darin heißt es:

> „Bildung für nachhaltige Entwicklung steht für eine Bildung, die Menschen zu zukunftsfähigem Denken und Handeln befähigt: Wie beeinflussen meine Entscheidungen Menschen nachfolgender Generationen oder in anderen Erdteilen? Welche Auswirkungen hat es beispielsweise, wie ich konsumiere, welche Fortbewegungsmittel ich nutze oder welche und wie viel Energie ich verbrauche?" (Nationale Plattform BNE 2017, S. 7 f.).

Zwei positive Aspekte fallen bei der Konzeption und Umsetzung des BNE-Programms in Deutschland auf: Erstens, dass der Nationale Aktionsplan das Ergebnis eines breit angelegten partizipativen Prozesses gewesen ist. Vertreter*innen aus Bund, Ländern, Kommunen, Wirtschaft, Wissenschaft und Zivilgesellschaft haben sich daran beteiligt. Zweitens, dass hier Bildung nicht auf eine kognitive Tätigkeit und den Schulunterricht reduziert wird, sondern in einem weiten Sinn verstanden wird. Dass das Erleben oder die Mitgestaltung in realweltlichen Räumen die Lernwirkung erhöhen kann, machen die Initiativen deutlich, die seit 2016 vom Bundesministerium für Bildung und Forschung und von der Deutschen UNESCO-Kommission mit dem Label „Bildung für nachhaltige Entwicklung" ausgezeichnet werden. Zu den 309 Initiativen, die bis 2019 geehrt wurden (weil sie das Programm in vorbildlicher Weise umsetzen), gehören 148 Lernorte, 30 Kommunen und 131 Netzwerke. Zwei Praxisbeispiele dazu: Dem Netzwerk „Das Neue Emschertal" ist es gelungen, die Region um den einst Abwässer führenden Fluss Emscher nachhaltig aufzuwerten und dazu unter Einbezug der Bevölkerung vielfältige Bildungsangebote zu schaffen. Das Forum zum Austausch zwischen den Kulturen e. V. in Hamburg wiederum wirkt auch im Hinblick auf globale Partnerschaften. Hier vernetzen sich Auszubildende und Lehrkräfte von Berufsschulen zwischen der Hansestadt und Mosambik in Projekten der beruflichen BNE (Deutsche UNESCO-Kommission 2020).

6.1.1.3 Debatte in Deutschland

2003 bildete der Deutsche Bundestag die Enquete-Kommission „Kultur in Deutschland". Sie hatte den Auftrag, eine umfassende Bestandsaufnahme des Kulturlebens in der Bundesrepublik zu liefern: Was macht heute Kultur in Deutschland aus? Was muss bewahrt und was weiterentwickelt werden? Hunderte Expert*innen wurden befragt, rund zwanzig Gutachten eingeholt, umfassende Literaturrecherchen durchgeführt. Dazu kam das Fachwissen der Sachverständigen und der Bundesabgeordneten. Die Ergebnisse der Arbeit wurden 2007 veröffentlicht. Mit mehr als 1.000 Seiten ist der Schlussbericht „das umfangreichste Kulturpolitische Dokument in der Geschichte des Deutschen Bundestages […]. Damit ist ein gewichtiges Kapitel Kulturpolitischer Geschichte der Bundesrepublik Deutschland geschrieben worden […]. Daraus wird deutlich, dass die Enquete-Kommission bis auf die auswärtige Kulturpolitik so gut wie sämtliche aktuellen Themenfelder beackert hat". Diese Bewertung des Kulturpolitikers Oliver Scheytt (2007) ist stimmig, bis auf einen Punkt: Der Bericht befasst sich zwar mit Kultur in vielen Zusammenhängen (Politik, Ökonomie, Globalisierung usw.), doch Begriffe wie Natur, Umwelt und Nachhaltigkeit kommen darin in keiner Überschrift vor. Eine nennenswerte Auseinandersetzung mit dieser Dimension findet in den 500 Seiten des Berichts nicht statt. Nicht einmal die Partei Bündnis 90/Die Grünen macht in ihrem Sondervotum auf diesen erheblichen Mangel aufmerksam (Deutscher Bundestag 2008, S. 659 ff.).

Auf dem Feld der „öffentlichen Kulturpolitik" hatten die Kulturwissenschaftler*innen Hildegard Kurt und Bernd Wagner schon 2002 „eine sehr weitgehende Ausblendung der ökologischen Krise beziehungsweise Geringschätzung gegenüber ökologischen Fragestellungen" festgestellt (Kurt und Wagner 2002, S. 16). Bis Anfang der 2000er war es in den Kommunen selten, dass Kulturverwaltungen und Kultureinrichtungen in die lokalen Agenda-21-Prozesse eingebunden wurden (ebd.). Das Desinteresse für Nachhaltigkeit unter Akteuren aus Kunst und Kultur korrespondierte mit einem geringen Stellenwert von Kultur in der Nachhaltigkeitsdebatte. In den Grundlagendokumenten sucht man vergebens den „Bereich künstlerisch-ästhetischer Produktion – Kern des traditionellen Kulturverständnisses" (Kurt und Wehrspaun 2001, S. 81). Die Kultur „fehlt in der Konzipierung des Jugendprojektes Nachhaltigkeit" (ebd.). Die Nachhaltigkeitsdebatte ist lange mit naturwissenschaftlichen und technischen, sozial- und wirtschaftspolitischen Begrifflichkeiten geführt worden, „mit allenfalls marginaler Beteiligung der Geistes- und Kulturwissenschaften" (Kurt und Wagner 2002, S. 15).

Im Vorfeld des Weltgipfels für Nachhaltige Entwicklung 2002 in Johannesburg kam es also zu einer Reihe erster kulturpolitischer Versuche, um das „zweifache Defizit" zu überwinden. Um eine „strukturelle Einbeziehung der kulturell-ästhetischen Dimension in die Strategien zur Umsetzung Nachhaltiger Entwicklung" zu fördern, organisierten die Evangelische Akademie Tutzing, die Kulturpolitische Gesellschaft und die Deutsche Gesellschaft für Ästhetik (u. a.) im April 2001 eine Tagung mit dem Titel „Ästhetik der Nachhaltigkeit", bei der das „Tutzinger Manifest" verfasst und von zahlreichen Multiplikatoren aus dem Kultur- und Nachhaltigkeitsbereich unterzeichnet wurde. Darin heißt es:

> „Das Leitbild Nachhaltige Entwicklung beinhaltet eine kulturelle Herausforderung, da es grundlegende Revisionen überkommener Normen, Werte und Praktiken in allen Bereichen – von der Politik über die Wirtschaft bis zur Lebenswelt – erfordert. Nachhaltigkeit braucht und produziert Kultur: als formschaffenden Kommunikations- und Handlungsmodus, durch den Wertorientierungen entwickelt, reflektiert, verändert und ökonomische, ökologische und soziale Interessen austariert werden [...]. Vor diesem Hintergrund halten wir es für unbedingt erforderlich, die Ansätze in den Agenda-21-Prozessen und in der Kulturpolitik zusammenzuführen [...]. Globalisierung braucht interkulturelle Kompetenz im Dialog der Kulturen" (Kulturpolitische Gesellschaft 2001).

Die Initiative „Tutzinger Manifest" blieb nicht ohne Folgen. Mit der Kulturpolitischen Gesellschaft brachte die Literaturwissenschaftlerin Tina Jerman 2001 den Band „ZukunftsFormen. Kultur und Agenda 21" heraus. Das Ziel: die Triangel Ökonomie, Ökologie und Soziales um die „Kulturelle Dimension" zu erweitern und „durch neue Strukturen der Partizipations- und Kooperationsmöglichkeiten gesellschaftlich" zu verankern (Jerman 2001, S. 12). Im Januar 2002 fand in der Akademie der Künste in Berlin die Fachtagung „Kultur – Kunst – Nachhaltigkeit" des Umweltbundesamtes und des Bundesumweltministeriums mit über 100 Teilnehmer*innen statt. Die wichtigsten Diskussionsbeiträge wurden in einem gleichnamigen Sammelband von Hildegard Kurt und Bernd Wagner veröffentlicht. „Auch wenn die Verbindung von Nachhaltigkeit und Kultur – oder gar von Nachhaltigkeit und Kunst – noch einiges Erstaunen auslösen mag: Es ist eine Verbindung mit Zukunft", schrieben sie in den ersten Zeilen (Kurt und Wagner 2002, S. 13).

In den Jahren nach dem Weltgipfel in Johannesburg sind in Deutschland verschiedene Netzwerke, Foren und Projekte an der Schnittstelle zwischen Kultur, Kunst und Nachhaltigkeit entstanden, zum Beispiel die Plattform „Kulturattac" 2003 im Rahmen der globalisierungskritischen Nichtregierungsorganisation Attac Deutschland (Brocchi 2005) und das internationale „Netzwerk Cultura21"[2] parallel zur Konferenz „New Frontiers in Arts Sociology – Creativity, Support and Sustainability" vom März 2007 an der Universität Lüneburg (Kagan und Kirchberg 2008). Im Jahr 2009 startete die Kulturstiftung des Bundes im Austausch mit dem Umweltbundesamt das Vorhaben „Überlebenskunst", ein Jahr später förderte sie die Kunstausstellung „Zur Nachahmung empfohlen! Expeditionen in Ästhetik und Nachhaltigkeit" unter der künstlerischen Leitung von Adrienne Goehler (Kulturstiftung des Bundes o. J.).

Für den Kultur- und Wirtschaftswissenschaftler Ralf Weiß erfährt die Debatte über Kultur und Nachhaltigkeit gerade eine „Programm- und Institutionalisierungsphase", die unmittelbar mit der 2015 verabschiedeten UN-Agenda 2030 verbunden ist (Weiß 2021, S. 141). Von den 17 Zielen für nachhaltige Entwicklung bezieht sich nur das vierte auf Kultur. Es geht jedoch dabei um „hochwertige Bildung" und nicht in etwa um Kunst. Mit dem 16. Ziel werden „starke Institutionen" gefordert, jedoch keine „starke Demokratie".[3] Trotzdem führte der

---

[2] Netzwerk Cultura21: www.cultura21.org (Zugriff: 27.5.2023).
[3] Kampagne „17 Ziele für nachhaltige Entwicklung": https://17ziele.de (Zugriff: 27.5.2023).

Impuls der Agenda 2030 zu einer Neustrukturierung der „Deutschen Nachhaltigkeitsstrategie" der Bundesregierung (ebd.). In der Neuauflage 2016 wird auf die besondere Rolle von Kunst und Kultur, Kreativwirtschaft und Kulturschaffenden hingewiesen:

> „Künstlerinnen und Künstler setzen sich in ihren Werken und in der Theorie mit dem Spannungsverhältnis zwischen Kultur und Natur sowie dem Menschen und seinem Verhältnis zu seiner Umgebung auseinander. Auch mit Hilfe von Konzepten aus der Kreativwirtschaft können heute wichtige gesellschaftliche Prozesse und Entwicklungen begleitet und gesteuert werden. Von ihrer spezifischen Perspektive und Herangehensweise sind neue Impulse für die Nachhaltigkeitsdebatte zu erwarten" (Bundesregierung 2017, S. 49 f.).

Im Vergleich zur Agenda 21 von 1992 behandelt dieser Text Kunst und Kultur mit einer anderen Reife und Kompetenz, weniger instrumentell. Es wird anerkannt, dass Kunst und Kultur nicht nur vorgegebene Ziele emotionalisieren und umsetzen, sondern selbst neue Perspektiven in die Nachhaltigkeitsdebatte einbringen können.

Auf Initiative des Deutschen Bundestages ist im Rahmen des Rates für nachhaltige Entwicklung (RNE) ein „Fonds Nachhaltigkeitskultur" eingerichtet worden, um „transformative Projekte zur Nachhaltigkeitskultur zu fördern".[4] „Er soll Ansätze voranbringen, die Nachhaltigkeit in der Gesellschaft verankern und Lebensstile verändern – etwa im Bereich Esskultur und Mobilität. Erste Projekte laufen und zeigen die Kraft und Kreativität des bürgerschaftlichen Engagements zur Nachhaltigkeit" (Bundesregierung 2018, S. 26). Der Fonds hatte zunächst eine Dauer von drei Jahren und war mit 7,5 Mio. Euro ausgestattet. Neben diesem förderpolitischen Impuls haben auch die verheerende Dürre 2018–2020 und die Fridays-for-Future-Bewegung dafür gesorgt, dass Nachhaltigkeit und Klimaschutz einen anderen Stellenwert in der Kulturpolitik bekommen. So richtete der Deutsche Kulturrat zwischen 2018 und 2020 ein Projektbüro für „Nachhaltigkeit & Kultur" ein, mit Unterstützung

---

[4] Fonds Nachhaltigkeitskultur: https://www.nachhaltigkeitsrat.de/projekte/fonds-nachhaltigkeitskultur/ (Zugriff: 8.7.2023).

des Rates für Nachhaltige Entwicklung und in Kooperation mit dem Bund für Umwelt und Naturschutz Deutschland. Das Ziel der Initiative: „Eine Brücke zwischen dem Nachhaltigkeitsdiskurs des Natur- und Umweltbereiches und kulturpolitischen Debatten zu schlagen".[5] Im Januar 2019 veröffentlichte der Deutsche Kulturrat ein „Positionspapier zur UN-Agenda 2030 für nachhaltige Entwicklung":

> „Nachhaltige Entwicklung ist eine kulturelle Herausforderung. Es gilt, alte Muster, Gewohnheiten und Gewissheiten zu hinterfragen und sich auf Neues, Unbekanntes einzulassen, dabei aber auch kulturelle Traditionen und Techniken wieder neu zu beleben, wenn diese nachhaltige Prozesse unterstützen. Es gilt neue Verbindungen zu schaffen, die Anknüpfungspunkte für Innovationen sein können [...]. Die Idee der Nachhaltigen Entwicklung ist im Kern ein kulturelles Projekt. Die 17 globalen Nachhaltigkeitsziele sind gleichzeitig Kompass und Motor einer kulturellen Veränderung, die auf ein gutes Leben aller Menschen auf unserem Planeten zielt. Der Deutsche Kulturrat sieht seine Aufgabe darin, bei der Weiterentwicklung der Agenda 2030 der kulturellen Dimension eine stärkere Beachtung zukommen zu lassen" (Deutscher Kulturrat 2019).

Welchen Beitrag Kunst und Kultur zum Erreichen der 17 Ziele für nachhaltige Entwicklung liefern können, erklärt der Kulturrat wie folgt:

> „Kunst und Kultur sind prädestiniert für diese Veränderungsprozesse, auch hier geht es darum, Neues zu wagen, Grenzen zu überschreiten und das Unbekannte zu erkunden. Kunst und Kultur verkörpern eine Haltung und liefern den Raum, in dem Bilder und Symbole der Nachhaltigkeit entstehen können. Sie fördern die Fähigkeit zum Perspektivenwechsel und zur Empathie. Darüber hinaus stärken zugangsoffene und teilhabegerechte Kunst und Kultur unmittelbar die nachhaltige Entwicklung, indem sie zu Veränderungsprozessen beitragen [...]. Die Kräfte von Kunst und Kultur regen Innovationen an und mobilisieren moralische Ressourcen. Sie sind Mahner und Mittler in gesellschaftlichen Diskussionsprozessen. Sie schaffen die Grundlage für einen kulturellen Wandel" (ebd.).

---

[5] „Nachhaltigkeit & Kultur" beim Deutschen Kulturrat: https://www.kulturrat.de/thema/nachhaltigkeit-kultur/ (Zugriff: 11.6.2023).

Auch die Kulturpolitische Gesellschaft hat 2020 ein dreijähriges Forschungs- und Entwicklungsprojekt zur „Klimagerechten Kulturpolitik" gestartet:

> „Konkret geht es um die wissenschaftliche Recherche und Dokumentation von Konzepten der nachhaltigen und klimagerechten Kulturpolitik und kulturellen Praxis. Es wird recherchiert, wie die Kommunen sich in ihrer Kulturpolitik der Frage des Klimawandels annehmen und welche Ideen und Maßnahmen Kultureinrichtungen und die kulturelle Szene bereits umsetzen".[6]

Mit dem Projekt verbunden ist eine Reihe von Fachveranstaltungen. So fand die „Sommerakademie für eine klimagerechte Kulturpolitik" im September 2020 in Wuppertal statt. 2021 hat die Kulturpolitische Gesellschaft mit dem Netzwerk Nachhaltigkeit in Kunst und Kultur (2N2K) und dem Öko-Institut Freiburg eine bundesweite Klima- und Nachhaltigkeitsinitiative für den gesamten Kulturbereich ins Leben gerufen: Culture4Climate.[7]

Diese Aktivitäten zeigen, dass in der Kulturpolitik Nachhaltigkeit an Bedeutung gewinnt und die Auseinandersetzung damit immer mehr Raum bekommt. Die kulturpolitische Analyse orientiert sich dabei an einem weiten Kulturverständnis. Es wird begriffen, dass die Große Transformation einen radikalen Kulturwandel sowie „Systemkritik" erfordert (Reiner et al. 2023). In Bezug auf die Synthese herrschte jedoch bisher in der Kulturpolitik der enge Kulturbegriff, sodass Handlungs- und Wirkungsraum auf die Künste reduziert wurden. Genauso wurde Nachhaltigkeit meist eng begriffen und vor allem mit der Klimafrage verbunden. Das Ergebnis ist meistens eine Transformation, die sich auf eine ökologische Modernisierung der Kulturbetriebe beschränkt. Offen bleibt die Frage, inwiefern die Kulturpolitik eine Avantgarde in der Debatte über Nachhaltigkeit und Klimagerechtigkeit darstellt – oder eher auf öffentliche Debatten reagiert, wenn diese aufkommen.

---

[6] Studie „Klimagerechte Kulturpolitik" der Kulturpolitischen Gesellschaft: https://kupoge.de/klimagerechte-kulturpolitik/ (Zugriff: 11.6.2023).
[7] Initiative „Culture4Climate": https://kupoge.de/culture4climate/ (Zugriff: 7.6.2023).

6.1.2 Das weite Kulturverständnis

In der Erklärung über Kulturpolitik von 1982 definiert die UNESCO Kultur nicht als gesellschaftlichen Bereich neben anderen, sondern als querliegende Dimension der Gesellschaft. Diesem Strang können die Forschungsarbeiten des Kulturwissenschaftlichen Instituts Essen (KWI) zugeordnet werden. Dort leitete der Philosoph Ludger Heidbrink seit 2004 die Forschungsgruppe „Kulturen der Verantwortung" und wurde 2007 Direktor des „Center for Responsibility Research". Den Sozial- und Kulturwissenschaften bescheinigte er damals die Unfähigkeit, sich mit der Umweltkrise auseinanderzusetzen, denn, bis auf wenige Ausnahmen, schauen sie „dem Geschehen normalitätsfixiert und katastrophenblind" zu.

> „Das Gros der Auseinandersetzungen mit den Phänomenen und Folgen des Klimawandels sind naturwissenschaftliche Modellrechnungen und Prognosen, angesichts deren Evidenz die Sozial- und Kulturwissenschaften in Schweigen oder Gleichmut verharren, als fielen Eventualitäten wie Gesellschaftszusammenbrüche und Ressourcenkonflikte, Massenmigrationen, Klimakriege und Gewaltökonomien nicht in ihre Zuständigkeit" (Heidbrink 2007).

Die sozial- und kulturwissenschaftlichen Theorien demonstrierten lange eine Körper- und Raumlosigkeit, daraus folgte Heidbrinks Aufruf:

> „Es ist Zeit, dass [die Sozial- und Kulturwissenschaften] aus der Welt der Diskurse und Systeme zurückfinden zu den Handlungen und Strategien, mit denen soziale Wesen ihr Dasein zu bewältigen suchen" (ebd.).

Im Vergleich zu den Naturwissenschaften haben die Kulturwissenschaften einen wesentlichen Vorteil:

> „Naturwissenschaftler sind gewiss mit Komplexität vertraut, aber wenig mit den Deutungs- und Konstruktionsprozessen von Wirklichkeit, die Menschen in normalen wie außergewöhnlichen Zeiten vornehmen. Von der Rolle, die unterschiedliche Gestalten von Kultur für die Wahrnehmung von Problemen und Lösungen spielen, weiß die herkömmliche

Klimaforschung professionell wenig, das erwartet auch niemand von ihr. Aber Natur- und Technikwissenschaftlern [fehlen] meist auch die Vorstellungen darüber, wie unterschiedliche Handlungsebenen, wie kollektive Vernunft und individuelle Unvernunft zusammenhängen oder wie Gefühle in vernunftgeleitete Handlungsabsichten eingreifen, wie also soziale Handlungen entstehen, die kein einzelner Beteiligter je im Sinn hatte und die gleichwohl Bestandteile von Wirklichkeiten bilden und damit wiederum neue Handlungsprobleme aufwerfen" (ebd.).

Wenn der Klimawandel soziale und kulturelle Ursachen sowie soziale und kulturelle Folgen hat, dann ist er ein Gegenstand der Sozial- und Kulturwissenschaften.

„Zu ihren Aufgaben zählen der Rückblick auf die Katastrophengeschichte der Menschheit und eine nüchterne Bilanz ihrer an Natur- und Sozialkatastrophen gewachsenen Evolutionspotenziale, eine aufmerksame Zeitdiagnose und die genaue Observation mikrosozialen Verhaltens, das zum Beispiel aus einer Unzahl positiver oder negativer Kauf- und Konsumentscheidungen, von Aushandlungsprozessen in Haushalten und Büros besteht, deren Routine durch immer neue [Klimakatastrophen] unterbrochen wird" (ebd.).

Positiv stellte Ludger Heidbrink fest, dass sich „die Verfechter einer transdisziplinären Klimaforschung [mehren], die Demokratietheoretiker, Sozialpsychologen, Mentalitätshistoriker, Kulturphilosophen, Geografen, Anthropologen, Künstler, Schriftsteller, Evolutionsbiologen und Religionswissenschaftler einbezieht" (ebd.).

Heidbrinks Aufruf erschien 2007 in „Die Zeit". Im selben Jahr übernahm der Politikwissenschaftler Claus Leggewie die Direktion des Kulturwissenschaftlichen Instituts Essen und stellte den Klimawandel und die Nachhaltigkeit in den Mittelpunkt seiner Forschung.

„Reduktion der Treibhausgase und Anpassung an veränderte Klimaverhältnisse… Beide Aufgaben sind nicht durch technische Korrekturen allein zu lösen. Sie erfordern einen gesellschaftlichen und kulturellen Wandel, denn der Klimawandel stellt, wenn man es genau durchdenkt, die Industriegesellschaft als solche in Frage [...]. Die Dynamik des anthropogenen Klimawandels ist nicht nur eine Frage natürlicher Prozesse, sondern vor allem eine von Wirtschaft, Gesellschaft und Kultur. Daher ist ihre Erforschung eine zentrale Aufgabe der Kulturwissenschaften" (Leggewie 2009).

Wer die Klimakrise überwinden will, sollte „auf der Ebene mentaler und kognitiver Orientierungsmuster [ansetzen], um eine Neuausrichtung alltagspraktischer Verhaltensweisen auf den Weg zu bringen" (Heidbrink 2010, S. 55). So wurde 2008 der Forschungsschwerpunkt „KlimaKulturen" am KWI eingerichtet, dessen Leitung von Harald Welzer übernommen wurde. Dabei erforschte er unter anderem, wie *mentale Infrastrukturen*[8] das Verhältnis der Gesellschaft mit ihrer Umwelt beeinflussen (Welzer 2011).

6.1.2.1 Nachhaltigkeit als Kulturprogramm

In der Gesellschaft kann es keinen Systemwechsel ohne einen *Wechsel des Kulturregimes* geben, sprich ohne einen „Paradigmenwechsel" (Grießehammer und Brohmann 2015, S. 6) und „ein grundlegendes Infragestellen überkommener Werte und Gewohnheiten in allen Bereichen des gesellschaftlichen und persönlichen Lebens" (Kurt und Wagner 2002, S. 13). Aus der Perspektive der Ethnologie und der Kulturanthropologie ist Nachhaltigkeit ein „kulturelles Programm" (Kramer 2001). Für Hildegard Kurt und Bernd Wagner zeichnet es sich zum einen durch „ein verändertes Mensch-Natur-Verhältnis verbunden mit intergenerationeller Gerechtigkeit" aus und zum anderen durch „eine Neubestimmung globaler Entwicklungszusammenarbeit im Sinne internationaler Gerechtigkeit – vor allem im Nord-Süd-Verhältnis" (Kurt und Wagner 2002, S. 13). In ihrem Band „Kultur – Kunst – Nachhaltigkeit" skizzierten sie 2002 die wesentlichen Merkmale einer „Kultur der Nachhaltigkeit" wie folgt:

---

[8] Der Ethnologe Dieter Kramer (2001, S. 94) definiert „mentale Infrastrukturen" als „Gerüst von Werten und Standards, die innerhalb der vorgegebenen Möglichkeiten ein ‚gutes und richtiges' Leben zu führen erlauben".

- „Ein Verständnis von Nachhaltigkeit, das gleichberechtigt mit den ‚drei Säulen' [...] Ökonomie, Ökologie und Soziales auch Kultur als quer liegende Dimension umfasst; das die auf Vielfalt, Offenheit und wechselseitigem Austausch basierende Gestaltung der Bereiche Ökonomie, Ökologie und Soziales als kulturell-ästhetische Ausformung von Nachhaltigkeit versteht und verwirklicht.
- Ein Kulturbegriff, der von der Naturzugehörigkeit des Menschen ausgeht und grundsätzlich den Mensch und Natur gleichermaßen umfassenden Lebenszusammenhang mitdenkt.
- Eine Verständigung auf Grundwerte, von denen Gesellschaften zusammengehalten werden. Hierzu zählen: Gerechtigkeit – zwischen den jetzt weltweit lebenden Menschen, im Blick auf die künftigen Generationen und im Blick auf die Natur; das Prinzip Verantwortung: Toleranz; der Schutz der Schwachen sowie die Wahrung kultureller und biologischer Vielfalt.
- Ein hohes Maß an Partizipation in allen gesellschaftspolitischen Entscheidungs- und Gestaltungsfragen einschließlich der Demokratisierung aller Aspekte des fortschreitenden Globalisierungsprozesses.
- Ein hoher politischer und philosophischer Stellenwert der Frage nach dem guten Leben und die Pflege einer zukunftsfähigen Lebenskunst.
- Eine Rückführung der Kunst aus ihrer Randposition in die Lebenswelt.
- Interkulturelle Kompetenz im Dialog der Kulturen, da in einer eng verflochtenen Welt eine Zukunftsperspektive nur gemeinsam gesichert werden kann" (ebd., S. 13 f.).

Die Aufhebung der mentalen Separation zwischen Natur und Kultur soll auch Natur- und Geisteswissenschaften zusammenrücken lassen und eine ganzheitliche Auseinandersetzung mit den großen Fragen unserer Zeit ermöglichen. Eine Kultur der Nachhaltigkeit kann nicht von oben nach unten vorgeschrieben werden: Sie ist vielmehr Produkt und gleichzeitig Träger von Partizipation und Demokratie. Es gibt weitere wichtige Aspekte, die eine Kultur der Nachhaltigkeit von der bisher dominanten nicht-nachhaltigen Kultur unterscheiden.

Komplexität ist nicht gleich Chaos
In den Systemtheorien ist „Umwelt" ein Synonym von Komplexität (Krieger 1998, S. 16). Komplexität steht für etwas, das viel größer ist

als der menschliche Wahrnehmungshorizont und sich daher nicht ganz vermessen lässt. Die Menschheit selbst ist Teil der Komplexität und die Komplexität ist Teil von uns Menschen. Die Komplexität (also die Umwelt) zeichnet sich durch eine Eigenlogik aus, die vom Nutzen für den Menschen losgelöst ist. Diese Unkontrollierbarkeit und Unberechenbarkeit führt dazu, dass Komplexität in der westlich geprägten Kultur tendenziell mit Chaos gleichgesetzt wird. Entsprechend zentralistisch wird die Gesellschaft gesteuert. Durch Arbeit und Technologien wird die Umwelt in eine scheinbar geordnete und nützliche Welt umgewandelt. Unberechenbare Prozesse werden berechenbar gestaltet. Doch jede Rationalisierung von Gesellschaft und Umwelt führt zu einem Verlust an Vielfalt, mindert die Krisen-Resilienz und verursacht Konflikte.

Eine Kultur der Nachhaltigkeit basiert auf dem Bewusstsein, dass Komplexität nicht gleich Chaos ist (Ostrom 2009, S. 412) und die *Um*welt *Mit*welt ist (Meyer-Abich 1990). Während die Modernisierung mit Planung und Kontrolle vorgeht, hat der Chemiker und Nobelpreisträger Ilya Prigogine gezeigt, welche Kraft in der *Selbstorganisation* komplexer Systeme steckt. Wenn so etwas wie Natur und Leben in entropischen Umgebungen entstanden ist und sich bis heute darin halten kann, dann liegt es an der Fähigkeit der Selbstorganisation (Nicolis und Prigogine 1977, 1989; Lovelock 1996). So wie Komplexität nicht Chaos ist, so ist Freiheit nicht Anarchie. Für die Entwicklung des globalen Südens und der Peripherien sind die Emanzipation von der Ausbeutung und die Möglichkeit der Selbstentwicklung wichtiger als die Entwicklungshilfe. In den Städten kann Nachhaltigkeit entstehen, indem mehr Selbstverwaltung, Spontaneität und „Wildnis" zugelassen werden, das heißt, indem man die Bürger*innen mehr machen lässt. Eine positive Übersetzung organischer Komplexität ist „Lebendigkeit". Während die Modernisierung auf eine Beherrschung der Lebendigkeit zielt, verfolgt die Nachhaltigkeit ihre Emanzipation. Lebendigkeit verbindet Mensch und Natur. Für den Naturphilosophen Andreas Weber ist sie Ausdruck des „Eros der Materie", der die Entropie im Universum konterkariert (Weber 2014, S. 33). „Der Lebenswunsch ist kein Programm, sondern ein von der Materie ausgehendes und die Materie strukturierendes Begehren. Ein Wesen – und schon die simpelste Zelle – ist dieses Verlangen. Ein Organismus ist darum bereits immer schon etwas Innerliches, etwas Nichtmaterielles" (ebd., S. 64).

Lebendigkeit ist aber auch eine Herausforderung, denn sie ergibt sich aus einer Spannung zwischen Gegensätzen – zum Beispiel zwischen Verbundenheit und Autonomie, Einheit und Vielfalt, Ordnung und Wandel. „Leben ist stets der schöpferische Übergang von einer Situation der Kontrolle zu einem Prozess der Unkontrollierbarkeit" (ebd., S. 10). Eine Beziehung ist nur dann lebendig, wenn die beteiligten Identitäten nicht ineinander verschmelzen, sondern eine Differenz aufrechterhalten. Denn ohne Differenzen gibt es weder Spannung noch Energie. Weil die Modernisierung zu einer Homogenisierung der Differenzen führt, verarmt die moderne Gesellschaft an Lebendigkeit. Die ökologische Krise ist die Kehrseite einer globalisierten Monokultur.

In der Moderne herrscht ein Separationsdenken. Hier muss die „Erdverbundenheit" (Latour 2017) deshalb erst durch die Bedrohung (Klimawandel, Pandemien etc.) ins Bewusstsein rücken. Ein positives Bewusstsein schafft hingegen die Ökologie, denn ihr wichtigstes Prinzip beschreibt die Komplexität am besten: „Alles ist Wechselwirkung" (Alexander von Humboldt in Ette 2009, S. 32), „jedes Ding steht mit jedem anderen in Beziehung" (Commoner 1973). Eine Kultur der Nachhaltigkeit zeichnet sich durch ein „vernetztes Denken" (Vester 2005) aus und versucht „Komplexität mit Komplexität" zu regieren (Tiezzi und Marchettini 1999, S. 13). Es braucht ein Denken in „Und"-Kategorien statt in „Entweder-oder"-Kategorien (Kandinsky 1973; Kurt 2010). Wenn alles mit allem in Beziehung steht, dann sind Ursache-Effekt-Ketten keine linearen, sondern zirkuläre: Was wir geben, bekommen wir früher oder später auch zurück. Mit anderen Worten: Wir selbst sind die Umwelt, „wir sind Gaia" (Latour 2021b).

Zum menschlichen Maß

Eine wichtige Quelle von Fehleinschätzungen und Krisen ist die Selbstüberschätzung. Diese wird im westlichen Kulturkreis durch eine lange anthropozentrische Tradition gefördert. Und doch: Nicht die Komplexität ist Chaos, sondern der Mensch ist ein begrenztes Wesen, das Komplexität weder ganz begreifen noch kontrollieren kann. Dem Herrschaftsprogramm der Industriemoderne zieht eine Kultur der Nachhaltigkeit eine andere Tradition vor, die in den letzten 500 Jahren „das Subjekt" nach und nach entthront hat. Durch die Kopernikanische

Revolution wurde das ptolemäische, geozentrische Weltbild durch ein heliozentrisches Weltbild ersetzt: Seitdem ist der Mensch nur ein Staubkorn im Universum. Die Evolutionstheorie von Charles Darwin hat den Menschen auf der Zeitachse entthront: Im Vergleich zu den 4,5 Mrd. Jahren Erdgeschichte stellt unser Dasein eine winzige Vergänglichkeit dar. Der Mensch ist kein auserwähltes Kind Gottes, sondern stammt von Einzellern ab – genauso wie alle Tiere und Pflanzen. Wir sind selbst Natur und tragen den langen Lernprozess der Evolution in unseren eigenen Genen: „Man kann Menschen nur verstehen, wenn man sie als Produkte der Evolution sieht. Liebe, Eifersucht und Hass, Freundschaft und Verrat, Angst und Mut, Aggression und Kooperation – die menschlichen Emotionen und Verhaltensweisen sind Teil ihrer Natur" (Junker 2008, S. 7). Die genetische Übereinstimmung der Menschen mit Mäusen liegt bei 80 % (ebd., S. 11), mit Fliegen bei 50–60 % (Gottschling und Sanides 2016). So sind Fühlen und Denken keine Alleinstellungsmerkmale unserer Spezies. Sogar Pflanzen können es, darauf deuten Befunde aus der jüngsten wissenschaftlichen Forschung hin (Chamowitz 2012; Mancuso und Viola 2015; Wohlleben 2015). Im Prozess der Entthronung des Subjektes machte Sigmund Freud einen weiteren Schritt, indem er zeigte, dass sich der Mensch nicht einmal selbst im Griff hat (Freud 2001, S. 294 f.). Vielleicht ist er sogar dümmer als wir glauben mögen, ein Gedanke, der emanzipatorisch wirkt: Wer will schon von solch einem Wesen dominiert werden?

Die Antwort der Modernisierung auf die Entthronung des Menschen ist der Fortschritt, der die Maschinen immer weiter optimiert. Im günstigsten Fall dienen die Maschinen dem Menschen, im ungünstigsten Fall ist es genau umgekehrt. Heute ersetzt die Künstliche Intelligenz (KI) zunehmend den Menschen (Harari 2019, S. 49–63). In Verbindung mit den Erkenntnissen der Neurowissenschaften könnte die KI irgendwann auch einen Kulturwandel ermöglichen, nämlich wenn das menschliche Gehirn „gehackt" wird (ebd., S. 14). Außerdem kann der Mensch selbst durch Biotechnologie und Gentechnik perfektioniert werden, sodass er immer weniger „Fehler" begeht. Bisher diente der Fortschritt jedoch nicht nur dem Gemeinwohl und der Emanzipation, sondern auch dem Profit und der Herrschaft. Die Industriemoderne zielt auf eine Beherrschung der Komplexität – und doch zeigt die Polykrise, dass Menschen nicht einmal die Technologien und die Prozesse im Griff haben, die sie selbst geschaffen haben.

Deshalb steht Nachhaltigkeit für einen anderen Weg: Statt den Menschen durch Maschinen zu ersetzen oder wie eine Maschine zu optimieren, sollte sich die Gesellschaft vermenschlichen. Eine Kultur der Nachhaltigkeit steht für die Verbindung von *Humilitas, Humanitas* und *Humus*, sprich von Demut, Menschlichkeit und Erde (Christoph Quarch in Brocchi 2019b, S. 34). Dazu kommt ein realistisches statt pessimistisches Menschenbild, denn unser Wesen ist eher ein soziales als ein egoistisches. Dass das Geld „das einzige von Menschen geschaffene System [ist], das fast jede kulturelle Barriere überwindet" (Harari 2013, S. 228), stimmt nur bedingt, denn mindestens ebenso stark sind innere Kräfte wie Neugierde, Empathie und Sexualität. Der beste Beweis dafür steckt in unseren eigenen Genen, in denen sich viele unterschiedliche ethnische Gruppen vermischen. Wir alle sind Kinder von Ausländern. In jedem von uns steckt ein Neandertaler: Einige Homo sapiens müssen sich wohl mit ihm vereinigt haben (Mocker 2022). Wenn der Mensch mit Sprache ausgestattet worden ist, dann, um Kooperation statt Wettbewerb zu ermöglichen. Während sich der moderne Staat auf der Angst vor dem „entfesselten" Menschen gründet (s. Leviathan), zeichnet sich eine Kultur der Nachhaltigkeit durch ein Grundvertrauen in die innere Natur aus: Kein Kind wird als böses Wesen geboren, „der Mensch ist von Grund auf gut" (Bregman 2022). Während der Neoliberalismus („there is no such thing as society") auf einem Grundmisstrauen basiert, setzt die Möglichkeit des Gemeinwesens und der Vergesellschaftung ein Grundvertrauen voraus. Nur ein Staat, der seinen Bürger*innen mehr zutraut, kann Ermöglicher und nicht nur Ordnungshüter sein. Ein friedliches Zusammenleben benötigt jedoch gemeinsame Spielregeln, die demokratisch definiert und demokratisch verändert werden können.

Nachhaltig ist eine Entwicklung *nach menschlichem Maß*. Ein begrenztes Wesen wie der Mensch kann nur in überschaubaren sozialen Kontexten handlungsfähig sein. Ihm werden Regionalisierung und Dezentralisierung deshalb gerechter als Globalisierung und Zentralisierung. Während der Fortschritt Technologien zustande bringt, deren negative Auswirkungen die Fähigkeit der Menschen übersteigen, dafür in vollem Umfang haften zu können, meint Nachhaltigkeit „small is beautiful" (Schumacher 2013). Eine Transformation zur Nachhaltigkeit ist menschengerecht, wenn sie für Gleichberechtigung sorgt. Selbst harte Einschnitte genießen hohe Akzeptanz in der Bevölkerung, wenn sie gleich verteilt sind, das hat zum Beispiel die britische Kriegswirtschaft ab 1939 gezeigt (Herrmann 2022, S. 229–243). Menschengerecht ist eine Transformation, wenn sie von den Betroffenen mitbestimmt und mitgestaltet werden darf. Menschen partizipieren, wenn sie motiviert sind, denn auch sie folgen – wie alle Lebewesen – dem Energiefluss. Es gibt in unserer Gesellschaft brachliegende „Energiequellen" auch im Inneren der Menschen, die nur darauf warten, aktiviert zu werden: „Sehnsucht" ist ein Begriff dafür. Es gibt keine starke Partizipation ohne *Identifikation:* Das Selbstbestimmte entfaltet eine stärkere Identifikation als das Fremdbestimmte. Weil der Mensch eher ein emotionales als ein vernünftiges Wesen ist, reichen Information und Wissen nicht aus, um ihn zu bewegen. Nachhaltigkeit will gefühlt und nicht nur gedacht werden.

Sterben lernen

Charles Darwin (1859) sah den „Struggle for Life" (dt.: Kampf ums Dasein) als die wesentliche Kraft hinter der Evolution. Darin versuchen die Menschen durch den Fortschritt dem Tod zu entkommen und sich so dem Kreislauf der Natur zu entziehen. Da die Angst vor dem Tod im westlichen Kulturkreis besonders ausgeprägt ist (Esposito 2004), kann es kein Zufall sein, dass die industrielle Revolution genau hier angesetzt hat. Doch „Lebenwollen um jeden Preis ruft den Tod – den Tod anderer Menschen, anderer Wesen, die Auslöschung von Sprachen, Ideen und, am schlimmsten, von Möglichkeiten und Freiheitsgraden – beständig hervor" (Weber 2014, S. 101). Wenn es bei der Nachhaltigkeit darum geht, den Kreislauf der Natur wieder zu schließen (Commoner 1973), dann erfordert dies, den Tod als normalen Bestandteil des Lebens zu akzeptieren. (Weber 2014, S. 91).

Die Angst vor dem Tod unterdrückt die Lebendigkeit. Wer lebendig sein will, muss also sterben lernen (Weber 2014, S. 91).

> „Philosophieren heißt sterben lernen', hat der französische Humanist Michel de Montaigne einst geschrieben: Philosophieren, die Welt verstehen, heißt mit der eigenen Existenz zu verstehen, dass der Tod im

Innersten des Lebens weilt [...]. ,Frei ist, wer sterben kann', schreibt die dänische Dichterin Tania Blixen [...]. Eigensinnig auf das Leben zu beharren kann dessen Gegenteil zur Folge haben" (ebd., S. 84, 94, 98).

Leben und Sterben sind keine Gegensätze, sondern sie bedingen sich gegenseitig im Stoffwechsel der Natur:

„Stoffwechsel heißt demnach: Ich ernähre mich von dem, was zu meinem Körper wird, und was mein Körper war, atme ich in die Luft aus. Ich *bin* das Korn aus dem Feld, das für mich starb, und ich *sterbe* beständig und verwandle mich in das, was Pflanzen einatmen, damit daraus, also aus dem, was mein Körper ist, ihr neuer Körper wird" (ebd., S. 80).

Yuval Noah Harari schreibt, dass das wichtigste Projekt der wissenschaftlichen Revolution das ewige Leben für den Menschen sei (Harari 2013, S. 326 f.). Das wichtigste Projekt der Nachhaltigkeit ist vermutlich das Loslassen, um im Kreislauf der Natur das ewige Leben zu verwirklichen.

6.1.2.2 Kulturelle Vielfalt

Eine Monokultur der Nachhaltigkeit wäre ein Widerspruch an sich: Es kann nur „Kultur*en* der Nachhaltigkeit" geben (Brocchi 2007, S. 122). Während es im engen Verständnis von Kultur Menschen gibt, die Kultur haben oder machen, und andere, die keine Kultur haben oder diese lediglich konsumieren, erkennt das weite Kulturverständnis der UNESCO aus dem Jahr 1982 das Existenzrecht und die Gleichberechtigung aller Kulturen an: Jeder Mensch hat eine Kultur und macht auf seine eigene Art Kultur. Jeder Mensch verfügt über eine innere Vielfalt, die nach Entfaltung sucht. Auch Kinder oder Menschen aus „bildungsfernen Schichten" haben ein Wissen, sodass wir auch von ihnen lernen können. Genauso sind indigene Völker, die eine mündliche Kultur pflegen, keine Analphabeten, die von Missionaren oder Entwicklungshelfern „gebildet" werden müssen: Sie haben ein Recht auf eine eigene Kultur.

Mit der „Allgemeinen Erklärung für Kulturelle Vielfalt" hat die UNESCO 2001 die kulturelle Diversität als gemeinsames Erbe der

Menschheit anerkannt. Mit dem „Übereinkommen über den Schutz und die Förderung der Vielfalt kultureller Ausdrucksformen" wurde 2005 eine verbindliche Grundlage zur Stärkung der kulturellen Vielfalt weltweit geschaffen. Kernstück des Übereinkommens ist das Recht eines jeden Staates, regulatorische und finanzielle Maßnahmen zu ergreifen, die darauf abzielen, die Vielfalt der kulturellen Ausdrucksformen zu schützen und zu fördern (UNESCO 2005). Genau hier liegt die vielleicht größte Schwäche des Übereinkommens: Ureinwohner, die sich durch die eigene Regierung gefährdet fühlen, können sich nicht unbedingt darauf berufen. Das Übereinkommen schützt afrikanische Kleinbauern nicht gegen die Praxis des Landgrabbing oder der Patentierung von Saatgut. Gleichzeitig liefert das Dokument eine wichtige Grundlage, um zu vermeiden, dass kulturelle Besonderheiten zur Ware auf den liberalisierten Märkten verkommen.

In Bezug auf die kulturelle Vielfalt stellt sich eine wichtige Frage: Wo liegen die Grenzen der Toleranz? Müssen Bräuche wie Genitalverstümmelung oder rechtsextreme Ideologien hingenommen werden, weil sie Ausdruck der kulturellen Vielfalt sind? Ist die Jagd in Deutschland oder in Italien Teil einer „Indigenialität" (Weber 2018)? Aus der Perspektive der Nachhaltigkeit endet die Toleranz dort, wo die Biodiversität und die kulturelle Vielfalt infrage gestellt und gefährdet werden. Wer die Vielfalt schützen will, kann weder autoritäre noch assimilatorische Gewalt hinnehmen. So wie die Biodiversität Ausdruck natürlicher Kreativität ist, so ist die kulturelle Vielfalt Ausdruck gesellschaftlicher Kreativität. Keine Kultur, die sich auf Kosten anderer auswirkt, kann für sich Freiheit und Schutz beanspruchen.

6.2 Die Kulturökologie als Brücke

In der römischen Antike bezeichneten „cultura und cultus (lat. ‚Pflege', ‚Landbau' zu colere: ‚wohnen', ‚bebauen', ‚bestellen', ‚pflegen') nicht nur die naturbezogenen Tätigkeiten des Menschen und deren landwirtschaftliche Ergebnisse (cultura agri), sondern auch die religiöse ‚Pflege' des Übernatürlichen (cultus deorum) und – darin der griechischen paideia (gr. ‚Erziehung', ‚Unterricht', ‚Züchtigung', ‚Wissenschaft', ‚Bildung') entsprechend – die pädagogische, wissenschaftliche und künstlerische ‚Pflege' der individuellen und sozialen Voraussetzungen des menschlichen Lebens selbst" (Ort 2003, S. 19). In der Etymologie sind sich Natur und Kultur so nah wie Humus (Erde) und Humanitas (Menschlichkeit). Erst ab der Renaissance wird „Cultur" zu einem abstrakten und selbstständigen Begriff der Gelehrtensprache. „Dessen erweitertes Bedeutungsfeld betrifft nun die verbesserbaren, insofern historisch kontingenten – wirtschaftlichen, politischen, rechtlichen, religiösen – Bedingungen menschlicher Sozialität insgesamt und wird nur durch den Gegenbegriff einer ‚Natur' begrenzt, die es zu bearbeiten und domestizieren gilt. In der weiten Bedeutung einer kollektiven ‚Verbesserung der Sitten' erweist sich ‚Cultur' als einer der Zentralbegriffe der Fortschrittskonzeption der Europäischen Aufklärung und markiert zugleich deren zunehmende Verzeitlichung und Verbürgerlichung" (ebd., S. 19 f.).

Die moderne Trennung von Kultur und Natur hat dazu geführt, dass ihr Zusammenhang lange Zeit im Dunkeln geblieben ist. Eine junge Entwicklung in den Kulturwissenschaften hat die Brücke zwischen den Sphären wieder hergestellt: die Kulturökologie (vgl. Steward 1955; Finke 2003). Für die Kulturwissenschaften ist die Kulturökologie das, was die Bioökonomie für die Wirtschaftswissenschaften ist. Wie der Mensch ist auch die Kultur ein Produkt der biologischen Evolution (Junker 2011, S. 15). So zeigen die Neurowissenschaften, dass die Grundstrukturen der Kultur biochemisch geprägt sind (Kandel 2006). In den Gesellschaften üben kulturelle Systeme eine ähnliche Funktion aus wie genetische Systeme in den Ökosystemen. Was für die Natur die biologische Evolution ist, ist für die Gesellschaft die *kulturelle Evolution.* Die Kulturökologie schafft ein gemeinsames theoretisches Gerüst für das erweiterte und das enge Kulturverständnis. Denn das Kulturprogramm, das einer gesellschaftlichen Ordnung zugrunde liegt, reproduziert sich über die kulturellen Institutionen (Bildung, Wissenschaften, Künste und Medien) und über die Generationen hinaus. Es ist jedoch genau diese Reproduktion, in der sich jene kulturellen Mutationen ereignen, die der kulturellen Evolution dienen – und dadurch das Überleben der Gesellschaft über lange Zeiträume garantieren können. Auch eine Gesellschaft verfügt über „Sinnesorgane", die eine Kommunikation mit der Umwelt und der Innenwelt ermöglichen. Um diese Aspekte geht es im Folgenden.

6.2.1 Die Kultur als DNA der Gesellschaft

Wie biologische Systeme widersetzen sich auch soziale Systeme der Entropie, weil sie auf Informationssystemen basieren. Jede Information reduziert die Überfülle des Möglichen und schafft Strukturen in der Komplexität.[9] So regelt die DNA das Innenleben von Organismen, ermöglicht ihre Kooperation im Rahmen von Gemeinschaften sowie das Zusammenspiel der Spezies in den Ökosystemen. Durch die DNA bilden sich Ordnungen auf mehreren, aufeinander aufbauenden Ebenen, die sich selbst regulieren und in einer entropischen Umgebung bestehen können.

Die Kultur ist die *DNA der Gesellschaft*. Sie ist die Bindekraft, die ein soziales System trotz interner Ausdifferenzierung und Arbeitsteilung zusammenhält (vgl. Durkheim 1897). Wenn Menschen Probleme gemeinsam lösen und sich verständigen können, dann liegt es an der gemeinsamen Kultur. Im Alltag ermöglicht die Kultur die Zusammenarbeit der Teile des Systems im Rahmen einer funktionierenden Ordnung. Sie regelt den gesellschaftlichen Metabolismus und dadurch den Austausch mit der Umwelt. Während das Genom das Gedächtnis der Natur bildet, ist die Kultur das „kollektive Gedächtnis" der Gesellschaft (Erll 2003). In ihm sind die Erkenntnisse und Lehren der Geschichte gespeichert.[10] Durch das kollektive Gedächtnis müssen wir den Krieg nicht selbst erleben, um zu wissen, wie schlimm er ist. Insofern

---

[9] Der Begriff „Information" kommt vom Lateinischen Verb „informare", das „den Geist formen", „disziplinieren", „erziehen" und „unterrichten" bedeutet. So wie die entropische Unordnung als „Maß der fehlenden Information" (Zeh 2005, S. 43) definiert werden kann, basiert die biologische Ordnung auf dem Vorhandensein von Information. Im Alterungsprozess der Menschen findet Entropie durch Gedächtnisverlust statt, deshalb muss eine Gesellschaft ihre Ordnung durch Mechanismen der Reproduktion von Information aufrechterhalten. Wie genetische Systeme fungiert die Kultur sowohl als Speicher als auch als Medium von Information. Die Kultur definiert die Differenz und das Verhältnis zwischen System und Umwelt. Jede Informationseinheit (Bit) schafft nämlich eine Distinktion (zum Beispiel zwischen 1 wahr und 0 falsch). Der Informationsgehalt unseres Genoms „beträgt etwa 10^{11} Bit, während der des Nervensystems auf 10^{15} Bit geschätzt wird. Bei niederen Lebewesen ist die Kapazität des Nervensystems sehr viel geringer, die genetische Information dagegen nur wenig" (ebd., S. 64).

[10] „Alle menschlichen Errungenschaften, von der Antike bis in die Neuzeit, sind das Ergebnis eines kollektiven Gedächtnisses, das durch schriftliche Aufzeichnungen oder gewissenhafte mündliche Überlieferung im Laufe von Jahrhunderten zusammengetragen wurde" (Kandel 2006, S. 27).

braucht der Frieden eine Pflege der „Erinnerungskultur", neben Zeitzeug*innen dienen Mahnmale dazu (ebd.). Auch der Genuss basiert auf überlieferten Praktiken: Weder das Kochen noch die Sexualität müssen von jeder Generation neu erfunden werden. Das kollektive Gedächtnis stützt also sowohl die Krisen-Resilienz als auch das gute Leben.

Die Reproduktion der gesellschaftlichen Ordnung findet durch die Vermittlung und die mentale Verinnerlichung von Kultur statt. Dabei sind das Medium und die Botschaft nicht voneinander zu trennen. Durch die Institutionalisierung und die die Materialisierung von Kultur entstehen Infrastrukturen, die an sich das Verhalten der Individuen lenken und dafür sorgen, dass eine Ordnung über lange Zeiträume bestehen bleibt. Die Kultur ist der „Bauplan der Gesellschaft" (Abschn. 2.1.2), aber die Gesellschaft selbst macht Kultur (Giddens 1989, S. 32).

6.2.2 Kulturelle Evolution und kulturelle Revolution

In den letzten zwei Jahrhunderten waren viele Evolutionstheoretiker davon überzeugt, dass Evolution mit Fortschritt gleichzusetzen sei.

> „Der Fortschrittglaube ist […] geisteswissenschaftlich älter als die Evolutionstheorie, aber diese sollte ihn umgekehrt unterstützen. Man suchte daher in der Natur nach Hinweisen für eine fortschrittliche Entwicklung, die zugleich Anlaß zur Hoffnung auf eine Fortentwicklung des Menschengeschlechts gab. Allein das Modell des ‚Stammbaums' vermittelt schon den Eindruck, daß sich die Lebewesen sozusagen nach oben entwickeln" (Wuketits 2009, S. 50).

Auf diesem verzerrten Bild von Evolution basierte die hierarchische Wertung des Entwicklungsstandes von Gesellschaften – von den rückständigen zu den modernen. Dadurch wurden soziale Ungleichheiten und asymmetrische Verhältnisse legitimiert, indem sie naturalisiert wurden. Weil der Fortschritt als natürlicher Vorgang oder gar als Ausdruck menschlicher Instinkte begriffen wurde, galt dieses Entwicklungsmodell als alternativlos. Einem solchen Weltbild widerspricht jedoch die biologische Evolution, denn sie macht keinen Unterschied zwischen den

Spezies. Wie der Ausgang eines Spiels ist „auch die Evolution ‚offen'. Und so wie bei jedem Spiel gelten auch für die Evolution Regeln" (ebd., S. 77). Während in unserer Gesellschaft Fortschritt und Wachstum so stattfinden, als ob es keine Gesetze der Thermodynamik gäbe, ordnet sich die biologische Evolution physikalischen Grundgesetzen unter, die nicht zu unterlaufen sind. Die Evolution entspricht eher einer „Selbstplanung" als einem Plan, der von oben herab vorgegeben wird (ebd.). Während der Sozialdarwinist Herbert Spencer „Survival of the Fittest" mit „Survival of the Strongest" verwechselte, hat die Natur bisher gezeigt, dass Herrschaft nicht unbedingt einen Evolutionsvorteil darstellt. Wer zu viel Macht hat, zerstört früher oder später die eigene Existenzgrundlage. Die Evolution hat zu einer Zunahme der Biodiversität geführt, nicht zu einer der Monokultur, wie es beim Fortschritt der Fall gewesen ist.

Talcott Parsons begriff die Evolution als „Moving Equilibrium", genauso wie sich die Modernisierung an Auguste Comtes Motto „Ordnung als Grundlage, Fortschritt als Ziel" orientiert (zit. in Oswald 2008, S. 38). Gegen die Idee einer gleichförmigen, progressiven Evolution sprechen jedoch verschiedene Tatsachen (Wuketits 2009, S. 51). Einerseits ging das Leben auf der Erde durch *Extinktionen* (Auslöschungen) immer wieder beinah zugrunde. Die größte davon ereignete sich gegen Ende des Paläozoikums vor rund 250 Mio. Jahren (90 % Extinktion) (Meissner 1999, S. 98). Die fünf Massenaussterben, die bisher stattgefunden haben, zeigen also, dass auch *Entwicklungsbrüche* zur Evolution gehören. Andererseits gibt es in der Evolution *Entwicklungssprünge*, die teilweise ausgerechnet nach den Massenaussterben angesetzt haben. So befreite die Extinktion der Dinosaurier vor 65 Mio. Jahren die Säugetiere aus ihren Nischen, sodass sich später die Primaten und schließlich der Mensch entwickeln konnten. Zu den Entwicklungssprüngen gehören auch *biologische Revolutionen,* wie zum Beispiel die „Erfindung" der Photosynthese durch die Blaualgen vor 2,3 Mrd. Jahren (Soo et al. 2017). Diese ausgeprägte Wandelbarkeit (Evolutionsfähigkeit) der Natur hat dafür gesorgt, dass es nach 3,8 Mrd. Jahren immer noch Leben auf der Erde gibt.

Die Evolution stellt den Lernprozess der Natur dar, der durch Versuch und Irrtum in der Interaktion mit ihrer eigenen Umwelt stattfindet. So ist in unseren Genen das Wissen von 3,8 Mrd. Jahren gespeichert. Nicht nur die Natur kann lernen, sondern auch die Gesellschaft: Eben dafür steht „kulturelle Evolution". Mit diesem Begriff fasst die Kulturökologie individuelle und kollektive Lernprozesse zusammen. Die kulturelle Evolution ist „eine nichtbiologische Form der Anpassung", die parallel zur biologischen dazu dient, „Wissen aus der Vergangenheit und adaptives Verhalten von einer Generation auf die nächste zu übertragen" (Kandel 2006, S. 27). In Geert Hofstedes Metapher der Kultur als „Software of the Mind" wäre die kulturelle Evolution mit einem Update-Prozess vergleichbar. Je länger die Gesellschaft an einem fehlerhaften Kulturprogramm festhält, desto umfassender und tiefgreifender muss das Update sein, um einen „Systemabsturz" zu vermeiden. So kann die kulturelle Evolution selbst durch Entwicklungsbrüche oder Entwicklungssprünge stattfinden, denn „die Logik sozialer Prozesse ist nicht linear" (Welzer et al. 2010, S. 9). Insofern umfasst diese Evolution auch die Möglichkeit von sozialen und geistigen Revolutionen.

Für Jürgen Habermas ist die individuelle und kollektive Lernfähigkeit der wesentliche Mechanismus, um Sackgassen in der Entwicklung der Gesellschaft vorzubeugen (Abschn. 3.3.2). Entsprechend relevant ist die Frage, was diese Lernfähigkeit bremst oder fördert. Zu den bremsenden Faktoren gehören:

- *Fundamentalistische Einstellungen.* Damit beschäftigt sich die politikwissenschaftliche Transformationsforschung in Bezug auf Demokratisierungsprozesse. Die Demokratie kann sich nämlich in Kontexten schwer durchsetzen, in denen bestimmte religiös-kulturelle Traditionsbestände vorherrschen. So sind konfuzianische und islamische Kulturen für Samuel Huntington unvereinbar mit der liberalen Demokratie (Merkel 1999, S. 97). In solchen Kontexten setzt eine Demokratisierung die Säkularisierung voraus. In den Modernisierungstheorien ist die Säkularisierung ihrerseits die Folge von Wirtschaftswachstum und gleichzeitig dessen Treiber, denn wer archaische Traditionen loslässt, öffnet sich für Innovationen. Diese Perspektive lässt vier wichtige Aspekte außer Acht. Erstens gibt es neuartige Formen von Religion (Harari 2013, S. 278), die sich mit einer starken Demokratie nicht vertragen, zum Beispiel der Nationalismus und der „Marktfundamentalismus" (Ötsch et al. 2017). Zweitens ist der religiöse Fundamentalismus auch in westlichen Ländern immer noch präsent. Wie stark der Einfluss der Evangelikalen und der religiösen Rechten in den USA ist, zeigt sich unter anderem am progressiven Abbau des Abtreibungsrechtes (Müller und Roberts 2022). In Deutschland hat der Pädophilie-Skandal gezeigt, dass die Kirche selbst hierzulande immer noch ein Sonderrecht genießt. Drittens setzt eine Kultur der Demokratie eine Toleranz gegenüber Vielfalt und Widerspruch voraus. Dem stehen aber die Überheblichkeit und der Universalismus im Weg, die der westlich geprägten Modernisierung innewohnen. Viertens gibt es Formen von Religion, die sich bewährt haben, weil sie sowohl einen sozialen Zusammenhalt als auch ein relatives Gleichgewicht mit der Umwelt stützen. Dazu gehören einige indigene Kosmologien (Weber 2018).

- *Habitualisierung der sozialen Ordnung.* Die Kultur, in der Menschen jahrzehntelang erzogen worden sind, lässt sich so schnell nicht ändern, denn jede menschliche und gesellschaftliche Praxis zeichnet sich „durch eine gewisse Habitualisierung und damit Trägheit aus" (Sommer und Welzer 2014, S. 98). So wird nach der Finanzkrise weiter spekuliert und mitten in einer Klimakatastrophe weiter geflogen. Menschen, die nie ganz frei gewesen sind, können Angst vor der Freiheit haben und sich dabei nach der Ordnung der „Komfortzone" sehnen, selbst wenn diese autoritär ist.[11]

- *Verkrustungen im Informationsfluss.* Festgeschriebene Kulturen sind weniger wandelbar als mündliche Kulturen. Materielle Infrastrukturen lassen sich schwerer umformen als mentale Infrastrukturen. Auch Hierarchisierungs- und Institutionalisierungsprozesse führen zu einer Verkrustung von Lernprozessen. Feste Ordnungen bieten zwar mehr Halt als offene, in einer dynamischen

---

[11] Der Psychoanalytiker Wilhelm Reich hat gezeigt, wie Emanzipationsprozesse in autoritären Systemen daran scheitern können, dass die Freiheit ausgerechnet Menschen überfordern kann, die diese nie erlebt haben. So wurden nach der russischen Revolution von 1917 die traditionellen Familienstrukturen „abgeschafft": Davon profitierten vor allem die Frauen, während die Männer dabei einen Kontroll- und Statusverlust fürchteten (Reich 1987, S. 132).

Umwelt können sie jedoch zum Hindernis werden. Darauf deuten die künstlichen „Pfadabhängigkeiten" hin, die die Transformation zur Nachhaltigkeit hemmen (WBGU 2011).

Aus den Faktoren, die eine kulturelle Evolution erschweren, können jene abgeleitet werden, die diese Evolution fördern. So sind Demokratien lernfähiger als fundamentalistische Diktaturen. Der Vergleich zwischen Island und Griechenland in der Finanzkrise hat gezeigt, dass Prozesse des Wandels dort leichter sind, wo eine soziale Grundsicherung vorhanden ist und Menschen keine Angst haben müssen, sozial abgehängt zu werden (Abschn. 5.1.3.2). Die Förderung der Lernfähigkeit sollte das prioritäre Ziel der Bildung darstellen (Hüther et al. 2020), insbesondere der „Bildung für nachhaltige Entwicklung". Dabei ist die Lust am Lehren und am Lernen wichtiger als die reine Wissensvermittlung und -aufnahme. Wenn die Polykrise das Ergebnis von Verkrustungen im Energie- und Informationsfluss ist (Dürr 2010), dann braucht eine Transformation zur Nachhaltigkeit ihre Verflüssigung. Selbst materielle Infrastrukturen lassen sich durch ihre Umdeutung und Umfunktionierung verflüssigen. Wie dies sogar mit einer ganzen Autobahn gelingen kann, hat das Projekt „Still-Leben Ruhrschnellweg" im Rahmen der Europäischen Kulturhauptstadt Ruhr.2010 gezeigt.[12]

6.2.3 Die kulturellen Mutationen

In der Replikation und Übertragung von Informationen kommt es gelegentlich zu spontanen und zufälligen Veränderungen, so ähnlich wie bei der „Stillen Post". Was aus der Perspektive der biologischen Ordnung ein Fehler ist, kann sich aus der Perspektive der Evolution als potenzielle Innovation erweisen. Sowohl die biologische als auch die kulturelle Evolution zeichnen sich durch einen Prozess von *Trial and Error* aus. Einerseits kann eine Mutation zum guten Leben führen, so

---

[12] Projekt „Still-Leben Ruhrschnellweg" im Rahmen der Ruhr.2010: http://archiv.ruhr2010.de/programm/feste-feiern/still-leben-ruhrschnellweg.html (Zugriff: 7.6.2023).

haben die Menschen mit der Zeit gelernt, schmackhafte Gerichte aus lokal verfügbaren Pflanzen zuzubereiten. Aber Kreativität kann auch so etwas wie die Atombombe erzeugen. Wie in der Natur sorgt die Evolution durch die Selektion immer dafür, dass sich negative Mutationen von selbst erledigen, indem sie die eigenen Träger in eine Sackgasse führen und mit ihnen aussterben (Junker 2011, S. 63). Aber auch die intra- und interkulturelle Kommunikation kann für eine Korrektur von negativen Mutationen sorgen, so ähnlich wie in der Natur: Während die Inzucht oft zu Erbkrankheiten führt, stärkt die genetische Vermischung die Gesundheit einer Spezies (Bittles und Black 2010; Townsend et al. 2003, S. 586). Wenn Monokulturen ökologische und soziale Systeme vulnerabler machen, dann bilden die Vermischung und die Mutationen die Quellen jener Vielfalt, die die Resilienz stärkt (Wuketits 2009, S. 55 ff.; Ernst 2010, S. 142).

Als Ausdruck von Kreativität ermöglichen Mutationen Koevolutionsprozesse zwischen Mensch und Umwelt, sprich Prozesse der gegenseitigen Anpassung. Weil sich kulturelle Mutationen wesentlich schneller ereignen als biologische, ist der Mensch eine vergleichsweise flexible Spezies. Durch die kulturelle Evolution konnte sich unsere Spezies in den letzten 15.000 Jahren in äußerst unterschiedlichen Ökosystemen verbreiten, obwohl sie sich genetisch kaum verändert hat (Junker 2008, S. 11). In diesem Prozess ist auch eine Vielfalt von Kulturen und Subkulturen entstanden. Lokale Kulturen und Ökosysteme haben sich oft zu einem Gleichgewicht entwickelt. Entsprechend sind vielerorts ökologische und soziale Ungleichgewichte erst durch die Zerstörung lokaler Kulturen entstanden. Nachhaltigkeit benötigt also einen Schutz und eine Aufwertung der lokalen Kulturen sowie eine Förderung koevolutiver Prozesse.

Bildung, Wissenschaften, Künste und Medien sind wichtige Quellen kultureller Mutationen. Wenn diese Institutionen zu stark funktionalisiert werden, kann dies kulturelle Mutationen unterdrücken – und damit die Evolutionsfähigkeit des Systems beeinträchtigen. Deshalb braucht eine kulturelle Evolution eine gewisse Emanzipation der kulturellen Institutionen in der Gesellschaft. Weil die menschliche Kommunikation das Fundament jeder gesellschaftlichen Kommunikation ist, ist der Mensch selbst die bedeutendste Quelle von kulturellen Mutationen. Aus genau diesem Grund wird seine Freiheit beschränkt, wenn es darum geht, eine bestimmte gesellschaftliche Ordnung zu schützen. Geert Hofstede begreift Kultur als die „kollektive Programmierung" des menschlichen Geistes, doch der Mensch ist keine berechenbare Maschine, die man beliebig manipulieren und kontrollieren kann. Selbst wenn die Biologie und die Kultur dem menschlichen Verhalten enge Leitplanken legen, bleibt ein Stück ungehorsame Lebendigkeit übrig. In seinem Menschenbild nennt Hofstede diesen Anteil „Persönlichkeit" (Abb. 6.2).

Für den Ästhetik-Theoretiker Bazon Brock ist die Kunst der wichtigste Ausdruck einer Persönlichkeit, die sich den Regeln und Zwängen der dominanten Kultur entzieht. Echte Kunst ist per Definition dysfunktional statt funktional.

> „Man ist nicht Mitglied einer Kultur, weil man malt oder musiziert oder tanzt oder skulpturiert. Man ist Mitglied einer Kultur von Geburt an, weil jeder Mensch entkulturiert werden muss, weil er als kleinstes Lebewesen sonst nicht lebensfähig geworden wäre. Man wächst in einer Kulturgemeinschaft, einer Kochgemeinschaft, einer Sprachgemeinschaft,

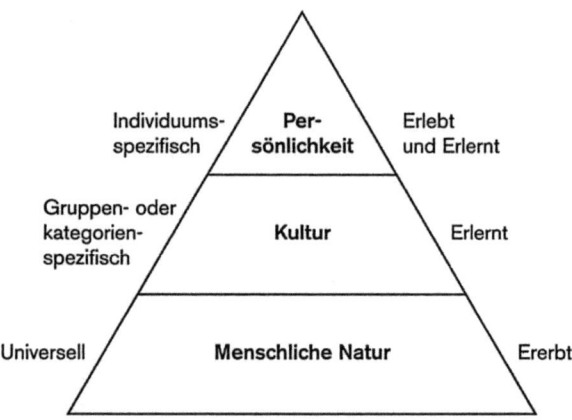

Abb. 6.2 Drei Ebenen der Einzigartigkeit des Menschen. (Aus Hofstede und Hofstede 2009, S. 4; mit freundlicher Genehmigung von © Verlag C.H. Beck oHG 2009. All Rights Reserved)

einer Glaubensgemeinschaft auf. Und dann entdeckt man eines Tages, meistens nach der Pubertät, dass man sich in der Rolle als Kulturmitglied nicht wohl fühlt, weil die verbindlichen Formen durch die Verhaltensregulierung durch die Kultur gegen ein subjektives Gefühl von Bewegungsförderung oder Ausdrucksförderung gehen. Man fühlt sich zensiert oder eingeschränkt. Und dann ergreift man die Gelegenheit, sich auf etwas anderes als seine Kulturzugehörigkeit zu besinnen. Nämlich auf die Möglichkeit als dieses ausdruckverlangende Individuum zu wirken, wenn man Künstler und Wissenschafter wird. Denn seit 600 Jahren gilt (und das ist die europäische Großleistung der Weltgeschichte), dass es neben der Autorität der Kulturen und ihren Verbindlichkeiten eben auch eine Autorität der Individuen gibt. Neben den Kollektiven der Kulturen eine Autorität der künstlerischen und wissenschaftlichen Individuen [...]. Das ist nicht gerade, was wir an uns schätzen, Mitglieder der Kultur zu sein. Sondern an uns schätzen wir unsere Fähigkeit abzuweichen" (Brock 2020).

Für Brock begann der Aufstieg des Individuums im 15. Jahrhundert. Seine Emanzipation von der Autorität der Kirche und des Absolutismus wurde mit der Aufklärung vollzogen. Nun wird eine zweite Aufklärung benötigt, um das Individuum von der Macht der „Vernunft" zu befreien (Horkheimer und Adorno 1988; Horkheimer 1991). Denn was aus der Systemperspektive Dysfunktion, Devianz und „Wahnsinn" ist (Foucault 2022), kann aus der Umweltperspektive der sinnvollste Weg sein.

6.2.4 Die gesellschaftlichen Sinnesorgane

Derealisierungsprozesse tragen zur Polykrise bei. Entscheidungen sind wiederum umso nachhaltiger, je breiter die Wahrnehmungshorizonte sind, in denen sie getroffen werden. Während sich die Nicht-Nachhaltigkeit in anästhetischen Zuständen ausdrückt (Abschn. 3.3.1), braucht Nachhaltigkeit eine ästhetische Kommunikation, die durch *gesellschaftliche Sinnesorgane* ermöglicht wird (Brocchi 2012a, S. 135). Sie machen das System für seine Umwelt und Innenwelt empfindsam. Zu den gesellschaftlichen Sinnesorganen zählen zum Beispiel:

- *Die Zivilgesellschaft*: NGOs, Wohlfahrtsverbände, Umweltinitiativen usw. kommunizieren die Wirklichkeit der „Peripherie" im „Zentrum" der Gesellschaft. Sie sorgen dafür, dass Probleme politisiert und nicht nur privatisiert werden.
- *Die Künste*: Sie fördern eine Erweiterung der Wahrnehmungshorizonte, indem sie die Komplexität mit anderen Methoden als die Naturwissenschaften erforschen. Die sinnliche Kommunikation ermöglicht einen ganz anderen Zugang zur Umwelt und zur Innenwelt als die kognitive. So können Dichter*innen die Möglichkeit der Sprache ausweiten, Gefühlzustände aufzugreifen. Die Künste bringen Träume und Sehnsüchte zum Ausdruck, und zwar auch utopische: Wer die bestehende Realität ändern will, muss zunächst eine andere imaginieren. „Das Imaginäre ist also nicht nutzlos, es dient vielmehr als Katalysator des Denkens, Fühlens und Handelns" (Selke 2022, S. 33).
- *Die Natur- und Geisteswissenschaften*: Sie setzen sich mit dem Unbekannten auseinander und schaffen ein Bewusstsein für die Zusammenhänge. Während sich die Naturwissenschaften auf das Wie fokussieren, stellen die Geisteswissenschaften auch die Frage der Sinnhaftigkeit. Die Naturwissenschaften objektivieren die Erkenntnisse, die Geisteswissenschaften reflektieren hingegen die Subjektivität von Erkenntnisprozessen.
- *Der investigative Journalismus*: Ohne eine unabhängige und kritische Presse ist jede Demokratie blind und den „Public Relations" ausgeliefert. Gerade dort, wo sich Machtstrukturen unsichtbar machen, bringt der investigative Journalismus Licht ins Dunkel.
- *Die Migrant*innen*: In unserer Nachbarschaft leben Botschafter*innen anderer gesellschaftlicher, kultureller und ökologischer Realitäten. Der interkulturelle Dialog ist eine wichtige Strategie für die Erweiterung der Wahrnehmungshorizonte.
- *Die Pioniere und die Subkulturen*: Die vorgegebene gesellschaftliche Ordnung ist keine Realität, die hingenommen werden muss. So bilden Nischen und Reallabore Möglichkeitsräume für Alternativen, die innerhalb von Subkulturen geteilt, gelebt und weiterentwickelt werden. (ebd.)

Autoritäre Systeme unterdrücken diese gesellschaftlichen Sinnesorgane, westliche Gesellschaften funktionalisieren und assimilieren sie. In beiden Fällen orientiert man sich konsequent an starren mentalen Landkarten, obwohl sie nicht mit dem Gebiet übereinstimmen: Was folgt, ist ein möglicher Wandel *by Disaster*. Entsprechend benötigt ein Wandel *by Design* gesunde und freie gesellschaftliche Sinnesorgane.

6.3 Zur Kulturpraxis der Transformation

In ihrer Geschichte hat die westliche Gesellschaft meistens *a posteriori* gelernt, das heißt nach der empirischen Erfahrung der Krise und der Katastrophe. So waren im letzten Jahrhundert zwei verheerende Weltkriege notwendig, um die Bedeutung des Friedens bewusst zu machen und eine Friedensinstitution wie die Vereinten Nationen aufzubauen. Erst zwei Umweltkatastrophen im Jahr 1986 (Tschernobyl und der Großbrand beim Chemiekonzern Sandoz bei Basel) führten zur Einrichtung des ersten Bundesumweltministeriums in Deutschland. Der Wandel hin zur Nachhaltigkeit ergab sich also bisher meistens als Reaktion auf eine empirische Erfahrung. Erst die Gefahr eines „Nuclear Overkills" durch einen Dritten Weltkrieg hat diese Form des Lernens sinnlos gemacht. Auch nach dem Überschreiten von ökologischen und sozialen Kipppunkten (Tipping Points) kann es für den Menschen kein sinnvolles Lernen geben (Brocchi 2015, S. 49). Deshalb erfordert eine Transformation zur Nachhaltigkeit eine andere Form des Lernens: *a priori,* vor der tatsächlichen Erfahrung und vor der empirischen Gewissheit. Es ist sinnvoller und günstiger manchen Risiken und Krisen vorzubeugen, statt darauf zu reagieren. Doch gerade eine präventive Nachhaltigkeit setzt einen gesellschaftlichen Wandel voraus, der mehr durch Geist statt durch Not angetrieben wird.[13] Ein Prototyp des Lernens a priori war das Ende des Kalten Krieges. Anstelle des atomaren Konfliktes führte ein kultureller

---

[13] So erfordert der Klimawandel nicht nur materielle Anpassungen durch den Bau von Deichen oder das Wiederaufforsten von Wäldern, die zur nachträglichen Reparatur entstandener Schäden führen, sondern auch eine „kulturelle Anpassung", die „auf präventive Initiativen und langfristige Orientierungen" zielt (Heidbrink 2010, S. 57).

Wandel dazu. Die Auslöser waren Glasnost (Offenheit) und Perestroika (Umgestaltung) in der Sowjetunion (Möbius 2019).

Für diese Form gesellschaftlichen Wandels sind sechs Ansätze von Bedeutung: der reflexive Wandel, der intra- und interkulturelle Wandel, der mediale Wandel, der Wandel durch Kulturbewegung, der Wandel als Spiel und der Wandel durch neuartige Rituale.

6.3.1 Reflexiver Wandel

Wenn die Weltbevölkerung in den letzten 100 Jahren genauso explosionsartig gewachsen ist, wie die Bakterienpopulation in einer Agar-Kultur, dann liegt es an dem Instrumentarium, das der Fortschritt den Menschen geliefert hat. Doch die Erde ist genauso begrenzt wie eine Petrischale: Sobald die Tragfähigkeitsgrenzen überschritten sind, beginnt die Population einzugehen. Die Transformation *by Disaster* liegt sozusagen in der Natur der Sache. Es gibt jedoch einen wesentlichen Unterschied zwischen Menschen und Bakterien, und der könnte für eine Transformation *by Design* entscheidend sein: Wir können unsere Lage und Entwicklung *reflektieren* und darüber kommunizieren. Indem Menschen die Folgen des eigenen Handelns simulieren, können sie Selbstbegrenzung üben. Denn meistens tun wir nicht alles, was wir könnten. Auch wenn wir immer weiterwachsen und expandieren könnten, ziehen wir gelegentlich andere Aktivitäten vor: Muße, Beziehungspflege, Weiterbildung oder Kunst. Die Fähigkeit zur Selbstbegrenzung hat sich im Naturschutz institutionalisiert: Bestimmte Naturräume bleiben unberührt, obwohl dies dem Bedarf nach immer mehr Wohnungen oder Agrarflächen widerspricht.

In der Modernisierung ergibt sich die Unfähigkeit zur Selbstbegrenzung womöglich aus der Unfähigkeit zur Reflexion: Genau deshalb fordert Ulrich Beck eine „reflexive Modernisierung". Während die „*normale* Modernisierung […] eine zunächst *un*reflektierte, gleichsam mechanisch-eigendynamische Grundlagenveränderung der entfalteten Industriegesellschaft" darstellt, verfolgt die reflexive Modernisierung „eine *Radikalisierung* der Moderne, welche die Prämissen und Konturen der Industriegesellschaft *auflöst* und Wege in *andere* Modernen – oder

Gegenmodernen – eröffnet" (Beck 1996, S. 29). Die Notwendigkeit einer „*Selbsttransformation* der Industriegesellschaft" ergibt sich aus den ökologischen und sozialen „Modernisierungserfolgen" sowie aus den Rückwirkungen „des ganz gewöhnlichen Fortschritts" (ebd., S. 27). „Das *Denken* muß verändert werden, damit die Welt der Moderne an ihren eigenen Ursprüngen und Ansprüchen erneuert werden kann" (ebd., S. 26). Für den Soziologen Dirk Baecker ist die Kultur der Moment, in dem sich die Gesellschaft reflektiert, denn „die Zukunft [befreit] uns nicht vom Blick auf die Gegenwart, sondern [rückt] die Gegenwart überhaupt erst in das Zentrum der Aufmerksamkeit. Dazu braucht die moderne Gesellschaft den Begriff der Kultur" (Baecker 2000, S. 10). Kultur- und Kunsträume sind der Ort, an dem sich die Gesellschaft reflektiert und sich die Frage nach dem Sinn stellt: Warum und wozu müssen wir uns unbedingt so weiter entwickeln? Gibt es vielleicht bessere Alternativen?

Menschen können stur an Glaubenssätzen festhalten, die sie unglücklich machen – so als ob Leiden ungeheuer schön wäre (Watzlawick 2009). Genauso können soziale Systeme am selben Entwicklungsmodell festhalten, das sie bisher zu Verlierern gemacht hat oder das offensichtlich in eine Sackgasse führt. Deshalb ist die wichtigste Voraussetzung für die Lösung von Problemen die Bereitschaft, diese loszulassen. Laut Paul Watzlawick (1987) haben „mentale Scheuklappen" in der Geschichte der Menschheit dafür gesorgt, dass zahlreiche Probleme künstlich erfunden werden. Daran müssen sich soziale Systeme dann ständig abarbeiten, mit hohem Aufwand und großer Energieverschwendung. Am Ende sind es gerade die erarbeiteten Lösungen, die fatale Wirkungen haben können. Umso wichtiger ist eine Kulturkritik, die den Referenzrahmen hinterfragt, in dem Probleme erzeugt und Lösungsansätze definiert werden.

Eine wichtige Strategie, um die „Betriebsblindheit" (Dievernich 2002) sozialer Systeme zu überwinden und eine Reflexion zu fördern, ist der *Perspektivenwechsel*. Was sich von innen völlig vernünftig und notwendig anfühlt, kann von außen komplett irrational oder überflüssig erscheinen. Perspektivenwechsel bedeutet, das eigene System aus der Umweltperspektive zu betrachten. Dafür gibt es verschiedene Möglichkeiten:

- *Die astronautische Perspektive* (Schmid 2008): Was würde ein Außerirdischer von unserer Lebensweise halten?[14]
- *Die ökologische Perspektive*: Wie sieht die Gesellschaft aus der Perspektive nicht-menschlicher Wesen aus? Was könnten wir zum Beispiel von einem Kraken lernen?[15]
- *Die Futur-Zwei-Perspektive*: Wie will ich gelebt haben? Was werden die künftigen Generationen von der heutigen halten?
- *Der Dialog mit Fremden*: Wie sieht der globale Norden aus der Perspektive des globalen Südens aus? Was können wir von indigenen Völkern und von Geflüchteten lernen?
- *Die Migration und das Reisen*: Wer durch soziale Systeme wandert, begreift die Relativität der jeweiligen Normalität am besten.
- *Der Tausch der Positionen*: Wohlhabende und ärmere Familien könnten ihre Wohnorte für eine Woche tauschen. Im Sinne eines intrakulturellen Perspektivenwechsels tauschten in Wuppertal 2019 ein Opernintendant und der Präsident eines wissenschaftlichen Instituts ihre Rollen für drei Wochen (Schomäcker 2019).
- *Die Auseinandersetzung mit dem Tod:* Nahtoderfahrungen ändern die Einstellung zum Leben. Man versteht, welche Dinge im Leben wirklich zählen und welche unwichtig sind.

Durch den Perspektivenwechsel erweitern sich die Wahrnehmungshorizonte, in denen Menschen ihr Leben denken und gestalten. Auch die Bildung, die Literatur und das Kino können den Perspektivenwechsel in der Gesellschaft fördern. Das „Theater der Unterdrückten" von August Boal (1979) überlässt den Benachteiligten die Bühne, sodass sie die Welt und die Träume aus ihrer Perspektive darstellen können. Das Theaterkollektiv „Rimini-Protokoll", das im Jahr 2000 gegründet wurde, hält der Gesellschaft den Spiegel vor, indem „Experten des Alltags" als Theaterdarstellende auftreten (Dresse und Malzacher 2007).

---

[14] Wie ein Film die astronautische Perspektive simulieren kann, zeigt unter anderem die gesellschaftskritische Science-Fiction-Komödie „La belle verte" („Der grüne Planet", auch bekannt als „Besuch vom andern Stern") aus dem Jahr 1996.

[15] Mit dieser Frage beschäftigt sich der Dokumentarfilm „Mein Lehrer, der Krake" von James Reed und Pippa Ehrlich aus dem Jahr 2020.

Behandelt werden Fragen wie „Warum werden Menschen Polizisten?" oder „Welche Akteure und Netzwerke gewinnen in der Postdemokratie an Einfluss?"[16] Weil auf der Bühne die realen Protagonisten und Betroffenen der Geschichten stehen, wird die Reflexion zu den gestellten Fragen gelebt statt gespielt. Dies erzeugt wiederum eine stärkere Identifikation und intensivere Auseinandersetzung beim Publikum.

Die Fähigkeit, sich in eine fremde Perspektive hineinzuversetzen, ist fundamental, um ökologische und soziale Konflikte zu lösen. So umfasst der reflexive Wandel auch die Möglichkeit der Kommunikation über die Kommunikation, sprich der *Metakommunikation*. Konflikte sind oft Ausdruck einer Beziehung, in der eine Unfähigkeit zur Metakommunikation herrscht (Watzlawick et al. 2007, S. 59). So ist es auch in internationalen Beziehungen, zum Beispiel beim Wettrüsten. Dabei wird nämlich behauptet, dass „die Vorbereitung auf den Krieg das beste Mittel zur Erhaltung des Friedens" sei. Es ist jedoch „keineswegs klar, weshalb dann alle Nationen im Rüsten anderer Nationen eine Bedrohung des Friedens sehen. Aber eben dies sehen sie darin, und infolgedessen fühlen sie sich veranlaßt, durch eigene Aufrüstung jene Rüstungen zu übertreffen, durch die sie sich bedroht fühlen" (C. E. M. Joad zitiert in ebd.). Solche Konflikte zeichnen sich durch eine ununterbrochene Verkettung von Reiz und Reaktion, Provokation und Verteidigung aus. Dabei vermischen sich die Rollen (Täter und Opfer) immer mehr. Eine Unterbrechung des kommunikativen Teufelskreises erfordert die Vogelperspektive und das Gespräch darüber: „Wie wollen wir miteinander umgehen?" Indem Kultur und Politik als Orte der Metakommunikation dienen, fördern sie den Frieden.

6.3.2 Intra- und interkultureller Wandel

Erst durch den „Kulturkontakt" wird das, was uns im Alltag selbstverständlich erscheint, zur Kultur: „Vor dem Kontakt weiß sie nicht, daß sie eine Kultur ist. Erst der Kontakt zwingt sie, aus der Erfahrung des

---

[16] Theaterprojekte des „Rimini-Protokolls": https://www.rimini-protokoll.de/website/de/projects (Zugriff: 11.6.2023).

Fremden [...] auf ein Eigenes zu schließen" (Baecker 2000, S. 16). Wir brauchen das Fremde als Spiegel, um uns selbst zu reflektieren. Das Fremde kann deshalb nur so unangenehm sein wie der Spiegel, der auf uns gerichtet ist. Die Reflexionsfähigkeit setzt voraus, dass wir dem Fremden auf Augenhöhe begegnen, statt es einfach als „barbarisch" abzuqualifizieren (ebd.) oder als „unterentwickelt" zu assimilieren. Denn das Fremde ist die Möglichkeit zu lernen: Je größer der Unterschied, desto größer das Lernpotenzial. Innerhalb der Gesellschaft können Generationen, Milieus, Disziplinen, Bereiche und Subkulturen voneinander lernen (intrakulturelle Kommunikation). Während in der modernen „Hochkultur" Traditionen mit Rückständigkeit gleichgesetzt werden, zeigt Slow Food, dass Qualität und Genuss gerade in Traditionen stecken können.[17] Eine interkulturelle Kommunikation kann hingegen zwischen Kulturkreisen, Ethnien und Religionen stattfinden. So bietet das Eine-Welt-Netz NRW[18] eine Plattform für den Nord-Süd-Dialog. Das Fremde lebt aber oft nebenan. Initiativen wie „EXILE-Kulturkoordination" in Essen geben Künstler*innen mit Migrationshintergrund eine Bühne.

Menschen bleiben nur so lange fremd, bis mit ihnen interagiert wird. Dafür sind Vermittler*innen und Übersetzer*innen besonders wichtig. Zum Brückenbau in der intra- und interkulturellen Kommunikation kann jedoch auch die gemeinsame äußere und innere Natur dienen:

> „Zur *äußeren* Natur: Wir alle leben auf diesem Planeten und teilen dadurch ein gemeinsames Schicksal. Auch wenn sich zwei Personen nach Alter, Beruf, Schicht oder Herkunft voneinander unterscheiden, teilen sie als Bürger dieselbe Gesellschaft und als Nachbar dieselbe Straße miteinander. Die gemeinsame Natur ist gleichzeitig [...] eine *innere*: Alle Menschen sind mit ähnlichen Fragen und Herausforderungen in ihrem Leben konfrontiert. Uns vereint eine lange Reihe von Bedürfnissen, die Ökologie steckt in

---

[17] Slow Food engagiert sich weltweit für eine Kultur des Essens, die auf Wertschätzung, Verantwortung und Genuss basiert. Hier setzen sich Menschen für ein zukunftsfähiges Lebensmittelsystem ein. Die biokulturelle und geschmackliche Vielfalt zu bewahren, ist dafür Grundvoraussetzung (https://www.slowfood.de, Zugriff: 7.6.2023).

[18] Eine-Welt-Netz NRW: https://www.eine-welt-netz-nrw.de/ (Zugriff: 27.3.2023).

jedem von uns […]. Jeder Mensch [ist] ein *Beziehungswesen* und gleichzeitig ein *einzigartiges* Individuum" (Brocchi 2019a, S. 159 f.).

Die Sprache der Gefühle ist universell. Zum Beispiel ist das Lachen über kulturelle Grenzen hinweg ansteckend. Genauso universell ist die Sprache der praktischen Dinge. So können auch die Gartenarbeit oder das Kochen als Brücke zwischen den Kulturen dienen. Hinderlich für die Kommunikation sind hingegen soziale Ungleichheit und Habitus. In asymmetrischen Verhältnissen kann Kommunizieren auf Augenhöhe erreicht werden, indem die schwächere Seite besonders geschützt wird und Mechanismen des sozialen Ausgleichs praktiziert werden. Während in Deutschland die Schüler*innen mit den besten Noten am stärksten gefördert werden und in „Eliteuniversitäten" investiert wird, bekommen in Finnland die schwächeren Kinder die stärkste Unterstützung und Bildung allgemein genießt einen höheren Stellenwert (Matthies und Skiera 2009).

Eine Antidiskriminierungspolitik will mehr Gerechtigkeit und Gleichheit gerade dort herstellen, wo Menschen sonst gesellschaftlich benachteiligt werden.

> „Dieses Mehr an sozialer Gleichheit muss jedoch erreicht werden, ohne die Unterschiedlichkeit von Individuen einfach einzuebnen. Denn zur unveräußerlichen und unantastbaren Menschenwürde gehört es gerade, dass individuelle Verschiedenheit zu respektieren ist und nicht in platter Angleichung an die Mehrheits-Kultur einfach zum Verschwinden gebracht wird" (Raasch 2010, S. 12 f.).

Doch ein Diskriminierungsverbot oder die Festlegung von Quoten reichen allein nicht aus, „eine gesellschaftlich über Generationen hinweg gewachsene und in den Strukturen von Gesellschaft und Psyche der Gesellschaftsmitglieder tief verankerte Abwertung und Zurücksetzung ganzer gesellschaftlicher Gruppen aufzuheben" (ebd.). Während ein Diskriminierungsverbot lediglich ein bloßes Nicht-Tun verlangt, stehen positive Maßnahmen für „ein aktives Tun, um die Strukturen in der Gesellschaft, in einzelnen Organisationen und in den Köpfen der Menschen umzugestalten" (ebd.). Dabei ist der erste Schritt das Bewusstsein, dass Diskriminierung nicht allein ein Problem von Frauen, Migranten oder Armen ist, sondern von einer Beziehung mit zwei Seiten. Inklusion bedeutet nicht nur mehr Frauen oder Migranten „an die Spitze", sondern auch weniger Spitze.

6.3.3 Medialer Wandel

Als Medien vermitteln die Bildungseinrichtungen, die Presse oder das Internet immer eine Kultur. Dadurch reproduzieren sie eine Grundordnung und tragen zu einer Entwicklung der Gesellschaft bei. Wenn die Gesellschaft immer noch an einem Entwicklungspfad festhält, der in eine Sackgasse führt, könnte dies ein Hinweis dafür sein, dass ihre Medien eine nicht-nachhaltige Kultur reproduzieren und verbreiten. Eine nachhaltige Transformation benötigt also eine mediale Transformation.

Zunächst stellen die Medien nicht nur eine Körpererweiterung dar, sondern auch eine Amputation (Abschn. 2.1.5). Dabei kommt die Frage auf, wie viel Amputation dem Menschen und der Gesellschaft zugemutet werden kann. Denn wenn sich ein immer größerer Teil der menschlichen und gesellschaftlichen Kommunikation in technischen Medien abspielt, dann birgt dies auch Risiken. So geht die Zeit, die Menschen im Internet oder beim Fernsehen verbringen, auf Kosten anderer Aktivitäten. Dadurch können Fähigkeiten und Qualitäten verloren gehen, die sich lange bewährt haben. Wir leben zwar in der „Wissens- und Informationsgesellschaft", allein die Masse an Informationen steigert aber die Fähigkeit der Menschen nicht, diese zu verarbeiten und in Erkenntnis umzuwandeln. Die Hyperinformation führt im Gegenteil zu einer geistigen Verstopfung (Abschn. 3.3.1.1). Aus diesem Grund kann auch eine partielle Demedialisierung der gesellschaftlichen Kommunikation Freiräume für den Wandel öffnen. So wären Funklöcher und WLAN-freie Zonen kein Ausdruck „digitaler Unterentwicklung" mehr, sondern Freiräume für Resonanzerfahrungen.

Eine Amputation entsteht auch durch die Tatsache, dass wir die technischen Medien entscheiden lassen, wie wir die Welt sehen. So suchen wir nicht mehr selbst nach relevanter und vertrauenswürdiger Information: „Wir googeln. Und da wir zunehmend auf Google setzen, wenn wir Antworten bekommen wollen, schwindet auch unsere Fähigkeit, selbst nach Informationen zu suchen. Schon heute definiert sich ‚Wahrheit' anhand der Topresultate der Google-Suche" (Harari 2019, S. 102). Wem geben wir aber eine solche unheimliche Macht? Wer darf Zugang zu unserem Gehirn haben? Weil eine solche Macht weder profitorientiert sein noch für politische Zwecke missbraucht werden darf, benötigen die Medien einen Rahmen, der ihre Unabhängigkeit gegenüber Staats- und Kapitalinteressen garantiert. In Deutschland bedeutet dies unter anderem eine deutliche Reduktion des Anteils von Politiker*innen und „staatsnahen Personen" in den Aufsichtsgremien von öffentlich-rechtlichen Rundfunkanstalten (Rotermund 2023, S. 7). Dazu wird eine Regulierung der privaten Medienlandschaft benötigt, denn es darf keine Freiheit mehr geben, Massen von Menschen durch Werbung zum Massenkonsum zu erziehen. Eine Unabhängigkeit von starken Interessen bringt jedoch wenig, wenn die Medienorganisation in alten Hierarchien, Routinen und Denkmustern gefangen bleibt und ein relativ homogenes Personal beschäftigt wird. Deshalb können sich die Kulturinstitutionen nur dann transformativ auswirken, wenn sie sich selbst transformieren.

In der Presse wird oft das Wirtschaftswachstum bejubelt und direkt danach der Klimawandel beklagt, als ob das eine nichts mit dem anderen zu tun hätte. Offensichtlich sind die Redaktionen selbst in einer Wirtschaftsideologie und in einem Separationsdenken gefangen – und tragen damit zu ihrer Universalisierung bei. So setzt der Kulturwandel eine Berichterstattung voraus, die Ideologiekritik ausübt und über Zusammenhänge aufklärt. Wie die Medien die Politik transparent machen und dadurch die Demokratie stärken, zeigt unter anderem das ZDF durch politische Kabarettsendungen wie „Die Anstalt" und „Magazin Royale". Sie übernehmen teilweise die Aufgabe eines unabhängigen, kritisch-investigativen Journalismus, der an anderer Stelle stark vermisst wird.[19]

---

[19] Zwei prominente Beispiele: Die Sendung „Die Anstalt" vom 29.4.2014, die die Verbindungen zwischen deutschen Medien und transatlantischen sicherheitspolitischen Netzwerken aufzeigte (https://www.youtube.com/watch?v=eY6-KsduC2U, Zugriff: 17.4.2023); die Sendung „ZDF Magazin Royale" von 3.11.2022. Dabei wurden die NSU-Akten des hessischen Verfassungsschutzes veröffentlicht, obwohl diese noch für Jahrzehnte hätten unter Verschluss bleiben sollen (https://nsuakten.gratis/, Zugriff: 27.3.2023).

Die Medien sollten als gesellschaftliches Sinnesorgan die Kommunikation des sozialen Systems mit seiner Umwelt fördern und dadurch Derealisierungsprozessen entgegenwirken. Sie sollten keine „Welterzählung" vorgeben, sondern sich für den Dialog und die Vielfalt öffnen – genauso wie es der Medienstaatsvertrag von ihnen verlangt: „Damit verbunden ist das Ziel, mit einem Gesamtangebot für alle sämtliche Milieus der Zivilgesellschaft zu erreichen und für all diese Gruppierungen einen integrativen, von öffentlich-rechtlichen Qualitätsmaßstäben geprägten Kommunikations- und Debattenraum zu schaffen" (zit. in Rotermund 2023, S. 5).

6.3.4 Wandel durch Kulturbewegung

Warum die Transformation zur Nachhaltigkeit ein „Drittes System" benötigt, wurde in Abschn. 5.1.3 gezeigt. Claus Leggewie und Harald Welzer fordern eine „APO 2.0". Nur eine Bewegung, die Akteure aus den vier Säulen Ökologie, Ökonomie, Soziales und Kultur vernetzt, kann eine multidimensionale Vision von Entwicklung und Wohlstand formulieren. Wenn ökologische, soziale und kulturelle Belange Opfer derselben Entwicklungslogik sind, dann braucht es ihre Allianz, um diese Logik zu überwinden. Nur durch eine *systemische Bewegung* kann eine Demokratisierung der Demokratie erreicht werden.

Diese Bewegung sollte ihre Forderungen nicht unbedingt an die Regierungen richten, denn damit könnte implizit eine zentralistische Governance legitimiert werden, obwohl diese bereits ausgedient hat.[20] Vielmehr sollte eine systemische Bewegung dafür sorgen, dass Entscheidungen nicht mehr innerhalb von Blackbox und „Festungen" (Abschn. 3.4.3) getroffen werden. In Deutschland sollten mehr direktdemokratische Mechanismen erkämpft werden. Ihrer institutionellen Lähmung kann die Gesellschaft entkommen, wenn sie Last und

---

[20] In der Polykrise wirken Regierungen selbst überfordert und gelähmt. Oft bildet nicht die Vision, sondern die Macht den kleinsten gemeinsamen Nenner, der Regierungskoalitionen zusammenhält.

Verantwortung durch Dezentralisierung und Subsidiarität breiter verteilt und ein Stück Selbstorganisation an der Basis zulässt.

Bisher war die Nachhaltigkeit vor allem ein Appell an Unternehmer*innen und Verbraucher*innen, das eigene Verhalten zu überdenken und zu optimieren. So ist die Nachhaltigkeit als freiwillige Aufgabe privatisiert worden, während die Infrastrukturen und der Wettbewerb weiterhin Nicht-Nachhaltigkeit fördern. Durch eine systemische Bewegung können Probleme und Lösungsansätze politisiert statt nur privatisiert werden. Für eine Große Transformation ist eine demokratische Regulierung der Märkte und eine Änderung der gesellschaftlichen Rahmenbedingungen nicht nur effektiver und wirksamer: Sie kann sich auch entlastend auf die Individuen auswirken. So können gesetzliche Änderungen, die für alle Unternehmen gleich gelten, keinen Wettbewerbsnachteil für den einzelnen Betrieb bilden. Die Corona-Krise hat gezeigt, dass selbst harte Einschnitte eine breite Akzeptanz in der Bevölkerung finden, wenn sie gleich verteilt sind.

Eine systemische Bewegung sollte sich zu einer Transformation aus dem Lokalen heraus selbstermächtigen, indem sie sich dezentral organisiert und ihr Fundament in lokalen Bündnissen und Allianzen legt (Abschn. 5.3.3). Um die Rahmenbedingungen der gesellschaftlichen Entwicklung zu ändern, braucht es eine Vernetzung auf den übergeordneten Ebenen – bis hin zur globalen Ebene. Je größer ein Netzwerk ist, desto mehr ist es auf Kultur und Medien angewiesen (Abschn. 2.1). Deshalb sollte die systemische Bewegung gleichzeitig eine *Kulturbewegung* sein. Was zeichnet sie aus? Wofür steht sie?

Erstens zeichnet sich eine solche Kulturbewegung durch Reflexionsfähigkeit aus. Es geht um das Bewusstsein, dass ihre Mitglieder in derselben Gesellschaft erzogen worden sind, die von der Bewegung geändert werden soll. Die bestehende Ordnung kontaminiert die Alternativen, die aus ihr selbst hervorgehen. So treten Machtdynamiken oder Wettbewerb um Status auch innerhalb von sozialen Bewegungen auf. Weil solche Erscheinungen dem eigenen idealen Wunschbild widersprechen, findet nicht immer eine offene Metakommunikation darüber statt. So können idealistische Einstellungen den inneren Lernprozess hemmen. Doch eine Botschaft ist nur dann besonders überzeugend, wenn sie gelebt und nicht nur gepredigt wird. Die Reflexionsfähigkeit ist der Weg, um verbale und nonverbale Botschaft sowie Selbstbild und Fremdbild in Einklang zu bringen, sodass die Kommunikation kongruent wirkt. Eine reflexive Bewegung behandelt Menschen, Gesellschaft und Umwelt nicht als Objekte des eigenen Handelns, denn die Bewegung selbst besteht aus Menschen, Gesellschaft und Umwelt. Gerade darin liegt die große Chance, als transformativer Raum auch nach innen (reflexiv) zu wirken. So bildet jede lokale Initiative und Organisation eine Gesellschaft im Kleinen, in der Formen des Zusammenlebens und des Wirtschaftens erprobt werden können – und die Demokratie weiterentwickelt werden kann, zum Beispiel als „Soziokratie" (Buck und Villines 2007). Wenn es um die Frage geht, wie das richtige Leben im falschen möglich ist, dann ist die Kulturbewegung selbst ein ideales Reallabor dafür.

Zweitens bedeutet Kulturbewegung die bewusste, menschengerechte Gestaltung von Kommunikationsprozessen und Organisationsstrukturen. An dieser Stelle verdienen zwei Spannungsfelder eine besondere Aufmerksamkeit:

a) Lebendigkeit vs. Struktur: Einerseits ist die Lebendigkeit die wichtigste Energiequelle von Bewegungen. Sie erzeugt am meisten Anziehungskraft und Motivation. Zu viel Struktur riskiert, die Lebendigkeit zu löschen. Andererseits wird die Komplexität schnell zur Last, wenn es zu wenig Struktur gibt.
b) Einheit vs. Vielfalt: Eine Bewegung braucht die Einheit, um eine Schlagkraft zu entwickeln und um die gemeinsamen Ziele zu erreichen. Gleichzeitig lässt sich eine heterogene Bevölkerung am besten durch Vielfalt ansprechen und aktivieren. Je ausgeprägter die Einheit ist, desto mehr bleibt man am Ende „unter sich".

Bei beiden Spannungsfeldern gilt Folgendes: In einer Atmosphäre des Grundvertrauens und der Großzügigkeit lassen sich Lebendigkeit und Struktur sowie Einheit und Vielfalt viel besser kombinieren als in einer des Misstrauens und der Intoleranz. Für die Vertrauenspflege ist die persönliche Interaktion ausschlaggebend. Dazu dienen informelle Kommunikationsformate (z. B. Feiern, Wandern), gemeinsame Spielwiesen (Abschn. 6.3.5) sowie neuartige Rituale (Abschn. 6.3.6). Eine stabile Kooperation setzt eine transparente Definition von Spielregeln voraus. Die Vereinbarungen behalten so lange ihre Gültigkeit, wie sie von den Beteiligten nicht verändert werden. Unter den Spielregeln sind jene besonders relevant, die den Umgang mit Entscheidungen und mit Konflikten behandeln.

Weil das miteinander Teilen nicht nur das Ziel der Transformation ist, sondern auch der Weg dahin, sollte die Verantwortung auf allen Ebenen der Bewegung geteilt statt von Einzelnen besessen werden. Jede Aufgabe sollte von mindestens zwei Personen getragen werden. Idealerweise sollten die Arbeitsgruppen so zusammengesetzt werden, dass Wissensorientierung (Beobachter*innen, Erfinder*innen und Spezialist*innen), Kommunikationsorientierung (Moderator*innen, Koordinator*innen und Beziehungspfleger*innen) und Handlungsorientierung (durch Macher*innen und Umsetzer*innen vertreten) im Einklang sind (Belbin 1993). In der Transition-Bewegung heißt das Prinzip „Kopf, Herz und Hand", doch es wird weniger auf Teamrollen bezogen als auf die Mischung der Aktivitäten und die Gestaltung des Prozesses.[21]

Vielfalt kann nur dann bestehen, wenn Autonomie und Selbstorganisation zugelassen werden. Dafür braucht es Freiräume, in denen sich die Eigenart der Teile entfalten kann. Gleichzeitig benötigt die Einheit integrative Räume. Dabei kann auch die Kunst eine wichtige Rolle spielen, denn in der Diversität kann die Einheit nicht nur eine rationale und organisatorische sein. Als Identifikationselement in der Vielfalt können Gemeingüter fungieren. So kann jede Einrichtung, jeder Campus, jede Stadt oder Region als Gemeingut betrachtet und als solches transformiert werden.

Drittens zeichnet sich eine Kulturbewegung durch den besonderen Stellenwert von Bildung, Wissenschaften, Künsten und Medien aus. Darin sind die entsprechenden Akteure vernetzt und setzen sich

---

[21] Aus der „Transition Charta 1.2" der Transition-Initiativen, unter: https://www.transition-initiativen.org/sites/default/files/Transition_Charta_1.2_September_2016_0.pdf (Zugriff: 26.4.2023). Dieses Bildungsverständnis orientiert sich an Johann Heinrich Pestalozzi, der sich für eine naturorientierte Pädagogik einsetzte. Sie sollte drei Ebenen verbinden: Herz (Wollen), Hand (Können) und Kopf (Wissen) (Burkard und Weiß 2008, S. 79).

gemeinsam für die Emanzipation bzw. für eine Defunktionalisierung des Kulturbereichs in der Gesellschaft ein. Jede Kultursparte trägt zur Transformation mit eigenen Kompetenzen bei, so sind Lernprozesse die Kompetenz der Bildung, während Systemwissen (Naturgesetze, Modelle…) die Kompetenz der Naturwissenschaften ist (Schneidewind und Singer-Brodowski 2014, S. 69 ff.). Aus den Geisteswissenschaften kommt die Kompetenz über Gesellschaft, Kultur und Menschen; aus der Kunst jene über Emotionen und Kreativität. Auch die Presse kann zur Transformation beitragen, nämlich durch investigative Aufklärung.

Viertens erweitert eine Kulturbewegung das Verständnis von Kultur, indem sie der kulturellen Vielfalt eine Plattform bietet. So gibt es bei indigenen Völkern und in lokalen Kulturen bewährte Formen von Wissen, die wiederentdeckt und aufgewertet werden sollten. Dazu gehören zum Beispiel die Kunst des Reparierens und die Flickkunst. Sie waren bei früheren Generationen selbstverständlich und werden in der Wegwerfgesellschaft dringend benötigt. Was Slow Food im Bereich der Esskulturen leistet, wird auch für das Handwerk und die Architektur benötigt. Während die Modernisierung auf eine Entwurzelung der Lebensweisen zielt, setzt sich eine Kulturbewegung für eine Wiederverwurzelung ein.

Fünftens versteht sich eine Kulturbewegung als Lernzone der Gesellschaft. Dabei schließen die Akteure einen *Lernvertrag*[22] miteinander. Auch Nachbarschaften, Städte oder Regionen können voneinander lernen, wie Transformation gehen kann. Das Lernen kann auch über Erleben und Mitgestalten stattfinden. Dazu dienen Spielwiesen, Reallabore und Realexperimente. In einer transformativen Kulturbewegung finden öffentliche Diskurse ein Forum jenseits von Talkshows. Hier wird der Dialog auf Augenhöhe gefördert, nicht nur zwischen Kulturen und Disziplinen, globalem Süden und globalem Norden, unteren und oberen Schichten, älteren und jüngeren Generationen, sondern auch zwischen menschlichen und nicht-menschlichen Wesen (Abschn. 6.3.2).

---

[22] Während ein Gesellschaftsvertrag „die Menschen untereinander auf totalisierte Weise verbindet, damit sie eine Gesellschaft bilden", setzt der Lernvertrag „nichts weiter voraus als die gemeinsame Unwissenheit von Regierenden und Regierten in der Situation des kollektiven Experimentierens" (Latour 2010, S. 292).

Sechstens steht eine Kulturbewegung für ein gemeinsames kollektives Gedächtnis. Für die ganze Gesellschaft ist die Pflege der Erinnerung wichtig, um einer Wiederholung von Fehlern (Marktliberalisierung, Demokratieabbau, Wettrüsten usw.) vorzubeugen. Für eine progressive Transformation braucht es eine Dokumentation, eine Auswertung und eine Vermittlung der Lehren aus den vergangenen Erfahrungen von Transformation.

Siebtens setzt sich eine Kulturbewegung gegen die Hegemonie der Monokultur und für einen Kulturwandel ein.

6.3.5 Wandel als Spiel

Das Bedürfnis nach freiem Spiel steckt tief in unserer Natur. Als „Homo ludens" (Huizinga 1981) lernen wir das Leben spielend, so bedarf es „keiner Prüfungen oder Noten, um kleinen Kindern das Laufen oder Sprechen beizubringen" (Bregman 2022, S. 312). Spielen im weitesten Sinn bedeutet „die Freiheit, der eigenen Neugier zu folgen, zu suchen und zu entdecken, auszuprobieren und Neues zu schöpfen. Nicht, weil Eltern oder Lehrer es einem vorkauen, sondern einfach, weil man dazu Lust hat" (ebd., S. 308). Spielen ist die Möglichkeit, die Kreativität erblühen zu lassen, denn Kreativität kann man nicht unterrichten (Gray 2011, S. 450). Deshalb ist Spielen das, was dem Leben einen Sinn gibt. Was wir „Kultur" nennen, ist für den Historiker Johan Huizinga (1981) aus dem Spiel hervorgegangen.

Die spielerische Natur des „Homo ludens" ist im Laufe der Geschichte unterdrückt worden:

> „Mit der Entstehung der ersten Städte und Staaten entwickelten sich auch die ersten Bildungssysteme. Die Kirche wollte fromme Anhänger haben, die Armee loyale Soldaten und der Staat hart arbeitende Bürger. In einem Punkt waren sie sich einig: Der Feind war das Spiel […]. Bildung ist zu etwas entartet, das man erduldet. Es wächst eine neue Generation heran, die die Regeln der Leistungsgesellschaft immer stärker eingebläut bekommt. Es ist eine Generation, die lernt in einem Konkurrenzkampf mitzuhalten, in dem ‚Erfolg' vor allem an der Höhe des Gehalts und am Umfang des Lebenslaufs gemessen wird. Aber es ist auch eine Generation, die

weniger über die Stränge schlägt. Eine Generation, die weniger träumt und wagt, weniger phantasiert und erkundet. Eine Generation, mit anderen Worten, die verlernt zu spielen [...]. Der Philosoph Ivan Illich schrieb schon vor Jahren: ‚Die Schule ist die Werbeagentur, die einen dahin bringt zu glauben, man brauche die Gesellschaft so, wie sie ist'" (Bregman 2022, S. 313 ff.).

Für eine Transformation zur Nachhaltigkeit wird eine ganzheitliche Bildung benötigt, die das Bedürfnis nach freiem Spiel fördert und unterstützt. Die Möglichkeit des Spielens ist ein zentrales Element des guten Lebens, denn „das Gegenteil von Spielen ist nicht Arbeit [...]. Das Gegenteil von Spielen ist Depression" (Brian Sutton-Smith zit. in Bregman 2022, S. 325). Ein Defizit an Spiel ist ein Defizit an Sinngebung.

Deshalb braucht es für eine gute Entwicklung der Kinder Abenteuerspielplätze und breite Spielwiesen statt eingezäunte künstliche Spielplätze und virtuelle Computerspiele. Es sind aber auch die Erwachsenen, die solche Freiräume benötigen. So zeigte das Projekt „Still-Leben Ruhrschnellweg" für einen Tag (18. Juli) im Rahmen der „Europäischen Kulturhauptstadt Ruhr.2010", wie eine ganze Autobahn (die A40 zwischen Duisburg und Dortmund) in eine Spielwiese für das gute Leben umgewandelt werden kann, indem sie für den Autoverkehr gesperrt und für die Menschen freigegeben wurde. Drei Millionen Menschen genossen das Angebot. Sie frühstückten auf der Autobahn, machten Kunst und Musik, fuhren Rad und spielten zusammen (Ruhr2010 GmbH 2010). Was mit einer Autobahn möglich ist, ist auch mitten in der Stadt möglich. Genau das macht der „Tag des guten Lebens" einmal jährlich in einem ganzen Quartier vor – seit 2013 in Köln, seit 2020 in Berlin, seit 2021 in Wuppertal und seit 2023 in München.[23] An diesem Tag ist ein ganzer Stadtteil autofrei und darf von seiner Bewohnerschaft im Sinne des guten Lebens regiert werden. Durch das kollektive Spiel lernen die Bürger*innen Nachbarschaft, gelebte Demokratie und wie die Transformation gehen kann.

---

[23] Initiativen zum „Tag des guten Lebens": Köln (https://tagdesgutenlebens.koeln/), Berlin (https://tagdesgutenlebens.berlin/), Wuppertal (https://guteslebenwuppertal.de/) und München (https://www.greencity.de/event/der-tag-des-guten-lebens/) (Zugriff: 2.5.2023).

Sowohl bei „Still-Leben Ruhrschnellweg" als auch beim „Tag des guten Lebens" wurden Straßen in eine „temporäre Spielstraße"[24] umgewandelt. Doch auch Privaträume, Innenhöfe, Supermärkte, U-Bahnstationen oder Kirchen können in eine Spielwiese für ungewöhnliche Erfahrungen umfunktioniert werden. Es sind solche *transformativen Spielwiesen*, die den Wandel zur Nachhaltigkeit vorantreiben können. Dafür gibt es folgende Gründe (Brocchi 2020a, S. 50 ff.):

- Das Spielen ist eine natürliche Strategie, um Vertrauen zu Fremden aufzubauen bzw. um die Beziehung unter Vertrauten zu pflegen. Dabei sind die Beteiligten gleichberechtigt, egal wie alt sie sind, woher sie kommen, wieviel sie verdienen, ob sie eine Behinderung haben oder nicht. Diese Eigenschaft stützt eine partizipationsorientierte Transformation zur Nachhaltigkeit, weil darin ein Prinzip der Kommunikationspsychologie besonders relevant ist: Beziehung kommt vor Inhalt. Wenn die Beziehung nicht stimmig ist, bringt die Arbeit an den Inhalten wenig. Das Wie der Kommunikation bestimmt den Umgang mit dem Was (Watzlawick et al. 2007, S. 53–56).
- Das Spielen ermöglicht eine Interaktion mit dem Unbekannten, also auch mit Alternativen zur konventionellen Lebensweise (z. B. Fahrrad statt Auto; Teilen statt Besitzen). Durch das Spiel kann das Unmögliche erlebbar gemacht werden: Wie würde ein urbanes Quartier aussehen, wenn es von seinen Bewohner*innen regiert würde? Auch Kinder müssen ständig neue Praktiken lernen – und das tun sie, indem sie damit spielen. Genauso können Erwachsenen die Skepsis vor Alternativen abbauen. Jedes Spiel ist freiwillig, man kann jederzeit aussteigen.
- Im Spiel lernen die Individuen nicht nur kognitiv, sondern auch sinnlich und körperlich. Beim Spielen wachsen Spaß und Glück,

---

[24] „Temporäre Spielstraßen sind Straßen, die für einen festgelegten Zeitraum für den Fahrzeugverkehr gesperrt werden, um den öffentlichen Straßenraum für Kinder zum Spielen und für die Nachbarschaften als Treffpunkte zu erschließen. Sie erfüllen so eine wichtige soziale Funktion: Gerade in sehr dicht besiedelten Quartieren mit einer knappen Ausstattung an Spielplätzen und Grünflächen sind sie Orte der Begegnung. Temporäre Spielstraßen entstehen in Zusammenarbeit von Verwaltung und Stadtgesellschaft" (Berliner Senatsverwaltung für Mobilität, Verkehr, Klimaschutz und Umwelt, https://www.berlin.de/sen/uvk/mobilitaet-und-verkehr/verkehrsplanung/fussverkehr/autofreie-kieze-und-strassen/temporaere-spielstrassen/, Zugriff: 24.5.2023).

indem sie geteilt werden. Wenn andere Menschen mitspielen, dann wirkt sich dies als Motivator im Lernprozess aus.
- Das Spielen lässt ein Stück Anarchie zu und fördert eine Emanzipation des „inneren Kindes": Auch das ist im Sinne der Transformation. Zumindest für eine kurze Zeit in einem bestimmten Raum heben transformative Spielwiesen die Herrschaftsverhältnisse auf. Durch das Spielen kann man von der Normalität abweichen, ohne dafür Ausgrenzung zu riskieren. Auf transformativen Spielwiesen werden Menschen nicht von oben herab belehrt, sondern entfalten sich im Freiraum der Möglichkeiten.
- Das Spielen ermöglicht eine radikale Kreativität, weil es die Möglichkeit des Scheiterns zulässt. Im Alltag herrscht Erfolgsdruck. Es werden vor allem Projekte gefördert, die erfolgversprechend sind. Aber auch durch Scheitern können wir sehr viel lernen.

6.3.6 Wandel als Ritual

Wenn in der nachhaltigen Transformation Beziehung vor Inhalt kommt, dann sind Rituale eine sehr ursprüngliche Strategie der Beziehungspflege. Sie gehören zum Wesen jeder Kultur. Einerseits bilden Rituale einen Raum, in dem Lebendigkeit freien Lauf bekommen und miteinander geteilt werden kann. Andererseits verleihen Rituale dem Sozialen Struktur und bieten darin Halt. Sie reduzieren die soziale Komplexität, indem sie Vertrauen fördern und ein Gefühl der Zusammengehörigkeit schaffen. Als Beispiel dafür stehen das Lagerfeuer in den vorgeschichtlichen menschlichen Gemeinschaften, das Convivium im Römischen Reich, der kirchliche Gottesdienst, die Mitgliederversammlung in Vereinen, das Straßenfest in der Nachbarschaft sowie die gemeinsame Mahlzeit in der Familie. Das Besondere an Ritualen ist, dass darin neben Menschen auch Dinge mitwirken, wie beispielsweise Geschenke oder ein besonderer Raum (Kirche, Esszimmer usw.). In manchen Ritualen wird explizit die spirituelle Verbundenheit mit der Natur gepflegt, so ist es in manchen indigenen Kulturen (Weber 2018).[25]

---

[25] An manchen Orten Deutschlands wird noch heute die Fruchtbarkeit der Natur durch Erntedankfeste gefeiert.

Rituale haben nicht nur eine positive Wirkung in der Gesellschaft, denn Ideologien und Herrschaftsverhältnisse können sich ebenso darauf stützen. Rituale können auch die Form von nicht-nachhaltigen Praktiken haben, wie zum Beispiel „verkaufsoffene Sonntage", die den Massenkonsum fördern. Deshalb werden *neuartige Rituale* benötigt. Diese können eine nachhaltige Transformation vorantreiben, wenn sie folgende Aspekte kombinieren (Brocchi 2023):

- *Ko-Kreation und Prosumtion.* Schon innerhalb einer Nachbarschaft herrschen unterschiedliche Vorstellungen vom Zusammenleben oder von der Nutzung der gemeinsamen Straße. Wie kommt eine heterogene Bewohnerschaft also zu einer gemeinsamen Vision davon? Demokratie will schon vor der Haustür gelernt werden, indem man nicht „unter sich" bleibt, sondern sich auch mit den anderen auseinandersetzt. Genau das passiert in der Vorbereitung zum „Tag des guten Lebens". Jede Nachbarschaft bekommt die Möglichkeit, ein Programm für die eigene Straße ko-kreativ und möglichst inklusiv auszuarbeiten. Am Kölner und am Berliner „Tag des guten Lebens" wird das Programm von der Nachbarschaft erlebbar umgesetzt. Dabei sind die Bewohner*innen Subjekte statt Objekte der Politik und erfahren kollektive Selbstwirksamkeit (Brocchi 2017). Während sich konventionelle Rituale durch die Separation der Rollen auszeichnen (z. B. Veranstalter*innen vs. Besucher*innen), sind am „Tag des guten Lebens" die Menschen gleichzeitig Produzenten und Konsumenten, also „Prosumenten" (Toffler 1983) des guten Lebens.
- *Raum als Gemeingut.* Neuartige Rituale finden in Räumen statt, die durch Rückeroberung, Umdeutung und/oder Umfunktionierung in ein Gemeingut umgewandelt werden. So wird am Kölner „Tag des guten Lebens" ein ganzes Quartier zum Gemeingut („unser Veedel"). 15 bis 30 Straßen gehören dann den Menschen statt den Autos – und werden von der jeweiligen Nachbarschaft als „Soziale Plastik" (Joseph Beuys) im Sinne des guten Lebens umgestaltet. Unter freiem Himmel wird gemeinsam gefrühstückt, Kinder können frei spielen, im öffentlichen Raum finden politische Debatten statt. Beim „Restaurant Day" in Wuppertal-Arrenberg sind es hingegen die Wohnzimmer von Privatwohnungen, die in Restaurants für die

Nachbarschaft umgewandelt werden (Brocchi 2019a, S. 64, 118).[26] Auch Naturräume eignen sich für neuartige Rituale. Dafür steht zum Beispiel die „University of the Trees" der Künstlerin Shelley Sacks (Sacks und Zumdick 2013, S. 136 f.).

- *Unkommerzialität und Schenkökonomie.* Bei neuartigen Ritualen darf nichts verkauft und nichts gekauft werden, nur das miteinander Teilen und das Schenken sind erlaubt. Die „Schenkökonomie" (Mauss 2019), die in jeder Familie selbstverständlich ist, wird so auf andere Kreise erweitert. Am „Tag des guten Lebens" ist die geltende Währung Vertrauen statt Euro. Wenn Kaffee und Kuchen geteilt statt verkauft werden, dann ermöglicht dies auch ärmeren Menschen die Teilhabe. So wirken neuartige Rituale besonders inklusiv.
- *Resonanz statt Überfluss.* In modernen Gesellschaften können gerade Rituale ein Moment der Verschwendung sein. So werden zahlreiche Bäume für Weihnachten oder den „Tanz in den Mai" geopfert. Für die üppigen Osteressen werden noch mehr Tiere als sonst geschlachtet. Beim Kölner Karneval zeigt sich die Verschwendung durch Unmengen an Müll, die auf den Straßen zurückbleiben. Neuartige Rituale zeichnen sich hingegen durch eine „Befreiung vom Überfluss" (Paech 2012) aus. Hier muss nicht unbedingt etwas getan werden: Auch Ruhe hat einen Mehrwert. Neuartige Rituale bilden Erfahrungsräume für Resonanz (lat. *resonare*: wiederhallen), sprich für eine wechselseitige Verstärkung von Schwingungen. Nach Hartmut Rosa (2016) steht Resonanz für ein sinnerfülltes Leben: Menschen erfahren ihr Leben dann als sinnvoll, wenn sie lebendige Beziehungen zu ihrer Innenwelt und zu ihrer Umwelt aufbauen können. Veränderungen erfahren wir durch Resonanzerfahrungen (ebd.). So sind neuartige Rituale Ausdruck von einem In-Beziehung-Treten anstelle eines Lebens auf Kosten anderer. Resonanz und Sinnlichkeit können sich am besten in digitalfreien Zonen entfalten.
- *Bündnisse und neue Allianzen.* Neuartige Rituale werden von lokalen Bündnissen getragen und durch neue Allianzen ermöglicht (Abschn. 5.3.3). In Köln gründete sich 2012 das Bündnis „Agora

---

[26] „Restaurant Day" in Wuppertal: https://arrenberg.app/restaurant-day (Zugriff: 7.6.2023).

Köln", um den „Tag des guten Lebens" politisch durchzusetzen. Dazu gehören gegenwärtig circa 160 Organisationen wie Umweltinitiativen, Kirchen, Theater, Künstlerhäuser, Schulen und lokale Unternehmen. Ein buntes Bündnis kann eine heterogene Bevölkerung am besten ansprechen und aktivieren. Durch den Austausch mit anderen Akteur*innen können die Nachbarschaften die geistigen Horizonte erweitern, in denen sie das gute Leben definieren. Da die betroffenen Bezirksvertretungen dem jährlich stattfindenden „Tag des guten Lebens" zustimmen müssen (um den nötigen Gestaltungsraum für die Nachbarschaften verfügbar zu machen) und da die Stadtverwaltung die Realisation unterstützt, ist der „Tag des guten Lebens" das Produkt einer Citizen-Public-Partnership.

- *Wiederholung und transformative Progression.* Auch neuartige Rituale dienen als Spielwiese für nachhaltige Alternativen (Abschn. 6.3.5). Um zur Normalität zu sedimentieren, benötigen Alternativen jedoch die wiederholte Übung. Weil die regelmäßige Wiederholung zum Wesen von Ritualen gehört, eignen sie sich besonders gut für eine Transformation als Lernprozess. Was körperlich erfahren wird, hat einen intensiveren Lerneffekt als ein rein kognitiver Austausch. So stellen die Menschen am „Tag des guten Lebens" aus Eigenerfahrung fest, dass große Flächen im öffentlichen Raum deutlich sinnvoller genutzt werden können als zum Parken nicht genutzter Fahrzeuge. Da viele Menschen verlernt haben, wirklich frei und kreativ zu sein, können Künstler*innen einbezogen werden, um die geistigen Möglichkeitsräume des guten Lebens zu erweitern.

Doch neben der Wiederholung braucht die Transformation auch eine Progression. So wurde der „Tag des guten Lebens" ursprünglich als Katalysator einer progressiven Transformation der Stadt in Richtung Nachhaltigkeit konzipiert (Brocchi 2012b). Dabei sollte das Ritual dazu dienen, jedes Jahr eine weitere dauerhafte Änderung in der Stadt durch- bzw. umzusetzen. Indem jeder „Tag des guten Lebens" in einem anderen Stadtteil stattfindet, wird eine weitere Nachbarschaft aktiviert und angebunden, sodass die transformative Schlagkraft des Bündnisses immer weiter gestärkt wird. Eine Progression kann auch durch die zeitliche Ausdehnung des Rituals stattfinden. So wollte Dresden 2020 eine ganze „Woche des guten Lebens" realisieren.

Während die bloße Wiederholung des Rituals zur Eventisierung führen oder die Motivation der Beteiligten sinken kann, schafft die Progression einen zusätzlichen Raum für transformative Praxis und kollektive Selbstwirksamkeit.

Stellvertretend für neuartige Rituale, die den Kulturwandel fördern, wird hier die ERDFEST-Initiative von Hildegard Kurt und Andreas Weber vorgestellt.

Praxisbeispiel: ERDFEST-Initiative (2018–2019)
Um die Verbundenheit zur Erde zu feiern, findet das Erdfest seit 2018 jedes Jahr an drei Tagen im Juni (Sommersonnenwende) statt, an vielen verschiedenen Orten gleichzeitig. Hildegard Kurt ist nicht nur Kulturwissenschaftlerin, sondern auch Konzeptgestalterin und Kuratorin. Vor allem die Figur von Joseph Beuys hat sie inspiriert, so versteht sie die ERDFEST-Initiative als „Soziale Plastik" (Brocchi 2019b, S. 11). Für Andreas Weber handelt es sich dabei um ein Ritual der „Lebendigkeit". Der Naturphilosoph ist von den indigenen Völkern aus Nordamerika inspiriert und setzt sich für eine positive Beziehung zur „inneren Wildnis" ein:

> „Wir sind alle Wilde […]. Wild bedeutet dabei nicht regellos im Sinne von Hobbes, sondern offen für den Austausch in einer Welt der Gegenseitigkeit. Wenn wir die Welt wieder zu einem lebensspendenden Ort machen wollen, sollten wir das Indigene in uns selbst entdecken […]. Sich darauf einzulassen, bietet die Chance, lebendiger Teil einer ganzheitlichen Wirklichkeit zu werden und einen neuen Umgang mit ihr zu gewinnen" (Weber 2018).

Entscheidend für die Realisierung der ERDFEST-Initiative „zur Schaffung und Kommunikation von Naturbewusstsein" wurde 2017 die Zusammenarbeit mit dem Bundesamt für Naturschutz (BfN) in Bonn. Die Behörde war auf der Suche nach neuen Strategien der Naturschutzkommunikation, nachdem sie feststellen musste, dass die bisherige Aufklärung der Bevölkerung die Ziele der „Nationalen Strategie zur biologischen Vielfalt" (BMU 2007) deutlich verfehlt hatte: Statt bei den anvisierten 75 % lag das Bewusstsein für die biologische Vielfalt 2015 bei lediglich 24 % (BfN 2016, S. 6). Zwei wichtige Lehren wurden daraus gezogen:

- Aufklärerische Maßnahmen und naturwissenschaftliche Publikationen reichen nicht aus, um ein Naturbewusstsein in der Bevölkerung zu fördern. „Das (einseitige) Weitergeben von Informationen von Sender zu Empfänger stellt einen Sonderfall, nicht das Paradigma der Kommunikation dar" (BfN 2017, S. 75).
- Besonders relevant ist die Kommunikation als „Prozess gegenseitiger Verständigung": „Wir kommunizieren nicht ‚etwas', sondern ‚mit jemandem über etwas'" (ebd.). Zu den Grundvoraussetzungen von Kommunikation gehören gegenseitige Anerkennung, die Wertschätzung als rationales Gegenüber, die Aufrichtigkeit und Glaubwürdigkeit der kommunizierenden Parteien (ebd.). Stärker als bisher sollten die Menschen nicht als uniforme Masse angesprochen werden: Man sollte zielgruppenspezifisch in Interaktion mit der Bevölkerung treten.

Beim BfN sah man in der ERDFEST-Initiative ein potenzielles Reallabor für neue Wege in der Naturschutzkommunikation. Durch die finanzielle Förderung bildeten Hildegard Kurt und Andreas Weber ein Organisationsteam, dem auch der Verfasser angehörte. Dann wurde eine bundesweite Einladung an die Bevölkerung formuliert und 2017 über die Massenmedien verbreitet:

„Die Zeit ist reif, ein neues Fest im Jahreslauf zu schaffen. So viele Jahre und Jahrhunderte haben wir von der Erde nur genommen, mit viel Gier und wenig Dank. Jetzt ist es an uns, etwas zurückzugeben: unser Bekenntnis, dazu zu gehören, Erde zu ‚sein'. Als Termin schlägt ERDFEST drei Tage zum lichtdurchfluteten Sommeranfang vor: Die Natur steht in voller Blüte, die Menschen drängen nach draußen, gezogen von der Freude am Leben" (Flyer der Initiative zit. in Brocchi 2019b, S. 52 f.).

Der Termin an der Sommersonnenwende wurde bewusst gewählt, denn „dieser Tag im Juni ist wirklich ein kosmisches Datum".[27] Die Initiative wurde durch ein breites, buntes Netzwerk von Partnerorganisationen gestützt, die in der Öffentlichkeit für das nötige Vertrauen sorgten.[28]

Das Narrativ des Erdfestes diente als Rahmen für lokale „Initiativräume", in denen jeder selbst frei war zu entscheiden, wie die „Erdverbundenheit" zelebriert wird. Dabei musste nicht unbedingt „etwas getan" werden: Viel wichtiger sollte das „ins Spüren kommen" sein, die performative Lebendigkeit im Rahmen eines „kreativen Wir im Dienst der lebendigen Mitwelt" zu aktivieren (Brocchi 2019b, S. 114). Am Erdfest 2018 nahmen bundesweit 77 „Initiativträger*innen" teil, die vor Ort eigene Aktionen durchführten. So nutzte die Hochschule Darmstadt diesen Rahmen, um die Ergebnisse des Projektseminars „Waldmenschen" im Fach Umweltjournalismus öffentlich darzustellen. Dafür wählte sie das nahgelegene Internationale Waldkunstzentrum als Veranstaltungsort. Im interkulturellen „Gemeinschaftsgarten Allmende Kontor" auf dem Tempelhofer Feld in Berlin wurden Einführungen in das Ritual des Kompostierens angeboten: Wie aus organischen Abfällen Humus wird. Im Humus verwandelt sich das Leben in Materie und die Materie in Leben.

Schätzungsweise beteiligten sich am Erdfest 2018 1.000–1.500 Menschen bundesweit. Ein Jahr später war die Zahl der Initiativträger*innen von 77 auf über 170 angewachsen, durch die Aktionen wurden bis zu 5.000 Menschen erreicht (ebd., S. 97). Wegen des innovativen Charakters wurde die ERDFEST-Initiative zwei Jahre lang vom Verfasser wissenschaftlich begleitet. Hier die wichtigsten Erkenntnisse:

- Im Kalender unserer Gesellschaft werden wichtige Werte (vor allem religiösen Ursprungs) mit Ritualen bedacht und gepflegt: Ostern, Weihnachten, Mutter- und Vatertag. Es gibt jedoch noch keine breit

---

[27] In der Geschichte der Menschheit haben viele Kulturen ihre Verbindung zur Natur an diesem Datum gewürdigt, man denke nur an Stonehenge in Großbritannien (Kurt zit. in Brocchi 2019b: 11).

[28] Unter anderem Demeter, Oya, Slow Food, Alanus Hochschule, Transition-Initiativen, World Future Council, Deutsche Gesellschaft Club of Rome gehörten dazu.

anerkannten und gepflegten Rituale für jene „neue Kosmologie" (Latour 2021b), die Nachhaltigkeit erfordert. Rituale wie das Erdfest bilden einen Prototypen dafür.
- Künstlerische Ansätze können Emotionen und Gefühle stärker berühren als reine Wissensvermittlung. Allerdings konnte auch die ERDFEST-Initiative die Bevölkerung in ihrer Breite und Buntheit noch nicht erreichen. Beim Erdfest wirkte sich die philosophische, poetische Sprache von Hildegard Kurt und Andreas Weber als „Attraktor" und gleichzeitig als „Repeller" aus.
- Wer die Vielfalt ansprechen will, muss im Voraus die Keimzelle der Transformation entsprechend zusammensetzen. Und doch gesellt sich Gleich und Gleich auch in der Kunst oder in sozialen Bewegungen gern. Es gibt eine hohe Korrespondenz zwischen Keimzelle und aktivierter Zielgruppe in Bezug auf die soziodemografische Zusammensetzung. So waren 67,7 % der engagierten Menschen beim Erdfest Akademiker*innen, unter den Ansprechpartner*innen der lokalen Initiativen sogar 87,7 %. Besonders interessant war der hohe Anteil an Frauen: 67 % unter den engagierten Kräften, 73 % bei den Ansprechpartner*innen. Dieser Befund deckt sich mit den Ergebnissen der Studien über die Fridays-for-Future-Bewegung (Sommer et al. 2019). Anders als die Fridays-for-Future-Bewegung sprach die ERDFEST-Initiative eher die älteren Generationen an: Der Altersschwerpunkt lag zwischen 51–65 Jahren (Brocchi 2019b, S. 75). Ein Novum des Erdfestes war, dass fast 60 % der Aktionen im ländlichen Raum stattfanden und nur 22 % in Großstädten (>100.000 Einwohner).
- Der Erfolg von Naturschutzkommunikation hängt stark vom Verhältnis zwischen Sender und Empfänger ab. Wenn ein Vertrauen im Voraus entstanden ist, dann ist der Empfänger offener für eine Interaktion auf Basis von Inhalten. Die höchste Form der Wertschätzung ist es, gleichberechtigt mitbestimmen und mitgestalten zu dürfen.
- In einer Gesellschaft, die bereits erschöpft wirkt, wird die Transformation zur Nachhaltigkeit oft als Zusatz gestaltet und erlebt – ein Zusatz an neuen Projekten und Veranstaltungen. „Die Erwartung, immer mehr, immer größere und besser besuchte Veranstaltungen durchzuführen, führt leicht zu einem Steigerungswettbewerb, bis

zur Erschöpfung der engagierten Akteur*innen", so Hildegard Kurt. Für sie wäre es viel effektiver, „wenn wir mehr Räume schaffen, in denen vorhandenes Engagement in neuen Zusammenhängen sichtbar gemacht, neu wertgeschätzt und damit in seiner Wirksamkeit verstärkt wird. Das würde den Fokus von additiv nebeneinanderstehenden Events auf das Herausbilden von Feldern des Wandels verlagern" (Kurt zit. in Brocchi 2019b, S. 129).

Weil sich das Bundesamt für Naturschutz durch eine hierarchische Struktur und ein naturwissenschaftliches Weltbild auszeichnet, tat es sich bisher mit experimentellen, philosophischen und künstlerischen Ansätzen nicht leicht. Umso erfreulicher ist die Förderung der ERDFEST-Initiative gewesen. Gleichzeitig war diese Initiative zunächst eine Projektionsfläche für Erwartungen, die in einer so kurzen Zeit nicht erfüllt werden konnten. Aus diesen und weiteren Gründen konnte die öffentliche Förderung der ERDFEST-Initiative nach zwei Jahren nicht verlängert werden.

Literatur

Baecker, Dirk (2000): Wozu Kultur? Berlin: Kadmos.
Beck, Ulrich (1996): Das Zeitalter der Nebenfolgen und die Politisierung der Moderne. In: Ulrich Beck, Anthony Giddens, Scott Lash (Hrsg.), Reflexive Modernisierung. Eine Kontroverse. Frankfurt/Main: Suhrkamp. S. 19–112.
Belbin, Meredith R. (1993): Team Roles At Work. Oxford: Butterworth Heinemann.
Beuys, Joseph; Bodenmann-Ritter, Clara (1988): Jeder Mensch ein Künstler. Gespräche auf der documenta 5 im Jahr 1972. Berlin: Ullstein.
BfN (2016): Gesellschaftliches Bewusstsein für biologische Vielfalt 2015. Bonn: Bundesamt für Naturschutz (BfN).
BfN (2017): Naturbewusstsein 2015. Wissenschaftlicher Vertiefungsbericht. Bonn: Bundesamt für Naturschutz (BfN).
Bittles, H. Alan; Black, M. L. (2010): Consanguinity, human evolution, and complex diseases. In: Proceedings of the National Academy of Sciences of the United States of America, Bd. 107 Suppl 1, Januar 2010. S. 1779–1786.

BMU (2007): Nationale Strategie zur biologischen Vielfalt. Berlin: Bundesministerium für Umwelt, Naturschutz und Reaktorsicherheit (BMU).

Boal, Augusto (1979): Theater der Unterdrückten. Übungen und Spiele für Schauspieler und Nicht-Schauspieler. Frankfurt/Main: Suhrkamp.

Bregman, Rutger (2022): Im Grunde gut. Eine neue Geschichte der Menschheit. Hamburg: Rowohlt TB.

Brocchi, Davide (2005): Eine andere Welt braucht eine andere Kultur! Die Initiative Kulturattac. Düsseldorf: Eigenverlag. https://davidebrocchi.eu/wp-content/uploads/2017/12/2005_kulturattac.teil01.pdf (Zugriff: 27.3.2023).

Brocchi, Davide (2007): Die Umweltkrise – eine Krise der Kultur. In: Günter Altner, Heike Leitschuh, Gerd Michelsen, Udo E. Simonis, Ernst U. von Weizsäcker (Hrsg.), Jahrbuch Ökologie 2008. München: C.H. Beck, 2007. S. 115–126.

Brocchi, Davide (2012a): Sackgassen in der Evolution der Gesellschaft. In: Heike Leitschuh, Gerd Michelsen, Udo E. Simonis, Jörg Sommer, Ernst U. von Weizsäcker (Hrsg.), Wende überall? Jahrbuch Ökologie. Stuttgart: Hirzel, 2012. S. 130–136.

Brocchi, Davide (2012b): Tag des guten Lebens – Kölner Sonntag der Nachhaltigkeit. Ideen für eine zukunftsfähige Stadt. Köln: Eigenverlag. https://www.davidebrocchi.eu/wp-content/uploads/2020/11/2012_koelner_sonntag_der_nachhaltigkeit.pdf (Zugriff: 26.4.2023).

Brocchi, Davide (2015): Nachhaltigkeit als kulturelle Herausforderung. In: Vera Steinkellner (Hrsg.), CSR und Kultur. Berlin/Heidelberg: SpringerGabler, 2015. S. 41–70.

Brocchi, Davide (2017): Urbane Transformation. Bad Homburg: VAS. https://davidebrocchi.eu/wp-content/uploads/2019/09/2017_Brocchi_Urbane_Transformation_vollstaendig_web.pdf (Zugriff: 27.3.2023).

Brocchi, Davide (2019a): Große Transformation im Quartier. München: oekom.

Brocchi, Davide (2019b): ERDFEST-Initiative 2017–2019. Neue Wege in der Naturschutzkommunikation und -arbeit. Studie im Auftrag vom und.Institut für Kunst, Kultur und Zukunftsfähigkeit e. V. und dem Bundesamt für Naturschutz. n.v.

Brocchi, Davide (2020a): Der Berliner Tag des guten Lebens als Prozess (2017–2020a). Berlin: Berlin 21 e. V. https://www.davidebrocchi.eu/wp-content/uploads/2021/01/Studie-Berliner_Tag_des_guten_Lebens-2017-2020.pdf (Zugriff: 21.3.2023).

Brocchi, Davide (2023): Neuartige Rituale für die Transformation. In: davidebrocchi.eu 30.4.2023. https://www.davidebrocchi.eu/neuartige-rituale/ (Zugriff: 9.5.2023).

Brock, Bazon (2020): Hundertwasser und Beuys. Kunst und Ritual in den 1950er und 1960er Jahren. Vortrag für das Leopold Museum Wien, 15.11.2020. https://www.youtube.com/watch?v4huOsnbNicY (Zugriff: 27.3.2023).

Buck, John; Villines, Sharon (2007): We the People: Consenting to a Deeper Democracy. Washington: Sociocracy.info Press.

Bundesregierung (2017): Deutsche Nachhaltigkeitsstrategie. Neuauflage 2016. Berlin: Die Bundesregierung.

Bundesregierung (2018): Deutsche Nachhaltigkeitsstrategie. Aktualisierung 2018. Berlin: Die Bundesregierung.

Bundesumweltministerium (Hrsg.) (1997): Umweltpolitik – Agenda 21: Konferenz der Vereinten Nationen für Umwelt und Entwicklung im Juni 1992 in Rio de Janeiro. Bonn: Bundesumweltministerium.

Burkard, Franz-Peter; Weiß, Axel (2008): dtv-Atlas Pädagogik. München: dtv.

Chamowitz, Daniel (2012): What a Plant Knows: A Field Guide to the Senses. Oxford: Oneworld.

Commoner, Barry (1973): Wachstumswahn und Umweltkrise. München: Bertelsmann.

Darwin, Charles (1859): On the origin of species by means of natural selection, or the preservation of favoured races in the struggle for life. London: John Murray.

Deutsche UNESCO-Kommission (o. J.): Das Weltaktionsprogramm Bildung für nachhaltige Entwicklung in Deutschland. Bonn: Deutsche UNESCO-Kommission.

Deutsche UNESCO-Kommission (2020): Starke Strukturen. Ausgezeichnete BNE vor Ort. Bonn: Deutsche UNESCO-Kommission.

Deutscher Bundestag (Hrsg.) (2008): Kultur in Deutschland. Schlussbericht der Enquete-Kommission des Deutschen Bundestages. Regensburg: ConBrio. https://dserver.bundestag.de/btd/16/070/1607000.pdf (Zugriff: 27.3.2023).

Deutscher Kulturrat (2019): Umsetzung der Agenda 2030 ist eine kulturelle Aufgabe. Positionspapier des Deutschen Kulturrates zur UN-Agenda 2030 für nachhaltige Entwicklung. Berlin: Deutscher Kulturrat.

Dievernich, Frank E. P. (2002): Das Ende der Betriebsblindheit. München: Hampp Verlag.

Dresse, Miriam; Malzacher, Florian (Hrsg.) (2007): Experten des Alltags. Das Theater von Rimini Protokoll. Berlin: Alexander-Verlag.
Durkheim, Émile (1897): Le suicide. Etude de sociologie. Paris: Alcan.
Dürr, Hans-Peter (2010): Warum es ums Ganze geht. Neues Denken für eine Welt im Umbruch. München: oekom.
Ebila, Florence (2023): „Wir müssen unsere Geschichte neu schreiben". Interview von Simone Schlindwein. In: Taz 7.3.2023. https://taz.de/!5916191/ (Zugriff: 10.3.2023).
Erll, Astrid (2003): Kollektives Gedächtnis und Erinnerungskulturen. In: Nünning und Nünning 2003, S. 156–185.
Ernst, Andreas (2010): Individuelles Umweltverhalten – Probleme, Chancen, Vielfalt. In: Welzer et al. (2010). S. 128–143.
Esposito, Roberto (2004): Communitas. Berlin: Diaphanes.
Ette, Ottmar (2009): Alexander von Humboldt und die Globalisierung: Das Mobile des Wissens. Frankfurt/Main: Insel-Verlag.
Finke, Peter (2003): Kulturökologie. In: Nünning und Nünning 2003, S. 249– 279.
Foucault, Michel (2022): Wahnsinn und Gesellschaft. Eine Geschichte des Wahns im Zeitalter der Vernunft. Berlin: Suhrkamp.
Freud, Sigmund (2001): Gesammelte Werke. Bd. 11: Vorlesungen zur Einführung in die Psychoanalyse. Frankfurt/Main: S. Fischer.
Giddens, Anthony (1989): Sociology. Cambridge: Polity Press.
Gottschling, Claudia; Sanides, Silvia (2016): Der kleine Unterschied. In: FOCUS Magazin, Nr. 16/2002. http://www.focus.de/gesundheit/news/evolution-der-kleine-unterschied_aid_204264.html (Zugriff: 27.3.2023).
Gray, Peter (2011): The Decline of Play and the Rise of Psychopathology in Children and Adolescents. In: American Journal of Play, Vol. 23, Issue 4 (2011). S. 443–463.
Grießhammer, Rainer; Brohmann, Bettina (2015): Wie Transformationen und gesellschaftliche Innovationen gelingen können. Dessau-Roßlau: Umweltbundesamt.
Harari, Yuval Noah (2013): Eine kurze Geschichte der Menschheit. München: Pantheon.
Harari, Yuval Noah (2019): 21 Lektionen für das 21. Jahrhundert. München: C.H. Beck.
Heidbrink, Ludger (2007): Von der Natur- zur sozialen Katastrophe. In: Die Zeit 30.10.2007. https://www.zeit.de/2007/45/U-Klimakultur (Zugriff: 8.5.2023).

Heidbrink, Ludger (2010): Kultureller Wandel: Zur kulturellen Bewältigung des Klimawandels. In: Welzer et al. (2010). S. 49–64.

Herrmann, Ulrike (2022): Das Ende des Kapitalismus. Köln: Kiepenheuer & Witsch.

Hofstede, Geert; Hofstede, Jan (2009): Lokales Denken, globales Handeln. München: dtv.

Horkheimer, Max; Adorno, Theodor W. (1988): Dialektik der Aufklärung. Frankfurt/Main: Suhrkamp.

Horkheimer, Max (1991): Zur Kritik der instrumentellen Vernunft. Frankfurt/Main: S. Fischer.

Huizinga, Johan (1981): Homo Ludens: Vom Ursprung der Kultur im Spiel. Reinbek: Rowohlt.

Hüther, Gerald; Heinrich, Marcell; Senf, Mitch (2020): Education for Future. München: Goldmann.

Jerman, Tina (Hrsg.) (2001): ZukunftsFormen. Kultur und Agenda 21. Essen: Klartext.

Junker, Thomas (2008): Die Evolution des Menschen. München: C.H. Beck.

Junker, Thomas (2011): Die 101 wichtigsten Fragen – Evolution. München: C.H. Beck.

Kagan, Sacha; Kirchberg, Volker (2008): Sustainability. A new frontier for the arts and cultures. Bad Homburg: VAS.

Kandel, Eric (2006): Auf der Suche nach dem Gedächtnis. Die Entstehung einer neuen Wissenschaft des Geistes. München: Pantheon.

Kandinsky, Wassily (1973): und. In: ders.: Essay über Kunst und Künstler. Bern: Benteli.

Kramer, Dieter (2001): Ein anständiges Leben mit Zukunft: Nachhaltigkeit ist ein kulturelles Programm. In: Jerman 2001, S. 94-102.

Krieger, David J. (1998): Einführung in die allgemeine Systemtheorie. München: Fink.

Kulturpolitische Gesellschaft (Hrsg.) (2001): Das Tutzinger Manifest für die Stärkung der kulturell-ästhetischen Dimension Nachhaltiger Entwicklung. https://kupoge.de/ifk/tutzinger-manifest/pdf/tuma-d.pdf (Zugriff: 27.3.2023).

Kulturstiftung des Bundes (o. J.): Zur Nachahmung empfohlen. Expeditionen in Ästhetik und Nachhaltigkeit. https://www.kulturstiftung-des-bundes.de/de/projekte/bild_und_raum/detail/zur_nachahmung_empfohlen.html (Zugriff: 27.3.2023).

Kurt, Hildegard (2010): Wachsen! Über das Geistige in der Nachhaltigkeit. Stuttgart: Johannes M. Mayer.

Kurt, Hildegard; Wagner, Bernd (2002): Kultur – Kunst – Nachhaltigkeit. Essen: Klartext Verlag. https://kupoge.de/wp-content/uploads/2020/03/dok57.pdf (Zugriff: 27.3.2023).

Kurt, Hildegard; Wehrspaun, Michael (2001): Kultur. Der verdrängte Schwerpunkt des Nachhaltigkeitsleitbildes. In: Jerman 2001, S. 79-94.

Latour, Bruno (2010): Das Parlament der Dinge. Frankfurt/Main: Suhrkamp.

Latour, Bruno (2014): Agency at the Time of the Anthropocene. In: New Literary History 45/2014. S. 1–18.

Latour, Bruno (2017): Kampf um Gaia. Berlin: Suhrkamp.

Latour, Bruno (2021a): Das Ende der Moderne. Aus der Reihe „Gespräche mit Bruno Latour", Teil 2. Eine Arte-Produktion 2021. https://www.arte.tv/de/videos/106738-002-A/gespraeche-mit-bruno-latour-2/ (Zugriff: 27.3.2023).

Latour, Bruno (2021b): Gaia: Die neue Erde. Aus der Reihe „Gespräche mit Bruno Latour", Teil 3. Eine Arte-Produktion 2021. https://www.arte.tv/de/videos/106738-003-A/gespraeche-mit-bruno-latour-3/ (Zugriff: 27.3.2023).

Lovelock, James (1996): Gaia: Die Erde ist ein Lebewesen. München: Wilhelm Heyne.

Leggewie, Claus (2009): Klimakultur – ein Wechsel der Perspektive. In: kultur.west 1.9.2009. https://www.kulturwest.de/inhalt/klimakultur-ein-wechsel-der-perspektive/ (Zugriff: 27.3.2023).

Mancuso, Stefano; Viola, Alessandra (2015): Die Intelligenz der Pflanzen. München: Kunstmann.

Matthies, Aila-Leena; Skiera, Ehrenhard (Hrsg.) (2009): Das Bildungswesen in Finnland. Leipzig: Julius Klinkhardt.

Mauss, Marcel (2019): Die Gabe. Berlin: Suhrkamp.

Meissner, Rolf (1999): Geschichte der Erde. München: C.H. Beck.

Merkel, Wolfgang (1999): Systemtransformation. Opladen: Leske + Budrich.

Meyer-Abich, Klaus Michael (1990): Aufstand für die Natur. Von der Umwelt zur Mitwelt. München: Carl Hanser.

Möbius, Regine (2019): Glasnost und Perestroika. In: Politik & Kultur Nr. 11/2019, S. 1.

Mocker, Daniela (2022): Medizin-Nobelpreis 2022 – Der Genetiker, der den Neandertaler in uns fand. In: spektrum.de 3.10.2022. https://www.spektrum.de/news/svante-paaebo-der-genetiker-der-den-neandertaler-in-uns-fand/2063172 (Zugriff: 27.3.2023).

Müller, Ella; Roberts, Carl (2022): Recht auf Abtreibungen in den USA: Das Ende von Roe v. Wade. In: boell.de 5.5.2022. https://www.boell.de/de/2022/05/05/recht-auf-abtreibungen-den-usa-das-ende-von-roe-v-wade (Zugriff: 30.4.2023).

Nationale Plattform BNE (2017): Nationaler Aktionsplan Bildung für nachhaltige Entwicklung. Berlin: Bundesministerium für Bildung und Forschung.

Nicolis, Gregoire; Prigogine, Ilya (1977): Self-Organization in Nonequilibrium Systems. New York: Wiley-Interscience.

Nicolis, Gregoire; Prigogine, Ilya (1989): Exploring complexity: An introduction. New York: W. H. Freeman.

Nünning, Ansgar; Nünning, Vera (Hrsg.) (2003): Konzepte der Kulturwissenschaften. Stuttgart: J. B. Metzler.

Ötsch, Walter Otto; Pühringer, Stephan; Hirte, Katrin (2018): Netzwerke des Marktes. Wiesbaden: Springer VS.

Ort, Claus-Michael (2003): Kulturbegriffe und Kulturtheorien. In: Nünning und Nünning 2003, S. 19–38.

Ostrom, Elinor (2009): Beyond Markets and States: Polycentric Governance of Complex Economic Systems. Nobel Prize Lecture am 8.12.2009. https://www.nobelprize.org/uploads/2018/06/ostrom_lecture.pdf (Zugriff: 27.11.2023).

Oswald, Hans-Peter (2008): Auguste Comte und der Positivismus. Norderstedt: BoD.

Paech, Niko (2012): Befreiung vom Überfluss. München: oekom.

Raasch, Sibylle (2010): Positive Maßnahmen – eine Einführung. In: Heinrich-Böll-Stiftung (Hrsg.), Positive Maßnahmen. Von Antidiskriminierung zu Diversity. Berlin: Heinrich-Böll-Stiftung, 2010. S. 12–22.

Reich, Wilhelm (1987): La rivoluzione sessuale. Milano: Feltrinelli.

Reiner, Svenja; Sievers, Simon; Mohr, Henning (Hrsg.) (2023): Systemkritik! Essays für eine Kulturpolitik der Transformation. Bielefeld: Transcript.

Rosa, Harmut (2016): Resonanz. Eine Soziologie der Weltbeziehung. Berlin:Suhrkamp.

Rotermund, Hermann (2023): Rundfunk neuerfinden. Die Zukunft öffentlich-rechtlicher Medien. Vortrag beim Seminar „Der deutsche öffentlich-rechtliche Rundfunk im Legitimierungszwang" der Konrad-Adenauer-Stiftung am 15.4.2023 in Potsdam. https://weisses-rauschen.de/hero/2023_KAS_Vortrag.pdf (Zugriff: 7.6.2023).

Sacks, Shelley; Zumdick, Wolfgang (2013): Persönlichkeiten: Joseph Beuys. In: Simone Fuhs, Davide Brocchi, Michael Maxein, Bernd Draser (Hrsg.), Die Geschichte des nachhaltigen Designs. Bad Homburg: VAS. S. 132–141.

Scheytt, Oliver (2007): Enquete-Kommission „Kultur in Deutschland". In: Kulturpolitische Mitteilungen Nr. 119, IV/2007, S. 4–5.

Schmid, Wilhelm (2008): Ökologische Lebenskunst. Frankfurt/Main: Suhrkamp.

Schneidewind, Uwe; Singer-Brodowski, Mandy (2014): Transformative Wissenschaft. Klimawandel im deutschen Wissenschafts- und Hochschulsystem. Marburg: Metropolis.
Schomäcker, Simon (2019): Wenn der Klimaforscher mit dem Opernintendanten tauscht. In: Deutschlandfunk 14.3.2019. https://www.deutschlandfunkkultur.de/fuehrungskraefte-wechseln-jobs-wenn-der-klimaforscher-mit-100.html (Zugriff: 15.4.2023).
Schumacher, Ernst Friedrich (2013): Small is beautiful. Rückkehr zum menschlichen Maß. München: oekom.
Selke, Stefan (2022): Gerecht werden. Zukunftsdesign zwischen Panikattacke und Poesie der Hoffnung. In: Schrader Stiftung (Hrsg.), Balancen. Dokumentation zur Jahrestagung am 4.11.2022. Darmstadt: Schrader Stiftung, 2022. S. 28-33.
Sommer, Bernd; Welzer, Harald (2014): Transformationsdesign. Wege in eine zukunftsfähige Moderne. München: oekom.
Sommer, Moritz; Rucht, Dieter; Haunss, Sebastian; Zajak, Sabrina (2019): Fridays for Future. Profil, Entstehung und Perspektiven der Protestbewegung in Deutschland. Berlin: Institut für Protest- und Bewegungsforschung. https://protestinstitut.eu/wp-content/uploads/2021/03/ipb-working-paper_FFF_final_online.pdf (Zugriff: 2.6.2023).
Soo, Rochelle M.; Hemp, James; Parks, Donovan H.; Fischer, Wooward W. (2017): On the origins of oxygenic photosynthesis and aerobic respiration in Cyanobacteria. In: Science 31.3.2017, Vol. 355, Issue 6332, S. 1436–1440.
SRU (1996): Umweltgutachten 1996. Zur Umsetzung einer dauerhaftumweltgerechten Entwicklung. Bonn: Deutscher Bundestag, Drucksache 13/4108.
Steward, Julian H. (1955): Theory of Cultural Change. The Methodology of Multilinear Evolution. Urbana: University of Illinois Press.
Tiezzi, Enzo; Marchettini, Nadia (1999): Che cos'è lo sviluppo sostenibile? Roma: Donzelli.
Toffler, Alvin (1983): Die dritte Welle, Zukunftschance. Perspektiven für die Gesellschaft des 21. Jahrhunderts. München: Goldmann.
Townsend, Colin R.; Harper, John L.; Begon, Michael E.; Steidle, J. (2003): Ökologie. Berlin: Springer.
UNESCO (2005): Übereinkommen zum Schutz und zur Förderung der Vielfalt kultureller Ausdrucksformen. Bonn: Deutsche UNESCO-Kommission. https://www.unesco.de/sites/default/files/2018-03/2005_Schutz_und_die_F%C3%B6rderung_der_Vielfalt_kultureller_Ausdrucksformen_0.pdf (Zugriff: 17.4.2023).

Vester, Frederic (2005): Die Kunst vernetzt zu denken. München: dtv.
Voss, Gerhard (1997): Das Leitbild der Nachhaltigen Entwicklung – Darstellung und Kritik. Beiträge zur Wirtschafts- und Sozialpolitik des Instituts der Deutschen Wirtschaft Köln 4/1997. Köln: Deutscher Instituts-Verlag.
Watzlawick, Paul (1987): Wenn die Lösung das Problem ist. Vortrag im Februar 1987 im Evangelischen Bildungswerk Hospitalhof Stuttgart.
Watzlawick, Paul (2009): Anleitung zum Unglücklichsein. München: Piper.
Watzlawick, Paul; Beavin, Janet H.; Jackson, Don D. (2007): Menschliche Kommunikation. Bern: Huber.
WBGU (2011): Welt im Wandel. Gesellschaftsvertrag für eine Große Transformation. Berlin: Beirats der Bundesregierung Globale Umweltveränderungen (WBGU).
Weber, Andreas (2014): Lebendigkeit. Eine erotische Ökologie. München: Kösel.
Weber, Andreas (2018): Indigenialität. Berlin: Nicolai.
Wehling, Elisabeth (2019): Politisches Framing. Berlin: Ullstein.
Weiß, Ralf (2021): Vom globalen Leitbild zur nachhaltigen Kulturpolitik. In: Wolfgang Schneider, Kristina Gruber, Davide Brocchi (Hrsg.), Jetzt in Zukunft. Zur Nachhaltigkeit in der Soziokultur. München: oekom 2021. S. 139–144.
Welzer, Harald (2011): Mental Infrastructures. Berlin: Heinrich Böll Foundation.
Welzer, Harald (2015): Selbst denken. Eine Anleitung zum Widerstand. Frankfurt/Main: S. Fischer.
Welzer, Harald; Soeffner, Hans-Georg; Giesecke, Dana (Hrsg.) (2010): Klima-Kulturen. Frankfurt/Main: Campus.
Wohlleben, Peter (2015): Das geheime Leben der Bäume. München: Ludwig.
Wuketits, Franz M. (2009): Evolution. München: C.H. Beck.
Zeh, H. Dieter (2005): Entropie. Frankfurt/Main: S. Fischer.

7

Kulturpolitik der Transformation

Es gibt keinen Königsweg für eine Transformation zur Nachhaltigkeit. Der erste Grund dafür liegt in der *Eigenart* (WBGU 2016, S. 153) und im Eigensinn der einzelnen sozialen Systeme. Was in einer Stadt oder in einer Kultureinrichtung gut funktioniert, lässt sich nicht einfach auf eine andere übertragen. Wer auf die Vielfalt achten will, darf nicht mit vorgefertigten Standardlösungen planen. Der zweite Grund liegt in den *Spannungsfeldern der Transformation* (Brocchi 2019b). Weil sich die Transformation immer auf eine Komplexität bezieht, kann sie von einem begrenzten Wesen wie dem Menschen nie komplett erfasst und gesteuert werden. Die Komplexität betrifft nicht nur das Objekt der Transformation, sondern auch das Subjekt. Wie können wir eine Kultur ändern, die uns selbst ausmacht? Die Transformation zur Nachhaltigkeit findet nicht auf einer „Tabula rasa" statt, sondern meistens innerhalb nicht-nachhaltiger Infrastrukturen. Wie geht also das richtige Leben im falschen? In solchen Spannungsfeldern der Transformation bewegt sich auch die Kulturpolitik.

In Bezug auf Transformation liegt die wichtigste Erkenntnisquelle in der Praxis, so werden in diesem Kapitel zunächst zwei praktische Fallbeispiele reflektiert: Im ersten geht es um den Wandel einer ländlichen

Kulturregion (Oberes Mittelrheintal) und das Programm „TRAFO – Modelle für Kultur im Wandel" der Kulturstiftung des Bundes; im zweiten um die Transformation der Soziokultur. Wie die Kultur ist die Kulturpolitik ebenso Teil des Problems und kann doch Teil der Lösung sein, vorausgesetzt, sie transformiert sich selbst.

7.1 Die Transformation der Kulturregion

Wenn Kulturpolitik Gesellschaftspolitik ist, dann meint „Kulturregion" die Betrachtung der regionalen Entwicklung aus einer kulturellen Perspektive und ihre Mitgestaltung durch vernetzte Kulturakteur*innen. Ländliche Regionen folgen oft dem gleichen Entwicklungsmodell, das sie benachteiligt und ihre ökologische und soziale Substanz zerstört, als ob es keine Alternative gäbe. Eine kulturanthropologische Perspektive auf diese Entwicklungspolitik offenbart deren Relativität, wirkt sich dadurch emanzipatorisch aus und erweitert den Horizont der Entwicklungsmöglichkeiten. So kann der Kulturbereich Impulsgeber für eine *andere* Entwicklung der Region sein und gleichzeitig als Kitt der Region wirken. Entsprechend lautet der Titel einer Studie über die Region Oberes Mittelrheintal: „Wandel durch Kultur – Kultur im Wandel".

Die Studie wurde dem Verfasser im Jahr 2019 vom Zweckverband Welterbe Oberes Mittelrheintal in Auftrag gegeben. Untersucht wurde erst die Entwicklung der Region, die sich geografisch von Koblenz bis Bingen bzw. von Lahnstein bis Rüdesheim erstreckt. In einem zweiten Teil fokussierte sich die Untersuchung auf die Probleme, die Potenziale und die Bedarfe im Kulturbereich. Mit der Studie sollte ein Beitrag für eine zukunftsfähige, ganzheitliche Entwicklung der Region geliefert werden, in der Kunst und Kultur als Katalysator einer partizipierten Transformation wirken (Brocchi 2019a, S. 13).

Während die Modernisierung auf eine standardisierte Entwicklung von „unterentwickelten" Peripherien zielt und die Eigenart des Lokalen außer Acht lässt, setzt eine Transformation zur Nachhaltigkeit genau bei dieser Eigenart an. Sie beginnt mit einer Art „ethnologischer Exploration" der Region, um ihre Spezifität zu erfassen, und stellt die Akteur*innen vor Ort in den Mittelpunkt. Die Bereitschaft der Schlüsselakteur*innen zur aktiven Mitwirkung steigt, wenn sie die Transformation von Anfang an mitbestimmen dürfen. Im Oberen Mittelrheintal wurde ihr Wissen durch Interviews erfasst und floss so in die Konzeption der Transformation mit ein. Schon durch diese Methode erfahren die Menschen Wertschätzung, können aktiviert und einbezogen werden.

Die Studie sollte als Basis für die Bewerbung der Region Oberes Mittelrheintal beim Programm „TRAFO – Modelle für Kultur im Wandel" dienen. Diese Konzept- und Entwicklungsphase von 1,5 Jahren wurde durch die Kulturstiftung des Bundes in 18 ausgewählten Regionen bundesweit mit jeweils 40.000 Euro gefördert. An dieser Stelle ist die Kulturstiftung des Bundes Vorreiter in der Veränderung der Kulturpolitik gewesen, denn normalerweise fließt die öffentliche Förderung erst, nachdem der Förderantrag eingereicht worden ist und darin Ziele, Strategien, Maßnahmen, Finanzplan usw. festgelegt wurden. Welche Partizipation kann aber dann noch stattfinden, wenn Ziele und Wege vorgegeben werden? Wer eine echte Partizipation wünscht, sollte auch die partizipative Entwicklung des Programms fördern. Für das Gelingen eines Transformationsvorhabens sind die ersten Schritte besonders wichtig, denn damit wird die Genetik des Prozesses angelegt. Wenn TRAFO für Transformation steht, dann impliziert diese nicht nur die Partizipation und die Einbeziehung der Schlüsselakteur*innen, sondern auch eine Prozess- statt Projektorientierung. Dem wollte das besondere Förderverfahren der Kulturstiftung des Bundes gerecht werden. Während *Prozesse* schon vor dem Einreichen des Förderantrages beginnen, verlangen die meisten Fördereinrichtungen in Deutschland, dass *Projekte* erst nach der Bewilligung des Förderantrages starten.

Die 18 ländlichen Regionen, die zur Bewerbungsphase des TRAFO-Programms zugelassen wurden, waren von den einzelnen Landesregierungen empfohlen worden. So hatte die rheinland-pfälzische Landesregierung zwei Regionen vorgeschlagen: die Westpfalz und das Obere Mittelrheintal. Das TRAFO-Büro bat die teilnehmenden Regionen darum, eine Prozessbegleitung in die Entwicklungsphase einzubinden. Der Grund:

„Veränderungsprozesse [bringen oft] Akteure mit unterschiedlichen Erfahrungen und Erwartungen zusammen. Eine externe Person, die moderiert, strukturiert und zu reflektieren hilft, ist eine wichtige Unterstützung. Der Blick von außen ist der wesentliche Wert einer Prozessbegleitung. Er kann vielfältige Impulse setzen, die Diskussionen fokussieren, unvoreingenommen auf Schwierigkeiten hinweisen, die Rollenklärungen begleiten und bei Bedarf Konflikte moderieren" (TRAFO 2022, S. 4).

Die anfallenden Kosten für diese Position waren zuwendungsfähig. Für das Obere Mittelrheintal wurde der Verfasser als Prozessbegleiter beauftragt. Am Ende der Konzeptions- und Entwicklungsphase reichten 17 Regionen ihre Bewerbungen ein. Eine Jury wählte die sechs besten Konzepte aus und die entsprechenden Regionen bekamen 2019 jeweils eine Förderung von 1,25 Mio. Euro, um das eigene Vorhaben in den folgenden fünf Jahren umzusetzen.[1] Das Obere Mittelrheintal gehörte nicht dazu.

Ein Kriterium für die Zulassung der Regionen zur Bewerbungsphase war das Vorhandensein einer Kultureinrichtung als Träger des TRAFO-Programms vor Ort. Sie sollte die Bereitschaft mitbringen, sich selbst zu transformieren und sich für die Region zu öffnen. Im Oberen Mittelrheintal übernahm der Zweckverband diese Rolle. Der Prozessbegleiter bat diese Institution darum, eine Liste von Expert*innen und Multiplikator*innen zu erstellen, mit denen er Interviews durchgeführt hätte. Dabei sollte es sich vorzugsweise um Kulturschaffende und Kulturvermittler*innen handeln, die unterschiedliche Perspektiven auf die Entwicklung und das kulturelle Leben in der Region vertraten. Zudem sollten beide Rheinseiten gleich vertreten sein (Brocchi 2019a, S. 14). So kam eine Liste mit 16 Namen zusammen. Dazu gehörten der Kiesel-Künstler Detlef Kleinen aus St. Goarshausen, der Maler und Comiczeichner Michael Apitz aus dem Rheingau sowie die Porzellankünstlerin Jana Wendt, damals Vorsitzende der Treidler – Kultureller Arbeitskreis Mittelrhein e. V. in St. Goar. Dann Gerd Ripp in St. Goar und Andreas Stüber in Bacharach, zwei Hoteliers, die Kunst und Kultur förderten

---

[1] Liste der ausgewählten Regionen unter: https://www.trafo-programm.de/2416_regionen (Zugriff: 17.4.2023).

bzw. Räume dafür zur Verfügung stellten. Ebenso wurde Norbert Kummermehr einbezogen, Geschäftsführer von VIA GmbH in Bacharach und weiterer Kunstförderer.

Oft gibt es in den ländlichen Regionen kein Kulturamt und keine Fachabteilung für Kultur in den Gemeinden oder Landkreisen (Darian et al.2022, S. 18). Manche Bürgermeister*innen sind so „Allrounder" und müssen sich selbst um Kunst und Kultur kümmern. Dies traf auf Karl-Heinz Lachmann zu, den damaligen Bürgermeister von Kaub. Neben dem Hallenmanager der Stadthalle Boppard (Rolf Mayer) und dem Inhaber der BerniesBluesBar (Bernhard Schiffmann) in St. Goarshausen gehörten auch zwei engagierte Bürger aus Bacharach zum Kreis der Interviewpartner*innen. Peter Keber hatte in den 1980ern die Rettung der Wernerkapelle in Bacharach verantwortet und die Ruine in einen Raum der Toleranz und der Völkerverständigung umgewandelt. Beim Interview wurde er vom Künstler Fritz Stüber begleitet, dem Vorsitzenden des Verschönerungsvereins Bacharach 1873 e. V. Zum Thema Toleranz veranstaltet die Stadt Bacharach seit 2017 die Biennale „An den Ufern der Poesie" mit dem Theater Willy Praml aus Frankfurt am Main. So wurden auch der Regisseur Willy Praml und seine Mitarbeiter*innen in die Liste der Interviewpartner*innen aufgenommen. Und da Kunst und Kultur in ländlichen Regionen häufig das handwerkliche Erbe miteinschließen, wurde der Winzer Peter Jost aus Bacharach mitausgewählt.

Mit den einzelnen Personen führte der Verfasser Gespräche, die jeweils zwischen einer und zwei Stunden dauerten. Deren Auswertung stellte die Basis für die Studie dar, die als Vorlage für eine partizipativ ausgearbeitete TRAFO-Bewerbung hätte dienen sollen. Im Folgenden werden die wichtigsten Erkenntnisse aus der Studie zusammengefasst und reflektiert.

7.1.1 Wer macht die Kulturregion für wen?

Als Kulturregion ist das Obere Mittelrheintal 2002 mit der Anerkennung als Welterbe entstanden. Denn die Region erfüllt drei der zehn Auswahlkriterien der UNESCO:

- Kriterium (ii): Als eine der wichtigsten Handelsrouten in Europa hat das Mittelrheintal seit zwei Jahrtausenden den kulturellen Austausch zwischen der Mittelmeerregion und dem Norden Europas ermöglicht.
- Kriterium (iv): Das Mittelrheintal ist eine außergewöhnliche, organisch gewachsene Kulturlandschaft, deren heutiges Bild bestimmt wird durch seine Geologie und geologische Erscheinung und durch die menschlichen Eingriffe, wie Siedlungen, Verkehrsinfrastruktur und Landnutzung, die die Landschaft während der letzten 2000 Jahre geformt haben.
- Kriterium (v): Das Mittelrheintal ist ein herausragendes Beispiel für einen gewachsenen traditionellen Lebens- und Verkehrsstil in einem engen Flusstal. Das Terrassieren der steilen Hänge hat die Landschaft besonders geprägt.[2]

Das Welterbekomitee der UNESCO würdigte das Obere Mittelrheintal als „eine Kulturlandschaft von großer Vielfalt und Schönheit". Der Welterbe-Titel verpflichtet die beteiligten Kommunen zum besonderen Schutz der Region. Dies ist sicher ganz im Sinne der Nachhaltigkeit.

7.1.1.1 Eine gespaltene Region

Heute stellt das Obere Mittelrheintal das Beispiel einer Region dar, die zwar nach außen Profil hat (eben Welterbe ist), nach innen jedoch noch keine eigene gelebte Identität aufweist. So ist die Loreley weltbekannt. Gebildete Tourist*innen aus fernen Ländern kommen wegen der Rheinromantik hierher und wandeln auf den Spuren des Malers William Turner. Mit dem Dreiklang „Rhein-Romantik-Riesling" vermarkten die Winzer ihre Weine bis nach Japan. Die Bevölkerung hingegen ist fern davon, sich als Einheit zu fühlen und sich mit der Region zu identifizieren. Nach außen ist der Rhein ein wesentliches Erkennungsmerk-

---

[2] „UNESCO-Welterbe Oberes Mittelrheintal. Ort des Austausches und Handels im Zentrum Europas": https://www.unesco.de/kultur-und-natur/welterbe/welterbe-deutschland/oberes-mittelrheintal (Zugriff: 15.5.2023).

mal der Region, nach innen jedoch ein Trennungselement. Wer im rechtsrheinischen Kaub lebt, interessiert sich kaum für das, was auf dem gegenüberliegenden Ufer passiert, obwohl dazwischen nur 400 Meter liegen. Wie kommt es zu solch einem Gegensatz in der Wahrnehmung?

Der erste Grund dafür liegt in der Genese dieser Kulturregion. Das Obere Mittelrheintal ist ein künstliches Produkt, das „oben" entstanden ist. Es war eine breite Allianz von Institutionen, die zur erfolgreichen Bewerbung als Welterbe führte. So gehören zum Zweckverband Welterbe Oberes Mittelrheintal zwei Landesregierungen und -parlamente (Hessen und Rheinland-Pfalz), fünf Landkreise, vier Verbandsgemeinden, 13 Städte und 35 Ortsgemeinden (Brocchi 2019a, S. 123 f.). Diese Top-down-Genese steht dem Prinzip entgegen, dass sich Menschen vor allem mit Dingen identifizieren, die von ihnen mitgestaltet werden.

Der zweite Grund liegt in der politischen und administrativen Zersplitterung der Region. Der Zweckverband hat weder eine eigene politische Legitimation noch eine administrative Autorität, denn jede Entscheidung bedarf der Zustimmung aller 59 Mitglieder: „Das dauert ein Jahrzehnt!", wurde der damalige Landrat in Bad Ems zitiert, der zugleich Vorsitzender des Zweckverbandes war (ebd.). Im Zweckverband vertreten die Bundesländer eigene Interessen, die Kommunen konkurrieren um Investitionen und Förderungen, die Kulturveranstalter um Gäste. „Im Bereich Kultur herrscht ein Kirchturmdenken. Jedes Dorf macht die eigene Veranstaltung für sich" (Rolf Mayer in ebd., S. 55). Die einzige Institution, die die Region als Ganzes vertritt, ist also nicht unbedingt handlungsfähig, darunter leidet auch die regionale Identität. Wenn die Institutionen selbst die Einheit und die Identität der Region nicht vorleben, wie können sie die eigene Bevölkerung dazu motivieren?

Der dritte Grund ist die morphologische Spaltung der Region durch den Rhein. Zwischen Koblenz und Mainz gibt es keine Brücke, die die zwei Seiten verbindet. Die Rheinfähre zwischen Kaub und Bacharach/Oberwesel ist die einzige Möglichkeit, den Fluss zu überqueren. Seit 2016 fährt sie jedoch nur bis 19 Uhr (Winter) bzw. bis 20 Uhr (Sommer), da das Unternehmen in privater Hand ist und sich ein 24-Stunden-Betrieb nicht rentiert. Nach dieser Entscheidung konnten Kulturveranstaltungen auf der anderen Rheinseite abends nicht mehr besucht werden, es sei denn, man nahm dafür die Fahrt längerer Strecken auf sich. Mit der Einstellung der Rheinfähre in den Abendstunden brach zum Beispiel das Geschäft der BerniesBluesBar in St. Goarshausen ein, die sich auf Blues- und Rock-Konzerte spezialisiert hat. Ihr Inhaber Bernhard Schiffmann wünschte sich, wie viele andere Menschen der Region, den Bau einer Brücke für Autos (ebd., S. 57). Die Beschäftigung mit Kunst und Kultur führt nicht unbedingt dazu, dass man die Entwicklung der eigenen Region nachhaltiger und kreativer denkt.

Zur Frage einer weiteren Rheinbrücke waren die Interviewpartner*innen 2019 in ihrer Meinung gespalten. „Die Brücke nutzt nur den zwei Städten, wo die Brücke ist. Bei allen anderen geht die Rheinfähre kaputt. Was haben wir dann dabei verdient? Die meisten Pendler wollen hier keine Brücke" (Peter Jost in ebd., S. 57). Es wurde angemerkt, dass die Brücke den Welterbe-Status gefährden könnte, wie es bei der Elbebrücke in Dresden gewesen ist: „Der tolle Ausblick über das Rheintal wäre dahin". Mehr Autos im Tal würden mehr Flächen für Straßen und Parkplätze bedeuten. Deshalb: „Wir brauchen eine 24-Stunden-Fähre" (ebd.). Oder vielleicht eine Seilbahn oder eine Brücke für Fahrräder und Fußgänger. Auf jeden Fall ist ein regionaler Zusammenhalt, der sich auch durch Kunst und Kultur ausdrückt, auf eine funktionierende ÖPNV-Infrastruktur angewiesen. So könnte die Rheinfähre selbst in öffentliche oder in genossenschaftliche Hand überführt werden und allen Menschen dienen.

Der vierte Grund liegt in der sozioökonomischen Spaltung der Region: „Hessen ist sehr reich, Rheinland-Pfalz sehr arm. Rheinland-Pfalz hat ganz viel von der Region, Hessen hat ganz wenig. Und sie arbeiten entsprechend nicht zusammen, die arbeiten gegeneinander" (Michael Apitz in ebd., S. 56). Die rechtsrheinischen Kommunen sind deutlich ärmer und haben in den letzten Jahrzehnten einen wirtschaftlichen Abschwung erfahren, der sich auch in einem starken Rückgang der Bevölkerung ausgedrückt hat: „In den 1960ern hatten wir in Kaub noch 2.000 Einwohner, heute sind es knapp 900", sagte Bürgermeister Karl-Heinz Lachmann (ebd., S. 52). Soziale Ungleichheiten erschweren die Kooperationen, weil die Interessenlagen von Privilegierten und Benachteiligten unterschiedlich sind.

Der fünfte Grund ist die kulturelle Entwurzelung. Die meisten Interviewpartner*innen schwärmten für die Schönheit des Rheintals und die Landschaft der Region. Trotzdem werden Kultur und Natur heute nicht als Verbund gelebt. So sind alte Traditionen wie der Obstanbau verloren gegangen. Die alten Trockenmauern an den Bergen sind einsturzgefährdet, die Mittel für ihre Instandhaltung fehlen. Die alte Bausubstanz wird nach und nach durch eine moderne ersetzt, die steril wirkt und keine Verbindung zum Territorium hat. Es gibt fast keine Wochenmärkte mehr, in denen persönlich mit lokalen Produkten gehandelt wird. Auch in ländlichen Regionen wird die Versorgung inzwischen durch Supermärkte (REWE, Aldi, Lidl ...) gewährleistet. Nur der Weinanbau bildet im Oberen Mittelrheintal eine bemerkenswerte Ausnahme. Er hat den Sprung auf den globalen Markt geschafft, ohne die eigene Tradition ganz aufzugeben. Die Winzer*innen konkurrieren nicht miteinander, sondern kooperieren und pflegen starke Netzwerke. Der Weinbau wird jedoch durch die Erderwärmung gefährdet (Peter Jost in ebd., S. 54 f.).

7.1.1.2 Handlungsoption 1: Die Rheinromantik als Klammer

Mit Ausnahme des Weinbaus wird also die Identifikation mit dem Territorium, die jahrhundertelang auch kulturell gewachsen war, kaum noch durch Rituale und Praktiken gelebt. So bleibt nur noch die Rheinromantik. Darin sah der Zweckverband Welterbe Oberes Mittelrheintal die potenzielle kulturelle Klammer der Region. Dieser Fokus bot mehrfache Vorteile (ebd., S. 104):

- Die UNESCO vergab der Rheinregion die Welterbe-Auszeichnung nur auf Basis von drei Kriterien (ii, iv und v), und doch berührt die Rheinromantik auch ein viertes (vi): „Das Gut [muss] in unmittelbarer oder erkennbarer Weise mit Ereignissen oder überlieferten Lebensformen, mit Ideen oder Glaubensbekenntnissen oder mit künstlerischen oder literarischen Werken von außergewöhnlicher universeller Bedeutung verknüpft sein" (UNESCO o. J.).

- Viele Tourist*innen besuchen die Region wegen der Rheinromantik, so macht sich diese inhaltliche Ausrichtung auch ökonomisch bezahlt.
- Als eine Art Siegel unterstützt die Rheinromantik die weltweite Vermarktung regionaler Produkte (Brocchi 2019a, S. 58).
- In der Geschichte der Hochkultur bildet die Rheinromantik eine Institution internationalen Ranges. Diese verleiht der Region Status. Wenn die Modernisierung ländliche Regionen mit Rückständigkeit gleichsetzt, dann bietet die Rheinromantik einen Weg, sich vom eingepflanzten Minderwertigkeitskomplex zu befreien.
- Die Rheinromantik erscheint politisch neutral. Weil sie in der Vergangenheit liegt, kann sie in der Gegenwart politisch nicht polarisieren.
- Die Rheinromantik spricht vor allem ältere Generationen an. Diese Teilöffentlichkeit wird in ländlichen Regionen immer dominanter, da eine Alterung der Bevölkerung stattfindet.

Was hielten jedoch die Interviewpartner*innen 2019 von der Rheinromantik als Klammer für die Region? Der Theaterregisseur Willy Praml äußerte eine positive Einstellung dazu:

> „Was ist die Rheinromantik? Das wäre die große Frage, das wäre die Frage eines Kulturprojektes. Ist es eine Erfindung der Tourismusbranche oder lebt das? Natürlich lebt das. Der Begriff der Romantik ist in dieser Region entstanden. Die frühere Rheinromantik, das ist die unglücklichste Generation der neueren deutschen Geschichte. Alle aufgewachsen in der französischen Revolution; eine Phase, in der Deutschland vollkommen feudalistisch organisiert war, rückwärtsgewandt. An diesen Widersprüchen sind alle zerbrochen: Heinrich von Kleist, Georg Büchner … Das war das erste Jahrzehnt des 19. Jahrhunderts. Wir [das Theater Willy Praml] wollen mit Theater diesen Begriff, Rheinromantik, lebendig werden lassen, politisch werden lassen, gesellschaftlich untermauern" (ebd., S. 104).

Diese Meinung teilte auch der Künstler Detlef Kleinen aus St. Goarshausen: „Die Rheinromantik ist unser Kapital. Das Potenzial der Region liegt im Kapital der Naturdarstellung" (ebd., S. 105). Aber es gab auch skeptische Stimmen: „Wer Hip-Hop hört und 20 Jahre alt ist, findet vielleicht mit 50 die Romantik schön, aber nicht jetzt. Die Jugend fühlt sich nicht angesprochen. Die Rheinromantik wendet sich an ein Publikum von 50 plus" (Norbert Kummermehr in ebd.). „Die Rheinromantik hat kein Gesicht, keine Substanz mehr. Für die Touristen hat es eine Faszination, aber die alte Rheinromantik ist nicht im Sinne des Neubeginns, des Aufbruchs" (Fritz Stüber in ebd., S. 106). „Die Rheinromantik ist für mich: diese ganzen Schlösser und Burgen, die wir hier haben – und dann hört es für mich auch auf. Klar, die Burgen sind schön, aber ich weiß nicht, ob das die Zukunft ist" (Rolf Mayer in ebd.). In den Schlössern lebte der Adel, entsprechend aristokratisch und abgehoben wirkt dieses Kulturverständnis noch heute. In der Bevölkerung wird Rheinromantik entweder als Synonym von „Schönheit" der Landschaft verwendet (ebd., S. 45) oder als „altes Thema" gesehen (ebd., S. 53).

Wie kann also das Obere Mittelrheintal zu einer Kulturregion werden, die von ihrer Bevölkerung gelebt und partizipiert wird?

Die erste Option: durch kulturelle Bildung. So kann die kritische Haltung der Bevölkerung gegenüber der Rheinromantik als Ausdruck eines Mangels (z. B. Ignoranz) betrachtet werden, die durch eine Art „kulturelle Strukturanpassungsmaßnahme" überwunden werden kann. Kulturelle Bildung muss jedoch nicht unbedingt „kulturelle Assimilation" bedeuten. Künstler*innen und Bürger*innen könnten die Rheinromantik auch zusammen neu denken. Denn „die Romantiker waren nichts anderes als die ersten Umweltaktivisten [...]. Sie sagten, wir verlieren hier etwas", nämlich die Schönheit der Natur in einer Phase der beginnenden Industrialisierung (Detlef Kleinen in ebd., S. 105). Der Künstler Fritz Stüber fügte hinzu: „Die Frühromantiker, von Goethe bis Novalis, Schelling, Schiller ... haben sich mit der Frage beschäftigt: Was bedeutet Menschsein, in der Entwicklung der aufkommenden Moderne – in der Mechanisierung?" (ebd., S. 108). Die Rheinromantik kann ein Raum für Resonanz und für Sehnsüchte sein.

Die zweite Option: Indem die Region als Gemeingut gedacht und gestaltet wird.

7.1.1.3 Handlungsoption 2: Die Region als Gemeingut

Gemeingüter wirken als Identifikationselement (Totem) in der Vielfalt. Also warum das Welterbe und die Kulturregion nicht in ein Gemeingut umwandeln, das von der Kulturgemeinschaft gestaltet und verwaltet wird? (ebd., S. 37 f.) Gemeingüter haben gerade in ländlichen Regionen eine lange Tradition, die von der kapitalistisch-industriellen Transformation beendet wurde (Polanyi 1978). Der kollektive Besitz ist in der Regel eine besonders nachhaltige und umweltschonende Form der Verwaltung von Gütern. Wenn Individuen dazu gebracht werden, miteinander zu kooperieren, um ein Kollektivgut gemeinsam zu verwalten, dann gehen sie tendenziell pfleglicher mit diesem Gut um (Abschn. 5.3.2.1).

Eine Kulturregion kann als „erweiterte Wohngemeinschaft" (Abschn. 5.1.3.2) betrachtet werden: Neben einem „Haus" braucht es nämlich eine weltoffene Gemeinschaft, die es einrichtet, verwaltet, belebt und weiterentwickelt. Genauso klingt die Vorgabe des TRAFO-Programms an die geförderten Regionen, nämlich dass sie sich „vor allem um zwei Aspekte kümmern: um Vernetzung und um die Möglichkeit der Mitgestaltung" (Darian et al. 2022, S. 5). Eben darum geht es zunächst in einer Kulturregion als Gemeingut: „Damit Kulturakteure Gemeinschaft stiften und Demokratie stärken können, ist es wichtig, die bestehenden Ressourcen zu bündeln und die Akteurinnen mit ihren Ideen zusammenzubringen" (TRAFO und Deutscher Landkreistag 2022, S. 5). Besonders relevant für die regionale Vernetzung sind Akteur*innen aus folgenden Sparten:

- Klassische Künste (Musik, bildende und darstellende Künste, Literatur …)
- Regionale Identität und Kulturerbe (Rheinromantik, lokale Dialekte, traditionelle Landwirtschaft und Kulinarik, Baukultur …)
- Kulturelle Vielfalt (Religionen, Migrationskulturen, Subkulturen, Jugendkulturen …)
- Breitenkultur und Soziokultur
- Nachbarschaft

- Bildung, Wissenschaften und Medien
- Naturerbe (Biodiversität, Klima, Umwelt, künftige Generationen …)
- Ökonomische Kultur (Tourismus, Kreativwirtschaft, Forstwirtschaft, Gemeinwohlökonomie, lokaler Einzelhandel …)
- Politische Kultur (Institutionen, Bürger*innen-Initiativen …)

In Deutschland sind in den letzten Jahren verschiedene Formate, Methoden und Instrumente der regionalen Vernetzung entwickelt und praktiziert worden. TRAFO und der Deutsche Landkreistag empfehlen die Einrichtung von Netzwerkstellen in den Regionen, denn „Kulturarbeit verlangt dauerhafte Kommunikation. Diese kann in Netzwerkstellen in Kulturämtern oder zentralen Kultureinrichtungen langfristig ermöglicht werden. Netzwerkstellen bringen einzelne Akteure zusammen, initiieren und begleiten Kooperationen, unterstützen bei der Förderakquise und bringen Fördermittel in die Regionen" (ebd.). Auf diesem Modell basieren zum Beispiel die sieben regionalen „Kulturknotenpunkte",[3] die in Schleswig–Holstein betrieben und öffentlich finanziert werden.

Perspektivisch könnten die Kulturnetzwerke mehr Verantwortung über ihre Region übernehmen, sodass das Gemeingut stärker demokratisch verwaltet und mitgestaltet wird. So könnten Vertreter*innen der oben genannten Sparten eine konstituierende Versammlung bilden, die die Verfassung der Kulturregion entwirft. Dabei sollte es um Fragen gehen wie: In was für einer Region wollen wir leben? Welche Bauweise und welche Mobilität wollen wir in der Region? Welche Kunst und Bildung wollen wir besonders fördern? Wie wollen wir zusammenleben? Wie lässt sich die Resilienz der Region stärken und ein gutes Leben praktizieren, das nicht auf Kosten anderer geht? Um gültig und wirksam zu werden, sollte diese Verfassung durch die Bevölkerung der Kulturregion legitimiert werden, zum Beispiel per Volksentscheid. Möglich wäre auch die Bildung eines „Kulturparlaments" (Brocchi 2019a, S. 75), in dem keine Parteien, sondern die oben genannten Sparten ver-

---

[3] „Knotenpunkte" in Schleswig–Holstein: https://www.kulturknotenpunkt.de/ (Zugriff: 15.5.2023).

treten sind. Diese Einrichtung sollte keine zusätzliche Institution in der Region bilden, sondern Aufgaben und Befugnisse von den bestehenden übernehmen und bündeln.

Eine Kulturregion als Gemeingut setzt ein anderes Verhältnis zwischen Institutionen und Bürger*innen voraus. Dabei können regionale Netzwerkstellen oder Kulturknotenpunkte als Brücke dienen. Für die Verwaltungen sollten Möglichkeiten der kollektiven Selbstorganisation keine Bedrohung sein, schließlich werden sie dadurch auch entlastet. Die Politik sollte kollektive Selbstorganisation als Ausdruck gelebter Demokratie unterstützen.

Die Kulturregion könnte sich durch die Einführung einer Parallelwährung[4] finanzieren. Für die Bundesgartenschau (BUGA), die 2029 im Oberen Mittelrheintal stattfinden wird, könnte das Kulturparlament einen Teil der Förderung übernehmen und das BUGA-Kulturprogramm gestalten. Um die Aktivitäten des Kulturparlaments zu fördern, könnten sich Unternehmen an der Gründung eines regionalen Kulturfonds beteiligen.

7.1.2 Modellstadt Bacharach

Ein Paradebeispiel von Modernisierung ländlicher Regionen stellt die „Modellstadt St. Goar" dar. Dank einer öffentlichen Förderung konnte dort in den letzten Jahren ein Programm von Baumaßnahmen und Sanierungen realisiert werden, die die Stadt „aufwerten" sollten.[5] In die dazugehörigen Entscheidungen seien die Bürger*innen kaum einbezogen worden, bemängeln zumindest die interviewten Kulturschaffenden und Kulturvermittelnden. Stattdessen ist die Stadt eine Partnerschaft mit Privatunternehmen eingegangen. Die Kosten lagen am Ende deutlich über den geplanten, nicht anders als bei Stuttgart 21

---

[4] Während der Besatzungszeit nach dem Ersten Weltkrieg gab es in der Region Oberes Mittelrheintal tatsächlich eine Parallelwährung des „Freistaates Flaschenhals", zu dem Kaub und Lorch gehörten.

[5] Der Umbauplan der Stadt St. Goar wird auf der Website der Struktur- und Genehmigungsdirektion Nord des Landes Rheinland-Pfalz dargestellt: https://sgdnord.rlp.de/themen/bauen-und-eigentum/die-initiative-baukultur/ausgangslage-1-1-1-2 (Zugriff: 16.5.2023).

oder beim Flughafen Berlin Brandenburg (BER). Das Neue hat das Alte in St. Goar ersetzt:

> „20 große Bäume wurden am Rhein gefällt, um eine Betonterrasse zu bauen [...]. Sie haben den Marktplatz rausgerissen. Er war mit wunderschönem, mittelalterlichem Kopfsteinpflaster bedeckt, nun ist der Boden aus Beton [...]. Aus dem schönen St. Goar ist eine Betonstadt geworden" (Gerd Ripp in Brocchi 2019a, S. 64 f.; vgl. Bröder 2018).

Die Modernisierung fördert auch hier den Einzug der üblichen Handelsketten in die Ortskerne, während am Rande Einkaufszentren gebaut werden. Gleichzeitig stirbt der lokale Einzelhandel aus. Im Oberen Mittelrheintal gibt es fast keine Wochenmärkte mehr, in denen Produkte aus der Region vertrieben werden. Eine Sanierung wie in St. Goar entwurzelt den Ort und seine Gemeinschaft, während die räumliche, sozioökonomische und kulturelle Beziehungslosigkeit einbetoniert wird. Die Stadt verliert so ein Stück Identität und wird austauschbar. Auch dies trägt dann zum Bevölkerungsrückgang bei. Wenn die Jugend das Narrativ der Modernisierung verinnerlicht („Land = Rückständigkeit; Großstadt = the place to be"), dann bleiben die Bauernhöfe ohne Nachwuchs. Durch den progressiven Verlust von Vielfalt und Kreativität wird diese Form von Entwicklung in ländlichen Regionen zur selbsterfüllenden Prophezeiung: Die Modernisierung schafft selbst jene „Unterentwicklung", mit der die Notwendigkeit einer weiteren Modernisierung begründet wird.

Ist eine solche regionale Entwicklung wirklich alternativlos? Nein, wie etwa das Beispiel der Provence in Südfrankreich zeigt (Droste 2011). In dieser Region fand bisher keine „architektonische Sterilisierung" der Dörfer statt. Nicht jeder will in kommerzialisierten, verkehrsbelasteten Innenstädten wohnen. Deshalb ziehen Menschen aus Großstädten wie Paris oder Brüssel in die Provence, darunter auch Künstler*innen. In Südfrankreich sind Wochenmärkte relativ weit verbreitet, wobei die Qualität der Produkte durch den lokalen Einzelhandel garantiert wird. In der Provence gibt es außerdem mehrere Naturschutzgebiete, sodass Wälder nicht zu Holzmonokulturen verkommen, die dem Klimawandel kaum standhalten können. Das Natur- und

Kulturerbe des Oberen Mittelrheintals ist mit jenem der Provence vergleichbar. Die Entwicklung von ländlichen Regionen wäre nachhaltiger, wenn sie sich von einer auferlegten Modernisierung emanzipieren und aus sich heraus eigene Wege gehen würden – im Sinne einer „Self-Reliance" (Dag Hammarskjöld Foundation 1975). Während die Modernisierung auf eine Entwurzelung, Aufwertung und Standardisierung der Regionen zielt, steht Nachhaltigkeit für Wiederbelebung, Selbstbesinnung und Authentizität. Das Obere Mittelrheintal wurde auch zum UNESCO-Welterbe, weil hier Kultur und Natur zu einer organischen Landschaft zusammengewachsen sind. Daran erinnern die Trockenmauern in den Steillagen der Weinberge am Rhein. Diese Region war im Mittelalter besonders für den Obstanbau bekannt: Solche Traditionen könnten wiederentdeckt und zeitgemäß gepflegt werden. Auf dem Land machen nicht nur Musiker*innen und Maler*innen Kunst, sondern auch Winzer*innen. Denn in der Kunst des Geschmacks steckt oft mindestens genauso viel Wissen, Kreativität und Leidenschaft wie in einem Gemälde.

Inzwischen ist die homogene Dorfgemeinschaft passé – und dies ist für ländliche Regionen eine Chance, denn sie werden dadurch weltoffener und kreativer. Das ehrenamtliche Engagement spielt auch im Oberen Mittelrheintal eine wichtige Rolle. Neue Impulse kommen vor allem von Bewohner*innen, die in ihrer Biografie eine Form von Migration erlebt haben, zum Beispiel weil sie zugezogen sind, woanders studiert oder eine Zeit im Ausland verbracht haben. Eine Lebensweise ist nur aus der Innenperspektive selbstverständlich, erst durch den Fremdblick werden Potenziale und Möglichkeiten erkennbar. Eine wichtige Motivation hinter dem Engagement ist, sich die Dinge selbst zu schaffen, die man sonst vermissen würde.

Im Oberen Mittelrheintal ist Bacharach das nachhaltigere Gegenmodell zu St. Goar. Hier werden Citizen-Public-Partnerships statt Public-Private-Partnerships geschlossen. Bacharach hat die mittelalterliche Bausubstanz bewahrt. Die stärkere Identifikation der Bewohnerschaft mit dem Wohnort spiegelt sich im breiten Engagement wider. Darin hat die Pflege des kollektiven Gedächtnisses einen besonderen Stellenwert. Denn die Ruine der Wernerkapelle erinnert in Bacharach an die Judenverfolgung im Mittelalter. 1287 wurde in ihrer Nähe der Leichnam des 16jährigen Werner von Oberwesel gefunden. Danach kam es zur Streuung des Gerüchtes, die Juden hätten den Jungen bei einem Ritual umgebracht, um an dessen Blut zu gelangen. Diese Legende führte zu Judenpogromen weit über Bacharach hinaus. In Erinnerung an Werner, den die Katholiken als Volksheiligen verehrten, wurde 1293 die Kapelle ausgebaut. Für Jahrhunderte diente sie als Wallfahrtsort. Nach dem Ende der nationalsozialistischen Diktatur ließ die katholische Kirche die Wernerkapelle jedoch verfallen – womöglich im Zusammenhang mit fehlender Aufarbeitung ihrer eigenen unrühmlichen Rolle zur Zeit der Judenverfolgung. Zwischen 1979 und 1981 setzte sich jedoch eine Bürgerinitiative für die Rettung der Ruine ein und machte daraus einen symbolischen Ort der Toleranz (ebd., S. 19 f.). Der Gründer dieser Bürgerinitiative und Vorsitzende des Bauvereins Wernerkapelle Bacharach e. V., Rechtsanwalt Peter Keber, initiierte 2007 die Vortragsreihe „Toleranz vor Augen – Das Forum". Dabei wurde eine künstlerische Installation an der Wernerkapelle angebracht: „Das rote Fenster" von Karl-Martin Hartmann (2008) aus Wiesbaden. Von Keber stammte auch die Idee, das Theater Willy Praml und seinen „Rabbi von Bacharach" von Frankfurt nach Bacharach zu bringen. So begann eine Art Stadt-Land-Partnerschaft auf künstlerischer Basis.

7.1.2.1 Theaterfestival „An den Ufern der Poesie"

Willy Praml hatte viele Jahre lang Theaterarbeit mit Laien praktiziert, zum Beispiel an der Hessischen Jugendbildungsstätte Dietzenbach. Seine Zielgruppe bestand vor allem aus Jugendlichen aus der „Arbeiterschaft" und mit Migrationshintergrund (z. B. beim Frankfurter Teatro Siciliano). Praml verfügt über eine langjährige Erfahrung mit künstlerischer Arbeit in ländlichen Regionen. Von 1979 bis 1990 entwickelte er neue Theaterformen in hessischen Dörfern, zum Beispiel in der Gemeinde Brechen bei Limburg an der Lahn. Dabei entstanden Theaterproduktionen mit teilweise über 100 Mitwirkenden (Brocchi 2019a, S. 22). 1991 gründete Praml mit dem Schauspieler und Bühnenbildner

Michael Weber das freie Theater Willy Praml[6], das seit 2000 in der Frankfurter Naxoshalle sitzt. Zur Philosophie des Theaters sagt der Regisseur: „Wir haben einen hohen künstlerischen Anspruch, verbunden mit einem politischen. Wir verstehen Theater als künstlerischen, aber auch als sozialen und politischen Impulsgeber" (Praml in ebd., S. 22). Seit 2017 veranstaltet das Theater mit der Stadt Bacharach die Biennale „An den Ufern der Poesie".[7] Neben Theater werden Literatur, Musik und bildende Künste einbezogen. Die Verbindung zur Region entsteht vor allem durch die Auseinandersetzung mit dem Werk „Der Rabbi von Bacharach" von Heinrich Heine, das 1840 veröffentlicht wurde. Darin verarbeitete der deutsche Dichter und Schriftsteller die Judenverfolgung. Beim Festival „An den Ufern der Poesie" wird der Rhein zu einem Erfahrungs- und Begegnungsraum für das Publikum. Der künstlerische Prozess enthält partizipative Elemente, Raum für Experimente, um die Asymmetrie zwischen Kulturschaffenden und Kulturkonsumierenden ein Stück weit aufzuheben.

Das zweite Theaterfestival fand 2019 an fünf Orten auf beiden Seiten des Rheins statt: Bacharach, Oberwesel, Lorch, Niederheimbach und Kaub. Damit bildete die Kunst eine immaterielle Brücke über den Fluss (Werner 2019). Wiederholt wurde das Festival im Juli 2022. Darin entstand ein „Theatermanifest", das eine künstlerische Ausrichtung der Bundesgartenschau (BUGA) 2029 fordert, sprich:

„Räume bespielen: In denen man sich Theater nicht vorstellen kann!
Die verborgenen Winkel: Ausleuchten!
Die ewigen Geschichten: Weitererzählen!
Die nicht erinnerten Geschichten: Über die Ufer treten lassen!
Die Idylle: Auf den Kopf stellen!
Den Fährmann: Die Hauptrolle spielen lassen!
Die Vögel des Himmels: Choreografieren!
Die Landschaft: Zur Kunst erklären!

---

[6] Theater Willy Praml: http://theaterwillypraml.de (Zugriff: 17.4.2023).
[7] Theaterfestival „An den Ufern der Poesie": https://www.mittelrheinfestival-poesie.com/ (Zugriff: 11.6.2023).

Die Kunst: Der Landschaft aussetzen!
Die Romantik ins 21. Jahrhundert: Katapultieren!
Mit der Romantik, nachdem sie ins 21. Jahrhundert katapultiert ist: Die Zukunft denken!
Wagners Ring auf dem Rhein aufführen und nach seinem eigenen Regietraum: Sämtliche Kulissen samt der Partitur in Flammen aufgehen lassen!
Die Ufer des Rheins: Mit den Ufern des Nils, des Mississippi, des Ganges, des Roten Meeres verwechseln!
Die Verbindung zwischen Theater und Wein: Zur heiligen Allianz erklären!
Mit anderen Worten: Alle Schleusen öffnen."[8]

Dieses Dokument zeigt, wie Kunst Impulse für eine andere Entwicklung ländlicher Regionen setzen kann. „An den Ufern der Poesie" war bisher ein großer Erfolg und erzählte die Region aus einer anderen Perspektive. Gleichzeitig machte das Festival in den ersten Jahren die Mängel der kulturellen Infrastruktur ländlicher Regionen deutlich. So fehlte lange Zeit eine finanzielle Perspektive, die die Existenz von Leuchtturmprojekten sichert (Werner Heinz in Brocchi 2019a, S. 118). Ebenso bräuchte das Festival einen juristischen Träger vor Ort, doch in Bacharach gab es keine Einrichtung, die diese Rolle übernehmen konnte. Dies wäre eine geeignete Rolle für den Zweckverband Welterbe Oberes Mittelrheintal.

Künftig könnte Bacharach das eigene Theaterfestival international aufstellen und gleichzeitig zum permanenten Forum für Völkerverständigung und Toleranz werden – mit Beteiligung von Wissenschaft, Kunst und Zivilgesellschaft. Passend für den Rahmen wäre eine Preisverleihung für Toleranz. Zu Füßen der Wernerkapelle könnten die wichtigsten Religionen gemeinsame Gottesdienste als Zeichen des Friedens und der Völkerverständigung veranstalten.

---

[8] Theatermanifest: https://www.mittelrheinfestival-poesie.com/theatermanifest (Zugriff: 27.11.2023).

7.1.2.2 Bürgerbeteiligung als Erfolgsrezept

Ländliche Regionen sind vom Bevölkerungsrückgang betroffen, und Bacharach war lange keine Ausnahme. „Als ich in die Schule ging, vor 60 Jahren, hatten wir 2.500 Einwohner in Bacharach, jetzt sind es 800. Die Wohnungen sind größer geworden, viele Häuser stehen leer," so Winzer Peter Jost (ebd., S. 52). „Wir hatten einen starken Bevölkerungsrückgang bis zum Jahr 2000. Die Gründe waren die schlechte Verkehrsanbindung, hier konnte man nicht bauen. Nichts ging vorwärts" (Andreas Stüber in ebd.). Nun ist der negative Trend gestoppt. Entscheidend waren dabei zwei Faktoren. Zuerst der Ausbau der ÖPNV-Infrastruktur: „Von Bacharach hat sich die Bahnanbindung nach Mainz und Frankfurt enorm verbessert. Es ist eine Art S-Bahn-Netz hier entstanden, dadurch sind wir hier das neue Frankfurter Westend." „Wir haben nun auch Möglichkeiten, uns den Raum Frankfurt zu erschließen, als Arbeitsregion." „Da, wo die Bahn hält, in Oberwesel und Bacharach, steigen die Einwohnerzahlen wieder. Und da, wo es keine Zuganbindung gibt, bleiben die Probleme" (zit. in ebd., S. 59).

Der zweite Faktor, der für eine neue Dynamik in Bacharach sorgte, war die starke Bürgerbeteiligung bzw. das kooperative Verhältnis zwischen Bürger*innen und Kommunalinstitutionen. 2010 führte die Stadt in Bacharach einen partizipativen Leitbildprozess durch, in den die Wünsche und die Ideen von 443 Bürger*innen zum Thema zukunftsfähige Stadtentwicklung einflossen: „So soll im Interesse aller Einwohner*innen die Attraktivität Bacharachs als Wohn-, Arbeits-, Einkaufs-, Kultur- und Touristenstandort weiter erhöht und langfristig gesichert werden" (Kochskämper o. J.). Viele Punkte wurden in den folgenden Jahren nach und nach umgesetzt, unter anderem der obengenannte Ausbau der ÖPNV-Infrastruktur.[9] „Wir hatten das Glück,

---

[9] Fritz Stüber dazu: „Wir haben jetzt eine bessere Infrastruktur. Das Ergebnis ist, dass viele nicht mehr wegziehen und hier bleiben. Sie wohnen einfach lieber hier. Beim Leitbildprozess war die Transportinfrastruktur ein Schwerpunkt und dann wurde es auch umgesetzt, dass es alle zwei Stunden eine Direktverbindung nach Frankfurt gibt. Die Politik und die Verwaltung haben den Prozess unterstützt" (in Brocchi 2019a, S. 59).

dass wir zwei Bürgermeister hatten, die uns immer sehr unterstützt haben" (Fritz Stüber in Brocchi 2019a, S. 59).

In Bacharach zeigt sich, wie Kunst und Kultur Zusammenhalt fördern und die Menschen zum Mitgestalten bewegen können. Die Bürgerbeteiligung korreliert mit der emotionalen Identifikation mit dem Sozialraum und so auch mit dem Erhalt alter Bausubstanz. Während die Modernisierung solche Beziehungen ignoriert und oft zerstört (siehe Modellstadt St. Goar), zeugt ihre Pflege von Nachhaltigkeit.

7.1.3 Modelle für Kultur im Wandel

Mit TRAFO wollte die Kulturstiftung des Bundes neue Impulse zur Stärkung ländlich geprägter Regionen liefern und die Weiterentwicklung ihres Kulturangebots fördern. Die Förderung richtete sich an Regionen, die den folgenden drei Kriterien entsprachen (Kulturstiftung des Bundes 2018, S. 3):

- *"Die Region ist vom Bevölkerungsrückgang betroffen"*. So haben manche Gemeinden im Oberen Mittelrheintal seit den 1980ern zwischen 30 und 50 % ihrer Bewohner*innen verloren. Rechtsrheinisch ist der Rückgang größer als linksrheinisch. Der größte Schwund ist in der Gruppe der unter 25-Jährigen zu verzeichnen. Die Konsequenz ist eine Überalterung der Bevölkerung (Zweckverband 2019). Diese macht sich auch in der Kultur- und Kunstszene spürbar. Alle 16 Interviewpartner*innen der Studie von 2019, die vom Zweckverband dem Prozessbegleiter vermittelt wurden, waren über 45 Jahre alt. „Hier in Sankt Goarshausen liegt das Durchschnittsalter bei 60. Das ist keine Zukunft" (Detlef Kleinen zit. in Brocchi 2019a, S. 53). Die Alterung bringt ein Nachwuchsproblem mit sich. Manche Vereine lösen sich auf, wenn tragende Figuren aus Altersgründen ausscheiden (ebd., S. 86). Allmählich sieht sich auch das Festival „An den Ufern der Poesie" mit diesem Risiko konfrontiert. Kann man durch Kunst und Kultur ländliche Regionen für die Jugend attraktiver machen und den demografischen Trend umkehren?

- *"In der Region findet sich mindestens eine öffentlich geförderte und hauptamtlich geführte Kulturinstitution, die sich grundlegend verändern will und das Ziel verfolgt, ein neues, zeitgemäßes und attraktives Angebot zu entwickeln"*. Im Oberen Mittelrheintal gibt es nicht viele solcher Kulturinstitutionen und unter den konventionellen (Museen, Theatern...) wären die meisten vom Umfang des TRAFO-Vorhabens überfordert gewesen. Deshalb bot sich der Zweckverband Welterbe Oberes Mittelrheintal in dieser Rolle an. Er bildet den Zusammenschluss aller Kommunen aus der Region, die 2002 als Welterbe durch die UNESCO anerkannt wurde. Diese Institution mit Sitz in Sankt Goarshausen hat die Aufgabe, „das Welterbegebiet in seiner wirtschaftlichen, kulturellen, ökologischen und sozialen Funktion zu sichern und weiterzuentwickeln".[10]
- *"In der Region können engagierte Ansprechpartner*innen (Landräte, Bürgermeisterinnen und Leiter von Kultureinrichtungen) benannt werden, die bereit sind, gemeinsam mit weiteren Akteuren das Kulturleben ihrer Region weiterzuentwickeln"*. Genau darin liegt die Stärke des Zweckverbandes, denn er repräsentiert bereits eine Vielzahl von Institutionen, die für das TRAFO-Programm relevant sind.

2018 wurde der Zweckverband Welterbe Oberes Mittelrheintal als TRAFO-Bewerber zugelassen, obwohl er keine klassische Kultureinrichtung ist. Er reichte ein erstes Kurzkonzept ein, das bei einem regionalen Workshop mit ca. 30 Vertreter*innen aus Politik, Kultur, Wirtschaft und Tourismus entwickelt worden war. Das kurze Papier skizzierte erste Grundideen in Bezug auf die drei Handlungsfelder, die vom TRAFO-Programm vorgeschrieben waren:

- *„Transformation von Kultureinrichtungen.* Öffentlich finanzierte Kultureinrichtungen in kleinen Städten und ländlichen Gemeinden entwickeln sich zu lebendigen Kultur- und Begegnungsorten weiter.

---

[10] Zweckverband Welterbe Oberes Mittelrheintal: www.zv-welterbe.de (Zugriff: 17.4.2023).

Dafür überprüfen sie ihre bestehenden Angebote, Strukturen und Arbeitsweisen, beziehen die Menschen vor Ort ein und öffnen sich für neue Kooperationen und Aufgaben" (Kulturstiftung des Bundes 2018, S. 2). So wollte sich die Geschäftsstelle des Zweckverbandes um eine kulturelle Abteilung erweitern und damit eine Art zentrales Kulturmanagement für die Region einrichten. Dadurch hätten insbesondere ehrenamtliche Kulturakteur*innen aus der freien Kultur- und Kunstszene entlastet werden können.

- *„Allianzen.* Starke Allianzen in den Regionen erhöhen den öffentlichen Zuspruch" (ebd.). So organisierte 2019 der Zweckverband mehrere Veranstaltungen, um Kulturschaffende und Kulturvermittler*innen aus der Region zu vernetzen. Zudem wollte er sich als zentrale Schnittstelle profilieren – einerseits zwischen Kulturszene und öffentlichen Institutionen, andererseits zwischen Kulturszene und Tourismusbranche.
- *„Künstlerische Projekte.* Partizipative künstlerische Projekte eröffnen den Dialog mit der Bevölkerung und machen Zwischenergebnisse der oft langwierigen und kleinteiligen Transformationsprozesse sichtbar. Ortsspezifische Projekte nehmen Fragen und Themen der Region und der Bevölkerung auf und sind ergebnisoffen" (ebd.). Für die TRAFO-Bewerbung wählte der Zweckverband das Festival „An den Ufern der Poesie" als Kunstprojekt.

Im Laufe von 2019 stellte das TRAFO-Büro in Berlin fest, dass der Zweckverband die Anforderungen des Bundesprogramms doch nicht erfüllt und eine Bewerbung deshalb keine Erfolgschancen gehabt hätte. So zog sich die Region Oberes Mittelrheintal aus TRAFO zurück. Von den 17 Bewerbungen, die 2019 eingereicht wurden, waren sechs erfolgreich. Insgesamt hat die Kulturstiftung des Bundes bis heute zehn Modellregionen gefördert, vier davon bei der ersten TRAFO-Förderrunde von 2015 bis 2021.

7.1.3.1 Transformationsverständnis

Die Kulturstiftung des Bundes hat bei verschiedenen Programmen und Projekten gezeigt, dass sie sehr wohl eine klare inhaltliche und kritische Ausrichtung fördern kann.[11] Dafür stehen unter anderem die „Klimawerkstatt Theater" (2021), „Zero – Klimaneutrale Kunst- und Kulturprojekte" (2022–2025) und „German Colonial Genocide in Namibia" (2023). Beim TRAFO-Programm wird die inhaltliche Ausrichtung hingegen sehr allgemein gehalten, denn die geförderten Regionen sollen möglichst viel Freiheit erhalten und ihre eigenen Ziele selbst bestimmen. So kommt „Nachhaltigkeit" in den Ausschreibungen der Kulturstiftung nicht vor, jedoch in den Konzepten und Vorhaben der geförderten Regionen. Ein Beispiel hierfür ist der Oberharz, wo das kulturelle Erbe des Bergbaus in vier Museen bewahrt wird. Im Rahmen von TRAFO wurden sie in einen „Lernort für Nachhaltigkeit" umgewandelt.[12]

Die inhaltliche Zurückhaltung der Ausschreibungen wird bei der Auswertung des Programms zum Teil aufgehoben. In den Publikationen von TRAFO, die Erkenntnisse und Lehren aus den Modellregionen festhalten, werden Begriffe wie „Nachhaltigkeit" und „Zukunftsfähigkeit" öfter verwendet, doch damit ist keine Ökologisierung der Kulturpolitik gemeint. Hier ein Beispiel:

„Ein lebendiges Kulturangebot spielt für die Zukunftsfähigkeit ländlicher Regionen ebenso eine Rolle wie die ärztliche Versorgung, Schulen und Kitas, Verkehrsangebote oder Einkaufsmöglichkeiten. Kultur stärkt Dorf- und Stadtgemeinschaften und festigt nicht zuletzt auch die demokratische Teilhabe. Damit dies gelingt, braucht Kultur auch in ländlichen Räumen stabile Strukturen" (TRAFO und Deutscher Landkreistag 2022, S. 2).

Stabile Strukturen werden für einen Transformationsprozess benötigt, der nachhält und nicht wie ein Projekt endet. Die Voraussetzung dafür

---

[11] Vorstellung der Programme & Projekte der Kulturstiftung des Bundes unter: https://www.kulturstiftung-des-bundes.de/de/projekte.html (Zugriff: 16.5.2023).

[12] TRAFO-Projekt Oberharz: https://www.trafo-programm.de/2416_regionen/1884_oberharz (Zugriff: 17.5.2023).

ist eine langfristige Perspektive und eine mehrjährige Förderung (ebd., S. 3). 2023 hat sich die Bundesregierung bereit erklärt, das Nachfolgeprogramm von TRAFO mit 70 Mio. Euro bis 2030 zu finanzieren: „Aller.Land ist ein Förderprogramm für Kultur, Beteiligung und Demokratie und richtet sich an ländliche, insbesondere strukturschwache ländliche Regionen in ganz Deutschland".[13] Wieder werden ländliche Regionen vor allem aus einer defizitären Perspektive betrachtet. Was aus Sicht der Modernisierung „strukturschwach" ist, könnte jedoch im Sinne der Nachhaltigkeit „strukturstark" sein, zum Beispiel, weil der Naturverbrauch und die Treibhausemissionen dieser Regionen niedriger sind. Die Frage, ob die regionale Transformation auf eine Systemstabilisierung oder eine Systemänderung zielt, wird bei den Förderprogrammen TRAFO und Aller.Land offengelassen: Brauchen ländliche Regionen mehr Wachstum und Fortschritt – oder doch mehr Selbstbesinnung und eine andere Entwicklung? Die Antwort wird den Betroffenen selbst überlassen. So betont TRAFO die Bedeutung der Transformation als Demokratisierungsprozess sowie der Partizipation. Dabei können Kunst und Kultur als Katalysatoren wirken. TRAFO ist ein Reallabor für neue Allianzen zwischen öffentlichen Institutionen, Kultur und Zivilgesellschaft in den Regionen, denn „Entscheidungen, die nur ‚Top-down' oder nur ‚Bottom-up' getroffen werden, haben nicht den größten Rückhalt" (Darian et al. 2022, S. 41). Immerhin wird in diesen Zeilen der Programmauswertung erkannt, dass es auch in den Regionen ein Oben und ein Unten gibt. Man kann unkonventionelle Allianzen zwischen diesen Ebenen durch eine angemessene finanzielle Förderung herbeiführen und dadurch zeigen, dass eine Zusammenarbeit zwischen Institutionen und Bürger*innen doch funktioniert. Sicher entstehen dabei persönliche Interaktionen, die zu einem stärkeren Vertrauen zwischen den Seiten führen können, das über das Ende der Förderung hinaus besteht. Doch ein Oben und ein Unten (Top-down-Verhältnisse) werden durch verfestigte, institutionalisierte Strukturen erzeugt. Hierarchien und Ungleichheiten werden als Habitus getragen

---

[13] Website des Förderprogramms „Aller.Land": https://allerland-programm.de (Zugriff: 25.11.2023).

und es ist nicht leicht, diesen abzulegen. Eigentlich sollte Demokratie bedeuten, dass die Bürger*innen die Eigentümer*innen der öffentlichen Verwaltung und die Parlamente Abbild der Bürgergesellschaft sind. Doch die Realität sieht anders aus. Gerade in den Kommunen zeugen die niedrige Wahlbeteiligung oder der Zuwachs an Protestwähler*innen von einem tiefen Bruch in dem Verhältnis zwischen Institutionen und Bürger*innen. Was also könnten Mechanismen sein, die für ein Verhältnis auf Augenhöhe sorgen? Eine gemeinsame Empfehlung von TRAFO und dem Deutschen Landkreistag (2022) an die Institutionen lautet: „Beteiligung ernst nehmen". Appelle reichen jedoch selten aus, um verfestigte Strukturen zu ändern. Dort, wo soziale Ungleichheit verinnerlicht wird, scheuen sich die Menschen vor der Partizipation in der Öffentlichkeit. So müssen sie erst in ihrer eigenen Lebenswelt abgeholt werden. In einer asymmetrischen Kommunikation bedarf die schwächere Seite eines besonderen Schutzes, während eine Kommunikation auf Augenhöhe eine inklusive Moderation sowie Mechanismen des *sozialen Ausgleichs* benötigt. Bürger*innen, mit einem stärkeren Selbstwertgefühl und einem höheren Bildungsgrad verschaffen sich gelegentlich Respekt in den Institutionen, indem sie kooperieren und so Initiativen und Bündnisse bilden. Eine Zusammenarbeit zwischen Institutionen, Kultur und Zivilgesellschaft ist jedoch erst dann nachhaltig, wenn sie zu einer Definition gemeinsamer Spielregeln und zu einer dauerhaften Demokratisierung der Strukturen führt. So sollten Künstler*innen auch dann auf eine öffentliche Förderung hoffen dürfen, wenn sie politisch umstrittene Themen aufgreifen (z. B. Bahnlärm im Rheintal).

TRAFO vertritt eine starke Auffassung von Partizipation, nämlich die als Mitgestaltung statt als Konsum.

> „Formate, die Raum zur Mitgestaltung bieten, helfen, das Interesse der Menschen in der Region zu wecken. Kultureinrichtungen können zum Beispiel Teile ihrer Flächen freiräumen und dazu einladen, sie gemeinsam neu zu bespielen. Ein Theater oder ein Festival kann in seinem Programm Zeiten für neue Formate reservieren und diese gemeinsam mit Partner*innen, Initiativen und Menschen der Region erarbeiten" (Darian et al. 2022, S. 57).

So können Kultureinrichtungen zu Begegnungsorten werden und als Agora in der Region dienen. Ein Vorreiter ist dabei die TRAFO-Region Rendsburg-Eckernförde (165 Gemeinden) in Schleswig–Holstein.[14] Hier haben sich fünf Kulturinstitutionen – vom Freilichtmuseum über das Landestheater und die Kreismusikschule bis hin zu zwei Bildungseinrichtungen – als „KreisKultur" zusammengeschlossen. Sie wollen kulturelle Mitgestaltungsräume eröffnen, sprich: „Wir möchten nicht nur Theater oder LiveMusik anbieten, sondern durch das gemeinsame Schaffen von kulturellen Erlebnissen den Zusammenhalt und das Miteinander in den Gemeinden nachhaltig mitgestalten", so die Initiator*innen (ebd., 27).

7.1.3.2 Kulturverständnis

Im TRAFO-Programm wird ein grundsätzlicher Widerspruch deutscher Kulturpolitik deutlich. Einerseits wird für die Sinnhaftigkeit von Kulturarbeit mit einem weiten Kulturbegriff argumentiert („Kultur ist der Kitt der Gesellschaft"). Andererseits bleibt die Praxis meistens in einem engen Kulturbegriff gefangen, sodass die klassischen Kultureinrichtungen im Mittelpunkt stehen. Es sind die Museen und die Theater, die zu den Kulturorten gezählt werden – nicht unbedingt Schulen, Straßen, Supermärkte oder Ministerien.

Einerseits will Kunst eine exklusive Kompetenz bleiben, denn demokratisch kann „künstlerische Qualität" weder entstehen noch kuratiert werden. Andererseits wollen Kunst und Kultur auf dem Land anders gedacht und gestaltet werden. Aber die kulturpolitischen Institutionen sind von einem Personal dominiert, das aus der Mittelschicht kommt und sich in den urbanen Zentren gebildet hat. Was für die Vertreter dieser Kulturpolitik selbstverständlich ist, kann für andere fremd sein. So kann die „Kunst", die in urbanen Zentren als Teil der Daseinsvorsorge gefördert wird, auf dem Land weiterhin als exklusive Hochkultur gelten.

Ländliche Regionen böten die Möglichkeit, Moderne und Tradition, Kultur und Natur genauso wie Kunst und Handwerk zusammen statt

---

[14] Initiative KreisKultur: https://www.kreiskultur.org (Zugriff: 11.6.2023).

getrennt zu denken. Genau dieses Potenzial hätte bei TRAFO stärker ausgeschöpft werden können. Der Fokus auf dem demografischen Wandel problematisiert die Alterung der Bevölkerung. Diese Sicht könnte einer Modernisierung entsprechen, die die Vergänglichkeit durch ständige Innovation verdrängen will. Während ältere Menschen im Oberen Mittelrheintal in manchen Interviews mit „geistiger Rückständigkeit" assoziiert werden,[15] führe eine geistige Modernisierung der Jugend dazu, dass sich diese „nach oben" und „nach außen" orientiere – und die Region deshalb verlasse. An solchen Stellen bräuchte die Gesellschaft Kunst und Kultur als Möglichkeit der Emanzipation von verinnerlichten kulturellen Mustern. Zumindest aus ökologischer Perspektive wären demografischer Wandel, Alterung oder Bevölkerungsrückgang nicht unbedingt negativ.

7.1.3.3 Stadt-Land-Verhältnis

Unsere Vorstellung von Stadt und Land bestimmt, was wir in den jeweiligen Räumen suchen, und damit auch, was wir finden. Doch die Wirklichkeit ist meistens viel komplexer als unsere Repräsentation davon. So bleiben die großen Versprechen der Stadtzentren immer wieder unerfüllt, während die Potenziale der ländlichen Peripherien unerkannt bleiben. Einige dieser Potenziale wurden von den 16 Interviewpartner*innen im Oberen Mittelrheintal genannt:

- In ländlichen Gemeinden ist das Leben persönlicher als in der Großstadt (Gerd Ripp).
- Im ländlichen Raum ist das öffentliche Leben nicht so bürokratisch organisiert wie in der Stadt: „Für Veranstaltungen im öffentlichen Raum braucht man in Frankfurt mehr Genehmigungen als auf dem Land. Dafür müssen dort unheimlich viele Institutionen zusammenarbeiten: Verkehrsamt, Ordnungsamt…" (Birgit Heuser). Die Kommunikationswege zu den Institutionen sind in kleinen Orten

---

[15] Ein Beispiel: „Die Menschen, die in Sankt Goarshausen geblieben sind, träumen von der Vergangenheit. Ältere Menschen vertreten hier eher eine rückgewandte Perspektive, sie erzählen nur von der tollen Vergangenheit, als es hier noch boomte" (zit. in Brocchi 2019a, S. 53).

wie Bacharach kürzer. Hier können vertraute Beziehungen die kollektive Selbstorganisation erleichtern: „Räume für Treffen sind bei uns kein Problem. Wir schaffen uns einfach die Orte selbst, in denen wir uns dann treffen" (Fritz Stüber).
- „Auf dem Land hat Kultur immer etwas mit Landschaft zu tun" (Andreas Stüber). Am Mittelrheintal ist die Natur allgegenwärtig (Detlef Kleinen). Man nimmt den Wechsel der Jahreszeiten stärker wahr, genauso wie die historische Vergänglichkeit, da der Raum noch nicht vollständig rationalisiert worden ist. Anders als in der Stadt kann man auf dem Land räumliche Horizonte und die Weite wahrnehmen.
- Während sich Großstädte durch einen höheren Grad an künstlicher Komplexität auszeichnen, die mehr Stress bedeuten kann, gibt es auf dem Land mehr Freiräume. „Man kann auf dem Land Krach machen, ohne Nachbarn zu stören. Ich habe es hingegen in den Städten erlebt: In Mainz oder in Koblenz haben Klubs oft Streit mit der Bewohnerschaft" (Bernhard Schiffmann). Am Urbanen wird jedoch die menschliche Vielfalt geschätzt: „In der Stadt kommen viel mehr Fremde zu Kulturveranstaltungen. Die Stadt ist kosmopolitischer als das Land" (Birgit Heuser).

Unabhängig von den Vorstellungen von Land und Stadt spricht in der Realität vieles dafür, dass ländliche Räume immer stärker zu einer Funktion des urbanen Lebens verkommen. Es ist das Wirtschaftsmodell der Stadt, das die Entwicklung der Regionen bestimmt. Die kulturelle Entwurzelung der Lebensweisen geht auch hier mit der Ökonomisierung sozialer Verhältnisse einher. Selbst die räumliche Nähe zur Natur ändert den Charakter der kapitalistisch-industriellen Wirtschaft nicht. Landwirtschaftliche Monokulturen und der Einsatz von Chemie führen zu dem Paradox, dass sich Bienen oftmals in urbanen Räumen wohler fühlen (BR-Wissen 2021). Wie die Modernisierung das Stadt-Land-Verhältnis organisiert, zeigt sich am Beispiel der Energiewende. Einerseits verfolgt die Bundesregierung eine Elektrifizierung der Verkehrsinfrastruktur (Elektroauto, ÖPNV…) und einen Ausbau der digitalen Infrastruktur in urbanen Räumen. Andererseits soll der steigende Stromverbrauch immer stärker durch Windparks, Solaranlagen und Anbau von

Energiepflanzen auf dem Land gedeckt werden.[16] Energiewende in dieser Form bedeutet so eine zusätzliche Kolonisierung ländlicher Räume, um die Logik des Wirtschaftswachstums und des Massenkonsums in urbanisierten Räumen nicht infrage stellen zu müssen. Weil Strom in diesem System einen wichtigeren Standortfaktor darstellt und profitabler als Landwirtschaft ist, werden große Landflächen lieber dafür genutzt. Dies entspricht der Dynamik, die Karl Polanyi schon 1944 beschrieben hat: In Großbritannien hatten die Lords kurz vor der Industrialisierung das Gemeindeland eingezäunt, um das Ackerland in Weideflächen umzuwandeln, denn die Wollproduktion war viel rentabler. Die Nebenwirkung war die Zerstörung der kleinbäuerlichen Subsistenzwirtschaft (Polanyi 1978, S. 61). Heute muss die Nahrungsmittelversorgung immer stärker durch Importe gedeckt werden, wodurch sie aber vulnerabler und klimaschädlicher wird (BfR 2019). Aus kultureller Perspektive stellt sich die Frage nach dem Sinn dieser Entwicklung: Gibt es wirklich keine besseren Alternativen? Wie wäre es zum Beispiel mit einer Reduktion des Stromverbrauchs und eine Begrenzung des Überflusses? In Frankreich haben viele Gemeinden beschlossen, die öffentliche Nachtbeleuchtung auszuschalten. Damit wird nicht nur Strom gespart, sondern auch Lichtverschmutzung verhindert.[17]

Für eine Große Transformation müsste das Stadt-Land-Verhältnis neu gedacht werden. Da die Stadt viel stärker vom Land abhängig ist als umgekehrt, könnten ländliche Regionen deutlich selbstbewusster auftreten. Für unsere Existenz sind Nahrungsmittel wichtiger als elektrischer Strom. Auch Importe und Exporte erhöhen den Energieverbrauch durch die Lagerung und die langen Transportwege für die Waren, deshalb senkt eine Regionalisierung der Wirtschaft den Energieverbrauch. Die Dächer in Städten und ländlichen Gemeinden sollten mit Solaranlagen bedeckt werden, nicht die Ackerfelder. Eine begrenzte

---

[16] So könnten allein in der Uckermark knapp 1.700 Hektar mit Solaranlagen überbaut werden (Kraft 2020).

[17] Solche Orte bekommen vom ANPCEN-Netzwerk das Label „Sternendorf" verliehen. In Frankreich ist ANPCEN die Nationale Vereinigung zum Schutz des Nachthimmels und der Umwelt (https://www.anpcen.fr/, Zugriff: 16.4.2023).

Ressource wie Grund und Boden darf nicht zur „fiktiven Ware" verkommen (Polanyi 1978, S. 102): Das gilt sowohl für Städte als auch für ländliche Regionen.

7.1.3.4 Transformation der Kulturregion

57 % der Bevölkerung Deutschlands leben in ländlichen Räumen (Darian et al. 2022, S. 15). „Aber weniger als 10 % der öffentlichen Mittel für Kultur fließen in die kleinen Gemeinden [...]. Und doch gibt es ein kulturelles Leben auf dem Lande." Damit verwies Wolfgang Schneider (2014, S. 19) auf eine strukturelle Benachteiligung ländlicher Regionen in der Kulturförderung. Genau hier setzt das TRAFO-Programm an. Um die starken Ungleichgewichte zwischen Land und Großstadt zu lindern, hat die Kulturstiftung des Bundes Fördermittel in Höhe von 26,6 Mio. Euro für die gesamte Laufzeit des Programms (2015–2024) bereitgestellt.

Manchmal ist die Infrastruktur ländlicher Regionen so schwach, dass diese nicht einmal den Kriterien eines Förderprogramms gerecht werden können, was auch das Fallbeispiel Oberes Mittelrheintal gezeigt hat. Paradoxerweise haben dadurch ausgerechnet jene Akteure weniger Chancen auf eine Unterstützung, die sie am meisten bräuchten. Gleichzeitig benötigt eine regionale Kulturpolitik einen erweiterten Kunst- und Kulturbegriff. In den Förderprogrammen selbst dominiert oft die urbane Sichtweise, dadurch riskieren die Vergabeinstitutionen eine Assimilierung zu fördern.

TRAFO steht vor allem für eine Transformation als individuellen und kollektiven Lernprozess. So bildet jede Modellregion ein einzigartiges gesellschaftliches und kulturpolitisches Reallabor. Im Rahmen des Programms gibt es dazu verschiedene Formate für den Wissens- und Erfahrungstransfer unter den geförderten Regionen. Zweimal jährlich findet eine programmeigene Akademie statt. Im Sinne des Lernprozesses sind auch die wissenschaftliche Begleitung der Transformationsprozesse durch das Deutsche Institut für Urbanistik (Difu) sowie die Dokumentation, die Reflexion und die Auswertung des Programms.

Für eine Weiterentwicklung von Kulturregionen im Sinne einer Transformation zur Nachhaltigkeit bieten sich folgende Perspektiven:

- *Freiraum für Jugend und Kreativität.* Das Obere Mittelrheintal wäre eine ideale Region für die „Fridays-for-Future-Bewegung", nach dem Motto: „In den Städten könnt ihr für das Recht auf Zukunft protestieren, bei uns könnt ihr die Gegenwart mitgestalten!" Es gibt in ländlichen Regionen Freiräume, in denen nachhaltige Alternativen, andere Lebensstile und Gemeinschaftsmodelle erprobt und weiterentwickelt werden können. Jugendliche könnten beispielsweise eine Burgruine oder einen Bauernhof selbst einrichten und mit Leben füllen. Man könnte St. Goar in eine Künstlerstadt umwandeln und Künstler*innen hier ansiedeln, wie es etwa die Maler- und Künstlerstadt Schwalenberg vorgemacht hat (App 2014). In ländlichen Regionen könnten Studienaufenthalte zur Verwirklichung guter Ideen und Konzepte angeboten werden.
- *Regionale Wirtschaftskreisläufe.* Orte wie Bacharach könnten sich durch eine „Ökonomie der Nähe" stärker selbstversorgen, indem der Einzelhandel und das Handwerk Vorrang gegenüber den Supermärkten und dem Massenkonsum bekommen. Solche Wirtschaftskreisläufe stärken die Resilienz der Region und könnten durch eine regionale Parallelwährung getragen werden.
- *Stadt-Land-Partnerschaften.* Die Stadt kann ländliche Regionen mit Kunst und Kultur beliefern (s. Theater Willy Praml in Bacharach), das Land die Stadt mit Handwerk und Nahrungsmitteln. Im Rahmen von Stadt-Land-Partnerschaften könnten Schulklassen aus der Stadt immer wieder eine Zeit auf dem Land verbringen, zum Beispiel um bei der Ernte zu helfen und so zu lernen, wo das Essen wirklich herkommt. Solche Partnerschaften können auch zwischen urbanen Quartieren und ländlichen Gemeinden geschlossen werden.
- *Jährliche Auszeichnung der regionalen Kulturhauptstadt.* Auch Kulturregionen brauchen neuartige Rituale (Abschn. 6.3.6). So wie die Europäische Union jedes Jahr eine Europäische Kulturhauptstadt auszeichnet, so könnte die Kulturregion jährlich den Titel „regionale Kulturhauptstadt" verleihen (Brocchi 2019a, S. 100). Dabei könnte sich ein ganzer Ort kreativ präsentieren und ein Jahr lang zum

Treffpunkt für die Kulturgemeinschaft der Region werden. In diesem Rahmen könnten „Wochenenden des guten Lebens" veranstaltet werden, sodass sich die Nachbarschaften mit Akteuren aus Kultur- und Zivilgesellschaft ihre Stadt selbst machen und Alternativen erlebbar umsetzen.
- *Regionaler Kulturpass.* Mit diesem besonderen Reisepass würden Tourist*innen als „Bürger*innen auf Zeit" in der Region aufgenommen.[18] Mit dem Pass könnten sie nicht nur Burgen und Museen besuchen und Ermäßigungen bei Theatern und Kinos bekommen, sondern auch an den Traditionen der Region aktiv teilhaben, beim Handwerk zuschauen oder Malen lernen. Die Region könnte Wege in die Transformation zur Nachhaltigkeit erlebbar vermitteln, etwa durch Repair-Cafés, erneuerbare Energieanlagen, Ökolandwirtschaft und plastikfreie Geschäfte. Beim Kauf des Kulturpasses sollten die Tourist*innen einen bestimmten Geldbetrag in Regionalwährung umtauschen – und sich damit verpflichten, regional zu konsumieren. Mit dem Kulturpass sollten freie Fahrt mit dem ÖPNV und freier Fahrradausleih in der Region möglich sein. Die Einnahmen aus dem Kulturpass sollten genutzt werden, um die Kulturregion zu finanzieren und zu stärken. Ein solcher Tourismus würde sich nicht durch Konsum und Überfluss auszeichnen, sondern durch einen Mehrwert für Nachhaltigkeit.

7.2 Die Transformation der Soziokultur

Wenn die Transformation zur Nachhaltigkeit eines kulturellen Wandels bedarf, wie kann die Soziokultur dazu beitragen? Die Antwort auf diese Frage hängt vom Verständnis von Soziokultur und von Nachhaltigkeit ab. Genauso muss zwischen einer Transformation *in* der Soziokultur und *durch* die Soziokultur unterschieden werden (Gruber und Brocchi 2021, S. 25). Mit diesen Aspekten setzen sich die folgenden Abschnitte auseinander. Dabei werden die Ergebnisse des Forschungsprojektes des

---

[18] Diese Idee entstand in Matera (Italien) im Rahmen der „Europäischen Kulturhauptstadt 2019".

Instituts für Kulturpolitik der Universität Hildesheim „Nachhaltigkeitskultur entwickeln – Praxis und Perspektiven soziokultureller Zentren" einbezogen und reflektiert.

7.2.1 Die Formen der Soziokultur

Die Soziokultur ist zunächst eine Geschichte, die in Deutschland in den 1970ern begann. Ab 1979 fand eine Institutionalisierung statt, einerseits im Rahmen der Neuen Kulturpolitik, andererseits durch die Gründung der Bundesvereinigung Soziokultureller Zentren. Ab den 2010ern bildete sich eine neue Generation von lokalen Initiativen, die eine erweiterte Definition von Soziokultur anregt. Jede dieser drei Definitionen verdient eine kurze Darstellung.

7.2.1.1 Historische Definition

Nach den Studentenprotesten der 1968er suchten Friedens-, Umwelt-, Frauen- und Jugendkulturinitiativen in Deutschland nach Freiräumen, die sie häufig in alten Fabriken fanden. „In den frühen 1970er-Jahren der westdeutschen Bundesrepublik schossen Initiativen, später Vereine, wie Pilze aus dem fruchtbaren Boden der neuen sozialen Bewegungen. Sie besetzten Industriebrachen, leerstehende Miethäuser, stillgelegte Bahnhöfe u. a. – mehr oder weniger legal –, um dort ihre Vorstellungen von einem neuen Gesellschaftsmodell zu verwirklichen. Frei sollte es zugehen und gerecht und auf jeden Fall anders als nach den bisher herrschenden Regeln" (Bundesverband Soziokultur 2021). Viele Gebäude wurden besetzt, um sie vor dem Abriss zu schützen. So zum Beispiel in Köln: 1974 beschloss der Stadtrat, die Alte Feuerwache (Baujahr 1890) abreißen zu lassen, um ein Wettkampfschwimmbad zu bauen. Dies wurde von einer Bürgerinitiative verhindert, die nach und nach das Gebäude in einen Ort „des Austauschs, der politischen Auseinandersetzung und der kulturellen Aktivität" umwandelte.[19] Im nordrhein-westfälischen Ahlen heißt es:

---

[19] Alte Feuerwache in Köln: https://altefeuerwachekoeln.de/ (Zugriff: 17.4.2023).

"Das Bürgerzentrum Schuhfabrik entstand aus einer Besetzung im Mai 1984. Damals verhinderte eine Gruppe von Menschen den Abriss eines innerstädtischen Fabrikgebäudes und damit den Neubau eines geplanten Parkhauses an dieser Stelle. Was wäre gewesen, wenn diese Gruppe nicht den Mut zu dem ‚autoritären Akt' einer Besetzung gehabt hätte? Unabhängig von der rechtlichen Situation, den Besitzverhältnissen oder der Frage nach Zuständigkeiten, Versicherungen und Haftungsfragen haben sie gehandelt und Fakten geschaffen. Sie haben sich durch ihre radikale Handlung in eine Verhandlungsposition mit der Politik gebracht und letztlich eine damals neuartige, soziokulturelle Institution geschaffen."[20]

So hat damals die Jugend dafür gesorgt, dass wertvolle Bausubstanz erhalten bleibt. Sie hat sich gegen eine Stadtentwicklung nach dem Modell der Modernisierung und der „autogerechten Stadt" gestellt. Da, wo die Stadtplanung nur private oder öffentliche Räume vorsah, sorgte die Soziokultur für Räume als Gemeingut, die durch Kollektive eingerichtet und selbstverwaltet werden.

„Die Menschen schufen sich also selbst Orte, an denen sie zusammen ‚ihre' Auffassung von einer ‚Gegenkultur' leben konnten. Unter denen, die gemeinsam anders leben wollten, waren viele Künstler*innen, die ein anderes Kulturverständnis entwickelt hatten. Sie traten für mehr künstlerische Selbstbetätigung, für die Ästhetik bzw. die Ästhetisierung des Alltäglichen ein und wollten ihr Wissen weitergeben. Sie suchten und fanden hier Räume für ihre oft die Grenzen des Herkömmlichen sprengende Kunst und auch Adressaten für die Weitergabe ihres Wissens und Könnens" (Bundesverband Soziokultur 2021).

Für diese Praxis erfand die SPD in den 1970ern den Begriff „Sozio-Kultur" (ebd.). Sie drückte sich einerseits in einer „Demokratisierung der Kultur" aus. Gefordert wurde „die Akzeptanz und Gleichbehandlung der unterschiedlichsten kulturellen Ausdrucks- und Organisationsformen durch politische Gremien und die Öffentlichkeit. Diese Akzeptanz lebten [die Akteure] auch selbst, in der Vielfalt der ethnischen

---

[20] Bürgerzentrum Schuhfabrik in Ahlen: https://www.schuhfabrik-ahlen.de/veranstaltungen/jubilaeum-programm-sonntag-18-05/ (Zugriff: 17.4.2023).

Kulturen ebenso wie im Neben- und Miteinander aller Genres und Disziplinen" (ebd.). Andererseits war Soziokultur Ausdruck einer gelebten Demokratie. Die soziokulturellen Zentren waren selbst durch einen Akt der kollektiven Selbstermächtigung entstanden. Margret Staal, Vorstandsmitglied im Bundesverband Soziokultur e. V., schreibt:

> „Selbstermächtigung ist sozusagen der erste Impuls, ist Motor und Treibstoff der Entstehung und weiteren Entwicklung (sozio-)kultureller Initiativen und Einrichtungen. Menschen pack(t)en es an und öffne(te)n Räume vor Ort (feste oder wechselnde), gefüllt mit Möglichkeiten von Menschen vor Ort für Menschen vor Ort. Mit Möglichkeiten, an Kunst und Kultur teilzuhaben, das persönliche Lebensumfeld zu gestalten und gesellschaftlich aktiv zu werden. Dieser Anspruch an Eigeninitiative und Selbstermächtigung erzeugt bei den Beteiligten nicht selten eine intensive Erfahrung der Selbstwirksamkeit in der Umsetzung von Ideen – in der Umsetzung von Utopien und Visionen für eine andere Entwicklung vor Ort. Trotz manchmal heftiger Widerstände und nicht zu vermeidender Fehlschläge gibt ein solcher Aufbruch Kraft und Durchhaltefähigkeit für die gemeinsame Sache, vor allem in der Gruppe, wo sich Menschen gegenseitig unterstützen, ihr Wissen und ihre Erfahrungen weitergeben und ihre Widerstandsfähigkeit stärken" (Staal 2021, S. 191).

Zu Beginn bildeten die verschiedenen Zentren und die lokalen Initiativen keine gemeinsame Bewegung. „In Ahlen wollten wir unser Ding in unseren Räumen machen. Zunächst gab es deshalb keinen Austausch und keine Vernetzung mit Initiativen in anderen Städten", sagt Michael Leifeld, Vorsitzender des Vereins Initiative Bürgerzentrum Schuhfabrik e. V. 1984 war er einer der Besetzer*innen.[21]

7.2.1.2 Institutionelle Definition

In der Kulturpolitik wurde die Soziokultur lange als Fremdkörper behandelt. Die selbstverwalteten Kommunikationszentren, Kulturläden und Bürgerhäuser waren vielfach gegen den Widerstand der

---

[21] Interview am 20.5.2021 in Ahlen.

Kommunalverwaltungen entstanden. Vor allem konservative Parteien taten sich lange Zeit mit der Förderung von Einrichtungen schwer, die durch eine Besetzung entstanden waren. 1979 war nicht nur das Jahr, in dem Hilmar Hoffmann seinen Aufruf „Kultur für alle" veröffentlicht hatte. Im selben Jahr gründeten einige soziokulturelle Zentren auch die Bundesvereinigung Soziokultureller Zentren (heute: Bundesverband Soziokultur e. V.). Diese Institutionalisierung war wichtig, um die Interessen der Soziokultur vor den politischen Gremien auf Landes- und Bundesebene zu vertreten bzw. um eine öffentliche Anerkennung und angemessene Förderung der soziokulturellen Arbeit zu erreichen. Der Bundesverband ist heute der Dachverband der Landesarbeitsgemeinschaften (LAG) Soziokultur, die insgesamt etwa 600 soziokulturelle Zentren und Initiativen bundesweit vertreten.

„Wie weitreichend die Auswirkungen der Impulse durch die Zentren als institutionalisierte Form der Soziokultur waren und sind, zeigt sich nicht zuletzt in der zunehmenden ‚Mainstreamisierung' diverser Prinzipien soziokultureller Praxis, innerhalb wie außerhalb des kulturellen Sektors. Was früher typisch war nur für die soziokulturelle Szene, ist heute selbstverständlicher Bestandteil unserer Erlebnisgesellschaft. Ganz selbstverständlich findet heute Kunst und Kultur statt, an dafür nicht geschaffenen Orten (wie leerstehenden Fabriken und Bahnhöfen, aber auch in Autohäusern und Konsumpalästen). Jedes Museum, jedes Theater, das auf sich hält, bietet Kunst und Kultur zum Anfassen und Selbermachen. Besonders bemüht man sich um die Bevölkerungsgruppen jenseits des Bildungsbürgertums und um den Nachwuchs. Das Prinzip des Brückenschlags, das vermittelnde Konzept von Soziokultur – zwischen Genres, Generationen, Weltanschauungen, zwischen Geschichte und Zukunft, Profis und Laien, Wirtschaft und Freizeit, Kunst und Bildung – ist inzwischen selbstverständlich, eine Kunst nur für die Elite als Erinnerung verblasst" (Bundesverband Soziokultur 2021).

In ihrem Abschlussbericht erkannte die Enquete-Kommission des Deutschen Bundestages „Kultur in Deutschland" 2007 die Soziokultur als Bestandteil der Kulturlandschaft an und definierte sie als „eine kulturelle Praxis mit starkem Gesellschaftsbezug" (Deutscher Bundestag 2008, S. 133). Weder in Köln noch in Ahlen muss noch für eine öffentliche Grundfinanzierung der soziokulturellen Zentren gekämpft werden, nur die Höhe ist immer noch ein Diskussionsthema. Und doch hat die Institutionalisierung auch die soziokulturelle Landschaft verändert, denn eine breite kulturpolitische Anerkennung konnte nur erreicht werden, indem die Soziokultur nicht mehr mit einem Ort „linker Gegenkultur" assoziiert wird. Aus einem Teil der Einrichtungen sind erfolgreiche Veranstaltungsunternehmen geworden. Die Centralstation Darmstadt ist heute sogar ein städtisches Unternehmen.[22] Andere Zentren wie das Zentrum für Aktion, Kultur und Kommunikation (zakk) in Düsseldorf oder die Alte Feuerwache in Köln bieten immer noch Raum für zivilgesellschaftliche Initiativen, hier treffen sich zum Beispiel die lokalen Gruppen von attac, vom Verkehrsclub Deutschland (vcd) oder vom B.U.N.D. Der KulturBahnhof Viktoria in Itzehoe setzt sich aktiv für eine partizipierte, nachhaltige Stadtentwicklung ein, unter anderem für die Erhaltung und die Umfunktionierung der ehemaligen Zementfabrik Alsen (Baujahr 1862), die sonst abgerissen werden soll.[23] All diese soziokulturellen Einrichtungen sind Mitglieder der LAGs und dadurch im Bundesverband Soziokultur vertreten. Gerade die individuelle, ortsbezogene Genese der soziokulturellen Zentren sowie ihre hohe Heterogenität macht die Definition bzw. die Weiterentwicklung einer gemeinsamen Programmatik (z. B. unter dem Begriff Nachhaltigkeit) im Rahmen des Bundesverbandes zu einer Herausforderung. Er unterstützt die eigenen Mitglieder durch Weiterbildungsmaßnahmen, die Durchführung von Kongressen und Tagungen sowie durch Öffentlichkeitsarbeit und kulturpolitische Lobbyarbeit.

7.2.1.3 Erweiterte Definition

Hier geht es um eine neue Generation soziokultureller Initiativen, die aus einer vierfachen Herausforderung hervorgegangen sind. Die erste liegt in der Tatsache, dass die Jugend in der alten Soziokultur

---

[22] Centralstation Darmstadt: https://www.centralstation-darmstadt.de/ (Zugriff: 11.6.2023).
[23] Initiative „Planet Alsen" von K9 – KulturBahnhof Viktoria in Itzehoe: https://www.kuba-viktoria.de/kultur/planet-alsen/ (Zugriff: 11.6.2023).

nicht unbedingt ihren eigenen Platz findet. Dort gestaltet sich der Generationswechsel nicht immer leicht. In den Kultureinrichtungen sind die Strukturen bereits vorgelegt und manchmal wirken sie nach 40–50 Jahren ein wenig verstaubt. Wie die Jugend von damals sucht auch die heutige Jugend *eigene* Räume. Und hieraus ergibt sich die zweite Herausforderung. Anders als in den 1970ern und 1980ern gibt es heute in Städten und Gemeinden kaum noch Leerstand, in dem sich die neuen Generationen einrichten können. Die dritte Herausforderung ist die zusätzliche Modernisierung der Gesellschaft seit den 1970ern. In einer gefestigten rationalen Monokultur genießen Subkulturen nicht unbedingt mehr Akzeptanz. Die Jugend ist selbst zur Leistungsorientierung und zum „professionellen" Verhalten erzogen worden. Ein großer Teil der neuen Generationen wirkt relativ angepasst, während Abweichlern (Extinction Rebellion, Letzte Generation, Antifa, linksautonome Zentren …) die Kriminalisierung droht.[24]

Die vierte Herausforderung liegt im Rückzug der öffentlichen Institutionen aus dem Markt: Hier sorgt nun das Gesetz des Finanzstärksten für Ordnung, denn die „strukturelle Gewalt" (Galtung 1988) hat sich weiter ökonomisiert. In Großstädten wie Berlin und Köln werden Jugendklubs aus alten Fabriken vertrieben, um Investoren den Bau von Luxuswohnungen und Einkaufszentren zu ermöglichen. Ein besonderer Fall wird im Dokumentarfilm „Wem gehört die Stadt. Bürger in Bewegung" der Kölner Filmemacherin Anna Ditges (2015) erzählt. Auf dem Gelände des ehemaligen Elektronikunternehmens Helios im Stadtteil Köln-Ehrenfeld hatten sich im Laufe der Jahre Kreative, Handwerker*innen, Künstler*innen sowie Jugendklubs angesiedelt und selbstorganisiert. Aus einem sozialen Brennpunkt hatte diese Vielfalt Ehrenfeld zu einem Anziehungsort gemacht, in dem immer mehr Menschen wohnen wollten. Die dadurch steigenden Boden- und Immobilienpreise brachten dann die Investoren ins Spiel. Einer davon (Paul Bauwens-Adenauer) kaufte das Helios-Gelände, um dort eine

---

[24] So hieß es im Mai 2023: „Die bayerische Justiz hat in sieben Bundesländern Wohnungen von Mitgliedern der ‚Letzten Generation' durchsuchen und Konten beschlagnahmen lassen. Der Tatvorwurf: Bildung einer kriminellen Vereinigung". In: Spiegel Online 24.5.2023.

Shopping Mall zu bauen. So wurden die kreativen Werkstätten und die selbstverwalteten Begegnungsräume zwischen 2017 und 2018 auf dem Gelände abgerissen.[25] Diese Geschichte ist stellvertretend für viele andere, die sich seit Jahrzehnten an vielen anderen Orten wiederholen und zu einer kulturellen Verarmung der Quartiere führen. Urban-Gardening-Projekte und selbstverwaltete Klubs gibt es meistens nur noch als Zwischennutzung (Müller 2012).

Eine Ausnahme ist die Utopiastadt, eine Initiative, die 2011 den alten Mirker Bahnhof in Wuppertal übernahm und zu einem lokalen und überregionalen Knotenpunkt für Kreativwirtschaft, Quartiers- und Stadtentwicklung sowie vielerlei Formen sozialer und digitaler Innovationen ausbaute.[26] Zumindest bis 2020 bekannten sich ihre Gründer*innen nicht zu der institutionalisierten Soziokultur, die in LAGs bzw. im Bundesverband vertreten ist. Trotzdem verbinden solche Räume Kultur und Politik, Kunst und Gesellschaft. Hier wird Demokratie gelebt und für eine menschengerechte Stadtentwicklung plädiert (Brocchi 2019b, S. 70 ff.). Der FreiRaum Jena e. V. hat einen ähnlichen Hintergrund wie die Utopiastadt und entwickelte partizipativ, mit zwei Vereinen, ein Nutzungskonzept für das Areal auf dem alten Schlachthof in Jena, um es in einen Ort der Soziokultur umzuwandeln. Auch in diesem Fall wurden die Räume nicht besetzt, sondern die Lösung ergab sich auf legalem Weg durch Verhandlungen mit der Politik und der Verwaltung (Döschner und Präger 2021).

Diese neue soziokulturelle Szene ist bundesweit unter anderem im Netzwerk Immovielien organisiert. „Als Bündnis von Akteur*innen aus Zivilgesellschaft, Öffentlicher Hand, Wirtschaft, Wohlfahrt und Wissenschaft setzt sich das Netzwerk für eine Gemeinwohlorientierung in der Immobilien- und Quartiersentwicklung ein".[27] Die Stadtentwicklung und die Bodenpolitik bleiben so zentrale Anliegen der Soziokultur. Sie leistet „echte Pionierarbeit bei der Umnutzung von Leerstand oder von Brachen für zivilgesellschaftliche Aktivitäten" (Claudia Roth in Tharr 2023).

---

[25] Immerhin konnte in Köln-Ehrenfeld eine Bürgerinitiative das Einkaufszentrum verhindern. Stattdessen wurde durch die Vermittlung der Stadt Köln erreicht, dass der Investor eine inklusive Universitätsschule bauen musste.

[26] Utopiastadt, Wuppertal: https://www.utopiastadt.eu/ (Zugriff: 27.3.2023).

[27] Netzwerk Immovielien: https://www.netzwerk-immovielien.de/ueber-uns/ (Zugriff: 27.3.2023).

7.2.2 Die Transformation in der Soziokultur[28]

Das Forschungsprojekt des Instituts für Kulturpolitik der Universität Hildesheim „Nachhaltigkeitskultur entwickeln" wurde 2018 von Dr. Christian Müller-Espey und Prof. Dr. Wolfgang Schneider initiiert. Der Ausgangspunkt war die Erkenntnis, dass den meisten soziokulturellen Zentren und Initiativen ein Orientierungsrahmen für eine Transformation des eigenen Betriebs in Richtung Nachhaltigkeit fehlt. Um diese Lücke zu schließen, schlug Müller-Espey einen „Nachhaltigkeitskodex für Soziokultur" vor. „Er sollte ökologische, ökonomische und soziale Indikatoren und Kriterien beinhalten, die auf Basis von praktischen Selbstversuchen in ausgewählten soziokulturellen Einrichtungen und im Rahmen eines partizipativen Dialogprozesses definiert werden" (Brocchi und Gruber 2021, S. 28). Das Hildesheimer Forschungsvorhaben wurde vom Rat für Nachhaltige Entwicklung (RNE) im Rahmen des Fonds Nachhaltigkeitskultur gefördert. Als Projektpartner wurde der Bundesverband Soziokultur e. V. gewonnen, entsprechend fokussierte sich die Untersuchung auf die institutionalisierte Soziokultur.

7.2.2.1 Nachhaltigkeitsverständnis

Dem Forschungsprojekt lag das „Leitprinzip" von Nachhaltigkeit zugrunde. Einerseits verknüpfte Müller-Espey dieses mit den „planetarischen Leitplanken", das heißt den „quantitativ definierbare[n] Schadengrenzen, deren Überschreitung heute oder in Zukunft intolerable Folgen mit sich brächte" (WBGU zit. in Müller-Espey 2019, S. 30). Andererseits bediente er sich am institutionellen Nachhaltigkeitsverständnis (Abschn. 5.1.1). Laut Förderantrag berührte das Hildesheimer Forschungsprojekt folgende Nachhaltigkeitsziele der Agenda 2030 der Vereinten Nationen (Schneider und Müller-Espey 2018, S. 4 f.):

- SDG 4: Hochwertige Bildung (insbesondere 4.7: Bildung für nachhaltige Entwicklung, nachhaltige Lebensweisen, Wertschätzung

---

[28] Der Abschnitt basiert zum großen Teil auf dem Text „Nachhaltigkeit und Transformation", der vom Verfasser in Gruber und Brocchi 2021 (S. 42–47) veröffentlicht wurde.

kultureller Vielfalt und des Beitrags der Kultur zu nachhaltiger Entwicklung)
- SDG 7: Erneuerbare Energie (insbesondere 7.1: Anteil erneuerbarer Energie deutlich erhöhen; 7.2: Steigerungsrate der Energieeffizienz verdoppeln)
- SDG 11: Nachhaltige Städte und Gemeinden (z. B. 11.6: Umweltbelastungen pro Kopf senken)
- SDG 12: Verantwortungsvoller Konsum (insbesondere 12.1: nachhaltige Konsum- und Produktionsmuster; 12.5: Abfallaufkommen durch Vermeidung, Verminderung, Wiederverwertung und Wiederverwendung deutlich verringern; 12.7: in der öffentlichen Beschaffung nachhaltige Verfahren fördern)
- SDG 13: Maßnahmen zum Klimaschutz (13.2: Klimaschutzmaßnahmen in die nationalen Politiken, Strategien und Planungen einbeziehen)
- SDG 17: Partnerschaften, um die Ziele zu erreichen (17.17: Bildung wirksamer Partnerschaften)

Christian Müller-Espey hat das institutionelle Nachhaltigkeitsverständnis nicht unkritisch übernommen. „Die Relevanz planetarischer Leitplanken wird in der Agenda 2030 ausgeblendet", stellte er fest (Müller-Espey 2019, S. 44). Es wurde erkannt, dass die internationale Top-down-Strategie der Nachhaltigkeit bisher nicht besonders effektiv gewesen ist.

7.2.2.2 Nachhaltigkeitskodex für Soziokultur

Große Aufmerksamkeit bekam im Forschungsprojekt die nationale Nachhaltigkeitsstrategie „Perspektiven für Deutschland" (Bundesregierung 2002), die der Deutsche Bundestag 2002 beschlossen hatte. In den 2010ern förderte der Rat für Nachhaltige Entwicklung eine Übersetzung dieser Deutschen Nachhaltigkeitsstrategie (DNS) in verschiedene gesellschaftliche Bereiche, unter anderem in Form von „Nachhaltigkeitskodizes". Der erste „Deutsche Nachhaltigkeitskodex" (DNK) entstand 2011 für die Wirtschaft, als Ergebnis eines dialogischen Prozesses unter Konzernen und Unternehmen (RNE 2015). Er enthält

20 Kriterien nachhaltigen Wirtschaftens, deren Umsetzung selbstverpflichtend ist – genauso wie die Deutsche Nachhaltigkeitsstrategie für die Bundesregierung. So wie die Bundesregierung das eigene Handeln in „Fortschrittsberichten" öffentlich darlegt, dokumentieren die Unternehmen ihr eigenes in „Nachhaltigkeitsberichten". Mit dem eigenen Nachhaltigkeitskodex lieferte die Wirtschaft eine Vorlage für weitere Bereiche. 2018 legten so die deutschen Hochschulen einen eigenen Nachhaltigkeitskodex vor (RNE 2018). Diese Dokumente orientieren sich im Wesentlichen an einem Drei-Säulen-Modell der Nachhaltigkeit: Eine Entwicklung ist nachhaltig, wenn sie ökonomische, ökologische und soziale Belange in Einklang bringt, nämlich „Wirtschaftswachstum, Klimaschutz und soziale Gerechtigkeit" (Müller-Espey 2019, S. 33). Selbst im hochschulspezifischen Nachhaltigkeitskodex wurde die Kultur als vierte Dimension von Nachhaltigkeit nur angeschnitten (RNE 2018, S. 34).

Ein Nachhaltigkeitskodex für die Soziokultur sollte nun als Ergänzung und Weiterentwicklung für Prozesse dienen, die in vielen soziokulturellen Zentren bereits stattgefunden haben oder noch stattfinden. 61 % der Mitglieder des Bundesverbandes Soziokultur arbeiten nach einem Leitbild, 68 % legen bei der Beschaffung ethische Konsumkriterien zugrunde (Bundesverband Soziokultur 2019). Durch den Nachhaltigkeitskodex hätte der Beitrag der Soziokultur für Nachhaltigkeit sichtbarer gemacht werden können. Erprobt wurde die Anwendung in fünf soziokulturellen Zentren (u. a. Tollhaus und Substage, Karlsruhe; Centralstation Darmstadt), um die Wirkungsfelder genauer zu definieren und die Kriterien weiterzuentwickeln. Eine erste Version des Nachhaltigkeitskodexes Soziokultur wurde mit dem Abschluss des Forschungsprojektes im September 2020 veröffentlicht (Abb. 7.1).

> „Der Nachhaltigkeitskodex schlägt eine Vorgehensweise vor. Zuerst sollte jede Einrichtung ein eigenes Leitbild für die eigene Transformation zur Nachhaltigkeit definieren. In diesem Zusammenhang kann die strategische Analyse eingeleitet werden, mit der die Stärken und Chancen sowie die Schwächen und Risiken herausgearbeitet werden. In einem weiteren Schritt können qualitative und quantitative Ziele definiert sowie Maßnahmen ausgearbeitet werden. Dabei gilt: In der Transformation ist der Weg mindestens genauso wichtig wie das Ziel. Besonders sinnvoll können

Ziele definieren	Prozesse gestalten	Werte schöpfen
1 Nachhaltigkeitsverständnis	4 Verantwortung	8 Programm und Angebot
2 Strategische Analyse	5 Beteiligung und Anreize	9 Gemeinwohl und CSR
3 Ziele	6 Prozessarbeit	10 Politisch-strategische Netzwerkarbeit
	7 Qualitätssicherung	11 Nachhaltige Finanzierung

Umweltschutz leben	Zusammenarbeit verbessern	
12 Ort, Mobilität und Biodiversität	15 Arbeitnehmerrechte und Chancen	
13 Beschaffung, Gastronomie und Abfall	16 Qualifizierung	
14 Klimarelevante Emissionen	17 Menschenrechte und Gesetze	

Abb. 7.1 Die Wirkungsfelder und Kriterien eines Nachhaltigkeitskodex für die Soziokultur im Überblick. 2021 (Aus Gruber und Brocchi, S. 29)

daher Zukunftsworkshops mit zentralen Akteuren und Anspruchsgruppen sein. Weil jede Kultureinrichtung eine Spezifizität hat, kann ihr eine Strategie nur dann gerecht werden und erfolgversprechend sein, wenn sie möglichst partizipativ entwickelt und von der Belegschaft von Anfang an mitgetragen wird.

Nach diesen ersten Schritten geht der Prozess weiter an die Substanz. Wie kann das Mobilitätsverhalten gesteuert werden? Wie kann Klimaschutz im Veranstaltungsprogramm eingebunden werden? Woher kommen die Lebensmittel beim Catering? Wie kann die Vereinbarkeit von Familie und Beruf ermöglicht werden? Für diese und weitere Fragen liefert der Nachhaltigkeitskodex eine Orientierung, dazu gehört auch eine Anwendungshilfe. Die Brotfabrik Frankfurt hat zum Beispiel auf ihrer Website die Möglichkeit integriert, die eigene Anreise mit klimafreundlichen Verkehrsmitteln zu planen. Der Schlachthof Kassel hat für das Künstler*innen-Catering die einzelnen Gerichte mit Hilfe der Klimateller-App bilanziert. Klimafreundliche Gerichte werden als KlimaTeller ausgezeichnet, wenn sie mindestens 50 % weniger CO_2 als der Durchschnitt aller Gerichte verursachen. Das Tollhaus Karlsruhe zeigt, wie Home-Office die Vereinbarkeit von Familie und Beruf ermöglicht.

Es ist sehr schwer sich mit globalen Themen wie dem Klimawandel auseinanderzusetzen, wenn die eigene ökonomische Existenz nicht gesichert ist. Deshalb spielt auch die Finanzierung im Nachhaltigkeitskodex in der Soziokultur eine wichtige Rolle. Eine Stärke der Soziokultur liegt darin, Netzwerke zu bilden, Zusammenarbeit verschiedener Akteur*innen und Raum für politische Diskurse zu ermöglichen. Empfehlenswert ist die Bestimmung eines internen Nachhaltigkeitsbeauftragten, der sich dann von Expert*innen für Nachhaltigkeit und Klimaschutz beraten lässt" (Brocchi und Gruber 2021, S. 28ff.).

Die Selbstversuchsprojekte in soziokulturellen Zentren ergaben, dass eine Transformation zur Nachhaltigkeit oft als Zusatzleistung zum gewohnten Alltagsgeschäft wahrgenommen und gestaltet wird. Sie nimmt viel Zeit in Anspruch, woran es jedoch oft fehlt. Es braucht also eine besondere Motivation für diesen Weg. Sie ist dort höher, wo eine mentale Sensibilität für Nachhaltigkeit bereits vorhanden ist. Es macht zudem einen großen Unterschied, ob der Transformationsprozess hierarchisch oder partizipativ erfolgt. Im zweiten Fall beansprucht der Prozess am Anfang mehr Zeit, findet aber danach in der Belegschaft mehr Zuspruch, denn diese kann sich mit Zielen, die sie selbst mitbestimmt hat, stärker identifizieren. Es ist immer hilfreich, wenn eine Verantwortlichkeit für die Nachhaltigkeit im Betrieb definiert wird, dabei kann in der Soziokultur der häufige Personalwechsel jedoch zum Problem für die Kontinuität der Arbeit werden. In soziokulturellen Einrichtungen gibt es einen großen Bedarf an Beratung zur Einführung eines systematischen Nachhaltigkeitsmanagements (Bundesverband Soziokultur 2022, S. 36). Tatsächlich wurde dieser Bedarf 2021 in den Koalitionsvertrag der Bundesregierung aufgenommen (SPD et al. 2021, S. 97). So fördert die Beauftragte der Bundesregierung für Kultur und Medien die „zentrale Anlaufstelle Green Culture" in Berlin. Als „Kompetenzzentrum für Betriebsökologie in Kultur und Medien" bietet sie „Kompetenzen, Wissen, Daten, Beratung sowie Ressourcen an und soll Kultureinrichtungen in Deutschland dabei helfen, das Ziel der Klimaneutralität spätestens bis 2045 zu erreichen".[29]

Die meisten soziokulturellen Einrichtungen handeln nicht profitorientiert, ein guter Teil leidet an finanzieller Planungsunsicherheit.

---

[29] Website der zentralen Anlaufstelle Green Culture: www.greenculture.info (Zugriff: 27.1.2024).

Durch die Ökonomisierung der Gesellschaft hat die Abhängigkeit von monetären Mitteln zugenommen – und sie stellt für eine Transformation zur Nachhaltigkeit eine große Hürde dar. Als ehemaliger Geschäftsführer eines soziokulturellen Zentrums wusste Christian Müller-Espey, wie wichtig die „finanzielle Nachhaltigkeit" für die Soziokultur ist. In seinen Augen sollten die soziokulturellen Zentren nicht in der Denkweise der 1970er gefangen bleiben, sondern lernen, in einem neuen Kontext zu bestehen, der eben eine ökonomische Kompetenz und eine Professionalisierung erfordert.

Da soziokulturelle Einrichtungen oftmals in alten Gebäuden sitzen, die nicht für den Kulturbetrieb vorgesehen waren, ist die energetische Sanierung eine Schlüsselmaßnahme für die Verbesserung ihrer Klimabilanz. Doch gerade kleinere, überwiegend ehrenamtliche geführte Einrichtungen wissen nicht, wie sie diese Maßnahme stemmen sollen (Tharr 2023). Die Bundesregierung hat einen „Klima- und Transformationsfonds" eingerichtet, um die ökologische Modernisierung von Betrieben zu fördern.[30] Doch davon können die Kulturbetriebe nicht unbedingt profitieren, denn für die kulturelle Infrastruktur sind meistens die Kommunen zuständig – und diese stehen finanziell nicht immer gut da.

7.2.2.3 Kritische Bewertung

Im Rahmen des Hildesheimer Forschungsprojektes „Nachhaltigkeitskultur entwickeln" wurde die Transformation als Lernprozess betrachtet und gestaltet. So boten sich einige soziokulturelle Einrichtungen als Reallabore an. Diese wurden wissenschaftlich begleitet, um Erkenntnisse und Lehren festzuhalten, die später allen Kultureinrichtungen zur Verfügung gestellt wurden – zum Beispiel in Form eines Sammelbandes (Schneider et al. 2021). Reallabor bedeutet, die eigene Transformation

---

[30] Bundesfinanzministerium (2022): Klima- und Transformationsfonds: In Klimaneutralität und Versorgungssicherheit investieren – Menschen und Betriebe entlasten. https://www.bundesfinanzministerium.de/Content/DE/Pressemitteilungen/Finanzpolitik/2022/07/2022-07-27-klima-und-transformationsfonds.html (Zugriff: 11.6.2023).

selbst anzugehen. So bildet jede soziokulturelle Einrichtung eine Gesellschaft im Kleinen. Schon hier stellen sich Fragen, die für die ganze Gesellschaft relevant sind: Wie wollen wir arbeiten und wirtschaften? Wie handeln wir klima- und sozialgerecht? Weil sich Kunst und Kultur durch eine ausgeprägte Kreativität auszeichnen, können hier gesellschaftliche Fragen unkonventionelle Antworten finden. In der Soziokultur kann die bessere Gesellschaft nicht nur theoretisiert, sondern auch praktiziert werden. Ein Medium, das selbst die eigene Botschaft lebt, kann sein Publikum damit anstecken – und die Soziokultur erreicht bundesweit ein breites Publikum: vor der Corona-Krise 12,5 Mio. Menschen pro Jahr (Bundesverband Soziokultur 2019, S. 5).

Die ökologische Transformation ist eine Gemeinschaftsaufgabe der gesamten Gesellschaft und somit auch des gesamten Kulturbetriebs, betonte Claudia Roth auf der Veranstaltung „Green Culture. Nachhaltigkeit in Krisenzeiten" im November 2022. Im Vergleich zu anderen Bereichen zeichnet sich die Soziokultur durch ein relativ starkes Bewusstsein für die soziale Verantwortung aus, sodass hier „die nachhaltige Ausrichtung selbst bei geringen Ressourcen mitgedacht wird und vieles Routine geworden ist" (Tharr 2023).[31] Trotzdem bleibt bei der Nachhaltigkeit der Kulturbetriebe Luft nach oben. Genau auf diese Defizite fokussierte sich das Hildesheimer Forschungsprojekt. Durch das Ziel „Nachhaltigkeitskodex für Soziokultur" blieb es jedoch in den geistigen Bahnen gefangen, die 2011 durch den Deutschen Nachhaltigkeitskodex für die Wirtschaft vorgelegt wurden. Entsprechend wurden die Soziokultur als Betrieb und die Nachhaltigkeit als Managementaufgabe begriffen. Diese betriebswirtschaftliche Denkweise bietet einen effizienten und mechanischen Zugang zum Sachverhalt. Die praktischen Maßnahmen werden klar formuliert: Strom sparen, LED-Beleuchtung einsetzen, Nahrungsmittel aus der Region kaufen, Besucher*innen zum Rad- statt Autofahren auffordern. Dazu kommen

---

[31] Ein Beispiel: Nachhaltigkeitskriterien werden beim Einkauf weiterhin von 60 % (Fair Trade Produkte) bis 75 % (regionale Produkte und Mehrwegverpackungen) der soziokulturellen Einrichtungen immer oder oft berücksichtigt, während im Bundesdurchschnitt nur rund 40 % der Akteur*innen auf Umwelt- oder Nachhaltigkeitssiegel achten (Bundesverband Soziokultur 2023, S. 7).

bessere Arbeitsbedingungen und mehr Chancengleichheit im Betrieb. In der „Klimabilanzierung" sind es die Zahlen, die die Wahrheit sagen: Haben die CO_2-Emissionen ab- oder zugenommen? Dies ermöglicht eine objektive Auswertung der Maßnahmen. Gleichzeitig erzeugt die Sprache der Zahlen und der Indikatoren nicht unbedingt Inspiration und Leidenschaft.

Die Freiwilligkeit in der Anwendung des Nachhaltigkeitskodexes eignet sich für den Kulturbereich, der ähnlich wie die Unternehmen einen besonderen Freiheitsdrang hat. Indem das eigene Verhalten durch einen Nachhaltigkeitsbericht offengelegt wird, bekommt die Öffentlichkeit im Nachhinein die Möglichkeit, das Handeln zu beurteilen. Bei Unternehmen sind oft die Pressestellen für den Nachhaltigkeitsbericht zuständig, dabei ist das Risiko von „Greenwashing" hoch. Hier kann die Soziokultur zeigen, dass Nachhaltigkeit mehr als eine „grüne Verpackung" ist. Während sich der Markt geistig aus Natur und Gesellschaft herausgenommen hat, zielt eine nachhaltige Soziokultur auf die Wiedereinbettung von Kunst und Kultur in ihren Kontext. Dabei werden die künstlerische Autonomie und Freiheit neu aufgefasst: innerhalb der ökologischen und sozialen Beziehungen statt als Negation davon.

7.2.3 Die Transformation durch die Soziokultur

Programme, die eine ökologische Modernisierung der Kulturbetriebe fördern, leiden an drei grundsätzlichen Widersprüchen:

- Sie fokussieren sich auf die inneren Prozesse der Betriebe, lassen jedoch ihren Kontext und die Rahmenbedingungen außer Acht. So bleibt Nachhaltigkeit eine Aufforderung zur Selbstoptimierung innerhalb nicht-nachhaltiger Infrastrukturen. Während die soziokulturellen Zentren Produkte regional beschaffen wollen, schließt die Bundesregierung Freihandelsabkommen mit Kanada und Lateinamerika ab, die genau diese regionale Selbstversorgung weiter erschweren.

- Die Multidimensionalität bleibt auf der Strecke. Wie sehr Ökologie, Ökonomie, Soziales und Kultur zusammen statt getrennt gedacht werden sollen, wird nicht wirklich verstanden. So bleibt die ökologische Nachhaltigkeit meistens ein Zusatz und findet „daneben" statt.
- Es wird latent die gleiche mechanistische Denkweise reproduziert, die das Problem mitverursacht (Abschn. 4.1.2.4). Die Nachhaltigkeitsziele werden quantifiziert und operationalisiert: erst die Funktion, dann der Mensch. Und doch ist in der Transformation der Weg das eigentliche Ziel. Dabei spielt unter anderem die Qualität der Beziehungen eine zentrale Rolle. Wie die Menschen angesprochen werden und wie ihnen begegnet wird, bestimmt oft, wie sie reagieren. Sollen sie nun auch für die Nachhaltigkeit besser „funktionieren"? Oder ist es vielleicht die Transformation, die menschengerecht gestaltet werden sollte?

Bei einer Transformation *durch* Soziokultur sind Kulturschaffende und Kulturvermittler*innen nicht nur die Laien, die sich von Expert*innen belehren lassen, sondern selbst Subjekte, die mit eigenen Impulsen zu einer Erweiterung der geistigen Horizonte gesellschaftlicher Diskurse beitragen. Dabei wird Nachhaltigkeit nicht auf Betriebsökologie reduziert, sondern als soziale und kulturelle Aufgabe begriffen und mitgestaltet. Transformation durch Soziokultur bedeutet eine Politisierung statt Privatisierung der Frage der Nachhaltigkeit.

7.2.3.1 Das Transformationspotenzial der Soziokultur

Im Hildesheimer Forschungsprojekt wurde die Soziokultur defizitär behandelt. Dadurch gerieten ihre Stärken aus dem Fokus. Wenn die nachhaltige Transformation mit der Umwandlung sozialer Beziehungen im Lokalen und einer bürgerschaftlichen Rückeroberung von Räumen beginnt, dann beschreibt dies ziemlich genau den Ursprung der Soziokultur in Deutschland. Die Soziokultur selbst ist eine Geschichte der gelebten Transformation – und das war kein Spaziergang, wie die berichten können, die dabei gewesen sind. Einerseits musste sich die Soziokultur nach außen anpassen, um bestehen zu können. Andererseits sind es menschliche Wesen, die Soziokultur machen. Weil ihre Kräfte begrenzt sind, können sie nicht jahrelang unter ständiger Spannung leben. Die Biografien ändern sich, so kann sich mit der Familiengründung das Bedürfnis nach Sicherheit erhöhen. Aus diesen und anderen Gründen setzt sich in Transformationsprozessen oft ein Pragmatismus durch: „Bewegungen zur Veränderung der Gesellschaft starten in der Regel mit einem Überschwang an utopischen Vorstellungen und münden dann in Kompromisse" (Scheytt 2003).

Die Generation, die in den letzten Jahren die Führung der soziokulturellen Zentren übernommen hat, ist anders sozialisiert worden als jene, die ab den 1970ern Ungehorsam praktizierte und alte Gebäude besetzte. Heute ist die Soziokultur die Freiheit, die zwischen Kommerz und öffentlicher Förderung noch übrigbleibt. Wer freier von Kommerz sein will, braucht eine stärkere öffentliche Förderung. Wer weniger öffentliche Förderung bekommt, muss mehr Kommerz und Unterhaltung wagen. Egal, ob die Soziokultur mehr vom Staat oder vom Markt abhängig ist: In beiden Fällen sind innere Prozesse, Organisationsstrukturen und Programme erheblich vom Geldfluss geprägt. Nun stellt die Polykrise aber alte Glaubenssätze und Sicherheiten in Frage. Bei der enormen Staatsverschuldung und den wiederkehrenden Wirtschaftskrisen gibt es keine Garantie für eine dauerhafte hohe öffentliche Kulturförderung. Gleichzeitig kann sich nur ein kleiner Teil der Bevölkerung teure Kulturveranstaltungen leisten. Wenn soziokulturelle Einrichtungen nicht in eine Sackgasse geraten wollen, sollten sie mit dem *Standbein* im System bleiben, aber mit dem *Spielbein* an Alternativen arbeiten. In einem reichen Land kann jede finanzielle Knappheit nur eine künstliche sein, deshalb sollte die Soziokultur selbst die Verteilungsfrage stellen und sich für eine starke öffentliche Daseinsvorsorge einsetzen. Es ist Zeit, die Kulturökonomie jenseits des Dualismus von Staat und Markt weiterzudenken. So könnten soziokulturelle Einrichtungen das Gemeinschaftseigentum von Quartiersgenossenschaften sein. Sie könnten als Agora für regionale Wirtschaftskreisläufe dienen, die sich durch Parallelwährungen tragen.

Obwohl die Abhängigkeit vom ökonomischen Kapital in den letzten Jahrzehnten zugenommen hat, spielen Sozialkapital und Ehrenamt in der Soziokultur immer noch eine sehr wichtige Rolle. Soziokulturelle

Einrichtungen bieten einen kollektiven Freiraum, in dem Menschen ihren Sehnsüchten nachgehen und Beziehungen pflegen können. Wenn Nachhaltigkeit mehr Gemeinwesen statt Privatwesen bedeutet, dann könnte die Soziokultur ein Vorbild sein und im Lokalen solidarische Netze aufbauen. In den Räumen der soziokulturellen Zentren und Initiativen können soziale Innovationen entwickelt und das gute Leben in den Quartieren gefördert werden.

Weil die Soziokultur Politik und Kultur sowie Gesellschaft und Kunst verbindet, ist sie geradezu prädestiniert, zur Avantgarde einer Transformation *by Design* zu werden. In einer Soziokultur als Forum können multidimensionale Visionen für die ganze Gesellschaft mit den Bürger*innen gemeinsam entwickelt werden. Gerade in Zeiten der Krise der Demokratie braucht es außerparlamentarische Räume, in denen die Demokratie gelebt und weiterentwickelt wird. So wirbt der Bundesverband Soziokultur für „ein anderes Demokratieverständnis".[32] Soziokulturelle Initiativen wie die Utopiastadt in Wuppertal und der Kultur-Bahnhof Viktoria in Itzehoe fördern das Empowerment von Nachbarschaften und aktivieren die Bürger*innen als „Künstler*innen", die ihre eigene Stadt als „Soziale Plastik" mitgestalten. Wenn Systemänderungen eine breite Kulturbewegung brauchen (Abschn. 6.3.4), dann wäre die Soziokultur der ideale Katalysator dafür. Wie das gehen kann, könnte auch durch internationale Austauschformate gelernt werden – zum Beispiel mit Italien, denn dort hat die Soziokultur eine besondere Tradition.

7.2.3.2 Fallbeispiel: Die Soziokultur als Bewegung in Italien

In der Bundesrepublik stammen die Umweltbewegung, die Frauenbewegung, die Friedensbewegung und die Soziokultur aus dem gleichen geistigen Umfeld, aber sie entwickelten sich nebeneinander weiter. In Italien war hingegen die Soziokultur selbst die Quelle verschiedener Bewegungen. Die Geschichte der italienischen Soziokultur begann 1957, als sich der Italienische Kultur- und Freizeitverband ARCI in Florenz grün-

---

[32] Bundesverband Soziokultur: https://www.soziokultur.de/geschichte/ (Zugriff: 27.3.2023).

dete. Darin waren eine Vielzahl von lokalen Volkshäusern (Case del popolo), Kulturklubs (Circoli culturali) und solidarische Initiativen vertreten, die sich zu den Werten des Antifaschismus bekannten.[33] In den einzelnen Gemeinden bot ARCI die weltliche Alternative zum Freizeit- und Kulturangebot der Katholischen Kirche, die gerade in diesem Land schon immer sehr einflussreich war. Heute gehören 5.800 lokale Klubs und Vereine zum Verband. Circa 1,2 Mio. Menschen sind zahlende Mitglieder von ARCI.[34] Seit 2014 ist Luciana Castellina (*1929) Ehrenpräsidentin von ARCI, eine prominente linke Intellektuelle, die in ihrer Biografie Politik, Kultur und Kunst eng verbindet.[35] Unter dem Dach der ARCI-Häuser haben Literatur, Musik, Theater und Tanz schon immer die Fragen der Gegenwart aufgegriffen: Menschenrechte, Demokratie, Migration etc.

1980 entstand innerhalb des Verbandes die wichtigste italienische Umweltorganisation: Legambiente (Umweltliga, vergleichbar mit dem B.U.N.D. in Deutschland), zu der heute 115.000 Mitglieder gehören, ist in mehr als 1.000 lokalen Gruppen organisiert.[36] Dass sich die italienische Umweltbewegung schon in den 1980ern als Kulturbewegung verstand, lag auch an der Soziokultur.[37] Im Jahr 1980 gründete sich Arcigay, bis heute der wichtigste LGBTQIA+-Verband in Italien mit mehr als 160.000 Mitgliedern. 1986 entstand die Organisation der Esskultur,

---

[33] Die Soziokultur stand in Italien dem linken politischen Spektrum nah, das die starke Kommunistische Partei (PCI) und die sozialistische Partei Italiens (PSI), die ehemaligen Partisanen und die Gewerkschaften sowie viele landwirtschaftliche Genossenschaften (Cooperative) umfasste. Dazu bekannten sich zahlreiche Künstler*innen und Intellektuelle (Umberto Eco, Pier Paolo Pasolini, Milva, Dario Fo usw.).

[34] Eine Selbstbeschreibung von ARCI in englischer Sprache befindet sich unter: https://www.arci.it/app/uploads/2018/05/descizione_Arci_in_inglese-1.doc (Zugriff: 20.4.2022).

[35] Luciana Castellina war lange Abgeordnete erst im italienischen Parlament, dann im Europäischen Parlament. Später wurde sie Präsidentin der Agentur „Italia Cinema" für die Förderung des Italienischen Kinos im Ausland.

[36] Selbstvorstellung von Legambiente auf Englisch: https://www.legambiente.it/english-page/ (Zugriff: 27.3.2023).

[37] Die italienische Bewegung war auch von der Tiefenökologie beeinflusst und setzte sich zum Beispiel für eine „Ökologie des Geistes" (Bateson 1985) ein. Der mechanistischen Monokultur („pensiero unico") wurde ein „meridianes Denken" („pensiero meridiano") entgegengesetzt, das Emotion und Unschärfe aushalten kann (vgl. Cassano 2005). Die Intellektuellen hinter der italienischen Bewegung waren gleichzeitig Natur- und Geisteswissenschaftler*innen. Enzo Tiezzi (1992) stellte die italienische Entsprechung zu Hans-Peter Dürr in Deutschland und von Barry Commoner in den USA dar. Dazu kam Slow Food, mit der Botschaft, dass Nachhaltigkeit ein Genuss mit allen Sinnen sei.

Arcigola (Gola bedeutet Esslust), später international bekannt als Slow Food. In den 1980ern entwickelten sich manche soziokulturellen Einrichtungen zu Orten der musikalischen Klubkultur.[38] Heute gehören insgesamt 14 Organisationen zur ARCI: Neben Legambiente, Arcigay und Slow Food ein Verbraucherverband (Movimento Consumatori), ein Jugendverband (Arciragazzi) und ein Sportverband (UISP). Alle diese Organisationen beteiligen sich an gemeinsamen Kampagnen, sie könnten aber genauso selbst die Transformation praktizieren und vorantreiben. Auch wenn sich die deutsche und die italienische Tradition der Soziokultur unterscheiden, können sich beide gegenseitig inspirieren und voneinander lernen.

7.3 Zur transformativen Kulturpolitik

Es führt kein Weg daran vorbei: Mit der Polykrise muss sich auch die Kulturpolitik verstärkt auseinandersetzen. Diese Krise ist das Ergebnis der letzten großen Transformation und könnte gleichzeitig eine neue große Transformation antreiben (Friedrichs 2007, S. 15). Für einen Wandel *by Design* braucht es jedoch eine Veränderung der Kulturpolitik selbst. Denn manchen Kultureinrichtungen und Kulturdezernaten reicht schon eine Umrüstung auf LED-Beleuchtung aus, um sich als Vorreiter der nachhaltigen Transformation zu fühlen. So wünschenswert solche Schritte auch sind, manchmal ist die Bühne für Nachhaltigkeit umso breiter, je reduktiver deren Verständnis ist. Ein reduktionistisches Verständnis von Nachhaltigkeit, Kultur und Politik dient eher dem Status quo als dem Wandel.

Nur im Rahmen einer Ideologie sind Begriffe selbsterklärend. So sagt die Modernisierung „Entwicklung" und meint damit „Wachstum", als ob es keine Alternative gäbe. Genauso sagt die Volkswirtschaftslehre „Wirtschaft" und meint selbstverständlich „Marktwirtschaft". Wenn Probleme niemals mit derselben Denkweise gelöst wer-

---

[38] Relativ bekannt war Slego in Rimini, in dem zwischen 1980 und 1999 Rock, Punk und New Wave gespielt wurde (Compagnoni 2004).

den können, durch die sie entstanden sind, dann betrifft dies auch die Art und Weise, wie Begriffe aufgefasst werden. In seinem „Aufruf zur Alternative" forderte Joseph Beuys 1978 eine „Revolution der Begriffe", denn „mit Begriffen ist immer eine sehr weittragende Praxis verbunden, und die Art und Weise, wie über einen Sachverhalt gedacht wird, ist entscheidend dafür, wie man mit diesem Sachverhalt umgeht" (Beuys 1979, S. 4). Eine solche Revolution wird auch für eine nachhaltige Transformation der Gesellschaft benötigt. Dabei sollte die Kulturpolitik Vorreiterin sein, indem sie eine *Kritik der Selbstverständlichkeit* ausübt. So wie Politik nicht auf Verwaltung reduziert werden sollte, so ist Nachhaltigkeit nicht allein eine Managementaufgabe: Eine transformative Kulturpolitik fasst sie als soziale und kulturelle Aufgabe auf. Während Nachhaltigkeit zu einem Paradigmenwechsel im Kulturdiskurs führt, erweitert die kulturelle Perspektive die Horizonte des Nachhaltigkeitsdiskurses. Das Verhältnis zur Umwelt genauso wie die gesellschaftliche Entwicklung sollten konsequent von der Kultur her gedacht werden.

In den Kap. 5 und 6 wurden die wesentlichen Elemente einer nachhaltigen Transformation beschrieben:

a) Ende der Alternativlosigkeit und Systemänderungen
b) Demokratisierung und neue Governance-Formen
c) Wiedereinbettung der Wirtschaft und Gemeinwohlökonomie
d) Menschliches Maß und Local Turn
e) Kulturwandel und kulturelle Vielfalt

Daraus lassen sich die Elemente einer transformativen Kulturpolitik ableiten.

7.3.1 Systemische Kulturpolitik

Dass in jedem Museum und Theater eine ordentliche Finanzbuchhaltung geführt werden muss, stellt die Kulturpolitik vermutlich nicht infrage: Genauso normal sollte Nachhaltigkeit sein. So wie die Betriebswirtschaft ist auch Nachhaltigkeit keine Nebenveranstaltung und keine zusätzliche Aufgabe, sondern greift in alle Ressorts und Aktivitäten ein. Bisher wurden der Klimaschutz und die Solidarität privatisiert – als eine freiwillige Aufgabe von Konsumierenden, Unternehmen und Kulturbetrieben. Gleichzeitig ist die Nicht-Nachhaltigkeit vergesellschaftet und zur festen Infrastruktur gemacht worden. Eine transformative Kulturpolitik setzt sich für eine Große Transformation ein, die nicht neben der kapitalistisch-industriellen stattfindet, sondern anstelle. Warum müssen einzelne Akteure große Anstrengungen privat erbringen, um ein wenig Nachhaltigkeit in einem nicht-nachhaltigen Kontext umzusetzen? Wäre es nicht viel effektiver, auf demokratischem Weg eine Veränderung der Rahmenbedingungen herbeizuführen? Für den Einzelnen wäre es doch eine Entlastung, wenn aus jeder Steckdose automatisch grüner Strom kommen würde und Bioprodukte aus der Region Standard wären, statt dass man sich extra darum kümmern muss. Genauso würde es allen dienen, wenn es eine starke öffentliche Daseinsvorsorge gäbe. Keiner würde sich benachteiligt fühlen, wenn eine starke Reduktion des Flug- und Autoverkehrs für alle gleich gelten würde, wie es im Corona-Lockdown der Fall war. Bei einem Systemwechsel geht es darum, die nicht-nachhaltige durch eine nachhaltige Infrastruktur zu ersetzen statt zu ergänzen.

Dies setzt einen neuen geistigen „Bauplan der Gesellschaft" voraus, doch für einen solchen Kulturwandel reichen ein paar Fernsehsendungen über das Klima, ein Studiengang „Master Nachhaltigkeitsmanagement" oder ein neues Theaterstück zur Finanzkrise nicht aus. Gefragt sind vielmehr eine andere Bildung, Wissenschaft, Kunst und Medienlandschaft, sprich: eine andere Kulturpolitik. Die Aufforderung, dass Kulturschaffende und Kulturvermittelnde endlich gesellschaftliche Verantwortung übernehmen, ist unlogisch, denn jeder Mensch übt diese Verantwortung bereits täglich aus, sei es durch Taten oder Unterlassungen (Abschn. 6.3.3). Aber für *welche* Gesellschaft und für *welche* Entwicklung? Eine gerechte oder ungerechte? Nehmen wir unsere Verantwortung bewusst wahr oder verdrängen wir unsere Komplizenschaft? Eben solche Fragen stellt eine transformative Kulturpolitik. Solange es keine Emanzipation von der nicht-nachhaltigen Normalität gibt, bleibt Nachhaltigkeit ein frommer Wunsch oder eben Zusatz. In der Transformation ist die nonverbale Botschaft entscheidender als die verbale: Auf die Veränderung des Habitus, den wir tief verinnerlicht haben, kommt es mehr an als auf das Wort.

Für Kulturpolitik ist bisher jeweils ein marginales Ressort in der Regierung und in der Verwaltung zuständig, das wiederum selbst in Abteilungen unterteilt ist (Abschn. 4.1.3). Diese Organisation entspricht einem bürokratischen Kulturprogramm, das die Welt in Kategorien unterteilt und auf eine Spezialisierung zielt. Nachhaltigkeit steht aber für ein vernetztes Denken und neue Allianzen. Transformativ ist eine Kulturpolitik der Verknüpfungen, zum Beispiel zwischen Kultur und Natur. In einer Nische kann jede Kultur ein Gleichgewicht mit der Natur bilden, auf übergeordneten Ebenen braucht es jedoch die kulturelle Vielfalt, um die Komplexität mit Komplexität zu regieren. Es ist die Vielfalt, die der Widerstands- und Anpassungsfähigkeit von sozialen Systemen zugrunde liegt (Abschn. 5.1.3.2). Mehr Vielfalt in den Organisationsstrukturen der Kulturinstitutionen und -einrichtungen macht sie resilienter, lebendiger und sensibler für ihre ökologische und soziale Umwelt. Mehr Vielfalt in den Medien und in den Hochschulen trägt zur Erweiterung der Wahrnehmungshorizonte und der Handlungsoptionen der Gesellschaft bei. Mehr Vielfalt in der Keimzelle von sozialen Bewegungen und von nachbarschaftlichen Initiativen sorgt dafür, dass sie sich inklusiver im Prozess auswirken. In der Kulturpolitik wird kulturelle Vielfalt meistens auf Menschen mit Migrationshintergrund reduziert. Doch es geht dabei um viel mehr: die Wiederbelebung von bewährten Traditionen und die Förderung von Subkulturen, die Mischung (von Geschlechtern, Generationen, Schichten, Kompetenzen…) und den Umgang mit einer Andersartigkeit, die in jedem von uns steckt.

Es gehört zum Wesen der Ethnologie, der Philosophie und der Kunst, dass sie keine politische Alternativlosigkeit gelten lassen und jede geistige Monokultur bekämpfen. Gleiches gilt für eine transformative Kulturpolitik. Sie erweitert die Horizonte der politischen Debatte und öffnet Freiräume für Anderes. Transformativ ist eine reflexive Kulturpolitik (Abschn. 6.3.1). Während sich die mechanistischen Naturwissenschaften auf das Objekt fokussieren, reflektieren die Geisteswissenschaften das Subjekt und seine Beziehung zur Welt. Die Modernisierung stellt die Anderen und ihre Defizite in den Mittelpunkt von Beobachtung und Handlung. Eine reflexive Kulturpolitik setzt sich hingegen auch mit den „Entwicklungshelfenden" und mit der eigenen Lebensweise kritisch auseinander (Abschn. 2.2.3).

Der reflexive Charakter erzeugt Handlungsfähigkeit, denn statt woanders beginnt die Transformation zur Nachhaltigkeit bei einem selbst: im eigenen Leben, zu Hause am Esstisch, in der eigenen Nachbarschaft oder Hochschule, im Betrieb oder im Museum, in der eigenen Stadt. Wenn der Flügelschlag eines Schmetterlings in Brasilien einen Tornado in Texas auslösen kann (Lorenz 1972), dann kann eine kleine menschliche Tat ebenfalls große Auswirkungen im System entfalten. Manchmal muss für Nachhaltigkeit nicht einmal etwas getan werden, denn Bewahren kann nachhaltiger sein als Gestalten. Widerstand kann auch durch die Verweigerung der Komplizenschaft verübt werden. In Indien bezwang Gandhi allein durch zivilen Ungehorsam eine mächtige koloniale Herrschaft.

Empfehlungen

- *UNESCO als Vorbild.* Erstens definiert die UNESCO Kultur weit statt eng (UNESCO 1982, S. 1). Auch Menschen aus indigenen Kulturen, die keine Schule besucht haben, verfügen über eine Kultur und machen Kultur. Zweitens zählt die UNESCO nicht nur die Kunst, sondern auch die Bildung, die Wissenschaft, die Medien und das Internet zum eigenen Kompetenzbereich. Diese Erweiterung wird der eigentlichen „power of culture" in unserer Gesellschaft gerechter. Drittens behandelt die UNESCO Kultur und Natur als verbundene statt als getrennte Sphären. Nach ihrer Gründung 1945 war sie der wichtigste Anstifter von Naturschutz (Radkau 2011, S. 101). Julian Huxley, erster UNESCO-Generaldirektor, war Humanist und Naturschützer zugleich. Grundidee der Welterbekonvention der UNESCO ist es, „Natur- *und* Kulturerbestätten von außergewöhnlichem universellem Wert für die gesamte Weltgemeinschaft für gegenwärtige und zukünftige Generationen zu bewahren".[39] Viertens hat die UNESCO einen wichtigen Friedensauftrag. Als soziale

---

[39] Deutsche UNESCO-Kommission (o. J.): Kultur und Natur: Welterbe werden. https://www.unesco.de/kultur-und-natur/welterbe/welterbe-werden (Zugriff: 27.3.2023). Kursivsetzung vom Autor.

Beginning-of-Pipe-Technologie dient Kulturarbeit der Vorbeugung von Konflikten. Als soziale End-of-Pipe-Technologie dient die Völkerverständigung einer gewaltfreien und dauerhaften Lösung von Konflikten. Fünftens zählen die Menschenrechte zu den zentralen Arbeitsfeldern der UNESCO. Diese sind die Voraussetzung für ein gutes Leben für alle.
- *Multidimensionalität.* Nachhaltigkeit ist mehr als „Klima, Bio und Grün". Sie impliziert, Ökologie, Ökonomie, Soziales und Kultur zusammen statt getrennt zu denken – und dies in der Entwicklung von Regionen, Gemeinden, Quartieren und Betrieben. Dafür braucht es auf den verschiedenen Ebenen einen Dialog auf Augenhöhe zwischen den Perspektiven, genauso wie Brückenbauer*innen und Grenzgänger*innen. Die Multidimensionalität sorgt dafür, dass nachhaltigere Entscheidungen getroffen werden. Dies trägt sowohl zur Krisen-Resilienz als auch zum guten Leben bei. Diese Multidimensionalität geht Hand in Hand mit bunten Bündnissen und neuen Allianzen.
- *Selbstreflexion und Perspektivenwechsel.* Literatur, politisches Kabarett, Theater und Film, genauso wie Soziologie, Psychologie und Ethnologie können die Reflexion und den Perspektivenwechsel in der Gesellschaft fördern. In den Kultureinrichtungen und in den Hochschulen können Künstler*innen, Wissenschaftler*innen und Bürger*innen gemeinsam debattieren: Wie wollen wir zusammenleben? Wie kann das richtige Leben im falschen entstehen? Für die transformative Praxis braucht es Räume der Reflexion, um zu vermeiden, dass man sich im Kreis dreht.
- *Gesellschaftliche Verantwortung.* Es gibt keine wertneutrale Kunst und Kultur, denn jede Kommunikation und Produktion vermittelt Werteinstellungen und Weltbilder und wirkt sich dadurch performativ auf jede gesellschaftliche Entwicklung aus. Die Kulturpolitik bildet ein permanentes Forum, um die gesellschaftliche Funktion und Wirkung von Bildung, Wissenschaften, Künsten und Medien zu hinterfragen.
- *Systemische Transformation von Kultureinrichtungen.* Eine nachhaltige Transformation ist eine des ganzen Betriebs – Kulturprogramm inbegriffen. Dies darf keine „zusätzliche" Aufgabe sein, denn es geht darum, eine Praxis und eine Infrastruktur schrittweise durch eine

andere zu ersetzen – und dabei den Aufwand, die Kosten und den Naturverbrauch zu reduzieren statt zu erhöhen. Nachhaltigkeit ist nicht nur eine Notwendigkeit (Abschn. 5.1.3.2), sondern auch eine Chance (Abschn. 5.1.3.3).

7.3.2 Demokratisierende Kulturpolitik

Wenn „jede Kommunikation einen Inhalts- und einen Beziehungsaspekt hat, derart, daß letzterer den ersteren bestimmt und daher eine Metakommunikation ist" (Watzlawick et al. 2007, S. 56), dann stimmt dies auch für eine Transformation zur Nachhaltigkeit: Es kommt mehr auf die Beziehungen als auf die Inhalte an. Die Frage des Umgangs miteinander und des Zusammenlebens stellt sich nicht nur zwischen Geschlechtern, Generationen, Schichten, Völkern und Nationen, sondern auch im Verhältnis von menschlichen und nicht-menschlichen Wesen. Während die Inhalte das *Was* der Kommunikation darstellen, drückt sich der Beziehungsaspekt im nonverbalen *Wie* aus. Als Ressortaufgabe vertritt die Kulturpolitik ein *Was* der Politik. Als Gesellschaftspolitik wirkt die Kulturpolitik besonders transformativ, wenn sie für ein anderes *Wie* der Politik steht, sprich für eine andere politische Kultur. Es ist auf der Ebene des *Wie,* dass sich Beziehungen und Verhältnisse umformen lassen – egal zu welchem Thema.

Für transformative Schritte in Richtung Nachhaltigkeit sind die Menschen offener, wenn sie im Voraus gefragt werden und sich nicht fremdbestimmt fühlen. So ist ein Wandel *by Design* zunächst ein Angebot an die Bevölkerung, denn erzwungen werden kann er nicht. Um umgesetzt zu werden, muss er erst demokratisch angenommen werden. Die Möglichkeit der Teilhabe, der Mitbestimmung und der Mitgestaltung ist die höchste Form von Wertschätzung, die Menschen erfahren können, deshalb lassen sie sich so am besten mitnehmen. Im Gegensatz dazu ist die Fremdbestimmung die höchste Form der Abwertung. Weil die neoliberale Globalisierung top-down durchgesetzt wurde, hatte sie nie wirklich eine freiwillige Basis in der Gesellschaft. Diese musste eher künstlich erzeugt werden, unter anderem durch „Public Relations" und Marketing. In der gelebten Demokratie als Ausdruck „sozialer Energie" (Rosa 2024) liegt die Kraft der Transformation zur Nachhaltigkeit, deshalb sollte darauf gesetzt werden.

Demokratie ist die Möglichkeit eines friedlichen Zusammenlebens in der Vielfalt. Wenn damit die „Herrschaft durch das Volk für das Volk" gemeint ist (Scharpf 1999, S. 16), dann ist Demokratie bisher selbst im Westen ein unvollendetes Projekt geblieben (Abschn. 3.2.3.4). Denn hier sind die zivilisatorischen Errungenschaften auf Kosten anderer erreicht worden. So wie die Sklaverei die Kehrseite der griechischen Agora war, so wird heute die Erde ausgebeutet, um den Konsum der Massen und die Reichtumskonzentration der Eliten zu ermöglichen. In ihrer gegenwärtigen Form bedeutet Demokratie nicht die Abschaffung der „imperialen Lebensweise", sondern nur die Veränderung ihrer Form (Brand und Wissen 2017). Dies wurde unter anderem durch die globale NSA-Überwachungsaffäre im Jahr 2013 erkennbar. Einerseits erfordert eine Demokratisierung der Demokratie, dass Licht ins Dunkle gebracht wird. Andererseits wird eine Erweiterung der Agora benötigt. Wenn es kein gutes Leben auf Kosten anderer geben kann, dann wird eine Demokratie benötigt, die diese anderen mitbestimmen lässt: den globalen Süden, die benachteiligten Gruppen, die künftigen Generationen und die Natur. Eine transformative Kulturpolitik wirkt sich gegen die Selbstreferenzialität des Politikbetriebs aus und schafft Orte, in denen die Demokratie weitergedacht und weiterentwickelt wird – jenseits des Parteienwettbewerbs. Nur eine „erweiterte Agora", auf der die menschliche Vielfalt und die Natur auf Augenhöhe interagieren, kann im Sinne des Gemeinwohls sein (Abschn. 5.3.2.2).

Während Wilhelm Schmid (2008) das Individuum in den Mittelpunkt seiner „ökologischen Lebenskunst" setzt, lautet Joseph Beuys' Leitspruch „La rivoluzione siamo Noi – Die Revolution sind wir": Die Transformation kann nur als Wir-Aufgabe gelingen. Dabei ist das miteinander Teilen nicht nur das Ziel, sondern auch der Weg. Dies ist mit drei wesentlichen Herausforderungen verbunden. *Erstens* die Kooperation in der Vielfalt. Sie ist eine Herausforderung für die Bürger*innen selbst. Demokratie will schon in einer Nachbarschaft oder in einer Kultureinrichtung gelernt werden. Dabei stellt sich die Frage, wie sich Individualität und Gemeinschaft gegenseitig befruchten statt negieren können. *Zweitens* braucht es ein anderes Verhältnis zwischen

Bürger*innen und öffentlichen Institutionen. Dies geht nicht ohne eine Veränderung der Institutionen selbst. Eine zentralistische, hierarchische und versäulte Verwaltung kann nicht bürgernah sein. Während die neoliberale Globalisierung auf Public-Private-Partnerships setzt, sind Citizen-Public-Partnerships das Modell einer Transformation zur Nachhaltigkeit. *Drittens* kann eine Demokratie nur so stark sein wie die Kultur der Demokratie. Eine Atmosphäre des Vertrauens und der Großzügigkeit erleichtert Kooperationen. Wie kann Vertrauen aber in einem Kontext entstehen und gepflegt werden, in dem die Menschen zu Eigennutz, Wettbewerb und Statusorientierung erzogen worden sind?

Die Gesellschaft benötigt Reallabore und Schulen für Beziehungsarbeit. Auch Kunst und Kultur können als Vermittelnde und Brückenbauende wirken, sodass „neue Allianzen für sozial-ökologische Transformationen" (Scharp et al. 2020) entstehen. Wenn ökologische, soziale und kulturelle Belange Opfer der gleichen ökonomischen Logik sind, dann braucht es ihre Kooperation, um diese Logik zu überwinden (Abschn. 5.3.3). Nur eine systemische Kulturbewegung kann die gesellschaftlichen Rahmenbedingungen ändern (Abschn. 6.3.4).

Empfehlungen

- *Kultur als Vierte Gewalt.* „Die stillste und zugleich effektivste Weise, Herrschaft zu sichern, besteht darin, unliebsame Themen aus dem Bewusstsein der Öffentlichkeit auszuschließen" (Scheytt 2003, S. 8). Dem sollte die Kulturpolitik entgegentreten, indem sie gerade das fördert, „was es schwer hat" (Fuchs 2003, S. 20). Durch die Erfahrung mit dem Nationalsozialismus und der DDR hat Deutschland schmerzhaft lernen müssen, wie Wissenschaft und Medien für Propagandazwecke eingesetzt werden können. Wie will man sich heute davor schützen, wenn „Millionen von Dollar aus dem Verteidigungshaushalt in die Labors […] der Hirnforschung" fließen? (Harari 2013, S. 322) Was macht es mit einer Gesellschaft, wenn ein großer Teil der digitalen Kommunikation in der Hand weniger Großkonzerne ist, die entweder in den USA oder in China sitzen? Wie kann vermieden werden, dass die alten und die neuen Medien zur gesellschaftlichen Kontrolle und Lenkung missbraucht werden?

Sicher dürfen Werbung und „Public Relations" nicht mehr so selbstverständlich akzeptiert werden wie bisher. Nicht nur die Presse, sondern der ganze Kulturbereich sollte als „Vierte Gewalt" im Staat anerkannt werden und im Grundgesetz den gleichen Stellenwert wie die anderen Gewalten genießen. Um dem Prinzip der Gewaltenteilung gerecht zu werden, sollten Bildung, Wissenschaften, Künste und Medien von Staat und Markt weitgehend unabhängig sein. Dies setzt eine Selbstverwaltung voraus sowie eine autonome Finanzierung, die sich aus einem festen Anteil am Steueraufkommen ergeben könnte. Dieser sollte hoch genug sein, um eine kulturelle Grundversorgung auf allen Ebenen zu ermöglichen. Um eine Orientierung zum Gemeinwohl zu verankern, sollten die Zivilgesellschaft und die Bürgerschaft in den kulturpolitischen Institutionen vertreten sein und in Entscheidungen zur Kulturförderung eingebunden werden: „Diese Anknüpfungspunkte können den notwendigen Konsens darüber verstärken, dass Kulturförderung unverzichtbar für das Leben in unseren Städten und Gemeinden und insgesamt für die Fortentwicklung unserer Gesellschaft ist" (Scheytt 2003, S. 14). In Abschn. 7.1 hat das Fallbeispiel Oberes Mittelrheintal gezeigt, wie sich eine Kulturregion verwalten und finanzieren könnte.

- *Emanzipatorische Kulturpolitik.* Als natürliche Emotion übt die Angst eine schützende Funktion aus. So setzen sich Menschen, die Angst vor Klimawandel und Krieg haben, für Klimaschutz und Frieden ein. Ängste können jedoch auch künstlich erzeugt werden, Teil von Derealisierungsprozessen sein und nicht-nachhaltige Entwicklungen stützen. Ein Beispiel: „Seit dem 11. September 2001 haben Terroristen in der Europäischen Union jedes Jahr rund 50 Menschen getötet, in den USA etwa zehn, in China etwa sieben und weltweit bis zu 25.000 Menschen (überwiegend im Irak, in Afghanistan, Pakistan, Nigeria und Syrien). Bei Verkehrsunfällen hingegen sterben jedes Jahr rund 80.000 Europäer, 40.000 Amerikaner, 270.000 Chinesen und 1,25 Mio. insgesamt" (Harari 2019, S. 253). Allein in Deutschland werden jedes Jahr mehr als 100 Frauen durch ihre Partner oder Ex-Partner ermordet (BKA 2022). Warum ist dennoch die Angst vor dem Terrorismus in unserer Gesellschaft ungleich größer? Einerseits haben die Terroristen gelernt, die Grausamkeit medial zu inszenieren, um möglichst viel Angst zu verbreiten und die Öffentlichkeit zu lenken. Andererseits gibt es autoritäre Kräfte im Staat, die die Angst vor dem Feind künstlich aufblähen, zum Beispiel um den Abbau von Bürgerrechten und den Ausbau von Sicherheitsapparaten zu legitimieren, flächendeckende elektronische Ausspähung inbegriffen. Wenn es darum geht, Demokratie und Freiheit abzubauen, dann arbeiten die autoritären Kräfte im Staat und der Feind zusammen. Beiden nutzen die Massenmedien, um eine künstliche Angst zu verbreiten.[40] Nicht selten sind jene politischen Kräfte, die sich am stärksten für die „Sicherheit" der Bevölkerung einsetzen, gleichzeitig jene, die eine solidarische Sozialpolitik nach innen verweigern. Lieber verfolgen sie die Klimaaktivisten der „Letzten Generation" als „kriminelle Vereinigung"[41] als die strukturelle Gewalt, die durch den Klimawandel ausgeübt wird. Solange die moderne Gesellschaft in der künstlichen Angst gefangen bleibt, ist sie dem Leviathan ausgeliefert (Esposito 2004; Mausfeld 2019) und zur nachhaltigen Transformation unfähig. Deshalb wird eine Kulturpolitik benötigt, die die Menschen geistig und emotional emanzipiert. Es ist nicht die Autorität der Nation, die eine Gesellschaft schützt, sondern die internationale Kooperation und die Solidarität innerhalb der Gesellschaft. In die Prävention von Konflikten sollte mehr investiert werden als in ihre Repression durch Gewalt. Auch dazu dienen Bildung, Kunst und Soziokultur.

- *Sozialer Ausgleich.* „Die Qualität einer Gesellschaft ist danach zu beurteilen, ob ihre schwächsten Mitglieder ein gelingendes Leben führen können" (Bauman 2005). Keine Demokratie kann in einem

---

[40] Dazu gibt Yuval Noah Harari ein Beispiel: „Die Bürger haben das Drama des einstürzenden World Trade Center erlebt. Und so fühlt sich der Staat gezwungen, ein gleichermaßen spektakuläres Drama mit noch mehr Feuer und Rauch zu inszenieren. Statt also ruhig und effizient zu agieren, entfacht er einen mächtigen Sturm, der nicht selten die kühnsten Träume der Terroristen in Erfüllung gehen lässt […]. Die Medien [sollten] die Dinge nüchtern betrachten und die Hysterie vermeiden. Ohne Publizität kann das Theater des Terrors keinen Erfolg haben. Leider liefern die Medien diese Publizität allzu oft frei Haus" (Harari 2019, S. 263 f.).

[41] „Landgericht München: ,Letzte Generation' erfüllt Voraussetzungen für kriminelle Vereinigung". In: mdr.de 24.11.2023. https://www.mdr.de/nachrichten/deutschland/politik/letzte-generation-kriminelle-vereinigung-landgericht-muenchen-100.html (Zugriff: 26.11.2023).

Kontext der sozialen Ungleichheit stark sein, deshalb setzt eine Demokratisierung der Demokratie Mechanismen der Redistribution und der Reziprozität voraus. Während eine Kulturpolitik der Modernisierung Asymmetrien reproduziert, baut eine demokratisierende Kulturpolitik Brücken statt Mauern. Sie orientiert sich zum Beispiel am finnischen Bildungssystem, bei dem die Schwächsten die stärkste Unterstützung bekommen. Ein sozialer Ausgleich kann auch künstlerisch gefördert werden, indem die Benachteiligten die Bühne bekommen – wie beim „Theater der Unterdrückten" von Augusto Boal.

- *Erweiterte Agora und Commons-Ansätze.* Virtuelle Räume reichen für eine gelebte Demokratie nicht aus, ganz im Gegenteil: Facebook & Co. sind „die größte Bedrohung für die Demokratie", das behaupten zumindest prominente Aussteiger*innen[42] der digitalen Industrie in Silicon Valley (Henkel 2019). Deshalb benötigt die Demokratisierung der Demokratie einerseits eine gewisse Devirtualisierung der sozialen Kommunikation und andererseits eine „erweiterte Agora" in jeder Nachbarschaft (Abschn. 5.3.2.2). Auch Bibliotheken, Museen und Kirchen bieten sich dafür an – ebenso wie Schulen, die außerhalb der Öffnungszeiten von ihren Nachbarschaften genutzt werden könnten. Räume als Gemeingut bilden ein starkes Identifikationselement in der Vielfalt, zum Beispiel Gemeinschaftsgärten und Wohnungsgenossenschaften. Solche Räume sollten zur festen Infrastruktur gehören. Eine transformative Kulturpolitik setzt sich gegen den Ausverkauf der Städte an Investoren und für eine Rekommunalisierung bzw. Resozialisierung von Grund und Boden ein. Es braucht eine Stadtplanung, die Gemeingüter neben privaten und öffentlichen Räumen zulässt und fördert. Im Kulturbereich bieten die Commons-Ansätze eine Alternative zum Dualismus Öffentlich

---

[42] Unter anderem Tristan Harris (ehem. Google-Mitarbeiter) und Frances Haugen (ehem. leitende Produktmanagerin für Meta Platforms). 2023 hat Geoffrey Hinton („Godfather of KI") seinen Job bei Google gekündigt. Die Begründung: Die Fortschritte im Feld der Künstlichen Intelligenz (KI) bedeuten „ernste Risiken für die Gesellschaft und für die Menschheit […]. Es ist schwierig sich vorzustellen, wie man böse Akteure davon abhält, Künstliche Intelligenz für böse Dinge einzusetzen […]. Wenn man die Technologie vor fünf Jahren mit jetzt vergleicht und sich dieser Fortschritt weiter fortsetzt: Das ist gruselig" (zit. in Metz 2023).

vs. Privat (Hofmann et al. 2022), so könnten Bürger- und Quartiersgenossenschaften die Eigentümer soziokultureller Zentren sein.
- *Demokratie und Sprache.* Auch in der Transformation stellt sich die Frage: Wer bestimmt die Sprache für wen? Wer fühlt sich angesprochen und wer nicht? Nachhaltigkeit ist nicht unbedingt der beste Begriff, um Leidenschaft zu erzeugen und eine heterogene Bevölkerung zu aktivieren. Wichtiger als der Begriff ist die Auffassung dahinter; der kulturelle Referenzrahmen, in dem die Worte verwendet werden. Kulturelle Vielfalt bedeutet, dass es unterschiedliche Begriffe und Sprachen geben kann, um die Auffassung auszudrücken, die in dieser Publikation mit „Nachhaltigkeit" verbunden wird. So spricht ein „Tag des guten Lebens" andere Menschen an als ein „Tag der Nachhaltigkeit". Die Sprache selbst kann übrigens demokratisch gewählt und gestaltet werden.
- *Kultur für alle und von allen.* Was Kunst ist, sollte nicht nur aus der Perspektive der urbanen Hochkultur bestimmt werden. In ländlichen Regionen sollte vor allem die kulturelle Self-Reliance und nicht die kulturelle Assimilation gefördert werden (Abschn. 7.1.1). Wer die Vielfalt wirklich ansprechen und aktivieren will, darf sich diese nicht nur als Publikum wünschen, sondern muss die Organisationsstrukturen öffnen. Bürger*innen sind nicht nur Kulturkonsument*innen: Als Künstler*innen können sie das eigene Quartier als „Soziale Plastik" mitgestalten.
- *Neuartige Rituale.* Eine nachhaltige Transformation benötigt neuartige Rituale, die auch von Kultureinrichtungen initiiert oder unterstützt werden können (Abschn. 6.3.6). Solche Rituale können in jeder Nachbarschaft als Schulung in Demokratie und Schenkökonomie dienen. Indem sie den Zusammenhalt fördern, wirken sie gegen Anomie und Atomie (Abschn. 3.2.3). Gleichzeitig drücken neuartige Rituale soziale Verbundenheit und Erdverbundenheit aus. Prototype dafür sind die ERDFEST-Initiative von Hildegard Kurt und Andreas Weber (Abschn. 6.3.6) sowie das ERDFORUM der Künstlerin Shelley Sacks (Sacks und Zumdick 2016). Neuartige Rituale werden als Gemeingut konzipiert und gestaltet. Indem sie die Identifikation mit Sozialräumen stärken, fördern sie die bürgerschaftliche Partizipation. Solche Rituale sollten nicht unbedingt ein

Zusatz zu bestehenden nicht-nachhaltigen Ritualen sein. Stattdessen könnten konsumistische Rituale (z. B. „verkaufsoffene Sonntage") abgeschafft werden. Christliche Rituale sollten dekommerzialisiert werden, sodass die Selbstbesinnung und die Resonanzerfahrung im Mittelpunkt stehen.

- *Kultur* und *Natur*. Die Umwelt ist kein passives Objekt, sondern gestaltet die Gesellschaft mit und macht Politik. Entsprechend sollte die Natur als politisches und juristisches Subjekt anerkannt werden. Wie wäre es, wenn sich der Amazonas-Regenwald juristisch gegen die Holzfäller und Brandstifter wehren könnte, die ihn roden und anzünden? Wie können die künftigen Generationen die Klimaverschmutzer anklagen, die ihr Leben so stark belasten? Wie können Kulturräume und Parlamente den „Dingen" einen Platz bieten (Latour 2010)? Mit solchen Fragen sollten sich Zivilgesellschaft, Wissenschaft und Kunst gemeinsam auseinandersetzen. Wir könnten auch von indigenen Völkern viel lernen.
- *Kulturelle Avantgarde der Transformation*. In der Geschichte waren Kunstschaffende und Intellektuelle immer wieder Vorreiter*innen von gesellschaftlichen Veränderungen. Warum nicht auch für die nachhaltige Transformation? Nur durch eine breite systemische Kulturbewegung lässt sich Nachhaltigkeit zur mentalen und zur gesellschaftlichen Infrastruktur machen (Abschn. 6.3.4). Dabei kann die Soziokultur als Katalysator und als Agora für neue Allianzen wirken.

7.3.3 Plurale Wirtschaftskultur

Die Kulturpolitik ist ein Nebenprodukt der Säkularisierung der Gesellschaft, und doch sind die großen Religionen nicht verschwunden, sondern haben ihre Form geändert. So hat die Moderne den Aufstieg zahlreicher „neuer Naturgesetz-Religionen" erlebt, „zum Beispiel des Liberalismus, des Kommunismus, des Kapitalismus, des Nationalismus und des Nationalsozialismus" (Harari 2013, S. 278). Auf einer solchen Religion basiert heute unser Wirtschaftssystem, denn auch „Wirtschaft ist Kultur" (Beschorner und Sindermann 2021). Die zentralen Glaubenssätze des Marktfundamentalismus sind, dass sich die Märkte selbst regulieren können und die Marktwirtschaft einen natürlichen Ausgang der menschlichen Geschichte darstellt. Um diese Glaubenssätze umzukehren, schrieb Karl Polanyi 1944 „The Great Transformation". Warum die Marktwirtschaft eine Abnormität unter den Ökonomien ist, erklärte der Sozialanthropologe mit folgenden Argumenten:

- Eine Marktwirtschaft kann nur in einer Marktgesellschaft existieren, denn das (neo-)liberale Weltbild negiert die Existenz der Gesellschaft als Gemeinwesen (siehe Margaret Thatchers „no such thing as society"). Für einen Homo oeconomicus, der nur darauf bedacht ist, Profit zu maximieren und Kosten zu minimieren, ist die Gesellschaft ein störender Faktor und eine öffentliche Kulturförderung lediglich „Subvention". Was wir „allzu leicht vergessen" ist, dass die Marktgesellschaft „vor unserer Zeit niemals existierte und auch später nur teilweise" (Polanyi 1978, S. 65). Die Marktgesellschaft ist die Erfindung einer bestimmten Kultur, aber in der Vielfalt der Kulturen ist sie die Ausnahme, nicht die Regel. Polanyi beruft sich auf die Studien von Ethnologen wie Bronisław Malinowski, um die Idee eines ewigen Homo oeconomicus zu widerlegen: „Die neuere historische und anthropologische Forschung brachte die große Erkenntnis, daß die wirtschaftliche Tätigkeit des Menschen in der Regel in seine Sozialbeziehungen eingebettet ist" (ebd., S. 61). In der Vielfalt der Wirtschaftskulturen bilden nicht Eigennutzen und Profitmaximierung die Konstante, sondern Reziprozität und Redistribution.
- Der selbstregulierte Markt ist nicht das Ergebnis einer spontanen Entwicklung sozioökonomischer Beziehungen gewesen, sondern ist durch externe Eingriffe in den sozialen Körper durchgesetzt worden. „In Westeuropa wurde der Binnenwandel [...] durch das Eingreifen des Staates geschaffen" (ebd., S. 96). In vielen Ländern der Welt wurde die Marktwirtschaft zuerst durch Kolonialisierung, dann durch die Entwicklungspolitik, schließlich durch Einrichtungen wie die G7 erzwungen.
- Wenn die Marktwirtschaft ein natürlicher Ausgang der Geschichte wäre, gäbe es nicht so viel Widerstand dagegen. „Die Gesellschaft des 18. Jahrhunderts wehrte sich unbewußt gegen jeglichen Versuch, sie

zu einem bloßen Anhängsel des Marktes zu machen" (ebd., S. 113). Die Revolten der Kleinbauern gegen Großgrundbesitzer wurden oft mit Gewalt niedergeschlagen, während die Arbeiter ihre Reduktion auf Menschenmaterial ablehnten und sich in Gewerkschaften zusammenschlossen. Unsere Gesellschaft wehrt sich auch durch Entfremdung und Depression gegen die Marktgesellschaft (Ehrenberg 2008).

- Die Marktgesellschaft ist für Polanyi ein pathologischer Fall, der dazu bestimmt ist, in einem gewalttätigen Desaster zu enden. Wird die natürliche und die menschliche Substanz der Gesellschaft in Waren umgewandelt, ist die „Schlussfolgerung zwar unheimlich, aber für die völlige Klarstellung unvermeidlich: Die von solchen Einrichtungen verursachten Verschiebungen müssen zwangsläufig die zwischenmenschlichen Beziehungen zerreißen und den natürlichen Lebensraum des Menschen mit Vernichtung bedrohen". Eine solche Gefahr droht in der Tat immer noch (Polanyi 1978, S. 70 f.).

Während soziale Beziehungen bisher eine Funktion der Wirtschaftsordnung gewesen sind, holt eine Transformation zur Nachhaltigkeit die Wirtschaft in die Gesellschaft zurück. Die Demokratie sollte den Markt kontrollieren, nicht der Markt die Demokratie (Abschn. 5.2.3.2).

Ein ökonomischer Systemwechsel erfordert die geistige Emanzipation von Mythen und Dogmen: Auch dafür braucht es eine zweite Aufklärung. Gefragt ist die Erneuerung der Wirtschaftswissenschaften und der Wirtschaftsberichterstattung. Denn „Wirtschaftswachstum" ist ein ideologischer Glaubenssatz, der auf einer unvollständigen Rechnung basiert (Abschn. 3.2.2.3). Während Wachstum zur Selbstzerstörung führt, liegt die Zukunft in der Selbstbegrenzung: Weniger ist mehr. Gerecht umverteilen ist sinnvoller als wachsen. Das Gewinnstreben bildet die Handlungsmaxime der Marktgesellschaft, während sich eine nachhaltige Wirtschaft am Gemeinwohl orientiert. Warum nicht von anderen Wirtschaftskulturen lernen, statt eine einzige zu universalisieren?

Eine ökonomische Monokultur macht die Gesellschaft anfälliger für Krisen. Deshalb braucht eine resiliente Gesellschaft eine „plurale Ökonomik".[43] Das gute Leben steht für ein multidimensionales statt für ein monodimensionales Verständnis von Wohlstand (Abschn. 5.1.3.3). Kultureinrichtungen können die Kreativität nutzen, um die Ökonomie neuzudenken bzw. um sich ein Stück Ökonomie selbst zu machen, zum Beispiel im Rahmen einer regionalen Kreislaufwirtschaft (Abschn. 7.2.3.1).

Empfehlungen

- *Überwindung der ökonomisierten Kulturpolitik.* Für den Kulturwissenschaftler Max Fuchs wird der Alltag kulturpolitischer Debatten „sehr stark von Finanzierungsfragen geprägt [...]. Kulturpolitik ist in der Praxis auf Bundesebene sehr stark kulturelle Ordnungspolitik, auf Landes- und kommunaler Ebene überwiegend Kulturfinanzpolitik" (Fuchs 2003, S. 16). So handelt die Kulturpolitik in der Systemlogik. Für eine nachhaltige Transformation braucht es eine Kulturpolitik, die den Stellenwert von Bildung, Wissenschaft und Kunst in der Gesellschaft bewusst macht, *bevor* über den Haushalt gesprochen wird (ebd.). Eine lebendige Kulturszene braucht nicht nur Finanzkapital, sondern unter anderem Freiräume, die vor der ökonomischen Verwertungslogik geschützt werden. Wenn die Ökonomisierungsprozesse der letzten Jahrzehnte solidarische Strukturen und Orte der „kulturellen Wildnis" zerstört haben, dann braucht es eine gewisse Deökonomisierung, um das Sozial- und Kreativkapital wieder zu stärken.
- *Gesamtgesellschaftliche Vision statt Lobbyarbeit.* Wer ein Stück vom Kuchen bekommen will, muss Lobbyarbeit betreiben. Auch kulturpolitische Verbände haben sich immer wieder an diesem Verständnis von Demokratie orientiert. Aber wenn jeder nur die Interessen einer eigenen „Klientel" vertritt, wo kann dann eine Vision für die ganze Gesellschaft und das Zusammenleben entstehen? Und wer vertritt sie? So wäre eine starke öffentliche Daseinsvorsorge und Grundsicherung womöglich nicht nur umweltfreundlich, sondern würde allen zugutekommen, Kulturschaffende und Kulturvermittler

---

[43] Netzwerk Plurale Ökonomik: https://www.plurale-oekonomik.de/ (Zugriff: 27.3.2023).

inbegriffen. „Statt Menschen Geld zu geben, die damit dann kaufen, wonach ihnen der Sinn steht, könnte die Regierung kostenlose Bildung, kostenlose Gesundheitsversorgung, kostenlosen öffentlichen Nahverkehr usw. finanzieren" (Harari 2019, S. 78). Für solche Ziele würden sich breitere Allianzen bilden lassen. Warum müssen Umweltinitiativen, Gewerkschaften, Sozial- und Kultureinrichtungen miteinander um eine bescheidene finanzielle Unterstützung konkurrieren, wenn Knappheit in einer reichen Gesellschaft nur künstlich sein kann? Gemeinsam könnten sie die Verteilungsfrage stellen. Im Vergleich zu skandinavischen Ländern, wo die Steuerquote zwischen 27,4 % und 46,5 % (Anteil vom BIP) liegt, hat Deutschland mit 23,1 % noch viel Luft nach oben (Bundesministerium für Finanzen 2022, S. 8). Ein allgemeines Grundeinkommen (nach Goehler 2020 auch in Form eines „Grundein/auskommens") ist die beste Strategie, um Kunst und Ehrenamt zu unterstützen – und so, um die Transformation zu fördern. Eine soziale Grundsicherung könnte über eine Vermögens- und Erbschaftssteuer finanziert werden, ebenso wie über eine wirksame Bekämpfung von Steuerausfällen. Auch Kirchensteuern sind nicht mehr zeitgemäß und könnten umgewidmet werden.

- *Förderung der Selbstorganisation.* Eine nachhaltige Transformation wird durch die öffentlichen Förderstrukturen ermöglicht und zugleich behindert. Warum müssen Nachbarschaften jedes Mal einen hohen bürokratischen Aufwand betreiben, um Gelder zu akquirieren, die es ihnen ermöglichen, die eigene Straße zu beleben und dabei den öffentlichen Vorschriften gerecht zu werden? Wichtiger als eine solche Förderung wäre doch eine öffentliche Verwaltung als Ermöglicherin. So sollte es eine Schnittstelle zur Verwaltung in jedem Ortsteil und Quartier geben, zum Beispiel in Form einer Stadtteilkoordination.[44] Eine Erweiterung der Möglichkeit der kollektiven Selbstverwaltung im Lokalen würde die Verwaltungen entlasten. Eine transformative Kulturpolitik schafft einen Zugang zu brachliegenden

---

[44] Stadtteilkoordinationen sind unter anderem in Berlin eingerichtet worden: https://www.berlin.de/stk-mitte/ (Zugriff: 19.5.2023).

Ressourcen, damit diese für kollektive Kreativität und das Gemeinwohl nutzbar gemacht werden.
- *Postwachstumsökonomie und Arbeitswelt.* Die Kulturpolitik sollte sich für eine Postwachstumsökonomie einsetzen. Dabei würde sich der Naturverbrauch durch eine Minimierung des Überflusses und der industriellen Produktion reduzieren. Wenn parallel die Arbeit gerecht umverteilt wird, dann gewinnt jedes Individuum mehr Zeit für die Selbstversorgung, die Beziehungspflege, die politische Partizipation und/oder die Kunst. Doch eine nachhaltige Transformation setzt auch die Überwindung der kulturbedingten Separation und Hierarchie zwischen geistiger und körperlicher Arbeit voraus. Wenn die geistige Arbeit ein Statussymbol darstellt und sich die ganze Bevölkerung mental „nach oben" orientiert, dann kommt eine Zeit, in der es keine Bäuerinnen und Bauern, keine Handwerker*innen und keine Bäcker*innen mehr gibt – und existentielle Aufgaben wie die Altenpflege von schlecht bezahlten Kräften aus dem Ausland oder gar von Maschinen übernommen werden müssen. Deshalb sollten alle Menschen zur geistigen *sowie* zur körperlichen Arbeit ausgebildet werden. Nachhaltigkeit erfordert nicht nur denkende Landwirt*innen, sondern auch Manager*innen, Philosoph*innen und Künstler*innen, die bei der Ernte, beim Naturschutz oder bei der Altenpflege mithelfen.

Der Ausweg aus der Wegwerfgesellschaft führt über eine „Kultur der Reparatur" (Heckl 2013), so sollte jedes Kind lernen, wie man Dinge repariert. Für die ehrenamtliche Mitarbeit in Repair-Cafés und in anderen Feldern des Gemeinwohls sollte das Recht auf Freistellung im Unternehmen gestärkt und erweitert werden. Die betroffenen Unternehmen sollten den Ausfall mit Teilzeitkräften ausgleichen.

7.3.4 Menschengerechte Kulturpolitik

Im Kulturprogramm der Modernisierung gelten die planetarischen Grenzen als relativ und nicht als absolut. Sie lassen sich – so der Glaube – durch den wissenschaftlichen Fortschritt und die technologische Innovation überwinden, negative Nebenwirkungen inbegriffen. Als überwindbar gelten auch die menschlichen Grenzen. So bilden Maschinen und Computer künstliche „Körpererweiterungen", die unsere Fähigkeiten steigern. Doch Marshall McLuhan hat uns davor gewarnt, dass solche Körpererweiterungen gleichzeitig „Amputationen" darstellen (Abschn. 2.1.5). Wir werden immer abhängiger von Maschinen und damit von Energie. Der Fortschritt entfernt uns von unserer inneren und äußeren Natur. Deshalb braucht es eine Kulturpolitik, die den Fortschritt kritisch hinterfragt und sich für eine menschengerechte Entwicklung einsetzt. Für die Überwindung der Polykrise sind Menschlichkeit, Empathie und Mitgefühl entscheidender als technologische Innovation. Wenn das Medium die Botschaft ist, dann sind die sinnliche und die menschliche Kommunikation das mediale Fundament der Nachhaltigkeit.

Menschengerecht steht zunächst für „small is beautiful" (Abschn. 6.1.2.1). Je größer die Macht ist, die Menschen ausüben dürfen, desto größer können die Risiken für ein soziales System sein. Das haben sogar Fluggesellschaften erkannt. So dürfen Flugkapitäne in gefährlichen Situationen Entscheidungen im Cockpit nicht mehr allein treffen, sondern müssen sich zuerst mit dem Copiloten beraten. Der Dialog fungiert so als natürliches Korrektiv für die Mängel des Individuums im Umgang mit Komplexität. Auf die Gesellschaft übertragen heißt das Prinzip Demokratie. Auf dieser Ebene ist die Komplexität viel größer als die einer schwebenden Maschine, sodass der Entscheidungsprozess viel mehr Perspektiven einbeziehen muss. Demokratie kann schon im Kleinen ein mühsamer Prozess sein. Gemeinsam vereinbarte Spielregeln können jedoch die soziale Komplexität reduzieren, die Prozesse erleichtern und ein kollektives Handeln ermöglichen.

Die Globalisierung hat die globalen Probleme nicht gelöst, sondern offensichtlich verschärft. „Manchmal werden die Probleme [...] am ärgsten, wenn man nach einer großen Lösung strebt" (Radkau 2012, S. 114). Die Globalität überfordert und lähmt den Menschen, deshalb sollte die Große Transformation (WBGU 2011) aus dem Lokalen hervorgehen, sprich aus den Ortsteilen, den Städten und den Regionen (WBGU 2016). Während die Bürger*innen im Globalen auf Expert*innen angewiesen sind, sind sie im Lokalen selbst die Expert*innen und können sich zur Transformation selbstermächtigen. In überschaubaren Räumen ist die kollektive Handlungsfähigkeit höher, Selbstwirksamkeit kann schneller erfahren werden. Die räumliche Nähe ermöglicht persönliche Interaktion und erleichtert dadurch Vertrauenspflege und Kooperation. In einer Ökonomie der Nähe sind es die sozialen Beziehungen, die Nachhaltigkeit fördern. Weil Peripherien in der Regel weniger ökonomisiert sind als Zentren, bieten sie mehr Freiraum für Alternativen und Lebendigkeit. Im Lokalen lassen sich die Themen miteinander verzahnen, zum Beispiel unter übergeordneten Fragen wie: „In was für einer Stadt wollen wir leben?" (Abschn. 5.3.3) Dadurch werden auch neue Allianzen möglich. Während in großen sozialräumlichen Einheiten die „Verantwortungsdiffusion" durch die Delegation von Macht und die Bildung von Hierarchien kompensiert wird, stärkt eine Entflechtung der Strukturen Demokratie und Partizipation. Eine dezentrale Verwaltung ist bürgernäher als eine zentralistische. Bei einer „Großen Transformation aus dem Lokalen heraus" (Brocchi 2019b) können Nachbarschaftshäuser, soziokulturelle Zentren, Theater oder Bibliotheken ebenfalls als Katalysatoren wirken.

Empfehlungen

- *Eigenart und Eigensinn der Orte.* Auch in der Kulturpolitik wird mit Programmen und Best-Practice-Modellen gehandelt. Eine Lösung, die für einen Ort angemessen ist und gut funktioniert, lässt sich aber nicht automatisch bzw. unverändert auf einen anderen übertragen. Denn jeder Ort zeichnet sich durch eine Eigenart und einen Eigensinn aus, die erstmal erfasst werden wollen. Deshalb beginnt die Nachhaltigkeitstransformation von Sozialräumen mit ihrer „ethnologischen Exploration". Einerseits sorgt die Partizipation dafür, dass Prozesse der Eigenart und dem Eigensinn des Lokalen gerecht werden. Andererseits lässt sich Partizipation weder planen noch erzwingen. Sie erfordert eine gewisse Ergebnisoffenheit und Flexibilität. All diese Aspekte sollten in den Rahmenbedingungen der öffentlichen Förderung berücksichtigt werden. Mit „TRAFO – Modelle für Kultur im Wandel" hat die Kulturstiftung des Bundes ein Verfahren entwickelt, das Partizipation und Vernetzung schon in der Konzept- und Entwicklungsphase ermöglicht.
- *Wiederverwurzelung statt Entwurzelung.* Eine modernisierende Kulturpolitik fördert die Entwurzelung der Lebensweisen, eine

nachhaltige Kulturpolitik hingegen die Wiederverwurzelung. Die Beziehung mit dem Territorium bzw. die Identifikation mit dem Sozialraum motiviert die Menschen zur Partizipation und zur gelebten Demokratie.

- *Der Weg ist das Ziel.* Gerade die ersten Schritte prägen die Genetik von Transformationsprozessen. Diese kann sich auf den folgenden Prozess inklusiv oder exklusiv auswirken: Wer lädt wen zur Transformation ein? Ist es die Stadt, eine Umweltinitiative, die Kirche oder die Gewerkschaft? Ein Bündnis unterschiedlicher Gastgebender ist die beste Strategie, um eine heterogene Bevölkerung anzusprechen. Wer bestimmte Zielgruppen erreichen will, muss sie in der Keimzelle einbauen. Die Botschaft des miteinander Teilens und der neuen Allianzen ist am überzeugendsten, wenn sie vorgelebt wird. Es kann keine breite und keine starke Partizipation geben, ohne ein Stück „Ownership" abzugeben.
- *Faktor Mensch.* Das Menschenbild des „Leviathan" und des „Homo oeconomicus" steht der Transformation zur Nachhaltigkeit im Weg. Es braucht eine Kulturpolitik als Ausdruck eines „realistischen Menschenbildes" (Bregman 2022). Gemeinschaftsgärten, Nachbarschaftshäuser und soziokulturelle Zentren bilden Menschen zu einer Kultur des Gemeinwesens. Auch deshalb wird mehr Kulturgut als Gemeingut benötigt.
- *Mehr Selbstbegrenzung wagen.* Mehr Natur bedeutet auch weniger Mensch. Bei acht Milliarden Menschen stellt eine Polykrise eine deutlich größere Herausforderung dar als bei vier oder fünf Milliarden Menschen. Eine weitere Förderung der Geburtenraten ist daher nicht unbedingt im Sinne des Klimaschutzes. Nachhaltigkeit erfordert eine „neue Kosmologie", die weniger anthropozentrisch und mehr ökozentrisch ist.
- *Ökologisierung von Transformationsprozessen.* Für Jahrhunderte wurde die Natürlichkeit durch Künstlichkeit progressiv ersetzt. Bald könnte Kunst nur noch in klimatisierten Räumen stattfinden. Gegen die Erderwärmung ist eine Renaturierung der Gesellschaft bzw. eine Ökologisierung von laufenden Transformationen („greening the societal change") deutlich sinnvoller als etwa Klimaanlagen (McPhearson et al. 2023). Darin war Joseph Beuys ein Vorreiter, zum

Beispiel mit seinem Projekt „7000 Eichen. Stadtverwaldung statt Stadtverwaltung" von 1982. In der Nähe der Natur ist das Wohlbefinden der Menschen höher (Abschn. 5.1.3.3). Große Mischwälder sorgen für mehr Regen. Die Renaturierung der Gesellschaft ist auch eine Chance für andere Formen von Kunst, Architektur und Design, zum Beispiel für die „Environmental Art", die „Ecological Art" und die „Öko-Architektur" (Kagan 2011; Lee 2011). Diese verdienen eine stärkere Förderung.

7.3.5 Lernorientierte Kulturpolitik

„Wir begegnen der Welt weder direkt noch exakt, sondern mittels eines Gehirns, das mit dem ‚dort draußen' durch einige Millionen zarter sensorischer Nervenfasern verbunden ist – unseren einzigen Informationskanälen, unseren einzigen Verbindungslinien zur Realität [...]. *Die Sinneswahrnehmung ist eine Abstraktion, keine Kopie der wirklichen Welt*" (V. B. Mountcastle zit. in Kandel 2006, S. 328). Um die gesellschaftlichen Verhältnisse zu ändern, muss sich deren Wahrnehmung ändern. Es ist die „kollektive mentale Programmierung" (Hofstede und Hofstede 2009, S. 3), die unsere Wahrnehmung stark beeinflusst. Unsere Vorstellung der Welt basiert nur zum kleinen Teil auf persönlichen Erfahrungen und Informationen aus erster Hand. Vielmehr wird sie durch Informationen aus zweiter Hand geformt, sprich durch Bildung, Wissenschaften, Künste und Medien. In Bezug auf Globalität liefern sie die „mentale Landkarte", die uns Orientierung bietet und die Basis unserer Urteile darstellt. Weil es leichter bzw. effizienter ist, eine Ordnung zu reproduzieren statt sie zu ändern, werden die eigenen Glaubenssätze gerne mit der Wirklichkeit verwechselt und die Widersprüche verdrängt. Besonders ausgeprägt ist dieses Phänomen bei extrem selbstreferenziellen Denksystemen (Ideologien), weshalb vor allem sie die Gefahr bergen, das soziale System in eine Sackgasse zu führen[45] (Abschn. 3.3.2.1). Eine transformative Kulturpolitik erinnert die

---

[45] Denn wenn die „Einsicht" Blindheit erzeugt, dann kann selbst die Lösung zum Problem werden (Watzlawick 1994).

Gesellschaft ständig daran, dass die mentale Landkarte nicht das Gebiet ist (Abschn. 3.3). Eine Kulturkritik enttarnt die Mechanismen, die die Wahrnehmung beschränken. Je breiter die Wahrnehmungshorizonte sind, in denen ein soziales System seine Entscheidungen trifft, desto nachhaltiger sind sie. Um „anästhetische Zustände" zu überwinden, stärkt eine transformative Kulturpolitik jene „gesellschaftlichen Sinnesorgane", die eine Kommunikation mit der Umwelt ermöglichen (Abschn. 6.2.4). Nur emanzipierte und defunktionalisierte Medien (im umfassenden Sinne) können zur „kulturellen Evolution" der Gesellschaft beitragen und ihre Zukunft sichern. Da das Medium selbst die Botschaft ist, benötigt die Transformation zur Nachhaltigkeit eine andere mediale Aufstellung als die Globalisierung.

Der Mensch ist zwar ein physisch und kognitiv begrenztes Wesen, aber er kann lernen. Was für den Menschen gilt, gilt auch für die Gesellschaft. Während ein Mangel an Lernfähigkeit soziale Systeme früher oder später in eine Sackgasse führt, macht die individuelle und kollektive Lernfähigkeit soziale Systeme nachhaltig (Abschn. 3.3.2). Es geht also darum, die nachhaltige Transformation als Lernprozess zu begreifen und zu gestalten. Dies erfordert eine Auseinandersetzung mit den Faktoren, die individuelle und kollektive Lernfähigkeit fördern oder hemmen. In Kap. 3 wurde bereits zwischen einer systemorientierten und einer umweltorientierten Verantwortung unterschieden. Genauso muss zwischen einer systemorientierten und einer umweltorientierten Bildung differenziert werden (Abschn. 3.3.2.1). Im ersten Fall werden die Menschen „mental programmiert", um innerhalb einer künstlichen Ordnung optimal zu funktionieren. So kann die Bildung zur Ausbildung verkommen, die Menschen nach Marktbedarf formt. Eine solche Bildung ist selbstreferenziell (z. B. werden in der Volkswirtschaftslehre immer noch die gleichen Modelle vermittelt, als ob es keine Weltfinanzkrise gegeben hätte). Bei einer umweltorientierten Bildung geht es hingegen um eine ständige Auseinandersetzung mit der dynamischen Komplexität – mit dem Fremden genauso wie mit der Innenwelt. Eine solche Bildung zielt auf die Erweiterung des Wahrnehmungshorizonts. In dieser Form von Bildung spielen die intra- und interkulturelle Kommunikation, die Naturkommunikation und die Reflexion eine wichtige Rolle (Abschn. 6.3). Weil ein umweltorientiertes Lernen die

Widersprüche im System und bei sich selbst offenlegt, ist es nicht unbedingt erwünscht. In der Industriemoderne sind die systemorientierten Innovationszyklen sehr schnell und die umweltorientierten umso träger. Auch die Institutionalisierung und die Materialisierung von Kultur führen zu einer Verkrustung der Lernfähigkeit. Im Alltag lenken die Infrastrukturen unser körperliches Verhalten mehr als die Erkenntnis (Abschn. 3.3.1.2). Auch deshalb tun wir nicht, was wir wissen. Trotzdem: Die Umweltlogik setzt sich am Ende immer gegen die Systemlogik durch. Eine transformative Kulturpolitik sorgt dafür, dass dies *by Design* statt *by Disaster* geschieht.

Für eine nachhaltige Transformation reichen realphysische Freiräume nicht aus: Geistige Freiräume werden ebenso benötigt. *Erstens* können die Menschen nicht wirklich etwas lernen, wenn ihre Aufmerksamkeit im Alltag verstopft wird. Wenn der Durchschnittsbürger in Deutschland mehr als sieben Stunden pro Tag Medien konsumiert (ARD und ZDF 2020, S. 3 f.), dann bedeutet dies nicht, dass er in dieser Zeit lernt. Einerseits werden immer öfter Nachrichten verbreitet und Pressemitteilungen abgedruckt, ohne deren Wahrheitsgehalt genau zu überprüfen. Andererseits geht oft ausgerechnet das große Bild im Überfluss der Information unter: Man sieht den Wald vor lauter Bäumen nicht mehr. Deshalb braucht eine lernfähige Gesellschaft eine Umstellung der Medienlandschaft. Es hat eine eigene Qualität, die Natur zu erleben, statt deren Erinnerung auf Netflix zu Hause zu pflegen.

Zweitens können sich gerade in der Freiheit die dominanten, die verinnerlichten oder die gewohnten Verhaltensmuster reproduzieren. So handeln die Menschen in analogen Freiräumen nicht unbedingt subversiv, sondern üben unbewusst Selbstzensur. Ist die Straße autofrei? Dann stellen sich viele Bewohner*innen ein Straßenfest und einen Flohmarkt vor, aber keine Große Transformation. Wer in „mentalen Infrastrukturen" (Welzer 2011) gefangen ist, kann nicht träumen, kreativ und frei sein. Egal, ob Menschen reich oder arm sind, zur Elite oder zur Masse gehören, ihr Leben kann sich in sehr engen geistigen Horizonten abspielen. Wenn der Massenkonsum die Form eines „künstlichen Instinkts" (Harari 2013, S. 201) hat, dann lässt sich keine Bundestagswahl mit der Botschaft der „Suffizienz" gewinnen. Selbst in Kunst und Kultur agieren Mechanismen der bewussten und unbewussten Selbstzensur. Deshalb: Nur wenn die

Menschen ihre „Furcht vor der Freiheit" (Fromm 1983) überwinden und ihre Kreativität emanzipieren, hat die sozial-ökologische Transformation eine Chance. Transformation heißt: mehr Mut zur Subversivität.

Mentale Infrastrukturen, die über Jahrzehnte trainiert worden sind, lassen sich nicht an einem Tag abtrainieren. Unter anderem beschäftigen sich die „Transaktionsanalyse" (Berne 2001, 2012) und das „Neurolinguistische Programmieren" (NLP) (Jochims 1995) mit der Frage, wie sich Menschen von „falschen Glaubenssätzen" emanzipieren können: Eine Therapie dauert in der Regel mehrere Jahre. Wenn nicht einmal eine Überflutung oder eine mehrjährige Dürre die mentale Infrastruktur ankratzen kann, dann schaffen es vermutlich auch eine Ausstellung oder ein Theaterstück nicht. Als Unterhaltung dient die Kunst eher zur Ablenkung. Deshalb benötigt die Transformation zur Nachhaltigkeit Strategien, die folgenden Prinzipien der Lernpsychologie entsprechen:

- *Lernen braucht Übung,* denn „Übung macht den Meister, Wiederholung ist notwendig für das Langzeitgedächtnis" (Kandel 2006, S. 289). Um Kenntnisse zu festigen und Fähigkeiten in verschiedenen Kontexten zu erproben, kann es Zeit brauchen.
- *Lernen funktioniert am besten ganzheitlich.* Menschen lernen erfolgreich, wenn nicht nur der Verstand, sondern auch die Sinne, die Gefühle und der Körper einbezogen werden. Wenn Informationen mit Gefühlen (wie „spannend", „überraschend" usw.) verbunden sind, werden sie vom Gehirn viel zuverlässiger gespeichert (ebd., S. 290). Vor allem die Erlebnispädagogik greift diesen Gedanken auf (Michl 2011). Eine Alternative zu erleben, erzeugt ein intensiveres Gefühl als nur darüber zu reden. Eine Geschichte, die von Zeitzeugen erzählt wird, bleibt länger im Gedächtnis als eine Geschichte, die gelesen wird.
- *Lernen durch selbständiges Handeln.* „Erzähle mir und ich vergesse. Zeige mir und ich erinnere mich. Lass es mich tun und ich verstehe" (Konfuzius zit. in Tögel und Zierer 2020, S. 112). Transformation lässt sich am besten verstehen, wenn man sie selbst macht.
- *Lernen braucht Lebensweltbezug.* Man sollte die Menschen da abholen, wo sie mental stehen. Inhalte werden schneller aufgenommen, wenn sie einen Bezug zum eigenen Alltag haben (Oldenburg und Rodriguez 2017).

- *Lernen braucht gute Atmosphäre und Motivation.* „Wenn du gerne lernst, wirst du auch viel lernen" (Isokrates zit. in Rapp und Wagner 2017, S. 46). Wenn sich Menschen in einer Gruppe und in einem Raum wohl fühlen, dann sind sie motivierter. In Lernprozessen kommt Beziehung vor Inhalt. So sind die Menschen bereiter, sich auf die Inhalte einzulassen, wenn sie sich zuerst ein wenig vertrauter geworden sind.

Aus diesen Gründen sind gemeinsame Spielwiesen (Abschn. 6.3.5) und neuartige Rituale (Abschn. 6.3.6) eine geeignete Strategie für eine Transformation, die als Lernprozess gestaltet wird. Für eine Bildung für nachhaltige Entwicklung ist der Unterricht im Klassenraum eher die Ausnahme als die Regel, denn wie die Transformation wirklich stattfinden kann, das kann nur in der empirischen Realität gelernt werden – indem man sich selbst aufs Spiel setzt. So kann die Kunst zu den Menschen gehen und sich mit ihrer Wirklichkeit auseinandersetzen, statt zu erwarten, dass die Menschen zu ihr kommen. Eine kulturelle Entwicklungspolitik wird heute nicht nur für „bildungsferne Milieus" benötigt, sondern auch für die Eliten. Wie Transformationsprozesse als Lernprozesse gestaltet werden können, zeigt unter anderem die Wiener Künstlergruppe „WochenKlausur": Sie nutzt die künstlerische Freiheit, um mit „ausgefeilten Tricks oder neuer, unorthodoxer Herangehensweise" lokalpolitische Probleme zu lösen. Die AdBusters-Bewegung wiederum hat eine Methode entwickelt, um mit kleinen Eingriffen die Werbebotschaften auf großen Plakaten ins Lächerliche zu ziehen und gegen sich selbst zu richten (Lasn 2005).

Manchmal braucht es aber doch die Krise, um zu lernen. Was für die eigene persönliche Entwicklung gilt, gilt genauso für soziale Systeme. Die Krise ist meistens umso schwerer und tiefgreifender, je länger man vorher an einer künstlichen Ordnung festgehalten und eine Wirklichkeit verdrängt hat. Doch lassen die verschiedenen „Tipping Points" in der Polykrise ein „Lernen a posteriori" überhaupt zu? Um Lernblockaden zu überwinden und ein „Lernen a priori" zu ermöglichen, setzen systemische Therapieansätze auf den Perspektivenwechsel und die Verhaltenstherapie auf die Konfrontation mit den Ängsten. In beiden

Fällen wird das Loslassen geübt, denn Lösungen gelten nur so lange als unrealistisch und unmöglich, wie man sich an das Problem klammert.

Empfehlungen

- *Kulturkritik der Nachhaltigkeit.* Kulturen sind keine Container, die nebeneinander stehen: Sie kontaminieren sich gegenseitig. Trotzdem gibt es ideologische Dominanzen, die dazu führen, dass Alternativen durch Ausschluss, Abwertung oder Assimilation entschärft werden. Auch die Nachhaltigkeitsdebatte ist nicht frei davon, weshalb es einer Kulturkritik der Nachhaltigkeit bedarf. Es können keine echten Lernprozesse stattfinden, ohne sich von Ideologien zu emanzipieren.
- *Transformative Gelegenheitsfenster und Prozessorientierung.* „Besondere Bedeutung zum Initiieren oder Verstärken von Transformationen können zeitliche Gelegenheitsfenster (,Windows of Opportunity') haben. Die Zeitfenster können solche singulären Großereignisse wie Fukushima sein" (Grießhammer und Brohmann 2015, S. 32). Selbst wenn die Gelegenheit in einem Moment liegen kann und diese genutzt werden sollte, reichen für einen Wandel *by Design* eine einzelne Veranstaltung oder ein Projekt allein nicht aus. Die nachhaltige Wirkung zeigt sich vielmehr im Prozess. Meistens benötigt sie Ausdauer und eine längerfristige Perspektive.[46] „Um längerfristige Prozesse zu ermöglichen, müssen Fördermittel auch über mehrere Jahre zur Verfügung stehen. Sie dürfen nicht nur an einzelne Haushaltsjahre gebunden sein" (TRAFO und Deutscher Landkreistag 2022, S. 3). Zudem erfordert Nachhaltigkeit eine Neudefinition der Erfolgskriterien bei der Förderung. Die Zahl der Besucher*innen gehört nicht unbedingt dazu. Selbst vom Scheitern kann sehr viel gelernt werden. Die „Zielgruppen" sollten in die Konzeption der Transformationsvorhaben und in die Entscheidungen über die Vergabe von Fördermitteln stärker einbezogen werden.
- *Verflüssigung materieller und immaterieller Infrastrukturen.* Einerseits hat die Soziokultur gezeigt, wie alte Fabriken in Kulturorte

---

[46] Im Bereich der Kulturförderung steht unter anderem die Idee eines „Fonds für Ästhetik und Nachhaltigkeit" dafür (Goehler 2021).

umgewandelt werden können, die gemeinsam eingerichtet und verwaltet werden. Andererseits können die Infrastrukturen durch Nischen der Alternativen verflüssigt werden. In der „Megamaschine" müssen die Menschen funktionieren und sich im Wettbewerb selbst optimieren, und doch entzieht sich die Kunst dieser Logik. In ihrer kreativen Dysfunktionalität steckt eine wichtige Quelle von kulturellen Mutationen (Abschn. 6.2.3). Die Kunst ist ein wichtiger Möglichkeitsraum, um Alternativen zu erproben und weiterzuentwickeln.

- *Transformative Spielwiesen.* Es braucht „eine stärkere Ausrichtung der Politik auf Such- und Lernprozesse, Ermöglichung von regulatorischen Innovationszonen, Realexperimenten und Reallaboren" (Grießhammer und Brohmann 2015, S. 44). Gesellschaftliche Lernprozesse benötigen Freiräume und Spielwiesen, in denen ein Stück Ordnung aufgehoben werden darf und das Außergewöhnliche wenigstens für eine befristete Zeit möglich wird. Reallabore und Realexperimente bieten die Chance, Transformation zu lernen: Das gilt für die öffentlichen Verwaltungen genauso wie für Kultureinrichtungen. In Reallaboren und in Realexperimenten sind die Objekte der Transformation gleichzeitig ihre Subjekte. Hier kann die Theorie von der Praxis und die Praxis von der Theorie lernen. Reallabore bilden wichtige Räume des Austausches und der Zusammenarbeit zwischen Wissenschaft und Zivilgesellschaft. Eine solche Forschung erfolgt nicht von oben herab, sondern auf Augenhöhe. Der/die Forschende bringt sich selbst ins Spiel ein: als Co-Designer*in, als Aktionsforscher*in, als Katalysator oder einfach als Bürger*in und Mensch. Obwohl an der Basis der Gesellschaft wertvolles Wissen entsteht, bleibt dies meistens in der Nische gefangen oder braucht lange, um Politik zu werden. Auch dies spricht einerseits für eine konsequente wissenschaftliche Begleitung, Dokumentation und Auswertung von Transformationsprozessen. Andererseits sollten Lernprozesse Politik werden, indem Bürgerschaft und Zivilgesellschaft in politische Entscheidungsprozesse stärker eingebunden werden.
- *Kulturwissenschaftliche Transformationsforschung und transformative Kulturforschung.* Die Fragen von Nachhaltigkeit und Transformation bieten die Möglichkeit, die kulturpolitische und die kulturanthropologische Perspektive zusammenzubringen – und

dadurch die entsprechenden Debatten und Communities. Transdisziplinäre Ansätze wie die Kulturökologie sind wichtige Brückenbauer zwischen Natur- und Geisteswissenschaften. Während die wissenschaftliche Forschung nach einer vorgegebenen Methode stattfinden muss, kann die Kunst auch mit der Methode spielen: Dies eröffnet ganz neue Wege der Erkenntnis in der Auseinandersetzung mit der Komplexität. Bruno Latour (u. a.) hat neue Forschungsmethoden zwischen Kunst und Wissenschaft entwickelt, die sich für eine transformative Praxis in Richtung Nachhaltigkeit sehr gut eignen. Dabei setzen sich inter- und transdisziplinäre „Kollektive" anhand neuer „Dispositive" mit komplexen Fragen auseinander (Latour 2021b). Auf dieser Arbeitsweise basierten zwei Ausstellungen im Zentrum für Kunst und Medien (ZKM) Karlsruhe: „Iconoclash" von 2002 und „Making Things Public" von 2005.

Literatur

App, Volkhard (2014): Künstlerkolonie Schwalenberg – Mekka der Landschaftsmaler. In: Deutschlandfunk Kultur 9.8.2014. https://www.deutschlandfunkkultur.de/kuenstlerkolonie-schwalenberg-mekka-der-landschaftsmaler-100.html (Zugriff: 19.5.2023).

ARD; ZDF (2020): ARD/ZDF-Massenkommunikation 2020. Frankfurt/Main: ARD-Werbung Sales & Services. https://www.ard-media.de/media-perspektiven/studien/ardzdf-massenkommunikation-langzeitstudie/archiv-mk-2015/ (Zugriff: 18.4.2023).

Bateson, Gregory (1985): Ökologie des Geistes. Frankfurt/Main: Suhrkamp.

Bauman, Zygmunt (2005): Wenn Menschen zu Abfall werden. In: Zeit Online 17.11.2005. https://www.zeit.de/2005/47/st-bauman_alt (Zugriff: 4.5.2023).

Berne, Eric (2001): Spiele der Erwachsenen. Reinbek bei Hamburg: Rowohlt.

Berne, Eric (2012): Was sagen Sie, nachdem Sie „Guten Tag" gesagt haben? Frankfurt/Main: S. Fischer.

Beschorner, Thomas; Sindermann, Dana (2021): Wirtschaft ist Kultur. Wirtschaftsphilosophische und wirtschaftsethische Beiträge. Marburg: Metropolis.

Beyus, Joseph (1979): Aufruf zur Alternative. Erstveröffentlichung in der Frankfurter Rundschau vom 23.12.1978. Nachdruck aus Anlass der 1. Wahl zum Europäischen Parlament im Juni 1979.

BfR (2019): Feed and food safety in times of global production and trade. Berlin: Bundesinstitut für Risikobewertung. https://www.bfr.bund.de/cm/350/feed-and-food-safety-in-times-of-global-production-and-trade.pdf (Zugriff: 27.3.2023).

BKA (2022): Partnerschaftsgewalt. Kriminalstatistische Auswertung-Berichtsjahr 2021. Wiesbaden: Bundeskriminalamt. https://www.bka.de/DE/AktuelleInformationen/StatistikenLagebilder/Lagebilder/Partnerschaftsgewalt/partnerschaftsgewalt_node.html (Zugriff: 4.5.2023).

Brand, Ulrich; Wissen, Markus (2017): Imperiale Lebensweise. München: oekom.

Bregman, Rutger (2022): Im Grunde gut. Hamburg: Rowohlt.

Brocchi, Davide (2019a): Wandel durch Kultur – Kultur im Wandel. Neue Entwicklungspfade für die Region Oberes Mittelrheintal. Eine Studie im Auftrag des Zweckverbandes Welterbe Oberes Mittelrheintal, Sankt Goarshausen. Köln: Eigenverlag. https://davidebrocchi.eu/wp-content/uploads/2019a/08/2019a_Studie_Kulturwandel_Region_Oberes_Mittelrheintal-Davide_Brocchi.pdf (Zugriff: 27.3.2023).

Brocchi, Davide (2019b): Große Transformation im Quartier. München: oekom.

Brocchi, Davide; Gruber, Kristina (2021): Wege zu einer zukunftsfähigen Soziokultur. In: Kulturpolitische Gesellschaft (Hrsg.), Zeit für Zukunft. Inspirationen für eine klimagerechte Kulturpolitik. Bonn: Kulturpolitische Gesellschaft e. V., 2021. S. 28–30.

Bröder, Christoph (2018): Modellstadt aus Beton. In: burgenblogger.de 7.7.2018. https://burgenblogger.de/blog/modellstadt-s/ (Zugriff: 27.3.2023).

BR-Wissen (2021): Urbane Bienen. Schwärmen für die Stadt. In: br.de 18.5.2021. https://www.br.de/wissen/natur/tiere/insekten/bienen-stadt-imker-biene-bienensterben-insekten-100.html (Zugriff: 27.3.2023).

Bundesministerium für Finanzen (2022): Die wichtigsten Steuern im internationalen Vergleich 2021. Berlin: Bundesministerium für Finanzen. https://www.bundesfinanzministerium.de/Content/DE/Downloads/Broschueren_Bestellservice/die-wichtigsten-steuern-im-internationalen-vergleich-2021.html (Zugriff: 11.4.2023).

Bundesregierung (2002): Perspektiven für Deutschland. Unsere Strategie für eine nachhaltige Entwicklung. Berlin: Bundesregierung.

Bundesregierung (2023): „Aller.Land" – Bund stärkt mit 70 Millionen Euro Kultur, Beteiligung und Demokratie in ländlichen Regionen. Pressemitteilung 89, 3.5.2023. https://www.bundesregierung.de/breg-de/aktuelles/pressemitteilungen/-aller-land-bund-staerkt-mit-70-millionen-euro-kultur-beteiligung-und-demokratie-in-laendlichen-regionen-2187546 (Zugriff: 16.5.2023).

Bundesverband Soziokultur (2019): Was braucht's? Soziokulturelle Zentren in Zahlen 2019. Berlin: Bundesverband Soziokultur e. V. https://www.soziokultur.de/wp-content/uploads/2020/05/Statistik-2019.pdf (Zugriff: 27.3.2023).

Bundesverband Soziokultur (2021): Geschichte. https://www.soziokultur.de/geschichte/ (Zugriff: 27.3.2023).

Bundesverband Soziokultur (2022): Das braucht's! Nachhaltige Entwicklung in der Soziokultur 2022. Berlin: Bundesverband Soziokultur e. V. https://soziokultur.de/wp-content/uploads/2022/06/2022_BVS_Das-brauchts_.pdf (Zugriff: 26.5.2023).

Cassano, Franco (2005): Pensiero meridiano. Bari: Laterza.

Compagnoni, Arturo (2004): Le guide pratiche di RUMORE – Italia '80. Il Rock indipendente italiano negli anni Ottanta. Pavia: Apache.

Dag Hammarskjöld Foundation (1975): What Now? Another Development. Uppsala: Dag Hammarskjöld Foundation.

Darian, Samo; Völker, Harriet; Diringer, Julia; Kirchhoff, Gudrun (2022): Neue Ideen und Ansätze für die Regionale Kulturarbeit. Berlin: TRAFO – Modelle für Kultur im Wandel; Deutsches Institut für Urbanistik (Difu).

Deutscher Bundestag (Hrsg.) (2008): Kultur in Deutschland. Schlussbericht der Enquete-Kommission des Deutschen Bundestages. Regensburg: ConBrio. https://dserver.bundestag.de/btd/16/070/1607000.pdf (Zugriff: 27.3.2023).

Ditges, Anna (2015): Wem gehört die Stadt. Bürger in Bewegung. Dokumentarfilm. http://wemgehoertdiestadt-derfilm.de/ (Zugriff: 27.3.2023).

Döschner, Juliane; Präger, Steffen (2021): Prozesse der Partizipation. In: Schneider et al. 2021, S. 167–173.

Droste, Thorsten (2011): Provence. Köln: DuMont.

Ehrenberg, Alain (2008): Das erschöpfte Selbst. Frankfurt/Main: Suhrkamp.

Esposito, Roberto (2004): Communitas. Ursprung und Wege der Gemeinschaft. Berlin: Diaphanes.

Ette, Ottmar (2009): Alexander von Humboldt und die Globalisierung: Das Mobile des Wissens. Frankfurt/Main: Insel-Verlag.

Friedrichs, Jürgen (2007): Gesellschaftliche Krisen. In: Helga Scholten (Hg.), Die Wahrnehmung von Krisenphänomenen. Köln: Böhlau. S. 13–26.

Fromm, Erich (1983): Die Furcht vor der Freiheit. Frankfurt/Main: Ullstein.
Fuchs, Max (2003): Kulturpolitik in Zeiten der Globalisierung. In: Aus Politik und Zeitgeschichte, Nr. 12/2003. S. 15–20.
Galtung, Johan (1988): Strukturelle Gewalt. Reinbek bei Hamburg: Rowohlt.
Goehler, Adrienne (2020): Nachhaltigkeit braucht Entschleunigung braucht Grundein/auskommen ermöglicht Entschleunigung ermöglicht Nachhaltigkeit. Berlin: Pathas.
Goehler, Adrienne (2021): Einmischen! In: Schneider et al. 2021, S. 115–121.
Grabner, Roland H.; Stern, Elsbeth; Neubauer, Aljoscha C. (2003): When intelligence loses its impact: neural efficiency during reasoning in a familiar area. In: International Journal of Psychophysiology 49 (2003), S. 89–98.
Grießhammer, Rainer; Brohmann, Bettina (2015): Wie Transformationen und gesellschaftliche Innovationen gelingen können. Dessau-Roßlau: Umweltbundesamt.
Gronemeyer, Marianne (2010): Helping. In: Wolfgang Sachs (Hrsg.), The Development Dictionary. London: Zed Books, 2010. S. 55–73.
Gruber, Kristina; Brocchi, Davide (2021): Nachhaltigkeitskultur entwickeln. Praxis und Perspektiven Soziokultureller Zentren. In: Schneider et al. 2021, S. 25–100.
Harari, Yuval Noaḥ (2013): Eine kurze Geschichte der Menschheit. München: Pantheon.
Harari, Yuval Noah (2019): 21 Lektionen für das 21. Jahrhundert. München: C.H. Beck.
Hartmann, Karl-Martin (2008): Wernerkapelle, Bacharach – Das Fenster. Kunst bewegt zur Toleranz. Exposé. Wiesbaden: Eigenverlag. https://silo.tips/download/wernerkapelle-bacharach-das-fenster-kunst-bewegt-zur-toleranz (Zugriff: 27. 3. 2023).
Heckl, Wolfgang M. (2013): Die Kultur der Reparatur. München: Carl Hanser Verlag.
Henkel, Christiane Hanna (2019): Ein millionenschwerer Rocker rechnet mit Facebook ab. In: Neue Zürcher Zeitung 4.4.2019. https://www.nzz.ch/feuilleton/facebook-roger-mcnamee-der-millionenschwere-rocker-rechnet-ab-ld.1470172 (Zugriff: 23.11.2023).
Hofmann, Vera; Euler, Johannes; Zurmühlen, Linus; Helfrich, Silke (Hrsg.) (2022): Commoning Art – Die transformativen Potenziale von Commons in der Kunst. Bielefeld: transcript.
Hofstede, Geert; Hofstede, Jan (2009): Lokales Denken, globales Handeln. München: dtv.

Jochims, Inke (1995): NLP für Profis. Glaubenssätze & Sprachmodelle. Paderborn: Jufermann.
Kagan, Sacha (2011): Art and Sustainability. Bielefeld: transcript.
Kandel, Eric (2006): Auf der Suche nach dem Gedächtnis. Die Entstehung einer neuen Wissenschaft des Geistes. München: Pantheon.
Kochskämper, Dieter (o.J.): Das Leitbild der Stadt Bacharach. Stadt Bacharach. https://www.bacharach.de/verwaltung/leitbild (Zugriff: 23.11.2023).
Kraft, Konstantin (2020): Knapp 1700 Hektar könnten mit Solaranlagen überbaut werden. In: Uckermark Kurier 28.9.2020. https://www.nordkurier.de/regional/uckermark/knapp-1700-hektar-konnten-mit-solaranlagen-uberbaut-werden-1167546 (Zugriff: 17.4.2023).
Kulturstiftung des Bundes (2018): TRAFO 2. Broschüre. Berlin: TRAFO-Programmbüro.
Kulturstiftung des Bundes (o. J.): Modelle für Kultur im Wandel. Halle an der Saale: Kulturstiftung des Bundes. https://www.kulturstiftung-des-bundes.de/de/projekte/transformation_und_zukunft/detail/trafo_modelle_fuer_kultur_im_wandel.html#section_195666 (Zugriff: 17.4.2023).
Lasn, Kalle (2005): Culture jamming. Frankfurt/Main: Büchergilde Gutenberg.
Latour, Bruno (2010): Das Parlament der Dinge. Frankfurt/Main: Suhrkamp.
Latour, Bruno (2021a): Das Ende der Moderne. Aus der Reihe „Gespräche mit Bruno Latour", Teil 2. Eine Arte-Produktion 2021. https://www.arte.tv/de/videos/106738-002-A/gespraeche-mit-bruno-latour-2/ (Zugriff: 27.3.2023).
Latour, Bruno (2021b): Kollektive Dispositive erfinden. Aus der Reihe „Gespräche mit Bruno Latour", Teil 6. Eine Arte-Produktion 2021. https://www.arte.tv/de/videos/106738-006-A/gespraeche-mit-bruno-latour-6/ (Zugriff: 27.3.2023).
Lee, Sang (Hrsg.) (2011): Aesthetics of sustainable architecture. Rotterdam: 010 Publishers.
Lorenz, Edward N. (1972): Predictability: Does the flap of a butterfly's wings in Brazil set off a tornado in Texas? Titel des Vortrags im Jahr 1972 während der Jahrestagung der American Association for the Advancement of Science.
Matern, Bernd-Christoph (2020): Zeitung des Welterbes Oberes Mittelrheintal: Neue Managerin für die Kultur im Welterbe-Tal. In: R(h)eingeblättert 15.10.2020.
Mausfeld, Rainer (2019): Angst und Macht. Frankfurt/Main: Westend.

McPhearson, Timon; Kabisch, Nadja; Frantzeskaki, Niki (Hrsg.) (2023): Nature-Based Solutions for Cities. Cheltenham (UK): Edward Elgar Publishing.

Metz, Cade (2023): 'The Godfather of A.I.' Leaves Google and Warns of Danger Ahead. In: New York Times 1.5.2023. https://www.nytimes.com/2023/05/01/technology/ai-google-chatbot-engineer-quits-hinton.html (Zugriff: 3.5.2023).

Michl, Werner (2011): Erlebnispädagogik. München: Reinhardt.

Müller, Christa (2012): Urban Gardening. München: oekom.

Müller-Espey, Christian (2019): Zukunftsfähigkeit gestalten. Frankfurt/Main: Peter Lang GmbH.

Oldenburg, Ines; Rodríguez, Frauke (2017): Lebensweltbezug - Lernen macht Sinn! In: Grundschule 49 (2017) 2. S. 26-29.

Polanyi, Karl (1978): The Great Transformation. Frankfurt/Main: Suhrkamp.

Putnam, Robert D. (2000): Bowling alone. New York: Simon and Schuster.

Radkau, Joachim (2011): Die Ära der Ökologie. Bonn: Bundeszentrale für politische Bildung.

Radkau, Joachim (2012): Natur und Macht. München: C. H. Beck.

Rapp, Christof; Wagner, Tim (2017): Wissen und Bildung in der antiken Philosophie. Stuttgart: J. B. Metzler.

RNE (2015): Der Deutsche Nachhaltigkeitskodex. Maßstab für nachhaltiges Wirtschaften. Berlin: Rat für Nachhaltige Entwicklung (RNE). https://www.deutscher-nachhaltigkeitskodex.de/de-DE/Documents/PDFs/Press-Releases/DNK_Broschuere_2017.aspx (Zugriff: 17.4.2023).

RNE (2018): Der hochschulspezifische Nachhaltigkeitskodex. Berlin: Rat für Nachhaltige Entwicklung (RNE).

Rosa, Harmut (2024): Was ist soziale Energie? In: Zeit Online 14.1.2024. https://www.zeit.de/2024/03/social-battery-soziale-energie-erschoepfung-kraft (Zugriff: 18.1.2024).

Sacks, Shelley; Zumdick, Wolfgang (2016): Lebendigkeit und Soziale Plastik. In: evolve 11/2016. S. 50–53. http://wolfgang-zumdick.de/wp-content/uploads/2017/03/evolve11_Shelley-Sacks_Wolfgang-Zumdick.pdf (Zugriff: 1.5.2023).

Scharp, Helen; Petschow, Ulrich; Arlt, Hans-Jürgen; Jacob, Klaus; Kalt, Giulia; Schipperges, Michael (2020): Neue Allianzen für sozial-ökologische Transformationen. Dessau: Umweltbundesamt. https://www.umweltbundesamt.de/sites/default/files/medien/5750/publikationen/neue_allianzen_fuer_sozial-oekologische_transformationen.pdf (Zugriff: 17.4.2023).

Scheytt, Oliver (2003): Kulturelle Bildung als Kraftfeld der Kulturpolitik. In: Aus Politik und Zeitgeschichte, Nr. 12/2003, S. 6–14. https://www.bpb.de/lernen/kulturelle-bildung/60055/kulturelle-bildung-als-kraftfeld-der-kulturpolitik/ (Zugriff: 17.4.2023).

Schmid, Wilhelm (2008): Ökologische Lebenskunst. Frankfurt/Main: Suhrkamp.

Schneider, Wolfgang (Hrsg.) (2014): Weißbuch Breitenkultur. Kulturpolitische Kartografie eines gesellschaftlichen Phänomens am Beispiel des Landes Niedersachsen. Universitätsverlag Hildesheim.

Schneider, Wolfgang; Gruber, Kristina; Brocchi, Davide (Hrsg.) (2021): Jetzt in Zukunft. Zur Nachhaltigkeit in der Soziokultur. München: oekom.

Schneider, Wolfgang; Müller-Espey, Christian (2018): Förderantrag Nachhaltigkeitskultur: Praxis und Perspektiven soziokultureller Zentren. Erstellt von der Stiftung der Universität Hildesheim an die Adresse des Fonds Nachhaltigkeitskultur des Rats für Nachhaltige Entwicklung (RNE). Hildesheim: nv.

SPD; Die Grünen; FDP (2021): Mehr Fortschritt wagen. Bündnis für Freiheit, Gerechtigkeit und Nachhaltigkeit. Koalitionsvertrag 2021–2025. Berlin. https://www.spd.de/fileadmin/Dokumente/Koalitionsvertrag/Koalitionsvertrag_2021-2025.pdf (Zugriff: 17.4.2023).

Staal, Margret (2021): Selbstermächtigung in der Soziokultur. Zur Qualifizierung von Nachhaltigkeit. In: Schneider et al. 2021, S. 191–193.

Tharr, Jennifer (2023): Soziokultur ist gelebte Nachhaltigkeit. Ein Gespräch mit Kulturstaatsministerin Claudia Roth. In: soziokultur.de 27.2023. https://soziokultur.de/soziokultur-ist-gelebte-nachhaltigkeit/ (Zugriff: 26.5.2023).

Tiezzi, Enzo (1992): Tempi storici, tempi biologici. Milano: Garzanti.

Tögel, Jonas; Zierer, Klaus (2020): Nachhaltigkeit ins Zentrum rücken. Bielefeld: wbv.

TRAFO (2020): TRAFO – Modelle für Kultur im Wandel. Flyer zum Programm Stand Mai 2020. Berlin: TRAFO – Modelle für Kultur im Wandel.https://www.kulturstiftung-des-bundes.de/fileadmin/user_upload/download/download/TRAFO-Modelle_fuer_Kultur_im_Wandel-Flyer-2020.pdf (Zugriff: 17.4.2023).

TRAFO; Deutscher Landkreistag (2022): Prozesse fördern, Vernetzung stärken, Beteiligung ernst nehmen. Empfehlungen für die Kulturarbeit und die Kulturförderung in ländlichen Räumen. Berlin. https://www.trafo-programm.de/downloads/220624_Trafo_Empfehlungspapier_Prozessfoerderung_web.pdf (Zugriff: 14.5.2023).

UNESCO (1982): Erklärung von Mexiko-City über Kulturpolitik. Weltkonferenz über Kulturpolitik. Paris: UNESCO. https://www.unesco.de/sites/default/files/2018-03/1982_Erkl%C3%A4rung_von_Mexiko.pdf (Zugriff: 27.3.2023).
UNESCO (o. J.): Welterbe werden. Bonn: Deutsche UNESCO-Kommission. https://www.unesco.de/kultur-und-natur/welterbe/welterbe-werden (Zugriff: 15.5.2023).
UNESCO (2001): Allgemeine Erklärung der UNESCO zur kulturellen Vielfalt. Generalkonferenz der Unesco, November 2001, Paris.
Watzlawich, Paul (1994): „Einsicht" erzeugt Blindheit: wenn die Lösung zum Problem wird. Vortrag vom 28.7.1994 im Rahmen der „3. Evolution of Psychotherapy"-Konferenz in Hamburg. Carl-Auer Autobahnuniversität.
Watzlawick, Paul; Beavin, Janet H.; Jackson, Don D. (2007): Menschliche Kommunikation. Bern: Huber.
WBGU (2011): Welt im Wandel. Gesellschaftsvertrag für eine Große Transformation. Berlin: Beirat der Bundesregierung Globale Umweltveränderungen (WBGU).
WBGU (2016): Der Umzug der Menschheit. Die transformative Kraft der Städte. Berlin: Wissenschaftlicher Beirat der Bundesregierung Globale Umweltveränderungen (WBGU).
Welzer, Harald (2011): Mentale Infrastrukturen. Wie das Wachstum in die Welt und in die Seelen kam. Berlin: Heinrich Böll Stiftung. https://www.boell.de/sites/default/files/Endf_Mentale_Infrastrukturen.pdf (Zugriff: 17.4.2023).
Werner, Jochen (2019): „Rabbi" kehrt bei Theaterfestival nach Bacharach zurück. In: Allgemeine Zeitung, 28.6.2019. https://www.allgemeine-zeitung.de/lokales/bingen/vg-rhein-nahe/bacharach/rabbi-kehrt-bei-theaterfestival-nach-bacharach-zurucl_20244688 (Zugriff: 17.4.2023).
Zweckverband (2019): Unterlagen für die Entwicklungsphase von TRAFO 2. St. Goarshausen: Zweckverband Welterbe Oberes Mittelrheintal.
Zweckverband Welterbe Oberes Mittelrheintal (2016): Fachtagung Lebendiges Welterbe. Tagungsdokumentation, 6. November 2015, Schloss Rheinfels, St. Goar. St. Goarshausen: Zweckverband Welterbe Oberes Mittelrheintal.

8

Jedes Ende ist ein neuer Anfang

Jared Diamond hielt einmal vor seinen Studierenden einen Vortrag über den Zusammenbruch der Zivilisation auf der Osterinsel (Abschn. 3.1.1). Nachdem er mit seiner Darstellung fertig war, kam in der Diskussion eine scheinbar einfache Frage auf, die seine Studierenden vor ein Rätsel stellte: „Wie um alles in der Welt konnte eine Gesellschaft die so offenkundig katastrophale Entscheidung treffen, alle Bäume zu fällen, auf die sie angewiesen war?" Eine weitere Frage lautete: „Was der Inselbewohner, der die letzte Palme fällte, dabei […] wohl gedacht habe?" (Diamond 2006, S. 517 f.) Bei allen historischen Fällen von gesellschaftlichem Kollaps stellen sich im Wesentlichen die gleichen Fragen.

„Meine Studenten fragten sich, ob die Menschen in 100 Jahren – falls es bis dahin noch Menschen gibt – sich über die Blindheit heute ebenso wundern würden, wie wir uns über die Blindheit der Bewohner auf der Osterinsel wundern" (ebd.). Wie kann eine Gesellschaft so lange an einem Entwicklungspfad festhalten, der sie in den Kollaps führt? Wie konnte sich die Nicht-Nachhaltigkeit bisher so erfolgreich durchsetzen? Mit diesen Fragen hat sich der erste Teil dieser Publikation auseinandergesetzt und eine Ursachenforschung im Sinne Karl Polanyis praktiziert. Denn für eine nachhaltige Bearbeitung der Polykrise müssen die gesellschaftlichen und kulturellen Strukturen in Rechnung gestellt werden, die diese Krise hervorbringen und fortlaufend verschärfen.

Nach der Einführung wurde in Kap. 2 gezeigt, dass die erste große Transformation, die unsere Lebensweise tief geprägt hat, weder die neolithische noch die industrielle war, sondern die „kognitive Revolution". Seitdem ist Kultur das, was menschliche Gesellschaften zusammenhält. Die Kultur übt einen starken Einfluss auf unser Verhalten aus, selbst dann, wenn die mentale Landkarte nicht mit dem Gebiet übereinstimmt. So wie die kognitive Revolution die neolithische antizipierte, ging die industrielle aus der wissenschaftlichen Revolution hervor. Durch die kapitalistisch-industrielle Transformation ist die Ökosphäre progressiv in eine Technosphäre umgewandelt worden und die Vielfalt in eine Monokultur. Wer Städte autogerecht und kommerzgerecht baut, erzieht ihre Bewohner*innen entsprechend. Gerade Monokulturen sind jedoch besonders anfällig für Krisen.

Die kulturbedingte Separation zwischen Mensch und Natur ist internalisiert worden und bildet schon seit Plato das Fundament einer Schichtung der Gesellschaft von oben nach unten. In der Industriemoderne erfährt ein Teil der Menschheit die gleiche Herrschaft, die auf die Natur ausgeübt wird. Das Wachstum der einen ist die Ausbeutung der anderen. Weil das System aber zur Umwelt gehört, schlägt die wachsende Unordnung irgendwann auf ihre Quelle zurück. So wird ausgerechnet im Anthropozän die Umwelt zunehmend zu einem Subjekt, das die Verhältnisse innerhalb der Gesellschaft mitbestimmt. Weil die Gesellschaft von ihrer Umwelt viel abhängiger ist als umgekehrt, ist der Begriff „Systemkrise" treffender als „Umweltkrise". Mit der kapitalistisch-industriellen Entwicklung sind die Risiken globalisiert worden (Beck 2008). Es gibt heute fast kein Außen mehr, selbst die Natur ist zur Funktion des Systems geworden: als Rohstofflager, als Deponie, als Erholungsgebiet oder als „nachhaltige Lebensgrundlage" der Menschheit. Die globalisierte Systemkrise ist eine Polykrise, mit einer ökologischen, einer ökonomischen und einer sozialen Dimension. Wie sehr diese Dimensionen ineinandergreifen und sich gegenseitig nähren, wurde in Kap. 3 dieses Buches geschildert. Und doch ist die Polykrise vor allem eine kulturelle Krise, denn wie eine Gesellschaft mit Natur und Menschen umgeht, hängt von ihrer Kultur ab.

Im Moment steuert die Gesellschaft auf einen Wandel *by Disaster* zu, die Biosphäre auf das sechste Massenaussterben der Erdgeschichte. 99 % aller Spezies, die je existiert haben, sind im Verlauf der Evolution bereits ausgestorben (Meissner 1999, S. 114). Ähnlich der Sterblichkeit individueller Lebewesen sind offensichtlich auch Arten nicht für die Ewigkeit geschaffen (Wuketits 2009, S. 47). In der Natur wird eine Spezies, die sich nicht anpassen kann, oder eine Mutation, die sich nicht bewährt hat, durch das Aussterben ausgeschaltet. Das könnte für den Homo sapiens ebenso gelten. Was für uns „Disaster" ist, könnte für die Natur ein Befreiungsschlag sein: So wie die Säugetiere und damit letztlich die Primaten vom Verschwinden der Dinosaurier profitiert haben, so wäre das Verschwinden der Menschen ein Gewinn für zahlreiche Spezies. Bisher machte die Natur ausgerechnet nach den Massenaussterben die stärksten Entwicklungssprünge, um noch bunter als vorher zu gedeihen. Vermutlich verläuft auch die gesellschaftliche Evolution nicht so linear, wie uns die Modernisierungstheorien weismachen wollen: Je mehr am Status quo festgehalten wird, desto wahrscheinlicher wird der harte Bruch.

So wie das erste Zeitalter der Globalisierung und Liberalisierung im Blutbad des Ersten Weltkrieges endete (Harari 2019, S. 34), so hat das zweite Zeitalter der Globalisierung und Liberalisierung ab den 1990ern die Polykrise enorm verschärft, genauso wie von Karl Polanyi prophezeit. Gleichzeitig hat diese Entwicklung gezeigt, dass unsere Gesellschaft eine umfassende, tiefe und schnelle Umwandlung doch hinbekommen kann, wenn dies gewollt ist. In nur zwei Jahrzehnten sind alle gesellschaftlichen Bereiche ökonomisiert und digitalisiert worden, Kunst und Kultur inbegriffen. Wir sind nie gefragt worden, ob wir diese Entwicklung wünschen; ob wir wie „Kund*innen" behandelt werden wollen oder lieber „Bürger*innen" bleiben. Der Globalisierungsprozess war sicher kein demokratischer (aber bei einem „Schicksal" erübrigt sich die Demokratie sowieso). Globalisierung assoziieren wir mit Liberalisierung (und doch gab es noch nie so viele sichtbare und unsichtbare Mauern wie heute). Globalisierung bedeutet Wachstum (zumindest solange nicht alle Kosten in die Rechnung aufgenommen werden). Wie lässt sich solch eine kollektive Selbsttäuschung aufrechterhalten? Nur durch eine entsprechende kulturelle Maschinerie. Ohne die Massenmedien wäre die Globalisierung in dieser Form kaum denkbar gewesen. Die dazugehörige Kulturpolitik behandelte Kap. 4 und stellte beispielhaft dar, wie sie Krisen aufgreift.

„Gerade als die Raupe dachte, die Welt geht unter, wurde sie zu einem Schmetterling."[1] An einer solchen „Poesie der Hoffnung" (Selke 2022, S. 32) orientiert sich der zweite Teil des Buches. Wie kommen wir zu einem Wandel *by Design?* Die Ära der politischen und ökonomischen Alternativlosigkeit neigt sich dem Ende zu. Der Weg, der zur Polykrise geführt hat, kann nicht der gleiche sein, der uns aus ihr herausführt. Warum eine Transformation zur Nachhaltigkeit also einen Systemwechsel bedeutet, hat Kap. 5 gezeigt. Dabei wurde zwischen einem institutionellen, einem engen und einem erweiterten Nachhaltigkeitsverständnis unterschieden. Im ersten Fall wurzelt die Nachhaltigkeit in der entwicklungspolitischen Debatte auf der internationalen Bühne der Vereinten Nationen und zeichnet sich durch einen Topdown-Prozess aus. Das Kulturprogramm der Modernisierung (Wirtschaftswachstum, Fortschritt…) wird hier optimiert und neulegitimiert. Im engen Verständnis bildet Nachhaltigkeit eine Brücke zwischen Ökologie und Ökonomie. Im erweiterten Verständnis ist Nachhaltigkeit hingegen eine gesamtgesellschaftliche Aufgabe: Wer das Verhältnis zur Umwelt ändern will, muss die Verhältnisse innerhalb der Gesellschaft ändern. Nachhaltigkeit ist demnach ein Dachbegriff für Visionen einer anderen Entwicklung. Einerseits steht sie für Krisen-Resilienz, andererseits für ein gutes Leben, das nicht auf Kosten anderer geht. Sowohl Krisen-Resilienz als auch gutes Leben implizieren ein starkes Gemeinwesen, Gerechtigkeit, Demokratie und Vielfalt. In beiden Fällen meint Nachhaltigkeit ein regeneratives statt ein ausbeuterisches Regime im Umgang mit materiellen *und* immateriellen Ressourcen.

Während die neoliberale Globalisierung in einer relativ kurzen Zeit vollzogen wurde, gibt es auf dem Weg zur Nachhaltigkeit kaum Fortschritte. Seit dem ersten Bericht des Club of Rome sind mehr als

---

[1] Das Sprichwort wird dem Musiktheoretiker und Komponisten Peter Benary zugeschrieben. In der Formulierung „Was für die Raupe das Ende der Welt, ist für den Rest der Welt ein Schmetterling" geht es bis auf Laotse zurück.

50 Jahre vergangen, mehr als 30 Jahre seit der Agenda 21, aber das Versprechen der Nachhaltigkeit und die tatsächliche Entwicklung klaffen immer weiter auseinander. Genau diese Erkenntnis hat zu einem Perspektivenwechsel in der Nachhaltigkeitsdebatte geführt: Seit 2009 dreht sie sich um die „Transformation". In den Politikwissenschaften bezeichnet der Begriff eine systemische Wende und einen Prozess der Demokratisierung. In der „Großen Transformation" (WBGU 2011) geht es nicht darum, die Herrschaft der Expert*innen für Wirtschaft durch jene für Nachhaltigkeit zu ersetzen, sondern darum, die Menschen von Objekten zu Subjekten der Politik zu machen. Während das Narrativ der Modernisierung von oben kam, werden tragfähige Erzählungen für unsere Zukunft eher von unten kommen. Weitere wichtige Elemente einer Transformation zur Nachhaltigkeit sind die Wiedereinbettung der Wirtschaft in die Gesellschaft und das menschliche Maß. Ob die Polykrise zu einer Chance wird, hängt vom Faktor Mensch ab, also von der Frage, was er ist bzw. was aus ihm geworden ist. Eine nachhaltige Transformation gibt es nur, wenn wir selbst damit im Hier und Jetzt beginnen. Durch individuelle und kollektive Selbstermächtigung wird die Zukunftsaufgabe zur Gegenwartsaufgabe. Die Große Transformation kann aus dem Lokalen heraus vorangetrieben werden. Mit ihrem Werk „Das Ende der Welt, wie wir sie kannten" haben Claus Leggewie und Harald Welzer 2009 die Transformation zur Nachhaltigkeit um eine kulturelle Dimension erweitert: Diese Transformation muss als kulturelle Aufgabe begriffen werden.

Auf die Transformation als Kulturwandel hat sich Kap. 6 fokussiert. Zunächst wurde hier die bisherige deutschsprachige Debatte zwischen Kultur und Nachhaltigkeit dargestellt. Dabei sind zwei Stränge zu unterscheiden, die mit beiden Verständnissen von Kultur korrespondieren: Kultur als gesellschaftlicher Bereich und Kultur als querliegende Dimension. Die Kulturökologie hat das Potenzial, die verschiedenen Ansätze zwischen Kultur und Nachhaltigkeit in eine einheitliche Theorie zu integrieren. Nachhaltigkeit ist kein Ziel, das einmal erreicht wird, sondern meint individuelle und kollektive Lernfähigkeit. So fordert Bruno Latour für die Große Transformation einen *Lernvertrag* anstelle eines „Gesellschaftsvertrags" (Latour 2010, S. 292). Eine kulturelle Evolution der Gesellschaft setzt kulturelle Mutationen voraus. Dafür sind die Wissenschaften und die Künste ideale Quellen. In der Praxis des Kulturwandels sind der intra- und interkulturelle Dialog, die Medien, eine systemische Kulturbewegung, transformative Spielwiesen sowie neuartige Rituale von Bedeutung.

Die bedeutendste Voraussetzung für eine transformative Kulturpolitik ist die Transformation der Kulturpolitik selbst. Die wichtigste Erkenntnisquelle der Transformation liegt in der Praxis, für die in Kap. 7 zwei Fallbeispiele dargestellt wurden: die Kulturregion Oberes Mittelrheintal und die Soziokultur. Nur wenn die Praxis durch die Theorie reflektiert wird, kann sie zu einem Lernprozess beitragen. In der Praxis können sich die Menschen auch im Kreis drehen, wenn sie in materiellen, institutionellen und mentalen Infrastrukturen gefangen bleiben. Selbst die Kunst benötigt eine Kritische Theorie, um aus den eingezäunten Räumen (Theater, Museen und Galerien) auszubrechen. Während in der Modernisierung gut ist, was funktioniert, benötigt die Transformation zur Nachhaltigkeit die kreative Dysfunktionalität. Wir werden die Unordnung nicht überwinden, ohne eine bestimmte künstliche Ordnung loszulassen. Deshalb vollzieht sich ein Wandel *by Design* nicht nur *by Planning,* sondern auch *by Unhanding* und *by Unleashing.* Alle Zutaten für eine nachhaltige Transformation sind da, es braucht nur den passenden Katalysator, um sie neu zu mischen und zu aktivieren. Anders als am Beginn der Soziokultur sind daher heute Raumöffnende wichtiger als Raumbesetzende.

Natur ist nicht etwas, was sich da draußen abspielt, genauso wenig wie Gesellschaft. Im Alltag findet beides in und mit uns selbst statt. Wie gehen wir mit dem Wilden oder mit dem Kind in uns selbst um? Wie ernst nehmen wir unser Gewissen und unsere Sehnsüchte? Wenn sich die gesellschaftlichen Verhältnisse in uns selbst auswirken, dann muss die Transformation zur Nachhaltigkeit auch eine innere sein. Es braucht Mut, um die eigene Lebendigkeit gegen die Megamaschine zu verteidigen. Künste und Subkulturen bieten die Möglichkeit, sich „anormal" zu verhalten und Alternativen zu erproben, ohne dafür Ausgrenzung zu riskieren. Zu den Subkulturen können auch bewährte Traditionen gehören, die wiederentdeckt und aufgewertet werden. Es sind die freien Künste und die Vielfalt der Subkulturen, die eine Gesellschaft beweglich halten. Diese werden von einer transformativen Kulturpolitik stärker gefördert als die Hochkultur. Benötigt wird nicht nur Geld, sondern auch Freiraum. Weil die Soziokultur ein wichtiger Ort der freien Künste und der Subkulturen ist, braucht es mehr davon (Brocchi 2022).

Egal, ob die Transformation *by Disaster or by Design* stattfinden wird: In beiden Fällen sind die gesellschaftlichen und die kulturellen Verhältnisse entscheidender als das Klima. Wie die Gegenwart wird, hängt auch von uns selbst ab. Diese Untersuchung will zu einer Erweiterung der Wahrnehmungshorizonte beitragen, in denen gesellschaftliche Entwicklung, Nachhaltigkeit und Kulturpolitik gedacht und gestaltet werden. In einer systemischen Sicht gehören Ökologie, Ökonomie, Soziales und Kultur zusammen. Diese Publikation stellt nur das Zwischenergebnis einer langen Recherche dar. Als offenes Werk kann es von jedem Leser und jeder Leserin umgeschrieben oder weitergeschrieben werden.

Literatur

Beck, Ulrich (2008): Weltrisikogesellschaft. Frankfurt/Main: Suhrkamp.
Brocchi, Davide (2022): Nachhaltigkeit braucht mehr Soziokultur. In: davidebrocchi.eu 13.12.2022. https://www.davidebrocchi.eu/nachhaltigkeit-braucht-mehr-soziokultur/ (Zugriff: 27. 3.2023).
Diamond, Jared (2006): Kollaps: Warum Gesellschaften überleben oder untergehen. Frankfurt/Main: Fischer Verlag.
Harari, Yuval Noah (2019): 21 Lektionen für das 21. Jahrhundert. München: C.H. Beck.
Latour, Bruno (2010): Das Parlament der Dinge. Frankfurt/Main: Suhrkamp.
Meissner, Rolf (1999): Geschichte der Erde. München: C.H. Beck.
Selke, Stefan (2022): Gerecht werden. Zukunftsdesign zwischen Panikattacke und Poesie der Hoffnung. In: Schrader Stiftung (Hrsg.), Balancen. Darmstadt: Schrader Stiftung, 2022. S. 28–33.
WBGU (2011): Welt im Wandel. Gesellschaftsvertrag für eine Große Transformation. Berlin: Beirat der Bundesregierung Globale Umweltveränderungen (WBGU).
Wuketits, Franz (2009): Evolution. Die Entwicklung des Lebens. München: C.H. Beck.

Erratum zu: By Disaster or by Design?

Erratum zu:
D. Brocchi, *By Disaster or by Design?*,
https://doi.org/10.1007/978-3-658-42317-9

Für die Kapitel 3, 4 und 5 wurde ein falscher Autor in der Online-Version zugeordnet. Die ursprünglich veröffentlichte Version wurde korrigiert.

Die aktualisierten Versionen dieser Kapitel finden Sie unter
https://doi.org/10.1007/978-3-658-42317-9_3
https://doi.org/10.1007/978-3-658-42317-9_4
https://doi.org/10.1007/978-3-658-42317-9_5

© Der/die Autor(en), exklusiv lizenziert an Springer Fachmedien Wiesbaden GmbH, ein Teil von Springer Nature 2024
D. Brocchi, *By Disaster or by Design?*, https://doi.org/10.1007/978-3-658-42317-9_9

If you have any concerns about our products,
you can contact us on
ProductSafety@springernature.com

In case Publisher is established outside the EU,
the EU authorized representative is:
**Springer Nature Customer Service Center GmbH
Europaplatz 3, 69115 Heidelberg, Germany**

Printed by Libri Plureos GmbH
in Hamburg, Germany